高等仪器分析

李建国　主编

苏州大学出版社

图书在版编目(CIP)数据

高等仪器分析 / 李建国主编．—苏州：苏州大学出版社，2020.6 (2022.7 重印)
ISBN 978-7-5672-3030-9

Ⅰ.①高… Ⅱ.①李… Ⅲ.①仪器分析－高等学校－教材 Ⅳ.①O657

中国版本图书馆 CIP 数据核字(2020)第 001196 号

内容简介

本教材主要介绍在化学及材料科学、生命科学、环境科学和应用研究领域常用的，而在基础仪器分析中未涉及或涉及不深的现代仪器分析方法。全书共分 14 章，包括绪论、紫外-可见分光光度新方法、动力学分析法、荧光光谱分析、化学发光与化学发光免疫分析、电化学发光与电化学发光免疫分析、流动注射及微流控分析、色谱分析法、毛细管电泳法、电位分析法、极谱与伏安分析法、电化学生物与免疫传感分析、样品处理及复杂体系综合分析、表面分析及显微成像技术。教材内容有较大的覆盖面，重点介绍各种仪器分析方法的原理、仪器结构与各组件功能，以及通过仪器分析方法所能获得的信息和解决的问题，有较强的可读性和参考价值。每章附有一些思考题与习题，书后附有附表和主要参考书目。

本书可作为高等院校化学、化工、材料、环境、生命科学等专业高年级学生和研究生的仪器分析教材，也可供相关专业师生及分析测试工作者参考。

高等仪器分析
李建国 主编
责任编辑 徐 来

苏州大学出版社出版发行
(地址：苏州市十梓街 1 号 邮编：215006)
广东虎彩云印刷有限公司印装
(地址：东莞市虎门镇北栅陈村工业区 邮编：523898)

开本 787 mm×1 092 mm 1/16 印张 24 字数 555 千
2020 年 6 月第 1 版 2022 年 7 月第 2 次印刷
ISBN 978-7-5672-3030-9 定价：78.00 元

若有印装错误，本社负责调换
苏州大学出版社营销部 电话：0512-67481020
苏州大学出版社网址 http://www.sudapress.com
苏州大学出版社邮箱 sdcbs@suda.edu.cn

序

随着科学技术的发展，分析化学已由基于四大反应平衡的重量与容量分析方法向仪器分析方法为主的方向转变，而且各类新型分析仪器的成功研制和相关仪器分析方法学研究的发展极大地提高了分析测试的灵敏度、可靠性和检测速度，简化了分析方法的操作步骤，也扩展了其应用范围，使仪器分析在科学技术的发展中起着越来越重要的作用。

近 30 多年来，仪器分析方法的发展极其迅速，“仪器分析”已成为高等院校化学、生命科学及其相关应用专业的重要基础课程。“高等仪器分析”（或“现代仪器分析”）是近年来一些综合性大学为化学、化工类高年级本科生或分析化学、应用化学专业研究生设置的一门课程。目前，国内外仪器分析方面的教材和专著已有很多，但适合我国综合性大学开设的高等仪器分析课程并融入仪器分析方法学研究新成就的教材并不多见。

由苏州大学李建国教授担任主编，由长期坚持在仪器分析和高等仪器分析教学一线的严吉林副教授和龙玉梅副教授联合编写的这本教材，着眼于仪器分析发展的前沿和热点问题，针对基础仪器分析课程所未涉及或涉及不深，而又是分析化学领域颇受关注的仪器分析方法和技术，从化学及相关专业高年级学生和研究生学习及研究工作的需要出发，精选了相关内容。它既涵盖了常用的电化学分析、光谱分析、色谱分析、样品处理及复杂体系综合分析等内容，也增加了诸如催化动力学分析法、荧光成像及荧光免疫分析、化学发光免疫分析、电化学发光免疫分析、流动注射及微流控分析、现代色谱技术与高效毛细管电泳分析等方面的介绍，对表面分析及显微成像技术等一些基础仪器分析课程未涉及的仪器分析新进展和新兴仪器分析方法也做了阐述。每种方法以基本原理为主，简要介绍了仪器的构造与分析应用。这使学生在学习本课程之后，在毕业设计、科学研究和实际工作中能够选择合适的仪器分析手段与方法。这些能力的培养正是学习高等仪器分析这门课程的主要目的。

本教材内容有较大的覆盖面，重点介绍了各种仪器分析方法的原理、仪器结构与各组件功能，以及通过仪器分析方法所能获得的信息和解决的问题，有较强的可读性和参考价值。本书既可作为高等院校化学、化工、材料、环境、生命科学等专业高年级学生和研究生的仪器分析教材，也可供相关专业师生及分析测试工作者参考。

参加本书编写的多为中年教师，本书主编李建国教授曾是我的博士生，我作为一名高等院校从事多年仪器分析教学和科研工作的教师，对此甚感欣慰，特对该书的出版表示祝贺！

鞠熀先

2019 年国庆前夕于南京

前 言

分析化学是化学表征与测量的科学，也是研究分析方法的科学。随着科学技术的发展，分析化学已由过去的经典分析化学方法向以仪器分析方法为主转变，仪器分析对科学技术的发展起着越来越重要的作用，促进了国民经济的繁荣。近 30 多年来，仪器分析发展极其迅速，已成为高等院校化学、生命科学及其相关应用专业的重要基础课程。"高等仪器分析"是近年来一些综合性大学中为化学、化工类高年级本科生或分析化学、应用化学专业研究生设置的一门课程。本课程着眼于仪器分析的发展前沿和热点问题，讲授"仪器分析"基础课程所未涉及或涉及不深，而又是分析化学领域颇受关注的仪器分析方法和技术，这些新的仪器分析方法和技术在生命科学、信息科学、材料科学和环境科学等领域都得到了广泛应用。

苏州大学开设"高等仪器分析"课程比较早。本书主编自 2007 年开始为苏州大学分析化学专业开设"高等仪器分析"课程，该课程从最初分析化学专业本科三年级(2004—2010 级)每年大约 16 名学生的专业课，到 2011 级修改教学大纲后成为化学专业的必修专业课，学生人数增加到 80～90 人。后来，环境工程、化学工程与工艺专业也开始开设该课程，上课学生进一步增至 100 多人。笔者结合十多年该课程的授课经验和现状，感到很有必要编写一本现有的各种仪器分析教材未涉及或涉及不深，而又包括现代科学研究和生产实践中应用广泛的仪器分析方法和技术的教材，因此编写了本书，并命名为"高等仪器分析"。

本书从高灵敏光度分析、发光及免疫分析、现代色谱与高效毛细管电泳分析、现代电化学分析和表面分析技术等方面，总结了笔者十多年来在讲授高等仪器分析课程中教学实践积累和扩充的教学内容，并参考了国内外近些年出版的仪器分析教材的相关内容以及从互联网上搜索到的仪器分析教学大纲与教学资料。全书共分 14 章，包括绪论、紫外-可见分光光度新方法、动力学分析法、荧光光谱分析、化学发光与化学发光免疫分析、电化学发光与电化学发光免疫分析、流动注射及微流控分析、色谱分析法、毛细管电泳法、电位分析法、极谱与伏安分析法、电化学生物与免疫传感分析、样品处理及复杂体系综合分析、表面分析及显微成像技术。每章附有思考题与习题，书后附有附表和主要参考书目。在本书编写过程中，参考了国内外出版的一些教材和专著，还引用了其中某些数据和图表。在此向相关作者表示衷心感谢！本书的出版得到苏州大学教材培育基金的资助和苏州大学材料与化学化工学部领导的大力支持，谨在此表示衷心感谢！对苏州大学出版社编辑徐来和其他编印人员给予的大力支持与帮助表示衷心感谢！在书稿整理过程中，研究生王超、陈婉露、周欣纯、陈佳、李鹏程和马国雨等同学做了一些校对工作，在此一并向他们表示衷心感谢！

高等仪器分析课程内容涉及学科较多，知识面较广，本书在编写中力求精选基本原理，理论联系实际，并注意拓宽知识范畴，充分反映学科发展与交叉渗透的新成果，对相关专业师生和各领域仪器分析工作者具有一定的参考价值。本教材由李建国教授制定编写大纲，参加本教材编写的有李建国教授(第一章、第二章、第三章、第五章、第六章、第七章、第九章和第十三章)、严吉林副教授(第四章、第八章和第十四章)和龙玉梅副教授(第十章、第十一章和第十二章)，章建东老师参与了部分工作。南京大学鞠熀先教授在百忙中审阅并为本书作序，苏州大学屠一锋教授和邓安平教授审阅了部分章节，给予了积极评价，提出了许多宝贵的意见和修改建议。全书由李建国教授负责总体结构安排、初稿校核、最后整理、修改定稿。

由于本书内容涉及面宽，限于编者的水平，且各种仪器分析技术发展极快，教材编写中可能存在某些缺点、不足乃至错误和疏漏之处，恳请读者批评指正。

编　者

目录

Contents

第一章 绪 论

第一节 分析化学和仪器分析的发展

分析化学是化学表征与测量的科学，也是研究分析方法的科学。它可向人们提供物质的结构、化学组成、含量等信息。通常，分析化学包括化学分析和仪器分析两大部分。化学分析是指利用化学反应以及化学计量关系来确定被测物质含量的一类分析方法，测定时使用化学试剂、天平以及玻璃器皿(如滴定管、吸量管、烧杯、漏斗、坩埚等)。化学分析是经典的非仪器分析方法，主要用于物质的常量测定。仪器分析是根据物质的物理和化学等性质来获得物质的组成、含量、结构以及相关信息的方法。仪器分析测量时使用各种类型的价格较贵的特殊分析仪器，它具有灵敏、简便、快速且易于实现自动化等特点。仪器分析的应用范围比化学分析广泛，它已成为分析化学的重要组成部分。

分析化学的水平是衡量国家科学技术水平的重要标志。分析化学是科学技术的“眼睛”，也是工农业生产的“眼睛”。当代科学领域的“四大理论”——天体、地球、生命以及人类的起源和演化，人类社会面临的“五大危机”——资源、能源、人口、粮食以及环境诸问题的解决，都与分析化学密切相关。

一、经典分析化学

分析化学是最早发展起来的化学分支学科。早期的化学发展前沿是发现、鉴定和研究新元素，发现天然化合物，合成、鉴定和研究新化合物。自然界中近90种元素的发现主要是基于各种化学反应的分离、鉴定工作。化学工作者研制了许多精巧的分析仪器，如天平、玻璃容量仪器、显微镜、分光仪等，采用沉淀、萃取或蒸馏方法分离出待测物，然后进行测定。就定性分析而言，将分离后的组分用试剂处理，然后通过颜色、沸点、熔点，以及在一系列溶剂中的溶解度、气味、光学活性或折射率等来鉴别它们。重量法是测定被分析物质量或由被分析物通过化学反应测定某种组分质量的方法。在滴定操作中，一般测定与被分析物完成化学反应所需标准试剂的体积或质量。科学技术和人类需求的发展为分析化学的发展提供了理论基础和技术条件，也使分析化学不断面临新的挑战，促进了分析化学学科的持续发展。20世纪初，物理化学的发展，特别是溶液中四大平衡(沉淀-溶解平衡、酸碱平衡、氧化还原平衡、配位平衡)理论的建立，为基于溶液化学反应的经典分析化学奠定了理论基础，化学分析法得到空前发展，分析化学从一门技术发展成一门科学，确立了作为化学一个分支学科的地位。这是分析化学发展史上第一次变革，其显著特点是分析化学与物理化学结合。

二、仪器分析的产生

仪器分析是通过测量物质某些物理或物理化学性质、参数及其变化来确定物质的组成、成分含量及化学结构的分析方法。仪器分析的产生与生产实践、科学技术发展的迫切需要、方法核心原理的发现及相关技术的产生等密切相关。仪器分析法所基于的很多现象在一个世纪前或更早已为人知。然而，由于缺乏可靠和简单的仪器，其应用被延迟。20世纪早期，化学工作者开始探索使用经典方法以外的其他方法解决分析问题，即分析物质的物理性质，如电导、电位、光吸收或发射、质荷比和荧光等，将其用于各类无机、有机、生物化学分析物的定量分析，并开始出现较大型的分析仪器及仪器分析方法。例如，1919年 Aston F. W.（阿斯顿）设计制造第一台质谱仪并用于测定同位素是早期仪器分析的典型代表。

20 世纪 40—60 年代，物理学与电子学的发展促进了分析化学中物理和物理化学分析方法的建立和发展。其间出现了以光谱分析、色谱分析为代表的简便、快速的各种仪器分析方法，同时丰富了这些分析方法的理论体系。仪器分析的产生和发展是分析化学的第二次变革，是分析化学与物理学、电子学结合的产物。经典分析化学主要研究的是物质化学组成。随着仪器分析的发展，分析化学逐步成为研究物质化学组成、状态和结构的科学。仪器分析方法不仅用于分析，而且广泛地应用于研究和解决各种化学理论和实际问题，因此，也可将它们称为化学中的仪器方法和技术。仪器分析已成为当代分析化学的主流。科学发展史也证明，仪器是现代科学发展的基础。分析化学的许多分支学科都是从某种重要仪器装置研制成功而建立和发展起来的。

三、分析化学向分析科学发展

仪器分析方法广泛采用各种化学及物理、生物等非化学的方法、原理和技术，新型仪器装置及分析技术不断涌现，给分析化学的发展和学科内涵带来了革命性变化。分析化学的第三次变革从 20 世纪 70 年代末发展至今。在这一时期，生命科学、环境科学、材料科学等学科及人们生产活动和社会的发展，尤其是基因组学、蛋白质组学和代谢组学等组学研究的出现，给分析化学带来了新的大发展机遇并提出了更严峻的挑战。分析化学正处于第三次变革时期，主要反映在三个方面：

(1) 分析化学向自动化、智能化、微型化分析系统发展。其他学科现代理论和技术的发展，尤其是以计算机为代表的新技术的迅速发展，为分析化学建立高灵敏度、高选择性、高准确性、自动化或智能化的新方法创造了良好条件，丰富了分析化学的内容，扩展了已有分析方法的能力和范围，使分析化学有了飞速的发展。具有专家系统功能的智能色谱仪和具有光谱解析功能的智能光谱仪的出现，使实验条件优化及分析数据处理或分析结果解析的速度和正确性都大为提高；色谱与质谱及各种光谱联用技术日益发展和完善，成为对复杂体系中各组分进行同时定性、定量分析的最有力工具；为实现分析的超微型化、集成化，“芯片实验室”(lab-on-a-chip)的研究方兴未艾，其将分析的流路系统、检测元件等刻画、集成在一块芯片上，集试样采集、处理、分离、测定等于一体，故又叫微全分析系统(miniaturized total analysis system，μ-TAS)，并广泛应用于药学甚至整个生命科学领域；生物传感器(biosensor)等生物分析(bioanalysis)技术也得到迅速发展。总之，在近几十年间，光谱分析、色谱分析、电化学分析、联用技术、微型分析等领域都有了长足的进展。

(2) 分析化学成为信息学科的新发展。分析化学通过化学、物理测量获得物质化学成分和结构信息，研究获取这些信息的最佳方法和策略，本质上它一直是一门信息科学。

分析仪器的研究、制造和发展大大提高了分析化学获取信息的能力，化学计量学（chemometrics）的广泛应用使当今分析化学发展成为“以计算机为基础的分析化学”，扩大了获取信息的范围。分析化学除包括物质的元素或化合物成分、结构信息的分析外，在很大程度上还应包括价态、形态、状态、空间结构乃至能态分析、测定；除研究试样成分的平均组成外，还涉及成分的时空分布，包括静态、动态、瞬时分析；研究范围小至几纳米的空间、单个细胞，大至生物圈、宇宙空间物质成分分布，此外还包括表面分析、微区分析等；除进行实验室取样分析外，还发展到现场实时（real time）分析、过程在线（on-line）分析、线内（in-line）分析、活体内（*in vivo*）原位（*in situ*）分析等；除进行常量、微量分析外，还要求进行痕量分析，甚至单原子、分子检测。运用数据处理、信息科学理论，分析化学已由单纯的数据提供者上升到从分析数据获取有用信息和知识的生产和科研实际问题解决者。例如，20 世纪末实施的人类基因组计划，DNA 测序仪器技术不断推陈出新，从凝胶板电泳到凝胶毛细管电泳、线性高分子溶液毛细管电泳、阵列毛细管电泳，直至全基因组发射枪测序（whole genome shotgun sequencing）技术，在提前完成人类基因组计划中起到关键性作用。

（3）随着仪器分析的发展，分析化学的定义、原理、方法、技术、研究对象及应用等都发生了根本变化。现代分析化学已经远远超出化学学科的领域，它正把化学与数学、物理学、计算机科学、生物学结合起来，发展成为一门多学科性的综合性科学。与经典分析化学密切相关的范畴是定性和定量分析、重量法、容量法、溶液反应、四大平衡、化学热力学及动力学等，而与现代分析化学相关的范畴是化学计量学、传感器和过程控制、专家系统、生物技术和生命科学、微电子学、集微光学和微工程学等。

分析化学的发展历程和三次变革说明，仪器分析起到了承前启后的作用，是现代分析化学中应用最广泛的方法与技术，也是当今分析化学研究的前沿。

四、仪器分析的特点与发展趋势

1. 仪器分析的特点

仪器分析推动分析化学迅速发展，与化学分析比较，仪器分析具有下列特点：

（1）重现性好，分析速度快，操作简便，易于实现自动化、信息化和在线检测。

（2）试样用量少，适用于微量、半微量乃至超微量分析。由化学分析的 mL、mg 级降到 μL、μg 级，甚至更低的 ng 级。

（3）检测灵敏度高，最低检出量和检出浓度大大降低。由化学分析的 10^{-6} g 级降至 10^{-12} g，最低已达 10^{-18} g 级，适用于痕量、超痕量成分测定。

（4）化学分析在溶液中进行，试样需要溶解或分解；仪器分析可在物质原始状态下分析，可实现试样非破坏性分析及表面、微区、形态等分析。

（5）可实现复杂混合物成分分离、鉴定或结构测定，而一般化学分析方法难以实现。

（6）化学分析一般相对误差小于 0.3%，适用于常量和高含量成分分析；仪器分析一般相对误差较高，为 3%～5%，一般不适宜进行常量和高含量成分分析。

（7）需要结构较复杂的昂贵仪器设备，分析成本一般比化学分析高。

2. 仪器分析的发展趋势

纵观仪器分析的历史和现状，可以预计，它今后的发展会更迅速，应用会更广泛，并将深刻改变分析化学和整个化学学科的面貌，在化学及相邻学科前沿领域的任何重大科学发现和突破都不可能离开仪器分析的不断创新。仪器分析的发展趋势大致包括下列几个方面：

(1) 分析仪器和仪器分析技术将进一步向微型化、自动化、智能化、网络化发展。微型化、自动化的仪器分析方法将逐渐成为常规分析的重要手段；以生物芯片为代表的芯片实验室将进一步发展，并强化软件功能，创建虚拟仪器和虚拟实验室。

(2) 各种新材料（如仿生材料、特殊物理结构和功能材料）、新技术（如激光、纳米、生物、微制造技术等）将在分析仪器中得到更多应用，使仪器分析灵敏度、选择性和分析速度进一步提高。遥测、遥感、远程在线分析、控制仪器及其在资源、环境、国防等方面的应用亦将进入仪器分析领域。能瞬时反映生产过程、生态和生物动态过程的高灵敏度、高选择性的新型动态分析检测和无损伤探测技术将有新的发展。

(3) 仪器分析联用技术，特别是色谱分离与质谱、光谱检测联用及与计算机、信息理论的结合，将大大提高仪器分析获取并快速、高效处理化学、生物、环境等复杂混合体系物质组成、结构、状态信息的能力，成为解决复杂体系分析、分子群相互作用，推动组合化学、基因组学、蛋白组学、代谢组学等新兴学科发展的重要技术手段。

(4) 仪器分析研究的重点将在生命科学或生物医药学方面，在细胞和分子水平上研究生命过程、生理和病理变化、药物代谢、基因寻找和改造。仪器分析将成为生物大分子多维结构和功能研究、疾病诊断技术的有力工具。

五、分析化学发展中的重大创新成就

分析化学伴随着科学发现和技术创新同步发展。作为体现创新、求实、献身等最高科学精神和最高科学成就的诺贝尔科学奖反映了近 100 年来分析化学，主要是仪器分析发展中里程碑式的科学发明和技术进步。仪器分析发展是多学科相互渗透、交叉发展的结果，这些成就分布在物理、化学等各个领域。下面列出了与建立现代仪器分析方法有关的某些获得诺贝尔奖的科学家及其贡献，从他们在不同时期的发现也可以看出分析仪器及仪器分析技术的大致发展进程。

1901 年，Wilhelm Conrad Roentgen（德国）因发现 X 射线而获得诺贝尔物理学奖。

1907 年，Albert Abrahan Michelson（美国）因制造光学精密仪器及对天体所做的光谱研究而获得诺贝尔物理学奖。

1915 年，William Henry Bragg（英国）及 William Lawrence Bragg（英国）因采用 X 射线技术对晶体结构的分析而获得诺贝尔物理学奖。

1922 年，Francis William Aston（英国）因发明质谱技术并用来测定同位素而获得诺贝尔化学奖。

1923 年，Fritz Pregl（奥地利）因发明有机物的微量分析法而获得诺贝尔化学奖。

1924 年，Karl Manne Georg Siegbahn（瑞典）因在 X 射线仪器方面的发现及研究而获得诺贝尔物理学奖。

1930 年，Chandrasekhara Venkata Raman（印度）因发现 Raman（拉曼）效应而获得诺贝尔物理学奖。

1944 年，Isidor Isaac Rabi（美国）因用共振方法记录了原子核的共振而获得诺贝尔物理学奖。

1948 年，Arne Wilhelm Kaurin Tiselius（瑞典）因采用电泳及吸附分离人血清中蛋白质组分而获得诺贝尔化学奖。

1952 年，Felix Bloch（瑞士）及 Edward Mills Purcell（美国）因发展核磁共振的精细测量方法而获得诺贝尔物理学奖。

1952 年，Archer John Porter Martin（英国）及 Richard Laurence Millington Synge（英国）因发明分配色谱法而获得诺贝尔化学奖。

1959 年，Jaroslav Heyrovsky（捷克）因首先发展极谱分析仪及分析方法而获得诺贝尔化学奖。

1977 年，Rosalyn Sussman Yalow（美国）因开创放射免疫分析法而获得诺贝尔生理学或医学奖。

1981 年，Kai Manne Börje Siegbahn（瑞典）因发展高分辨电子能谱学、仪器并用于化学分析而获得诺贝尔物理学奖。

1986 年，Gerd Binnig（德国）及 Heinrich Rohrer（瑞士）因发明隧道扫描显微镜而获得诺贝尔物理学奖。

1991 年，Richard Robert Ernst（瑞士）因对高分辨核磁共振分析的发展而获得诺贝尔化学奖。

2002 年，Kurt Wüthrich（瑞士）、John Bennett Fenn（美国）及 Koichi Tanaka（日本）因在核磁共振、质谱生物大分子分析研究领域的重大突破而获得诺贝尔化学奖。

2003 年，Paul C. Lauterbur（美国）及 Peter Mansfield（英国）因在核磁共振成像技术上获得关键性发现而获得诺贝尔生理学或医学奖。这些发现最终促使核磁共振成像仪的出现。

2005 年，John L. Hal（美国）和 Theodor W. Hänsch（德国）因对基于激光的精密光谱学发展做出贡献而获得诺贝尔物理学奖。

2014 年，Eric Betzig（美国）、Stefan W. Hell（德国）及 William Esco Moerner（美国）因发展了超高分辨率荧光显微技术而获得诺贝尔化学奖。

2017 年，Jacques Dubochet（瑞士）、Joachim Frank（美国）及 Richard Henderson（英国）因开发了对生物分子进行高分辨率结构测定的低温电子显微镜而获得诺贝尔化学奖。

第二节　仪器分析方法分类与分析仪器

一、仪器分析方法的分类

仪器分析方法很多，其方法原理、仪器结构、操作技术、适用范围等差别很大，多数形成相对独立的分支学科，但它们都是分析化学的测量和表征方法。表 1-1 列出了仪器分析方法中使用的物理和化学特征性质。

表 1-1　仪器分析方法中使用的物理和化学特征性质

特征性质	仪器分析方法
电磁辐射的发射	发射光谱法(X 射线、紫外光、可见光、电子能谱、俄歇电子能谱),荧光法,磷光和化学发光法(X 射线、紫外光、可见光)
电磁辐射的吸收	分光光度法和光度法(X 射线、紫外光、可见光、红外光),光声光谱法,核磁共振法,电子自旋共振法
电磁辐射的散射	比浊法,浊度测定法,Raman 光谱法
电磁辐射的折射	折射法,干涉衍射法
电磁辐射的衍射	X 射线法,电子衍射法
电磁辐射的旋转	偏振测定法,旋光散射法,圆二色谱法
电位	电位法,计时电位分析法
电荷	库仑法
电流	安培法,极谱法
电阻	电导法
质量	重量法(石英晶体微天平)
质荷比	质谱法
反应速率	动力学分析法
热性质	热重量和热滴定法,差示扫描量热法,差热分析法,热导法
放射性	放射化学分析法

基于这些特征性质建立的仪器分析方法一般包括以下几类:

1. 光学分析法

光学分析法(或称光分析法)是基于分析物和电磁辐射相互作用产生辐射信号变化的分析方法,包括表 1-1 中的前六项。光学分析法可分为光谱法和非光谱法,前者的测量信号是物质内部能级跃迁所产生的发射、吸收和散射的光谱波长和强度;后者不涉及能级跃迁,不以波长为特征信号,通常测量电磁辐射某些基本性质(反射、折射、干涉和偏振等)变化。电子能谱法是以光电子辐射为基础的方法,从广义辐射概念考虑也可将其归属于光学分析法。

2. 电分析化学法

电分析化学法(或称电化学分析法)是根据物质在溶液中的电化学性质及其变化规律进行分析的方法,如表 1-1 所示的测量电位、电荷、电流和电阻等四种电信号的方法。

3. 分离分析法

分离分析法是指分离与测定一体化的仪器分离分析法或分离分析仪器方法,主要是以气相色谱、高效液相色谱、毛细管电泳等为代表的分离分析方法及其与上述仪器联用的分离分析技术。色谱分析包括分离和检测两部分。色谱分离基于物质在吸附剂、分离介质或分离材料上的吸附、蒸气压、溶解度、疏水性、离子交换、分子体积等多种物理、化学性质差异,未包含在表 1-1 所示的特征性质中。色谱分离各组分,其检测可基于物质的物理、化学性质,包括表 1-1 中的某些特征性质。尽管色谱检测器与一般分析仪器的原理相

似，但设计、结构相差很大。分离分析法用于混合物，特别是各种复杂混合物的分离测定。

4. 其他仪器分析方法

其他仪器分析方法主要基于表 1-1 中的最后四个特征性质，包括质谱法，即物质在离子源中被电离形成带电离子，在质量分析器中按离子质荷比(m/z)进行测定的分析方法；动力学分析法，即通过测量反应速率，根据反应速率与反应物(或催化剂)浓度之间的定量关系，利用多种检测手段来确定待测物浓度的分析方法；热分析法，即基于物质的质量、体积、热导或反应热等与温度之间关系的测定方法；利用放射性同位素进行分析的放射化学分析法；等等。

二、分析仪器

分析仪器的相关知识涉及仪器物理原理、研发、设计、制造和装配等内容。仪器分析工作者应掌握分析仪器的物理与化学原理、机械结构、电子线路、计算机控制和数据处理等，这些是仪器保养、正常运行并处于最佳工作状态、充分发挥仪器功能的重要条件。但目前分析化学教学在这方面比较薄弱，难以适应社会需要，是教学改革需要解决的问题。实际工作锻炼、自学能力和经验积累是弥补这方面缺陷的重要途径。化学家常根据研究工作需要和实验室条件，利用各种元器件和商品仪器组件、配件来设计与组装各种性能、用途的分析仪器。自组装仪器一般具有机动、灵活、实用、成本低等特点，因此仪器的自组装也是发展新型分析仪器的重要途径。

(一) 分析仪器的类型

分析仪器是仪器分析方法的技术设备，包括通用分析仪器和专用分析、测量仪器两大类。通用分析仪器根据仪器设计的物理或物理化学基础，可进一步分为光谱仪、电化学分析仪、色谱仪、质谱仪、核磁共振波谱仪、热分析仪等，而根据分析对象亦可分为分子分析仪器、原子分析仪器、分离分析仪器、联用分析仪器、试样预处理仪器和数据处理仪器等。专用分析仪器主要是指不同应用学科领域测定某些特定对象或项目的分析仪器，如环境分析仪器中的大气监测仪、水质分析仪、噪声与振动测量仪等，生物医学分析仪器中的动态心电图仪、超声诊断仪、血气分析仪、人体磁共振成像仪、酶联免疫分析仪等，以及工业生产流程自动控制的过程分析仪器等。通用分析仪器是专用分析仪器产生的基础，大多数专用分析仪器具有通用分析仪器的共同物理、生物、化学原理和理论基础，但根据应用对象不同，其结构、技术设计、制造工艺更为复杂，涉及应用学科大量技术难题，每种专用仪器都有多种专著论述。

(二) 分析仪器的基本结构单元

分析仪器基于分析物质或体系的物理或化学性质、结构，在外场作用下产生可收集、处理、显示并能为人们解释的信号或信息。对于物质的某些性质或内在结构，人们并不能直接观察到，因此，分析仪器可看成被研究体系与研究者之间的通信器件。现代分析仪器品种繁多，型号多变，结构各异，计算机应用和智能化程度等差别很大。通常，分析仪器自动化程度越高，仪器越复杂。然而不管分析仪器多么复杂，一般均包括信号发生器、检测器、信号处理单元和信号显示单元等基本结构单元或系统(图 1-1)，且每个单元都或多或少与计算机控制有关。

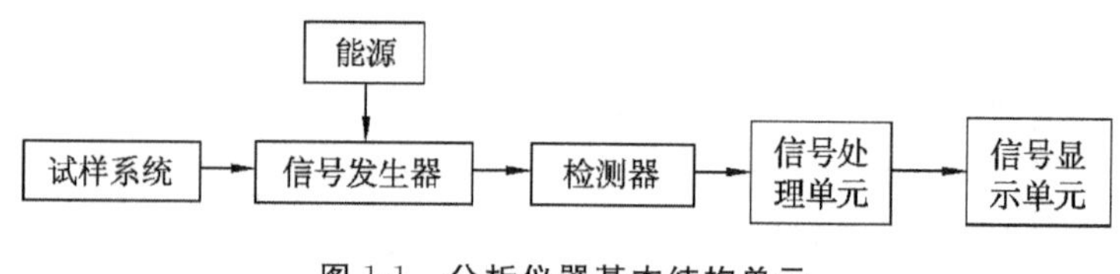

图 1-1　分析仪器基本结构单元

1. 试样系统

其功能是分析试样的引进或放置，亦可能包括物理、化学状态改变及成分分离等，以适应检测要求，但试样性质不得改变。不同仪器类型的试样系统差别很大，有些与检测系统处在同一位置，有些没有试样系统，如在线分析仪器等。

2. 能源

提供与分析物或系统发生作用的探测能源，通常为电磁辐射或场、电能、机械能或核能等，如光分析仪器的光源、X 射线衍射仪的 X 射线管等。

3. 信号发生器

信号发生器使样品产生信号，它可以是样品本身。对于 pH 计，信号就是溶液中的氢离子活度；而对于紫外-可见分光光度计，信号发生器除包括样品外，还有钨灯或氢灯等。

4. 检测器

检测器(传感器)是将某种类型的信号变换成可测定的电信号的器件，是实现非电量电测不可缺少的部分。检测器分为电流源、电压源和可变阻抗检测器三种。最普遍的检测器是一个机械、电或化学装置，在外能作用下，基于检测物质的物理、化学性质产生检测信息或信号，如电信号(电压、电流)、发射电磁波、电磁辐射的衰减、核辐射、电子流、离子流、热能、压力、粒子或分子等。检测器或检测系统作为整个仪器的接收装置，指示或记录物理或化学量，如分析物或系统环境中存在的某个变量或它的变化。

分析仪器产生和变换信息或信号的方式多种多样，下面以光分析仪器为例说明检测方式的多样性。

(1) 复合探测光单一化后作用于试样，用单一检测器检测响应信号。例如，紫外-可见吸收光谱仪中，将经过光栅或棱镜分光的紫外或可见光作用于试样，用单一检测器检测信号。

(2) 复合探测光作用于试样，将得到的复合响应光信号单一化后，用检测器依次检测。例如，红外光谱仪中，用不分光的红外光束作用于试样，将得到的复合响应光信号分光，用单一检测器进行检测。

(3) 将得到的复合应答信号单一化后，用多检测器检测。例如，光电直读发射光谱仪中，复合光响应光信号经光栅分光后，分别由不同的检测器检测不同元素的特征线。

(4) 使得到的复合响应光信号一次全部进入单一检测器，然后通过计算机用一些数学方法处理，得到有用的信息，如傅里叶变换红外光谱。

5. 信号处理单元

其功能是进行信号或信息接收、放大、衰减、相加、差减、积分、微分、数字化、变换、存储等。信号处理涉及模量信号和数字信号两种类型，其中，模量信号均需通过模/数变换转变成数字信号，以适应程序控制、自动化、信息化仪器分析需要。

6. 信号显示单元

信号显示单元也称为读出装置，它能将电信号或信息转变成人们能直接观察和理解的信息，主要包括表头、记录仪、示波器、显示器、打印机等。通常，这种信号转换采用阴极射线管以阿拉伯数字或图形输出，有些情况下可直接给出分析物组分和相对浓度等。

分析仪器的研发与电子学、化学计量学、计算机的发展密切相关，因为信号的发生、转换、放大和显示都可用电子元件、线路快速而方便地完成；计算机的引入可提高仪器性能、测定的重现性，亦可简化操作或实现分析自动化。一个化学工作者必须掌握仪器分析的原理和应用，只有这样才能懂得各种仪器分析方法的适用性、灵敏度和准确度，才能在解决某个具体问题的许多途径中做出合理的选择，提高分析问题和解决问题的能力。

（三）分析仪器的性能指标

为了评价分析仪器的性能，需要一定的性能参数与指标。根据这些参数可对同一类型不同型号的仪器进行比较，作为购置仪器、考察仪器工作状况的依据，亦可对不同类型的仪器进行比较，预测其用途。一般来说，分析仪器具有以下一些常用性能参数与指标：

1. 精密度(precision)

分析数据的精密度指用同一分析仪器的同一方法多次测定所得到数据间的一致程度，是表征随机误差大小的指标，又称重复测定结果随测定平均值的分散度，即重现性。按国际纯粹与应用化学联合会(IUPAC)规定，用相对标准差 d_r 表示精密度(也记为RSD)：

$$d_r=\frac{s}{x_n} \tag{1-1}$$

式中，s 为绝对标准偏差，x_n 为 n 次测定平均值，即

$$x_n=\frac{\sum_{i=1}^{n}x_i}{n} \tag{1-2}$$

$$s=\sqrt{\frac{\sum_{i=1}^{n}(x_i-x_n)^2}{n-1}} \tag{1-3}$$

2. 灵敏度(sensitivity)

仪器或分析方法的灵敏度指区别具有微小浓度差异分析物能力的度量。灵敏度取决于两个因素，即校准曲线的斜率和仪器设备的重现性或精密度。在相同精密度的两个方法中，校准曲线的斜率愈大，方法愈灵敏。同样，在校准曲线斜率相等的两种方法中，精密度高的有较高灵敏度。根据 IUPAC 规定，灵敏度用校准灵敏度(calibration sensitivity)表示，即测定浓度范围内校准曲线斜率(S)。一般通过一系列不同浓度标准溶液来测定校准曲线，有

$$R=Sc+S_{bl} \tag{1-4}$$

式中，R 是测定响应信号，S 为校准灵敏度，c 是分析物浓度，S_{bl} 为仪器的本底空白信号，是校准曲线在纵坐标上的截距。用这种校准曲线，校准灵敏度不随浓度改变。在考虑各次测定精密度时，校准灵敏度作为性能指标可能显示其不足。

需要说明的是，仪器校准灵敏度随选用的标准物和测定条件不同而不一致。仪器制造商或使用者给出灵敏度数据时，一般应提供测定条件和试样。例如，色谱仪器灵敏度常选用苯、联苯或萘作为试样，并说明分离和检测器工作条件。此外，各种仪器方法通常有自己习惯使用的灵敏度概念。例如，原子吸收光谱中常用“特征浓度”，即所谓1%净吸收灵敏度表示；原子发射光谱中也常采用相对灵敏度表示不同元素分析灵敏度，它是指某元素的最低检出浓度。

通常认为，灵敏度在具有重要价值的数学处理中需要包括精密度。因而提出分析灵敏度 S_a(analytical sensitivity)的定义：

$$S_a=\frac{S}{s_s} \tag{1-5}$$

式中，S 为校准曲线斜率，s_s 为测定标准偏差。采用分析灵敏度的优点是：① 分析灵敏度对仪器放大系数相对不敏感。例如，为提高仪器增益，将放大系数设为5，可使 S 增加5倍，然而通常这种增加会伴随 s_s 的增加，从而保持分析灵敏度相对恒定。② 分析灵敏度与测定 S 的单位无关。其缺点是与浓度存在相关性，因为 s_s 可能随浓度变化。

3. 检出限(detection limit)

检出限又称检测下限或最低检出量等，定义为一定置信水平下检出分析物或组分的最小量或最低浓度。它取决于分析物产生的信号与本底空白信号波动或噪声统计平均值之比。当分析物信号大于空白信号随机变化值一定倍数 k 时，分析物才可能被检出。因此，检出限的分析信号 S_m 和它的标准差接近空白信号 S_{bl} 和它的标准差 s_{bl}。最小可鉴别的分析信号 S_m 至少应等于空白信号平均值 S_{bla} 与 k 倍空白信号标准差之和：

$$S_m=S_{bla}+ks_{bl} \tag{1-6}$$

测定 S_m 的实验方法是通过一定时间内20～30次空白测定，统计处理得到 S_{bla} 和 s_{bl}，然后，按检出限定义可得最低检测浓度 c_m 或最低检测量 q_m：

$$c_m=\frac{S_m-S_{bla}}{S}=\frac{ks_{bl}}{S}=\frac{3s_{bl}}{S} \tag{1-7}$$

或

$$q_m=\frac{ks_{bl}}{S}=\frac{3s_{bl}}{S} \tag{1-8}$$

式中，S 表示被测组分的质量或浓度改变一个单位时分析信号的变化量，即灵敏度。研究表明，式(1-7)和式(1-8)中，k 的合理值为 $k=3$，此时大多数情况下检测置信水平为95%；k 值进一步增加，难以获得更高检测置信水平。因此，最低检测浓度或检测量表示能得到相当于3倍空白信号波动标准差或噪声信号的最低物质浓度或最小物质质量。

式(1-7)和式(1-8)表明，检出限和灵敏度是密切相关的两个指标，灵敏度愈高，检出限愈低。但两者的含义不同，灵敏度指分析信号随组分含量变化的大小，与仪器信号的放大倍数有关；而检出限与空白信号波动或仪器噪声有关，具有明确统计含义。提高精密度，降低噪声，可以降低检出限。各类分析仪器的检出限差别很大，如各种极谱仪、分子光谱仪的检出限为 $10^{-8}\sim10^{-5}\,\mathrm{mol\cdot L^{-1}}$，原子光谱仪的检出限为 $10^{-11}\sim10^{-9}\,\mathrm{g}$，各种质谱仪器和表面分析仪器的检出限达 $10^{-15}\sim10^{-13}\,\mathrm{g}$。

4. 选择性(selectivity)

一种仪器方法的选择性是指避免试样中含有其他组分干扰组分测定的程度。没有一

种分析方法能完全避免其他组分的干扰，因而降低干扰是分析测试中常需要采取的步骤。

例如，一个试样含有分析物 A 及潜在干扰物 B 和 C，如果 c_A、c_B和 c_C是三个组分的浓度，S_A、S_B和 S_C是它们的校准灵敏度，则仪器总的检测信号为

$$S = S_A c_A + S_B c_B + S_C c_C + S_{bl} \tag{1-9}$$

A 对 B、C 的选择性系数 k_{BA}、k_{CA}分别定义为

$$k_{BA} = \frac{S_B}{S_A} \tag{1-10}$$

$$k_{CA} = \frac{S_C}{S_A} \tag{1-11}$$

将式(1-10)、式(1-11)代入式(1-9)得

$$S = S_A(c_A + k_{BA}c_B + k_{CA}c_C) + S_{bl} \tag{1-12}$$

选择性系数从 0(无干扰)到大于 1。注意，当干扰引起信号强度下降时，选择性系数可为负值。

5. 线性范围(linear range)

图 1-2 描述了线性范围的定义，即定量测定最低浓度(LOQ)扩展到校准曲线偏离线性响应(LOL)的浓度范围。定量测定下限一般取 10 倍空白重复测定标准差或 $10S_{bl}$。检测下限的相对标准差约 30%，随浓度增加而迅速降低。检测上限的相对标准差是 100%。各种仪器的线性范围相差很大，实用的分析方法线性范围至少要 2 个数量级，有些方法适用浓度范围可达 5～6 个数量级。

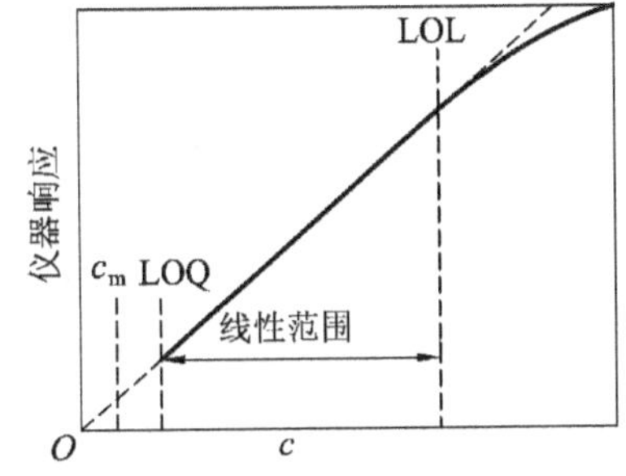

LOQ 为定量测定限；LOL 为线性响应限

图 1-2 仪器分析方法适用线性范围

6. 响应速度(response speed)

响应速度是指仪器对检测信号的反应速度，定义为仪器达到信号总变化量一定百分数所需的时间。

7. 分辨率(resolution)

分辨率指仪器鉴别由两相近组分产生信号的能力。不同类型仪器的分辨率指标各不相同：光谱仪器中指将波长相近的两谱线(或谱峰)分开的能力；质谱仪器中指分辨两相邻质量组分质谱峰的能力；色谱仪器中指相邻两色谱峰的分离度；核磁共振波谱仪器有它独特的分辨率指标，以邻二氯甲苯中特定峰在最大峰的半峰宽(以 Hz 为单位)为分辨率大小。

需要指出的是，目前国内外关于各种分析仪器的性能及指标尚无统一认识和标准，有些性能含义仍存在一定争议，不同类型仪器、不同厂家生产的同一类型仪器，乃至同一厂家生产的同一类型不同型号仪器常提供不同性能指标或参数。例如，红外光谱仪一般给出波长范围、波长精度、波长分辨率、信噪比等；质谱仪一般给出质量范围、分辨率、扫描速率、灵敏度等；而高效液相色谱仪分别提供高压输液泵的流速范围、流速精度及检测器信息，如紫外-可见光检测器的噪声、稳定性(漂移)、波长范围(nm)、测量范围(满刻度光吸收单位，AUFS)等。

三、分析仪器和方法校正

仪器分析中将分析仪器产生的各种响应信号值转变成被测物质的质量或浓度的过程称为校正，一般包括分析仪器的特征性能指标和定量分析方法校正。各种分析仪器的性能指标在出厂前和实验室安装过程中都需调试和检测，使仪器性能处于最佳状态，一般不要轻易调整。但对于提供试样定性、结构特征的重要或特征性能及灵敏度、检出限等指标，在仪器运行过程中，根据需要须经常或定期校正、检测，以监测仪器正常运行，保证分析结果的可靠性。例如，通常使用已知吸收谱带的聚苯乙烯薄膜校正红外光谱仪的波数或波长准确度和分辨率，在各波数区的波数误差必须达到要求值，并能分辨出相邻的几个特征吸收峰。这两个指标与红外光谱仪的其他性能密切相关，能较全面地反映整机工作状态。又如，有机质谱仪在分析试样过程中需经常用全氟煤油（perfluorokerosene，PFK）进行质量校正。不同类分析仪器的校正技术和使用的标准试样差别较大。

各类仪器分析定量方法校正，即建立仪器输出测定信号与被分析物质浓度或质量的关系，最普通的方法是用一组含待测组分量不同的标准试样或基准物质配成浓度不同的溶液后作出校准曲线。用最小二乘法可得出分析信号与待测物浓度或质量之间的函数关系，称为校准函数，可表示为 $y=f(\tau)$。在定量分析中，需要由试样经分析仪器测定信号求出待测物的浓度 c，因此用校准函数的反函数更为方便。$c=f(y)$ 称为分析计算函数，或简称分析函数。实验测得的仪器响应与浓度关系并不都有用，只有在线性范围内才适用于定量校正。

在仪器分析中希望校准函数是线性的，因为线性函数使用方便，如吸收光谱。校准函数可表示为

$$y=b_0+b_1c \tag{1-13}$$

用最小二乘法可由实验值 (y,G) 求出此方程的两个参数：

$$b_0=\frac{(\sum c_i^2)(\sum y_i)-(\sum c_i)(\sum c_iy_i)}{n(\sum c_i^2)-(\sum c_i)^2} \tag{1-14}$$

$$b_1=\frac{n(\sum c_iy_i)-(\sum c_i)(\sum y_i)}{n(\sum c_i^2)-(\sum c_i)^2} \tag{1-15}$$

式中，n 为用作校正数据对的数目。一般用最小二乘法求回归方程时，基本假设是：① c 比 y 要准确，将 c_i 作为准确数字；② y_i 只包含测量误差。测量误差服从正态分布，且每次测量误差是独立的。由于用 n 个点建立一条校准曲线不可能每个点都落在曲线上，即校准点有一定波动，故校准函数应写作 $y=b_0+b_1c+\Delta y$，其中 Δy 代表测量值的波动，其大小可用方差 σ_y^2 表示。

如果校准函数不是线性的，则可通过变量变换为线性。例如，离子选择性电极的信号 E 与 c 成对数关系，属于特例。普遍的简化方法是假设在一个小浓度范围内是线性的，如发射光谱、X 射线荧光光谱等。这类仪器方法校正准确度取决于试样浓度范围、响应曲线的曲率大小。可采用多项式校准函数，在函数中引入二次项，得 $y=b_0+b_1c+b_2c+\Delta y$。用最小二乘法由实验数据求得三个参数 b_0、b_1 和 b_2，从而得到校准函数。同样可求出数据点波动方差。如果由二次多项式模型算出的方差 $(\sigma_y^2)_2$ 比用线性模型校正的 σ_y^2 显著地小，

则说明应用二次模型校正；反之，若二者差异不大，则表示可用线性校正。

根据标准物不同，各类仪器的定量方法校正一般分为外标法和内标法两大类。外标法所使用的标准物与被测定物是同一物质，内标法的标准物与被测定物不是同一物质。根据仪器类型、操作条件、试样组成、分析要求等不同，操作技术大同小异，可形成多种名称的定量校正方法，除校准曲线法、外标法、内标法外，还有标准加入法、单点校正法等。需要指出的是，在多组分同时定量测定中，可结合采用外标法和内标法。个别仪器的定量方法校正可能需采用非仪器方法，如化学定量分析校正。

思考题与习题

1. 化学分析与仪器分析的主要区别是什么？从分析化学整体来看，它们有哪些共同点？

2. 试说明分析化学的定义或学科内涵随学科发展的变化。

3. 试说明仪器分析在当代分析化学中的作用和地位。仪器分析主要有哪些分析方法？请分别加以简述。

4. 请解释、定义下列名词：精密度、灵敏度、检出限、选择性、线性范围。

5. 教材列出了与建立现代仪器分析方法有关的某些获得诺贝尔奖的科学家及其贡献，你能提供个别你感兴趣的科学家的生平、研究经历的资料吗？从中你受到了什么启迪？

6. 试说明分析仪器与仪器分析的区别与联系。分析仪器涉及化学以外的哪些主要学科？

7. 仪器分析有何显著特点？通用分析仪器和专用分析仪器有何异同之处？

8. 采用分析仪器进行定量分析前为什么要进行校正？

9. 仪器分析的联用技术有何显著优点？

10. 对生命科学、环境科学、食品质量与安全、食品科学、生物工程等科技工作者，学习仪器分析的重要性体现在何处？

第二章 紫外-可见分光光度新方法

第一节 双波长和三波长分光光度法

在分析化学领域，分光光度法是一种应用范围很广的方法。但是由于传统的单波长分光光度法（单波长法）要求试液本身透明，不能有浑浊，因而当试液在测定过程中慢慢产生浑浊时就无法正确测定。单波长法对于吸收峰相互重叠的组分或背景很深的试样也难以得到正确的结果。此外，在传统的单波长法中，由于试样池和参比池之间不匹配，试液与参比液组成不一致，以及对于弱的光信号（如 $A<0.01$）的测定均会产生较大的误差。

由于单波长法具有上述局限性和缺点，双波长分光光度法（双波长法）逐渐发展起来。双波长法的建立在一定程度上克服了单波长法的局限性，扩展了分光光度法的应用范围，在选择性、灵敏度和测量精密度等方面都比单波长法有了进一步的改善和提高。

分光光度法不仅包括单波长分光光度法、双波长分光光度法，还包括三波长分光光度法（三波长法）。三波长法的特点是可以消除浑浊或其他干扰成分对测定的影响。双波长法和三波长法都可以消除某些干扰成分对测定的影响。在双波长法中，一般是寻找干扰成分的等吸收点，从而使整个吸收光谱上下平移来消除干扰成分的影响。但由于实际的测定对象是千变万化的，往往会出现干扰成分的吸收光谱没有吸收峰而找不到合适的等吸收点的情况，这时使用一般的双波长法来进行测定必然影响测定的准确度。在三波长法中，除了能将吸收光谱上下平移，还能校正吸收光谱的倾斜度，因而在干扰成分的吸收光谱上找不到等吸收点时，应用三波长法进行测定就比用双波长法更加准确。

一、双波长分光光度法

（一）基本原理

如图 2-1 所示，从光源发出的光分成两束，通过各自的单色器，成为具有任意波长差，波长分别为 λ_1 和 λ_2 的两束单色光，经过切光器的调制，两束单色光以一定的时间间隔交替通过盛有试样溶液的同一吸收池，透射光经过检测器的光电转换系统和电子控制系统的作用，在数字电压表上显示出在 λ_1 和 λ_2 处的吸光度差，根据朗伯-比尔定律：

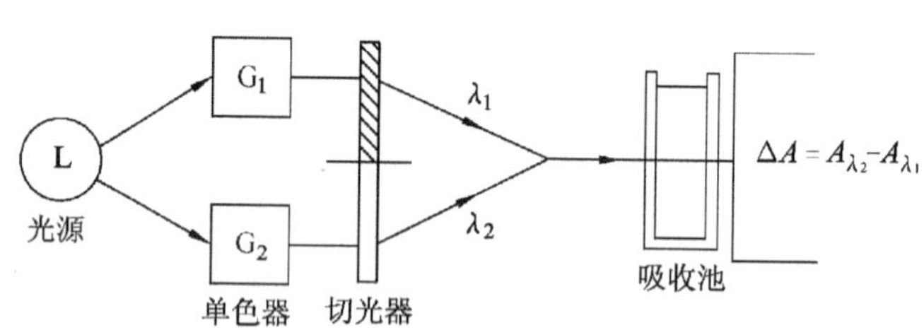

图 2-1 双波长分光光度法的原理

$$\Delta A=A_{\lambda_2}-A_{\lambda_1}=(\varepsilon_{\lambda_2}-\varepsilon_{\lambda_1})bc \tag{2-1}$$

式中，ε_{λ_2} 和 ε_{λ_1} 分别表示在波长 λ_2 和 λ_1 处待测物的摩尔吸光系数，b 和 c 分别表示吸收池的光程和待测物的摩尔浓度。

吸光度差 ΔA 亦可用 λ_1、λ_2 处的透射光强度比的对数与入射光强度比的对数之差表示：

$$\Delta A = \lg \frac{I_{\lambda_1}}{I_{\lambda_2}} - \lg \frac{I_{0\lambda_1}}{I_{0\lambda_2}} \tag{2-2}$$

式中，I_{λ_1}、I_{λ_2} 和 $I_{0\lambda_1}$、$I_{0\lambda_2}$ 分别为 λ_1、λ_2 处的透射光强度和入射光强度。

式(2-2)中的第二项表示在两个波长处，由于光源输出、波长辨别、检测器的响应及仪器的增益不同而产生的入射光强度的差别。对于大多数常规光度计，由于采用连续、非脉冲光源和稳定的检测器，在给定的波长处，这一项基本上是一个常数，其值趋于零。

对于浑浊试样或成分复杂、背景吸收较大的试样，采用经典的分光光度法就难以找到合适的参比溶液来消除其干扰。若采用双波长分光光度法，将 λ_2 选择在被测组分的最大吸收波长处，λ_1 选择在基本无吸收的波长处，则可以从分析波长的信号中减去参比波长的信号，消除了干扰，大大提高了方法的选择性和灵敏度。

1. 单组分的分析

测定波长 λ_2 和 λ_1 通常选用被测组分的最大吸收波长和等吸收点波长。若无等吸收点或等吸收点无法准确确定，可以选用被测组分的最大吸收波长和该组分吸收光谱曲线下端的某一波长作为测定波长。

2. 双组分中某一组分的分析

试样中若含有 A、B 二组分，组分 B 会干扰组分 A 的测定。若采用双波长分光光度法，可不分离 B 而直接测定 A 的含量。

(1) 双波长等吸收点法。

为了消除干扰组分 B 的吸收，分析波长 λ_2 选择在组分 A 的最大吸收峰处或它的附近，参比波长 λ_1 用作图法确定；同理，如果要测定组分 B 而消除干扰组分 A 的干扰，分析波长 λ_2' 选择在组分 B 的最大吸收峰处，如图 2-2 所示。在组分 A(B)的 $\lambda_2(\lambda_2')$ 处作一垂直于横坐标的直线，该直线与干扰组分 B(A)相交于某一点，再从这一点作平行于横坐标的直线并与组分 B(A)的吸收曲线相交于一点或几点，与该交点相对应的波长作为参比波长，如图中的 $\lambda_1(\lambda_1')$。所选择的 $\lambda_2(\lambda_2')$ 和 $\lambda_1(\lambda_1')$ 应符合以下条件：第一，干扰组分在该两波长处的吸光度相同；第二，被测组分在该两波长处的吸光度差 $\Delta A(\Delta A')$ 要足够大。

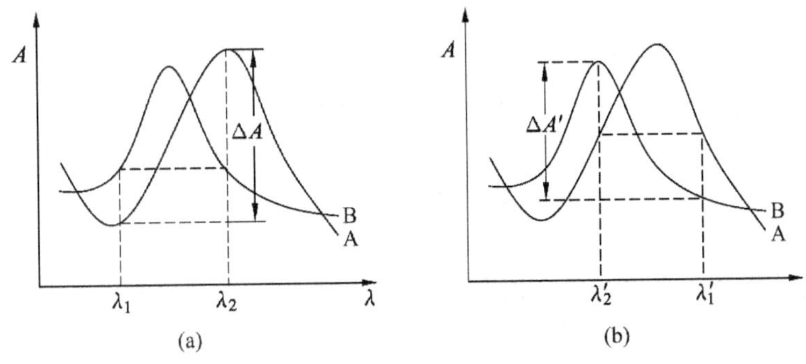

图 2-2　双波长等吸收点法示意图

由吸光度加和性可知，混合试样在 λ_2 和 λ_1 处的吸光度可表示为

$$A_{\lambda_2}=A_{\lambda_2}^{A}+A_{\lambda_2}^{B}$$

$$A_{\lambda_1}=A_{\lambda_1}^{A}+A_{\lambda_1}^{B}$$

双波长分光光度计的输出信号为

$$\Delta A=A_{\lambda_2}-A_{\lambda_1} \tag{2-3}$$

合并以上三式，得

$$\Delta A=A_{\lambda_2}^{A}+A_{\lambda_2}^{B}-A_{\lambda_1}^{A}-A_{\lambda_1}^{B}$$

因为

$$A_{\lambda_2}^{B}=A_{\lambda_1}^{B}$$

所以

$$\Delta A=A_{\lambda_2}^{A}-A_{\lambda_1}^{A} \tag{2-4}$$

式(2-4)表明，此时测得的 ΔA 与干扰组分无关。

(2) 系数倍率法。

当干扰组分B的吸收光谱曲线无吸收峰，仅出现陡坡，不存在吸光度相等的两个不同波长(图2-3)时，可采用系数倍率法。利用双波长分光光度计本身的电子线路，选择被测组分吸收差值大的波长进行测定。用差分放大器可获得混合试样在波长 λ_2 和 λ_1 处的差示信号 S：

$$S=K_2A_{\lambda_2}^{A}+K_2A_{\lambda_2}^{B}-K_1A_{\lambda_1}^{A}-K_1A_{\lambda_1}^{B}$$

式中，K_2 和 K_1 分别为在 λ_2 和 λ_1 处的放大系数，组分A和B在 λ_2 和 λ_1 处的吸光度分别为 $A_{\lambda_2}^{A}$、$A_{\lambda_2}^{B}$ 和 $A_{\lambda_1}^{A}$、$A_{\lambda_1}^{B}$。调节仪器中的信号放大器使干扰组分B在波长 λ_2 和 λ_1 处的信号相等，由此得系数倍率 K 为

$$K=\frac{K_1}{K_2}=\frac{A_{\lambda_2}^{B}}{A_{\lambda_1}^{B}}$$

$$K_2A_{\lambda_2}^{B}-K_1A_{\lambda_1}^{B}=0$$

则

$$S=K_2A_{\lambda_2}^{A}-K_1A_{\lambda_1}^{A} \tag{2-5}$$

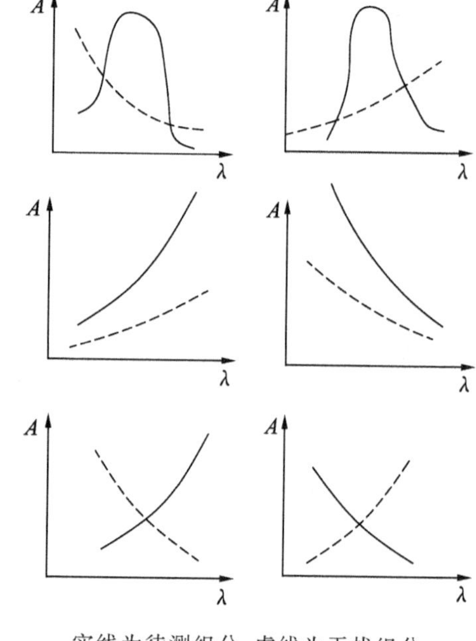

实线为待测组分，虚线为干扰组分

图2-3 几种吸收光谱的组合

式(2-5)表明，干扰组分消除，信号 S 与被测组分的吸光度值有关，从而可以测定其含量。由此说明，引入系数倍增器后，可消除没有吸收峰的干扰组分的影响，测得的信号只与待测组分的吸光度有关，并且与待测组分的浓度成正比。

(二) 双波长分光光度计

双波长分光光度计采用两个单色器，如图2-4所示。光源的光束经两个单色器后分别产生波长为 λ_1 和 λ_2 的两单色光，由切光器使两单色光以一定的时间间隔交替通过同一吸收池，并被光电倍增管交替接收，测得吸光度差 ΔA。

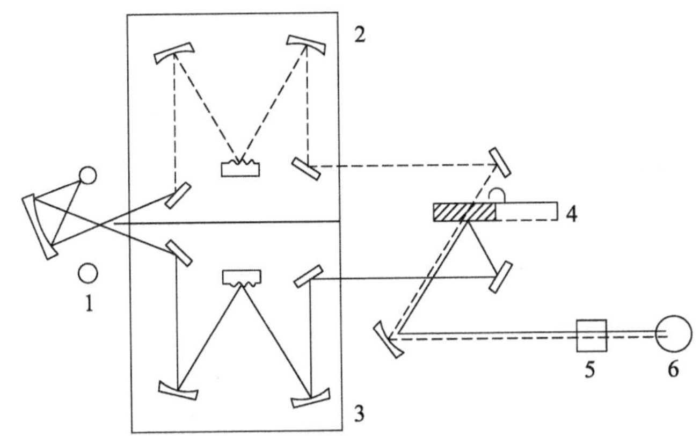

1—光源；2,3—两个单色器；4—切光器；5—样品池；6—光电倍增管

图 2-4　双波长分光光度计光路示意图

当光强度为 I_0 的两单色光 λ_1 和 λ_2 交替通过同一吸收池时，根据朗伯-比尔定律，在波长 λ_1 处：

$$A_{\lambda_1}=\lg\frac{I_0}{I_{\lambda_1}}=\varepsilon_{\lambda_1}bc+\Delta A_{S_1} \tag{2-6}$$

在波长 λ_2 处：

$$A_{\lambda_2}=\lg\frac{I_0}{I_{\lambda_2}}=\varepsilon_{\lambda_2}bc+\Delta A_{S_2} \tag{2-7}$$

式中，ΔA_{S_1} 和 ΔA_{S_2} 为背景吸收，若 λ_1 和 λ_2 很相近，可视为相等。因此，通过吸收池后的光强度差为

$$\Delta A=A_{\lambda_2}-A_{\lambda_1}=\lg\frac{I_{\lambda_1}}{I_{\lambda_2}}=(\varepsilon_{\lambda_2}-\varepsilon_{\lambda_1})bc \tag{2-8}$$

式(2-8)表明，试样溶液中被测组分的浓度与两个波长 λ_2 和 λ_1 处的吸光度差 ΔA 成比例，这是双波长法的定量依据。

双波长分光光度计既可采用双波长的方式工作，也可采用单波长双光束的方式工作。双波长分光光度计不仅可测定多组分混合试样、浑浊试样，还可测得导数吸收光谱。测量时使用同一吸收池，不用空白溶液作参比，消除了参比池的不同和制备空白溶液等产生的误差。此外，使用同一光源来获得两束单色光，减小了由光源电压变化而产生的误差，灵敏度较高。

（三）双波长分光光度法的特点

双波长分光光度法具有如下特点：

(1) 可进行浑浊试样的分析。

(2) 通过适当的波长组合，可进行双组分或三组分混合物的同时测定。

(3) 当波长相差 1～2 nm 时，使双波长同时扫描，可记录一阶导数光谱。

(4) 采用一波长固定，另一波长扫描，记录吸收光谱，可消除浑浊背景的影响。

(5) 采用双笔记录器，可记录溶液中发生的两种现象。

从原理上讲，单波长法(单光束和双光束)和双波长法的不同之处是：双波长法用两个

单色器，得到两个不同波长的单色光，测量的是两个波长处的吸光度差，使用一个吸收池，取消了参比池。在单波长法中，仅用一个单色器，采用两个吸收池，测量的是相对于参比溶液为零时待测组分的吸光度。由于试样千变万化，一般难以找到非常合适的参比，通常采用的参比也只是近似的。特别是当样品溶液浑浊时，更难找到浑浊度与试样完全一致的参比。当样品溶液的吸光度很小时，两个吸收池的位置、吸收池常数、污染情况以及参比溶液与样品溶液组成上的差异会给测量带来较大的误差。而在双波长法中，则可完全避免这些误差，而且由于记录两波长的信号差，光源电压和外电源的变化对测定无明显的影响，从而提高了测量的精密度。

由于双波长分光光度计的光路结构和电学线路较为复杂，仪器价格比较昂贵，因此，许多分析化学工作者致力于用普通的单波长分光光度计（单光束和双光束）开展双波长法的应用研究，一般采用两种方法：一是用常规分光光度法分别测定样品在两个波长处的吸光度，然后算出吸光度差。此法操作较麻烦，误差较大。另一种方法是在普通的单波长分光光度计上连接适当的附件，直接测量样品在两个波长处的吸光度差。这些方法在仪器工作性能较好和仔细操作的条件下，能消除浑浊背景和吸收干扰物的影响，也能获得较好的结果。

（四）双波长分光光度法的应用

1. 在无机分析中的应用

（1）双组分同时测定。

有些化学性质相似的元素可在一定条件下同时与一种显色剂反应，生成的有色配合物吸收光谱相互重叠，相互干扰测定。由于它们的化学性质相似，一般难以找到合适的掩蔽剂来消除干扰影响。采用双波长法，通过适当的波长组合，就能顺利地消除干扰影响，实现双组分同时测定。

① 钼和钛的测定。在 TritonX-100 存在下，苯基荧光酮与钼和钛形成有色配合物，可采用双波长法（波长组合为 514 nm 和 541 nm）测定钼，采用单波长法（$\lambda=560$ nm）测定钛。此法可用于钢铁中钼和钛的同时测定。

② 铅和锌的测定。在 pH＝9.24 的硼酸盐缓冲液中，铅、锌与 5-Br-PADAP 生成配合物。显色剂的吸收峰在 445.0 nm，铅配合物的吸收峰在 582 nm，锌配合物的吸收峰在 557.0 nm。两种配合物一经生成，吸光度值便达到最大，且可稳定 5 h。灵敏度均为单波长法的 1.4 倍。用双波长等吸收点法可以同时测定铅和锌，以各自的配合物的吸收峰为测量波长，采用作图法、扫描法和精选法求参比波长，得到的波长组合是：铅的 $\lambda_1=582$ nm，$\lambda_2=493.4$ nm；锌的 $\lambda_1=557$ nm，$\lambda_2=593.2$ nm。此法可用于合成水样和工业废水分析。用回归方程计算结果，相关系数 $r_{Pb}=0.9997$，$r_{Zn}=0.9986$。

③ 铂和钯的测定。在 8 mol·L^{-1}的盐酸介质中，用双十二烷基二硫代乙二酰胺（简称 DDO）作显色剂，与铂、钯生成配合物，用氯仿-石油醚（1∶3）萃取。铂、钯的吸收曲线互相重叠，可以用双波长等吸收点法测定钯。在测定铂时，因等吸收点波长在紫外区，试剂有强烈吸收，改用导数分光光度法测定。用双波长等吸收点法，以钯配合物吸收峰 445 nm 为测量波长，以作图法和精选法求得的等吸收点 538.5 nm 为参比波长，可消除铂的干扰而测定钯。此法可用于测定矿石中的铂和钯。

用PAR作显色剂，先在pH≈10的EDTA-NaOH缓冲溶液中，于80 ℃水浴中加热使钯生成配合物，在514 nm下测定钯。然后以HCl-$SnCl_2$为介质，用乙酸乙酯萃取分离，用双波长法（波长组合为400 nm和480 nm）测定铂。

(2) 三组分的测定。

① 锡、钼、钛的测定。以水杨基荧光酮(SAF)-CTAMB为显色体系，用计算机选择波长对。测锡时波长对为530.0 nm和508.1 nm；测钛时波长对为528.6 nm和541.8 nm。由于在490～580 nm间没有测钼的合适波长对，只能从锡、钼、钛三元合成试样中测定锡和钛，由差减法求钼。

② 铜、钴、镍的测定。应用两次双波长法和双波长计算法可以同时测定三元混合物中的铜、钴、镍。应用双显色双波长法（以CAS和5-Br-PADAP为双显色剂）可以从铜、钴、镍三元混合物中测定钴和镍，由差减法求铜。

(3) 四组分的测定。

① 铜、钴、镍、锰的测定。应用双显色波长法（以CAS和5-Br-PADAP为双显色剂）测定铜、钴、镍、锰四元混合物，采用消元法处理三元一次方程组，可以分别测定铜、钴、镍、锰。

② 铜、钴、镍、锌的测定。以5-Br-PADAP为显色剂，以显色剂吸收峰为参比波长，选择合适的波长为测量波长，采用多个测定波长以减小吸光度测定误差对结果的影响，并以反推的矩阵计算法求解方程，可分别测定四元混合物中的铜、钴、镍、锌。

(4) 单一组分测定中干扰组分影响的消除。

当待测组分和共存组分吸收光谱重叠而严重干扰待测组分时，采用双波长法可消除干扰组分的影响，提高测定的准确度。

用双波长法进行混合组分的分别测定时，由于测量两波长处的吸光度差，双波长法的灵敏度一般不会高于单波长法；但用双峰双波长法进行单组分测定时，如果选择显色剂的最大吸收波长作为参比波长，配合物的最大吸收波长作测定波长，由于化学反应消耗显色剂而降低了显色剂的吸收叠加在配合物吸收上，配合物的表观摩尔吸光系数增加，从而提高了测定的灵敏度。

双峰双波长法的测定原理如下：

设被测离子的浓度为c_M，显色剂的总浓度为c_R，金属离子与试剂形成配合物的配位比为n，因生成配合物而消耗的显色剂量为nc_M，在配合物最大吸收峰（测定波长）λ_1、显色剂最大吸收峰（参比波长）λ_2处，配合物和显色剂各自的摩尔吸光系数分别为$\varepsilon_{\lambda_1}^{MR}$、$\varepsilon_{\lambda_1}^{R}$、$\varepsilon_{\lambda_2}^{MR}$和$\varepsilon_{\lambda_2}^{R}$。

在λ_1处以空白试剂为参比，测得配合物溶液的吸光度为

$$A_{\lambda_1}=c_M\varepsilon_{\lambda_1}^{MR}+(c_R-nc_M)\varepsilon_{\lambda_1}^{R}-c_R\varepsilon_{\lambda_1}^{R}=c_M(\varepsilon_{\lambda_1}^{MR}-n\varepsilon_{\lambda_1}^{R})$$

在参比波长λ_2处测得以配合物溶液作参比的试剂空白溶液吸光度为

$$A_{\lambda_2}=c_R\varepsilon_{\lambda_2}^{R}-[(c_R-nc_M)\varepsilon_{\lambda_2}^{R}+c_M\varepsilon_{\lambda_2}^{MR}]=c_M(n\varepsilon_{\lambda_2}^{R}-\varepsilon_{\lambda_2}^{MR})$$

两波长处的吸光度绝对值之和为

$$A_{\lambda_1+\lambda_2}=A_{\lambda_1}+A_{\lambda_2}=c_M[(\varepsilon_{\lambda_1}^{MR}-\varepsilon_{\lambda_2}^{MR})+n(\varepsilon_{\lambda_2}^{R}-\varepsilon_{\lambda_1}^{R})]=kc_M$$

式中，$k=(\varepsilon_{\lambda_1}^{MR}-\varepsilon_{\lambda_2}^{MR})+n(\varepsilon_{\lambda_2}^{R}-\varepsilon_{\lambda_1}^{R})$，因此$A_{\lambda_1+\lambda_2}$与$c_M$成线性关系。

例如，用双峰双波长法测定铅就是以试剂空白为参比，在配合物的最大吸收波长 510 nm 处测定配合物的吸光度(此值为正值)，在显色剂双硫腙的最大吸收波长 610 nm 处测定显色剂的吸光度(此值为负值)。以 $\Delta A = A_{\lambda_1} - A_{\lambda_2}$ 代替经典法中的 A_{λ_1} 作纵坐标。本法不但考虑了铅-双硫腙配合物增加的吸光度 A_{λ_1}，而且还考虑到显色剂双硫腙由于铅的配位而减小的吸光度 A_{λ_2}。由于 A_{λ_2} 为负值，故 $\Delta A > A_{\lambda_1}$，双峰双波长法与经典的单波长法相比测铅的灵敏度大为提高。

2. 在有机及药物分析中的应用

双波长法在石油、化工、食品色素、药物分析中的应用日益增多，特别是在药物分析中的应用近年来发展较快。双波长法主要应用于同时测定双组分或消除干扰组分的影响。

(1) 在有机分析中的应用。

① 多环芳烃的分析。多环芳烃包括菲、蒽、芘、三亚苯、苯并[a]蒽、苯并[e]芘等。菲、蒽、芘、三亚苯、苯并[a]蒽的吸收曲线严重重叠，用单波长法难以测定，而用双波长法选择三组波长对(257.0 nm 和 266.5 nm，250.0 nm 和 288.0 nm，288.0 nm 和 297.5 nm)即可分别测定。

② 苯二甲酸异构体中对苯二甲酸的测定。苯二甲酸有多种异构体，其吸收光谱类似，混合存在时，用通常的分光光度法分别定量是有困难的。用双波长等吸收点法可以消除间苯二甲酸的干扰，用以测定其中 0.02%的对苯二甲酸，所用波长对为 $\lambda_1 = 262.5$ nm，$\lambda_2 = 277$ nm，测量精密度良好。

(2) 在药物分析中的应用。

① 快速感冒片中扑热息痛的测定。快速感冒片的处方组成是扑热息痛、咖啡因、扑尔敏、人工牛黄、淀粉等。扑热息痛在 258 nm 处有最大吸收，扑尔敏、人工牛黄、淀粉的混合物在 246～300 nm 间的吸收为一水平直线。可见，影响扑热息痛的主要干扰是咖啡因。用作图法求得参比波长为 283.8 nm，可消除咖啡因的干扰。

② 扑感敏片的分析。应用系数倍率法同时测定扑感敏片中扑热息痛、氨基比林和咖啡因的含量，波长对分别为 249 nm 和 292 nm，271 nm 和 286 nm，277 nm 和 292 nm，变异系数分别为 0.92%、0.45%和 1.45%($n=10$)。

应用微机选择波长对，以系数倍率法测定克感灵片中非那西丁、氨基比林和咖啡因的含量。

③ 复方阿司匹林片的分析。应用微机选择波长对，不经分离，用系数倍率法测定复方阿司匹林片剂中阿司匹林、非那西丁和咖啡因的含量。其平均回收率分别为 100.0%±0.25%、100.6%±0.34%和 100.0%±0.34%。

④ 维生素 A 和维生素 E 混合液中有效成分的分别测定。用异丙醇作为维生素 A 和维生素 E 的溶剂，由 $\lambda_1 = 305.0$ nm、$\lambda_2 = 270.8$ nm 测定维生素 E 中 0.1 国际单位/mL 的维生素 A，由 $\lambda_1 = 292.0$ nm、$\lambda_2 = 349.9$ nm 测定 1 $\mu g \cdot mL^{-1}$的维生素 E。

⑤ 安钠咖注射液的分析。安钠咖注射液中含有咖啡因和苯甲酸钠两个组分，可用双波长等吸收点法不经分离直接测定这两个组分。测定咖啡因时采用波长组合 272 nm 与 263 nm。测定苯甲酸钠时采用波长组合 230 nm 和 257 nm。还可以用双波长倍增差示法测定该注射液中的咖啡因和苯甲酸钠。

⑥ 奋乃静注射液的分析。可采用双波长等吸收点法不经分离直接测定含有抗氧剂维生素C的奋乃静注射液中的奋乃静含量。在奋乃静吸收峰254 nm处，维生素C吸收曲线中与此相应的等吸收点为231 nm，经精选法确定为231.1 nm。然后以254 nm作为测量波长，231.1 nm作为参比波长进行测定。

3. 双波长法作背景吸收和浑浊干扰的消除

在分光光度法分析中，有些显色剂或显色体系在测定条件下由于背景吸收较大，产生的误差显著地降低了测定的准确度，并使此方法的测定受到限制。用双波长系数倍率法，将显色剂作为一种干扰组分，选择适当的波长组合，使显色剂在两波长处的吸光度值为零，即可消除显色剂背景吸收的影响。与单波长法相比，双波长系数倍率法的测定限降低约一个数量级，测定的准确度和精密度显著提高。

用双波长法能在一定程度上消除浑浊背景的干扰，进行浑浊样品分析。例如，环境分析中，可用双波长法测定天然水中氯离子及磷的含量；在离子交换比色测定天然水中的铜、铬、锌、铁等时，用双波长法可有效地消除树脂相产生的光散射影响。在生物化学和临床医学上，浑浊样品较多，双波长法应用更为广泛。例如，测定血清中的胆红素对治疗或预防脑核黄疸有决定性意义，而高含量的胆红素容易导致样品浑浊，且血清中的血红蛋白在胆红素最大吸收(460 nm)处产生吸收而干扰测定。采用双波长法(波长组合为461 nm和551 nm)测定胆红素，可有效地消除浑浊和血红蛋白吸收的干扰，获得准确的结果。这种专用于血清中胆红素测定的双波长分析仪称为胆红素计，在临床实验室中被广泛应用。

二、三波长分光光度法

(一) 基本原理

如图2-5所示，在任一吸收曲线上，可以在任意选择的三个波长处测量吸光度。根据三角形和三角形相似，可推导出在上述三个波长处测量的吸光度具有下列函数关系：

$$|ST| = A_1 \frac{|PT|}{|P\lambda_1|} = A_1 \frac{|P\lambda_1 - \lambda_1 T|}{|\lambda_1 P|} = A_1 \frac{n}{m+n}$$

$$|T\lambda_2| = A_3 \frac{n}{m+n}$$

$$\Delta A = A_2 - |S\lambda_2| = A_2 - \frac{nA_1 + mA_3}{m+n} = \left(\varepsilon_{\lambda_2} - \frac{m\varepsilon_{\lambda_1} + n\varepsilon_{\lambda_3}}{m+n}\right)bc \tag{2-9}$$

式中，m和n分别表示$(\lambda_2-\lambda_1)$和$(\lambda_3-\lambda_2)$的数值，ε_{λ_1}、ε_{λ_2}和ε_{λ_3}分别为待测物在三波长处的摩尔吸光系数，c为待测物的摩尔浓度，b为光程。方程中的系数可预先求得，ΔA值与待测物浓度成正比，因而可通过曲线求出样品中待测组分的含量。从图2-5可知，如选择的三个波长相应于吸收曲线上三点处于一条直线上，则测得的ΔA值为零。因此，如果干扰组分的吸收光谱为一直线(如浑浊产生的干扰)，则在任选的三个波长处测定，测得的值与干扰物浓度无关；如果干扰组分的吸收光谱为一吸收曲线，

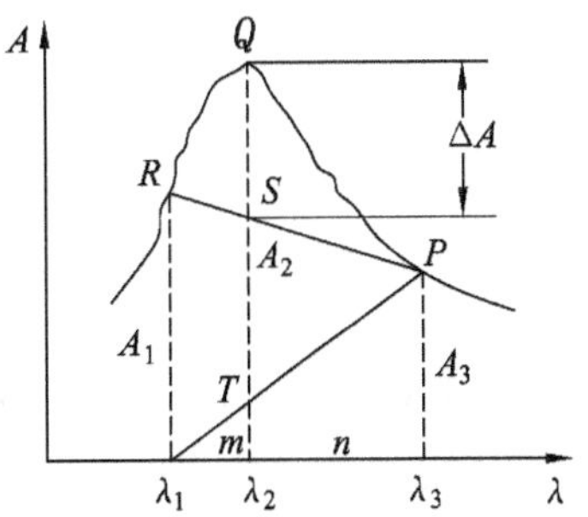

图2-5　三波长法原理图

只要在曲线上找到处在一条直线上的三点，在此三点相应的波长处测定，由于干扰物在此三波长处的值为零，故测得的吸光度只与待测组分的浓度有关。

当干扰组分的吸收曲线表现为双峰时，即可运用三波长法选择合适的三个波长使其ΔA为零，如图 2-6 所示。但是通常情况下，干扰组分的波形较为复杂，很少呈现双峰形状，而单峰波形则比较普遍，这就限制了三波长法的应用范围。为解决这一问题，可引入“零点”作为第三波长点，即在吸收曲线的端点附近的基线上选择一个波长点作为λ_3，如图 2-7 中的 P 点，它所对应的吸光度为零，从而使三波长法更具普遍性，消除了具有任何峰形吸收曲线干扰组分的影响。

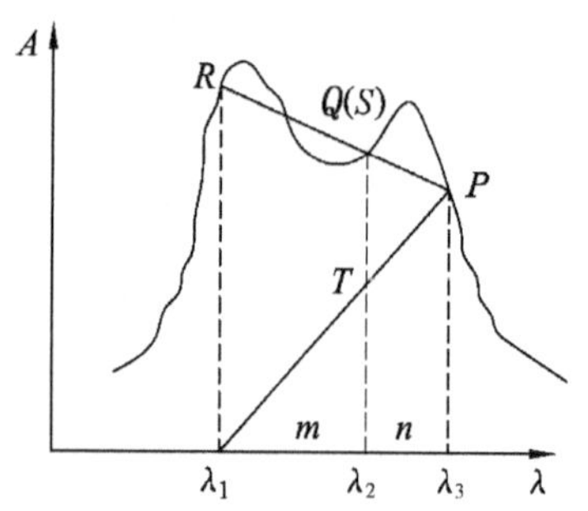

图 2-6　三波长法消除干扰示意图

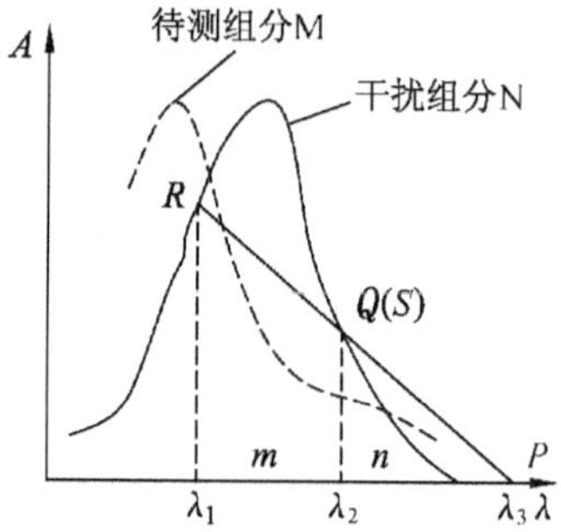

图 2-7　零点法原理示意图

$$\begin{aligned}\Delta A &= A_{\lambda_2}-\frac{n}{m+n}A_{\lambda_1}=(A_{\lambda_2}^{\mathrm{M}}-A_{\lambda_2}^{\mathrm{N}})-\frac{n}{m+n}(A_{\lambda_1}^{\mathrm{M}}-A_{\lambda_1}^{\mathrm{N}})\\ &=\left(A_{\lambda_2}^{\mathrm{M}}-\frac{n}{m+n}A_{\lambda_1}^{\mathrm{M}}\right)-\left(A_{\lambda_2}^{\mathrm{N}}-\frac{n}{m+n}A_{\lambda_1}^{\mathrm{N}}\right)\\ &=A_{\lambda_2}^{\mathrm{M}}-\frac{n}{m+n}A_{\lambda_1}^{\mathrm{M}}=\left(\varepsilon_{\lambda_2}^{\mathrm{M}}-\frac{n}{m+n}\varepsilon_{\lambda_1}^{\mathrm{M}}\right)bc_{\mathrm{M}}\end{aligned} \tag{2-10}$$

与双波长法相比，三波长法能更有效地消除散射干扰物的影响，因而更适合于浑浊样品分析；此外，对吸收干扰物，如果在它的吸收光谱上找不到合适的等吸光度点，用一般分光光度计就难以进行双波长测定，而用三波长法就可顺利完成测定。

（二）三个波长的选择

1. 等吸光度点法

如果在干扰组分的吸收光谱上能找到三个等吸光度点，且在此三波长处测得的待测组分值较大，则可用本法。用氨基 C 酸偶氮氯膦测定稀土和钪的混合物中的钪时，采用此法选择三个波长。

2. 计算法

应用等吸光度点法选择三个测定波长比较方便，但并不是任何干扰组分的吸收光谱都可找到三个等吸光度点，或者测得吸光度值的大小。因此，必须有一种通用的方法，即计算法。在这种方法中，可根据情况任选三个波长，由作图法找到近似波长，然后通过式(2-10)计算使 ΔA 为零来确定。用氨基 C 酸偶氮氯膦三波长法测定 RE-SC 混合物中的稀土时，采用此法选择三个波长。

（三）三波长分光光度法的应用

1. 在无机分析方面的应用

在 0.8 mol·L^{-1}乙酸介质中，氨基 C 酸偶氮氯膦与稀土或钪生成稳定的有色配合物，其吸收光谱如图 2-8 所示。钪配合物在 626.5 nm 和 680 nm 处有一高一低的吸收峰，各稀土元素的最大吸收峰位置相近(672.5～676 nm)。用三波长分光光度法可同时测定稀土和钪，消除相互间的干扰。测定钪时选定的三个波长为 626.5 nm、654.0 nm 及 688.0 nm，测定稀土时的三个波长为 626.5 nm、672.5 nm 及 701.0 nm。文献提出，钼(Ⅵ)或钨(Ⅴ)与苯基荧光酮-CPC 形成灵敏的胶束配合物，钼、钨配合物的吸收光谱相互重叠，钨严重干扰钼的测定。采用三波长法，选择三个波长为 516 nm、528 nm 和 544 nm，可在钨存在下测定钼，获得了令人满意的结果。

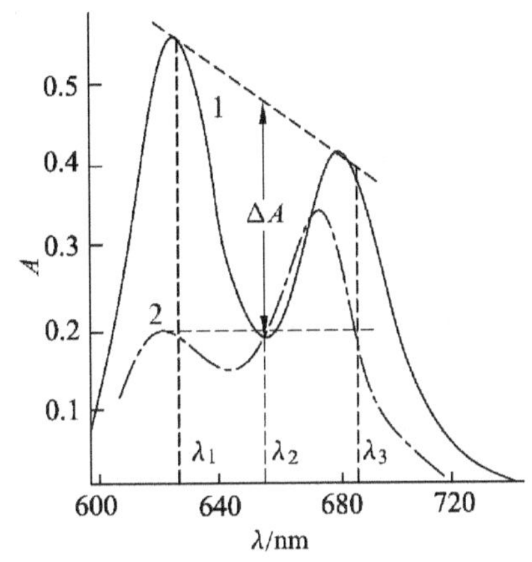

(a) 测定钪（三个波长：λ_1=626.5 nm, λ_2=654.0 nm, λ_3=688.0 nm）

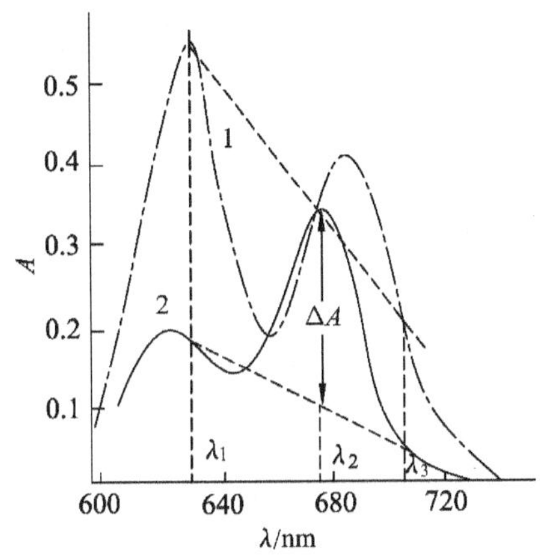

(b) 测定稀土（三个波长：λ_1=626.5 nm, λ_2=672.5 nm, λ_3=701.0 nm）

1—Sc-R 对水；2—La-R 对水

图 2-8　三个测定波长的选择

如前所述，应用氨基 C 酸偶氮氯膦测定钪和镧混合物，三波长的选择如图 2-8 所示。进行合成样品的分析时，应用 UV-300 型仪器，误差在 10%以内；应用 XG-125 型仪器，误差在 20%以内。应用同样的显色体系，UV-300 型仪器并用电子计算机选择三波长，采用补偿计算法公式计算，在钪存在下测定镧，相对偏差小于 6%。

用三波长法(零点法)以 PAR 显色体系测定铜和镓，以茜素 S 显色体系测定铜和铝，以邻苯二酚紫显色体系测定铁和铝已有应用。

2. 在有机及药物分析中的应用

(1) 复方麻黄碱片的分析。

复方麻黄碱片(别名咳喘片)中含有盐酸苯海拉明和盐酸麻黄碱两种组分。应用三波长法，可不经分离直接测定复方麻黄碱片中盐酸苯海拉明和盐酸麻黄碱的含量。用电子计算机选择三波长，确定前者组合波长为 238 nm、243 nm 和 258.5 nm，后者组合波长为 240 nm、250 nm 和 266.1 nm。将适量样品以 0.1 mol·L^{-1}硫酸溶解并过滤，测定滤液的吸光度。盐酸苯海拉明的平均回收率为 99.7%±0.57%，盐酸麻黄碱的平均回收率为 99.5%±0.71%。

(2) 复方氨基比林注射液的分析。

复方氨基比林注射液是氨基比林、安替匹林和巴比妥的复方制剂。在酸性溶液中，巴比妥在 230 nm 以上无吸收，而氨基比林和安替匹林则有较强的吸收，但相互重叠。应用三波长法，在巴比妥存在下，可直接测定氨基比林注射液中氨基比林和安替匹林的含量。应用岛津 UV-260 型分光光度计进行测定，该仪器具有计算三波长测定的 ΔA 的功能，因而方法简单且快速。线性范围是：安替匹林浓度 0.008～0.012 $ng \cdot mL^{-1}$，氨基比林浓度 0.02～0.03 $ng \cdot mL^{-1}$。

(3) 安钠加注射液的分析。

安钠加注射液含咖啡因和苯甲酸钠，在 0.1 $mol \cdot L^{-1}$ 盐酸介质中两种组分的吸收光谱相互重叠，采用三波长法可同时测定上述两组分，消除相互间的干扰。测定咖啡因的三个波长为 272.0 nm、288.0 nm 和 247.5 nm。测定苯甲酸钠的三个波长为 230.0 nm、238.0 nm 和 223.0 nm。应用岛津 UV-240 型分光光度计（电子计算机控制，并附有三波长测定和运算程序）进行三波长测定和计算，甚为简便。

在实际工作中，三波长法中的波长选择和计算比单波长法麻烦且费时，但测定的准确度、精密度比解联立方程组分析混合组分的方法高。随着计算机技术的普及，用电子计算机控制的分光光度计广泛应用，已设计出三波长法的专用计算程序，岛津 UV-240、UV-260 型双光束紫外-可见分光光度计就是具有这种功能的仪器。它们可对样品溶液中待测组分的三波长自动测定并进行结果计算，操作简便快速。

第二节　示差和全内反射长毛细管吸收池分光光度法

一、示差分光光度法

对于一个待测体系，即使假定没有化学上的误差（如对比尔定律的偏离）或其他方面的误差因素存在，一般光度分析法在高浓度或过低浓度范围内也是受到限制的。因为在高浓度吸收物质的情况下，透过的辐射能小到对光度计的灵敏度来说已不适应；在过低浓度的情况下，固有的检流计或其他显示装置的读数误差相对于测量的量来说过大。实际上，在用分光光度法的测量中，在不同的透光率（或吸光度）范围具有不同的误差。在透光率为 20%～65%（吸光度为 0.2～0.8）的范围内误差较小，在透光率为 36.8%（吸光度为 0.434）时误差最小。以纯溶剂为参比的这种普通分光光度测量方法在很低的透光率（高浓度溶液）或很高的透光率（过低浓度溶液）范围，其相对误差都是非常大的。也就是说，普通分光光度法不适用于高含量或痕量物质的分析，此时可采用示差分光光度法。若用一已知合适浓度的标准溶液作为参比溶液，调节仪器的 100%透光率点（即零吸光度点），测量试样溶液对该已知标准溶液的透光率，则可以改善测量吸光度的精确度。这种方法称为示差分光光度法，其原理如图 2-9 所示。

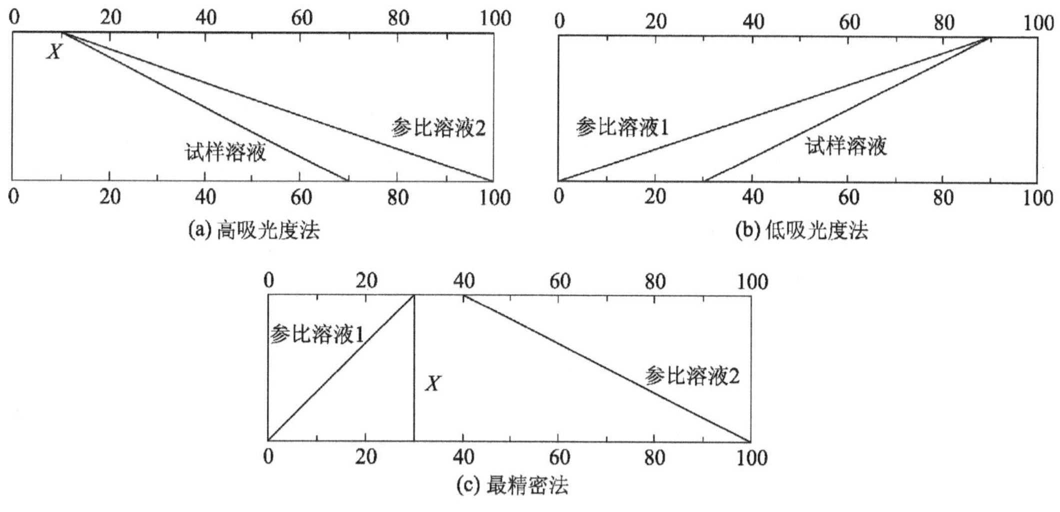

图 2-9　示差分光光度法原理示意图

按所选择测量条件的不同，示差分光光度法有三种操作方法：

(1) 高吸光度法：光电池未受光时，其透光率为 0%，用浓度比试样溶液稍低的标准溶液作参比，调节透光率为 100%，测定未知样吸光度的方法。该方法适用于高含量的测定。

(2) 低吸光度法：先用空白溶液调节透光率为 100%，然后用一较试样溶液浓度稍高的标准溶液作参比，调节透光率为 0%，测定未知样溶液吸光度的方法。该方法适用于痕量物质的测定。

(3) 最精密法：同时用浓度不同的两种标准溶液（试液的浓度须介于两标准溶液之间）分别调仪器的 100%透光率点及零透光率点，测定未知样溶液吸光度的方法。

较常用的是高吸光度法，其原理如下：

设用作参比的标准溶液浓度为 c_s，待测溶液浓度为 c_x，且 $c_x > c_s$，根据朗伯-比尔定律得

$$A_x = \varepsilon c_x b$$
$$A_s = \varepsilon c_s b$$

两式相减：

$$\Delta A = A_x - A_s = \varepsilon b(c_x - c_s) = \varepsilon b \Delta c \tag{2-11}$$

用已知浓度的标准溶液作参比，调节其吸光度为零（透光率为 100%），然后测量待测溶液的吸光度，这时测得的吸光度实际上是这两种溶液吸光度的差值（相对吸光度）。由式(2-11)可知，所测得的吸光度差值与这两种溶液的浓度差成正比。这样便可以把空白溶液为参比的稀溶液标准曲线作为 ΔA 对应于 Δc 的工作曲线，根据测得的 ΔA 找出相应的 Δc 值，由 $c_x = c_s + \Delta c$ 便可求出待测溶液的浓度，这就是示差法定量测定的基本原理。

用示差分光光度法可以大大提高测量的精确性和再现性。示差分光光度法实质上相当于把仪器的测量标尺放大，以提高测定的精确性。以高吸光度法的测量为例，如果标准溶液以常规法测得的透光率为 10%，则用示差分光光度法将透光率调至 100%，意味着标

尺扩大了 10 倍。若待测试液以常规法中的最终分析法测得的透光率为 5%,则用标准溶液作参比的示差分光光度法测得的透光率为 50%,从而相对地增加了此种测量方法的精确性。

在水质检测中,用分光光度法测定样品时经常会遇到高浓度的水样,通常须稀释样品后测定,而多次稀释或改用小比色皿等方法会带来不确定的误差,如何快速测定高浓度水样是测定人员首先需要解决的问题。示差分光光度法作为现代仪器分析中分光光度法的一种衍生分析方法,在化学分析、定量分析等多个领域得到了广泛的应用。

二、全内反射长毛细管吸收池分光光度法

长光程光导吸收池实际上是一种液体芯子的光导纤维,因此有人也将全内反射长毛细管吸收池分光光度法称为光导光度法,其显著特点是可以极大地提高分光光度法的灵敏度及测量的线性范围。

(一) 方法原理

根据光纤理论,液芯光纤吸光度由光的吸收、散射和耦合三部分组成。如果以激光为光源,通过适当的数学近似处理,可以得到吸光度 A 与浓度 c、液芯光纤长度 l、模吸收系数 α_1、模散射系数 β_1 及耦合系数 D 之间的函数关系:

$$A=\varepsilon lc+\lg\frac{\mathrm{Coch}(\gamma_0,l)+\frac{\omega^2}{S_0^2}\mathrm{Soch}(\gamma_0,l)}{\mathrm{Coch}(2l\sqrt{\beta_1 D})+\frac{\omega^2}{2}\sqrt{\frac{\alpha_1\varepsilon c}{D}}\mathrm{Soch}(2l\sqrt{\beta_1 D})} \tag{2-12}$$

式(2-12)中

$$S_0^2=\sqrt{\frac{4D}{\alpha_1\varepsilon c+\beta_1}}$$

$$\gamma_0=2\sqrt{(\alpha_1\varepsilon c+\beta_1)D}$$

$$D=\left(\frac{\lambda}{4\pi a}\right)^2 d_0$$

其中,ε 为摩尔吸光系数,a 为液芯光纤内径,d_0 为管口到入射光第一聚焦点的距离,λ 为波长,ω 为高斯光束光斑面积。

从式(2-12)可以看出,对于全内反射长毛细管吸收池分光光度法,其总吸光度与比尔定律($A=\varepsilon lc$)的预期值相比,增加了一项对数函数的修正项。由于对数函数恒大于零,因而测定的吸光度总是大于比尔定律的预期值,而且与液芯光纤长度的乘积也不再成线性关系。

但是,在实际应用时可根据不同情况将式(2-12)进行适当的简化。

1. 忽略光的散射及耦合

假定 $\lim\beta_1=0$,$\lim D=0$,则 $\lim\gamma_0=0$,$\lim\mathrm{Coch}(\gamma_0,l)=1$,$\lim\mathrm{Soch}(\gamma_0,l)=0$,故

$$A=\varepsilon lc \tag{2-13}$$

式(2-13)即为理想状态的比尔定律。

2. 光散射和耦合的影响

如果以激光作光源,由于激光的光斑尺寸小,能量集中,因而只能在光纤中激励起少

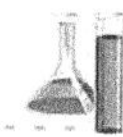

数几个低次模。如果激光光束与光纤间无偏心和倾斜现象，则光传输的总能量的99%将由单模传输，即 $\alpha_1=0, A=\varepsilon lc$，所以以激光作光源时所测吸光度仍符合比尔定律。

如果以氘灯或钨灯作光源，使用透镜聚光，则光纤能量的50%须由高次模传输，此时 α_1 的影响较为显著。散射则由杂质及其浓度的涨落引起，它是浓度的函数。当浓度很低时，β_1 仍然很小，同 $\alpha_1\varepsilon c$ 相比可忽略，此时式(2-12)变为

$$A=\varepsilon lc+\lg\left[\mathrm{Coch}(2l\sqrt{\alpha_1\varepsilon cD})+\frac{\omega^2}{2}\sqrt{\frac{\alpha_1\varepsilon c}{D}}\mathrm{Soch}(2l\sqrt{\alpha_1\varepsilon cD})\right] \tag{2-14}$$

在低浓度下，式(2-14)变为

$$A=\left(1+\frac{2}{\ln 10}\alpha_1 Dl\right)\varepsilon cl \tag{2-15}$$

式(2-15)中，吸光度仍然正比于浓度，只是吸光度较比尔定律预期值要大 $\left(\frac{2}{\ln 10}\alpha_1 Dl\right)$ 倍，且吸光度与吸收管长度成二次函数关系。

（二）仪器装置及应用

测量液芯光纤透过光谱的实验装置如图2-10所示。

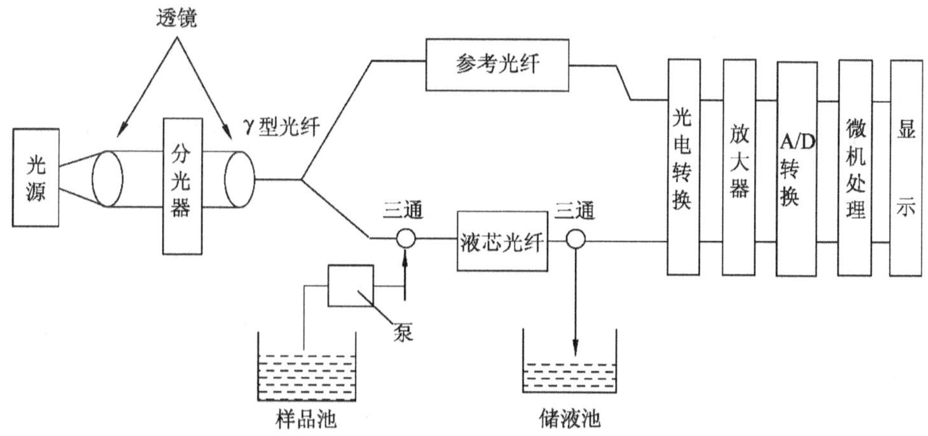

图2-10 测量液芯光纤透过光谱的实验装置

光源为卤钨灯，光纤内径为0.8 mm，外径为1.6 mm。光源发出的白光经过分光器后得到的单色光通过透镜与γ型光纤耦合，分两路进入微电子接收系统，一路为检测光纤，另一路为参比光纤。光信号经光电转换后进入放大器，放大后的信号经A/D转换为数字信息，再经微机处理并显示。

根据全内反射长毛细管吸收池分光光度法的原理，当以常用的氙灯或卤钨灯等作为光源时，在低浓度区且 $2l\sqrt{\alpha_1\varepsilon cD}<1$ 时，测定吸光度仍然正比于浓度，因此标准曲线法仍然适用。然而，由于吸光度为吸收管长度的二次函数，所以吸收管长度对吸光度的影响比其他因素更为显著。随着吸收管长度的增加，只有在更低浓度的浓度区域，吸光度才与浓度成正比。因此，与常规分光光度法相比，长光程分光光度法更适合痕量组分的分析。

第三节　导数分光光度法

20 世纪 50 年代初，导数技术开始引入紫外-可见和红外分光光度分析中，为分光光度法的发展开辟了一条新的途径。此后，人们开展了对导数分光光度法的理论、实验技术和测量装置的研究。直到 20 世纪 60 年代，由于仪器的限制，导数技术的发展仍较缓慢。20 世纪 70 年代以来，随着低噪声运算放大器的出现和微型计算机在分光光度计中的应用，简化了获得导数光谱的方法，有力地推动了导数光谱的理论和应用研究的发展。在分光光度分析中引入导数技术，扩展了分光光度法的应用范围。在多组分同时测定、浑浊样品分析、消除背景干扰、加强光谱的精细结构以及复杂光谱的辨析等方面，导数分光光度法在一定程度上解决了普通分光光度法难以解决的问题。导数光谱最大的优点是分辨率得到了很大的提高：① 能够分辨两个或两个以上完全重叠或以很小波长差相重叠的吸收峰；② 能够分辨吸光度随波长急剧上升时所掩盖的弱的吸收峰；③ 能够确认宽阔吸收带的最大吸收波长。

一、导数分光光度法的基本原理

物质分子对不同波长的光具有选择吸收的性质，通常用吸收光谱即吸光度（或透光率）-波长的函数曲线来描述，其数学关系式为朗伯-比尔定律。如果将吸光度 A（或透光率 T）对波长求一次微分，将一次微分信号对波长作图，得到的曲线称为一阶导数曲线（图 2-11），同理可获得二阶、三阶、四阶、高阶导数光谱曲线（图 2-12）。

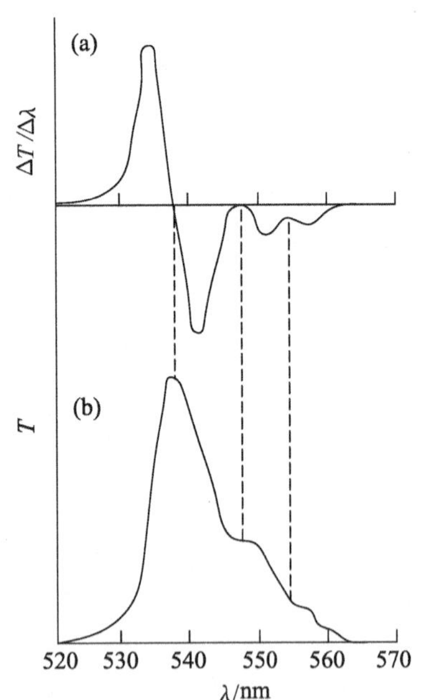

（a）导数光谱；（b）普通光谱

图 2-11　导数光谱与普通光谱的比较

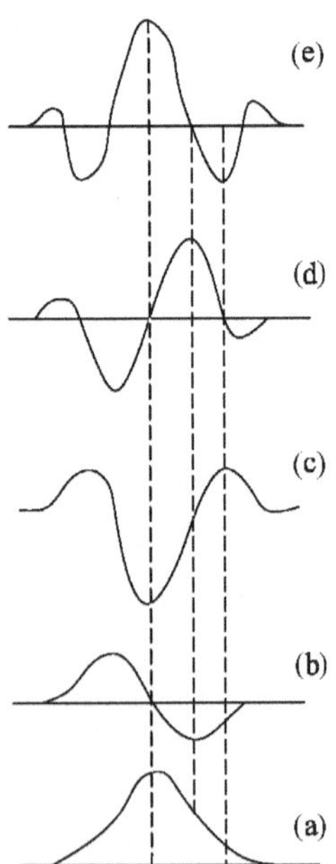

（a）吸收光谱；（b）～（d）一至四阶导数光谱

图 2-12　不同阶数导数光谱的比较

$$A = \varepsilon l c$$

$$\frac{dA}{d\lambda} = cl\frac{d\varepsilon}{d\lambda}$$

$$\frac{d^nA}{d\lambda^n} = cl\frac{d^n\varepsilon}{d\lambda^n}$$

从上式可以看出，各阶导数始终和试液浓度 c 成线性关系，这是导数分光光度法定量分析的基础。

描述导数曲线的方程式可由朗伯-比尔定律推出：

$$\frac{I}{I_0} = e^{-\varepsilon bc} \tag{2-16}$$

式中，I_0 和 I 分别为入射光强度和透射光强度，ε 为摩尔吸光系数，b 为吸收池厚度，c 为待测组分浓度。假定入射光强度在整个波段范围内保持定值，对式(2-16)做一次微分处理，得到一阶导数方程：

$$\frac{dI}{d\lambda} = -I_0bc\frac{d\varepsilon}{d\lambda}e^{-\varepsilon bc} = -Ibc\frac{d\varepsilon}{d\lambda} \tag{2-17}$$

式中，I 和 I_0 是波长的函数，I 的一阶导数值与浓度成线性关系。灵敏度(一阶导数值的大小)决定于摩尔吸光系数对波长的变化率，变化率最大时灵敏度最大。

对式(2-16)做二次微分处理，得

$$\frac{dI}{d\lambda} = -Ibc\frac{d\varepsilon}{d\lambda}$$

$$\frac{d^2I}{d\lambda^2} = -bc\frac{dI}{d\lambda}\frac{d\varepsilon}{d\lambda} - Ibc\frac{d^2\varepsilon}{d\lambda^2}$$

$$\frac{d^2I}{d\lambda^2} = -Ibc\frac{d\varepsilon}{d\lambda}\left(bc\frac{d\varepsilon}{d\lambda}\right) - Ibc\frac{d^2\varepsilon}{d\lambda^2}$$

$$\frac{d^2I}{d\lambda^2}/I = -(bc)^2\left(\frac{d\varepsilon}{d\lambda}\right)^2 - bc\frac{d^2\varepsilon}{d\lambda^2} \tag{2-18}$$

由式(2-17)可知，当 $\frac{d\varepsilon}{d\lambda} = 0$ 时，I 的二阶导数值与浓度成线性关系。同理，对式(2-16)做三次和四次微分处理，得

$$\begin{aligned}\frac{d^3I}{d\lambda^3} &= (bc)^2\frac{dI}{d\lambda}\left(\frac{d\varepsilon}{d\lambda}\right)^2 + 2(bc)^2I\frac{d\varepsilon}{d\lambda}\frac{d^2\varepsilon}{d\lambda^2} - bc\frac{dI}{d\lambda}\frac{d^2\varepsilon}{d\lambda^2} - Ibc\frac{d^3\varepsilon}{d\lambda^3}\\ &= -I(bc)^3\left(\frac{d\varepsilon}{d\lambda}\right)^3 + 2(bc)^2I\frac{d\varepsilon}{d\lambda}\frac{d^2\varepsilon}{d\lambda^2} + I(bc)^2\frac{d\varepsilon}{d\lambda}\frac{d^2\varepsilon}{d\lambda^2} - Ibc\frac{d^3\varepsilon}{d\lambda^3}\\ &= -I(bc)^3\left(\frac{d\varepsilon}{d\lambda}\right)^3 + 3(bc)^2I\frac{d\varepsilon}{d\lambda}\frac{d^2\varepsilon}{d\lambda^2} - Ibc\frac{d^3\varepsilon}{d\lambda^3}\end{aligned}$$

$$\frac{d^3I}{d\lambda^3}/I = -(bc)^3\left(\frac{d\varepsilon}{d\lambda}\right)^3 + 3(bc)^2\frac{d\varepsilon}{d\lambda}\frac{d^2\varepsilon}{d\lambda^2} - bc\frac{d^3\varepsilon}{d\lambda^3} \tag{2-19}$$

$$\frac{d^4I}{d\lambda^4}/I = -(bc)^4\left(\frac{d\varepsilon}{d\lambda}\right)^4 + 4(bc)^2\frac{d\varepsilon}{d\lambda}\frac{d^3\varepsilon}{d\lambda^3} + 3(bc)^2\left(\frac{d^2\varepsilon}{d\lambda^2}\right)^2 - bc\frac{d^4\varepsilon}{d\lambda^4} \tag{2-20}$$

由式(2-19)可知，对三阶导数，当 $\frac{d\varepsilon}{d\lambda} = 0$ 时，I 的三阶导数值与浓度成正比；对四阶导

数，则必须满足$\frac{d\varepsilon}{d\lambda}=0$和$\frac{d^2\varepsilon}{d\lambda^2}=0$两个条件，才能使四阶导数与浓度成正比。这就为我们利用导数光谱做定量分析时正确选择波长提供了理论依据。在通常情况下，四阶导数即可获得极佳的分辨率，并保持较高的信噪比，因此在采用导数分光光度法测定时，导数的阶数一般选择小于等于4。

二、获得导数光谱的方法

获得导数光谱的方法可分成两类：一类是用分光器进行微分操作的光学微分法，另一类是将仪器的输出信号用电子学方法转换成微分输出信号的电学微分法。每一类方法又可根据测定和处理方式的不同分为若干种。

1. 仪器扫描法

在双波长分光光度计中，当两个单色器分出的单色光的波长差$\Delta\lambda=\lambda_2-\lambda_1$足够小时，可认为$\Delta I/\Delta\lambda=\mathrm{d}l/\mathrm{d}\lambda$，让两波长同时进行扫描，即可获得一阶导数光谱。

设在波长λ处的输入信号为S_λ，在波长$\lambda+\Delta\lambda$处的输出信号为$S_{\lambda+\Delta\lambda}$，根据朗伯-比尔定律可导出：

$$\lg\frac{S_\lambda}{S_{\lambda+\Delta\lambda}}-\lg\frac{S'_\lambda}{S'_{\lambda+\Delta\lambda}}=(\varepsilon_{\lambda+\Delta\lambda}-\varepsilon_\lambda)bc \tag{2-21}$$

由式(2-21)可知，用双波长扫描法获得的一阶导数输出信号与待测组分的浓度成正比。用双波长紫外-可见分光光度计调节$\Delta\lambda=1\sim2$ nm，使两波长同时进行扫描，就能顺利地获得一阶导数光谱。其缺点是基线不平直，也不能获得二阶以上的导数光谱。带有微处理机的分光光度计利用它的记忆和数据处理功能，可直接存储吸收光谱的数据并加以处理，可描述一阶、二阶等各阶的导数光谱。

2. 波长调制法

从单色器射出的单色光以很小的振幅随时间做周期性变化，测定调制成分的方法叫波长调制法。设照射在样品吸收池上的单色光的中心波长为λ_0，做振幅为a的周期振动，通过样品池的光可表示为

$$\Delta\lambda=\lambda_0+a\sin\omega t \tag{2-22}$$

式中，ω为调制频率，t为时间。波长调制技术的特点是容易获得高阶导数光谱，并且可在固定波长下得到导数输出信号，也能较好地克服光源波动引起的低频噪声。

3. 固定狭缝法

从单色器经狭缝射出的中心波长为λ_0的单色光被设置在试样室内的两条微分狭缝在左右两个方向上各遮蔽一半，成为一条通过样品池的光束λ_S和一条通过参比池的光束λ_R，并使λ_S与λ_R之间产生一个非常小的波长差。测量时，在样品池和参比池内均装入待测样品溶液，记录所得的导数光谱。本法的优点是不经过扫描就能获得导数光谱，缺点是基线不平坦。

此外，还有位移记忆法、模拟微分法和用计算机的数字微分法等。

三、导数光谱的测量方法及影响因素

导数输出信号与待测组分的浓度成线性关系是定量分析的基础。实际工作中通过对导数曲线的测量来确定导数值，常用于测量导数值的方法有以下几种：

(1) 切线法：对相邻两峰(谷)作切线，测量两峰(谷)间的谷(峰)至切线间的距离(图 2-13 中的 b 线)。此法适合于有线性背景的情况，只要基线平直，不论其是否倾斜，都能得到正确的结果。

(2) 峰-峰法：通过测量相邻峰谷间的距离来进行定量分析(图 2-13 中的 a 或 c 线)。这是最常用的方法，灵敏度高。也可测量相邻峰值比，如图 2-13 中的 a/c 值，又称峰-峰比法。

(3) 峰-零法：在基线平直条件下，测量峰至基线间的距离，如图 2-13 中的 d 线。此法灵敏度较低，但选择性较好，测量精度较高。

(4) 面积法：根据一阶或二阶导数吸收曲线的面积正比于待测组分的浓度进行定量分析。

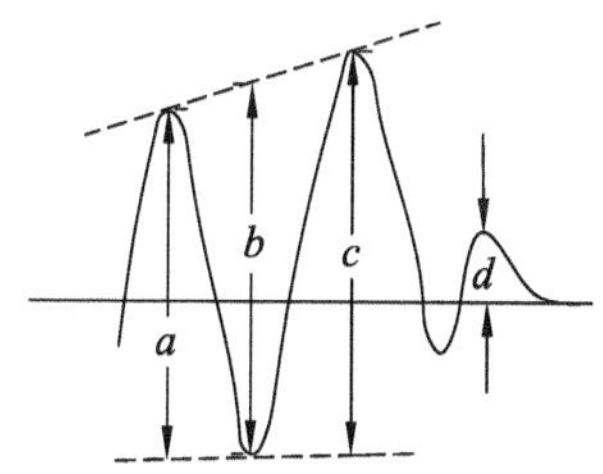

图 2-13 测量导数值的方法

不同的微分方法，其影响因素不完全相同。电子计算机的数值微分法，其主要影响因素是微分阶数、$\Delta\lambda$ 和半峰宽；电子模拟微分法的主要影响因素是时间常数、扫描速度和半峰宽。实际工作中，必须根据待测组分的吸收谱带，较好地选择微分阶次、各种仪器参数，以获得最好的灵敏度、分辨率和最佳信噪比。

四、导数分光光度法的分析应用

1. 多组分同时测定

常规分光光度法对多组分同时测定比较困难，而导数分光光度法对重叠吸收带有较好的分辨能力，可简单、快速地实现多组分的同时测定。例如，在有机化合物中，导数分光光度法能有效地检测某些具有微小光谱差别的异构体或同系物；在无机分析中，特别适合于化学性质相似元素的同时测定。

在微量组分测定时，导数分光光度法也可用于消除共存组分的干扰。导数分光光度法也常用于结构相似的一些有机化合物的同时测定。例如，α-萘酚和 β-萘酚在结构上非常相似，它们的紫外吸收光谱相互重叠，但它们的二阶导数光谱则各有特征峰形，可借其峰的位置和峰的强度对两种化合物进行定性和定量分析，同时测定水中的 α-萘酚和 β-萘酚。

2. 痕量分析

高灵敏有机显色剂和导数分光光度法相结合，将成为痕量分析的有力工具。采用具有信号放大功能的模拟微分回路装置和高灵敏显色剂，可使分光光度法的灵敏度提高 2～3 个数量级。

3. 浑浊试样分析

常规分光光度法对浑浊样品的分析比较困难，双波长法、三波长法在一定波长范围内可消除浑浊背景的影响，而导数分光光度法则不受波长范围的限制，可顺利地进行浑浊样品的分析。例如，可用一阶导数分光光度法测定废水中的苯酚，方法非常简便；也可用四阶导数分光光度法测定废水中的苯胺和五氯苯酚。导数分光光度法还可用于叶绿素、牛乳、乳酪、果汁及生物细胞、线粒体、蛋白质的分析，在食品工业中可用于测定各种食品中防腐剂的含量。在农业化学中，一阶导数分光光度法可用于测定吸附在泥土上的农药——氯化甲基吡啶的含量。

4. 有机化合物异构体的分析

有机化合物中的异构体，其吸收带极为相似，不易检测，难以确定各种异构体的特征吸收带，而导数光谱则扩大了它们之间的差别。例如，2，4-二氯苯酚、3，4-二氯苯酚、2，5-二氯苯酚三种异构体的吸收光谱非常相似，用一阶导数分光光度法可以定量测定三种异构体中2，5-二氯苯酚的含量。

导数分光光度法可用于区分和确定邻二甲苯和对二甲苯、正丙醇和异丙醇、正丁醇和异丁醇，且对结构非常相似的各种氨基酸、蛋白质的分析也非常有效。

5. 药物及临床分析

在药物分析中，导数分光光度法广泛用于药物制剂中主要成分及附加剂的测定，改善了方法的选择性，可不经分离直接测定主要成分和附加剂的含量。盐酸氯丙嗪注射液中通常含有亚硫酸盐和抗坏血酸，三种组分的吸收光谱相互重叠，须经萃取分离才能进行测定；而用二阶导数分光光度法则可消除亚硫酸盐和抗坏血酸的干扰，直接测定注射液中盐酸氯丙嗪的含量。利用氨基酸在紫外区的吸收，可用二阶导数分光光度法同时测定复合氨基酸注射液中的色氨酸和丙氨酸。

吗啡和海洛因都是常用的麻醉止痛剂，两者在结构上非常相似，它们的紫外吸收光谱相互重叠，相互干扰测定，而用二阶导数分光光度法就可同时测定二者的含量。

在临床分析中，导数分光光度法可用于测定血清、血浆中的氨、钴，尿中的卟啉，肉类悬浮液中的正铁血红蛋白。人血清白蛋白、牛血清白蛋白和人血清丙种球蛋白的紫外光谱，其最大吸收均在278 nm附近，不能相互区别，但它们的一阶导数光谱则有明显差别。由此说明，利用一阶导数光谱对精细结构的“放大”效应可提高光谱识别能力。二阶导数分光光度法可用于研究血红蛋白结构的变化以及细胞色素、磷脂与表面活性剂之间的相互作用。

思考题与习题

1. 简述双波长分光光度法的原理及特点。
2. 简述三波长分光光度法的原理及测定方法。
3. 为什么双波长分光光度法无须使用参比溶液，只用样品溶液即可完全扣除背景？
4. 为什么只根据紫外光谱不能完全确定物质的分子结构，还必须与红外光谱、质谱、核磁共振波谱等方法共同配合，才能得出可靠的结论？
5. 示差分光光度法扩展的是吸光度还是透光率？该法有何显著优点？举例说明。
6. 简述全内反射长毛细管吸收池分光光度法的原理及特点。
7. 简述导数分光光度法的原理及特点。

第三章　动力学分析法

第一节　动力学分析法概述

一、动力学分析法的概念

动力学分析法(kinetic analytical method)是通过测量反应速率，根据反应速率与反应物(或催化剂、抵制剂)浓度之间的定量关系，选用多种检测手段来确定待测物浓度的分析方法。

由于化学反应的速率与反应物(或催化剂)的浓度有关，反应速率的测量可作为一种分析方法，故动力学分析法又称反应速率法。动力学分析法的发展大致始于 20 世纪 50 年代；20 世纪 70 年代以来，国际上对其研究日趋活跃。从 20 世纪 80 年代开始，动力学分析法在我国受到重视。与热力学法相比，动力学分析法的测量有其自身的特点。

在研究化学反应时，仅从化学平衡的角度来判断反应进行的程度是不全面的。例如，在氧化还原反应中，我们可以根据反应的类型，利用两个电对的标准电极电位或条件电位来判断反应是否进行，这是以热力学为依据的。但我们经常遇到一些化学反应，从热力学上判断能反应完全，但反应速率非常慢，慢到在通常情况下观察不到有明显的产物生成。在普通容量分析法中，这样的反应也就失去了利用意义。如欲使这样的反应按预期的方向进行，就要用动力学方法进行研究。动力学方法主要探讨化学反应的现实性，即反应的转化速率、历程和条件。

在容量分析、重量分析、电位分析和光度分析等方法中，测量是在达到平衡后进行的，所利用的化学反应均为快反应，这类分析法称为平衡法。和平衡法相反，动力学分析法一般利用的是慢反应，它的定量测定是在反应进行中体系达到平衡前进行的，是非平衡测定法。因此，平衡法在反应完全，达到平衡后测量，着重点在于反应结果；动力学分析法在反应进行过程中测量，着重点在于反应过程。

二、动力学分析法的特点

和平衡法相比，动力学分析法具有以下显著优点：

(1) 适应性强。许多反应因速度很慢，达到平衡时间很长，或平衡常数太小，或伴随有副反应发生而不能用平衡法进行测定，但可用动力学分析法，因为它不要求反应完全，只需要测定反应起始阶段数据即可。

(2) 分析速度快。由于动力学分析法是在反应到达平衡前的任意合适点进行测量，且以时间为变量，因而与某些分析方法相比，分析速度快且易实现自动化。例如，氯代醌亚胺与酚类作用生成靛酚的反应很慢，需要 30 min 才能达到平衡；利用同一反应，动力学分析法却可以在 2～3 min 内测定酚，不需要等到平衡后再进行检测。

(3) 选择性好。动力学分析法可用于分析密切相关化合物(closely related compound)的混合物。性质相似组分的转化速率不同，借此可以进行速率分辨分析。对于混合物中性质相似的组分的测定，动力学分析法选择性较好。例如，有机化合物中的同系物及同分异构体虽然能进行同样类型的反应，最终生成相似产物，但由于各反应的活化能、速率常数不同，从而在反应速率方面有较大差异。葡萄糖氧化酶催化 α-葡萄糖的氧化速率仅为催化 β-葡萄糖的 1%。在较弱酸性条件下，硅钼黄生成硅钼蓝的反应速率仅为磷钼蓝的 10%。可见，根据检测反应速率不同来测定组分的动力学分析法选择性较好，特别是酶催化反应，通常具有专一性，这类方法的选择性非常高。

(4) 催化法的灵敏度高。催化反应的反应速率通常与催化剂的浓度成正比，因而催化法可用来测定催化剂的浓度，且灵敏度都很高。例如，常规光度法的灵敏度为 10^{-8}～10^{-7} mol·L^{-1}，而催化动力学光度法的灵敏度一般为 10^{-12}～10^{-10} mol·L^{-1}，理论上可达 10^{-16} mol·L^{-1}。因此，催化动力学光度法是痕量与超痕量分析的重要方法之一。

(5) 设备简单。在动力学分析法中，用于测定的方法都是常用的普通方法，如吸光光度法、荧光法、化学发光法、电化学分析法和滴定法，只是在测定过程中加入了“时间”这一因素。大多数情况下，被监测物质并非催化剂本身，而是“化学放大”了的物质。

动力学分析法也有一定的应用范围，它要求待测体系的反应速率必须与所用仪器或设备的应答时间相适应，所选用的测定方法要求简单。由于温度影响转化速率，所以动力学分析法对温度的变化较为敏感。为了获得足够的准确度，所用的仪器通常都装备有恒温装置。采用动力学分析法，在一定的温度下，用少量样品和试剂即可进行测定。上述诸多优点使动力学分析法成为具有强烈吸引力的分析技术之一。目前，该法的研究及其进展异常迅速，已在高纯物质、生物样品、环境、矿物、农林和生化分析等方面得到了广泛应用。

三、动力学分析法的分类

根据反应的类型，动力学分析法可分为催化法(包括常规催化动力学分析法、诱导反应动力学分析法和酶催化法)、非催化法和差示速率法三种方法。

1. 催化法

催化法是以催化反应为基础而建立起来的一类痕量分析技术。如下列催化反应：

$$A+B \xrightarrow{Z} P$$

根据生成物 P 随时间增加的速率或反应物 A 或 B 随时间减少的速率来确定催化剂 Z 的浓度或质量。

催化剂通过降低反应的活化能或生成活性中间产物而加速反应的进行，并在反应过程中得到再生。这样，痕量的催化剂就可以不断循环作用，只要维持足够长的反应时间，就能积聚相当多的反应产物 P 或消耗相当量的反应物 A 或 B 以满足监测的需要。因此，常规催化动力学分析法通常具有很高的灵敏度。

除常规催化动力学分析法外，还有一种比较特殊的催化法，即诱导反应动力学分析法。如果物质 A 和 B 之间的反应在给定条件下完全不能发生或进行得很慢，当存在能与

A反应的物质C时，由于A与C反应而促使A与B反应的正常进行，这种现象称为诱导作用。其中，A与B的反应称为主反应，A与C的反应称为诱导反应，其作用机制可能是通过A与C反应生成的一种或几种中间产物与B发生反应。此时，A称为作用体，C称为诱导体，B称为受诱体。

诱导反应与常规反应不同。在诱导反应中，诱导体C参加了主反应，并且发生了永久性的变化。在催化反应中，催化剂反复循环并且不改变原来的存在状态。诱导反应与副反应也不同，副反应的速率不受主反应影响，而诱导反应的速率受主反应影响。

以诱导反应为基础的动力学分析法称为诱导反应动力学分析法。根据诱导期的长短，该法与诱导体在一定的低浓度范围内成简单的线性关系，可用于诱导体的定量测定，其灵敏度通常都很高。

酶是生物化学反应中具有专一性催化功能的催化剂，生物体中各种各样的酶催化着各种各样的反应，产生了形形色色、丰富多彩的活性物质，组成了绚丽多彩、变化万千的活体世界。动物体内某些酶失去活性，则意味着疾病。因此，酶活性的测定在临床和生命科学中有着特别重要的意义。

常规催化动力学分析法常用于测定催化剂、活化剂、抑制剂，而酶催化法常用于测定底物、活化剂及抑制剂。

2. 非催化法

测量非催化反应的转化速率，利用其数值来确定反应混合物中某一组分或多种组分含量的方法称为非催化法。该法的灵敏度、准确度均低于催化法。所以若平衡法可用时一般不使用这种分析法。但对于一些反应速率较慢的反应，或有副反应发生时，平衡法就无能为力了，此时用非催化法较好。例如，许多转化速率较慢的有机反应常能较好地用本法进行测定。非催化法多用于测定反应物的浓度。

3. 差示速率法

差示速率法是基于各种相似组分与同一试剂反应（或生成相似的反应产物）的速率差异测定混合物中两种或多种组分的方法。

差示速率法可用于测定反应物、催化剂、活化剂、抑制剂等。

此外，还可根据所用检测方法的不同对动力学分析法进行分类，如可将其分为动力学光度法、动力学荧光法、动力学极谱法、动力学电位法、动力学量热法等。

第二节　动力学分析法的基本概念

一、指示反应和指示物

1. 指示反应

在一定实验条件下，某化学反应的反应速率与待测物的浓度间有一定关系，并可用来测定该待测物质，这个化学反应称为待测物的指示反应(indicative reaction)。待测物可以是催化剂，也可以是反应物。

例如，硫酸介质中抗坏血酸还原钼酸盐生成钼蓝的反应速率较慢，加入少量Bi(Ⅲ)后反应速率加快，且反应速率与Bi的浓度成正比，因此抗坏血酸还原钼酸盐生成钼蓝的反应为 Bi 的指示反应。

又如，Ni^{2+} 与二甲酚橙(XO)在表面活性剂十六烷基三甲基溴化铵(CTMAB)存在下生成红色配合物：

$$Ni^{2+} + XO + CTMAB \longrightarrow Ni\text{-}XO\text{-}CTMAB$$

其反应速率与 Ni^{2+} 的浓度成正比，可用于 Ni^{2+} 的测定。该反应为动力学光度法测定镍的指示反应。

为了测定反应速率，必须在指示反应中选择一种指示物。

2. 指示物

指示物(indicator)是指示反应中被用来检测反应速率大小的物质。其浓度改变的速率实际上就是指示反应的速率。指示物可以是产物，也可以是反应物，如上例中的钼蓝及红色配合物(Ni-XO-CTMAB)，以及下例中的溴邻苯三酚红(BPR)：

$$BPR + KBrO_3 \xrightarrow{NO_2^-} \text{褪色}$$

显然，测定反应速率时，既可以测定产物的生成速率，也可以测定反应物的减少速率。

为了利于反应速率的监测，动力学分析中对指示反应和指示物有如下要求：

(1) 化学反应速率大小适当。反应太快时来不及测量指示物浓度变化，反应太慢则较费时。通常要求反应时间为几分钟至几十分钟。若有响应速度匹配的快速测量仪器，或与流动注射法(FIA)联用，可允许反应时间为几秒至十几秒，甚至快至几十毫秒。

(2) 指示物应有可以被测量的特征信号，并有足够的灵敏度和准确度。光度分析中，反应物和产物要有不同的吸收光谱，且最大吸收波长(λ_m)不同；伏安分析中，反应物或产物至少要有一个是电活性的。

(3) 在测定反应速率时，指示物的信号应不变化或变化很小(不大于 5%)，故在测量时通常要求终止指示反应。终止指示反应的方法有：

① 迅速冷却以终止指示反应，适用于需要较高温度的反应。

② 有的反应仅在某一 pH 范围内才能进行，可快速地加入酸或碱，改变反应体系的酸度，使之不在反应的 pH 区域内，从而终止指示反应。

③ 加入某种新的反应物(如还原剂、氧化剂)，改变催化剂的价态或形态，或掩蔽催化剂等终止指示反应。

④ 加入某种物质迅速地与体系中的反应物或催化剂定量反应，急速降低反应物或催化剂的浓度，或者加入抑制催化作用的物质，从而终止指示反应。

若有快速响应并取值的测量仪器，或与 FIA 联用，则可在反应达到时间时直接测定，不必终止指示反应。

二、催化反应和催化剂

催化反应是动力学分析中应用最多、最广的一类指示反应。动力学分析中，以催化反应作为指示反应进行分析的方法称为催化动力学分析法。

催化剂(catalyst)是能促使反应速率发生变化，并在反应前后组成、形态不发生变化的物质。催化剂通过降低反应的活化能或生成活性较强的中间产物而加速化学反应的进行，并在反应中再生。

催化反应的历程用位能曲线可以形象地表示出位能变化的情况，对下列反应：

$$A+B \longrightarrow P$$

其反应历程为

$$A+B \longrightarrow A\cdots B \longrightarrow P$$

其位能曲线如图 3-1 中 *abd* 曲线所示。

依据过渡状态理论，当两个分子（A 和 B）互相接近时，其反应的位能增大，从图 3-1 中的 *a* 点出发，在活化状态 *b* 处位能达到最大值，此时形成活化配合物 A…B，反应所需的能量 E_a 即为活化能。反应中形成的活性中间体或活化配合物（A…B）极不稳定，一方面它能分解成原来的反应物分子，另一方面也可能分解为产物（P）。反应后有产物生成，使体系处于一个新的状态——终态（*d* 点）。

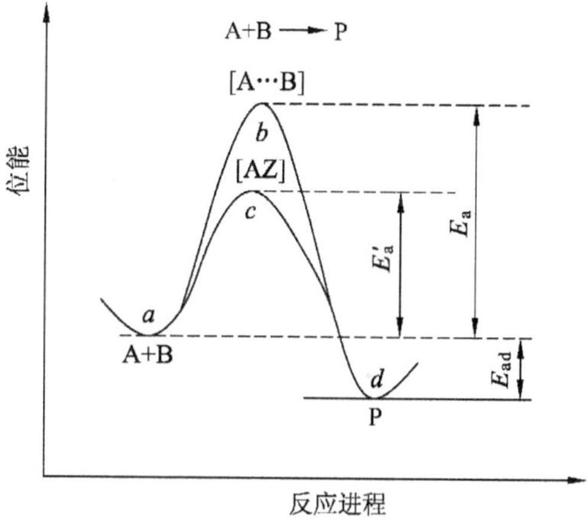

a—反应的起始状态；*b*—非催化反应的活化状态；*c*—催化反应的活化状态；*d*—反应的终态；E_a—非催化反应的活化能；E'_a—催化反应的活化能；E_{ad}—逆向反应的活化能

图 3-1　位能曲线

若催化剂 Z 对该反应有催化作用，则

$$A+Z \longrightarrow AZ$$

$$AZ+B \longrightarrow AB+Z$$

其中，AZ 为活性较强的活性中间体，位能曲线如图 3-1 中 *acd* 曲线所示。由于形成了活性较强的活性中间体 AZ，反应所需的活化能从 E_a 降低到 E'_a。中间状态 *c* 的位能越低，催化剂就越有效。催化剂使活性中间体具有较低的能量，或者为反应提供另一条能量较低的途径，从而使 A 与 B 的反应变得更容易进行。

例如，Cu^{2+} 催化 Fe^{3+} 与 V^{3+} 的反应：

$$Fe^{3+}+V^{3+} \xrightarrow{Cu^{2+}} Fe^{2+}+V(\text{IV})$$

催化反应过程可表述为

$$Cu^{2+}+V^{3+} \longrightarrow V(\text{IV})+Cu^{+}$$

$$Cu^{+}+Fe^{3+} \longrightarrow Fe^{2+}+Cu^{2+}$$

催化反应速率与催化剂浓度之间存在定量关系，催化剂浓度越大，催化反应速率越高。因此，催化反应动力学法常用来测定催化剂。在催化动力学分析法中，希望非催化反应的活化能与催化反应的活化能之间有较大的差别，即 $\Delta E = E_a - E'_a$ 的值尽可能大些，这样，催化剂的测定将有较高的灵敏度。

三、活化剂与抑制剂

1. 活化剂

活化剂（activator）是用来加快催化反应速率的物质。催化反应速率常常可以通过加入极少量活化剂或助催化剂而明显加快，这种现象称为活化作用。活化剂可以使催化反应速率明显增大，甚至高达数千倍，使催化动力学分析的灵敏度进一步提高。

例如，利用V(Ⅴ)催化$KBrO_3$氧化H酸反应动力学光度法测定钒，以8-羟基喹啉为活化剂时的灵敏度比无8-羟基喹啉时高20倍。

活化剂只有在催化剂存在时才能对反应速率产生影响，即活化剂只对催化反应的速率起催化作用，其机制可以认为是低活性的催化剂Z与活化剂作用生成具有高活性的催化剂中间体Z′，如上例中就生成了更高催化活性的V(Ⅴ)-8-羟基喹啉配合物。另外，酶反应中所用的酶催化剂可激活酶的活性。

2. 抑制剂

抑制剂(inhibitor)是能减慢某一催化反应速率的物质。抑制剂的作用与活化剂相反。

例如，I^-可催化如下化学反应：

$$Ce^{4+}+As(\mathrm{III})\xrightarrow{I^-}Ce^{3+}+As(\mathrm{V})$$

而加入Ag^+可抑制该催化反应。

抑制剂可以与催化剂反应，生成非催化活性或低活性的化合物，使催化剂失去催化活性或催化活性降低。动力学分析中可根据反应速率的减小测定抑制剂的量，这一方法被称为反催化动力学分析法或阻抑反应动力学分析法。

例如，在0.2 mol·L^{-1}硫酸中，Fe^{3+}可催化下面的反应：

$$H_2O_2+\text{对氨基酚}\xrightarrow{Fe^{3+}}\text{红色产物}$$

EDTA、酒石酸、F^-等对该催化反应有抑制作用。

此外，在非催化反应中，抑制剂也可与某种反应物发生副反应，降低这种反应物的浓度而使反应速率降低。用动力学分析法可以测定活化剂、抑制剂。

第三节　动力学分析法的基本原理

一、化学反应速率及速率方程

化学反应速率表示单位时间内反应物或反应产物浓度的变化。通常用微分的方法表示一个化学反应的瞬时速率。例如，下列反应：

$$A+B\longrightarrow F+G$$

反应中，A、B浓度下降，F、G浓度升高。根据化学反应式直接写出动力学方程式，瞬时速率数值用不同物质的浓度变化率表示时，有下列关系式：

$$-\frac{dc_A}{dt}=-\frac{dc_B}{dt}=\frac{dc_F}{dt}=\frac{dc_G}{dt}=Kc_Ac_B$$

速率方程中，各个反应物浓度项的指数之和称为反应级数，用N表示。如果N等于1、2或3，则反应分别称为一级、二级或三级反应。反应级数和反应分子数都是由实验确定的。

1. 零级反应

零级反应中，反应速率与反应物浓度的零次方成正比关系，速率方程为

$$\frac{dc_F}{dt}=K_0\text{ 或 }-\frac{dc_A}{dt}=K_0$$

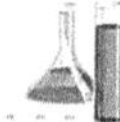

积分形式为
$$-\int_{c_0}^{c_t} \mathrm{d}c_A = K_0\int_0^t \mathrm{d}t$$

积分后得
$$c_0 - c_t = K_0 t \tag{3-1}$$

即
$$\Delta c = K_0 t$$

式(3-1)中，c_0 为反应物 A 的起始浓度，c_t 是反应经 t 时间后溶液中反应物 A 的浓度。式(3-1)表明：反应物 A 浓度的降低量($c_0 - c_t$)与反应时间成线性关系。当反应物浓度降低一半，即 $c_t = c_0/2$ 时，反应所需的时间称为该反应的半衰期，用 $t_{1/2}$ 表示。由式(3-1)得

$$c_0 - \frac{c_0}{2} = K_0 t_{1/2}$$

故
$$t_{1/2} = \frac{c_0}{2K_0} \tag{3-2}$$

零级反应的特征：① 反应物的消耗浓度或产物的生成量与反应时间 t 成线性关系，直线的斜率为 K_0；② 速率常数 K_0 的单位通常为 $\mathrm{mol \cdot L^{-1} \cdot min^{-1}}$；③ 半衰期与反应物的起始浓度 c_0 成正比，与 K_0 成反比。

2. 一级反应

一级反应是指反应速率与一种反应物浓度的一次方成正比关系的反应，速率方程为

$$\frac{\mathrm{d}c_F}{\mathrm{d}t} = K_1 c_A \text{ 或} -\frac{\mathrm{d}c_A}{\mathrm{d}t} = K_1 c_A$$

积分形式为
$$-\int_{c_0}^{c_t} \frac{\mathrm{d}c_A}{c_A} = K_1\int_0^t \mathrm{d}t$$

积分后得
$$\ln\frac{c_0}{c_t} = 2.303\lg\frac{c_0}{c_t} = K_1 t \text{ 或 } K_1 = \frac{2.303}{t}\lg\frac{c_0}{c_t} \tag{3-3}$$

当反应物 A 的浓度降低一半，即 $c_t = c_0/2$ 时，$t = t_{1/2}$，代入式(3-3)得

$$K_1 = \frac{2.303}{t_{1/2}}\lg\frac{c_0}{c_0/2} = \frac{2.303}{t_{1/2}}\lg 2 = \frac{0.693}{t_{1/2}}$$

所以
$$t_{1/2} = \frac{0.693}{K_1} \tag{3-4}$$

由式(3-4)可见，在温度一定时，一级反应的半衰期与反应物的起始浓度无关，与转化速率常数 K_1 成反比，且等于 $0.693/K_1$，这是一级反应的特点。式(3-4)中，K_1 的单位通常为 $\mathrm{min^{-1}}$。

3. 二级反应

二级反应是反应速率与一种反应物浓度的二次方或两种反应物浓度的一次方乘积成正比的反应，速率方程为

$$\frac{\mathrm{d}c_F}{\mathrm{d}t} = K_2 c_A c_B \text{ 或} -\frac{\mathrm{d}c_A}{\mathrm{d}t} = K_2 c_A c_B$$

为了简便起见，设 $c_A = c_B$，则

$$-\frac{\mathrm{d}c_A}{\mathrm{d}t} = K_2 c_A^2$$

积分形式为
$$-\int_{c_0}^{c_t} \frac{\mathrm{d}c_A}{c_A^2} = K_2\int_0^t \mathrm{d}t$$

积分后得
$$\frac{1}{c_t}-\frac{1}{c_0}=K_2t \tag{3-5}$$

当 $c_t=c_0/2$ 时，其半衰期为
$$t_{1/2}=\frac{1}{K_2c_0} \tag{3-6}$$

式(3-6)中，二级反应速率常数 K_2 的单位通常为 $L\cdot mol^{-1}\cdot min^{-1}$。其半衰期与反应物的起始浓度 c_0 成反比。由于在不同的实验中反应物的起始浓度往往不相同，所以由二级反应的半衰期长短并不能直接看出反应的快慢。

反应过程中任一时间 t 的反应物浓度 c_t 可用分析方法测知，用作图法观察 c_t 与 t 的关系。如果 c_t 与 t 成线性关系，则该反应是零级反应；若 $\ln c_t$（或 $\lg c_t$）与 t 成线性关系，则为一级反应；若 $1/c_t$ 与 t 成线性关系，就是二级反应。各级反应相应的转化速率常数 K 的数值可以从直线的斜率求得，而起始浓度 c_0 是已知的，所以各级反应的半衰期可以根据有关公式计算出。用类似的方法可以推出三级反应的公式。现将各级反应的计算公式列于表 3-1。

表 3-1　不同级数反应的有关计算公式

反应级数	反应动力学方程式		半衰期 $t_{1/2}$
	微分式	积分式	
0	$-\frac{dc_A}{dt}=K_0$	$K_0=\frac{c_0-c_t}{t}$ （c_t 与 t 成线性关系）	$t_{1/2}=\frac{c_0}{2K_0}$
1	$-\frac{dc_A}{dt}=K_1c_A$	$K_1=\frac{1}{t}\ln\frac{c_0}{c_t}$ （$\ln c_t$ 与 t 成线性关系）	$t_{1/2}=\frac{0.693}{K_1}$
2	$-\frac{dc_A}{dt}=K_2c^2$ （反应物浓度均为 c 时）	$K_2=\frac{1}{t}\left(\frac{1}{c_t}-\frac{1}{c_0}\right)$ （$\frac{1}{c_t}$ 与 t 成线性关系）	$t_{1/2}=\frac{1}{K_2c_0}$
3	$-\frac{dc_A}{dt}=K_3c^3$ （反应物浓度均为 c 时）	$K_3=\frac{1}{2t}\left(\frac{1}{c_t^2}-\frac{1}{c_0^2}\right)$ （$\frac{1}{c_t^2}$ 与 t 成线性关系）	$t_{1/2}=\frac{3}{2K_3c_0^2}$

在上述反应中，由于一级反应的速率与反应物浓度的一次方成正比，所以在动力学分析中有较大的实用价值。

4. 假一级反应

对于二级反应：$-dc_A/dt=K_2c_Ac_B$，如果在操作上大大提高反应物之一 B 的浓度，使 A 与 B 完全作用后，B 的浓度基本上维持不变，则可以将 c_B 看成是恒定值而并入 K_2 项，这样，二级反应即变成假一级反应(pseudo-first-order reaction)，则
$$-\frac{dc_A}{dt}=K_1'c_A$$

其积分式为
$$K_1'=\frac{1}{t}\ln\frac{c_0}{c_t} \tag{3-7}$$
式中
$$K_1'=K_2c_B$$
其动力学方程式在形式上与一级反应表达式类似。在许多实际工作中，都是通过控制反应条件，使二级、三级反应转化为假一级反应，转化速率仅与待测物的浓度成正比，以达到测定的目的。

二、催化反应速率方程

设催化反应为
$$A+B\xrightarrow{Z}F+G$$
式中，Z 为催化剂。

(1) 检测反应物的催化反应速率方程。如催化显色光度法，指示物为有色的反应产物。假设产物 F 可产生被检测的信号，F 作为指示物，考虑到反应的摩尔比及反应的级数(一般情况)，则
$$\frac{dc_F}{dt}=K_1c_A^m c_B^n c_Z$$
若反应物 A、B 的浓度很大，反应中 A、B 浓度的改变可忽略不计，则 c_A^m、c_B^n 可视为常数，得
$$\frac{dc_F}{dt}=K_1c_Z\xrightarrow{积分}c_F=K_1c_Zt$$
(2) 检测反应物浓度改变的催化速率方程。如催化褪色反应动力学光度法，可选择一种色泽较深的反应物作指示物。
$$\frac{dx}{dt}=K_2(a-x)c_Z\pi_t$$
式中，a、$a-x$ 分别为某反应物的起始浓度和反应时间 t 时刻的浓度，π_t 为其他反应物的浓度积，整理后得
$$\frac{dx}{a-x}=K_2c_Z dt\xrightarrow{积分}\lg\frac{a}{a-x}=K'c_Zt$$

三、影响反应速率的主要因素

通常情况下，与常规热力学分析法相比，动力学分析法的重现性较差，原因在于动力学分析中影响反应速率的因素较多，实验条件难以控制。

1. 反应物浓度的影响

除零级反应外，反应速率均与反应物浓度有关。在一级反应中，反应速率与一种反应物的浓度成正比关系，而与其他反应物的浓度无关。在二级反应中，反应速率与两种反应物的浓度有关，或与一种反应物浓度的平方成正比关系。实际工作中，常将二级反应、三级反应转化为假一级反应进行测定，此时，只需监测反应速率，便可求得待测物质的浓度。实验中的具体做法通常是使待测物质之外的反应物大大过量，使反应速率只受一种反应物浓度控制。

2. 催化剂、活化剂、抑制剂浓度的影响

这些物质在动力学分析中通常是待测成分，但对于某一指示反应，当这些物质不是一

种时,则会产生干扰。

3. 反应温度的影响

化学反应速率通常随反应温度升高而加快。通常,温度升高 10 ℃,反应速率一般增加约 2 倍。反应速率常数与温度 T 的关系可用 Arrhenius 公式表达:

$$\frac{\mathrm{d}\ln K}{\mathrm{d}T}=\frac{E_a}{RT^2}$$

式中,K 为速率常数,E_a为活化能。

将上式积分,得 $$\ln K=-\frac{E_a}{RT}+\ln A$$

式中,A 为常数。

实验时,测定不同温度下的 K(在各种条件都固定时,可用 $\mathrm{d}c/\mathrm{d}t$ 代替 K)并作 $\lg K$-$1/T$ 图,根据直线的斜率即可求得活化能 E_a。

4. 溶液 pH 的影响

溶液 pH 的变化常使反应物的酸碱平衡发生改变,使得反应物存在状态发生改变,从而使反应速率发生变化,甚至使反应受到抑制。

5. 溶剂性质、共存离子及离子强度的影响

体系中溶剂、共存物质等其他元素的离子或化合物存在时也会影响转化速率。外来盐存在于反应体系中,可能与反应物结合,如静电吸引、配位、形成沉淀以及影响解离平衡等各种盐效应都会降低反应物的有效浓度。例如,Ag^+ 和 As^{3+} 的反应会因 Cl^-、NH_3或 CN^- 的共存而受影响。所以要严格控制介质的种类和离子强度。

在离子参加的反应中,反应速率的大小会受到溶剂介电常数的影响。若反应物是电荷相同的离子或都是分子,则反应速率随介电常数的增大而增大;若反应物是电荷相反的离子,则反应速率随介电常数的增大而减小;若反应物中一种是分子,另一种是离子,则反应速率变化不大。

6. 其他影响因素

动力学分析中的催化法灵敏度很高,所用试剂、水的纯度及环境污染都会引起测定误差,造成本底值较高。造成本底值变动的因素主要有:① 体系中存在杂质,甚至包括引入的极微量的尘埃、滤纸屑、纤维等;② 试液与标准溶液的组成、离子强度、pH、试剂与蒸馏水的情况不完全相同;③ 反应容器表面存在的吸附物质不同;④ 加热温度不均匀或者反应器皿的厚薄差异可能引起温度差异。这些因素都会影响本底值,工作时必须对这些实验变量进行严格的控制,才能保证分析结果的可靠性。

四、反应速率的测量

反应速率的测量是通过检测指示物浓度的变化进行的。为了检测反应速率,必须测量反应物或产物的浓度随时间的变化,而检测的办法分为化学方法和仪器方法两大类。

1. 化学方法

可用滴定法、比色法、重量法检测反应速率,分为在线检测和终止反应后检测。

例如,V(Ⅴ)催化指示反应 $BrO_3^- + I^- \longrightarrow I_2$,可采取下列办法测量反应速率:① 周期性地从反应体系中取部分溶液,加入淀粉,然后测定颜色,确定生成碘的量;② 取溶液,用

$Na_2S_2O_3$滴定，确定生成碘的量。化学法通常比较麻烦，且准确性较差。由于原始反应体系的体积不断减少，有时还需要进行体积校正，所以极少使用。

2. 仪器方法

仪器方法检测反应速率方便、准确。检测方法有光度法、伏安法、电位法、荧光法、磷光法、化学发光法等。许多反应中，若反应物和产物都无可测量的信号，则可利用辅助反应（又称为偶合反应）。

例如，S^{2-} 催化 $H_2O_2 + I^- \longrightarrow IO^- + H_2O$，用光度法检测时加入二苯胺磺酸钠，反应产物为红色。

又如，Se(Ⅳ)可催化 $KClO_3$ + 苯肼⟶偶氮离子，加入 H 酸，产物为红色，可用光度法检测：

$$C_6H_5\text{—}NH\text{—}NH_2 + H_2SeO_3 + HCl \xrightarrow[OH^-]{[O]} C_6H_5\text{—}N^+{=}NCl^- + Se + 3H_2O$$

$$3Se + 2KClO_3 + 3H_2O = 3H_2SeO_3 + 2KCl$$

$$C_6H_5\text{—}N^+{=}NCl^- + \text{H 酸}(NH_2,\ OH,\ {}^-O_3S,\ SO_3^-) \longrightarrow C_6H_5\text{—}N{=}N\text{—}(\text{H 酸}:\ NH_2,\ OH,\ {}^-O_3S,\ SO_3^-)$$

也可以借助其他仪器手段进行检测而无须辅助反应，如利用下列酶催化反应进行血液中的葡萄糖测定：

$$\text{葡萄糖} + O_2 \xrightarrow{GOD} \text{葡糖酸} + H_2O_2$$

用光度法测量时，加入茴香胺，与 H_2O_2反应的产物为红色，即可进行检测；若使用氧电极，则可采用电流法检测 O_2的消耗速率；或用安培法检测 H_2O_2的生成速率：

$$H_2O_2 + 2H^+ + 2e^- = 2H_2O$$

用仪器法监测转化速率，无须终止反应就可进行测量，具有快速、简便、连续跟踪测定、便于实现自动化等优点。目前，用得最多的仪器法是吸光光度法（包括催化显色法和催化褪色法），也有用发光分析法（包括荧光法、磷光法和化学发光法）、电位法、伏安法和电导法等，这些仪器方法相应信号的变化能准确反映指示物浓度的变化，且多数成良好的线性关系。

在实际应用的动力学分析法中，绝大多数为一级反应或假一级反应，有时还可以简化为假零级反应，这对测量及计算都是有利的。

第四节　定量分析

一、定量分析关系式

1. 对于常规化学反应(非催化法)

$$A+B \longrightarrow F+G$$

若指示物为产物 F,B 过量,反应速率方程为

$$微分式:\frac{dc_F}{dt}=Kc_A;\qquad 积分式:c_F=Kc_At \tag{3-8}$$

即反应速率与反应物 A 的浓度成正比,反应产物的浓度与反应时间 t 成直线关系,该反应为零级反应。

2. 对于催化反应

$$A+B \xrightarrow{Z} F+G$$

催化反应的速率方程分别如下:

(1) 催化显色法,指示物为产物 F,反应速率方程为

$$微分式:\frac{dc_F}{dt}=Kc_Z;\qquad 积分式:c_F=Kc_Zt \tag{3-9}$$

(2) 催化褪色法,指示物为反应物 A,反应速率方程为

$$微分式:\frac{dc_A}{dt}=Kc_Z;\qquad 积分式:\lg\frac{a}{a-x}=K'c_Zt \tag{3-10}$$

可见,反应速率与催化剂 Z 的浓度成正比,而反应物浓度的负对数与反应时间成线性关系,该反应为一级反应。

式(3-8)、式(3-9)和式(3-10)是动力学定量分析中常用的计算公式,根据这些公式可求出被测物质的浓度。实验过程中,根据所用监测转化速率的方法,选用与浓度有线性关系的物理量来代替浓度。例如,在吸光光度分析法中用吸光度 A、分子发光分析法中用发光强度 I、极谱(伏安)法中用电流 i 等来代替浓度。

例如,用光度计检测时,测量信号为吸光度 A,则上述反应速率方程以吸光度 A 表示分别为 $A=Kc_Zt$ 和 $\lg(A_0/A_t)=Kc_Zt$,与待测物浓度成正比关系,且均与 t 有关。

测量反应速率时常采用起始反应速率法,即在反应初期测量反应速率。起始反应速率法有以下三个显著优点:

(1) 反应起始阶段生成的产物浓度低,逆向反应速率小,对总指示反应速率的影响可忽略。

(2) 在反应起始阶段,副反应所引起的干扰少。

(3) 反应起始阶段各种反应物的浓度无明显变化,便于按照假一级反应或零级反应动力学处理。例如:

$$A+B \longrightarrow F+G$$

若 B 过量,则 $dc_x/dt=Kc_A$,测量起始反应阶段的 dc_x/dt 即可求出 c_A。

起始反应速率的测量方法包括起始斜率法、固定时间法、固定浓度法,此外,还有标准

加入法，以及根据诱导期长短来测定诱导体浓度的方法和速差法等。

二、定量分析方法

1. 起始斜率法

起始斜率法又称正切法。它根据线性曲线的斜率来测定未知物浓度。所利用的动力学方程为

$$S=Kc_xt$$

具体操作方法：配制不同浓度的反应物或催化剂的标准系列，每隔一定时间分别测定与指示物质浓度有线性关系的特征信号（如相对发光强度、吸光度），以信号对时间作图（S-t 图），得到一组直线，然后用外推法将时间外推至 0，求出各直线的起始斜率 $\tan\alpha$。再将斜率 $\tan\alpha$ 与对应浓度 c 作图，得到起始斜率法校正曲线（图 3-2）。

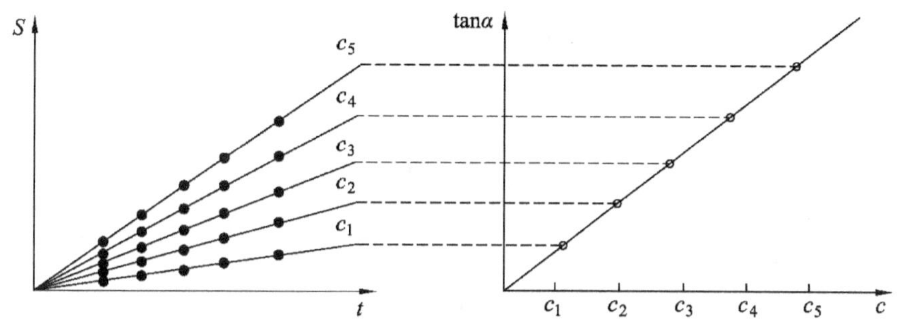

图 3-2　起始斜率法校正曲线

在与标准溶液相同的条件下测定并计算试液的起始斜率 $\tan\alpha$，从校正曲线 $\tan\alpha$-c 上查出试液浓度 c_x。

起始斜率法利用了一系列的实验数据，准确度较高。但此法中，标准系列中至少应含 3 个点，而产物浓度测量也至少应含 3 个点，因此，实际的溶液测量至少在 9 次以上，故比较烦琐和费时。

2. 固定时间法

让指示反应进行到预定的反应时间 t_0 后，测量与产物或反应物浓度有线性关系的特征信号值。测量信号时可以如此进行：① 到达 t_0 时，直接测量溶液产生的仪器特征信号值；② 到达 t_0 时，先终止指示反应，再测量溶液产生的仪器信号。终止指示反应的方式包括改变反应温度、反应介质的 pH 或加入终止剂等。

若指示物为反应物，待测物为催化剂，经 t 时间后反应物浓度由 a 变为 $a-x$，则动力学方程为

$$\lg\frac{a}{a-x}=Kc_Zt$$

在光度法中，用吸光度 A 代替浓度，则

$$\lg\frac{A_0}{A_t}=Kc_Zt$$

式中，A_0 为反应起始吸光度值（通常用试剂空白的测量值代替），A_t 为 t 时刻瞬时吸光度值。在与标准系列相同的条件下测定试液产生的 A_0、A_t，由工作曲线求得 c_Z。

可利用校正曲线法，将被测物质的浓度对物理化学参数作图，要求选择合适的反应时间，以便有较好的线性关系曲线。固定时间法校正曲线如图 3-3 所示。图中两条直线分别对应不同反应时间。

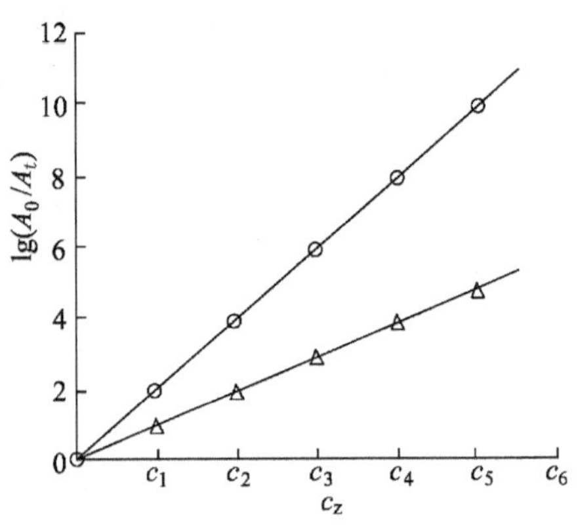

图 3-3　固定时间法校正曲线

其他仪器监测方法还有荧光法、化学发光法和极谱法等，如极谱法中的校正曲线方程为

$$\lg\frac{i_0}{i}=Kc_Zt$$

固定时间法比起始斜率法简单，但准确度不如起始斜率法，对有明显诱导期的指示反应难以得到较可靠的结果。对零级反应、一级反应、假一级反应，以及酶反应中底物的测定，固定时间法是优越的。

3. 固定浓度法

固定浓度法又称变时法或计时法，它是测量指示反应中某反应物或产物的浓度达到某规定数值时所需的时间。

通常，测定的浓度与使物质的浓度达到某一规定值所需时间（或使反应进行到某规定程度所需的时间）的倒数之间存在着线性关系，如图 3-4 所示。

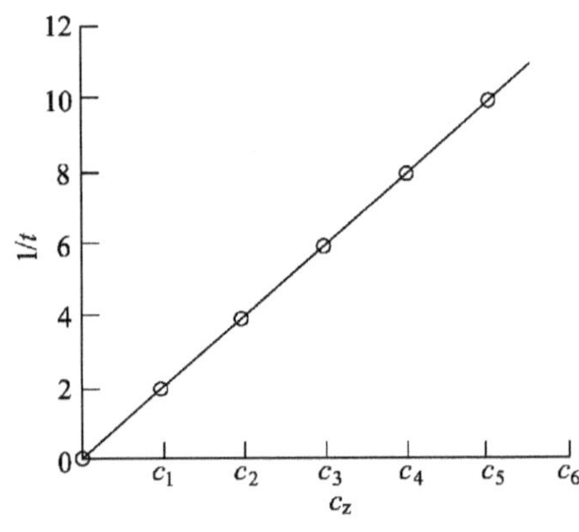

图 3-4　固定浓度法校正曲线

同样，物质的任何性质，如吸光度、荧光强度、发光强度或电位值等，只要能指示浓度，都能用来测量。例如，当吸光度 A 固定为恒值 A_t 时，动力学方程为

$$A_t=Kc_Zt$$

$$c_Z=\frac{A_t}{K}\cdot\frac{1}{t}=K'\cdot\frac{1}{t}$$

可见，对零级反应，c_Z 与指示反应到达吸光度恒定值时的时间 t 的倒数 $1/t$ 成直线关系。在实际分析中，当反应混合物的组成达到固定不变时，准确测定反应时间，即可根据校正曲线来确定待测物 Z。以催化剂测定为例，具体做法是：配制一个不同催化剂浓度的标准系列，在反应准确地进行到 A_t 时，分别测量所需的时间 t，以 c_Z 对 $1/t$ 作图，得可变时间法工作曲线。在相同的条件下处理和测定试液，由工作曲线求得试液中催化剂的浓度 c_Z。

用固定浓度法测量时，所测量的时间 t 应控制在 2～10 min。时间太短，测量误差大；时间太长，灵敏度不够高。

固定浓度法的优点与固定时间法大致相同，但更适合用于酶活性、催化剂和一些非线性响应场合的测定。

第五节　催化动力学光度法

吸光光度法是仪器分析方法中应用最广泛的一种方法，同时也是动力学分析中最常用的浓度检测方法，而动力学法中催化法具有较高的灵敏度，故下面着重介绍催化动力学吸光光度法。

一、直接法和间接法

（一）直接法

直接法主要是应用催化剂的直接测定，大多应用吸光光度法检测指示反应，也可用化学发光法和荧光法进行检测，其中化学发光法灵敏度最高。

1. 化学发光法及荧光法

有一些指示反应受催化作用时，其慢反应伴随荧光辐射而产生化学发光，且单位时间的光辐射量与催化剂浓度成正比，故可用于定量测定。

例如，鲁米诺被 H_2O_2的氧化历程：

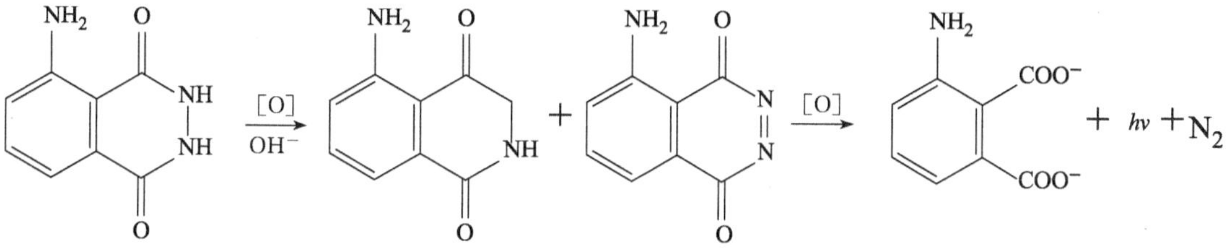

生成的 $h\nu$ 可用光谱仪或相板检出。

有十几种金属离子能催化这一反应，如 Cr(Ⅲ)催化 H_2O_2-鲁米诺的化学发光反应，在碱性介质下，可测定 1.5×10^{-12} g·mL^{-1} Cr(Ⅲ)，$\lambda=425$ nm。可用于催化该反应的金属离子还有 Cu(Ⅱ)、Co(Ⅱ)、Ni(Ⅱ)、Fe(Ⅱ)、Mn(Ⅱ)等。

常见的发光体系有鲁米诺、邻苯三酚、吖啶酯、光泽精等。

化学发光法具有设备简单、灵敏、快速、线性范围宽等特点。

另外还有催化荧光法及荧光熄灭法。

2. 吸光光度法

反应速率的测量最常用的仍然是吸光光度法，目前吸光光度法中常见的催化反应有：

(1) Sandell-Kolthoff 反应，即 I^- 催化 Ce^{4+} 氧化 As(Ⅲ)的反应，这是最古老的灵敏催化反应。I^- 不断再生，反复地起作用，所以方法灵敏度很高，达 10^{-4} μg·mL^{-1}。

另外一些物质如 Hg^{2+} 和 Ag^+(可形成 I^- 配离子)等能抑制这一反应，因而又发展了基于抑制作用的间接测定法。

(2) 催化配位反应，卟啉类试剂的金属催化反应。金属离子与卟啉类化合物的配位反应能被许多金属离子催化加速，如 Mn(Ⅱ)与四苯基卟吩磺酸盐(TPPS)的配位反应可被 Cd(Ⅱ)、Zn(Ⅱ)、Pb(Ⅱ)、Hg(Ⅱ)等离子催化，其中 Hg(Ⅱ)的效果最好，可测定 10^{-9} mol·L^{-1} Hg(Ⅱ)。

(3) 氧化还原催化反应，这是使用最多、最灵敏的一类催化反应，可测定金属离子浓

度为 $10^{-11}\sim10^{-9}$ mol·L^{-1}。

氧化还原反应与反应物氧化态的改变有关(这种改变可以通过电子的交换或者通过原子的转移来实现,而在水溶液中原子和原子团的转移比电子的转移占优势),通常利用参加反应的氧化还原电对的标准电位来估计反应发生的可能性,如 H^+ 的得失。

当 $E^{\ominus}_{Ox1/Red1}>E^{\ominus}_{Ox2/Red2}$时,则可能发生 $Ox_1+Red_2\longrightarrow Red_1+Ox_2$。

一个氧化还原反应,只有当它在动力学上受抑制时,才能作为指示反应:① 在电子转移反应中,氧化剂的被占轨道与还原剂的未占轨道间的重叠受阻;② 在原子或原子团转移的情况下,共价键必须是分裂的。

金属离子对于指示反应的氧化还原作用与催化剂的价态变化有关:

$$Red_1+Z^{(n+1)+}\longrightarrow Ox_1+Z^{n+}$$

$$Ox_2+Z^{n+}\longrightarrow Red_2+Z^{(n+1)+}$$

可见,催化剂 Z 的氧化还原电位应该处于反应物两电对电位之间:

$$E_{Ox_1/Red_1}>E_{Z^{(n+1)+}/Z^{n+}}>E_{Ox_2/Red_2}$$

(二)间接法

间接法是利用改变催化反应速率来进行测定的,用于测定活化剂、抑制剂。

1. 抑制剂的测定

抑制剂即负催化剂,让催化剂失去活性的物质。这种方法能降低检出限和改善方法的选择性。

例如,Mo(Ⅵ)、W(Ⅵ)都能催化 H_2O_2 氧化 I^- 为 I_2,但在 pH=1.7 的介质中,加入柠檬酸,W(Ⅵ)的催化效应被抑制,Mo(Ⅵ)的催化效应反而增强,故可在 Mo(Ⅵ)、W(Ⅵ)共存时测定 Mo(Ⅵ)。

Fe^{3+} 催化 H_2O_2+N,N-二乙基对苯二胺,PO_4^{3-} 抑制。

I^- 催化 Ce^{4+}+As(Ⅲ),F^+、Ag^+、Hg^{2+} 抑制。

2. 活化剂的测定

活化剂是能增强催化活性的物质,其机制一般认为是活化剂可与催化剂作用生成催化活性更高的中间化合物。例如,Mn(Ⅱ)对 IO_4^- 氧化孔雀绿的反应有催化作用,而氨三乙酸(NTA)能活化 Mn^{2+} 的催化作用,可测 NTA。

Mn^{2+} 催化下面的反应:

$$S_2O_6^{2-}+\text{对乙氧基苯胺}\xrightarrow{Mn^{2+}}\text{红色产物}$$

Ag^+ 则对该催化反应有活化作用,可用于测定痕量 Ag^+。

二、催化动力学吸光光度法的灵敏度和选择性

(一)灵敏度及其影响因素

催化动力学分析法与平衡光度法相比,最重要的特征是具有低的检出限和高的灵敏度。其灵敏度大多在 μg·mL^{-1} 至 ng·mL^{-1},有的达 ng·mL^{-1} 至 pg·mL^{-1}。催化动力学吸光光度法的检出能力采用最低检出限表示。

1. 最低检出限

最低检出限是一种在忽略外界干扰因素的情况下,对分析方法检出能力的估计值。

对于催化反应：

$$A+B\xrightarrow{Z}X+Y$$

以 X 作为指示物，并忽略非催化反应的起始速率，则 t 时刻催化反应速率为

$$v_t=\frac{dc_X}{dt}=\frac{\Delta c_X}{\Delta t}=Kc_Zc_Ac_B$$

或
$$c_Z=\frac{\Delta c_X}{\Delta tKc_Ac_B}$$

根据朗伯-比尔定律，当被监测物质 X 以吸光度作为测量信号时，有

$$\Delta A=\varepsilon b\Delta c_X$$

则
$$c_Z=\frac{\Delta A}{\varepsilon b\Delta tKc_Ac_B}$$

在吸光光度法中，假设 $\varepsilon=1\times10^5\ L\cdot mol^{-1}\cdot cm^{-1}$，$b=2$ cm，当 $\Delta A_{min}=0.05$，$\Delta t_{max}=10$ min，速率常数 $K=1\times10^8\ min^{-1}$，反应物起始浓度 c_A 及 c_B 均为 1 $mol\cdot L^{-1}$ 时，代入上式可估算出催化剂可测定的最小浓度为

$$c_Z=\frac{0.05}{1\times10^5\times2\times10\times1\times10^8\times1\times1}\ mol\cdot L^{-1}=2.5\times10^{-16}\ mol\cdot L^{-1}$$

因此，从理论上估计，催化动力学光度法检出限为 $2.5\times10^{-16}\ mol\cdot L^{-1}$，但这一极限值迄今尚未达到。其主要原因是几乎所有应用的体系测定时都受到背景，即溶液“本底”的干扰，实际测定的最小浓度比理论推算的高 3～5 个数量级。

2. 影响灵敏度的因素

(1) 本底的影响：在有明显本底干扰的情况下，总反应速率为

$$\frac{dc_X}{dt}=K_1c_Ac_Bc_Z+K_2c_Ac_B$$

式中最后一项为溶液本底对总反应速率的影响，其值与 c_Z 无关。测量中需要扣除本底速率：

$$A_t=\Delta A=A_{Tol}-A_0=Kc_Zt$$

式中，A_{Tol} 为总吸光度。

本底小且稳定的体系有利于提高方法的灵敏度和准确度，故测量中应尽可能使本底的速率减小为零。

(2) 速率常数 K 的影响：A_t 与指示反应的 K 成线性关系，因此指示反应的速率常数对检出限的降低起决定作用。

(3) 温度的影响：通常催化反应速率随温度升高而升高，而 $v_{本底}$ 随温度升高变化很小，故可通过提高温度以增加反应灵敏度。

(4) 活化剂的影响：加入活化剂可提高催化反应的速率，增大 K 值，从而提高灵敏度。

（二）选择性及提高选择性的途径

催化动力学分析法有极高的灵敏度，但是一种物质在均相反应中产生催化作用的能力是以它的化学性质为基础的，化学性质相类似的物质会表现出相似的催化作用，即多数指示反应能同时被几种甚至十几种离子所催化，因此化学上相关的一些元素共存时，要进行选择性地测定是困难的。所以催化动力学分析法的选择性通常不是十分理想，这就使

得该分析方法在实际应用中受到一定限制。如何提高催化动力学分析的选择性？首先要了解影响选择性的主要因素。

1. 指示反应的选择性

催化动力学分析法的选择性、特效性的决定因素是指示反应的选择性。

一种物质在均相反应中产生催化作用的能力是以其化学性质为基础的，化学性质相似的物质，其催化作用也相似，因此，它们共存时，要做选择性的催化测定很困难。例如，指示反应：

$$H_2O_2 + 2I^- + 2H^+ = I_2 + 2H_2O$$

对反应起催化作用的金属离子有 Ti(Ⅳ)、Zr(Ⅳ)、Hf(Ⅳ)、Fe(Ⅲ)、V(Ⅴ)、Mo(Ⅵ)、W(Ⅵ)、Cr(Ⅵ)等，它们都能与 H_2O_2 生成配合物，故都起到催化作用。

在配位体交换反应中，离子的催化作用也是非特效的。例如，H_2O 取代 $[Fe(CN)_6]^{4-}$ 中 CN^- 的反应可被 Hg(Ⅱ)、Ag(Ⅰ)、Au(Ⅲ)、Pt(Ⅲ)等多种离子催化。虽然催化动力学分析法的指示反应多数为非特效反应，但在指示物分子中引入适当的取代基，就可能使这种试剂只对某种特定离子有效，从而提高催化反应的选择性。例如，多元酚被 H_2O_2 催化氧化的反应中，当多元酚上两个羟基处于不同位置时，Cu(Ⅱ)、Co(Ⅱ)的催化活性不相同。如羟基在对位(对苯二酚)，则 Cu(Ⅱ)的催化活性强(0.005)；如羟基在邻位(邻苯二酚)，则 Co(Ⅱ)的催化活性强(0.000 2)。

2. 反应条件的影响

改变催化反应的 pH、温度，使用合适的配位剂及氧化还原剂，都能提高指示反应的选择性。

(1) pH 的影响：Zr、Hf 都对上述 H_2O_2 氧化 I^- 的反应有催化作用，但反应条件与 pH 有关。Hf 在 pH 为 1.1 时催化活性最高，而 Zr 在 pH 为 2.0 时催化活性最高[因为 $Zr(OH)_3^+$ 才有催化活性]。因此，通过改变 pH 可以在同一体系中连续测定这两种元素。

(2) 温度的影响：由于催化剂对同一指示反应作用需要的活化能不同，催化反应速率与反应温度密切相关，因此，不同的催化剂对同一指示反应发生催化作用需要的温度不同。通过改变反应温度，扩大这些催化反应之间的反应速率差异，可以提高催化反应的选择性。

(3) 时间的影响：如前所述，由于各种催化剂在同一指示反应中的活化能不同，催化反应之间的反应速率存在差异，所以选择在不同的反应时间后终止反应，采用速率差计算法，可以在其他物质存在下进行选择性的测定。

3. 掩蔽剂的应用

为了提高催化测定的选择性，可以利用掩蔽剂将催化剂外物质转变成无催化活性的形式。例如，Cr、Fe、Co、Ni 都能催化 H_2O_2-BPR 反应，但加入 EDTA 后，可以掩蔽 Fe、Co、Ni。有时加入一种试剂既起掩蔽作用，又起活化作用。例如，利用 $[Fe(CN)_6]^{4-}$ 水合反应测定 Co^{2+} 时，加入 2,2′-联吡啶，不但活化了钴，而且抑制了镍的干扰，同时使空白反应的速率大大降低，提高了测定的灵敏度和选择性。

4. 与分离方法相结合

如果前述方法仍不能满足选择性要求，则在测定前必须进行预分离除去干扰，然后进

行动力学测定。如果利用萃取法分离，有时可直接在有机相中进行催化测定，如萃取动力学光度法。

三、分析应用

目前，用催化吸光光度法已可测定近 50 种元素，其中灵敏度较高，检测下限低于 0.01 μg·mL －1的有 40 余种。在这些方法中，最灵敏的方法大多以氧化还原反应为基础。过渡元素对一些氧化还原反应有较强的催化能力，其中以铂族元素灵敏度最高，基于氧化还原反应的催化动力学法一般可测到含量为 10^{-11} g·mL^{-1}，对 Os 及 Ru 可达到 10^{-13} g·mL^{-1}；其次是 Mn(Ⅱ)、Cu(Ⅱ)、Mo(Ⅵ)、Co(Ⅱ)、Cr(Ⅲ)、Fe(Ⅲ)、V(Ⅴ)、Ag(Ⅰ)、Au(Ⅰ)等。另外，催化动力学分析法测定某些非金属元素和有机物亦引起了人们的关注。可测定的非金属元素主要有 Si、Ge、P、N、As、Se、S、卤素等，且大多数是测定溶液中的阴离子。其中，用催化吸光光度法测定 I^- 的文献最多。

1. 催化显色反应转化速率的监测

设有一较慢的显色反应，指示物是有色产物 F，在催化剂 Z 的存在下，反应速率加快。反应式如下：

$$A+B\xrightarrow{Z}F+G$$

当反应物 A、B 过量时，A、B 浓度的改变量可忽略不计，则

$$c_F=Kc_Zt$$

由于吸光度 A 与 c_F 在一定条件下成正比，所以有

$$A=\varepsilon bc_F=\varepsilon bKc_Zt=K_0c \tag{3-11}$$

式(3-11)表明：c_Z 越大，催化显色反应时间 t 越长，显色产物 F 的吸光度值就越大。该式是催化显色反应的最基本关系式。

反应的级数随反应条件而不同，在进行催化显色的条件下(反应物 A、B 过量)，催化剂的浓度 c_Z 在反应前后保持不变，故 c_Z 可视为恒量而合并在常数项中，则式(3-9)变为

$$\frac{dc_F}{dt}=K_0 \tag{3-12}$$

此时，催化显色反应是零级反应。以显色反应产物 F 的吸光度对反应时间作显色反应速率曲线，应得一直线。

若显色产物的颜色不深，则需要在催化反应进行到很长时间后用吸光光度法测量。由于消耗的反应物较多，此时反应物浓度的变化不能忽略，反应属于一级反应，可参照催化褪色反应的方法进行处理。

2. 催化褪色反应转化速率的监测

设有一较慢的褪色反应，物质 B 的颜色很深，在催化剂 Z 的存在下其褪色速率加快。反应式如下：

$$A+B\xrightarrow{Z}F+G$$

速率方程中的指数与化学反应式的系数不一定相同，B 的褪色速率可表示为

$$-\frac{dc_B}{dt}=Kc_A^mc_B^nc_Z$$

当 A 过量，反应中 B 的浓度发生显著改变并可用仪器测出时，A 的浓度改变仍可以忽略不计，c_A^m 为常数。设 $n=1$(多数情况下如此)，则得

$$-\frac{dc_B}{dt}=K_1' c_B c_Z$$

该式为一级反应动力学方程式，将其积分后得

$$\ln\frac{c_0}{c_B}=K_1' c_Z t$$

在光度测定时，设反应物 B 的初始浓度为 c_0 的溶液的吸光度为 A_0，褪色至浓度为 c_B 的吸光度为 A，由朗伯-比尔定律得

$$\ln\frac{A_0}{A}=K_1' c_Z t \tag{3-13}$$

式(3-13)是催化褪色反应的基本关系式，它说明：催化剂浓度越大，反应时间越长，则溶液的 $\ln\frac{A_0}{A}$ 值就越大，且与 $c_Z t$ 成直线关系，据此可以绘制褪色速率曲线。

3. 催化动力学光度法发展趋势

(1) 探索新的高灵敏指示反应。目前，催化动力学分析法的指示反应灵敏度大都在 $\mu g \cdot mL^{-1}$ 至 $ng \cdot mL^{-1}$ 之间，部分在 $ng \cdot mL^{-1}$ 至 $pg \cdot mL^{-1}$ 之间，其中催化发光法灵敏度最高。对高灵敏显色反应进行催化(如偶氮类、大环卟啉类等试剂与 Me 显色)可取得较高灵敏度。

(2) 寻取新的活化剂。活化剂的研究不仅能使催化活性物质的测定成倍甚至成数量级地提高，而且可以使方法的选择性得到改善。

(3) 研究提高催化动力学分析方法选择性的途径。催化动力学选择性差是由于多数指示反应均能被数种离子催化加速，提高选择性的途径包括寻找选择性的指示反应和利用掩蔽作用，必要时配合现代分离技术。

(4) 胶束增敏。表面活性剂用于催化动力学分析方法是近十几年才报道的，如碱性介质中 Cu(Ⅱ)催化 H_2O_2 与邻菲啰啉(phen)反应产生化学发光，加入十六烷基三甲基溴化铵(CTMAB)后可使灵敏度提高 10 倍以上。

(5) 研究反应机制，建立新的催化动力学分析法。目前许多工作尚处于经验阶段，加强机制研究对发展新方法具有理论指导意义。例如，将 FIA 与催化动力学相结合，不仅提高了分析速度，还可以提高测定的灵敏度，对那些反应速率有差异的催化反应可进行多元素的同时测定。

(6) 研发新的监测仪器和技术。近年来随着科学成就的渗透、引用，监测仪器出现在线分析、仪器联用、高灵敏度、高精密度、高准确度等发展趋势，有力推动了催化动力学分析的研究与应用进展。

第六节　速差动力学分析法

在混合物中，多种性质相似的组分与同一试剂发生反应，但反应速率又各不相同。基于反应速率的差别测定混合物中单一或多种组分的方法，称为速差动力学分析法。

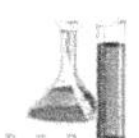

速差动力学分析法的优点是不需要烦琐的分离手续，可同时测定混合物中的一种或两种以上性质相似的组分含量。性质相近的元素，热力学行为相差很小，无法进行同时测定，通常需要采用分离的方法，既烦琐又不准确，而只要反应速率有微小差异就可以用速差法。另外，还可通过改变反应条件扩大各组分反应速率间的差别。

一、基本原理和数据处理方法

假定两种物质 A、B 与同一试剂 R 反应，经历不可逆双分子反应，生成产物 P 和 P′，反应通式为

$$A+R \xrightarrow{K_A} P \qquad B+R \xrightarrow{K_B} P'$$

式中，P 和 P′为具有相同或相似测量信号的物质，进行速率测量和计算时可以用一种物质 P 代替。

当[R]≫[A]+[B]时，反应为假一级反应（试剂过量 50 倍即可），可按前述一级反应（如催化褪色）的方式处理。（若$[R]=\sum[M]$或两者相差不大，则反应级数为二级。由于二级反应动力学处理方法比一级或假一级反应复杂得多，因此应尽可能调节反应条件，使反应按假一级动力学进行。）

若上述反应都为一级反应，则速率方程为

$$\frac{d[P]_A}{dt}=-K_A[A]$$

$$\frac{d[P]_B}{dt}=-K_B[B]$$

在 $0\to t_r$范围内对 t 积分，得

$$\ln\frac{[A]_t}{[A]_0}=-K_A t_r \tag{3-14}$$

$$\ln\frac{[B]_t}{[B]_0}=-K_B t_r \tag{3-15}$$

（一）反应速率差别较大的混合物的分析方法

在混合物中，各种组分的反应速率相差较大，即在某一反应时间内，一种组分正在进行反应，其余组分要么已经结束了反应，要么正以极小的速率进行反应；或者说混合物中仅一个组分正在反应，其余组分在该段时间以前就已经反应完毕，或因反应速率很慢而使浓度基本不变，这样便可忽略反应速率小或大的组分，对某一组分单独进行数据处理。

（1）忽略反应速率小（慢反应）的组分。假设在 t_r时间范围内，慢反应组分 B 的浓度几乎不变，式(3-15)可忽略，可直接利用式(3-14)求出[A]。

（2）忽略反应速率大（快反应）的组分。在反应时间 t 内，反应物 A、B 与 R 反应生成 P，浓度为$[P]_t$，则

$$[P]_\infty-[P]_t=[A]_t+[B]_t=[A]_0 e^{-K_A t}+[B]_0 e^{-K_B t} \tag{3-16}$$

当 $K_A\gg K_B$时，某时刻 t，A 基本反应完全，则$[A]_0 e^{-K_A t}$可忽略，于是

$$[P]_\infty-[P]_t=[B]_0 e^{-K_B t}$$

则

$$[B]_0=\frac{[P]_\infty-[P]_t}{e^{-K_B t}} \tag{3-17}$$

若已知 K_B，测出 t 时刻$[P]_t$及混合物全部反应完毕时的$[P]_\infty$（即$[A]_0+[B]_0$），则可利用式(3-17)算出$[B]_0$，然后利用$[P]_\infty-[B]_0$进一步得出$[A]_0$。

对于速率常数差别太大的体系，B 组分反应太慢，使分析时间过长。这种情况下可在 A 反应完全后，通过升温、改变溶剂、加入催化剂等手段增加 B 组分的反应速率，缩短分析时间。

采用此法时，时间 t 的选择非常重要。若反应时间过短，A 组分反应未完全，则$[A]_0e^{-K_At}$值不能忽略；若反应时间过长，则不仅 A 组分反应完全，B 也大量反应，$[P]_\infty$和$[P]_t$之差很小，会出现较大误差。因此，要求在 t 时刻，至少应有 10%的 B 还未反应。

（二）反应速率差别较小的两组分分析法

首先可采用加掩蔽剂、改用空间位阻较大的试剂等方法扩大速率常数间的差别。如果上述方法不能达到目的，可采用对数外推法、线性图解法、单点法、比例方程法和线性回归法等数学处理方法。

1. 对数外推法

在 A、B 两组分混合物中，假设 A、B 经历一级或假一级不可逆反应，当 A 组分反应即将完成时，式(3-16)中$[A]_0e^{-K_At}\to 0$，则

$$[P]_\infty-[P]_t=[B]_0e^{-K_Bt}$$

对该式两边取对数，得

$$Y=\ln([P]_\infty-[P]_t)=-K_Bt+\ln[B]_0$$

以 Y 对 t 作图，得到斜率为$-K_B$的直线，当二者之间为线性关系时，表明 A 组分反应完全。将直线延长，外推到 $t=0$ 时，得截距为 $\ln[B]_0$，据此计算出$[B]_0$值，从总浓度中减去$[B]_0$值就得出$[A]_0$。

特点：无须知道速率常数，准确度较高，而且要求当反应进行到 A 组分浓度可忽略不计时，必须还有足够的 B 存在，否则直线部分太短，外推误差较大。

例如，利用金属离子的 EGTA 配合物与 PAR 的配位体取代反应的速率差别，用对数外推法分析了浓度为 10^{-6} mol·L^{-1}的 Mn^{2+}、Fe^{3+}、Co^{2+}、Ni^{2+}、Cu^{2+}、Zn^{2+}及 Pb^{2+}等金属离子的混合物。

2. 比例方程法

混合物中两个反应均为一级或假一级反应，根据式(3-16)，得

$$[P]_t=([A]_0-[A]_t)+([B]_0-[B]_t)=[A]_0(1-e^{-K_At})+[B]_0(1-e^{-K_Bt})$$

设
$$G_A=(1-e^{-K_At}),G_B=(1-e^{-K_Bt})$$

则
$$[P]_t=G_A[A]_0+G_B[B]_0$$

可见，G_A、G_B为与反应速率常数、反应时间有关的参数。

在 t_1、t_2时刻分别测量产物 P 浓度时，则有方程

$$[P]_{t_1}=G_{A_1}[A]_0+G_{B_1}[B]_0 \tag{3-18}$$

$$[P]_{t_2}=G_{A_2}[A]_0+G_{B_2}[B]_0 \tag{3-19}$$

如果在 t_1、t_2时刻测定吸光度 A_{t_1} 和 A_{t_2}，而 A_t与$[P]_t$符合朗伯-比尔定律时，则可利用已知浓度且单独存在的 A、B 测出 t_1、t_2时刻的 G_{A_1}、G_{B_1}、G_{A_2}、G_{B_2}，然后代入式(3-18)和式(3-19)组成的方程组，根据混合的$[P]_t$，求解得出混合物中各组分的初始浓度$[A]_0$、$[B]_0$。

从理论上说，比例方程法可用于混合物中多个组分的同时测定，方程组为

$$\begin{cases}[P]_{t_1}=G_{A_1}[A]_0+G_{B_1}[B]_0+\cdots+G_{X_1}[X]_0\\ [P]_{t_2}=G_{A_2}[A]_0+G_{B_2}[B]_0+\cdots+G_{X_2}[X]_0\\ \vdots \quad\quad \vdots \quad\quad \vdots \quad\quad \vdots\\ [P]_{t_i}=G_{A_i}[A]_0+G_{B_i}[B]_0+\cdots+G_{X_i}[X]_0\end{cases}$$

但由于多组分测定的误差较大，实际应用时只能测定 3 个或 4 个以内的组分。

例如，可用速差动力学光度法同时测定葡萄糖和果糖。在 1.6×10^{-3} mol · L^{-1} NaOH 溶液中，葡萄糖和果糖分别与 2,4-硝基酚反应生成红色化合物（$\lambda_m=500$ nm）。温度为 50 ℃时，果糖的反应速率比葡萄糖快。根据二者的反应速率差异，可以建立同时测定葡萄糖和果糖的速差动力学光度法。在 50 ℃下分别反应 8 min 和 10 min，利用比例方程法可对果糖和葡萄糖进行同时测定。葡萄糖和果糖的线性范围分别为 $0\sim9.6\times10^{-3}$ mol · L^{-1} 和 $0\sim2.0\times10^{-3}$ mol · L^{-1}。该方法已用于果葡糖浆的分析。

3. 线性回归法

A、B、C 三组分混合物经历一级或假一级不可逆反应，在时间 t_j（$j=1,2,3\cdots$），生成物 P 的浓度与各组分初始浓度间的关系式为

$$[P]_j=[A]_0a_j+[B]_0b_j+[C]_0c_j$$

式中，a_j、b_j、c_j 仅为时间 t 的函数，在不同时间进行 N 次测量，得到 N 组数据。根据最小二乘法原理，借助小型计算机，可方便地计算出$[A]_0$、$[B]_0$、$[C]_0$ 的值。

二、速差动力学分析法中的反应类型及应用

1. 反应类型

速差动力学分析法中常用的反应类型有三类：

(1) 取代反应：$MR+Y \rightleftharpoons MY+R$。例如：

$$\text{Co-PAR}+\text{EGTA} \rightleftharpoons \text{Co-EGTA}+\text{PAR}$$

$$\text{Ni-PAR}+\text{EGTA} \rightleftharpoons \text{Ni-EGTA}+\text{PAR}$$

以上反应可用来分别测定 10^{-7}mol · L^{-1} Co^{2+} 和 Ni^{2+}。

(2) 生成反应：$M+R \rightleftharpoons MR$。例如，在 CTMAB 存在下，Mo(Ⅵ)、W(Ⅵ)、Ge(Ⅳ)分别与苯基荧光酮(PF)反应，生成三元配合物，控制合适的反应条件，使反应速率有所差别，可用速差法测定。

又如，反应：硅钼黄、磷钼黄$\xrightarrow{\text{Vc}}$蓝色，选择适宜的 pH，可使磷钼蓝的生成速率为硅钼蓝的 10 倍。

(3) 氧化-还原反应，包括催化反应和诱导反应。例如，利用 Fe(Ⅲ)、Mo(Ⅵ)对下面反应的催化作用速率差异可分别测定 0.01～2.5 μg · mL^{-1}的铁和 0.05～15 μg · mL^{-1}的钒：

$$H_2O_2+\text{邻氨基酚}\longrightarrow\text{棕色产物}$$

又如，Fe、V 可诱导 Cr(Ⅵ)与 I^- 生成 I_2，根据这个原理可分别测定 0.012 μg · mL^{-1}的铁和 0.018 μg · mL^{-1}的钒。

速差动力学分析法中的其他反应还有分解反应等。

2. 速差动力学分析法的特点与应用

速差动力学分析法的特点是无须分离，可以测定单组分和多组分。

速差动力学分析法可用于反应速率小，反应不完全的体系，并可用于多组分的同时测定。目前速差动力学分析法已应用于无机分析、有机分析、生化分析、药物分析等许多领域。

例如，用二甲酚橙、EDTA 作试剂，利用各稀土元素的二甲酚橙配合物与 EDTA 的配位体取代反应的速率差别，采用比例方程法，可同时测定 Dy、Ho、Yb 三组分稀土元素混合物。

第七节　酶催化动力学分析法

酶是活细胞产生的一类具有特殊三维空间构象的功能化蛋白质，是在体内发挥作用的生物化学催化剂。生物体内存在着各种各样的酶，使生物体内代谢过程中发生的极其错综复杂的化学反应井井有条地进行，产生生物体所需的许多物质。酶的存在是生物体进行新陈代谢的必要条件。酶具有催化剂的共性：酶的催化性质和其他无机催化剂一样，它参与了整个生化反应过程，最后恢复原状，化学性质没有发生变化并可反复循环作用。酶可以降低生化反应的活化能，使活化分子数大大增加，故少量的酶即可大大加快反应的速度；酶只改变反应速率而不改变反应的平衡点，即酶加速达到平衡而不改变平衡的位置，它不能催化热力学上不能进行的反应；酶参加生化反应前后无变化，故可重复使用，因而具有化学放大的功能。

酶催化的第一个显著特点是具有很高的催化效率，而且是在温和的条件下进行的。例如，在常温常压下，脲酶催化尿素的水解反应比非酶催化快 1.0×10^{14} 倍，因此，酶催化分析具有较高的灵敏度。酶催化的第二个显著特点是它对底物的专一性很高，一种酶只能催化一种底物或少数几种近似的同类底物。每个细胞的代谢库内存在着多种多样的物质，酶固有的特异结构能从其中识别其独有底物分子而进行定向反应，这就使酶催化分析(enzyme catalyzed analysis)比其他催化分析法有着更好的特效性。

除此之外，酶作为分析试剂还具有试剂配制简单、分析微量化、操作可简化、测定快速且准确等特点。如果将酶固定化，不但可以节约费用，还可以进行自动分析。所以，酶法分析已广泛应用于临床检验、生化、医药和食品卫生检验等方面，测定的对象绝大多数是有机物质。

酶作为极其有效的生物催化剂，早已被人们从生物体中提取出来，并在生物体外进行着各种催化反应研究。但酶蛋白一个不容忽视的重要属性是结构很不稳定，结构上的改变或变性都会引起酶活性的损失，严重时则失活。影响酶蛋白稳定性的重要因素是温度、酸度和盐的浓度。

一、酶活性及其计算

1. 酶活性及其单位

酶活性实际上就是其催化特定化学反应的能力。催化反应速率快，酶活性就高；反之则低。由于酶的种类很多，催化反应也各不相同，酶活性的定量表示方法相当复杂，通常

在正确规定和严格控制的条件下，以测定单位时间内转化的底物的量来确定。底物浓度必须足够高，以确保在反应时间内所消耗的底物只是很小一部分，使分析具有良好的重现性。

1961 年，国际生化联合会的酶学委员会建议，对各种酶都采用一种标准的单位（国际单位），其定义如下：一个酶单位（enzyme unit）是指在规定条件下，每分钟内催化 1 μmol 底物发生转化所需的酶量，以"IU"表示，$1\ IU = 1\ \mu mol \cdot min^{-1}$。所谓规定的条件，是指反应时的温度、酸度、缓冲液系统、底物浓度与辅酶。1961 年酶学委员会报告中所建议采用的温度是 25 ℃，1964 年第二次报告中又改为 30 ℃。不管是否应对此意见继续加以讨论，测定酶活性时的温度还是要遵守执行的。1972 年，提出新的酶活性国际单位：最适条件下，每秒能催化 1 mol 底物转化为产物所需的酶量，定为 $1\ Kat = 1\ mol \cdot s^{-1}$，所以 $1\ Kat = 60 \times 10^6$ IU。习惯用法：每小时催化 1 g 底物所需的酶量。

2. 酶活性的计算

酶活性的计算是指以某一种反应物（底物、产物或辅酶）浓度的变化为基础，通过制备该产物（或底物）的标准溶液来进行的具体操作和计算。工作时，取部分标准溶液与同体积样品液在相同条件下分别操作和处理，根据操作和测定的有关数据进行计算，通常用以下计算方法：

（1）以标准溶液的吸光度为根据的计算方法。用吸光光度法进行测定时，在相同的测定条件下可以分别从仪器上读取试液的吸光度 $A_{样品}$ 及标准溶液的吸光度 $A_{标准}$，酶活性按下式计算：

$$酶活性 = \frac{A_{样品}}{A_{标准}} \times c_{标准} \times \frac{V_{总}}{V_{样品}} \times \frac{1}{t} \times 1\,000 (IU \cdot L^{-1})$$

式中，$c_{标准}$ 为测定时比色皿中标准溶液的浓度，$mmol \cdot L^{-1}$；t 为酶催化反应时间，min；$V_{总}$ 为溶液的总定容体积，L。因此

$$c_{标准} = c_{原液} \times \frac{V}{V_{总}}$$

式中，V 为测定时移取原标准溶液的体积，L；$c_{原液}$ 为原标准溶液的浓度，$mol \cdot L^{-1}$。

（2）以某一反应产物的摩尔吸光系数为基础的计算方法。仍以上述吸光光度法测定对硝基苯酚为例。此时，用 1 cm 比色皿在 400 nm 波长下测定对硝基苯酚标准溶液计算得到的摩尔吸光系数 ε_{400} 为 $18.80\ L \cdot mol^{-1} \cdot cm^{-1}$，其酶活性按下式计算：

$$\begin{aligned} 酶活性 &= \frac{A_{样品}}{\varepsilon_{b\,标准}} \times \frac{V_{总}}{V_{样品}} \times \frac{1}{t} \times 1\,000 \\ &= \frac{0.080}{18.80 \times 1} \times \frac{0.555}{0.005} \times \frac{1}{30} \times 1\,000 \\ &= 15.7 (IU \cdot L^{-1}) \end{aligned}$$

以上两种计算方法的基础是相同的，没有本质上的区别。从工作的实际情况考虑，前一种方法比后一种方法更为简便些，无须计算 ε_{max}。

二、酶促反应动力学

酶促反应动力学和化学反应动力学一样，它研究酶促反应速率规律以及各种因素对

酶促反应速率的影响。酶促反应比一般的化学反应复杂，在酶促反应系统中除了反应物（即底物）外，还有酶这样一种决定性因素，以及影响酶的其他各种因素。因为酶和底物是构成酶促反应系统最基本的因素，它们决定了酶促反应的基本性质、酶促反应的速率规律，而其他各种因素也正是通过它们产生影响的，这种动力学关系是整个酶促反应动力学的基础，它可用米氏方程(Michaelis-Menten equation)来描述。

（一）米氏方程

对于酶促反应，其反应动力学的预测非常复杂。但在研究底物浓度对反应速率的影响时，总得到以下结果：在酶浓度恒定时，随着底物浓度的升高，最初反应速率与底物浓度成正比，属于一级反应；当底物的浓度升高到一定程度时，反应速率不再随底物浓度的增加而增大，这时变成零级反应。对这一实验给出合理解释的是1913年米凯利斯(Leonor Michaelis)和门顿(Maud Menten)提出的模型。他们处理这个问题的关键是认为催化过程中一个专一的ES复合物是必需的中间产物：

$$E+S \underset{K_{-1}}{\overset{K_1}{\rightleftharpoons}} ES \xrightarrow{K_2} E+P \tag{3-20}$$

由式(3-20)可以看出，反应产物的形成只包含一个组分，即ES复合物（中间产物），此中间产物可看作是相对稳定的过渡态物质，它进一步分解为产物P和游离态酶E。当底物浓度较低时，反应速率与底物浓度成正比，因而表现为一级反应。而高浓度的底物会饱和所有酶的活性位点，使ES复合物的浓度最大，因而表现出最大的反应速率 $v_m=K_2[ES]$。底物浓度再增加时并不能提高ES复合物的浓度，因而反应速率将保持不变，即为零级反应。

ES复合物的解离常数

$$K_s=\frac{K_{-1}}{K_1}=\frac{[E][S]}{[ES]} \tag{3-21}$$

假定[S]≫[E]，[S]不变，则

$$[ES]K_s=[E][S]=([E_0]-[ES])[S] \tag{3-22}$$

$$[ES]K_s+[ES][S]=[E_0][S] \tag{3-23}$$

当[S]→∞时，所有的酶都以酶-底物复合物形式存在，初速度达到最大，$[ES]=[E_0]$，$v=v_m$，于是

$$v(K_s+[S])=v_m[S] \tag{3-24}$$

得

$$v=\frac{v_m[S]}{K_s+[S]} \tag{3-25}$$

当 $v=v_m/2$ 时，$K_s=[S]$。因此，解离常数是反应初始速度为最大速度一半时所需底物浓度。K_s很小，说明易形成[ES]，只要很小的[S]即可使 v 达到 $v_m/2$。这就是酶促反应动力学平衡学说，因为它假定在ES生成E+P时平衡已经建立。1925年Brigg-Haldane对它进行了修正，提出了稳态学说：

生成[ES]的速率为

$$\frac{d[ES]}{dt}=K_1[E][S] \tag{3-26}$$

[ES]减少速率为

$$\frac{-\mathrm{d}[\mathrm{ES}]}{\mathrm{d}t}=K_{-1}[\mathrm{ES}]+K_2[\mathrm{ES}] \tag{3-27}$$

稳态时：

$$K_1[\mathrm{E}][\mathrm{S}]=K_{-1}[\mathrm{ES}]+K_2[\mathrm{ES}] \tag{3-28}$$

由$[\mathrm{E}]=[\mathrm{E}_0]-[\mathrm{ES}]$，得

$$[\mathrm{E}_0][\mathrm{S}]-[\mathrm{ES}][\mathrm{S}]=\frac{K_{-1}+K_2}{K_1}[\mathrm{ES}] \tag{3-29}$$

将$\frac{K_{-1}+K_2}{K_1}$用复合常数 K_m来代替，即米氏常数，得

$$[\mathrm{E}_0][\mathrm{S}]=[\mathrm{ES}](K_m+[\mathrm{S}]) \tag{3-30}$$

或

$$v=\frac{v_m[\mathrm{S}]}{K_m+[\mathrm{S}]} \tag{3-31}$$

与式(3-25)一样，仅将 K_m代替了 K_s，这两个方程均称为 Michaelis-Menten 方程或米氏方程。同样，当 $v=v_m/2$ 时，$K_m=[\mathrm{S}]$。K_m与 K_s不同，如果 $K_2 \ll K_{-1}$，则 $K_m=K_s$。

（二）K_m的物理意义

米氏方程通过米氏常数 K_m部分表达了酶反应性质、反应条件和酶反应速率之间的关系。K_m的物理意义是：

(1) $K_m=\frac{K_{-1}+K_2}{K_1}$，说明 K_m是反应速率常数 K_{-1}、K_2和 K_1的函数。由于这些反应速率常数是由酶促反应性质、反应条件决定的，因此，对于特定的反应、特定的反应条件来说，K_m是一个特征常数，它一般只与酶的性质有关，而与酶的浓度无关。不同的酶，K_m值不同。但如果一种酶有几种底物，则对每种底物各有一个 K_m值。所以有时也可通过它来鉴别不同来源或相同来源但生理状况不同而催化相同反应的酶是否属于同一种酶。

(2) 人们常把 K_m看作 ES 的解离常数。K_m越大，越易解离，说明酶与底物的亲和力越小；反之，K_m越小，可认为酶与底物的亲和力越大。

(3) 当$[\mathrm{S}]=K_m$时，$v_0=v_m/2$，因此，K_m在数值上等于当反应速率为最大反应速率值的一半时底物的浓度，或者说 K_m是一半活性部位被填充时底物的浓度。所以 K_m是衡量反应速率与底物浓度间关系的尺度。在实际工作中，人们常通过 K_m来确定酶促反应要达到某种速率应该使用的底物浓度。

(4) 在酶的多种底物中，K_m能帮助人们判断酶的最适底物，因为最适底物应该具有最大的 v_m/K_m值。

三、酶分析法的机制和基本方程式

酶催化反应的机制是：酶 E 与底物 S 先结合成中间配合物 ES，随后分解出产物 P，酶恢复到原来的状态。

$$\mathrm{E}+\mathrm{S}\underset{K_{-1}}{\overset{K_1}{\rightleftharpoons}}\mathrm{ES}\xrightarrow{K_2}\mathrm{E}+\mathrm{P}$$

上述 ES 的分解反应是不可逆反应，速率较慢，此步决定整个反应转化速率。

配合物 ES 的平衡常数 K_m称为米氏常数。

$$K_m=\frac{K_{-1}+K_2}{K_1}$$

此时，酶反应的动力学方程为

$$\frac{dc_P}{dt}=-\frac{dc_S}{dt}=\frac{K_2c_Ec_S}{K_m+c_S} \tag{3-32}$$

式(3-32)即为米氏方程(Michaelis-Menten equation)。若将转化速率对 c_S作图，可得一曲线，如图 3-5 所示。

当 $K_m \gg c_S$ 时($K_m > 100c_S$)，式(3-32)可简化为

$$\frac{dc_P}{dt}=\frac{K_3c_Ec_S}{K_m}$$

当酶的浓度 c_E 恒定时，反应是以 c_S 为主体的一级反应，反应的起始速率与 c_S 成正比，随 c_S 的增大而增大，即图 3-5 中曲线的开始一段。随着 c_S 的增加，转化速率发生变化，并以最大速率为极限。当 $c_S \gg K_m$ 时，式(3-32)可简化为

$$\frac{dc_P}{dt}=K_2c_E$$

此时转化速率不再随 c_S的增大而变化，整个反应为零级反应。当酶的浓度 c_E固定时，转化速率为一定值，即图 3-5 中曲线的后一段。

如果我们配制酶浓度的一个标准系列，在相同的条件下测定转化速率与底物浓度的关系，并将这种关系绘制在一张图上，可得如图 3-6 所示的关系曲线。

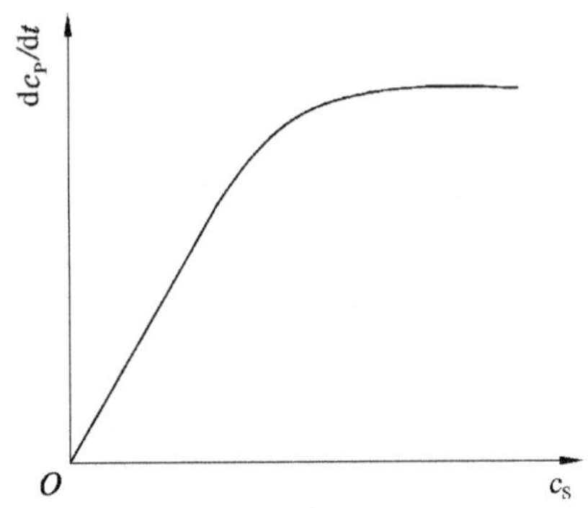

图 3-5　酶反应速率与底物浓度的关系

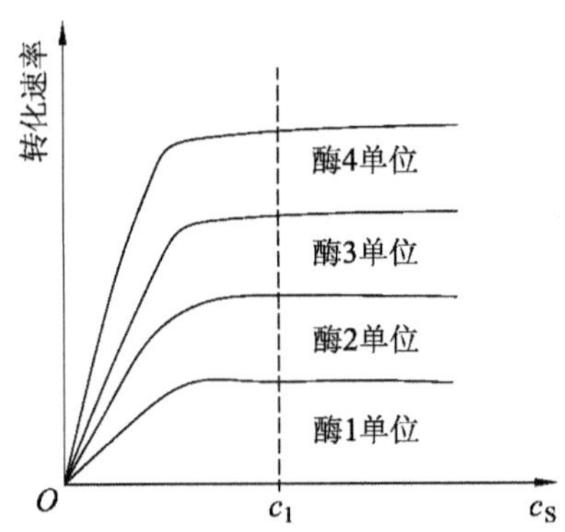

图 3-6　不同酶浓度下转化速率与底物浓度的关系

如果截取图中前面的直线范围部分，则可作为测定底物浓度的校准曲线。若 c_S增加达到图中的曲线斜率为零(如 c_1处)时，则起始转化速率与酶浓度单位间也成直线关系，据此仍能绘制工作曲线。这样，底物或酶的浓度均可以测定。另外，凡是影响转化速率的活化剂、阻抑剂浓度低时，也能进行测定。

酶分析法是催化动力学分析法中的一大类，其测定原则和定量分析的求值方法与其他动力学分析法是一样的，也可采用起始斜率法、固定时间法和固定浓度法等定量方法。测定转化速率的手段可用吸光光度法、发光分析法和电化学分析法等，根据具体情况灵活选用。

四、影响酶催化反应速率的主要因素

由于酶的特殊性，影响酶催化反应速率的主要因素及机制与非酶动力学反应截然不同，现分述如下：

(1) 酶浓度。由上述讨论可知,在一定条件下,酶反应的起始速率与酶浓度成严密的线性关系,这是指绝大多数酶的反应。但有极个别酶反应的这种关系并非线性,这可能是酶试剂中存在着若干活化剂或阻抑剂所致。

(2) 底物浓度。底物浓度与转化速率的关系由图 3-6 可知。但当底物浓度较高时,转化速率往往下降。这种底物的抑制往往是由多种原因所致。例如,当两个以上的底物分子与一个活性中心相结合时,会形成一种 ES_n 的无效配合物,这种配合物随底物浓度的增加而增多,由于 ES_n 具有一定的稳定性,不易使酶 E 再生而重新被利用,转化速率随之下降。

(3) 温度。不同的酶反应有不同的最适宜温度。在该温度两侧,转化速率都较低。从温血动物组织中提取的酶,最适宜温度一般为 35 ℃～40 ℃,植物酶一般在 40 ℃～50 ℃。在达到最适宜温度前,酶活性随温度的升高而增加,但因酶不同,增加程度有差异。酶反应实验必须恒温进行,所加入的溶液、辅酶、缓冲液等也应置于反应温度的水浴中进行预平衡。温度过高,酶会迅速变性,活性减小,速率降低甚至失活。对大多数酶来说,热失活一般从 30 ℃～40 ℃开始,低于 30 ℃时的失活现象是很少的。对每一种酶,重要的是应先确定在其保温期间是否会变性失活。

(4) 溶液的酸度。酶蛋白是一种多价电解质,含有可解离的基团,但往往只有一种解离状态最利于与底物结合,酶活性最高,而解离状态是取决于溶液酸度的。另外,pH 也会影响配合物 ES 的解离状态和底物的性质,因而对酶的活性有影响。在不同的 pH 测定时,将酶活性对 pH 作图,可得到一特性曲线,曲线顶点所对应的 pH 即为酶反应的最适宜 pH。

(5) 活化剂。某些酶的转化速率随活化剂的加入而大大增加,活化剂浓度低时,反应起始速率与活化剂浓度成正比,依次可定量测定活化剂。例如,根据 Mn^{2+} 对异柠檬酸脱氢酶的活化作用可测出低至 5.0×10^{-9} g · mL^{-1} 的 Mn^{2+}。

(6) 阻抑剂。阻抑剂能与催化剂生成一种配合物或与一反应物作用而抑制酶催化反应。酶反应的起始速率将随阻抑剂的增加而在其低浓度时成线性关系,据此可对低浓度的阻抑剂进行灵敏测定。

五、酶催化分析的应用

酶催化分析在食品、农业、法医、生物化学检验及临床医学等方面有着广泛的应用,现举几例加以说明。

1. 酶的测定

胆碱酯酶的测定在临床诊断上有重要的意义,它对肝病、恶性肿瘤、哮喘病和结核病等的诊断均可提供重要信息,其测定原理和有关反应如下:

$$\text{乙酰硫代胆碱}+H_2O\xrightarrow{\text{胆碱酯酶}}\text{硫代胆碱}+HAc$$

用硫离子选择性电极监测水解反应释放出的硫代胆碱的速率,它与胆碱酯酶的活性成正比。

糖化型淀粉酶(简称糖化酶)作为淀粉质原料的糖化催化剂被广泛应用于食品、制药和葡萄糖生产中,是一种重要的酶制剂。糖化酶活性的测定基于酶解产物葡萄糖还原 3,5-二硝基水杨酸,得到红褐色的 3-氨基-5-硝基水杨酸,于 500 nm 处测量其吸光度,它与葡萄糖量成正比，由葡萄糖量进而计算糖化酶的活性单位。反应如下：

$$\text{淀粉}+H_2O\xrightarrow{\text{糖化酶}}\alpha\text{-D-葡萄糖}$$

$$\alpha\text{-D-葡萄糖}+3,5\text{-二硝基水杨酸}\xrightarrow[\text{煮沸}]{OH^-}\text{葡萄糖酸}+3\text{-氨基-5-硝基水杨酸}$$

2. 底物的测定

鱼肉腐败过程中可产生黄嘌呤和次黄嘌呤，测定它们的含量可以作为鱼类新鲜程度的一个指标。黄嘌呤氧化酶存在的 pH＝8.2 溶液中相关酶催化反应如下：

$$\text{次黄嘌呤}+O_2\xrightarrow{pH=8.2,30\ ℃}\text{黄嘌呤}+H_2O_2$$

$$\text{黄嘌呤}+O_2\xrightarrow[\text{黄嘌呤氧化酶}]{pH=8.2,30\ ℃}\text{尿酸}+H_2O_2$$

生成的 H_2O_2 和高香草酸的荧光反应偶联：

$$H_2O_2+\text{高香草酸}\xrightarrow[\text{过氧化物酶}]{pH=8.2,30\ ℃}\text{荧光产物}$$

用荧光法测定产生荧光物质的速率，进而确定底物的含量。

3. 活化剂和阻抑剂的测定

如前所述，利用酶催化反应的起始速率不但能测定低浓度的活化剂，而且也适用于测定低浓度的阻抑剂。一些酶催化反应被某些农药选择性地抑制，可用来进行这些农药的选择性测定。

葡萄糖氧化酶-过氧化物酶-邻联茴香胺偶联动力学测定葡萄糖时（吸光光度法），Ag^+、Hg^{2+} 有强抑制作用，已用于这些金属离子的测定。在 pH＝7.4 时用黄嘌呤氧化酶催化黄嘌呤氧化尿酸的反应中，许多金属离子有阻抑作用，其次序为 $Ag^+>Hg^{2+}>Cu^{2+}>Cr^{6+}>V^{5+}>Au^{3+}>Tl^+$，可用来测定 $1.0\times10^{-9}\sim1.0\times10^{-8}\ mol\cdot L^{-1}$ 的 Ag^+ 和 Hg^{2+}，$1.0\times10^{-7}\sim1.0\times10^{-6}\ mol\cdot L^{-1}$ 的 Cu^{2+} 和 Cr^{6+}，当 EDTA 存在时，测定 Ag^+ 和 Cr^{6+} 是特效的。

思考题与习题

1. 何谓动力学分析法？何谓平衡法？它们之间的主要区别是什么？
2. 与平衡法相比较，动力学分析法具有哪些显著优点？
3. 动力学分析法可分为哪三种方法？哪种方法最为常见？
4. 为什么在动力学分析中所用的仪器都要求有良好的恒温装置？
5. 酶催化反应具有哪些显著特点？影响酶催化反应速率的主要因素有哪些？
6. 诱导反应、催化反应和副反应之间有何不同？
7. 什么是活化分子和活化能？过渡状态理论（活化配合物理论）的核心内容是什么？
8. 如何表达一个化学反应的瞬间转化速率？何谓基元反应和复杂反应？
9. 反应级数、反应分子数和反应物的系数总和有何区别？试举例说明。
10. 何谓反应的半衰期？从半衰期上考虑零级、一级、二级反应各有何特点？
11. 对二级、三级反应如何进行处理才能应用于动力学分析？
12. 什么是催化剂、活化剂和阻抑剂？
13. 何谓指示反应和指示物质？在催化吸光光度法中，你认为应当如何选择指示物质？

14. 选择指示反应时应注意哪些问题？

15. 在实际应用的动力学分析法中，常用起始转化速率法测定，该法有何显著优点？

16. 催化动力学定量分析实验技术与方法主要有哪几种？它们有何异同点？

17. 为什么动力学分析实际测定的灵敏度比理论上推估的要低3～5个数量级？

18. 试推导催化显色和催化褪色吸光光度法的定量分析基本关系式，并简述它们的异同点。

19. 什么是酶的活性、活性单位、变性和失活？

20. 酶催化分析法的主要测定对象有哪些？试举例说明它在生命科学中的应用。

21. 如何计算酶的活性？酶的固定化有何突出优点？

22. 已知 Fe^{3+} 在硫酸介质中催化 H_2O_2 氧化甲基红的褪色反应如下：

$$\text{甲基红} + H_2O_2 + H^+ \xrightarrow{Fe^{3+}} \text{无色产物}$$

固定 H_2O_2、H^+ 的浓度，反应至 10 min 时，测定体积均为 25.00 mL 的 Fe^{3+} 标准系列溶液的吸光度如下：

不同浓度 Fe^{3+} 标准溶液测得的 A 值　　单位：$mol \cdot L^{-1}$

吸光度 A	0.800	0.530	0.350	0.236	0.156	0.105
$c_{Fe^{3+}}/(\mu g \cdot 25.00\ mL^{-1})$	0.00	0.10	0.20	0.30	0.40	0.50

相同条件下测得 25.00 mL 试液的吸光度为 0.290，求试液中 Fe^{3+} 的含量。

23. Ce^{4+} 与 AsO_3^{3-} 的反应在 Os^{4+} 的催化下反应速率加快：

$$2Ce^{4+} + AsO_3^{3-} + H_2O \overset{Os^{4+}}{\rightleftharpoons} 2Ce^{3+} + AsO_4^{3-} + 2H^+$$

反应一定时间后，准时加入 0.02 $mol \cdot L^{-1}$ 标准 Fe^{2+} 溶液 5.00 mL，使该催化反应立即停止，求得反应刚停止时 Ce^{4+} 的浓度如下表所示。根据如下有关数据求该催化反应的反应级数、转化速率常数 K 和半衰期 $t_{1/2}$。

Os^{4+} 催化 Ce^{4+} 氧化 AsO_3^{3-} 的测定数据

反应时间 t/min	$c_{Ce^{4+}}/(mol \cdot L^{-1})$	$\lg c_{Ce^{4+}}$
0	5.00×10^{-3}	−2.301
2	3.54×10^{-3}	−2.451
4	2.50×10^{-3}	−2.602
6	1.77×10^{-3}	−2.752
8	1.25×10^{-3}	−2.903
10	0.88×10^{-3}	−3.055
12	0.63×10^{-3}	−3.201
14	0.44×10^{-3}	−3.360

24. 某一级反应进行了 1 000 s 后反应物转化了一半，求：

(1) 反应物剩下 10%时总共耗费的时间(min)。

(2) 从反应物剩下 10%到反应物转化 99%需要的时间(min)。

第四章 荧光光谱分析

某些物质分子吸收一定的能量后，其电子从基态跃迁到激发态，如果在返回基态的过程中伴随有光辐射，这种现象称为分子发光(molecular luminescence)。该过程中物质吸收的光称为激发光(excitation，ex)，发出的光称为发射光(emission，em)。以此建立起来的分析方法称为分子发光分析法。在分子发光分析中，最常见的是分子荧光(molecular fluorescence)。

第一节 荧光光谱的基本原理

一、荧光的产生

荧光现象早在16世纪已被人们发现，但对其发生原理及具体应用的研究直到19世纪才逐渐展开。爱尔兰物理学家Stokes认为荧光是物质吸光后重新发光的过程，以与直接的光反射或散射相区别。当分子受到一定能量的辐射后，会受到激发跃迁到相应的激发状态。如果激发光是位于紫外或可见光区的辐射，其所具有的能量能够引起分子外层电子的能级跃迁，即外层电子跃迁到较高能级的电子轨道，该跃迁过程非常迅速，耗时在10^{-15} s量级，形成激发态的受激分子。处于较高能级状态的受激分子在该状态下不稳定，会通过各种途径释放出多余的能量，回到初始状态，这一过程称为退激(de-excitation)。受激分子激发态的多重态用$2S+1$表示，其中S为电子自旋角动量量子数之和，其可能值为1或者0。如果分子中的所有电子均为自旋配对，则$S=1/2+(-1/2)=0$，$2S+1=1$，该分子处于单重态，以符号S(singlet)表示；如果电子跃迁过程中伴随着自旋方向的改变，则整个分子中有两个自旋不配对的电子，即$S=1/2+1/2=1$，$2S+1=3$，分子处于激发三重态，以符号T(triplet)表示(图4-1)。加上相应的下标可以表示位于不同激发能级的单重态或三重态，如S_0表示基态单重态，S_1表示第一激发单重态，T_1表示第一激发三重态。

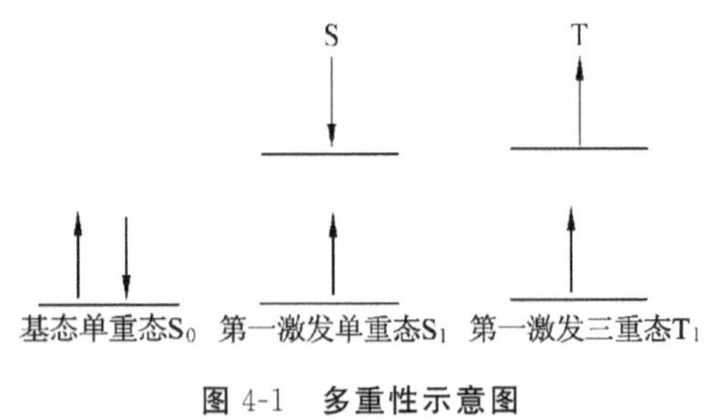

图4-1 多重性示意图

借助Jablonski能级图(图4-2)对分子受激-退激过程加以解释，可帮助理解分子发光行为。分子由于外层电子所处的能级状态可以分成一系列电子能级，结合其多重态，以S_0、S_1、S_2、T_1、T_2等来表示；对于各个电子能级，由于其振动状态的不同，还可以细分出一系列的振动能级。分子吸收是从基态电子能级(S_0)的最低振动能级跃迁到不同电子能级(S_1、S_2等)的不同振动能级。

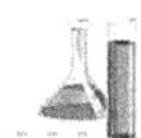

处于激发态的分子需要通过某种途径释放多余的能量，如果能量以光辐射的形式发出，则可能产生荧光或磷光。除此之外，还有一些非辐射跃迁的退激过程，包括振动弛豫、内转换、系间窜跃及外转化等。

振动弛豫（vibrational relaxation，VR）：在同一电子能级中，电子由高振动能级转至低振动能级，释放的能量最终导致系统内的热效应，通常为体系温度的微小升高。振动弛豫的发生非常迅速，时间为 10^{-12} s 数量级。图 4-2 中各振动能级间的小箭头表示振动弛豫的情况。

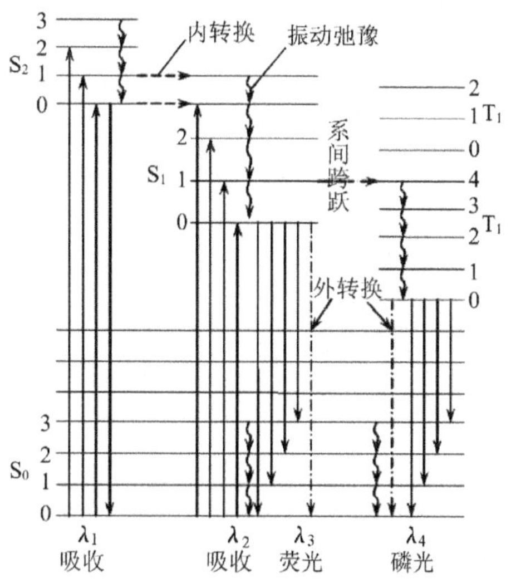

图 4-2　分子受激-退激的 Jablonski 能级图

内转换（internal conversion，IC）：每个电子能级都具有一系列的振动能级，当具有相同多重态两个能级的能量相当或者重叠时，常发生电子由高能级以无辐射跃迁的方式转移到低能级（如从 S_2 跃迁至 S_1）的现象。如图 4-2 所示，处于高激发单重态的电子通过内转移及振动弛豫，均跃回到第一激发单重态的最低振动能级。内转换发生时间在 10^{-12} s。内转换既可以发生在单重态之间，也可以发生在三重态之间。

外转换（external conversion，EC）：受激发分子与所处体系的溶剂或是其他分子相互实现能量转移、释放能量的过程。该现象的一个结果即所谓溶剂效应，指某些条件下溶剂具有的外转换退激路径能够与发光退激相竞争，从而抑制发光的产生，导致荧光或磷光强度降低甚至完全消失。

系间窜跃（intersystem crossing，ISC）：出现在不同多重态之间的两个电子态之间，最经常出现的是从单重态到三重态（S→T）。与内转换类似，系间窜跃也要求相关能级之间存在着重叠。由于振动弛豫非常迅速，系间窜跃的初始态一般为前一电子能级的最低振动能级（如 $S_1 \rightarrow T_1$）。

荧光（fluorescence）：处于第一激发单重态最低振动能级的电子跃迁回至基态各振动能级时，所产生的光辐射称为荧光发射。由于基态和激发态中都存在振动弛豫跃迁，导致部分能量的损失，所以荧光发射的波长要较激发波长长，该现象称为斯托克斯位移（Stokes shift）。荧光的产生在 $10^{-9} \sim 10^{-6}$ s 内完成。

磷光（phosphorescence）：电子由基态单重态激发至第一激发三重态的概率很小（$S_0 \rightarrow T_1$），因为这是禁阻跃迁。但是，电子由第一激发单重态的最低振动能级则有可能以系间窜跃方式转至第一激发三重态，再经过振动弛豫，转至其最低振动能级；若由此激发态以辐射的退激回到基态，便发射磷光。由于从三重态回到基态所释放出的能量通常较由第一激发单重态回到基态所释放出的能量低，相对应的磷光的波长也就要较荧光长。这个跃迁过程（$T_1 \rightarrow S_0$）也是自旋禁阻的，其发光速率也远低于荧光，约为 $10^{-4} \sim 10$ s。因此，这种跃迁所发射的光，在光照停止后，仍可持续一段时间。

在受激分子退回至较低能级基态的过程中，主要以哪种形式实现是几种退激路径相竞争的结果，即效率高、速率快的退激路径占主导，效率低、速率慢的退激路径出现的概率往往较低。在大量的分子中，由于内转换、外转换等竞争途径的效率较高，出现荧光的概率很低，分子本身不产生荧光，这就使得荧光物质只占所有物质中的一小部分。相比较而言，由于其特殊的退激路径（单重态到三重态再最终回到基态单重态），磷光现象出现的概率则更低，一般只在低温高黏度体系或是使用特殊方法维持三重态稳定的情形下才可以观察到。另外从能级图上可以看出，由三重态回到基态所释放出的能量通常较由第一激发单重态回到基态所释放出的能量要低，相对应的磷光的波长也就要较荧光长。磷光出现的条件比较特殊，为了抑制非辐射退激和荧光退激，需要维持三重态的稳定，往往需要特殊的低温、重原子等条件，其实际应用远少于荧光。

二、荧光光谱的形式

对于荧光物质，在某一时刻使用单色光对其进行激发，可以观察到其荧光发射的状况，这一结果可以使用荧光光谱进行描述，有多种光谱信号可用于物质的荧光研究。

1. 荧光激发光谱

固定发射波长，用不同波长的激发光激发样品，记录下相应的荧光发射强度，即得荧光激发光谱。荧光激发光谱反映了在特定发射波长下不同激发波长激发荧光的相对效率。荧光激发光谱在荧光测定中可用于选择恰当的激发波长 λ_{ex}，也可用于荧光物质鉴定。

2. 荧光发射光谱

固定激发波长，记录在不同波长下所发射的荧光的相对强度，即得发射光谱，这也是通常所说的荧光光谱。该光谱反映在相同激发条件下荧光分子在不同波长下的相对发射强度。荧光发射光谱可用作荧光测定时波长 λ_{em} 的选择，以获得较高的灵敏度，也可以用于荧光物质的鉴定。

3. 同步荧光光谱

在前面两种光谱中，固定激发或发射波长而对另一波长做扫描。在同步光谱中，同时扫描激发与发射波长，并保持两者之间的特定关系，由此获得同步荧光光谱。一般扫描有以下几种类型：

（1）恒波长同步荧光光谱：在扫描过程中使激发与发射波长保持特定间隔，即 $\lambda_{em}-\lambda_{ex}=$ 常数。

（2）恒能量同步荧光光谱：在扫描过程中使激发光与发射光能量或波数保持特定间隔，即 $\nu_{ex}-\nu_{em}=$ 常数。

（3）可变波长同步扫描荧光光谱：使激发与发射单色器在扫描过程中以不同的速率同时扫描。

（4）恒基体同步荧光光谱：扫描路线在等高线图中表现为一曲线。

在简单扫描荧光光谱中，往往会出现光谱重叠的现象，谱图的分析应用困难。使用同步扫描可以简化光谱，使谱带变窄，减小荧光谱带重叠现象，减少散射光的影响，但同时在同步扫描的过程中也会损失部分谱带信息。

4. 三维荧光光谱

前面的几种荧光光谱都是二维光谱，只能获得在一个波长下的发射荧光。近些年来，

随着相应检测技术的发展成熟，三维荧光技术得到广泛应用，在该光谱中以激发和发射波长同时作为变量得到谱图。三维荧光光谱一般有两种表示方式，即三维曲线光谱图和平面等强度线光谱图（图 4-3）。三维光谱含有的信息量比二维光谱大得多，可以分别获得激发、发射、同步等光谱信息，故又称之为总发光光谱。

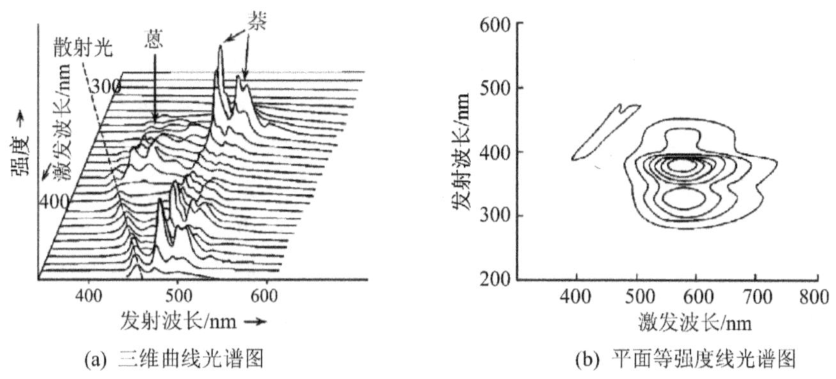

(a) 三维曲线光谱图　　(b) 平面等强度线光谱图

图 4-3　三维曲线光谱图和平面等强度线光谱图

三、荧光参数和影响因素

物质荧光激发的效率以荧光量子产率（φ）表示，其定义为荧光物质吸光后所发射荧光的光子数与所吸收激发光的光子数之比值，即

$$\varphi=\frac{\text{发射的光子数}}{\text{吸收的光子数}}$$

或

$$\varphi=\frac{\text{发射荧光的分子数}}{\text{激发分子总数}}$$

荧光量子产率有时也叫荧光效率，反映了荧光物质发射荧光的能力。

在受激分子的退激过程中，除了辐射跃迁，还存在着一系列非辐射跃迁形式，量子产率可以看作荧光发射与非辐射退激相竞争的一个结果，即在整个衰变中，非辐射跃迁所占的比率越低，则量子产率越高（越接近于 1），荧光量子产率可表示为

$$\varphi=\frac{K_f}{K_f+\sum K_i}$$

式中，K_f为荧光发射的速率，$\sum K_i$ 表示包含系间窜跃、内转换等各种非辐射退激过程的速率常数之和。在特定的环境下，量子产率是与荧光物质自身性质相关的一个常数，一般荧光分析体系量子产率在 0.1～1 之间。不发荧光的物质，其荧光量子产率为零或非常接近于零。

四、荧光寿命

荧光分子受激发之后，经过一系列退激到达第一激发单重态的最低振动能级。当激发停止后，分子的荧光强度降至激发时最大强度的 1/e 所需的时间称为荧光寿命，用 τ 表示：

$$\tau=\frac{1}{K_f+\sum K_i}$$

该参数表示荧光分子处于第一激发单重态 S_1 的平均时间。荧光寿命的测定可以获得关于荧光分子碰撞失活过程、能量转移及激发态粒子反应的信息。除此之外，在有多种发光物质的复杂体系中，荧光寿命测定可以提高测定的选择性。

五、荧光的影响因素

荧光与分子结构、分子外部环境等因素都存在着密切的关系，利用该关系可以建立不同的荧光分析技术，如把非荧光体变为荧光体，把强荧光体变为弱荧光体。大多数荧光物质受到激发后，首先经历 $\pi \rightarrow \pi^*$ 或 $n \rightarrow \pi^*$ 跃迁，经过振动弛豫或其他无辐射跃迁后，再发生 $\pi^* \rightarrow \pi$ 或 $\pi^* \rightarrow n$ 跃迁，产生荧光。由于 $\pi \rightarrow \pi^*$ 跃迁的摩尔吸收系数一般比 $n \rightarrow \pi^*$ 跃迁高出 2～3 个数量级，而跃迁的寿命(约 10^{-9}～10^{-7} s)比 $n \rightarrow \pi^*$ 跃迁的寿命(约 10^{-7}～10^{-5} s)要短，因此 $\pi^* \rightarrow \pi$ 退激过程常能产生较强的荧光。由 $n \rightarrow \pi^*$ 跃迁产生的荧光弱于 $\pi \rightarrow \pi^*$ 跃迁，与此同时在 $n \rightarrow \pi^*$ 跃迁发生时，紧接着产生系间窜跃，最后会出现从 π^* 三重态回到 π 基态，从而可能出现磷光现象。

(一) 有机化合物的荧光

有机物的荧光往往由 $\pi^* \rightarrow \pi$ 退激产生，那些有利于提高 π 电子共轭度的结构改变，都可以提高荧光效率，或使荧光光波向长波方向移动。

(1) 共轭效应。光吸收是产生荧光的先决条件，若样品吸收较低，则无论其量子产率多高，都无法产生强荧光发射。具有共轭双键体系的分子含有易被激发的非定域 π 电子，产生 $\pi \rightarrow \pi^*$ 跃迁；共轭体系越大，非定域的 π 电子越容易被激发，往往具有更强的发光。随着共轭体系的增大，电子能级之间的能级差降低，发射峰向长波方向移动。具有共轭双键体系的芳环或杂环化合物，其电子共轭程度越大，该体系中的共轭程度越高，则分子中非定域电子越容易吸收激发光，从而出现荧光现象，荧光光谱向长波长方向移动。通常荧光物质中会含有芳香环或杂环。

(2) 刚性结构和共平面效应。一般说来，荧光物质的刚性和共平面性增强，其分子与溶剂或其他溶质分子的相互作用减小，外转移能量损失减小，从而有利于荧光的发射。例如，芴与联二苯的荧光效率分别约为 1.0 和 0.2，这主要是芴中的亚甲基使其刚性和共平面性增大的缘故。

(3) 取代基对芳香族化合物荧光的影响。不同取代基，按其效应可以分为三类：

① 给电子取代基。这类基团包括—NH_2、—OH、—OR 和—CN 等。包含这类基团的荧光分子，基团中含有的 n 电子可与芳香环上的共轭 π 轨道平行，可视作参与扩大了的共轭体系，其效应与前面提到的大共轭体系类似，因此其荧光强度要比相应无取代的芳香化合物荧光强，量子效率高，同时发射波长也更长。

② 得电子取代基。这类基团包括羰基—CO—、—COOH 和—NO_2 等，这类基团也含有 n 电子，但是其电子云与芳环上的 π 电子轨道不平行，无法实现共轭 π 键的共享。另外，其跃迁到非键轨道的激发发生概率低。同样的取代基，其位置对荧光也有着较强的影响，位于芳香环邻位、对位的取代基能够增强荧光，而间位取代则会抑制荧光，—CN 取代基除外。

③ 重原子效应。重原子一般指卤素(Cl、Br、I 等)原子。重原子的出现使得荧光体系中的电子自旋-轨道耦合作用增强，从而使 $S_1 \rightarrow T_1$ 的系间窜跃出现概率增加，产生相应荧

光减弱而磷光增强的结果。

（二）金属螯合物的荧光

除了有机化合物之外，大多数无机盐类金属离子在溶液中受激发后只能发生无辐射跃迁进行退激，因而不能产生荧光。而某些过渡元素的顺磁性原子会发出线状荧光光谱。另外，在某些情况下，金属螯合物能产生很强的荧光，该荧光可用于痕量金属离子的测定。

螯合物中配位体的发光：某些有机化合物虽然含有共轭双键，但由于其本身不具有刚性结构，分子不处于同一平面，因而不产生荧光；若这些化合物和金属离子形成螯合物，则分子的刚性增强，共平面结构增强，则有可能发出荧光。例如，2,2′-二羟基偶氮苯本身不产生荧光，但与 Al^{3+} 形成反磁性的螯合物后便能发出荧光：

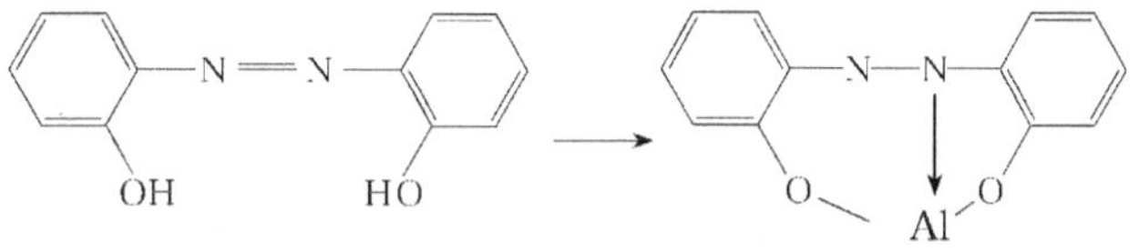

又如，8-羟基喹啉本身仅有很弱的荧光，但其与金属生成螯合物后荧光大大增强，该现象也是由于刚性和其共平面性增加所致。

在金属螯合物的荧光中，首先螯合物吸收辐射，配体被激发产生 $\pi \rightarrow \pi^*$ 跃迁，紧接着配体把多余的能量转移给金属离子，从而形成 $d \rightarrow d^*$ 或 $f \rightarrow f^*$ 跃迁，并在随后的 $d^* \rightarrow d$ 或 $f^* \rightarrow f$ 退激过程中产生荧光发射。例如，三价铬具有 d^3 结构，它与乙二胺等形成螯合物后，最终产生 $d^* \rightarrow d$ 跃迁发光；二价锰具有 d^5 结构，它与8-羟基喹啉-5-磺酸形成螯合物后，也可产生 $d^* \rightarrow d$ 跃迁发光。

（三）环境因素对荧光的影响

从前面提到的荧光发射过程可知，从激发光的吸收到荧光发射中存在着一系列可能的能量损失过程，包括振动弛豫等，这些因素会通过荧光物质所处环境影响其荧光。

1. 溶剂效应

溶剂的介电常数 ε 和折射率 n 会影响荧光物质的荧光光谱，这种效应普遍存在，一般称之为溶剂效应。另外，某些溶剂可以通过与荧光物质分子形成氢键配合物的形式来影响其荧光行为，这种效应称为特殊溶剂效应。

2. 有序介质对荧光行为的影响

一些特殊的介质，如表面活性剂或环糊精等，其对分子发光行为有着显著的影响。表面活性剂为同时含有亲水与亲油部分的两亲分子，在低浓度的水溶液中主要以单体的形式存在；当其浓度达到临界胶束浓度(critical micelle concentration，CMC)时，表面活性剂会形成称为胶束(micelle)的动态聚集体。在水相溶液中，低极性、低溶解度的荧光物质被包裹于胶束内。在胶束微环境中，荧光物质被束缚在胶束内核，其活动自由度大大降低；与此同时，由于胶束的保护作用，荧光分子与溶剂及其他分子发生碰撞的概率大大降低，通过非辐射途径退激发生的速率降低。另外，胶束的保护使荧光分子所处微环境的黏度增加，并且可以减小氧对荧光的猝灭作用。以上这些因素都使得荧光量子效率得以提高，同时表面活性剂对荧光的增强有较强的选择性。除此之外，环糊精(cyclodextrin)类分子具有一个亲水的环状外缘和疏水的空腔，该空腔能与很多化合物形成主-客体形式的包合物。如果分子大小合适，该包合物可以具有较高的稳定性。与胶束类似，这种包合作用也可以改变荧光物质的微环境，从而增强其荧光强度。

3. 荧光强度与荧光物质浓度的关系

根据量子产率的定义，荧光发射的强度与溶液吸收的光强度及物质的荧光量子产率相关：

$$I_f = \Phi_f I_a \tag{4-1}$$

其中，I_a为吸收光强，是入射光强与透射光强之差。根据朗伯-比尔定律可知

$$I_f = \Phi_f I_0 (1 - e^{-\varepsilon bc}) \tag{4-2}$$

溶液浓度较低，样品吸光度 εbc 非常小时（$\varepsilon bc \ll 0.05$），可近似得到

$$I_f = \Phi_f I_0 \varepsilon bc \tag{4-3}$$

由上式可见，在较低浓度下，所测溶液的荧光强度与荧光物质的浓度成正比，此即为荧光分析法的定量基础。

当溶液浓度升高时，由于自猝灭和自吸收等因素，荧光强度与分子浓度偏离线性，产生曲线的弯曲。另外，随着样品液槽厚度（即光程长度 b）的增加，该现象更为显著，弯曲情况可发生在更低的浓度处。

4. 荧光猝灭

荧光猝灭（quenching）是指荧光分子与溶剂或体系中其他溶质之间发生相互作用而导致的荧光强度下降的现象。这类相互作用可以是物理效应，也可以是化学效应。能够引起荧光分子这种猝灭效应的物质称为猝灭剂（quencher）。荧光猝灭过程的实质是在发光过程中因为竞争作用而导致分子激发态寿命的缩短。猝灭过程可分为静态猝灭和动态猝灭。静态猝灭是指猝灭过程发生于猝灭剂与基态荧光分子之间，处于基态的荧光分子与猝灭剂形成不发荧光的配合物，从而导致荧光的降低；动态猝灭发生于猝灭剂与处于激发态的荧光分子之间，受激分子以无辐射跃迁的形式返回基态而使荧光猝灭。

(1) 动态猝灭与静态猝灭。Stern-Volmer 方程用于研究荧光猝灭过程：

$$\frac{I_f^0}{I_f} = 1 + k_q \tau_0 [Q] \tag{4-4}$$

式中，I_f^0 为无猝灭剂存在下的荧光强度，τ_0 为此条件下的荧光寿命，I_f 为有猝灭剂存在下的荧光强度，k_q 为猝灭过程的猝灭常数，[Q]为猝灭剂浓度。由式(4-4)可以看出，对于动态猝灭而言，I_f^0/I_f 与[Q]之间存在着线性关系，其斜率为 $k_q\tau_0$。而在静态猝灭中，由于形成无荧光活性的配合物，所以可用相应配合物的形成常数（K_f）代替猝灭常数。在静态猝灭过程中，荧光物质本身的荧光寿命并没有变化，这是静态猝灭与动态猝灭相区别的一个重要特征。另外，动态猝灭还受到溶液体系中温度等条件的影响，一般随温度升高，动态猝灭加剧；而对于静态猝灭，所形成的配合物在温度升高后稳定性下降，导致其形成常数降低，反而出现荧光猝灭减小的趋势。

(2) 能量转移猝灭。以辐射能形式进行能量转移，类似于体系中激发光的吸收与再激发，即荧光分子发出的光被体系中的能量受体所吸收，并导致能量受体被激发。这种现象的出现要求荧光物作为能量供体（donor），其发射光谱与能量受体（acceptor）的吸收谱有着较大的重叠。相对于辐射的再激发形式，共振能量转移（resonance energy transfer）

比较特殊。如果供体分子基态与第一激发态之间的振动能级间的能量差和受体分子基态与第一激发态之间的能级差相当，即使当两者空间距离较大（远大于供体-受体碰撞直径）时，从供体到受体的非辐射形式的能量转移仍可以发生。这种非辐射形式的能量转移通过两者之间分子的偶极-偶极耦合作用形成，形成这种能量转移的概率与供体的发射光谱同受体的吸收光谱的重叠程度密切相关。能量转移的速率与供体-受体的距离、两者光谱重叠程度、跃迁概率、供体发射的量子产率及供体激发态寿命等因素相关。

5．荧光内滤效应

当荧光体系中存在着能吸收荧光的激发光或发射光的物质时，这些物质会使体系的荧光减弱，这种现象称为内滤（inner filter）效应。一般对于荧光物质本身来说，荧光物质自身的荧光发射光谱与其吸收光谱有重叠，从而导致对荧光发射的光的吸收。当荧光物质的浓度较高时，处于基态的荧光物质会吸收体系荧光发射的光，从而导致荧光的降低，这也是内滤效应的一种表现。

六、荧光的各向异性（fluorescence anisotropy）与荧光偏振（fluorescence polarization）

光可以视作由交变电场和磁场组成的电磁波，两者正交并与电磁波的传播方向垂直。如图 4-4 所示，从光源发出的一束光线经激发偏振器后成为垂直偏振光，将该偏振光投射到荧光分子上，样品被垂直偏振光激发，在退激过程中产生偏振荧光。如果在该过程中荧光分子始终保持静止位置，则所发射的荧光仍保持其原始平面偏振状态；如果荧光分子在激发态期间发生转动偏离该平面，则其发射的荧光也将偏离该激发光平面。使用垂直偏振光激发荧光分子，并从垂直和水平平面上监测发射光强，则两者光强的比例与荧光分子所产生的移动相关。当分子较大时，在激发-退激过程中产生的移动相对较小，分子仍保持较高的偏振状态；当分子较小时，在该过程中转动与翻转明显，从而导致分子的去偏振现象。在荧光偏振的检测中，以 $I_{/\!/}$ 表示激发偏振器与发射偏振器相平行时的垂直偏振发射光强，以 $I_{\perp}$ 表示激发偏振器与发射偏振器相垂直时的水平偏振发射光强。

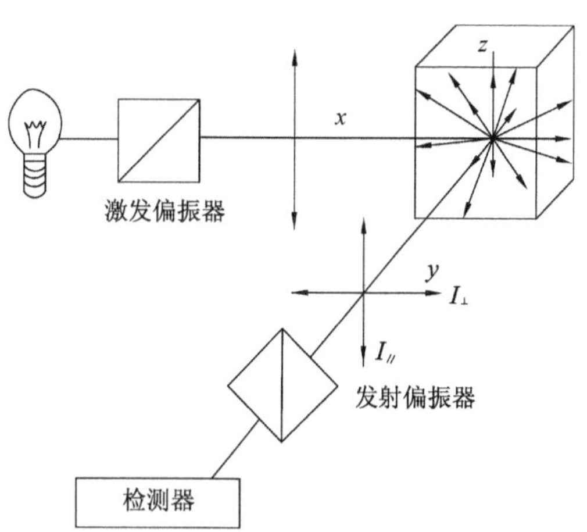

图 4-4　偏振光与荧光偏振示意图

荧光偏振（P）可定义为

$$P=\frac{I_{/\!/}-I_{\perp}}{I_{/\!/}+I_{\perp}}$$

在荧光偏振中，分子可被视作振荡偶极子，有内在的吸收偶极矩和发射偶极矩。由于荧光分子的基态和激发态电子分布的差异，荧光分子的吸收偶极矩和发射偶极矩通常并不共线。当用偏振光激发荧光分子时，将优先激发那些吸收偶极矩与光子电矢量平行的荧光分子，这种现象称为光选择。

荧光偏振可以实现实时的动力学分析，偏振检测信号对浓度不敏感，不需要分离洗涤等步骤，可以实现均相体系中的测定，特别适用于主体-客体的相互作用研究。

七、荧光光谱仪器

获得物质荧光光谱最常用的是荧光分光光度计（spectrofluorometer，fluorophotospectrometer）及荧光光度计（fluorometer）。荧光光谱仪器一般由光源、激发光单色器、样品池、发射光单色器、检测器及数据记录处理系统组成，其基本结构如图 4-5 所示。将所要研究的样品置于样品池中，光源的入射光使其受到激发；另外使用一光学检测系统，对所产生的荧光发射进行检测。

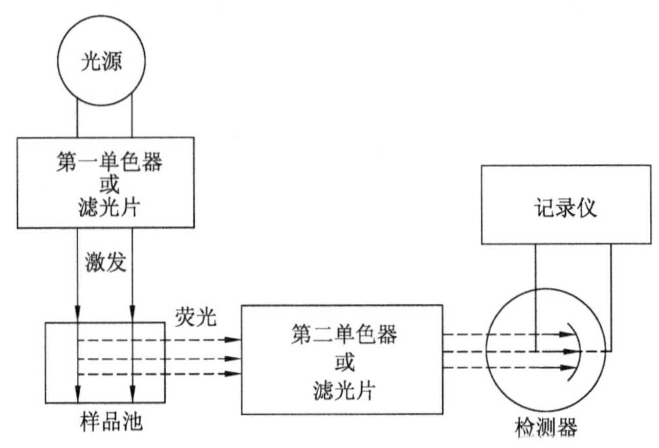

图 4-5　荧光光谱仪器结构示意图

1. 光源

荧光分子的激发需要光源。因为荧光信号的强度与激发光的强度成正比，所以高质量、高强度的激发光源对荧光检测至关重要。光源通常为汞灯（mercury vapor lamp）或氙灯（xenon lamp）。汞灯是早期荧光计中的常用光源，分为低压汞灯与高压汞灯两种，前者可以发出分立的线状谱带，后者谱带呈带状。高压氙灯是目前应用最广泛的荧光光源，其能在 200～700 nm 范围内提供高强度辐射，功率达 100～500 W。另外，如果将氙灯与脉冲技术相结合，还可以提供高达数十千瓦的瞬时峰值功率，而此时平均功率仅几瓦。另一种有着广阔应用前景的激发光源是激光器，其具有单色性好、光强度高、相干性好等一系列优点。

2. 分光装置

荧光测定需要单色性较高的激发光，通常会在光束进入样品之前经分光装置，保留所感兴趣的激发波长或波段。另外，荧光分子经激发之后，要测定发射荧光在各波长上的能量分布，也需要用到分光装置。较常见的单色器为棱镜或光栅。在荧光系统中，由激发光源发出的光经第一（激发）单色器分光获得特定波长的激发光，然后投射至样品上，激发荧光物质的荧光发射；样品产生的荧光经第二（发射）单色器选择特定波长并被检测器所检测到。除单色器之外，在一些荧光系统中也使用滤光片作为分光器件。荧光分光光度计与荧光光度计的区别在于两者之间的分光系统，前者可以采用色散型单色器（光栅或棱镜），可对入射和发射光波长进行选择，可进行入射/发射波长扫描，多见于大型通用仪器；后者采用滤光片，具有固定的光谱通带，一般用于专用仪器中。

3. 样品池

荧光光谱仪器中的样品池用于盛放测定样品，通常采用石英材料，以保持对紫外光的通透。由于在荧光光谱仪器中要求入射光与发射光相垂直，石英池一般为四面透光，这点与紫外-可见分光光度计所使用的池体不同。

4. 检测器

荧光通过第二色散元件分光后由检测器进行检测。在单通道扫描型仪器中普遍采用光电倍增管(PMT)作为检测器,具有较高的检测灵敏度。除此之外,目前越来越多的仪器采用电荷耦合器件(CCD)作为检测器。与光电倍增管相比,CCD为线阵列或面阵列型,其检测通量得到极大提高,可以快速获得丰富的信息。物质的荧光经分光之后以连续谱带的形式投射到CCD上,经信息读取之后可以一次性被转换成相应光谱信息,如果对入射光进行扫描并连续输出信号,可获得三维荧光谱图,如图4-6所示。

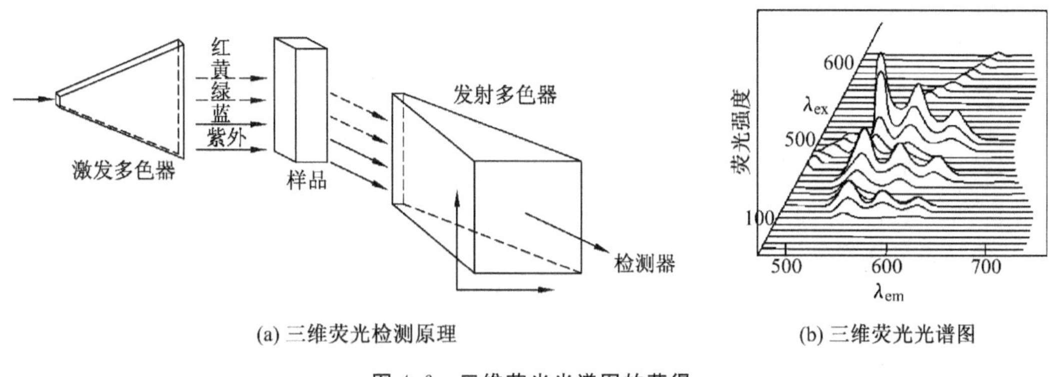

(a) 三维荧光检测原理　　(b) 三维荧光光谱图

图4-6　三维荧光光谱图的获得

第二节　荧光成像技术

荧光成像是荧光技术与显微技术相结合的产物。该技术具有灵敏度高、选择性好的优点,且较常规成像技术具有更高的空间分辨能力,能够提供目标物更丰富的信息,在材料科学、生物科学、医学、药学等众多领域有着广泛的应用。荧光显微镜是荧光成像的基础仪器,该仪器结合了普通显微镜及荧光设备的某些功能,其原理是使用高强度光源对目标物内部具有荧光的组分进行激发,采集发射光,发射光所形成的图像可被实验人员直接观察到或是由图像采集设备作为图像记录并输出。

一、荧光成像系统的组成及其工作原理

(一) 荧光成像系统的组成

荧光显微镜一般由光源、镜头(物镜与目镜)、滤光片、信号采集与处理系统等组成。根据其成像的方式可分为透射式荧光显微镜与落射式荧光显微镜,两者在组成上有所不同。

(1) 光源:用于荧光信号的激发,一般采用汞灯或氙灯,如超高压汞灯,它能发出强烈的紫外及蓝紫色光,用于各种样品的激发。当前流行的另一种光源是激光,较普通光源具有单色性好、强度高、相干性好等优点。为了在同一仪器上满足不同的需要,往往同时提供几种波长的激光供选择。

(2) 滤色系统:与传统荧光分光光度计不同,由于单色器的光通量较低,荧光显微镜较少使用单色器,大部分场合使用光通量较高的滤光片,包括激发滤光片(exciter filter)

和阻挡滤色片(barrier filter)。两滤光片的位置分别与荧光分光光度计中的激发、发射单色器类似。激发滤光片位于光源与物镜之间,用于选择激发光,让能激发荧光染料发光的特定波长的光通过,该波长需要与样品中的荧光染料相匹配,理想情况是该波长等于荧光染料的激发峰值。激发滤光片可使用基于干涉的带通滤光片,可以选择性通过特异的荧光,有效移除干扰信号。阻挡滤色片位于物镜和目镜之间,用来阻挡没有被标本吸收的激发光和某些波长较短的光线以及没有被选择透过的荧光,以防伤害眼睛。阻挡滤色片的选择应视荧光染料的荧光光谱而定,要能够最大限度地透过所需荧光并阻断短波光以及不需要波长的荧光。

(3) 双色束分离器(二向色镜,dichroic mirror):落射式荧光显微镜的一个重要组件,位于汞灯激发滤色镜构成的平行光轴与目镜和物镜构成的竖直光轴的两轴垂直相交处,斜方向安装于光路之中,与照明光路成45°角,承担色光的分流作用。双色束分离器的特点是对一定波长的光几乎完全透过,而对另一些波长的光几乎完全反射。双色束分离器对激发光波长的光(即透过激发滤光片的光)有很高的反射率,而对由标本发出的荧光波长区的光则有很高的透射率,即双色束分离器同时起着反射激发光和透过荧光的功能,并起到波长选择的作用:对于短波长的激发光,其可起到反射的作用,将其投射到样品上;对于透射光,它只允许长波长的荧光发射光透过,从而起到滤除激发光的作用。

(4) 暗场聚光镜:用于投射式荧光显微镜,可将来自光源的光聚焦,形成横过显微镜视野而不进入物镜的强烈光束。显微镜获得的视野是暗的,可与样品荧光形成强反差。

(5) 物镜:与普通显微镜类似,在荧光显微镜上各种物镜均可应用,但最好使用消色差的物镜。为了提高荧光图像的亮度,应使用镜口率大的物镜。

(6) 目镜:为了便于人员观察,在荧光显微镜中多用低倍目镜,如5×和6.3×。

(7) 图像采集系统:由于荧光很容易减弱褪色,要及时摄影记录结果,所以荧光显微镜摄影技术对于记录荧光图像十分必要。因紫外光对荧光猝灭作用大,所以曝光速度太慢,就不能将荧光图像拍摄下来。一般研究型荧光显微镜都有显微镜摄影系统装置,或用CCD与计算机连接,将图像存在计算机硬盘上。

(二) 荧光显微镜的工作原理

1. 透射式荧光显微镜

在透射式荧光显微镜中,光源发出的激发光束穿过标本材料激发荧光,所产生的荧光从物镜经反光镜再经暗场聚光镜汇集进入物镜(图4-7)。这是比较旧式的荧光显微镜。对于透射式荧光显微镜,在使用低倍镜时可以获得较强的荧光,而随放大倍数增加其荧光减弱。该设备适于观察较大的标本材料。

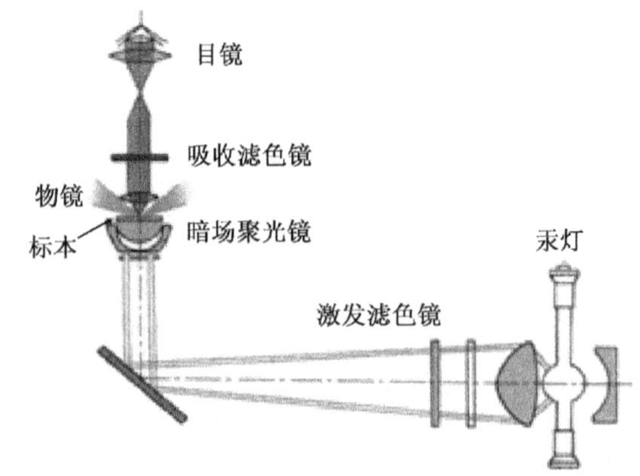

图4-7 透射式荧光显微镜原理图

2. 落射式荧光显微镜

落射式荧光显微镜(图4-8)又称反射式荧光显微镜,是近代发展起来的新式荧光显微镜。在该仪器中增加了双色束分离器(分

光镜)这一装置,它与光轴、光源均成45°角。激发光经分光镜反射透过物镜,向下落射至样品,激发样品产生荧光;样品所产生的荧光经由物镜表面、盖玻片表面反射的激发光同时进入物镜,返回双色束分离器,在该处激发光和荧光相互分开;残余激发光再被阻断(吸收)滤片吸收,发射光进入目镜被观测到或通过记录仪记录。通过切换不同的激发滤片/双色束分离器/阻断滤片的组合,可满足不同荧光检测的需要。此种荧光显微镜的优点是视野照明均匀,成像清晰,与透射式荧光显微镜相反,其放大倍数愈大,荧光愈强。

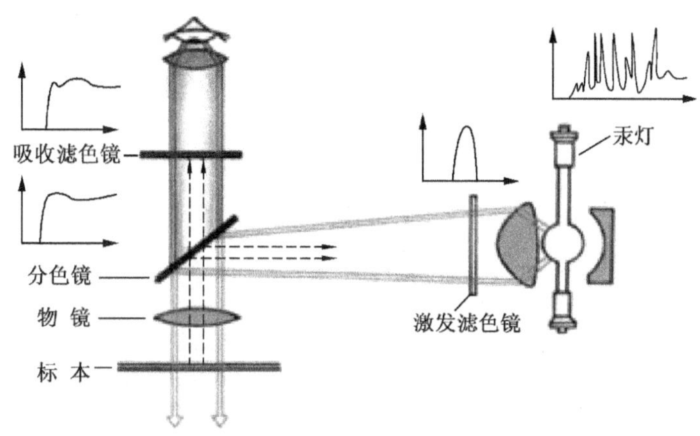

图4-8 落射式荧光显微镜原理图

(三)激光扫描共聚焦显微镜

激光扫描共聚焦显微镜(laser scanning confocal microscope,LSCM)汇集了激光技术、显微镜技术、免疫荧光技术、计算机及图像处理技术、精密的机械技术等众多高、精、尖分析及工程技术,已成为形态学、分子细胞生物学、神经科学、药理学、遗传学等领域强有力的研究工具。对具有荧光标记物的形态,通过计算机控制可以对其单层面进行快速扫描,也可以对多个层面进行连续光片层扫描,逐层获得二维光学横断面图像,并可通过计算机三维重组软件获得真三维图像。

对于荧光样品,若观察样品稍厚,普通荧光显微镜不仅接收焦平面上的光,而且来自焦平面上方或下方的散射荧光也被物镜接收,同时焦平面以外的荧光结构模糊、图像发虚,与焦平面的信号相重叠,使观察到的图像反差和分辨率大大降低。针对该问题,在共聚焦显微镜中,每次只有样品的小部分区域被照射受激发,激发区域远远窄于普通荧光显微镜。为了实现共聚焦功能,其光路中设置了两个聚焦用的针孔,从而起到空间选择的作用,这也是共聚焦显微镜与普通显微镜最大的不同之处。在某一瞬间只用很小的一束光对样品进行激发,而发出的荧光通过一个狭缝后成像,保证只有来自该焦平面的光成像,而焦平面以外的杂散光则被狭缝阻挡,从而可以获得高质量、高分辨率的荧光图像,所得图形更加清晰。

与普通显微镜不同,激光扫描共聚焦显微镜的分析结果并不是一次性获得的,而是通过逐点扫描获得各点的荧光信号,并将这些信息采集组合,从而获得荧光强度在空间分布的图像信息。除获得平面图像外,利用激光扫描共聚焦显微镜还可取不同的聚焦平面,对样品进行逐层扫描。当把这些图像组合后,可以获得目标物的三维荧光图像,从而提供更丰富的信息。

1. 激光扫描共聚焦显微镜的结构

激光扫描共聚焦显微镜最突出的优点是其具有抑制焦平面外荧光信号的能力，从而能获得很强的深度分辨能力或光学切片功能，可以对样品的显微断层扫描（microscopic，CT），对Z扫描切片的3D重建可获得样品高分辨率的三维图像。为了实现该目的，较普通荧光显微镜，LSCM具有其自身所特有的一些结构（图4-9）。

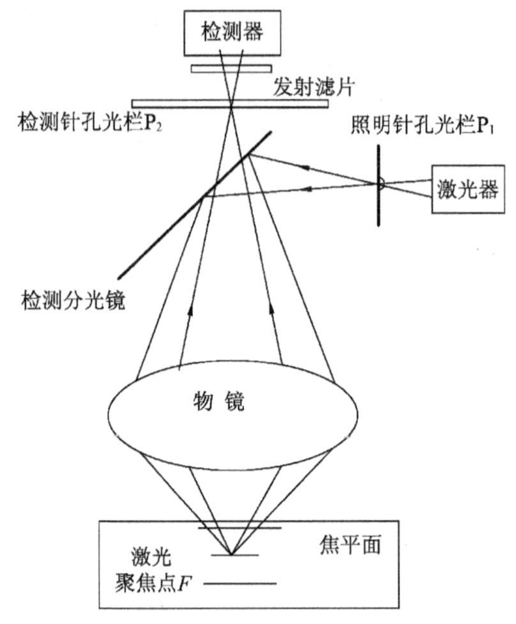

图4-9 激光扫描共聚焦显微镜的结构示意图

光源：普遍采用激光作为光源，光强度高，可获得高亮度的荧光信号。另外，激光的单色性优异，从根本上消除了色差。常见的有氩离子激光器（458 nm、488 nm、514 nm等多条谱线）、氦氖激光器（543 nm）、氦氖红激光器（633 nm）。采用点光源照射标本，在焦平面上形成一个轮廓分明的小光点，该点被照射激发后发出的荧光被物镜收集，并沿原照射光路回送到由双向色镜构成的分光器。分光器将荧光直接送到探测器。

光点共聚焦：在光源和探测器前方都各有一个针孔（照明针孔和检测针孔），直径约100～200 nm。相对于焦平面上的光点，两者是共轭的，即光点通过一系列的透镜，最终同时聚焦于照明针孔和检测针孔。这样，来自焦平面的光可以会聚在检测针孔范围之内，而来自焦平面上方或下方的散射光都被挡在检测针孔之外；采用共聚焦技术在物镜的焦平面上放置了一个当中带有小孔的挡板，将焦平面以外的杂散光挡住，消除了球差，并进一步消除了色差。

扫描方式成像：显微镜上设置有扫描器，内装有针孔光栏、分光镜、发射荧光单色器及检测器、微量步进马达等，可以实现点光源在样品上逐点逐层扫描。成像使用激光逐点扫描样品，探测针孔后的光电倍增管也逐点获得对应光点的共聚焦图像，并将其转换为数字信号传输至计算机，最终在屏幕上重新合成清晰的整个焦平面的共聚焦图像。采用点扫描技术将样品分解成二维或三维空间上的无数点，用十分细小的激光束（点光源）逐点逐行扫描成像，再通过计算机组合成一个整体平面的或立体的像。而传统的光镜是在场光源下一次成像的，标本上每一点的图像都会受到相邻点的衍射光和散射光的干扰。这两种图像的清晰度和精密度是无法相比的。

信号采集：由于激光扫描共聚焦显微镜采用扫描的模式，所以其检测器只需检测光强度，一般采用高灵敏度的光电倍增管（PMT）的检测范围、物镜和电子放大倍数（zoom），以利于采集各种荧光信号。

计算机图像存储与处理及控制系统：实现了图像的优化、三维重建，实现了全自动程序化控制采集（检测）样品荧光图像的时间和空间，并同时采集样品中多重荧光信号的分

解及合成图像，对其进行定量测定。

激光扫描共聚焦显微镜中的荧光物质：激光扫描共聚焦显微镜常被用于细胞等生物标本的分析，其荧光物质的来源一般分为两种类型。一种是标本自身即具有荧光特性，经紫外线照射后能直接发射出荧光，产生自发荧光。例如，植物组织中的叶绿素经紫外线照射后即可发出红色荧光。除此之外，有些生物组织经紫外线照射后，并不能发出荧光，但是当它吸收荧光染料后也可以产生荧光，称为次生荧光（或间接荧光）。例如，吖啶橙、DAPI 可用于细胞内的核酸的荧光染色，从而获得相应荧光图像。

较其他荧光显微镜，激光扫描共聚焦显微镜由于其自身特点而具有以下优势：

(1) 半定量分析方便。激光扫描共聚焦显微镜既可以用于观察细胞形态，也可以用于细胞内生化成分的定量分析、光密度统计以及细胞形态的定量。

(2) 分辨率高。由于激光束的波长较短，光束很细，可以排除焦平面以外光的干扰，所以激光扫描共聚焦显微镜有较高的分辨率，大约是普通光学显微镜的 3 倍。

(3) 可重构样品的三维结构。系统经一次调焦，扫描限制在样品的一个平面内，调焦深度不一样时，就可以获得样品不同深度层次的图像，这些图像信息都储于计算机内，通过计算机重新组合，就能显示细胞样品的立体结构，给出细胞内各部分之间的定量关系及各种结构线度。

(4) 可连续摄像。通过选定合适的荧光目标物，可对体系中某些变量进行持续观察，获得动态的图像，从而对特定过程进行研究。

2. 激光扫描共聚焦显微镜的应用

经过多年的发展，激光扫描共聚焦显微镜已经成为很多学科，特别是生命科学方面非常重要的研究工具，可应用于细胞结构、蛋白质（如受体、抗原、抗体、酶、细胞骨架蛋白等基因表达产物）、DNA、RNA 等的显微成像。

三、荧光显微镜的使用

荧光仪器的光源不管是激光光源还是汞灯光源，均需要预热一段时间才能获得平稳的激发光，一般开启 5～10 min 才能进行样品测定。光源在工作过程中会产生大量的热，关闭后继续冷却一段时间才能重新启动。在使用过程中应避免短时间内反复地开关机。为了排除背景干扰获得好的观察信号，荧光显微镜需要在暗室中使用。很多样品的光稳定性差，在高强度激发光下会产生光漂白，从而导致荧光信号的损失。在使用过程中应注意不让激发光长时间照射在样品上，操作过程中除了获取信号之外，应及时用挡板阻挡激发光照射标本。

第三节　免疫荧光技术

免疫荧光检测是荧光检测与免疫识别相结合所产生的技术。根据抗原抗体的特异性相互作用，先将已知的抗原或抗体结合上荧光标记，形成荧光抗体（或抗原），再用这种荧光抗体（或抗原）作为探针检测组织或细胞内的相应抗原（或抗体）。在组织或细胞内形成的抗原抗体复合物上含有标记的荧光物质，利用荧光技术，如荧光光谱仪、荧光显微镜等，使激发光照射样品，并检测荧光标记所产生的明亮荧光，可以获得样品中目标物的量，进一步将结果组合起来，还可以获得目标物在时间或空间上的分布等丰富的信息。免疫荧光技术兼有免疫识别和荧光检测两种方法的优点，检测特异性强、敏感性高、速度快。该技术的主要缺点是在一定程度上仍存在非特异性荧光，操作流程也比较复杂。由于免疫荧光技术所具有的优势，研究者目前正致力于改进该方法，从而获得更灵敏、更特异性的荧光响应信号。

免疫荧光的基础是抗原或抗体的荧光标记。某些特殊的蛋白，如绿色荧光蛋白(GFP)、红色荧光蛋白(RFP)能够高效地产生内源性荧光，可通过生物工程技术将荧光蛋白在生物体内表达，作为内生的荧光标记。除此之外，在大部分场合，需要将荧光标记(通常是小分子)添加至免疫体系中。由于作为蛋白的抗体以及多肽都由氨基酸组成，这些分子中含有许多活性官能团，如氨基(赖氨酸)、巯基(胱氨酸、半胱氨酸、蛋氨酸)、羧基(天冬氨酸、谷氨酸)、酚羟基(酪氨酸)等，通过与这些官能团的作用可以将荧光标记结合到目标物上。

如前所述，许多物质都可产生荧光现象，但是出于对荧光的效率和稳定性等方面考虑，只有那些能产生明显的荧光并能作为染料使用的化合物才能作为免疫荧光色素或荧光染料。常用的荧光色素有以下几类：

一、荧光色素的分类

1. 荧光染料

(1) 异硫氰酸荧光素(fluoresceinisothiocyanate，FITC)：黄色或橙黄色结晶粉末，易溶于水或乙醇等溶剂。其结构如图 4-10 所示。分子量为 389.4，最大吸收光波长为 490～495 nm，最大发射光波长为 520～530 nm，呈现明亮的黄绿色荧光。该分子中的异硫氰基可以与蛋白质中的氨基相结合，从而将荧光素部分结合到蛋白质等分子表面。该荧光染料标记效率高、稳定性好、荧光量子产率高，在冷暗干燥处可保存多年，是应用最广泛的荧光素。由于人眼对黄绿色较为敏感，且通常样本中的绿色荧光少于红色，检测本底较低，染色效果好。

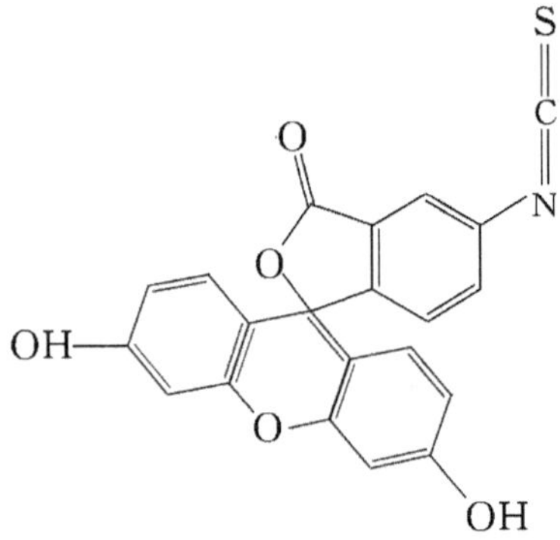

图 4-10 异硫氰酸荧光素的分子结构

(2) 四乙基罗丹明(rhodamine，RIB200)：橘红色粉末，不溶于水，易溶于酒精和丙酮。性质稳定，可长期保存。最大吸收光波长为 570 nm，最大发射光波长为 595～600 nm，呈橘红色荧光。

(3) 四甲基异硫氰酸罗丹明(tetramethylrhodamineisothiocyanate，TRITC)：其结构如图 4-11 所示。最大吸收光波长为 550 nm，最大发射光波长为 620 nm，呈橙红色荧光。其反应基团与 FITC 一致，但荧光发射与 FITC 的黄绿色荧光对比鲜明，可配合用于双重标记或对比染色。其异硫氰基可与蛋白质结合，但荧光效率较低。

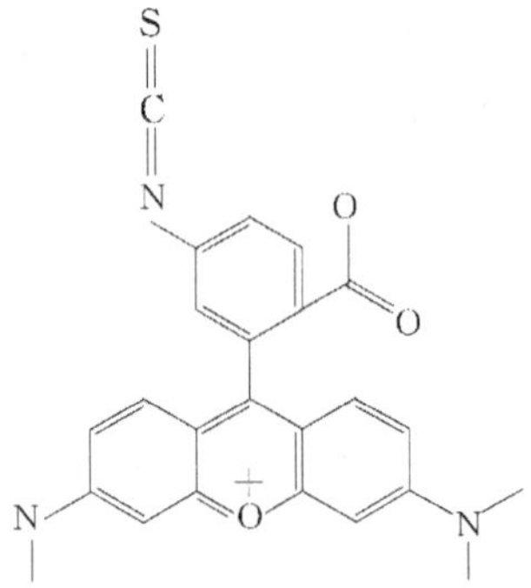

图 4-11 四甲基异硫氰酸罗丹明的分子结构

2. Cy 系列(花菁类)染料

Cy 系列染料包括 Cy2、Cy3、Cy3.5、Cy5、Cy7 等。Cy 系列染料的摩尔吸收系数大，荧光发射波长范围宽，一般在 600～1 000 nm，位于红色到近红外区，可大大避免生物自身的荧光背景干扰，并且可以与成本较低的半导体激光器匹配。Cy 系列染料除用于荧光免疫分析外，还广泛用于 DNA 自动测序、聚合酶链反应(PCR)检测等。另外，一些公司也专门合成了用于标记的商品化的荧光染料，如 Life Technologies(Thermal)的 Alexa Fluor 系列染料等。

3. 藻红蛋白

藻红蛋白(phycoerythrin，PE)是从红藻中分离纯化的，为目前普遍使用的荧光标记试剂。藻红蛋白的摩尔吸光系数大(2.4×10^6)，量子产率高(0.5～0.98)，受环境影响小。在特定波长激发下，藻红蛋白能发射强烈的荧光，其荧光强度高，可达荧光素的 30～100 倍，发射波长长，斯托克斯位移大。通过化学交联等方法，可以将其与生物素、亲和素以及各种单克隆抗体结合起来制成荧光探针，用于免疫荧光检测、荧光显微技术和流式细胞荧光测定等临床诊断及生物工程技术。除了藻红蛋白之外，与其类似的其他蛋白还有别藻蓝蛋白(allophycocyanin，APC)、藻蓝蛋白(phycocyanin，PC)等。

4. 纳米荧光材料

纳米荧光标记物是近几年荧光探针研究的热点。量子点(quantum dots，QDs)是最典型的纳米荧光材料，是一类由少量原子或分子团簇形成的一种纳米尺度的颗粒，尺寸一般低于 10 nm。常见的量子点材料有硒化镉(CdSe)、硫化锌(ZnS)等。与传统荧光物质相比较，量子点的量子产率高，光化学稳定性好，不易产生光漂白，荧光发射峰窄，斯托克斯位移大，且荧光发射的波长可以通过合成量子点的尺寸进行选择。量子点表面包裹了反应性的基团，可通过化学偶联与抗体等物质相结合。目前该材料已经应用于荧光免疫分析及荧光免疫成像。其他纳米荧光材料还包括掺杂荧光染料的纳米硅球、贵金属纳米簇、稀土荧光上转换材料、碳纳米点等。

二、荧光标记的连接

为了在荧光官能团与目标物之间形成稳定的连接，通常两者通过化学反应结合在一起。下面是一些常见的反应。

(1) 与氨基的反应。与氨基反应最常见的物质为异硫氰酸酯(iosthiocyanate)及 N-羟基琥珀酰亚胺酯(NHS ester)。

异硫氰酸酯末端能与氨基末端形成异硫脲：

$$\mathrm{R{-}NH_2 + R'{-}N{=}C{=}S \longrightarrow R'{-}HN{-}\overset{\overset{\displaystyle S}{\|}}{C}{-}NH{-}R}$$

其中，R′基团可以是上文提到的荧光素(FITC)和四甲基罗丹明(TRITC)等。

N-羟基琥珀酰亚胺酯可与氨基残基形成稳定的酰胺键，反应如下：

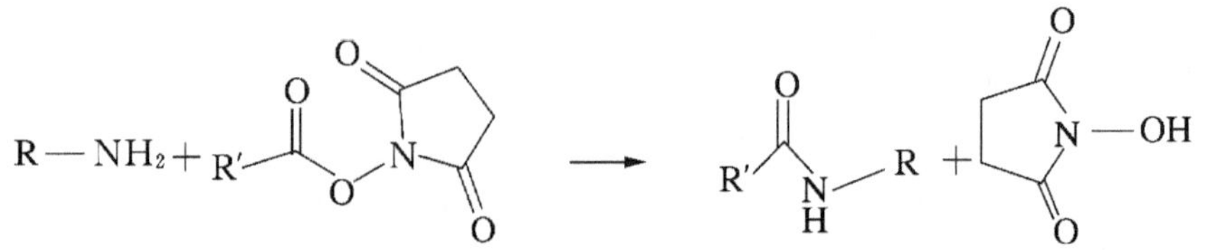

磺酰氯也是一种高活性的氨基修饰试剂，其在水中稳定性差，能与氨基形成稳定的磺胺键。其缺点是较异硫氰酸酯及N-羟基琥珀酰亚胺酯，磺酰氯可与羟酚基、巯基等反应，选择性较差。相关反应如下：

$$R^1SO_2Cl + R^2NH_2 \longrightarrow R^1SO_2—NHR^2 + HCl$$

(2) 与巯基的反应。蛋白质中的巯基也可与前述氨基反应试剂相作用，主要问题是产物稳定性较差。常用的巯基反应试剂有顺丁烯二酰亚胺(maleimide)、碘乙酰胺(iodoacetamide)、对称二硫化物(symmetric disulfides)等。碘乙酰胺可与半胱氨酸上的巯基快速反应，形成硫醚。该反应在室温 20 ℃下即可完成，且形成的硫醚键稳定性好。相关反应如下：

$$R^1CH_2X + R^2SH \longrightarrow R^1CH_2—SR^2 + HX \quad (X=I,Br,Cl)$$

顺丁烯二酰亚胺同样可与巯基反应，形成硫醚。该反应在 pH=7 条件下进行，反应的选择性要优于碘乙酰胺，但是在高 pH 条件下会发生水解。相关反应如下：

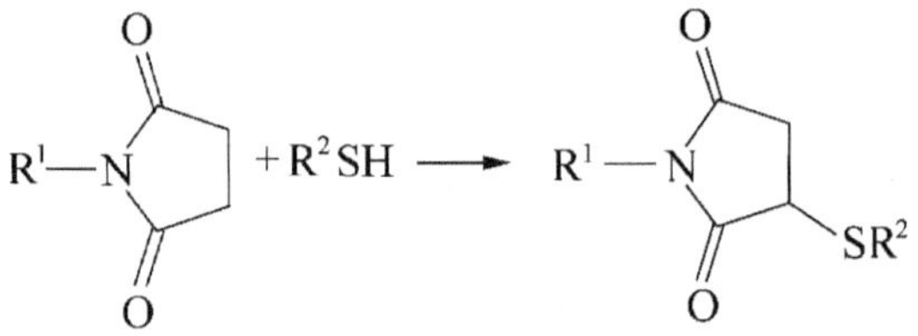

对称二硫化物中间的二硫键可以打开，与巯基化合物形成稳定性更好的混合二硫化物。

$$R^1S—SR^1 + R^2SH \longrightarrow R^1S—SR^2 + R^1SH$$

以上这些反应适用于小分子荧光物的标记。对于大分子物质，常常需要引入桥连分子，桥连分子在两头各有一个反应活性官能团，两个活性官能团可以相同，也可以不同，可分别与两个大分子反应。最常见的桥连分子为戊二醛，其两头均为醛基，可与氨基形成席夫碱结构($R_1R_2C=N-R_3$)。其他常见的交联试剂还有 SPDP、SMCC 等。这类试剂在分子两端均有可反应的官能团，可分别与两个生物大分子相作用，从而起到桥连的作用。

三、酶联免疫荧光

在免疫荧光技术中，除了直接以荧光标记抗原或抗体外，也可以引入酶标记技术，从而建立酶联免疫方法。酶分子在识别过程中可以起到信号放大的作用。常见的酶标记物有辣根过氧化物酶(HRP)、碱性磷酸酶(ALP)等。通过对荧光底物的催化反应，可获得放大的荧光信号。与普通荧光免疫标记相比，酶联免疫荧光方法可以获得更高的检测灵敏度。

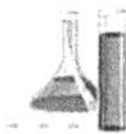

荧光抗体的纯化：在抗原/抗体的荧光标记反应中，为了获得较高的标记效率，往往加入过量的荧光试剂。反应完成之后，需要将多余的试剂移除，否则这些试剂会在后续的识别中带来非特异性的干扰。进行纯化的依据是标记试剂与反应产物的体积大小，方法包括盐析、透析、超滤、凝胶过滤等。盐析是使用高浓度的电解质（如饱和硫酸铵）使蛋白质（如标记后的抗体）溶解度降低，从而凝聚，从溶液中析出，达到与干扰物（如未反应的标记试剂）相分离的目的。盐析方法适合较大规模抗体的标记。透析法使用具有特定孔径的半透膜，标记后的溶液加入透析袋中，并置于新鲜的透析溶液中，透析袋内部小分子（如残留标记试剂）可透过膜，而大分子（抗体及标记过的抗体）得以保留。超滤法同样使用半透膜，但其以离心力作为驱动力，小分子透过半透膜被滤去，大分子得以保留。与透析法相比较，超滤法效率高，且兼具有样品浓缩的作用。凝胶过滤则是色谱技术中的一种，使用具有孔径的凝胶作为填充，其分离原理可见第八章中关于凝胶色谱的讨论。简言之，过量的小分子的荧光标记可进入凝胶的孔内，获得较长的保留时间，而经过标记的抗体其尺寸大于凝胶的内孔，无法进入，只能随流动相一起运动，获得较短的保留时间，从而实现分离。凝胶过滤除了可以在商品化的液相色谱上操作外，还可直接选购小型脱盐（凝胶）柱，在无须额外仪器设备的条件下通过重力作用即可实现分离，简便易行。除了脱盐柱外，还可选择某些特定的亲和柱[如固定有蛋白 A(Protein A)的亲和柱]，通过抗体与蛋白 A 之类的特异性相互作用也可实现标记抗体与标记试剂的分离。

四、荧光免疫检测方法

应用荧光免疫检测可以对抗原或抗体实现定性定量分析。除此之外，荧光免疫检测还可用于流式细胞仪、荧光成像等领域，在当前生命科学、医学诊断等方面有着广泛的应用。

1. 直接法荧光免疫检测

直接法荧光免疫检测适用于已固定的抗原（如组织切片等），向其中加入荧光标记的抗体，通过免疫结合可将抗体及荧光标记保留在目标物表面，经清洗去除游离的荧光抗体，在激发光下激发，即可获得荧光检测信号。该方法需要对每一目标物制备相对应的荧光抗体。

2. 间接法荧光免疫检测

在间接法荧光免疫检测中，加入的第一抗体未加标记，其可识别目标抗原并被保留；在接下来的步骤中加入可特异性识别第一抗体且经过荧光标记的第二抗体，通过第二抗体对第一抗体的免疫识别将荧光标记保留，从而获得荧光信号。该方法与直接法相比操作烦琐，其优势是仅需要对第二抗体进行标记，而不需要对较为宝贵的第一抗体进行标记，方法的通用性更强。例如，第一抗体为兔 IgG，则第二抗体为抗兔 IgG 抗体即可。

3. 夹心法荧光免疫分析

夹心法（sandwich type）是典型的免疫识别技术，一般用于抗原物的检测。与酶联免疫吸附分析（ELISA）技术类似，先在固体表面固定上能够特异性识别目标物（抗原）的抗体，经清洗、封闭等步骤后加入分析物，此时目标物可被固定的抗体识别并被保留在表面。经再次清洗后，加入荧光标记的抗体通过第二个抗体与抗原的结合，可将荧光标记保留在固体表面。经再次清洗后，通过激发后的荧光标记的荧光信号可实现对目标物的检测。

4. 荧光偏振免疫分析

荧光偏振免疫分析（fluorescence polarization immunoassay）是免疫识别与荧光偏振

相结合的技术。与其他免疫识别方法相比，荧光偏振免疫分析的优势是检测无须分离步骤，在均相体系中即可进行，方便易行。其检测依据荧光标记抗原和其抗原抗体结合物之间荧光偏振程度的差异，用竞争性方法直接测定溶液中小分子的含量。

荧光偏振的原理如前所述，当荧光物质被一单一平面偏振光照射后，吸收该平面偏振光，并产生另一单一平面偏振的荧光发射。该荧光发射的强度与荧光标记物在溶液体系中的转动成反比，即其振动越快，偏振荧光越弱。由于分子的转动与其大小密切相关，小分子转动快而大分子转动慢，通过对偏振荧光的检测可以达到分析的目的。该方法最适宜检测小至中等分子物质，常用于药物、激素的测定。如以荧光标记小分子抗原物质，由于其分子小，转动速度快，从而仅能获得弱偏振荧光；当其与相应的抗体结合后，两者的结合体远大于单一小分子，从而使得整体的转动速度变慢，可以获得强的偏振荧光。在对抗原的检测中，荧光抗原与抗原形成竞争：若待检测抗原少，则较多的荧光抗原与抗体相结合，可获得强偏振荧光；若待检测抗原多，则使得形成的荧光抗原-抗体少，仅获得弱偏振荧光。待检测的荧光抗原的量与偏振荧光强度成反比，通过该关系可对抗原物质实现定量。

5. 时间分辨荧光免疫测定

在免疫荧光分析中，除了引入的荧光标记外，样品基底自身也可能产生荧光，从而对检测产生干扰，影响检测的背景信号及相应检测下限。大部分物质的荧光（如基底的荧光）衰减迅速，寿命较短，在 1～10 ns 量级。而对于某些特殊的体系，如镧系元素，其荧光寿命要长得多（10～1 000 μs）。通过引入长寿命的荧光标记，在荧光激发后延迟一段时间再进行检测，使得短寿命的背景荧光获得充分的衰减，从而提高检测的信噪比，获得更低的检测下限，相应的技术称为时间分辨荧光。

时间分辨荧光光谱仪与普通荧光光谱仪的结构有所区别，主要包括激发光源、时间延迟设备、激发单色器（或滤光片）、样品池、发射单色器及设有门控的检测器等。常用的激发光源为闪光灯和激光器。门控闪光灯可在短时间内提供高功率的辐射，以提高检测的灵敏度。

激光器也是时间分辨荧光中重要的光源。其光强度高，单色性好，常用的有氮分子激光器和氩离子激光器，短时间脉冲功率可达数十千瓦。

在时间分辨荧光的检测中，普遍采用的是单光子计数法（time-correlated single-photon counting，TCSPC），其基本原理是：在某一时间 t 检测到发射光子的概率，与该时间点的荧光强度成正比。令每一个激发脉冲最多只得到一个荧光发射光子，记录该光子出现的时间，并在坐标上记录频次，经过大量的累计，即可构建出荧光发射光子在时间轴上的分布概率曲线，即荧光衰减曲线（图 4-12）。

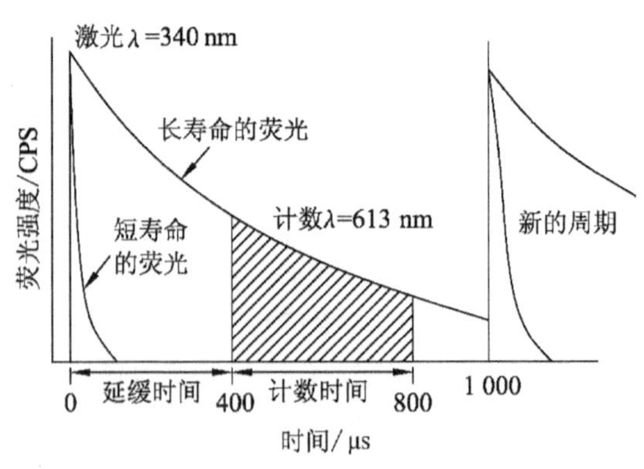

图 4-12　荧光衰减曲线

6. 荧光免疫传感器技术

荧光免疫传感器是以抗体与抗原之间的免疫识别作为分子识别机制，以荧光标记或酶作为标记物，通过抗体与抗原之间的特异性反应实现对抗原或抗体的测定的一种传感器。与其他传感器相比，荧光免疫传感器具有免疫传感器识别特异性高的特点，同时又具有荧光方法高灵敏度和稳定性的优势，因此目前已成为一种非常有发展前景的传感技术。

第五章 化学发光与化学发光免疫分析

化学反应所释放的化学能激发体系中某种化学物质分子，当受激的分子发生辐射跃迁或将能量转移给其他会发光的分子使该分子再发生辐射跃迁时，便产生发光现象。这种由于吸收了化学能，使分子产生电子激发而发光的现象称为化学发光(chemiluminescence)。利用化学发光测定体系中化学物质浓度的方法称为化学发光分析法。当化学发光发生于生命体系(萤火虫、海洋发光生物)中时，这种发光则称为生物发光(bioluminescence)。

第一节 化学发光分析

一、化学发光分析的原理

1. 化学发光反应

化学发光可以分为直接化学发光和间接化学发光。直接化学发光是最简单的化学发光反应，由两个关键步骤组成：激发和发射。例如，A、B两种物质发生化学反应生成C物质，反应释放的能量被C物质的分子吸收并跃迁至激发态 C^*，处于激发态的 C^* 再回到基态的过程中，以光子形式释放能量，产生发光现象。反应过程可表示如下：

$$A+B \longrightarrow C^* + D$$
$$C^* \longrightarrow C + h\nu$$

其中，C^* 是发光体。此过程中由于C直接参与反应，故称为直接化学发光。这类化学发光反应最多、最普遍，多数有机分子在液相中的化学反应就属于这一类型(如在 Co^{2+} 的催化下，鲁米诺和过氧化氢在碱性溶液中发生的化学发光反应)。

间接化学发光又称能量转移化学发光，它主要由三个步骤组成：首先，物质A与B通过反应形成一种激发态中间体 C^*(能量给予体)；然后，C^* 分解释放出能量并迅速将能量转移给另一能量接受体E，使E被激发而跃迁至激发态 E^*；最后，激发态的 E^* 跃迁回基态产生化学发光。反应过程可表示如下：

$$A+B \longrightarrow C^* + D$$
$$C^* + E \longrightarrow C + E^*$$
$$E^* \longrightarrow E + h\nu$$

化学发光是化学反应释放的化学能激发体系中的分子而发光。一个化学发光反应包括化学激发和发光两个关键步骤，它必须具备下述条件：

(1) 提供足够的能量激发某种分子。这种能量主要来自反应焓。对可见光范围的化学发光，其能量一般在 150～400 $kJ \cdot mol^{-1}$ 之间。许多氧化还原反应所提供的能量能满足此条件，因此大多数化学发光反应为氧化还原反应。

(2) 有利的化学反应历程。它使反应释放的能量激发生成大量的激发态分子。

(3) 发光效率高。化学发光效率取决于生成激发态分子的化学激发效率和激发态分子的发射效率。

2. 化学发光效率

化学发光反应经历两个过程：激发和发射。反应物质在激发过程中生成激发态的产率 Φ_{CE} 定义为：生成激发态的分子数（或速率）与参加反应的分子数（或速率）之比。发射过程的产率 Φ_{EM} 定义为：发光分子数（或速率）与生成激发态的分子数（或速率）之比。化学发光反应的效率 Φ_{CL} 定义为：发光分子数（或速率）与参加反应的分子数（或速率）之比，即 $\Phi_{CL}=\Phi_{CE}\Phi_{EM}$。大多数化学发光反应的 Φ_{CL} 是很低的，多年来人们一直认为鲁米诺是最有效的化学发光物质，但它的 Φ_{CL} 也仅有 1%。已观测到的具有最高效率的化学发光是生物发光，如萤火虫的发光反应效率几乎接近 90%。因此，化学发光效率的大小影响化学发光的强度，进而影响化学发光分析的灵敏度。

3. 化学发光强度与化学发光分析的依据

化学发光之所以能够用于分析测定，是因为化学发光强度与化学发光速率相关联，因而一切影响反应速率的因素都可以作为建立测定方法的依据，即一个化学发光过程也包括一个化学发光反应的过程。所以化学发光强度（I_{CL}）取决于化学反应的速率、激发态产物的效率和激发态物质的发光效率。化学发光反应的发光强度 I_{CL} 以单位时间内发射的光子数表示，它与化学发光反应的速率有关。时刻 t 的化学发光强度（单位时间发射的光量子数）：

$$I_{CL}=\Phi_{CL}\times\frac{\mathrm{d}c}{\mathrm{d}t}=\Phi_{CE}\Phi_{EM}\times\frac{\mathrm{d}c}{\mathrm{d}t} \tag{5-1}$$

式中，I_{CL} 为化学发光强度（每秒发射的光子数），$\mathrm{d}c/\mathrm{d}t$ 为化学反应速率（每秒的反应分子数），Φ_{CL} 为化学发光量子产率（每一个参加反应的分子发射的光子数），Φ_{CE} 为激发态量子产率（每一个参加反应的分子产生的激发态），Φ_{EM} 为发光量子产率（每一个激发态产生的光子数）。

对于给定发光体的化学发光体系，Φ_{CL} 为常数，通常可以用于分析化学的化学发光体系的 Φ_{CL} 值在 0.01～0.20 之间。但化学发光测定易受化学反应条件，如 pH、离子强度、溶液组成、温度等的影响，影响反应速率或任意一个量子效率的因素都会改变发光强度。因此，在一定化学反应条件下，通过测定化学发光强度就可以测定反应体系中某种物质的浓度。因为将 $I_{CL}=\Phi_{CL}\mathrm{d}c/\mathrm{d}t$ 对时间积分，即可得到 $I_{CL}=\Phi_{CL}c$，发光强度与反应物或产物的浓度成正比，这就是化学发光分析方法进行定量分析的基础。

原则上讲，对于任何化学发光反应，只要反应是一级或假一级反应，都可以通过式(5-1)进行化学发光定量分析。化学发光强度 I_{CL} 能够作为时间的函数来测定，即通过动力学分析法测定：

$$I_{CL}(t)=\Phi_{CL}\times\frac{\mathrm{d}c}{\mathrm{d}t}$$

如果反应是一级动力学反应，t 时刻的化学发光强度 I_{CL} 与该时刻的分析物浓度 c 成正比，即化学发光峰值强度与分析物浓度 c 成线性关系。在化学发光分析中，常用已知时间内的发光总强度来进行定量分析(图 5-1)。

在化学发光分析中,被分析物相对于发光试剂少得多,对于一级动力学反应:

$$\frac{dc}{dt}=Kc$$

式中,K 为反应速率常数。

定量依据:

在一定条件下,峰值光强度与被测物浓度成线性关系。

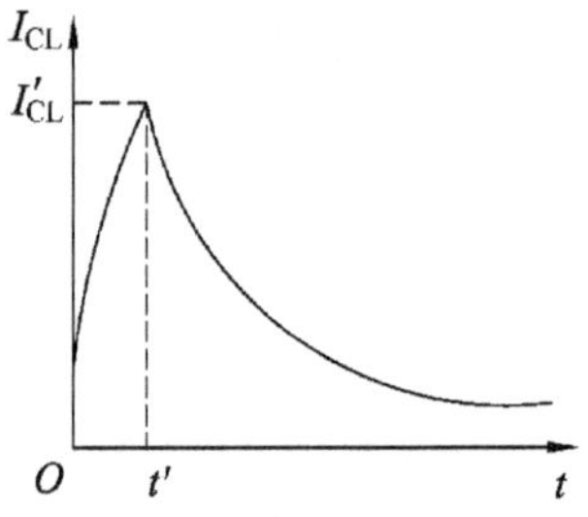

图 5-1　化学发光动力学曲线

在一定条件下,曲线下面积为发光总强度(S),其与被测物浓度成线性关系:

$$A=\int_0^t I_{CL}(t)\,dt=\Phi_{CL}\int_0^t \frac{dc}{dt}dt=\Phi_{CL}\cdot c$$

当被测物的浓度很低时,化学发光反应的发光强度 I_{CL} 与被测物的浓度 c 成线性关系:

$$I_{CL}=Kc \tag{5-2}$$

式中,K 为常数,与化学发光效率、化学反应速率等因素有关。发光强度既可以用峰高表示,也可以用总发光强度,即发光强度的积分值表示。

由于化学发光的最大强度与被测的反应物浓度相关联,故也可用工作曲线法进行定量分析;化学发光在一定时间间隔内的积分强度也是反应物浓度的函数,因而也可进行积分测定,这种测定可能更准确一些,因为它不会随反应物混合速度的轻微变化而出现数值上的波动。化学发光分析测定的物质可以分为三类:第一类物质是化学发光反应中的反应物;第二类物质是化学发光反应中的催化剂、增敏剂或抑制剂;第三类物质是偶合反应中的反应物、催化剂、增敏剂等。这三类物质还可以通过标记方式来测定其他物质,进一步扩大化学发光分析的应用范围。

二、化学发光体系

化学发光反应介质的状态主要可以分为气态和液态两大类,通常称为气相化学发光体系和液相化学发光体系。气相化学发光体系大多用于大气污染的测定;而液相化学发光体系应用更广,主要用于过氧化氢、金属离子以及大量有机化合物的测定,所用的发光试剂有鲁米诺、过氧化草酸酯等。表 5-1 给出了几种常用的化学发光体系。

表 5-1　一些常用的化学发光体系

状态	待测物	化学发光试剂
气相	O_3	乙烯
气相	烃类化合物	O_3
气相	硫化合物	O_3 氧化后氢焰反应
气相	硫化合物	氢焰
气相	NO	O_3
气相	亚硝胺、总氮	转换为氢氧化合物后与 O_3 反应

续表

状态	待测物	化学发光试剂
液相	过氧化氢	鲁米诺
液相	荧光性有机化合物	过氧化草酸酯
液相	可被氧化的有机化合物	$KMnO_4$、$Ce(SO_4)_2$
液相	过氧化物酶	鲁米诺
液相	过渡金属离子	$Ru(bpy)_3^{3+}$
液相	α-氨基酸、胺等化学发光试剂标记物	吖啶酯、二氧杂环丁烷、鲁米诺衍生物、$Ru(bpy)_3^{3+}$

1. 气相化学发光反应

化学发光反应在气相中进行称为气相化学发光。气相化学发光主要用于监测大气中的 O_3、NO、NO_2、H_2S、SO_2 和 CO 等。

(1) 一氧化氮与 O_3 的发光反应：

$$NO+O_3 \longrightarrow NO_2^* + O_2$$

$$NO_2^* \longrightarrow NO_2 + h\nu$$

发射光谱范围：600～875 nm，该反应检测 NO 灵敏度可达 1 ng · cm^{-3}。

(2) 氧原子与 SO_2、NO、CO 的发光反应：

$$O_3 \longrightarrow O_2 + O\text{（在 1 000 ℃石英管中进行）}$$

$$SO_2 + O + O \longrightarrow SO_2^* + O_2$$

$$SO_2^* \longrightarrow SO_2 + h\nu$$

最大发射波长：200 nm，灵敏度：1 ng · cm^{-3}。

$$O_3 \longrightarrow O_2 + O\text{（在 1 000 ℃石英管中进行）}$$

$$NO + O \longrightarrow NO_2^*$$

$$NO_2^* \longrightarrow NO_2 + h\nu$$

发射光谱范围：400～1 400 nm，灵敏度：1 ng · cm^{-3}。

$$O_3 \longrightarrow O_2 + O\text{（在 1 000 ℃石英管中进行）}$$

$$CO + O \longrightarrow CO_2^*$$

$$CO_2^* \longrightarrow CO_2 + h\nu$$

发射光谱范围：300～500 nm，灵敏度：1 ng · cm^{-3}。

(3) 乙烯与臭氧的发光反应：

$$2O_3 + C_2H_4 \longrightarrow 2HCHO^* + 2O_2$$

$$HCHO^* \longrightarrow HCHO + h\nu$$

在生成羰基化合物的同时产生化学发光，激发态甲醛为化学发光物质。该化学发光反应的发射波长为 435 nm，对 O_3 是特效的，检测的线性范围为 1 ng · cm^{-3}～1 μg · cm^{-3}。

(4) 火焰中的化学发光反应。

在富氢火焰中，也存在着很强的化学发光反应。

① 一氧化氮发生的发光反应。

$$NO + H \longrightarrow HNO^*$$
$$HNO^* \longrightarrow HNO + h\nu$$

发射光谱范围：660～770 nm，最大发射波长：690 nm。

在富氢火焰中发生反应 $NO_2 + 2H \longrightarrow NO + H_2O$，该反应十分迅速。

② 硫化物发生的发光反应。

挥发性硫化物 SO_2、H_2S、CH_3SH、CH_3SCH_3 等在富氢火焰中燃烧，产生很强的化学发光(蓝色)：

$$SO_2 + 2H_2 \longrightarrow S + 2H_2O$$
$$S + S \longrightarrow S_2^*$$
$$S_2^* \longrightarrow S_2 + h\nu$$

发射光谱范围：350～460 nm，最大发射波长：394 nm，灵敏度：0.2 ng · cm^{-3}。发射光强度与硫化物浓度的平方成正比。

2. 液相化学发光反应

关于液相化学发光机制的研究较多，在分析中应用较多。用于分析的液相化学发光体系很多，研究和应用比较广泛的有鲁米诺(Luminol)、光泽精(lucigenin)和过氧草酰(peroxyoxalate)等。

(1) 鲁米诺化学发光体系。

鲁米诺(3-氨基苯二甲酰肼)是一种易被氧化的化合物，在碱性水溶液和非水溶液中都能被氧化并常伴随化学发光。目前国际上比较认可的鲁米诺发光机制如图 5-2 所示。

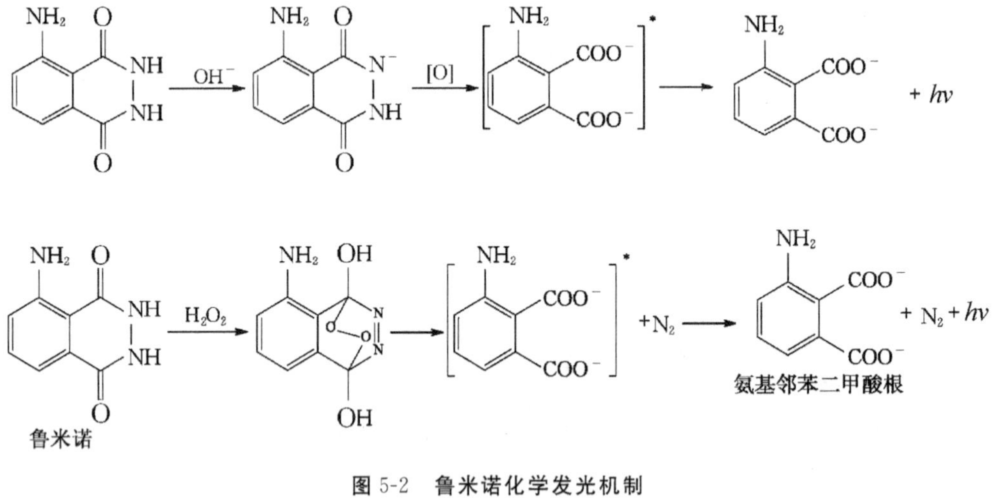

图 5-2　鲁米诺化学发光机制

反应产生的化学能被产物氨基邻苯二甲酸根吸收，处于激发状态，返回基态时发射出蓝光，最大发射波长为 425 nm。通常情况下，鲁米诺与过氧化氢的化学发光反应相当缓慢，但当某些催化剂，如过渡金属离子(Co^{2+}、Cr^{3+}、Cu^{2+}、Fe^{3+} 等)、棕榈酸盐或某些金属复合物(如氯高铁血红素、血红蛋白、过氧化酶)等存在时，反应速率大大提高，可检测低至 10^{-12} mol · L^{-1} 的 H_2O_2，线性范围可达到几个数量级。许多化学发光应用是通过过氧化

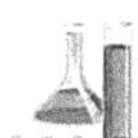

物酶与合适的底物发生反应生成双氧水，再结合鲁米诺化学发光法来测定生成的双氧水。通过这种方法可以测定葡萄糖、胆固醇、尿酸、葡萄苷代谢物等。如果使用鲁米诺和双氧水作为反应混合物，可以测定以上所列的各种催化剂。对酶免疫分析来说，过氧化物酶是常见的标记物，而鲁米诺化学发光反应对于痕量标记物的测定是最有效的方法。以鲁米诺的衍生物或者类似结构的化合物本身作为一种标记物在化学发光免疫分析中得到了广泛的应用。所以鲁米诺类化学发光的发展方向主要有四个方面：① 由于某些过渡金属离子、金属配合物、酶、荧光试剂、表面活性剂等的浓度与化学发光强度成正比，可以利用它们对于鲁米诺-过氧化氢反应的化学发光增强作用进行该类物质的浓度分析；② 利用化合物对鲁米诺化学发光反应的抑制作用，测定对化学发光产生猝灭作用的有机化合物；③ 通过偶合作用，间接测定有机或无机化合物；④ 将鲁米诺衍生物或类似化合物标记于羧酸或胺类化合物上，经色谱或毛细管电泳分离后，在碱性介质中进行化学发光测定，也可以作为化学发光免疫分析的标记物用于标记蛋白质、抗原或抗体等重要生化成分，用于化学发光免疫分析。

(2) 光泽精化学发光体系。

光泽精(N,N-二甲基-9,9-二吖啶硝酸盐)是吖啶酯类化学发光试剂研究和应用中最具有代表性的化合物。光泽精自身在碱性介质中产生微弱的化学发光，加入过氧化氢时化学发光强度大大增加。光泽精化学发光机制如图 5-3 所示。光泽精在碱性介质中可与过氧化氢等氧化剂反应生成激发态的 N-甲基吖啶酮并发射出 420～500 nm 的光，最大发射波长为 470 nm，其 Φ_{CL} 为 1%～2%。该体系可测定 Fe^{2+}、Fe^{3+}、Cu^{2+}、Ni^{2+}、Cr^{3+}、Mn^{2+}、Ag^{+} 等，尤其是可以测定鲁米诺体系不能直接测定的 Pb^{2+}、Bi^{3+} 等离子，还可以测定丙酮、羟胺、果糖、维生素 C、谷胱甘肽、尿素、肌酸酐和许多种酶。用光泽精作化学发光探针，可用来测定人体全血中吞噬细胞的活性。应用这一体系还可定量测定某些催化剂或催化剂标记的组分、过氧化物或可转化为过氧化物的组分，特别是在化学发光酶免疫分析中得到了实际应用。

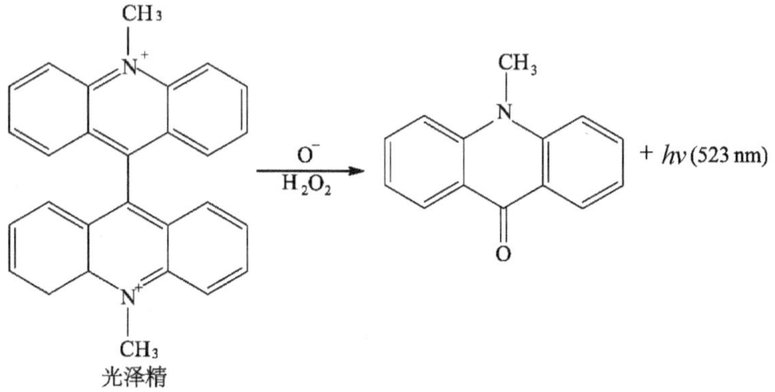

图 5-3　光泽精化学发光机制

(3) 二氧杂环丁烷类化学发光体系。

1,2-二氧杂环丁烷类化学发光研究在我国开展得比较少，但是在国外已经获得了广泛的应用。这类化合物经单分子转变后生成含羰基的产物，产物之一为激发态而发光。

由于许多化学发光和生物发光的中间体可能生成这种过渡态而早已受到人们的重视。在这类化合物结构中，—O—O—键很弱，而四元环存在张力能，因而在反应过程中释放大量能量以满足化学发光反应的能量需求。迄今为止，已经能够制备100多种二氧杂环丁烷类的化合物，并得到广泛的研究和应用。其中，3-(2′螺旋金刚烷)-4-甲基-4(3″-磷氧酰苯基)-1,2-二氧杂环丁烷(AMPPD)是1,2-二氧杂环丁烷类中最重要的发光试剂之一，性能十分稳定，5 ℃下保存的固体AMPPD几乎不分解。在溶液中，AMPPD的磷酸酯键很稳定，非酶催化的水解非常慢，在0.05 mol·L^{-1}碳酸缓冲液(pH=12,5 ℃)中的分解半衰期为74年，几乎无试剂本身的发光背景。AMPPD在碱性磷酸酶(ALP)催化下的分解反应是近年来化学发光酶免疫分析获得实际应用的成功例子之一。图5-4是林金明等建立的微板磁化学发光酶免疫分析法对人绒毛膜激素(HCG)灵敏快速测定方法的基本原理。AMPPD首先在ALP的特异催化下迅速脱去磷酸基发生分解，发出477 nm的光，把酶标记于待测物后，根据免疫分析的原理，建立起如图5-4所示的化学发光酶免疫分析法，其灵敏度高、特异性好，可以直接用于人唾液中的HCG的测定。

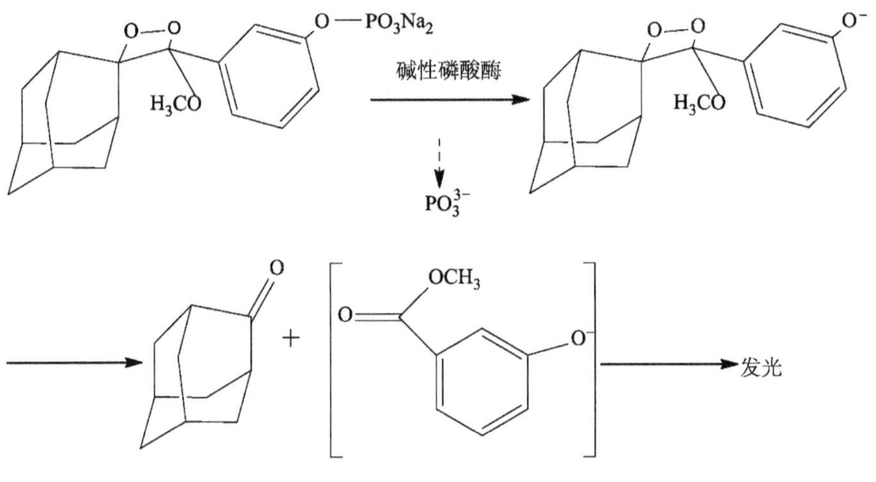

O—O
O—PO_3Na_2
H_3CO
碱性磷酸酶
PO_3^{3-}
O
OCH₃
发光

图5-4 二氧杂环丁烷发光机制

(4) 过氧草酰化学发光体系。

过氧草酰(peroxyoxalate)化学发光体系应用最多的是双(2,4,6-三氯苯基)草酸酯(TCPO)和双(2,4-二硝基苯)草酸酯(DNPO)。它们与H_2O_2作用，在荧光体(如红荧烯等)存在下产生化学发光(Φ_{CL}高达22%～27%，是目前非生物发光中发光效率最高的体系)，其反应历程如下：

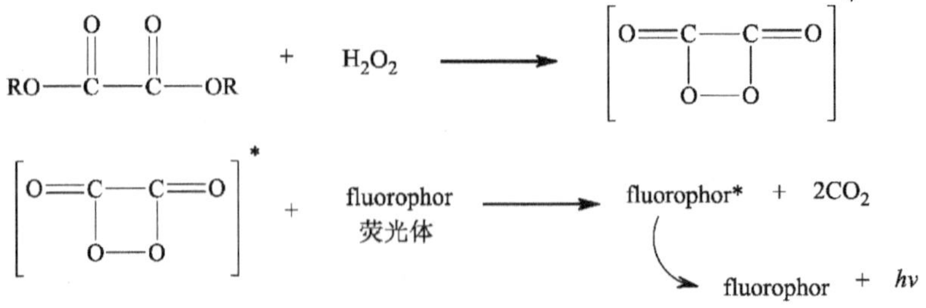

$$RO-\overset{O}{\overset{\|}{C}}-\overset{O}{\overset{\|}{C}}-OR + H_2O_2 \longrightarrow \left[\begin{matrix} O=C-C=O \\ | \quad\; | \\ O-O \end{matrix}\right]^*$$

$$\left[\begin{matrix} O=C-C=O \\ | \quad\; | \\ O-O \end{matrix}\right]^* + \underset{\text{荧光体}}{\text{fluorophor}} \longrightarrow \text{fluorophor}^* + 2CO_2$$

$$\text{fluorophor}^* \longrightarrow \text{fluorophor} + h\nu$$

此类反应中，荧光体为能量接受体，激发态的过氧草酰产物并不发光，而是把能量转移给相匹配的荧光体，发射荧光体的特征荧光谱。该体系可测定甲醛、甲酸、H_2O_2、葡萄糖、氨基酸、多环芳胺类化合物和多种金属离子。

三、化学发光分析仪器

液相化学发光分析仪不需要激发光源，通常也不需要复杂的分光系统，具有结构简单、价格便宜等特点，一般由进样系统、发光反应池、检测器、信号放大系统和工作站等几个部分组成。根据进样方式不同，液相化学发光仪分为分立取样式和流动注射式两种。

1. 分立取样式液相化学发光分析仪

分立取样式液相化学发光分析仪采用静态测量法，用吸量管或进样器分别取一定量的试剂和试液，选择最佳进样程序注入发光反应池中测量相对发光强度。该仪器操作简单，工作条件易于选择，能够利用时间分辨技术同时测定试液中的多组分，可用于动力学研究，且价格便宜，但分析速度慢，测量的精确度易受人工加样等因素的影响。分立取样式液相化学发光分析仪的结构如图 5-5 所示。

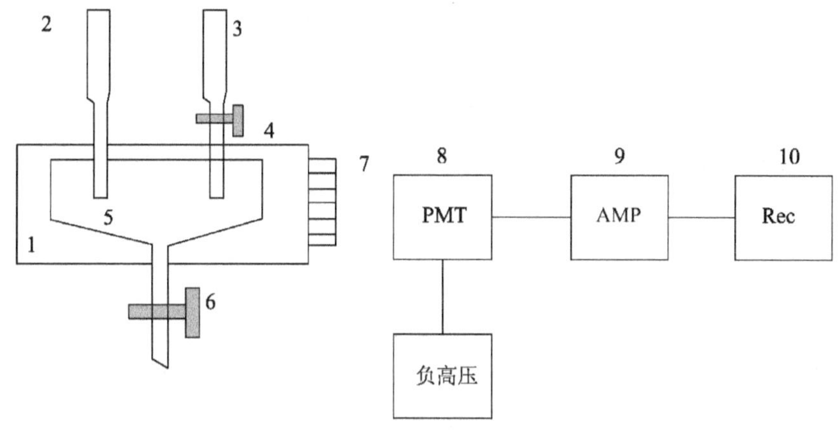

1—暗室；2—试剂加入管；3—试液储管；4,6—活塞；5—发光反应池；7—滤光片；
8—光电倍增管(PMT)；9—信号放大器(AMP)；10—记录显示系统(Rec)

图 5-5　分立取样式液相化学发光分析仪结构示意图

2. 流动注射式液相化学发光分析仪

流动注射式液相化学发光分析仪采用动态测量法，试液和试剂通过蠕动泵传送，并在流动中进行混合，恰好流动至盘管中反应发光。流动注射式液相化学发光分析仪的自动化程度、精密度和准确度都比较高，分析速度快，适用于批量试液的测量。国产的 MCFL-A 型多功能化学发光分析仪、IFFM 型流动注射化学分光仪等属于此种类型，它们都配置有功能强大的工作站，可进行流动注射、静态注射、毛细管电泳等多种化学发光分析。高精密度数据采集系统由计算机进行数据处理和分析。

流动注射式液相化学发光分析仪的结构如图 5-6 所示。试液注射换向阀 5 是有机玻璃或装有外置钢套的聚四氟乙烯材料的装置，耐磨损，耐腐蚀，密闭性好，旋转自动控制，取样准确。主、副蠕动泵可在 0.01～99 r · min^{-1} 内任意控制，对不同的化学发光体系，可以通过调节泵的转速、盘管的长度和内径，使试液和试剂恰好在透光性良好的发光盘管 7

中产生最佳的化学发光。其信号通过紧挨盘管的光电倍增管进行光电转换,然后通过电路放大系统(AMP)由计算机的显示屏显示结果,并通过打印机打印相关信息,工作极为方便,且可以测定超微弱化学发光体系。

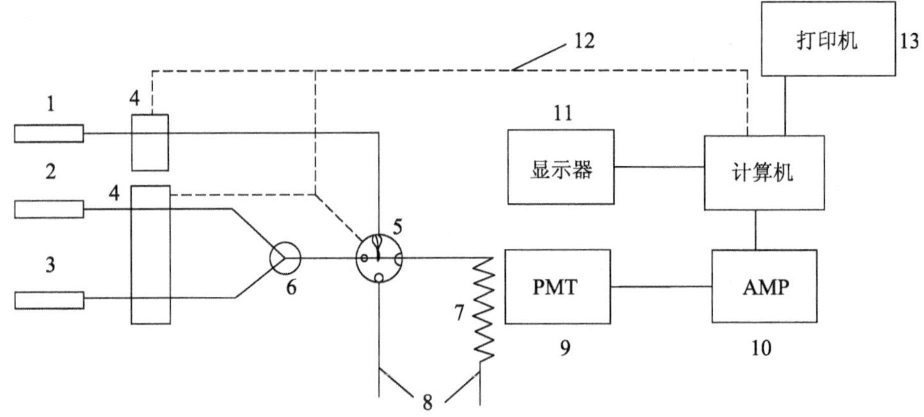

1—试液储瓶;2,3—试剂储瓶;4—蠕动泵;5—注射换向阀;7—发光盘管;8—废液排放管;9—光电倍增管;10—电路放大系统;11—信号显示器;12—主计算机连接线;13—打印机

图 5-6 流动注射式液相化学发光分析仪结构示意图

气相化学发光分析需在恒定的气压和流量下进行,而控制气体传输和反应两个过程的稳定性比较困难,因此气相化学发光仪进样系统比液相化学发光仪复杂。

四、化学发光分析的应用与进展

化学发光检测方法具有灵敏度高,线性范围宽,所用仪器设备简单、价廉,背景噪声小等优点,但缺乏选择性是该方法的一大缺陷。随着分离手段的不断发展,可以在化学发光检测前将混合物分离,使这一缺点得到弥补。因而,化学发光检测法目前已经成为分析化学中一个强有力的方法,广泛应用于食品、环境、医药及生物等分析检测系统。化学发光免疫分析法(chemiluminescence immunoassay,CLIA)是以标记发光试剂为示踪物信号建立起来的一种非放射标记免疫分析法,它既有免疫分析的特异性,又有化学发光反应的高敏感性。在光致发光、生物发光和化学发光三种发光类型中,化学发光在免疫学检验中应用最广。化学发光免疫技术主要分为化学发光酶免疫分析、化学发光标记免疫分析,具有灵敏度高、仪器设备简单、选择性好、标记物有效期长、检测范围宽、可实现全自动化等优点。用化学发光免疫标记物代替放射性同位素,避免了使用放射性同位素的危害,操作方法简便,检测快速。自从 1977 年 Halman 等提出了 CLIA 以来,得益于新的联用检测技术、新型标记物与标记技术、新固相材料的发展,以及免疫测定的自动化、集成化和微型化,CLIA 在试剂、检测方法和仪器等方面呈现出新的发展趋势,CLIA 被广泛应用于蛋白质、激素、肿瘤、病毒、毒物等成分检测,服务于临床、卫生、食品、环保、军事等领域。

近几年来化学发光的应用在多个方面都有所发展,从理论到实用性的仪器产品制造不断成熟。原有的发光体系不断完善,化学发光逐渐成为常规的分析方法;新的发光体系不断开发,利用增强剂可改善发光信号、增加稳定时间。增强化学发光酶联免疫分析最小检出值可达 10^{-18}~10^{-15} mol,较常规的酶免疫分析的灵敏度提高 3~5 个数量级。其检

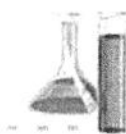

测快速，易掌握。增强化学发光酶联免疫分析的研究国内外已有文献报道。化学发光的发展趋势如下：化学发光与其他方法或技术联用，将化学发光与数学、物理、生物学三大学科结合，与流动注射技术、传感器技术联用，改善化学发光法的性能，拓宽化学发光体系的应用范围；与许多有效的分离方法，如高效液相色谱和毛细管电泳相结合，提高化学发光体系的选择性和灵敏度；继续从理论上对化学发光的机制进行研究，结合各种物理化学原理，借助荧光光谱、吸收光谱、反应中间体的捕捉等为提高化学发光效率提供理论基础；化学发光仪器的应用飞速发展，制备高效的化学发光探针，以及化学发光仪器的微型化、智能化和遥控化，为化学发光的进一步发展创造条件；化学发光的应用范围不断扩大，深入到有机、冶金、药物、临床、食品检验、生命科学、环境和材料科学等各个领域。

第二节　免疫分析技术概述

一、免疫的基本原理

1. 抗原

抗原是能在机体中引起特异性免疫应答的物质。抗原进入机体后，可刺激机体产生抗体和引起细胞免疫。在免疫测定中，抗原是指能与抗体结合的物质。能在机体中引起抗体产生的抗原多为分子量大于 5 000 的蛋白质，如乙型肝炎病毒表面抗原（HBsAg）、甲胎蛋白（AFP）等。在与大分子蛋白质结合后能引起机体产生特异性抗体的小分子化合物称为半抗原（hapten），如某些激素、药物等。抗原的反应取决于抗原决定簇（或称为表位），一个抗原分子可带有不同的决定簇。

2. 抗体

抗体是能与抗原特异性结合的免疫球蛋白（immunoglobulin，Ig）。Ig 分为五类，即 IgG、IgA、IgM、IgD 和 IgE。与免疫测定有关的 Ig 主要为 IgG 和 IgM。Ig 由两个轻链（L）和两个重链（H）的单体组成。Ig 的轻链是相同的，有 k 和 r 两种型别。五类 Ig 的重链结构不同，这决定了它们的抗原性也不同。IgG 和 IgM 的重链分别称为 γ 链和 μ 链。

机体受抗原刺激后，B 淋巴细胞产生相应的抗体。含有抗体的血清称为抗血清。某一系 B 细胞只产生针对某一抗原决定簇的抗体。例如，将多种抗原或含有多个抗原决定簇的抗原注入机体，则将由多系的 B 细胞产生相应的多种抗体，这些抗体均存在于免疫血清中。免疫测定中所用的抗血清一般用抗原免疫兔、羊或马制得。产生抗体的 B 细胞可在体外与繁殖力强的肿瘤细胞融合成杂交瘤细胞。将单个杂交瘤细胞分离，在体内或体外培养而分泌出单克隆抗体。单克隆抗体仅针对一种抗原决定簇，具有很高的特异性。单克隆抗体通常用抗原免疫小鼠制备。将免疫的脾细胞（含产生抗体的 B 细胞）与小鼠肿瘤细胞融合，分离杂交瘤细胞，接种于小鼠腹腔，产生的腹水中含有浓度很高的单克隆抗体。

3. 抗原抗体反应

抗原抗体反应有其自身的特异性，大致可以总结为以下四点：

(1) 可逆性。抗原与抗体结合形成抗原-抗体复合物的过程是一种动态平衡，其反应式为

$$Ag + Ab \longrightarrow Ag \cdot Ab$$

抗体的亲和力是抗原、抗体间的固有结合力，可以用平衡常数 K 表示：

$$K = \frac{[Ag \cdot Ab]}{[Ag][Ab]}$$

Ag·Ab 的解离程度与 K 值有关。高亲和力抗体的抗原结合位点与抗原的决定簇在空间构型上非常适合，两者结合牢固，不易解离。解离后的抗原或抗体均能保持原有的结构和活性，因此可用亲和层析法来提纯抗原或抗体。在抗血清中，特异性的 IgG 抗体仅占总 IgG 中的极小部分。用亲和层析法提取的特异性抗体称为亲和层析纯抗体，应用于免疫测定中可得到更好的效果。

(2) 最适比例。在恒定量的抗体中加入递增量的抗原形成抗原-抗体复合物(沉淀)的曲线的高峰部分是抗原、抗体比例最合适的范围，称为等价带。在等价带前后分别为抗体过剩和抗原过剩带。如果抗原或抗体极度过剩，则无沉淀物形成，在免疫测定中称为带现象。抗体过量称为前带，抗原过剩称为后带。在用免疫学方法测定抗原时，应使反应系统中有足够的抗体量，否则测得的量会小于实际含量，甚至出现假阴性。

(3) 特异性。抗原、抗体的结合实质上只发生在抗原的抗原决定簇与抗体的抗原结合位点之间。由于两者在化学结构和空间构型上呈互补关系，所以抗原抗体反应具有高度的特异性。例如，乙肝病毒中的表面抗原(HBsAg)、e 抗原(HBeAg)和核心抗体(HBcAg)虽来源于同一病毒，但仅与其相应的抗体结合，而不与另外两种抗体反应。抗原抗体反应的这种特异性使免疫测定能在一非常复杂的蛋白质化合物(如血清)中测定某一特定的物质，而无须先分离待检物。

但是这种特异性也不是绝对的。如果两种化合物有着部分相同的结构，在抗原抗体反应中可出现交叉反应。例如，绒毛膜促性腺激素(hCG)和黄体生成激素(LH)均由 α 和 β 两个亚单位组成，其结构的不同处在 β 亚单位，而两者的 α 亚单位是同类的。用 hCG 免疫动物所得的抗血清中含有抗 α-hCG 和抗 β-hCG 两种抗体，抗 α-hCG 抗体将与 LH 中的 α 酶位发生交叉反应。在临床检验中，如用抗 hCG 抗血清作为妊娠诊断试剂检定尿液中的 hCG，则只能用于 hCG 浓度较高的试验，否则妇女生理性排泄进入尿液中的微量 LH 将与之发生交叉反应。因此，在作为早孕诊断[敏感度应达到 50 $mIU \cdot mL^{-1}$(以 hCG 计)]的实际测定中必须应用只对 hCG 特异的抗 β-hCG，以避免与其他激素的交叉反应的发生。

(4) 敏感性。在测定血清中某一物质的含量时，化学比色法的敏感度为每毫升毫克水平，酶反应测定法的敏感度约为 5～10 $\mu g \cdot mL^{-1}$，免疫测定中凝胶扩散法和浊度法的敏感度与酶反应测定法相仿。标记的免疫测定的敏感度可提高数千倍，达每毫升纳克水平。例如，用放射免疫测定法或酶免疫测定法测定 HBsAg，其敏感度可达 0.1 $ng \cdot mL^{-1}$。

二、免疫测定的基本原理及其在临床检验中的应用

免疫分析法是利用抗原与抗体特异性结合而建立的高选择性生物化学方法。免疫分析法根据标记与否可分为标记免疫分析法和非标记免疫分析法。抗原和抗体直接结合之后，理化性质有一定变化，如产生沉淀，利用这种性质的变化可以检测抗体或抗原，即实现非标记免疫分析，但利用此方法难以进行痕量检测。所以针对抗原抗体反应缺乏可供测

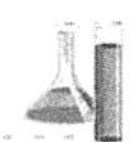

量的信号等特点，人们将探针技术引入分析中以实现在线检测。标记免疫分析法中，最为成熟的方法是放射免疫分析法，但由于放射性物质会对人体产生危害，它的应用受到限制。为了替代放射免疫分析法，灵敏度高的非放射免疫分析法成为近年来的研究热点。按标记物有无放射性，将免疫分析方法分为放射免疫分析法和非放射免疫分析法。非放射免疫分析法包括酶联免疫分析法、荧光免疫分析法、电化学免疫分析法、电化学发光免疫分析法和化学发光免疫分析法等。由于标记物的引入，不可避免地带来了结合的抗原-抗体与过量的抗原或抗体的分离问题，因而标记免疫分析法根据分离与否又分为均相免疫分析法和非均相免疫分析法。非均相免疫分析法是将标记的抗原和抗原样品加入含有一定抗体的固相中，发生竞争性反应，洗去游离的抗原后对免疫复合物进行测定。均相法则无须分离。由于有些标记抗原和抗体结合后，其发光能力大大增强，那么只需测定竞争反应后整个溶液的发光强度增加程度就可以反映出结合在上面部分的量。这种方法操作简单，但灵敏度受到限制；同时因为没有经过分离步骤，样品中的杂质对发光的影响较大。而异相法就大大减少了样品中的杂质对发光反应的干扰，提高了灵敏度。

免疫测定是应用免疫学技术测定标本的方法。在临床检验中主要通过抗原抗体反应检测体液中的抗体或抗原性物质。由于各种抗原成分(包括小分子的半抗原)均可用以制备特异性的抗血清或单克隆抗体，利用此抗体作为试剂就可检测标本中相应的抗原，因此免疫测定的应用范围极广，在临床检验中可用于测定：

(1) 体液中的各种蛋白质，包括含量极少的蛋白质，如甲胎蛋白等。

(2) 激素，包括小分子量的甾体激素等。

(3) 抗生素和药物。

(4) 病原体抗原，如 HBsAg、HBeAg 等。

(5) 利用纯化的抗原检测标本中的抗体，如抗-HBs 等。

第三节　化学发光免疫分析技术

化学发光免疫分析法是化学发光法和免疫分析法相结合的产物。它同时具有化学发光法的高灵敏度和免疫分析法的高选择性。化学发光免疫分析是用化学发光反应的试剂(可以是发光剂或催化剂等)标记抗原或抗体，标记后的抗原和抗体与待测物经过一系列的免疫反应和理化步骤(如离心分离、洗涤等)，最后以测定发光强度形式测定待测物含量。在此以赵丽霞等报道的测定人绒毛膜促性腺激素(hCG)为例来说明化学发光免疫分析的基本原理(图 5-7)。待测物分别与碱性磷酸酶(ALP)和异硫氰酸荧光素(FITC)标记的单克隆抗体反应，形成酶标抗体-抗原-异硫氰酸荧光素标记抗体的双抗体夹心复合物；再加入磁分离剂(含有与 FITC 结合的磁微粒)，使复合物与磁微粒结合，在永久磁体吸引下使其沉淀到酶标板底部，分离出游离酶标抗体；再加入发光底物，在酶的催化下，可以产生化学发光，根据光的信号进行定量。

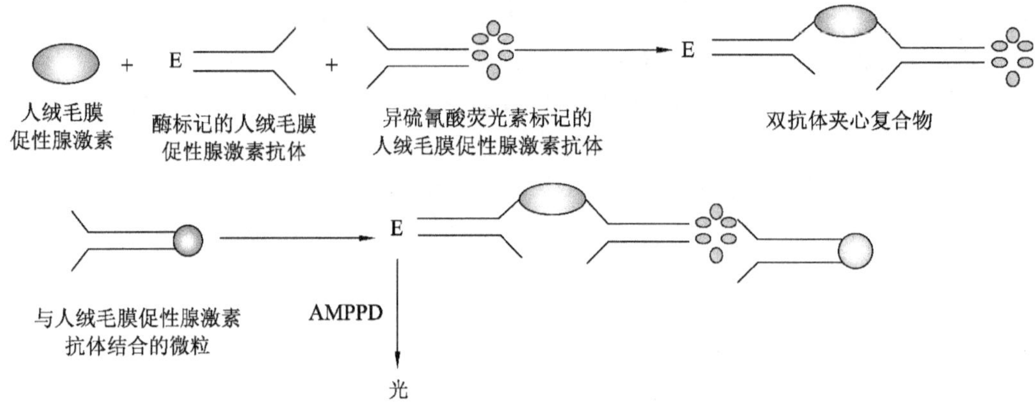

图 5-7 化学发光免疫分析的基本原理

一、化学发光免疫分析方法的建立

（一）抗体的制备

抗体是化学发光免疫分析必不可少的材料，所以采用化学发光免疫法时必须先制得满足方法所需的抗体。抗体制备时，只有抗原分子质量较大的化合物（>5 000 D）注射到动物体内时才能诱导动物体内产生抗体。如果是小分子激素，如雌二醇，分子量仅 200～300（这类化合物叫半抗原），它不能直接诱导动物产生抗体。为了制得它的抗体，需将它偶联于大分子载体（如牛血清白蛋白，BSA）上制得抗原，再将其用于免疫动物以制备抗体。一些载体激素和药物的抗体都需经这一方法制备。抗体的纯化方法有中性盐沉淀法、亲和层析法等。制备的抗体一般需进行亲和力和特异性的鉴定。Wilson 等在免疫分析测定中，不用整个抗体分子，而是将抗血清用木瓜蛋白酶水解制成抗体有效碎片，从而可以增加测定的灵敏度。近来，在 CLIA 法中越来越多地应用单克隆抗体。单克隆抗体是利用细胞杂交技术，通过杂交细胞的不断分裂、繁殖产生的抗体。这种方法产生的抗体特异性强，而且抗体的性能绝对均一。它的应用提高了方法的选择性，同时这也是大量提供标准化抗体的一个途径。

（二）化学发光免疫分析的标记技术

抗原和抗体的标记是化学发光免疫分析中十分关键的一个环节。标记免疫步骤不仅要求标记产物不易脱落，性能稳定，更重要的是标记后标记物应保持原抗原或抗体的活性，保持标记基团的发光活性。林金明等对化学发光免疫分析的标记物做出了比较完善的总结。鲁米诺（luminol）、异鲁米诺（isoluminol）及其衍生物、吖啶酯衍生物、辣根过氧化物酶（HRP）和碱性磷酸酶（ALP）是目前化学发光免疫中使用最多的四类标记物。鲁米诺和异鲁米诺是人们最早应用的发光标记物，由于异鲁米诺标记后量子产率高于鲁米诺，所以有着更广泛的应用。吖啶酯衍生物由双氧水和羟基引发可以瞬时发光，并具有很高的量子产率，所以在化学发光免疫自动化仪器中多采用吖啶酯直接标记蛋白进行测定。辣根过氧化物酶和碱性磷酸酶的发光底物分别是鲁米诺及其衍生物和 1,2-二氧乙烷发光体。这些试剂已经广泛地应用于化学发光免疫。随着新免疫分析适用酶及标记试剂的引入，各种新的标记技术不断涌现，并已展现出良好的应用前景。

（三）化学发光免疫分析的主要类型

化学发光免疫分析根据其标记物的不同可分为三类，即化学发光酶标记免疫分析、化学发光试剂标记免疫分析和电化学发光试剂标记免疫分析。

1. 化学发光酶标记免疫分析

从标记免疫分析角度来看，化学发光酶免疫分析（CLEIA）是属于酶免疫测定中的一种技术，只是最后一步酶反应所用底物为发光试剂，操作步骤与酶免疫分析完全相同，即以酶标记生物活性物质进行免疫反应，免疫反应复合物上的酶再作用于发光底物，通过测定化学发光反应的发光信号进行定量分析。目前常用的酶标记物有辣根过氧化物酶（HRP）和碱性磷酸酶（ALP），它们有各自的发光底物。

（1）HRP 标记的化学发光酶免疫分析。

辣根过氧化物酶（HRP）是应用最广泛的酶试剂之一，它可以催化 H_2O_2 氧化许多电子给予体的底物。

$$\mathrm{HRP}+\mathrm{H_2O_2}\longrightarrow \mathrm{CPD\,I}+\mathrm{H_2O_2}$$

$$\mathrm{CPD\,I}+\mathrm{AH_2}\longrightarrow \mathrm{CPD\,II}+\mathrm{AH}\cdot$$

$$\mathrm{CPD\,II}+\mathrm{AH_2}\xrightarrow{\mathrm{HRP}}\mathrm{AH}\cdot+\mathrm{H_2O}$$

其中，CPDⅠ和 CPDⅡ分别为氧化的中间产物，AH_2 和 AH·分别为电子给予体和带有一个电子自由基的氧化产物。氧化产物用化学发光进行检测，HRP 在反应中只起催化作用，进而可测出 HRP 及其标记物的含量（图 5-8）。HRP 常用的发光底物是鲁米诺或其衍生物。在化学发光酶免疫分析中，使用过氧化物酶标记抗体，进行免疫反应后，利用鲁米诺作为发光底物，在过氧化物酶和启动发光试剂（NaOH 和 H_2O_2）作用下，鲁米诺的发光强度依赖于酶免疫反应中酶的浓度。

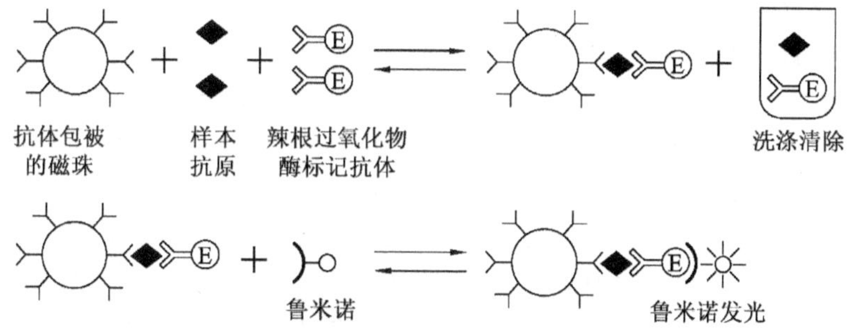

图 5-8　化学发光酶标记免疫测定技术反应原理示意图(1)

（2）ALP 标记的化学发光酶免疫分析。

碱性磷酸酶（ALP）分子量小，稳定性好，活性高，易分离提纯，已广泛用于酶联免疫分析和核酸杂交分析的标记物。碱性磷酸酶和 1,2-二氧环己烷构成的发光体系是目前最重要、最灵敏的一类化学发光体系。这类体系中具有代表性的是 Bronestein 等提出的 ALP-AMPPD 发光体系。1,2-二氧杂环丁烷类（AMPPD）是一种超灵敏的 ALP 底物，性质十分稳定，热分解活化能 $E_a=136\ \mathrm{kJ\cdot mol^{-1}}$，5 ℃保存的固态 AMPPD 几乎不分解。在溶液中，AMPPD 的磷酸酯键很稳定，非酶催化的水解非常慢，在 pH=12 的 $0.05\ \mathrm{mol\cdot L^{-1}}$

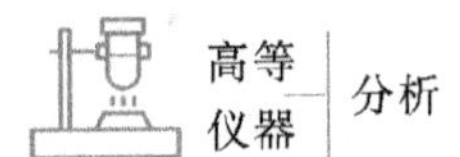

碳酸钠缓冲液中,分解半衰期为74年,几乎无试剂本身的发光背景。

1,2-二氧杂环丁烷类(AMPPD)在碱性磷酸酶(ALP)作用下,磷酸酯基发生水解而脱去一个磷酸基,得到一个中等稳定的中间体 $AMPD^-$,此中间体经分子内电子转移裂解为一分子的金刚烷酮和一分子处于激发态的间氧苯甲酸甲酯阴离子,当其回到基态时产生477 nm 的光,可持续几十分钟。AMPPD 为磷酸酯酶的直接发光底物,可用来检测碱性磷酸酶或抗体、核酸探针及其其他配基的结合物(图 5-9)。ALP-AMPPD 发光体系具有非常高的灵敏度,无论是固相还是液相检测,对标记物 ALP 的检测限都可达 10^{-21} mol,是最灵敏的免疫检测方法之一。在 AMPPD 基础上加以改进并具有更好反应动力学和更高灵敏度的新一代产物也已出现,这些体系已广泛用于各种基因、病原体 DNA 的鉴定。

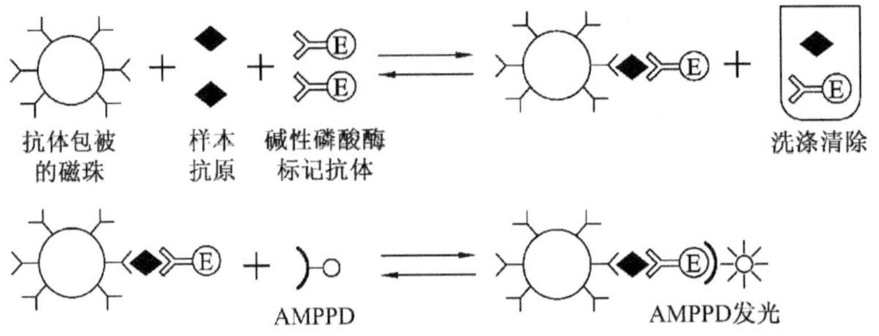

图 5-9　化学发光酶标记免疫测定技术反应原理示意图(2)

(3) 操作模式和技术要点。

根据免疫反应模式分类，主要有以下操作模式：

① 双抗体夹心法:用微粒子(或磁珠)固相抗体和酶标抗体与待测标本中相应抗原反应,生成微粒子抗体-抗原-酶复合物,经纤维膜柱子(或磁铁)分离,加入底物,经酶促反应后发光,其发光量与待测标本中抗原含量成正比。

② 双抗原夹心法:该法常用于抗体的检测。用包被在微粒子(或磁珠)上的抗原和酶标抗原与待测标本中相应抗体反应,生成微粒子抗原-待测抗体-酶标抗原复合物,经纤维膜柱(或磁铁)分离,加入底物进行酶促发光,其发光量与待测标本中抗体含量成正比。

③ 固相抗原竞争法:该法常用于小分子抗原的测定。用已知抗原包被微粒子(或磁珠)制成微粒子抗原和待测标本的相应抗原与恒定的相对不足的酶标记抗体发生竞争性结合反应,反应平衡后经纤维膜柱(或磁铁)分离微粒子,抗原与酶标抗体形成复合物,被截留在膜上。通过加入底物进行酶促发光反应,其发光量与待测标本中抗原含量成反比。

2. 化学发光试剂标记免疫分析

化学发光免疫测定(CLIA)又称化学发光试剂标记免疫测定,是用化学发光试剂直接标记抗体或抗原的一类免疫测定方法。用于标记的化学发光试剂应符合以下几个条件:① 偶联后能保持发光试剂高的量子效应和反应动力; ② 与抗原或抗体偶联后能形成稳定的结合物; ③ 很小程度地改变被标记物的理化特性,尤其是其免疫活性。鲁米诺和吖啶酯类化学发光试剂是最常用的标记发光试剂。用化学发光试剂直接标记抗原或抗体(化学发光试剂标记物),与待测标本中相应抗体或抗原、磁性颗粒上的抗体或抗原反应,通过磁场把结合状态(沉淀部分)和游离状态的化学发光试剂标记物分离开来,然后加入

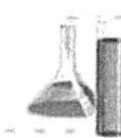

发光促进剂进行发光反应，通过对发光强度的检测进行定量或定性检测(图 5-10)。

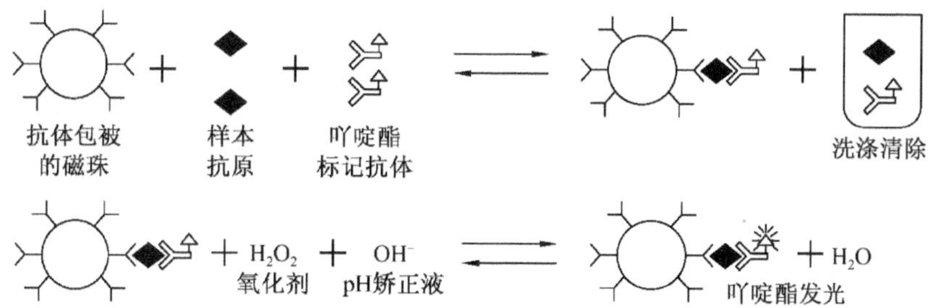

图 5-10 化学发光试剂标记免疫测定技术反应原理示意图

3. 电化学发光试剂标记免疫分析

电化学发光(ECL)是指由电化学反应引起的化学发光过程。在电极上施加一定的电压或电流时，电极上发生电化学反应，在电极反应产物之间或电极反应产物与溶液中某种组分之间发生化学反应而产生激发态，当其由激发态返回基态时产生发光现象。电化学发光现象很早就已被发现，但据相关文献报道，电化学发光检测分析的应用始于 20 世纪 80 年代初，90 年代开始用于试剂的临床检测。从整体上讲，电化学发光免疫分析是化学发光和免疫测定的结合，它包括电化学和化学发光两个过程，故是化学发光免疫分析的一种发展。目前，在实际应用中的电化学发光体系主要是三联吡啶钌[$Ru(bpy)_3^{2+}$]体系。它可以通过活化“手臂”实现与蛋白的连接。这种标记物十分稳定，且由于分子量小，可以实现一分子蛋白标记多个 $Ru(bpy)_3^{2+}$。$Ru(bpy)_3^{2+}$ 电化学发光过程如图 5-11 所示。

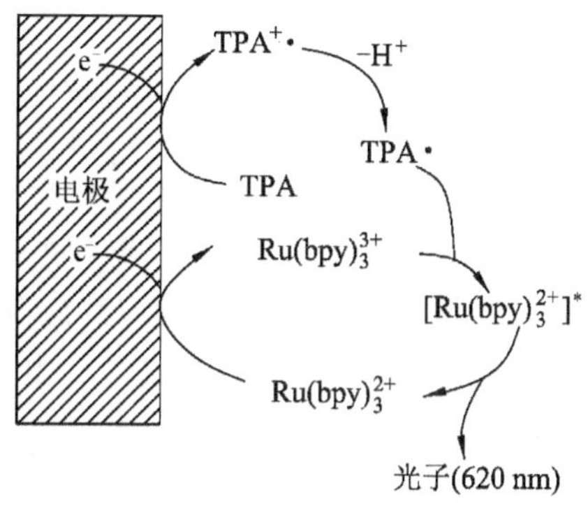

图 5-11 $Ru(bpy)_3^{2+}$ 电化学发光过程

图 5-11 所示的 $Ru(bpy)_3^{2+}$ 电化学发光过程中，$Ru(bpy)_3^{2+}$ 和三丙胺(TPA)分别在阳极表面氧化成 $Ru(bpy)_3^{3+}$ 和 TPA 阳离子自由基($TPA^+\cdot$)，$TPA^+\cdot$ 迅速脱去一个质子形成三丙胺自由基($TPA\cdot$)，$TPA\cdot$ 具有还原性，从而把 $Ru(bpy)_3^{3+}$ 还原成激发态的[$Ru(bpy)_3^{2+}$]*；后者发射一个 620 nm 的光子回到基态，再参与下一次化学发光，只需 0.01 ms 就可发出稳定的光，300 ms 达到最高峰，每秒几十万次的循环电化学发光大大提高了分析的灵敏度。

电化学发光免疫测定(electrochemiluminescence immunoassay, ECLIA)是电化学发光(ECL)和免疫测定技术相结合的产物。它的标记物的发光原理与一般化学发光(CL)不同，是一种在电极表面由电化学引发的特异性化学发光反应，实际上包括电化学和化学发光两个过程。ECL 和 CL 的差异在于 ECL 是电启动发光反应，而 CL 是通过化合物混合启动发光反应。用化学发光剂三联吡啶钌[$Ru(bpy)_3^{2+}$]标记抗体，通过抗原抗体反应和磁颗粒分离技术，根据三联吡啶钌在电极上发出的光强度的大小对待测的抗原或抗体进行定量(图 5-12)。

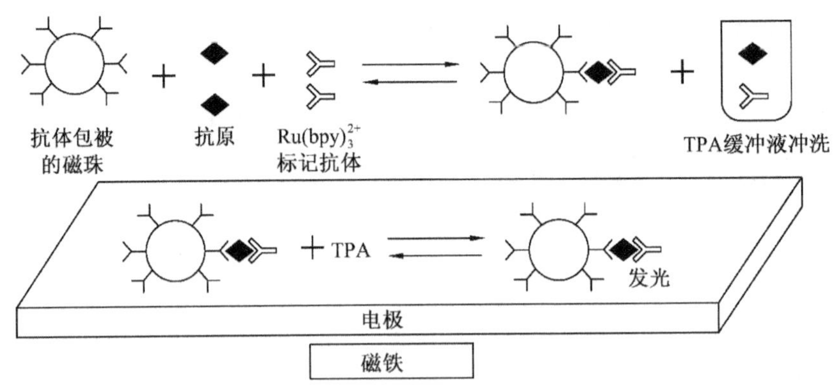

图 5-12　电化学发光免疫测定技术反应原理

电化学发光免疫分析有其突出的优点：标记物稳定，灵敏度高，可实现多元检测，可实现均相免疫分析及全自动化。电化学发光免疫分析灵敏度很高，是一种很有发展前景的免疫分析法，所以日益受到人们的重视，目前已广泛应用于抗原、半抗原及抗体的免疫检测。随着科技的发展，成品仪器和电极材料的改进更加拓宽了电化学发光分析的应用领域。电化学发光与各种技术如高效液相色谱、毛细管电泳、磁性微粒等得到了广泛结合。目前，电化学发光研究者正致力于电化学发光新体系的研究、电化学发光生物芯片的研制、电化学发光免疫的继续完善、电化学发光与其他技术的进一步结合等方面的研究。

二、化学发光标记技术

化学发光物质大多为有机物，作为化学发光标记物必须具备以下几个条件：① 发光的量子产率高；② 理化性能与所研究的体系匹配；③ 发光反应是发光物质氧化反应的结果；④ 在所用浓度范围内对人体无毒害。化学发光免疫分析法的主要标记物有吖啶酯、碱性磷酸酶、过氧化物酶和钌联吡啶配合物、虫荧光素-虫荧光素酶和鲁米诺等。

化学发光免疫分析法具有灵敏度高、线性范围宽、无放射性物质污染、标记物稳定、应用范围广等优点，备受临床检验工作者和环境分析研究者的青睐。而将化学发光与流动注射分析结合而建立起来的流动注射化学发光免疫分析(FI-CLIA)更具广泛的应用前景。流动注射化学发光免疫分析可直接将发光剂作为标记物标记抗原或抗体，也可先用某种酶标记抗原或抗体，酶作用的产物再与发光试剂反应发光。用作标记的化学发光试剂应符合以下几个条件：① 能参与化学发光反应；② 与抗原或抗体偶联后能形成稳定的结合物试剂；③ 偶联后仍保持高的量子产率和反应动力；④ 不改变或极少改变被标记物的理化特性，特别是免疫活性。

化学标记的目的是使被标记物在保持自身免疫学性质的基础上，兼有标记物的发光性质。一般标记反应可分为直接偶联和间接偶联两种方式。直接偶联是指通过偶联反应使标记物分子中的反应基团直接连接在被标记物分子的反应基团上，如碳二亚胺缩合法、过碘酸盐氧化结合法、重氮盐偶联法和混合酸酐法等；间接偶联是指在标记物与被标记物之间插入一条链或一个基团，使两种物质通过引进的“桥”连接成结合物，常用的方法有琥珀酰亚胺活化法、O-(羧甲基)羟胺法、硫氰酸酯法、戊二醛法等。

1. 碳二亚胺缩合法

碳二亚胺缩合法可用于制备大分子-大分子或大分子-半抗原衍生物的交联结合物。反应式如下：

$$\text{蛋白质—COOH} + \text{R—N}=\text{C}=\text{N—R}' \longrightarrow \text{蛋白质—}\underset{\underset{\text{R—NH—C}=\text{N—R}'}{|}}{\overset{\overset{\text{O}}{\|}}{\text{C}}}\text{—O} \longrightarrow \text{蛋白质—}\overset{\overset{\text{O}}{\|}}{\text{C}}\text{—NH—L} + \text{R—NH—}\overset{\overset{\text{O}}{\|}}{\text{C}}\text{—NH—R}'$$

经过碳二亚胺缩合反应，蛋白质分子中的游离羧基能与发光剂分子中的氨基形成较为稳定的酰胺键，反应条件比较温和，应用范围广。结构中含有羧基或氨基的标记物均可选用此方法进行标记。可供使用的缩合剂有二环己基碳二亚胺(DCC)和1-乙基-3-(3-二甲氨基丙基)-碳二亚胺-HCl(EDC)等。

2. 重氮盐偶联法

此法也称为"重氮化法"，是在酸性和低温条件下，用亚硝酸盐将发光剂的伯胺基重氮化得到重氮盐，再与蛋白质作用生成发光剂-蛋白质结合物。反应式如下：

$$\text{L—NH}_2 + \text{NaNO}_2 \xrightarrow{\text{HCl}} \text{L—}\overset{+}{\text{N}}\equiv\text{NCl}^- \xrightarrow{\text{蛋白质—C}_6\text{H}_4\text{—OH}} \text{蛋白质—C}_6\text{H}_3(\text{N}=\text{N}-\text{L})\text{—OH}$$

蛋白质分子能偶联重氮盐的位置有酪氨酸残基上的酚羟基邻位、组氨酸残基的咪唑环、色氨酸残基的吲哚环等。重氮化反应用于标记发光剂具有简便易行、成本低、重复性好等优点。但因反应是建立在 NO_2^- 与 NH_2 作用的原理上，若标记物结构中无伯胺基，则不宜选用此方法。同时，因脂肪族伯胺基与 NO_2^- 的反应产物不稳定，易分解放出 N_2，所以，像ABEI、AHEI等伯胺基位于侧链的发光剂也不能选用此方法进行直接标记。这使重氮化法的应用受到一定的限制。

3. 混合酸酐法

结构中含有羧基的分子(标记物或被标记物)在三乙胺或三正丁胺的存在下与氯甲酸酯类反应，生成活泼的混合酸酐中间体。混合酸酐能与另一分子的氨基反应形成酰胺键键合的共价化合物。反应式如下：

$$\text{R—COOH} + \text{Cl—}\underset{\underset{\text{O}}{\|}}{\text{C}}\text{—O—R}' \xrightarrow{\text{三乙胺}} \text{R—}\underset{\underset{\text{O}}{\|}}{\text{C}}\text{—O—}\underset{\underset{\text{O}}{\|}}{\text{C}}\text{—O—R}' \xrightarrow{\text{L—NH}_2} \text{R—}\overset{\overset{\text{O}}{\|}}{\text{C}}\text{—NH—L} + \text{R}'\text{—OH} + \text{CO}_2$$

目前采用的氯甲酸酯类有氯甲酸乙酯、氯甲酸异丁酯等。

4. N-羟基琥珀酰亚胺活化法

一些结构中含有羟基的抗原，经过N-羟基琥珀酰亚胺活化后再与发光剂的氨基偶联成酰胺键。同样，含有羧基的发光剂和催化剂(如血红素类)也可以活化，用来与抗原的氨基偶联。

$$R-COOH + HO-N\begin{matrix}C(=O)-CH_2\\ |\\ C(=O)-CH_2\end{matrix} \longrightarrow R-\overset{O}{\overset{\|}{C}}-O-N\begin{matrix}C(=O)-CH_2\\ |\\ C(=O)-CH_2\end{matrix} \longrightarrow R-\underset{O}{\underset{\|}{C}}-NH-L$$

5. 过碘酸盐氧化结合法

此方法又称“过碘酸钠法”，是利用过碘酸盐氧化糖蛋白中糖基的邻二羟基成为醛基，再经过醛基与发光剂的伯氨基反应形成 Schiff 碱。后者经 $NaBH_4$ 还原—N=C—成为稳定的结合物。醛氨缩合成的 Schiff 键经 $NaBH_4$ 还原后的单键稳定性好，标记物不易脱落。凡含有芳香伯胺或脂肪伯胺的标记物都可选用此法。

$$糖蛋白\begin{matrix}CH-OH\\ |\\ CH-OH\end{matrix} \xrightarrow{IO_4^-} 糖蛋白\begin{matrix}CHO\\ \\ CHO\end{matrix} \xrightarrow{2L-NH_2} 糖蛋白\begin{matrix}CH=N-L\\ \\ CH=N-L\end{matrix} \xrightarrow{NaBH_4} 糖蛋白\begin{matrix}CH_2-NH-L\\ \\ CH_2-NH-L\end{matrix}$$

6. 硫氰酸酯衍生物法

利用 $CSCl_2$ 先与标记物的—NH_2 反应形成硫氰酸酯衍生物，再通过结构中的—NH—C—NH—与被标记物偶联成结合物。反应式一般如下：

$$ABEI-NH_2 \xrightarrow{CSCl_2} ABEI-N=C=S \xrightarrow{多肽-NH_2} ABEI-NH-CH_2-NH-多肽$$

偶联的位置主要是在赖氨酸残基的游离氨基上。标记反应的条件温和，获得的结合物性质稳定，且不损失活性。用此方法制备的 ABEI-IgG 结合物的灵敏度可达 17 fmol。

7. 戊二醛法

戊二醛作为一个双功能偶联试剂可通过两个醛基分别与标记物及被标记物的伯氨基合成 Schiff 碱，通过一个五碳桥偶联成结合物。

由于戊二醛在溶液中不仅以单体形式存在，而且出现大量的聚合体，故能在参与标记的双分子间构成较大的距离，有利于减少在抗体-抗原反应时的空间阻碍。

$$R-NH_2 + L-NH_2 + H\underset{O}{\underset{\|}{C}}(CH_2)_3\underset{O}{\underset{\|}{C}}H \longrightarrow R-N=CH(CH_2)_3CH=N-L$$

目前最常用作标记物的发光剂主要有吖啶酯、鲁米诺、异鲁米诺及其衍生物，如氨基己乙基异鲁米诺(AHEI)、氨丁基乙基异鲁米诺(ABEI)、邻苯三酚和过氧化物酶或碱性磷酸酶等。鲁米诺类化合物的发光反应必须有催化剂(如过氧化物酶)催化，且与蛋白质或肽结合后其发光作用减弱。因此，鲁米诺类化合物在化学发光免疫反应中是很好的底物，但较少用于 CLIA 的标记。而吖啶酯类化合物对 CLIA 更为适用，其显著的特点是：① 氧化反应不需催化剂，只要在碱性环境中就可以进行；② 发光反应迅速、本底低；③ 在氧化反应过程中，结合物被分解后，游离吖啶酯的发光不受抑制，试剂稳定性好。吖啶酯类发光剂多选用 N-羟基琥珀酰亚胺活化法进行标记。

三、化学发光免疫新方法及发展趋势

随着化学发光免疫分析方法的日趋成熟，各种技术与化学发光免疫分析的联用成为一种发展趋势。例如，化学发光免疫分析与流动注射技术联用，可以实现化学发光免疫分析的自动化；化学发光免疫分析与高效液相色谱（HPLC）、毛细管电泳（CE）等技术联用，可以使免疫分析的选择性和灵敏度得到完美体现，同时也可以提高方法的检测速度。表 5-2 总结了三种免疫方法（CLIA 即化学发光免疫分析，EIA 即酶免疫分析，RIA 即放射免疫分析）在应用范围以及性能上的优缺点，可以看出化学发光免疫分析法在应用方面具有很大的优势。

表 5-2　三种免疫方法对比

特　性	CLIA	EIA	RIA
利用低分子标记物的可能性	＋	－	＋
使用催化标记物放大的可能性	＋＋	＋	－
用于均质分析的可能性	＋	＋	－
无放射性危险	＋	＋	－
检验程序快速	＋	－	＋
设备简便、费用低廉	＋	＋	－
标记物稳定性	＋	＋	－

注：“＋”表示可能性比较大，“＋＋”表示可能性很大，“－”表示可能性较小。

CLIA 结合了化学发光具有灵敏度高和免疫分析特异性强的优点，日益受到人们的青睐。CLIA 分析方法多样，适用面广，广泛地用于抗原、抗体和半抗原的免疫测定，其线性范围也较宽，符合临床检验的需要。CLIA 技术为临床诊断和科学研究提供了一种超微量的非同位素免疫检测手段，其在医学、食品分析、环境等方面具有广阔的应用前景。

目前，研究者在如何提高免疫诊断的敏感性和特异性，发展新的分析技术等方面仍在不断努力。CLIA 技术的发展趋势在于合成新的发光标记物、优化抗体制备与标记技术以及建立新的免疫分析方法等方面。在新的分析原理上力求创新，追踪生命科学和环境科学发展的前沿领域，建立对生命过程和环境毒理有重要内源性和外源性物质分析的新方法，促进生命科学、环境科学的研究和发展。

第四节　流动注射化学发光免疫分析

免疫分析已被广泛应用在药物分析、临床化学、生物分析和环境分析等领域。由于传统的化学发光免疫分析存在操作步骤复杂、耗时等缺点，所以免疫分析的自动化测定发展已成为人们关注的焦点。但是目前发展的微板式自动化仪器体系需要复杂的机械设备，且价格昂贵，而流动注射分析方法仪器设备简单，且易于自动化。1980 年，Lim 等将速度快、自动化程度高、重现性好的流动注射分析(flow injection analysis，FIA)与特异性强、灵敏度高的免疫分析集为一体，创立了流动注射免疫分析(flow injection immunoassay，FIIA)。化学发光免疫分析(chemiluminescence immunoassay，CLIA)具有灵敏度高、无放射性污染、标记物稳定、应用范围广等优点，备受广大科研工作者和临床检验者的青睐。而将 FIA 和 CLIA 两种技术相结合而发展起来的流动注射化学发光免疫分析(flow injection chemiluminescence immunoassay，FI-CLIA)综合了两者的特点，并且可用计算机控制，具有自动化监测和数据处理等一系列突出的优点，近年来在临床生物样品的检测、低分子量药物浓度的临床检测、食品检测以及环境污染物的含量测定等方面具有广泛的应用。

一、流动注射化学发光免疫分析的主要模式

FI-CLIA 有两大类型：均相 FI-CLIA 和非均相 FI-CLIA，并且它们在现阶段都有不同程度的发展。均相 FI-CLIA 不需要分离，直接在同一介质中进行，在线测定抗原、抗体结合的物理特性，几乎所有的均相免疫分析都用竞争法检测。尽管均相 FI-CLIA 操作较简单，但由于样品中杂质对测定的干扰较严重，而且能用于均相测定的反应体系非常少，所以均相 FI-CLIA 的应用受到一定的限制。

非均相 FI-CLIA 采用固相分离方式，将抗原或抗体固定在一个固相载体上，并用物理方法可充分地将抗原-抗体复合物与未结合的标记物和样品中的杂质成分分离除去，然后检测与复合物相结合的标记物。这种方法可使测定的灵敏度和重复性提高。能作为固相载体的物质很多，如葡萄糖、琼脂糖和可控多孔玻璃微粒等，毛细管、薄膜和聚丙乙烯等具有较大面积的材料也可以作为载体。制备固相抗原(抗体)的方法是先用活化剂使载体表面带上活性基团，然后用共价键的方式与抗原(抗体)结合。固相抗原(抗体)装于一个体积很小的流通池内，免疫反应在池内进行。非均相 FI-CLIA 的一般操作过程为：待测试样、标记抗原(抗体)及其他反应试剂被注入蠕动泵驱动的免疫反应缓冲液并被带进免疫反应池中，根据示踪标记物的不同再加入相应的反应试剂，发出的信号再由对应的检测器检出。转动流动注射装置上的转换阀，接上洗脱液，使固相载体上的抗原与抗体间的键断开，这一过程称为反应池的再生。再通过免疫缓冲液，使反应池平衡一段时间，以利于下一个样品的测定。

非均相 FI-CLIA 的分析速度与其他免疫方法相比大大提高，原因之一是固相载体的颗粒直径很小，与其他免疫分析方法所用的反应器(如微量滴定板、试管等)比较，单位体积固相抗原或抗体的有效反应面积非常大；另一个原因是抗原和抗体的结合过程不是仅由扩散速度决定，抗原与抗体通过流动液碰撞机会增大。尽管试样与标记物在反应池中停留时间不长，但仍能有效地发生反应。目前流动注射化学发光免疫分析大多采用的是非均相免疫分析模式。从分析对象来看，对于小分子检测，主要包括竞争法和非竞争法两种模式；对于大分子检测，主要采用夹心法反应模式。从流路注射模式来看，其中顺序注射化学发光免疫分析也占有相当大的比重。

1. 竞争法流动注射化学发光免疫分析

非均相竞争法流动注射化学发光免疫分析是将特异性抗体吸附在固相载体上，并制

备标记抗原，待测液与一定量的标记抗原混合后流入有固相抗体的反应池中，竞争结合抗体上的结合位点。由于标记的抗原和未标记抗原对抗体的亲和力相同，当标记的抗原和固相抗体的量固定时，待测液中游离抗原越多，结合于固相抗体上的标记抗原量就越少，固相载体上标记物产生的相应化学发光信号就越低，即发光信号强度与待测抗原浓度成反比。

2. 非竞争法流动注射化学发光免疫分析

非竞争法流动注射化学发光免疫分析是将特异性抗原吸附在固相载体上，并制备标记抗体，待测液与一定量的标记抗体先预混合温育，反应完全后，反应混合物流入有固相抗原的反应池中，未反应的标记抗体将与固相抗原发生结合反应。由于固相抗原和待测物对标记抗体的亲和力相同，当固相抗原和标记抗体的量固定时，待测液中游离抗原越多，结合于固相抗原上的标记抗体量就越少，固相载体上标记物产生的相应的化学发光信号就越低，即发光信号与待测抗原浓度成反比。

3. 夹心法流动注射化学发光免疫分析

夹心法流动注射化学发光免疫分析是将抗体包被在载体上作为固相，加入待测物使其中相应的抗原通过免疫反应结合到固相抗体上，洗去未结合的抗原，再加入酶(或发光物质)标记的二抗，与已结合在固相抗体上的抗原反应，洗去未结合的游离酶(或发光物质)标记物，对固相上的标记物进行相应的发光信号检测，根据发光强度对待测物进行定量。这种反应模式产生的信号强度与结合在固相上的抗原的量成正比。此法多用于测定大分子物质。

4. 顺序注射化学发光免疫分析

在非均相 FI-CLIA 中，待测抗原或抗体与固定在固相反应器上的抗原与抗体结合，而试样基体则流出反应器，被结合的待测物质再通过荧光、化学发光和电化学等手段检测。除去反应器保留的待测物，使其反复再生而不失活。近年来对于 FI 表面更新技术的研究已有突破。1992 年，Pollema 等提出的 FI 可更新表面测定实现了非均相 FI-CLIA 的全自动化，并大大提高了测定速度。

顺序注射免疫分析(SI-IA)体系允许洗液、免疫磁珠悬浮液和样品等有选择顺序地进入单通道反应池。系统采用单个分离器阀和凸轮蠕动泵来控制溶液流动。这种构造的优点是不需要更换其任何物理结构，可以对不同的样品进行分析。顺序注射体系由正弦流泵、反应管道、8 孔多位阀和化学发光检测器组成。一般顺序注入免疫磁珠化学发光检测法的实验步骤如下：① 固定分析物抗体的磁珠悬浮液被吸入反应管道内，线圈周围的电磁场开始起作用。固定抗体的免疫磁珠在磁铁的作用下附着于管道内壁，磁珠提供了可固定化的表面。另外，洗涤磁珠提供了一个清洁的反应表面。② 注入标记试样，停留片刻，待测物与化学发光标记试样竞争结合点。在竞争结合点的过程中，存在的待测物越多，从反应器上被置换的标记试样就越多。③ 停止流动，反向冲洗未被结合的抗原珠粒进入检测器，检测器检出所有未标记的样品数量，检测器的信号直接与待测物的浓度相关。④ 线圈通电形成反向磁场抵消磁铁磁场，使反应过的磁珠脱落并随液流排废，下次测定时再向反应器中注入一定量的新磁珠。

在 SI-IA 可更新表面的流动分析中，利用磁珠和磁场来更新反应柱表面，这种方法是比较新颖的。这种方法实现了非均相免疫测定的全自动化，并大大提高了测定速度。该法把抗体或抗原固定在每次更新的磁珠上，用过一次的珠粒自动在液流中排弃，因而免除了反应表面的再生，也从根本上避免了反应表面在连续反应中的性能下降。

二、流动注射化学发光免疫分析中的操作技术

1. 流动注射技术

1988 年，Ruzicka 和 Hansen 将流动注射技术定义为“从注入一定体积并在无空气分割的连续载流中得到分散的试样区带形成的浓度梯度中收集信息的技术”。在流动注射分析中，待测反应产物的峰形信号是经过流动式检测器时物理分散过程和化学反应状态的综合反映。它是一种在非平衡状态下进行化学分析的过程。流动注射技术可以实现微型化、集成化、连续监测和过程控制的分析手段，其仪器主要包括蠕动泵、注样器或注射阀、反应器、流动式检测器和信号读出装置等。流动注射技术只有同特定的检测技术结合才能形成一个完整的分析体系，因而具有广泛的应用性。1990 年，在流动注射分析的基础上，Ruzicka 用具有注射器和选择器功能的多通道选择阀取代单向阀，根据“紊流模型”原理，提出了新一代流动注射技术——顺序注射技术(SIA)。其多通阀的各个通道位置与检测器、试样、试剂等通道相连，公共通道与一个可抽吸和推动液体的泵相连。测定时，多通阀(MPV)通过正弦流动泵(SFP)，依次将洗液、样品液和反应试剂吸入密闭的管道内。进入管道内的液体形成区带，经多次驱散后返回检测区时即被检测。与传统的 FIA 技术相比，顺序注射技术有以下几个显著优点：① 操作简单、准确，耗时少。特别是计算机技术的引入，加样顺序、加样量和加样时间均可程序控制自动化，分析不同样品时，只需改变 SFP 的活塞冲程和选择器的位置，而无须更换样品环、反应池和增加试剂流动管。② 每次测定所耗费的试剂量少。FIA 每次至少要消耗 300 μL，而 SIA 一般为 100～200 μL 甚至更少。③ 分析测定的精密度和灵敏度更高。近年来，FI-CLIA 广泛采用顺序注射技术。1998 年 Dreveny D 等以地高辛为模型，进行流动注射化学发光免疫分析测定，并将顺序注射分析与常规流动注射分析进行了比较(其流路如图 5-13 和图 5-14 所示)，表明顺序注射化学发光免疫分析法可显著提高分析测定的重现性和灵敏度，缩短分析测定时间。

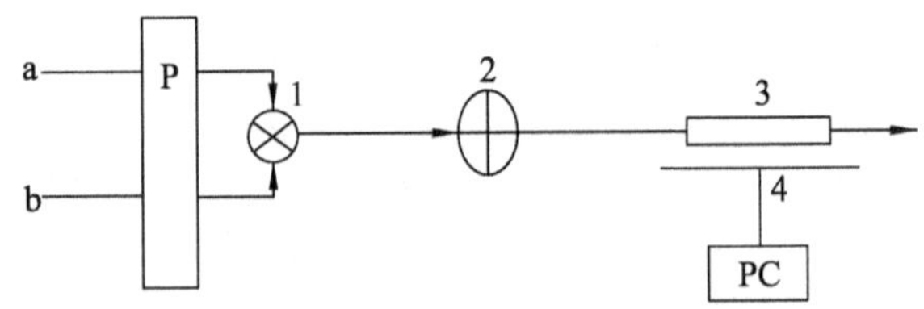

a—分析缓冲液；b—再生溶液；1—转换阀；2—注射阀；3—免疫反应器；
4—光电倍增管；P—蠕动泵；PC—计算机

图 5-13 流动注射化学发光免疫分析流路图

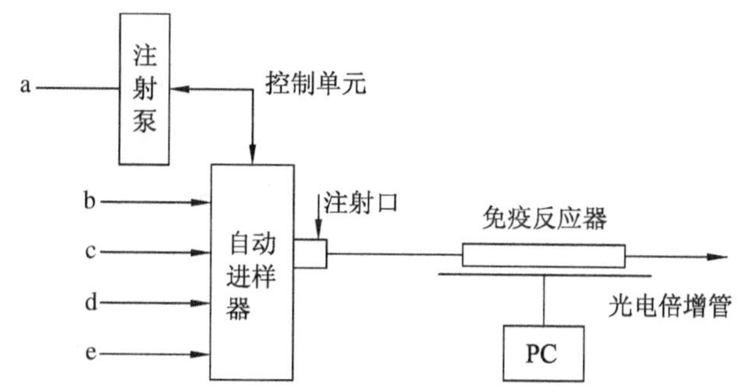

a—分析缓冲液；b—生物素化的地高辛溶液；c—吖啶酯标记的链霉亲和素溶液；d—化学发光试剂；e—再生溶液

图 5-14　顺序注射化学发光免疫分析流路图

2. 免疫反应器制备技术

免疫柱是 FI-CLIA 系统的重要结构部分，也是影响 FIIA 准确度和精密度的关键因素之一。FI-CLIA 多采用非均相免疫分析，将抗体或抗原通过共价键结合连接在固相载体的表面上，装填于一个体积很小的流通池内，制成免疫柱。因此，在固定抗原或抗体于免疫反应柱上时，固相载体的选择是一个决定性因素。对于流动注射免疫分析来说，一个理想的载体必须满足以下条件：① 载体必须带有或修饰有偶联基团，以便能够与足量的抗原或抗体结合；② 表面偶联基团不应影响结合抗原或抗体的免疫活性；③ 固相载体表面应该具有大的比表面积；④ 载体应该是一种刚性材料，在溶液引入过程中不容易变形。

目前，流动注射免疫分析系统中，固相载体大多为微球或膜。对于固相微球，其材料有聚苯乙烯、尼龙、琼脂、硅材料和磁珠等；而固相膜大多为壳聚糖膜，其主要用于抗体的直接固定及免疫传感器中。

由苯乙烯单体通过乳液聚合而制得的聚苯乙烯胶乳颗粒是最早应用的一种惰性微球，其悬浮性好、密度高、吸附能力强。一般可将微球表面活化，修饰上一定的化学基团，如羧基、醛基、羟基等，这些基团可直接或通过化学交联剂间接与抗原或抗体共价结合，起到免疫活性物质载体的作用。例如，羧化聚苯乙烯颗粒就是一种常用的活性微球。在使用上述免疫反应器进行分析时，第一个试样测定完成后，必须用 pH 约为 2 的酸性洗脱液将固相载体上的抗体和抗原间的键断开，实现免疫柱再生；再用 PBS 缓冲液将再生后的免疫柱平衡一段时间，使其恢复到分析测定前的状态，准备下一次样品测定。这样的平衡过程比较浪费时间，且抗体-抗原解离程度不好控制。为了实现固相反应器的表面更新来保证结果的重现性，又发展了免疫磁性微球（IMB）作为流动注射免疫反应器的固定相。

免疫磁性微球（IMB）用于免疫学领域的基本原理是在微球中引入金属分子，使微球可被磁场吸引，结合有抗原-抗体复合物的磁珠在磁力作用下发生力学移动，从而使磁珠上抗体特异性结合的抗原与其他物质分离。功能性磁性材料作为载体，可用来固定抗体或抗原，并在外加磁场的情况下进行分析。IMB 通常有三层结构，核心是金属小颗粒，核心的外层均匀包被一层高分子材料（如聚苯乙烯等），最外层是功能基（如氨基、羧基、羟基等）层。由于具有分离快速、操作简单等优点，IMB 已成为目前研究热点之一。

3. 免疫柱表面再生技术

在 FI-CLIA 测定之后，用 pH 约为 2 的酸性洗脱液将固相载体上的抗体和抗原间的键断开，以实现免疫柱再生；再用 PBS 缓冲液将再生后的免疫柱平衡一段时间，使其恢复到分析测定前的状态，准备下一次样品测定。免疫柱可如此反复利用，简化了操作步骤，节约了分析测定时间。同时，免疫柱上的抗体或抗原可反复利用多次而保持较高的免疫反应活性，从而节约试剂。为了使固相抗体或抗原更有效地与特异性的抗原或抗体结合，提高分析测定准确度，延长免疫柱寿命，可采用固相载体先与蛋白 A 结合，再结合抗体来制备免疫柱，使在固相载体上的抗体结合相应抗原的能力大大提高，且与蛋白 A 结合的抗体极易被洗脱下来，便于免疫柱的再生。随着实验技术的不断改进，蛋白 A 在 FI-CLIA 中的应用技术不断发展和完善，分析测试耗时越来越短，灵敏度、重现性进一步提高。

免疫反应柱经多次再生后，固相载体上的抗体或抗原的免疫反应活性不可避免地要降低，影响测定结果的重现性。1992 年，Ruzicka 等将序列注射技术引入 FIIA 中，提出了免疫柱表面更新 FIIA 技术，利用免疫磁性珠作为抗体固相载体测定 IgG，分析测定时间短，每次只需 2 min 或更短时间，每次测定时都有抗体分布均匀的新鲜磁性珠，提高了分析的重现性。

4. 免疫亲和色谱柱技术

免疫亲和色谱柱技术是通过抗体对抗原性物质的选择性结合，使该技术越来越多地应用于生物物质以及非生物物质的分离、纯化和分析中。免疫亲和色谱柱技术的一般测定方法是将待测样品通过色谱柱，其中待测抗原以及类似物与固定的抗体结合，其他样品基质由于不与固定相结合而被除去。这样，结合的待测物质被洗脱以后利用在线或非在线的方法直接测定。与传统的免疫分析相比，该技术具有操作简单、分析快速、精密度高且可以实现自动分析等优点。比较好的抗体固定方法是通过共价结合的方式将抗体与支持担体连接，或首先将蛋白 A 或蛋白 G 固定化，然后通过交联的方法将抗体共价结合到蛋白 A 或蛋白 G 上，另外一种常用方法是将生物素化的抗体与固定的亲和素结合。

5. 免疫传感器技术

为了实现待测生物样品或者环境样品的在线检测，不论从灵敏度、花费，还是从分析时间和可操作性等方面考虑，流动注射免疫传感结合化学发光检测技术都已引起人们的重视。化学发光免疫传感器技术是将化学发光试剂、酶(催化剂)或者荧光物质标记在抗原或抗体上，通过特异性免疫反应与抗体或抗原结合后，用化学发光反应测定标记物的发光强度，以确定被标记的抗原或抗体的量。

在流动注射分析中，免疫反应柱与化学发光免疫传感器都可通过再生而反复使用，但免疫吸附剂的再生较费时，而且还会影响分析效率，分离步骤也会增加流路的复杂性。以固体微粒悬浮液为载流的流动注射可更新表面技术的提出解决了这一类问题。它是将抗体(抗原)固定在带有磁性的微珠表面，该磁珠悬浮液吸入反应管道后，在电磁场的作用下附着在反应器的表面，清洗磁珠，使其具有一个清洁的反应表面；将待测物和标记物注入反应管道，停流与温育，进行竞争免疫反应；逆流冲洗未被结合的抗原进入检测器，进行信号检测；当反应结束后，撤去磁场，磁珠就被载流清洗带出柱外，然后吸进新的磁珠进行新

一轮的测试。这种技术在可更新表面具有更为灵活简单的特点，不需要再生处理过程，提高了分析的灵敏度和重现性。

总之，FI-CLIA 是一种集流动注射的重现性好、化学发光灵敏度高和免疫分析特异性强等优点于一体的现代检验方法。随着流动注射分析技术、免疫柱制备技术和抗原-抗体标记技术的日臻成熟，其分析灵敏度、重现性和特异性将大大提高，既节约了分析时间，又降低了成本。目前，随着其他现代分析技术的不断发展，FI-CLIA 涌现出许多新技术、新方法，尤其是自动化程序控制技术及传感器技术的引入，可望使 FI-CLIA 具有更广阔的应用前景。

思考题与习题

1. 一个化学反应要成为化学发光反应必须满足哪些基本要求？

2. 生物发光分析具有哪些显著特点？它可以测定哪些生物活性物质？举例说明。

3. 为什么各类发光分析都在暗盒中进行？影响液相化学发光测定的主要因素有哪些？怎样测定一个化学发光体系的检出限？

4. 化学发光分析仪与荧光分光光度计的结构有何不同？功能有何差异？

5. 简述流动注射液相化学发光仪的工作原理及其特点。

6. 用流动注射化学发光法测定植物组织中的铬，准确称取 0.100 0 g 干燥样品，加入 H_2SO_4-HNO_3 混合酸(1+1)4.0 mL，用微波压力法按一定程序快速消解完全后定容为 50.00 mL，与标准溶液一起在相同的条件下测定，数据如下(5 次测定平均值)：

Cr^{3+} 标准溶液/(ng · mL^{-1})	0.0	2.0	6.0	8.0	10.0	12.0	14.0
相对发光值 I_{CL}	0.6	7.6	21.1	28.4	35.4	41.3	48.8

试液的相对发光值为 24.8，求样品中铬的含量。

7. 如何利用化学发光技术准确测定样品中的葡萄糖、氨基酸等生物物质？请查阅相关文献，设计出较详细的实验方案，并利用开放实验室或在教学实习时予以实施。

8. 根据掌握的知识，从网上查阅荧光分析或化学发光分析在自己所学专业中的应用，并归纳、总结，撰写一篇条理清楚的专题或综述文章。

第六章 电化学发光与电化学发光免疫分析

电化学发光 (electrochemiluminescence,ECL),又称电致化学发光,是将电化学手段与化学发光方法相结合的一种分析技术。该技术集成了发光分析高灵敏度和电化学电位可控性的优点,已经成为分析化学工作者十分感兴趣的研究领域之一。早在 1927 年,Dufford 等人在无水醚介质中电解格氏试剂时就观察到了 ECL 现象。1929 年,Harvey 等在电解碱性鲁米诺(3-氨基苯二甲酰肼)水溶液时,发现在阴极及阳极上都有发光现象,由此揭开了电化学发光研究的序幕。然而,在其最初发展的三十多年间,由于研究手段的缺陷,电化学发光的发展速度缓慢。

20 世纪 60 年代以后,人们将 ECL 作为一种工具研究那些具有新的光化学和电化学性质的化合物、配合物和团簇分子时,逐渐认识到这方面工作对阐明化学发光机制很有帮助, ECL 现象的研究才得到重视。此后,美国的 T. Kuwana、L. R. Faulkner 和 A. J. Bard 等人研究了大量芳香族化合物的 ECL 现象和机制。20 世纪 70 年代以来,随着电子技术的迅猛发展,高灵敏度的光电传感器的出现,特别是集成电路的广泛使用,可以使用多种激发信号(如线性扫描、正矩形扫描、双阶跃脉冲等)进行 ECL 研究,并可检测到更弱的 ECL 信号。随着多种电极和仪器系统的改进以及许多新体系的发现,ECL 反应机制研究日趋成熟,ECL 作为一种高灵敏度和较高选择性的分析方法日益受到人们的关注,已成为分析化学中有效的检测方法。目前,ECL 分析技术已广泛地应用于化学分析、环境科学、材料表面性质表征、生命科学和医学等领域。

第一节 电化学发光过程

一、电化学发光的基本原理

电化学发光是通过电极对含有化学发光物质的某化学体系施加一定波形的电压或通过一定的电流信号,以致其电解产生某种新物质,该物质与发光物质反应并提供足够的能量,使得发光物质从基态跃迁到激发态再返回基态时能发光;或者利用电极提供能量直接使发光物质进行氧化还原反应,生成的某种不稳定的中间态物质迅速分解而导致发光。它是采用普通光学手段测量发光光谱或强度,对体系中物质的组成、性质和发光过程机制进行分析研究的一种方法。与化学发光反应相似,电化学发光反应之所以能够用于分析测定,是因为电化学发光强度也与电化学发光速率相关联,因而一切影响电化学发光反应速率的因素都可以作为建立测定方法的依据。电化学发光既包括一个发光过程,也包括一个电化学发光反应的过程,发光强度(I_{ECL})取决于电化学反应的速率、激发态产物的效率和激发态物质的发光效率。因此,在一定的电化学反应条件下,通过测定电化学发光强度就可以测定反应体系中某种物质的浓度。电化学发光分析测定的物质也可分为三类:

第一类物质是电化学发光反应的反应物；第二类物质是电化学发光反应中的催化剂、协同剂、增敏剂或抑制剂；第三类物质是偶合及衍生反应中的反应物、催化剂或增敏剂等。通过标记方式利用这三类物质还可以测定人们感兴趣的其他物质，进一步扩大电化学发光分析的应用范围。

在一个氧化还原过程中：

$$A^{+}\cdot + A^{-}\cdot \longrightarrow 2A \tag{6-1}$$

产生基态产物所释放的自由能从本质上讲是能激发一个产物的有效能量。该值可由离子/原始物电对的可逆标准电势计算得到，可与通过光谱得到的激发态能量进行比较。激发态低于该有效能量是可达到的，并且在反应中可能增加；高能态则不容易达到。如图 6-1 所示，当反应物（R_1，R_2，…，R_n）在电极表面全部或部分发生电化学反应，生成中间体（P'_1，P'_2，…，P'_m），这些不稳定物质进一步发生反应生成最终产物（P_1，P_2，…，P_l），这一过程中会释放出能量（$-\Delta G$），当该能量与溶液中物质 M（反应产物或体系共存物）的某一激发态能量匹配时，M 就会被激发为 M^*，当 M^* 经弛豫过程返回基态时，如果发生辐射跃迁，就会释放出光子（$h\nu$）。

$$M^{*} \longrightarrow M + h\nu \tag{6-2}$$

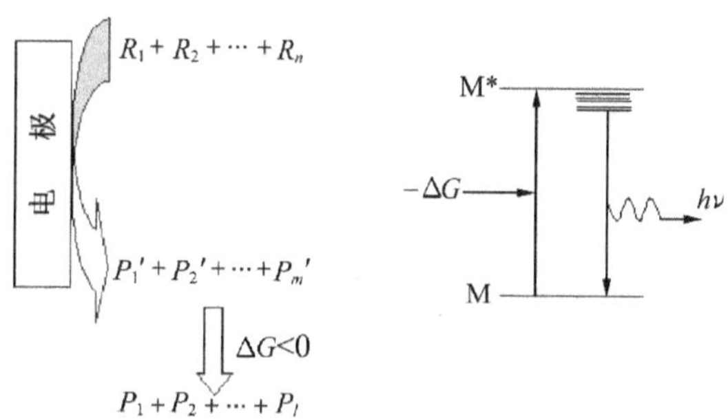

图 6-1　电化学发光原理示意图

二、电化学发光的发光机制

电化学发光（ECL）的发光机制主要有两种：一种称为湮灭型 ECL 反应机制，另一种称为共反应剂型 ECL 反应机制。此外，还有一种称为氧化物修饰的阴极 ECL 反应机制，其应用相对较少。目前大多数 ECL 都是通过共反应剂发光机制进行的，共反应剂的参与使得 ECL 的灵敏度、检测范围都得到了很大的提高。以下是这三种发光机制的介绍：

1. 湮灭型 ECL 反应机制

湮灭型 ECL 反应机制是最早被科学家发现的一种发光机制。当一定的双阶跃正负脉冲电位施加到电极表面时，在激发电压的作用下，电极表面会分别产生具有氧化和还原性质的阴离子和阳离子自由基。所形成的阴、阳离子自由基彼此间进行氧化还原反应，从而形成激发态分子，最后激发态分子回到基态放出光辐射。反应机制如下：

$$A - e^{-} \longrightarrow A^{+}\cdot \quad （电极氧化） \tag{6-3}$$

$$A + e^{-} \longrightarrow A^{-}\cdot \quad （电极还原） \tag{6-4}$$

$$A^{+}\cdot + A^{-}\cdot \longrightarrow A + {}^{1}A^{*} \quad （自由基湮灭） \tag{6-5}$$

$$A^* \longrightarrow A + h\nu \quad (\text{跃迁发光}) \tag{6-6}$$

很多芳香族化合物体系的发光都是按照这种机制进行的。其中9,10-二苯基蒽（DPA,结构式见图6-2）就是湮灭型ECL反应的经典例子。在特定电压下，电极表面的DPA在阳极被氧化成$DPA^+ \cdot$[式(6-7)]，在阴极被还原成$DPA^- \cdot$[式(6-8)]，然后在扩散过程中发生自由基湮灭，形成激发态的DPA^*[式(6-9)]，最后DPA^*返回基态时在425 nm处发光[式(6-10)]。反应机制如下：

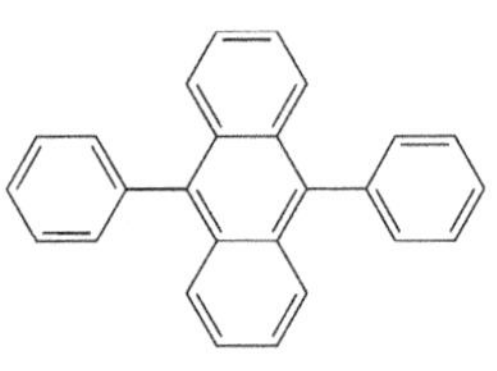

图6-2 DPA的化学结构式

$$DPA - e^- \longrightarrow DPA^+ \cdot \quad (\text{电极氧化}) \tag{6-7}$$

$$DPA + e^- \longrightarrow DPA^- \cdot \quad (\text{电极还原}) \tag{6-8}$$

$$DPA^+ \cdot + DPA^- \cdot \longrightarrow DPA + DPA^* \quad (\text{自由基湮灭}) \tag{6-9}$$

$$DPA^* \longrightarrow DPA + h\nu\ (\lambda = 425\ \text{nm}) \quad (\text{跃迁发光}) \tag{6-10}$$

2. 共反应剂型ECL反应机制

共反应剂型ECL反应机制不同于上述湮灭型ECL反应机制，它仅需要在单个方向上对电极施加电极电位。其中，共反应剂是指在还原或者氧化条件下能够产生具有强氧化或强还原中间体的化合物，如过硫酸根（$S_2O_8^{2-}$）、三丙胺（TPrA）、草酸根（$C_2O_4^{2-}$）、氨基酸类物质、烷基胺类物质等。共反应剂所产生的中间体参与ECL反应，促进发光体形成激发态分子，从而产生光辐射。另外，共反应剂型ECL反应机制一般可以分为氧化-还原型和还原-氧化型两种。

氧化-还原型，顾名思义就是在电极上施加一个氧化电位将共反应剂和发光体氧化，生成带有强还原性的中间体。其中，TPrA与三联吡啶钌[$Ru(bpy)_3^{2+}$]（结构式见图6-3）之间的共反应机制就属于氧化-还原型。反应机制如下：

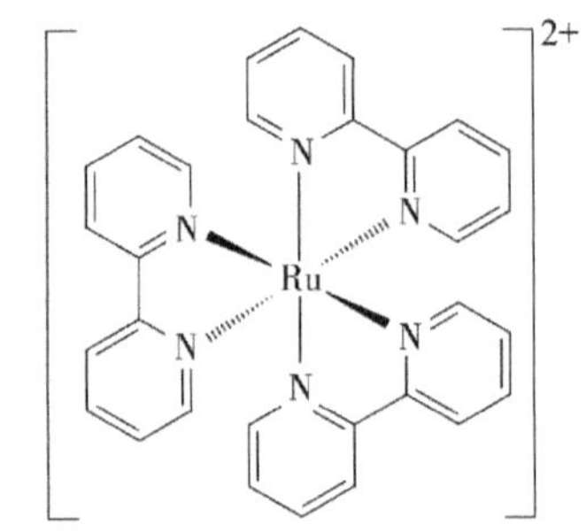

图6-3 $Ru(bpy)_3^{2+}$的化学结构式

$$Ru(bpy)_3^{2+} - e^- \longrightarrow Ru(bpy)_3^{3+} \tag{6-11}$$

$$TPrA - e^- \longrightarrow TPrA^+ \cdot \tag{6-12}$$

$$TPrA^+ \cdot \longrightarrow TPrA \cdot + H^+ \tag{6-13}$$

$$Ru(bpy)_3^{3+} + TPrA \cdot \longrightarrow [Ru(bpy)_3^{2+}]^* + \text{产物} \tag{6-14}$$

$$[Ru(bpy)_3^{2+}]^* \longrightarrow Ru(bpy)_3^{2+} + h\nu\ (\lambda = 620\ \text{nm}) \tag{6-15}$$

该过程中的ECL现象是共反应剂TPrA和发光体$Ru(bpy)_3^{2+}$在电极电位激发下共同产生的。首先，$Ru(bpy)_3^{2+}$在阳极被氧化成$Ru(bpy)_3^{3+}$[式(6-11)]。此后，$Ru(bpy)_3^{3+}$与强还原性的TPrA·相互作用，形成不稳定的激发态$[Ru(bpy)_3^{2+}]^*$[式(6-14)]。最后，当$[Ru(bpy)_3^{2+}]^*$从激发态返回基态时，发出约620 nm的橘红色光[式(6-15)]。

还原-氧化型是指在合适的还原电位下，将共反应剂和发光体还原。常见的$S_2O_8^{2-}$与$Ru(bpy)_3^{2+}$、酰肼类化合物（ABEI）、鲁米诺（Luminol）、量子点（QDs）发光体系都属于这个类型。这里简单列举$S_2O_8^{2-}$/QDs体系的发光机制：

$$QDs + e^- \longrightarrow QDs^- \cdot \tag{6-16}$$

$$S_2O_8^{2-} + e^- \longrightarrow SO_4^- \cdot + SO_4^{2-} \cdot \tag{6-17}$$

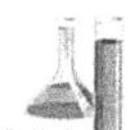

$$SO_4^- \cdot + QDs^- \cdot \longrightarrow QDs^* + SO_4^{2-} \quad (6\text{-}18)$$

$$QDs^* \longrightarrow QDs + h\nu \quad (6\text{-}19)$$

在此过程中，QDs 和 $S_2O_8^{2-}$ 分别被还原产生强氧化剂 $QDs^- \cdot$ 和 $SO_4^- \cdot$[式(6-16)和式(6-17)]，两者反应产生激发态的 QDs^*[式(6-18)]，最后激发态的 QDs^* 回到基态放出光[式(6-19)]。常见的量子点，如 Si、C、CdSe、CdSe@CdS、Ge 等，由于其纳米材料的形貌、结构、组成的可控性，已经越来越受到人们的关注。

此外，也提出了一种新型的共反应剂型 ECL 反应机制，它是基于 $S_2O_8^{2-}/O_2$ 的 ECL 机制。其具体机制如下：

$$S_2O_8^{2-} + e^- \longrightarrow SO_4^{2-} + SO_4^- \cdot \quad (6\text{-}20)$$

$$SO_4^- \cdot + H_2O \longrightarrow OH \cdot + HSO_4^- \quad (6\text{-}21)$$

$$OH \cdot \longrightarrow HOO \cdot + H_2O \quad (6\text{-}22)$$

$$O_2 + H_2O + e^- \longrightarrow HOO \cdot + OH \cdot \quad (6\text{-}23)$$

$$SO_4^- \cdot + HOO \cdot \longrightarrow HSO_4^- + {}^1(O_2)_2^* \quad (6\text{-}24)$$

$${}^1(O_2)_2^* \longrightarrow 2\,{}^3O_2 + h\nu \quad (6\text{-}25)$$

在此过程中，首先，$S_2O_8^{2-}$ 被还原成具有强氧化性的 $SO_4^- \cdot$[式(6-20)]。随后，$SO_4^- \cdot$ 与体系中的水反应，产生 $OH \cdot$[式(6-21)]。而 $OH \cdot$ 本身不稳定，容易分解成 $HOO \cdot$[式(6-22)]。与此同时，体系中存在的 O_2 也会与水反应产生 $HOO \cdot$[式(6-23)]。然后，$HOO \cdot$ 会与第一步生成的强氧化剂 $SO_4^- \cdot$ 反应，产生激发态的单线态氧 ${}^1(O_2)_2^*$[式(6-24)]。最后，${}^1(O_2)_2^*$ 从单线态回到基态的三线态氧 ${}^3O_2$ 并释放光能[式(6-25)]。

3. 氧化物修饰的阴极 ECL 反应机制

在某些金属氧化物电极上可观察到另一类 ECL 现象——阴极发光。氧化物覆盖的半导体金属电极在阴极极化时向溶液中注入热电子，使溶液中协同反应剂过硫酸盐、氧或过氧化氢等产生强氧化性的自由基。没有协同反应试剂存在下也会在电极表面形成阳中心或阴离子空穴形式的强氧化性物质。这些强氧化性物质氧化一些物质会产生发光。例如，在过氧硫酸盐体系中，过氧硫酸根离子从电极的导电区得到一个电子，相应的等同于向该价键注入一个空穴。因此在电子从导带转移到价键空穴的过程中，有对应于这种半导体键穴能量波长的光辐射产生($\lambda = hc/E_g$)，发光过程如图 6-4 所示。另外，在某些情况下，某些无机离子和有机化合物会与氧化铝表面的羟基形成稳定的螯合物，将改变电极的表面状态。这时它们发光所需的能量较键穴转移能量低，故被称为“阴极次键穴电致化学发光”。

氧化物修饰的阴极 ECL 反应是一种相对少见的发光现象，它主要是指在某些氧化物修饰的金属电极(如铝、铜、锰、锌、铟等)表面上的发光，这种发光一般需要很高的电压。在高压下，氧化物覆盖的半导体金属电极发生阴极极化，向溶液中释放热电子。这种电子具有很强的还原性，会将电极附近溶液中具有氧化性的物质(如 $S_2O_8^{2-}$、H_2O_2、O_2 等)还原成具有强氧化性的自由基。这种具有强氧化性的自由基可以进一步与体系内一些发光物质反应，从而产生 ECL 现象。例如，红荧烯 (RUB，结构式见图 6-5)在氧化锌半导体上的发光就是一类经典的阴极发光。其具体机制如下：

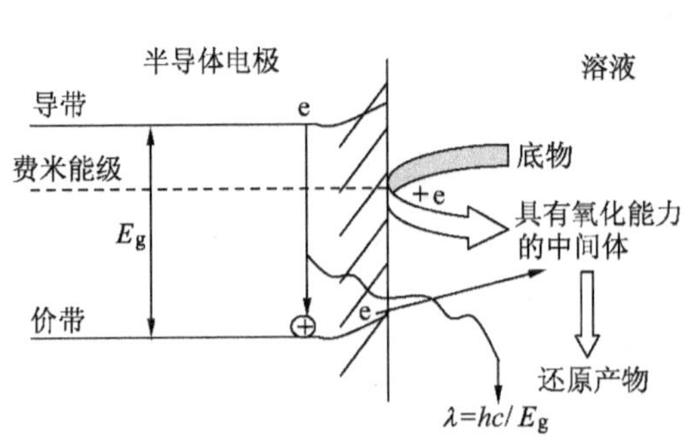

图 6-4 半导体电极上阴极电致发光机制示意图

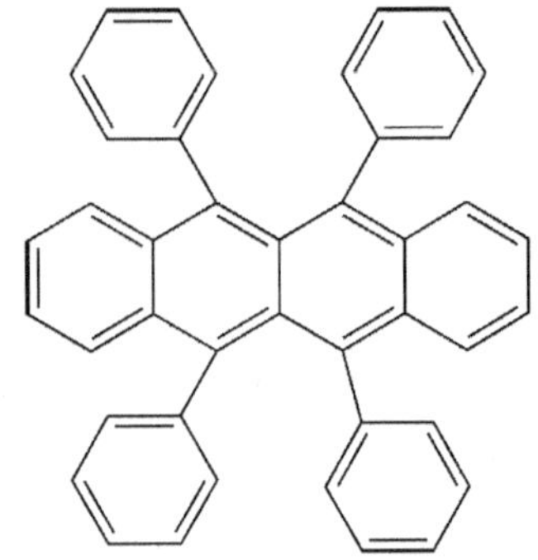

图 6-5 RUB 的化学结构式

$$RUB - e^- \longrightarrow RUB^+ \cdot \tag{6-26}$$

$$RUB^+ \cdot + e^-_{hot} \longrightarrow {}^3RUB^* \tag{6-27}$$

$${}^3RUB^* + {}^3RUB^* \longrightarrow RUB + {}^1RUB^* \tag{6-28}$$

$${}^1RUB^* \longrightarrow RUB + h\nu \tag{6-29}$$

与上述两种发光机制不同的是，它不是直接在电极表面上形成激发态物质，而是通过电化学反应所产生的物质进一步进行电子传递。换句话说，这其实是一种化学发光的现象。

三、电化学发光分析法的特点

电化学发光具有荧光分析和化学发光分析的性质，同时也具有电化学的一些特点。概括起来，其主要有以下四个方面的特点：

(1) 灵敏度高，选择性高，动态范围宽，抗干扰能力强。普通的光学检测方法，如荧光和分光光度分析法一般都需要一定的辅助光源才能实现检测。而 ECL 由电化学手段激发产生光辐射，无须外加辅助光源，因而其背景信号明显降低，从而无须使用昂贵仪器就可获得高灵敏度的检测。通过优化电极材料、尺寸和位置以及生物催化、电催化等再生循环过程，可以使 ECL 反应得到优化，进一步提高分析灵敏度。采用将物质固定在修饰电极上的办法，许多不稳定分析物(如反应中间体)产生的瞬间 ECL 也可以被检测，从而扩展了 ECL 分析法的应用范围。

(2) 设备简单，操作简便，可同色谱和电泳技术联用，实现对复杂样品中特定组分的灵敏、准确检测。由于 ECL 法所需要的氧化剂或还原剂可以直接由电解产生，从而简化了 ECL 的设备装置。ECL 与色谱和电泳技术的联用具有选择性高、灵敏度高、重现性好和响应快等特点。

(3) 可进行原位现场分析。ECL 反应产生于电极，即化学发光位于电极表面附近，可通过调节电位对反应初始条件、速率和历程予以控制，方便地进行原位、现场(*in situ*)分析。

(4) 对发光反应机制的研究有其独特性。ECL 法可对发光强度和电解电流等进行同时测定。由于 ECL 反应产生于电极表面，可以采用特殊的电化学技术对 ECL 现象的机制进行深入研究，为进一步提高 ECL 分析法的灵敏度和选择性提供理论基础。另外，还可以通过对发光信号的寿命和波长等多种参数的同时分析获得更多反应信息，有助于反应机制的阐明。

第二节　电化学发光反应的主要类型及电化学发光检测仪器

一、电化学发光的基本类型

许多试剂能产生电化学发光，但只有几种类型的电化学发光反应可以得以实际应用。按发光试剂的种类，电化学发光体系可以分为酰肼类、吖啶类、多环芳烃类、金属配合物和氧化物修饰的阴极电化学发光等五类。

（一）酰肼类化合物电化学发光

酰肼类化合物是一类典型的电化学发光物质。酰肼类化合物的电化学发光行为具有发光效率高、试剂稳定、反应在水相中进行等优点。酰肼类电化学发光的研究比较成熟，已在许多领域得到广泛应用。大多数观察到的酰肼类化合物的化学发光反应和电化学发光反应都有过氧化氢参加或中间过程生成过氧化型化合物。作为电化学发光试剂的酰肼类有机化合物很多，其中最具代表性的化合物为鲁米诺（luminol，5-氨基-2，3-二氢-1，4-二杂氮萘二酮，又称 3-氨基苯二甲酰肼）。一般认为鲁米诺阴离子（LH^-）在电极上发生单电子转移反应，生成二氮杂唑醌（diazaquinone），然后被超氧阴离子自由基（$O_2^-\cdot$）或过氧化氢阴离子（HO_2^-）进一步氧化为激发态的 3-氨基邻苯二甲酸根离子（AP^{2-*}），在返回基态的弛豫过程中释放出光子。其过程如图 6-6 所示。

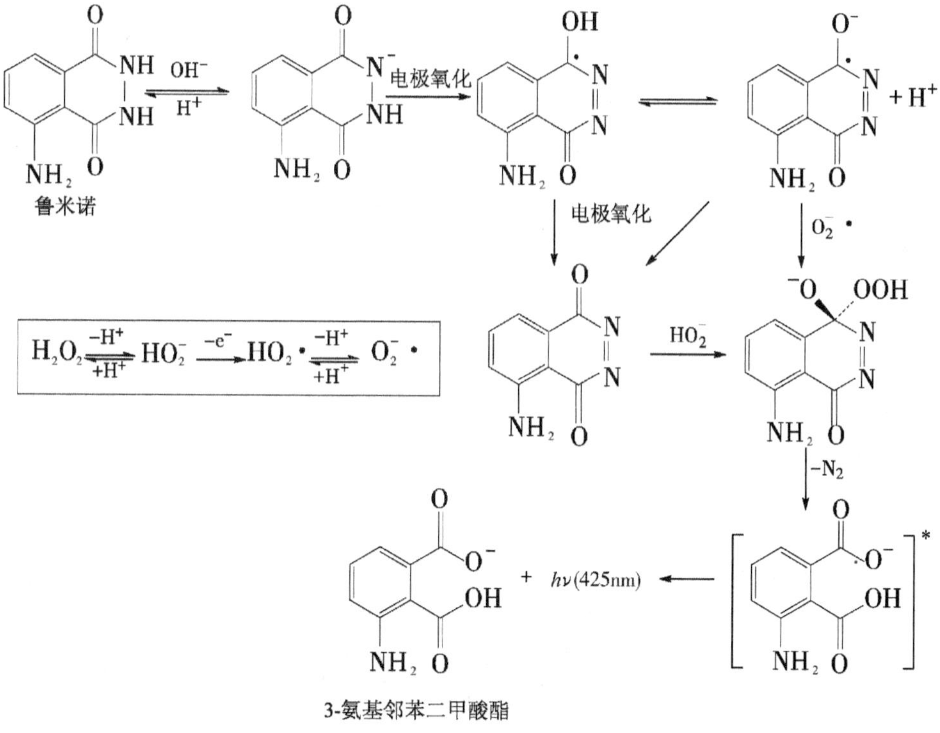

图 6-6　鲁米诺的典型 ECL 反应机制

Haapakka 和 Kankare 利用旋转环盘电极对碱性鲁米诺的 ECL 反应机制进行了详细

研究，认为：① 鲁米诺(LH_2)在碱性溶液中解离为一价阴离子；② 盘电极上施加一定的负电位(−0.7 V)，将溶液中的溶解氧还原为 HO_2^-，同时施加对称方波电位到环电极上；③ 由于盘电极的旋转，电解生成的 HO_2^- 被输送到环电极表面，在正电位脉冲区，HO_2^- 经由超氧阴离子自由基($O_2^- \cdot$)变成新生态氧，LH^- 经由鲁米诺自由基($L^- \cdot$)变成 3-氨基邻苯二甲酸根离子(AP^{2-})；④ 某些超氧化物与 $L^- \cdot$ 发生 CL 反应产生光辐射($\lambda=425$ nm)。Sakrua 通过系统研究发现碱性水溶液中鲁米诺一般要经历解离和生成自由离子等多步过程才能生成激发态离子，产生 ECL 信号。

鲁米诺电化学发光反应是一个复杂的多步耦合电化学发光过程，这一观点已经被众多基于鲁米诺电化学发光分析法的研究工作所证实：在鲁米诺电化学发光反应过程中，分析物可经过现场电化学反应修饰成活性中间体，活性中间体可进一步与溶液中的溶解氧反应，使分析物定量地转换成超氧阴离子自由基等活性氧类物质，最后，活性氧类物质可用鲁米诺电化学发光体系进行高灵敏度传感。这样就可基于多步耦合反应实现分析物的电化学发光分析。Sakrua 等发现，通过在 pH=7.4 的磷酸缓冲溶液中加入 H_2O_2 的方法可以诱发鲁米诺的 ECL 行为，并在此基础上建立了 H_2O_2 及通过酶催反应能产生 H_2O_2 的物质的分析方法。目前，葡萄糖、乳酸、ATP 等许多生化物质的灵敏测定都是基于鲁米诺与过氧化氢、生物氧(过氧、脱氢)化酶的如下反应进行的：

$$2H_2O_2+\text{鲁米诺}+OH^- \xrightarrow{\text{酶}} \text{氨基肽酸根}+N_2+3H_2O+h\nu(430\ \text{nm}) \qquad (6\text{-}30)$$

由于鲁米诺的衍生物可被用于标记其他分子(包括生物分子等)，近年来已有许多鲁米诺 ECL 生物传感器方面的综述及研究报告发表。鲁米诺 ECL 的另一类应用是基于电化学产物催化传统鲁米诺/过氧化氢体系的 CL 反应。可用其增强效应直接测定催化剂的含量，或者利用此增强信号测定其他分析物。

（二）吖啶类化合物电化学发光

典型的吖啶类电化学发光化合物有光泽精(lucigenin)体系及吖啶酯体系(acridinium ester，AE)。这类发光剂不需要催化剂的存在，在过氧化氢的稀碱溶液中即能发光，具有背景低、灵敏度高的优点，发光强度与分析物浓度成良好的线性关系。

1. 光泽精体系

光泽精(N，N′-二甲基-9，9′-联吖啶二硝酸盐)以硝酸盐形式存在，是吖啶类化合物中研究得最多的一种发光试剂。1935 年，Gleu 和 Petsch 发现了光泽精，随后的几年人们对其发光性质做了详细的研究。光泽精的化学发光反应是在碱性溶液中，在有氧化剂或有机还原剂的存在下进行的，具体的反应机制还不太清楚，但该反应既可用于氧化剂又可用于还原剂的测定。Montanoh 和 Hercules 等对光泽精电化学发光体系进行了研究，并提出了其在碱性条件下的发光机制(图 6-7)。在碱性介质中，光泽精被过氧化氢氧化，生成具有四元环的过氧化物中间体；此中间体分解生成激发态的 N-甲基吖啶酮；此激发态的中间体由激发态回到基态时，可发射出波长为 470 nm 的蓝绿色可见光。能量转移的量子效率为 2%～3%。在有催化剂(如过渡金属离子 Co^{2+}、Ni^{2+}、Cu^{2+}、Fe^{2+}、Fe^{3+}、Cr^{3+} 和酶等)存在时发光效应增强。

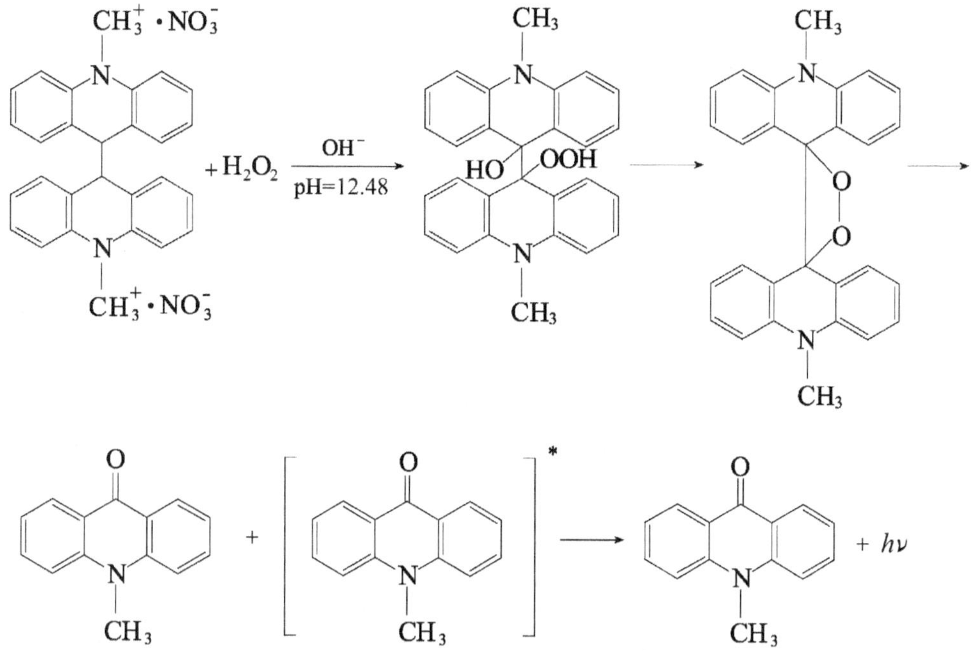

图 6-7 光泽精在碱性溶液中的电化学发光机制

光泽精的电化学发光反应对溶液酸碱性的要求比鲁米诺更为严格，反应一般在0.1～1.0 mol·L^{-1} KOH 或 NaOH 溶液中进行。碱性溶液和光泽精溶液应单独加入，否则易产生较高的电化学发光背景反应。光泽精的电化学发光反应持续时间比鲁米诺长得多。光泽精与抗坏血酸反应，10 s 后电化学发光信号达到峰值；与葡萄糖或者其他还原剂反应，电化学发光信号需要几分钟达到峰值，并可稳定一段时间。

光泽精的电化学发光反应产物不溶于水，易沉积在流通池检测窗内部，从而影响电化学发光信号。解决这一缺陷的一种方式是周期性使用硝酸冲洗流通池。另一种消除沉积物的方式是将一定浓度的表面活性剂(SDS)加入光泽精溶液，防止某些组分(如 N-甲基吖啶酮)沉积而影响电化学发光信号。

与鲁米诺一样，利用光泽精电化学发光反应可以直接检测过氧化氢及其超氧化物。许多物质能诱发光泽精发光。例如，利用胆固醇在胆固醇氧化酶的作用下反应产生过氧化氢来间接测定血清中的胆固醇；利用光氧化抗坏血酸的产物为过氧化氢来间接测定血清中的抗坏血酸。将有机还原剂与光泽精的电化学发光反应应用到高效液相色谱检测系统中，可以定量检测血液及尿液中强还原性的抗坏血酸、脱氧抗坏血酸和尿酸等。利用多种生物化合物与光泽精的电化学发光反应，以光泽精为柱后发光试剂，可以不经柱前衍生化来测定羧酸、皮质甾类及代谢物，检测限在皮摩尔级。由于光泽精电化学发光反应的产物水溶性较差，易于吸附在电极表面造成电极污染，影响发光反应的灵敏度和重现性，所以此体系的分析应用受到限制。

2. 吖啶酯体系

继光泽精后，人们又发现了许多吖啶类化合物具有电化学发光特性，其中研究最多的是吖啶酯类化合物。通过在吖啶环上 9 位的碳原子上连接具有特征结构的取代基，

MeCapra 等合成了一系列吖啶酯类化合物，这类化合物只要在 H_2O_2、OH^- 存在下就能迅速产生电化学发光，且具有很高的电化学发光效率，如吖啶芳香酯的量子产率可达 5%。对该类试剂的电化学发光机制研究表明：分解反应的历程受离去基团的性质、过氧化物浓度和溶液 pH 的影响，离去基团共轭酸的 pK_a 小于 H_2O_2 的 pK_a 时（一般应小于 11）有较高的发光量子产率。

吖啶酯类化合物是一类很有应用前景的非放射性核酸探针标记物，用作 DNA 的发光探针，其化学反应简单、快速，无须催化剂；标记效率和发光量子产率高、稳定性好；标记物对杂交反应的动力学和杂交体的稳定性无影响，可以直接在碱性介质中进行电化学发光反应。其发光反应机制如图 6-8 所示。过氧化氢在 C9 位发生亲电加成反应，生成过氧化物。过氧化物经过渡态二氧乙烷酮分解成激发态的 N-甲基吖啶酮和 CO_2。前者返回基态发出约 $\lambda=430$ nm 的光子。吖啶酯也能通过不发光的反应途径分解生成最终产物 N-甲基吖啶酮。

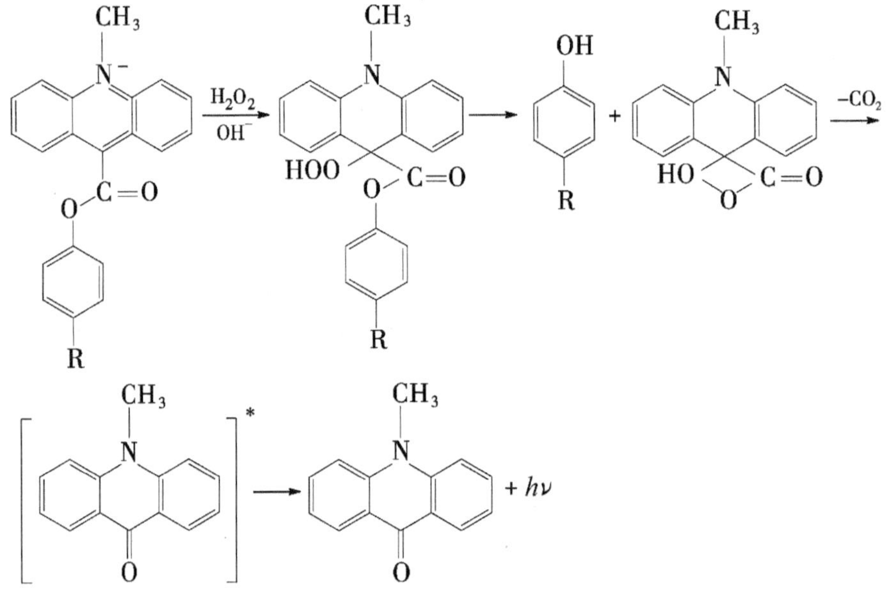

图 6-8 吖啶酯在碱性溶液中的电化学发光机制

近十多年来，使用吖啶酯作为标记物发展了各种不同分析物的竞争式和非竞争式免疫分析方法，如人体生长激素、白细胞介素、干扰素及其有关化合物、胰岛素原、副甲状腺激素有关的肽类、阿朴脂蛋白 B 以及半抗原等。目前，应用较多的标记物还有吖啶-9-(N-磺酰基)碳酰胺。拜耳公司最新诊断产品全自动电化学发光分析系统就以吖啶酯作为标记，以量度 AE 标记物电化学发光反应所产生的光量子数为基础，灵敏度可达 10^{-15} $g \cdot mL^{-1}$，它在甲状腺功能、肿瘤标志物、药物检测等方面得到了广泛的应用。

（三）聚芳香族碳氢化合物(PAHs)电化学发光

典型有机物质的 ECL 由芳香族的激发态离子发生高能量电子传递而产生，如各种聚芳香族碳氢化合物(PAHs)。PAH 的激发态离子在两个电极（或一个电极，但不断转变电极的正负极性）的阳极氧化产物和阴极还原产物之间反应所产生，具体历程如下：

例如，产生 ECL 的典型反应是涉及红荧烯（R）、N，N，N′，N′-四甲基对苯二胺（TMPD）和对苯醌（BQ）的离子自由基反应：

$$A^{+}\cdot + A^{-}\cdot \longrightarrow A + {}^{1}A^{*} \qquad (6\text{-}31)$$

$$A^{-}\cdot + TMPD^{+}\cdot \longrightarrow {}^{1}A^{*} + TMPD \qquad (6\text{-}32)$$

$$A^{+}\cdot + BQ^{-}\cdot \longrightarrow {}^{1}A^{*} + BQ \qquad (6\text{-}33)$$

所有情况下的发射均是来自首先受激发的单重态红荧烯的黄色荧光：

$${}^{1}A^{*} \longrightarrow A + h\nu \qquad (6\text{-}34)$$

这些反应通常在乙腈或 DMF 中进行。

这些反应有很高的能量（典型值为 2～4 eV）且速度非常快（也许实际转移中是在分子振动的时间区间内）。由于在如此短的时间内对于分子主体以机械的形式（如振动）接收如此大量的释放能量是困难的，所以产生受激物质的概率很大，这就必然有较小的振动激发。此领域的研究致力于快速、非常高能量反应的能量分配基础规律的探讨，它同时可用于检验电子转移理论。

为了合理地说明在能量缺乏的情况下产生发射物，通常引用一个包括三重态中间体的机制。例如：

$$A^{-}\cdot + TMPD^{+}\cdot \longrightarrow {}^{3}A^{*} + TMPD \qquad (6\text{-}35)$$

$${}^{3}A^{*} + {}^{3}A^{*} \longrightarrow A + {}^{1}A^{*} \qquad (6\text{-}36)$$

这里的第二步［式(6-36)］称为三重态-三重态湮灭（triplet-triplet annihilation），它使两个电子转移的能量汇集。无论单重激发态途径（S-route）或三重激发态途径（T-route），激发态物质可以为 R_1^* 或 R_2^*，完全依赖于它们相对的能量大小。在能量充足的情况下，两种都可能存在，但 S-route 通常占主导。典型的 S-route 例子是 9，10-二苯蒽/红荧烯体系，而红荧烯/N，N，N′，N′-四甲基对苯蒽体系是 T-route。

由 PAH 类物质发生湮灭反应产生的 ECL 现象是研究最为深入的 ECL 反应之一。虽然自然界中的痕量 PAH 通常存在于含水样品中，但 PAH 类物质的 ECL 反应一般必须在无水无氧条件下进行，因而该反应体系在实际分析测定中的应用很少。研究结果显示，通过采用特殊的衍生化操作或特别制造的微电极可以在水溶液中对 PAH 类物质的 ECL 行为进行研究，预示着这类 ECL 反应的实用性正在增强；同时由于多环芳烃化合物具有较高的反应速率，结合微电极技术，它在生命科学上的成功应用将有助于人们实现微区分析和细胞活体分析，揭示生命体内自由基的产生、转化和湮灭过程。

（四）无机物及金属有机配合物电化学发光

有许多金属簇、金属聚合物具有电化学发光。但这些过渡金属化合物的自旋-允许激发态由于自旋轨道的耦合而迅速失活，发光主要是通过能量充分的途径从最低能量激发态返回基态。多数情况下，这些激发态物种的寿命非常短，光发射主要是通过自旋-禁阻激发态产生磷光。这类化合物中研究得较多的是 Ru、Os、Cr、Cd、Pd、Pt、Re、Ir、Mo、Tb、Eu、Cu 等元素。其中以 $Ru(bpy)_3^{2+}$（图 6-3）研究得最为深入，主要是由于该体系的 ECL 具有以下特点：可在水溶液中发生；溶液中允许存在溶解氧或其他杂质；在室温下发生；激发电位较低；量子效率高。

$Ru(bpy)_3^{2+}$ 化学发光最早于 1966 年被 Lytle 等发现，他们在强酸强碱的 $Ru(bpy)_3^{2+}$

溶液中加入胺，观察到橘红色的发光。Bard 在这一方面进行过很多研究。一般认为 $Ru(bpy)_3^{2+}$ 的 ECL 是由于激发态的 $[Ru(bpy)_3^{2+}]^*$ 产生所致，其发光波长为 620 nm。当正负阶跃扫描电压施加于工作电极上时，$Ru(bpy)_3^{2+}$ 被氧化还原。

$$Ru(bpy)_3^{2+} - e^- \longrightarrow Ru(bpy)_3^{3+} \quad (\text{氧化}) \tag{6-37}$$

$$Ru(bpy)_3^{2+} + e^- \longrightarrow Ru(bpy)_3^{+} \quad (\text{还原}) \tag{6-38}$$

$Ru(bpy)_3^{3+}$ 与 $Ru(bpy)_3^{+}$ 反应形成激发态的 $[Ru(bpy)_3^{2+}]^*$：

$$Ru(bpy)_3^{+} + Ru(bpy)_3^{3+} \longrightarrow Ru(bpy)_3^{2+} + [Ru(bpy)_3^{2+}]^* \quad (\text{湮灭}) \tag{6-39}$$

$$[Ru(bpy)_3^{2+}]^* \longrightarrow Ru(bpy)_3^{2+} + h\nu \ (620\ \text{nm}) \tag{6-40}$$

当体系中含有强氧化、还原性物质时，只要施加单向正或负电压就可得到 $Ru(bpy)_3^{2+}$ 的 ECL。例如，有草酸或其他合适的还原剂存在时，只需要 $Ru(bpy)_3^{3+}$ 或 $Ru(bpy)_3^{+}$ 生成。草酸($C_2O_4^{2-}$)/$Ru(bpy)_3^{2+}$ 体系是一种典型的 $Ru(bpy)_3^{2+}$ 在还原剂存在时的 ECL 体系。$Ru(bpy)_3^{2+}$ 与胺类物质的 ECL 能用于测定许多物质。许多含有氨基的物质，如氨基酸、蛋白质、脂肪族或环状胺类以及不同的药物都已用这种高灵敏的方法测定。这种类型的 ECL 及其与含氨基分子的结构关系已被研究和总结：叔胺的发光强度高于仲胺，伯胺的发光强度最低，因而有时只能测定它们的衍生物。另外还有一些影响胺类物质 ECL 的因素，如在氮或 α-碳原子上的是供电子基团还是吸电子基团、烷基的键长、有无环状结构、环的刚性以及是否存在芳香基团等。

通过加入一些称为共反应物(coreactants)的物质，可能通过单电势阶跃来产生电化学发光。这些体系也使在水溶液中能够观察到 ECL，水溶液电势窗太窄不允许常规的电解来产生氧化和还原的 ECL 原始物进行湮灭 ECL。例如，对于 $Ru(bpy)_3^{2+}$ 的水溶液，它可在铂电极上在电势约为+1.2 V(vs. Ag/AgCl)时被氧化为 $Ru(bpy)_3^{3+}$，进而形成激发态物质 $[Ru(bpy)_3^{2+}]^*$，它的能量高于基态 2.04 eV，需要在−1.2 V 电势下产生一个还原物。然而，在一些 ECE(电子转移-均相化学反应-电子转移)反应中，可通过氧化来产生非常强的还原剂。例如，氧化草酸根(共反应物)可以产生非常强的还原剂 $CO_2^- \cdot$，它可与 $Ru(bpy)_3^{3+}$ 反应产生激发态。反应的次序如下：

$$Ru(bpy)_3^{2+} \longrightarrow Ru(bpy)_3^{3+} + e^- \tag{6-41}$$

$$C_2O_4^{2-} \longrightarrow C_2O_4^- + e^- \tag{6-42}$$

$$C_2O_4^- \longrightarrow CO_2 + CO_2^- \cdot \tag{6-43}$$

$$Ru(bpy)_3^{3+} + CO_2^- \cdot \longrightarrow [Ru(bpy)_3^{2+}]^* + CO_2 \tag{6-44}$$

这是由于氧化的草酸根可歧化为 CO_2 形成非常强的键。因此，对于 $Ru(bpy)_3^{2+}$ 和 $C_2O_4^{2-}$ 的混合物，一次氧化阶跃即可产生光。其他的一些共反应物，如叔胺，也可以与 $Ru(bpy)_3^{2+}$ 体系进行类似的反应。这些体系都已经用于分析检测。

由于电化学发光中光强度通常与发射物质的浓度成正比，所以可用于分析测量。在分析应用中，所感兴趣的体系被放置于适当的电化学池中，光的发射通过电化学方式进行激发，同时测量发射的强度(有时测量发射光谱)。因为可检测非常弱的光(如采用单光子计数方法)，所以 ECL 技术是非常灵敏的。在某种程度上，ECL 类似于光激发方法(如荧光)。它的优点是不需要光源，这样光散射和杂质的发光干扰就可避免。由于电化学激发易于在时间和空间上控制，所以 ECL 通常较其他化学发光方法更方便。

（五）氧化物修饰的阴极电化学发光

水溶液中的阴极发光现象最早报道于 1898 年。当时，Braun 发现在电解水溶液时，在氧化物涂抹的单向导电金属电极上施加一定的电压(30 V)时可观察到发光现象。在含有焦硫酸盐、氧或过氧化氢的水溶液中施加较低的电压(10 V)，在半导体或氧化物涂抹的单向导电电极上也能观察到发光现象。例如，在焦硫酸盐体系中，焦硫酸根离子从电极的导电区得到一个电子，被还原成硫酸根自由基：

$$S_2O_8^{2-} + e^- \longrightarrow SO_4^{2-} + SO_4^- \cdot \tag{6-45}$$

如果自由基配对的标准还原电位接近于价键能带，则它有可能从价键能带中获取一个电子，等同于向该价键注入一个空穴。因此，从导电区向该价键空穴转移电子过程中，有对应于这种半导体键穴能量波长的光辐射产生。在很多情况下，某些无机离子和有机物会与氧化铝表面的羟基形成稳定的螯合物，从而改变电极的表面状态。这时它们发光所需的能量较键穴能量低，故称之为“阴极次键穴电致化学发光”。

在某些氧化物修饰的金属(如铝、钽、钛、锰、镓及铟)电极上，也可观察到阴极电化学发光，这类电极被称作半导体电极。与金属电极不同，它在溶液中进行阴极极化时，能够向溶液发射热电子。这种热电子具有很强的还原性，它能在电极表面的特有微环境中与溶液中的氧化性组分(如过硫酸盐、溶解氧、过磷酸根或过氧化氢)发生反应，使反应物在阴极产生强氧化性的自由基。在此类电极附近，强氧化和强还原的条件同时存在，从而产生发光团。而这些发光团在金属电极上，在水溶液中并不能进行阴极激发。

由于热电子是一种非常强的还原剂，故采用半导体材料充当工作电极，在一定条件下提供热电子，能够还原电氧化产生的 $Ru(bpy)_3^{3+}$，生成激发态的$[Ru(bpy)_3^{2+}]^*$，$[Ru(bpy)_3^{2+}]^*$跃迁回基态产生发光现象。其反应如下：

$$Ru(bpy)_3^{2+} - e^- \longrightarrow Ru(bpy)_3^{3+} \quad (\text{氧化}) \tag{6-46}$$

$$Ru(bpy)_3^{3+} + e^-_{(hot)} \longrightarrow [Ru(bpy)_3^{2+}]^* \quad (\text{还原}) \tag{6-47}$$

$$[Ru(bpy)_3^{2+}]^* \longrightarrow Ru(bpy)_3^{2+} + h\nu \tag{6-48}$$

上述机制表明，$Ru(bpy)_3^{2+}$ 在电化学发光反应中可循环使用，从而降低了分析费用，这预示着其在分析领域具有广阔的应用前景。

二、电化学发光检测仪器

电化学发光检测法不需要外部光源，消除了杂散光及因光源发光不稳定而导致波动的影响，从而降低了噪声，提高了信噪比，再加上灵敏的光电检测技术使该法具有灵敏度高、线性范围宽、仪器简单等优点，比较适合于生物科学、医药学、临床和环境学中组分复杂、含量较低物质的检测。

1. 检测原理

在 400～750 nm 的可见光区，电化学发光反应的自由能至少为 159～299 kJ。很多氧化反应能够满足这个要求。通过施加一定的电压进行电化学反应，将能量转移给合适的受体。受体可以是反应试剂、反应产物、敏化剂等化合物。通过检测受体电化学发光反应的能量，可以对化合物进行直接或间接测定。

电化学发光检测法和荧光检测法有一定的相似之处，即两者都是发光检测法。两者的主要区别是激发态中间体的产生方式不同，电化学发光检测法由电化学反应产生激发态中间体，而荧光检测法是对光源光能的吸收产生激发态中间体。许多荧光检测器可以用于电化学发光检测就是依据两者的相似之处，操作中不打开激发光源，不选择特定的发射波长，只要施加一定的电压即可。来自激发光源的背景噪声是荧光检测法获得高灵敏度的主要障碍之一；而电化学发光检测器不需要激发光源，使得电化学发光检测法的灵敏度比普通荧光法高，一般高 2～3 个数量级，甚至可以与激光诱导荧光检测法相媲美。因此，电化学发光检测法已成为目前最灵敏的检测方法之一，其检测限可达 10^{-15}～10^{-11} mol·L^{-1}。

2. 仪器结构

典型的电化学发光检测系统主要包括两部分：电化学信号激发系统和光信号检测系统。不同型号的仪器其检测技术不一样，但基本原理都是利用待测组分的浓度与体系的电化学发光强度成线性关系，而电化学发光强度随体系反应进行的速率变化而增强或减弱。记录仪记录峰形，以峰高定量，也可以用峰面积定量。因电化学发光多为闪烁式发光(约 1～10 s)，故进样与记录时差短，分析速度快。

电化学发光仪器一般由实验者自己组装，其主要组成部分包括电信号发生装置、电解池、光-电转换装置和记录系统。电信号发生装置一般采用普通的电化学仪器，可产生各种 ECL 所需的电信号，如直流、交流(方波、正弦波、三角波)和多种脉冲信号(如线性扫描、正矩形扫描、双阶跃脉冲等)。电化学发光反应池是发生反应的场所，一般分为常规静态式和连续流动式两种类型，它是电化学发光系统的核心部分。由于现阶段商品化的电化学发光反应池比较少，大多数研究者一般都是根据不同实验需要自行设计制作的。电化学发光反应池一般放置在暗箱中，以避免在测定中受自然光的干扰。流动式电化学发光反应池可以与高效液相色谱或毛细管电泳联用进行分析测定，也可对许多电极结构和材料进行测试。早期的流动注射电解池存在三个主要问题：① 容易产生气泡，这种由流动系统或电解产生的气泡吸附在电极表面，影响电解效率，使方法重现性变差；② 流动电解池内体积过大，影响方法的灵敏度；③ 使用双电极系统，电极较易被毒化。

目前电解池的设计通常采用三电极系统。工作电极一般采用铂、金、ITO、半导体(氧化铝覆盖电极表面)电极以及各种碳电极。其中，碳电极因其电位范围宽、表面不易污染且不伴随淬灭而对 ECL 反应最有利。根据电极尺寸不同，工作电极可以分为常规电极和微电极两种类型。一般微电极直径大小在 0.1～50 μm 之间，它有较高的电流密度，但电流却很小，所以电活性物质反应很少，允许在很多情况下达到稳态，这对于大面积的电极是不可能的。根据工作电极的几何形状不同，可以将它分为球面电极、半球面电极、盘形电极、环形电极、线形电极、旋转圆盘电极和阵列电极等。近几十年来，化学修饰电极是一个十分活跃的研究领域，不同的修饰材料和方法使电极具有不同的性质、灵敏度和电化学发光行为。例如，化学修饰电极包括聚合物修饰电极、离子交换膜修饰电极、自组装膜修饰电极、杂化材料复合物膜修饰电极及碳糊电极等。这些电极对于提高选择性和灵敏度具有独特的优越性，将其应用于电化学发光研究，可以提高电化学发光的效率，也可用于电化学发光机制的研究。

常用的光-电转化装置一般采用光电倍增管或电感耦合装置(charge coupled device,

CCD)等。其中,光电倍增管因其暗电流小、测光灵敏度高而得到广泛应用。电感耦合装置也常被用来记录ECL强度的局部变化,如用来研究各种电极表面以及高分子覆盖电极的表面特征等。多通道CCD检测光纤探针可以同时提供多种现场的发光信息,表现出了巨大的潜在应用价值。电化学发光检测仪系统框图如图6-9所示。

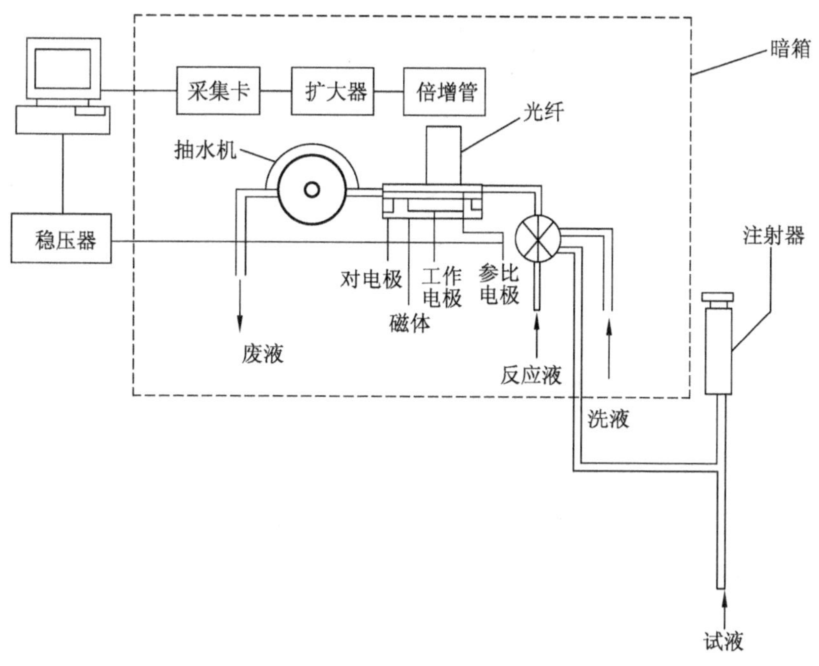

图6-9 电化学发光检测仪系统框图

电化学发光检测具有灵敏度高、线性范围宽、仪器简单等优点,因而是高效液相色谱、流动注射分析、毛细管电泳等分离体系一种非常合适的检测方法。图6-10是电化学发光检测系统与分离系统联用的装置简图。经电化学分析仪控制的试剂与分离系统的流出物混合时,即与其中组分发生电化学发光反应。反应池内的光信号通过光电倍增管接收并进行光电转换,最后被记录下来。因为电化学反应随时间变化快,所以需要合理设计检测器的结构,控制反应体系,使检测信号最大,否则会由于一部分信号在检测前或检测后损失而导致灵敏度的降低。

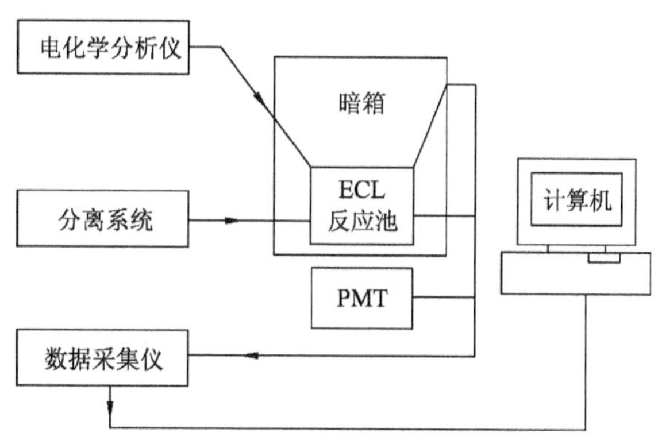

图6-10 电化学发光检测系统与分离系统联用装置简图

第三节　电化学发光免疫分析

一、电化学发光免疫分析基本原理

电化学发光免疫分析是电化学发光与免疫分析结合起来而发展的一种新一代免疫标记技术。电化学发光免疫分析是将电化学发光试剂（如三联吡啶钌）标记抗体或抗原，并在固相载体磁性微球上形成偶联磁性微球的抗体或抗原-待测物- ECL 试剂标记抗原或抗体免疫等价物，外加磁场作用沉降这种等价物，然后洗涤除去多余或游离的抗体或抗原，进行电化学发光强度的测定，通过电化学发光强度的大小，对待测物浓度进行定量。

电化学发光免疫分析的检测方法可分为直接法、竞争法和双抗体夹心法，如图 6-11 所示。

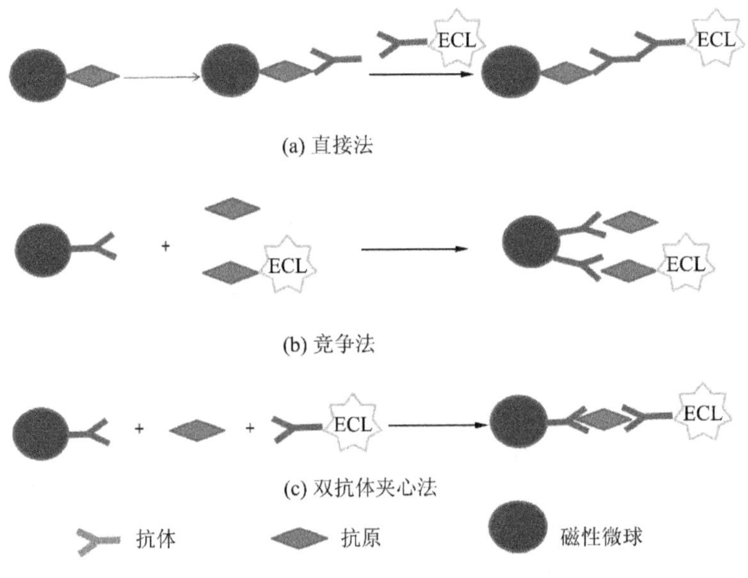

图 6-11　电化学发光免疫分析原理图

（1）直接法主要用于检测抗体。首先将抗原固定在磁性微球上，然后加入已知浓度的抗体，继续加入经过电化学发光活性物质标记的抗体，免疫反应后，再经过电化学发光检测，依据发光强度的大小对待测物抗体的浓度进行定量。

（2）竞争法一般用来对小分子抗原进行测定。首先把抗体分别固定在两份相同的磁性微球上，一份加入待检测抗原（或已知浓度的标准抗原）和经电化学发光试剂标记抗原的混合物，另一份则加入全部由电化学发光试剂进行标记的抗原，它们发光强度的差值和待测抗原的浓度成正比。

（3）双抗体夹心法用来测定大分子抗原的浓度。先将抗体固定在磁性微球上，加入待测抗原和已知（标准）抗原，再加入电化学发光试剂标记的抗体，免疫反应后，对其电化学发光信号进行测定，然后根据发光强度的大小对抗原的浓度进行测定。

ECL 可用于发射物质（通常作为待分析物的标记物）或共反应物的分析。最常用的

ECL 活性标记物是 $Ru(bpy)_3^{2+}$，因为它的电化学发光可在溶液中与适当的共反应物产生(例如，草酸根可用于氧化反应，过硫酸盐可用于还原反应)，发射强度高并且相对稳定，发射强度与浓度在很宽的范围内成正比。通过在联吡啶上连接适当的基团，$Ru(bpy)_3^{2+}$ 可与所感兴趣的生物分子，如抗体或 DNA 连接，它通过类似于放射或荧光标记的方式作为分析的标记物。采用 ECL 分析抗体、抗原和 DNA 已有商品化的仪器(图 6-12)，它们目前采用的是磁性微球技术。图 6-13 概述了典型三明治法分析一种抗原的原理。在商品化磁性微球的表面修饰上感兴趣的抗原的特定抗体，并将修饰的磁性微球、样品和标记的抗体混合。如果抗原存在，它将作为一种桥梁形成“三明治”结构，标记的抗体将与磁性微球相连。如果没有抗原，标记的抗体将不与磁性微球相连。将磁性微球置于 ECL 池中，通过外加磁场使它们抓俘在电极上。然后洗涤修饰的磁性微球，在 ECL 池中加入含有共反应物[三丙胺(TprA)]的溶液。当进行电势扫描或加正电势阶跃时，$Ru(bpy)_3^{2+}$ 和共反应物发生氧化反应，从带有 $Ru(bpy)_3^{2+}$ 的磁性微球上发射光，可由光子放大器进行检测。

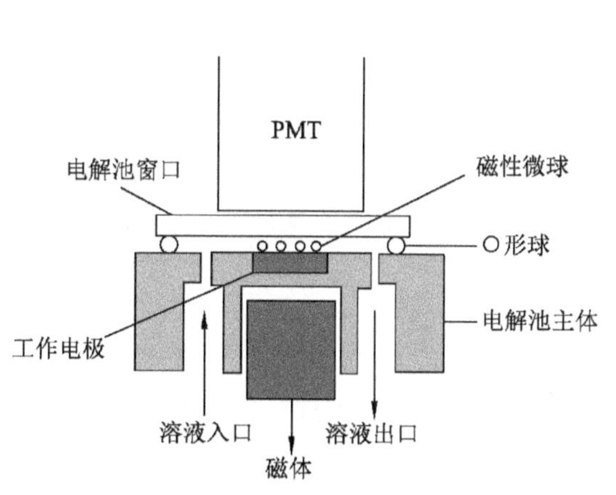

图 6-12　采用磁性微球以 ECL 为基础的免疫分析商品化仪器中使用的流动池

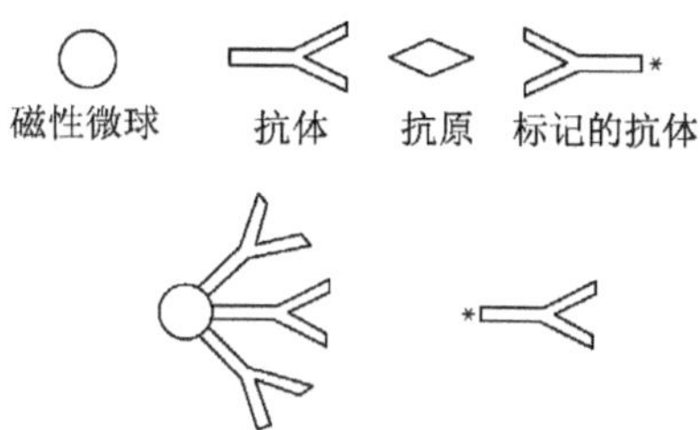

(a) 没有抗原的样品（磁性微球上没有接上标记的抗体）

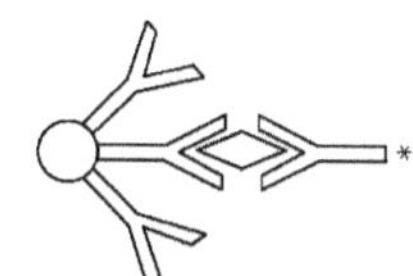

(b) 有抗原的样品（磁性微球上接有标记的抗体）

图 6-13　以 ECL 为基础的免疫分析

对于体系与草酸根作为共反应物的化学反应可表示如下：

$$EtCH_2NPr_2 \longrightarrow EtCH_2NPr_2^+ + e^- \tag{6-49}$$

$$EtCH_2NPr_2^+ \longrightarrow EtCHNPr_2 \cdot + H^+ \tag{6-50}$$

$$Ru(bpy)_3^{2+} + EtCHNPr_2 \cdot \longrightarrow [Ru(bpy)_3^{2+}]^* + EtCHNPr_2^+ \tag{6-51}$$

$$[Ru(bpy)_3^{2+}]^* \longrightarrow Ru(bpy)_3^{2+} + h\nu \tag{6-52}$$

测量后将磁性微球从电解池中拿出并洗涤干净，即可用于下一个样品。能够处理多个样品且无须人为参与的诊断自动化仪器已商品化。

二、电化学发光免疫分析标记技术

1. 磁性微球技术

免疫分析中，通常固定抗体或抗原的载体有塑料板、塑料球、管及尼龙等。使用这些固相载体时，抗体-抗原免疫复合物的分离往往比较烦琐、费时，常常是分析误差的主要来源。由于抗体或抗原在固相上固定不均匀且成本高，大多抗体或抗原的 10%能够吸附在固相上形成抗体-抗原免疫复合物，导致包被固相条件不易控制。磁性微球作为免疫固相的发展，克服了这些缺点，目前已受到广泛关注。由于磁性微球可以提供类均相的免疫反应历程，不仅便于抗体-抗原复合物从待分离介质中分离，还可以大大提高分析方法的灵敏度。

磁性高分子微球的制备主要是将磁流体用有机聚合物包裹起来，其方法主要有机械分散法、聚合法、大分子稳定铁氧化物溶胶法以及渗磁法等。经有机聚合物包被的磁性微球表面可以进行修饰，引进特定的功能团，进而在其表面连接具有$—NH_2$、—OH、—COOH或$—CONH_2$等的活性基团，并进一步在活性基团上连接抗体、抗原或其他有机生物分子，大大地拓宽了其应用范围。通常使用的免疫磁性微球的直径约几微米，磁性颗粒很小，易于稳定地悬浮在溶液中，提高生物分子之间的反应效率。另外，这种免疫磁性微球具有顺磁性，当外加磁场时，可以迅速地从溶液中分离出来，提高了分离效率和速度。中国科学院长春应用化学研究所对于免疫磁性微球的制备以及其在电化学发光免疫分析中的分离应用均进行了研究，结果发现，磁性微球的大小、均匀程度以及其所外加磁场强度是磁性微球技术的关键。

2. 生物素-链霉亲和素技术

电化学发光免疫分析采用生物素-链霉亲和素包被技术，这是一种新型生物反应放大系统。以直径为2.8 μm的磁性微球作为载体，在磁性微球表面最大量地包被上链霉亲和素，磁性微球悬浮在反应试剂中，与含有不同抗原或抗体的生物素试剂一起合成生物素-链霉亲和素包被，再与标记物一起形成高亲和力的牢固结合及多级放大效应，使得检测更加灵敏，可达到检测浓度小于1 pmol · L^{-1}的超微量物质的目的。

(1) 链霉亲和素是一种略偏酸性蛋白，其分子量为65 000，由4条序列相同的肽链构成，每条肽链可以结合1个生物素分子，因此1个链霉亲和素分子具有4个可与生物素分子结合的位点。其结合常数(K_a)高达1 010 mol · L^{-1}，约为抗原抗体间结合常数的10 000倍以上。链霉亲和素不含糖基，在与组织细胞、DNA结合时，不易产生非特异性结合，它的活性可达18 U。

(2) 生物素(又称维生素H)，分子量为244.31，呈环形结构，分为Ⅰ环和Ⅱ环。Ⅰ环是亲和素结合的主要部位，Ⅱ环是标记抗体和酶的唯一结构，Ⅱ环可有效结合不同的抗原和各种酶，用于测定多种蛋白、激素、抗原和多种药物。抗体分子经生物素化后，其结合抗原的活性不受影响，多种酶结合生物素后，其催化力基本上保持不变，所以采用生物素与多种标记物结合可以起到有效的生物放大作用。其生物素化形成的许多“触角”的多价试剂使整个反应系统出现多级放大反应，对待测物的检测具有极高的灵敏度，而且反应速度较快，满足临床和科研需求。生物素标记试剂在低温下可存放两年而效价不变，方便试剂的存放，满足随时使用。

(3) 特异性结合。生物素-链霉亲和素可与三联吡啶钌稳定结合，很难分离，并且呈现高度特异性，可明显降低或避免反应可能存在的非特异性作用。链霉素化的大分子蛋白、核酸、酶、激素等的多级放大作用使得电化学发光免疫分析可以极精确地测量抗原、抗体、蛋白、激素受体、核酸等微量及超微量物质。由于生物素-链霉亲和素的结合是非常紧密的过程，使用生物素-链霉亲和素作为固相时，生物素化的抗体在不同蛋白上的结合是

均一的。与传统的固相免疫分析方法相比，本法在成本、重现性等方面均显示较好的结果，其相对标准偏差值低于直接包被抗体的化学发光免疫分析方法（原理如图 6-14 所示）。

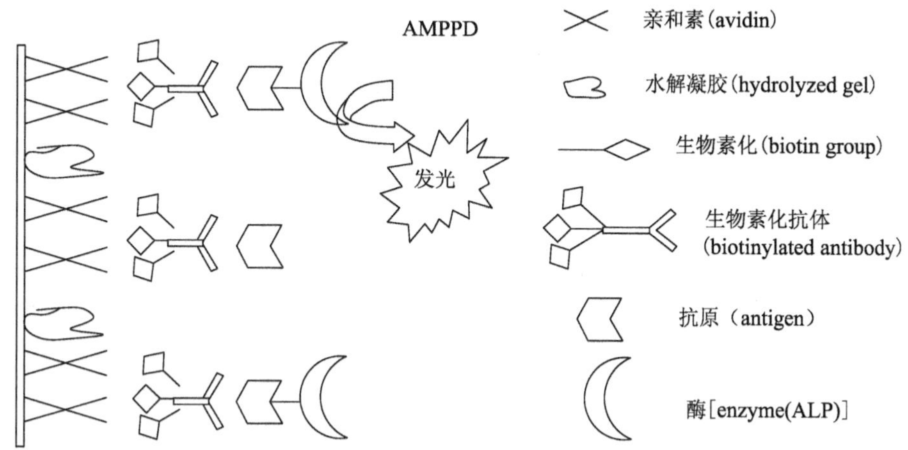

图 6-14　生物素-链霉亲和素技术化学发光免疫分析步骤示意图

三、电化学发光免疫分析中的标记物及标记技术

电化学发光免疫分析中使用的标记物可分为以下几类：① 电化学发光标记物。这类标记物在电化学发光免疫分析中直接参与发光反应，它们在结构上有产生发光的特有基团，在电化学发光免疫分析中为发光剂，如目前最常用的三联吡啶钌及其衍生物、鲁米诺及其衍生物、吖啶酯类物质等。② 酶标记物。在抗原或抗体上进行酶标记，与酶底物发生反应后，就产生用电化学发光检测的物质。这种酶标记物在电化学发光免疫分析中起着催化电化学发光的作用。例如，葡萄糖氧化酶对鲁米诺电化学发光可以起到催化作用，进而对葡萄糖进行检测。③ 电活性物质。这类标记物在电极上能够产生一种催化电化学反应或化学发光反应的物质，即在电化学发光免疫分析中起电催化发光的作用，如二茂铁对鲁米诺电化学反应的催化发光等。

根据所用电化学发光物的不同，电化学发光免疫分析体系可分为三联吡啶钌体系、鲁米诺体系、吖啶酯体系、光泽精体系以及其他一些电化学发光体系。

（一）三联吡啶钌及其衍生物电化学发光免疫分析体系

三联吡啶钌[$Ru(bpy)_3^{2+}$]化合物结构简单、稳定，分子量小（约 1 000），水溶性好，化学性能稳定，氧化还原可逆，发光效率高，应用的 pH 范围比较宽，可电化学再生，激发态寿命长，已广泛应用于电化学发光免疫分析标记物体系。它可以通过活化“手臂”实现与蛋白的连接。由于这种标记物的分子量小，可实现一分子蛋白标记多个 $Ru(bpy)_3^{2+}$。

1984 年，Bard 小组首次实现了三联吡啶钌与蛋白的连接反应。但直到 1991 年，Blackburn 小组和 Kenten 小组才首次将三联吡啶钌-NHS 酯作为电化学发光标记物应用于免疫分析中。Blackburn 小组使用三联吡啶钌-NHS 酯作为电化学发光标记物并用于癌胚抗原、α-铁蛋白的异相电化学发光免疫分析检测以及地高辛和促甲状腺素的均相电化学发光免疫分析测定。Kenten 等使用三联吡啶钌-NHS 酯作为标记物，采用 PCR 放大技术对病毒菌素、克隆基因以及致癌基因进行了定量研究。

由于三联吡啶钌-NHS 酯可与蛋白质、半抗原激素、核酸等多种化合物结合，因此 ECLIA 的检测项目很广泛。例如，用竞争法来检测小分子量蛋白抗原，用夹心法检测大分子量蛋白抗原，用间接法检测抗体，以及用钌标记的核酸探针检测核酸等。另外，钌化合物非常稳定，室温下半衰期可达 1 年以上。被标记的抗原或抗体活性在 2 ℃～5 ℃下可以保持 1 年以上，所制备的电化学发光免疫分析试剂盒稳定性好，35 ℃下放置 3 周，其标准曲线的形状基本保持不变。因此，电化学发光免疫分析具有其独特的优势，近几年来在基础研究和商业上都得到了广泛的重视。使用三联吡啶钌电化学发光免疫分析标记物进行电化学发光免疫分析测定具有以下优点：标记物稳定，灵敏度高，可实现多元检测，可实现均相免疫分析，可实现全自动化。

（二）鲁米诺、异鲁米诺及其衍生物的电化学发光免疫分析体系

鲁米诺（3-氨基邻苯二甲酰肼）是最常见的化学发光试剂之一。1929 年，N. Harvey 首次报道了碱性条件下，当在电极上施加 +2.8 V 的电压时，鲁米诺可以产生电化学发光。其电化学发光机制如下：

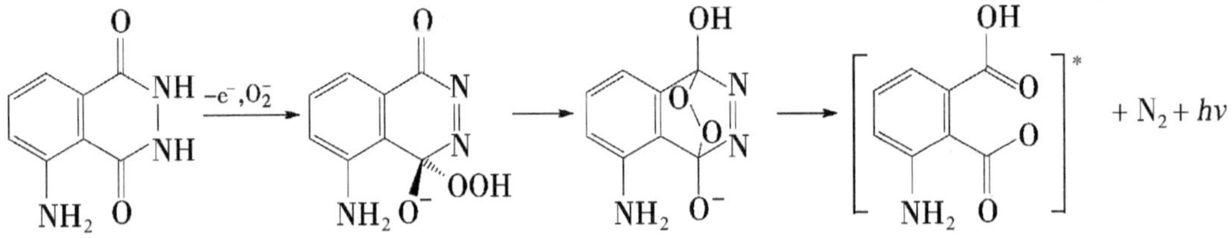

$\xrightarrow{-e^-, O_2^-}$ ⟶ ⟶ $[\ ]^* + N_2 + h\nu$

鲁米诺在电极上的电化学发光反应原理与在碱性溶液中与过氧化氢的化学发光反应原理类似，电化学氧化后，被氧化成 3-氨基邻苯二酸的激发态中间体，当其回到基态时发出 425 nm 的光子。异鲁米诺（如 AIBE）也是常用的电化学发光标记物。

鲁米诺衍生物能够共价结合在生物分子上，并产生电化学发光。基于此发展了以鲁米诺为标记物的电化学发光免疫分析方法，并用于各种分析测定。但是鲁米诺电化学发光是一个不可逆的电氧化还原过程，由于阳极水溶液中氧的形成，会出现高的电化学背景信号。因此，与 $Ru(bpy)_3^{2+}$ 标记物相比，鲁米诺的电化学发光免疫方面的实际应用受到了一定的限制。另外，有一些酶标记物在其特性底物的催化下可产生过氧化氢，并与鲁米诺混合，产生高灵敏度的电化学发光信号。

（三）纳米材料在电化学发光免疫分析中的应用

1. 纳米材料的特性与功能

纳米材料（nanomaterial）是指三个维度中至少有一维是在纳米量级（尺寸为 1～100 nm），或是以这种尺寸的材料为单位组合而成的材料。纳米材料因具有独特的性质（如表面效应、量子隧道效应及小尺寸效应等）而在各个领域都引起了广泛的关注。同样，对于电化学发光免疫传感器来说，纳米材料的这些性质也可以大大提高传感器的各种性能。具体来说，纳米材料具有高比表面积，可以为进一步的修饰提供更多的识别和结合位点；与其他材料相比较，纳米材料由于具有量子隧道效应，因而具有更出色的电子传递能力，有利于加快电化学反应速率和放大电化学发光信号；其小尺寸效应使得纳米材料作

为催化剂或者发光体能够展现更好的催化效果和电化学性能。因此，引入纳米材料以提高 ECL 免疫传感器性能的实验主要集中在以下几个方面：① 生物活性分子的固定；② 提高导电性和催化能力以放大 ECL 信号，提高灵敏度；③ 寻找新型发光体；④ 作为能量共振转移的受体。此外，纳米材料的合成方法简单、重现性好、合成路线多元，为它在各方面的应用提供了方便。

金属纳米材料是最常用的生物化学反应载体材料之一。其中，金纳米粒子(AuNPs)在传感器中的应用最为广泛。金纳米粒子不仅具有很好的生物相容性，还具有十分好的导电性，因而常常被用于构建传感器基底材料。金纳米粒子用作基底材料覆盖在电极表面时，不仅可以提高整个传感器的电子传导，还能起到负载蛋白质(包括抗原和抗体)的作用。

目前，纳米材料作为信号聚集的载体的信号放大策略一般是在"液体"中进行的，常见的包括一些具有大比表面积的纳米材料，如石墨烯、碳纳米管、金属纳米粒子等。它们不仅具有良好的生物相容性，而且易于进行生物修饰。通常用强酸氧化碳纳米管引入羧基，石墨烯也经常被制备成氧化石墨烯(GO)。金属纳米粒子由于可以和蛋白质形成稳定的化学键或静电吸附，所以一般不进行官能化。常见的聚合物，如 PAMAM 和 PEI，其末端具有大量的$-NH_2$，使其能通过酰胺反应连接大量带$-COOH$ 的物质。这些纳米材料和聚合物的比表面积大且活性位点丰富，因此可以连接大量的信号标记物或抗体等，即起到了信号聚集的作用，从而产生信号放大。

2. 纳米材料在 ECL 传感器中作为发光体

随着 ECL 传感器研究的深入，鲁米诺和三联吡啶钌这些传统 ECL 发光体虽然具有强发射特性，但在其他方面逐渐已经无法满足构建更高性能的传感器的要求。因此，越来越多的基于纳米材料的发光体被开发出来，如量子点(QDs)、碳基材料、贵金属纳米簇以及聚合物纳米点等。

量子点是一种低维半导体纳米材料，它三个维度的尺寸都小于对应的半导体材料的激子玻尔半径的两倍。2002 年，Bard 等首次报道了一元量子点 Si QDs 在湮灭途径的电位循环和共反应途径的电位脉冲期间都会产生光辐射，这种类型的材料因此进入了研究者们的视野。由于它具有许多独特的性质，如可调节的光学和电学性能、高量子产率、窄而对称的 ECL 发射光谱和良好的光稳定性等，在生物传感方面有着巨大潜力。量子点在 ECL 传感器中的应用大多数基于共反应剂途径，常用的共反应剂有过硫酸盐($S_2O_8^{2-}$)、三丙胺、过氧化氢(H_2O_2)和溶解氧等。研究表明，量子点的 ECL 光谱相较于其光致发光光谱(PL)有着明显的红移，这表明二者的激发态是不同的。Myung 课题组以 CdSe@ZnSe 核@壳 QDs 为例对以上问题进行研究，如图 6-15 所示，结果表明导致这种现象的原因是 QDs 的 ECL 发射与其表面状态有关，而其 PL 发射与其内部有关。该实验还显示有 ZnSe 壳包裹的 CdSe QDs 较单一的 CdSe QDs 有更强的 ECL 发射。与此同时，大量研究表明，核@壳 QDs

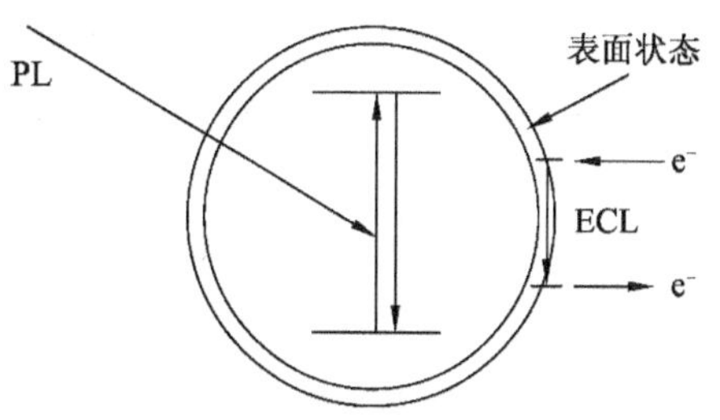

图 6-15　核@壳量子点的 PL 和 ECL 示意图

还可以通过调节壳的组成来调节其发射波长及强度，且有壳包覆的量子点会有更好的生物相容性。因此，越来越多的核@壳 QDs 取代单一结构 QDs 被应用在 ECL 传感器中，如 CdSe@CdS、CdSeTe@CdS@ZnS 和 CdSeTe@ZnS-SiO_2 等。然而，金属量子点存在潜在毒性，大量应用可能会对人体或生态圈造成放射性污染。为了降低它的毒性，可以采取以下几种方法：① 避免使用小尺寸(d<10 nm)的 QDs；② 尽可能使用由无毒金属离子或有机稳定剂合成的 QDs；③ 使用低毒基团，如羧基基团官能化的 QDs；④ 使用有 ZnS 和 BSA 这样的保护壳包覆的量子点。碳基 QDs ECL 行为的发现是 QDs 在 ECL 免疫传感器应用中的一个重大突破。碳基材料表面有许多含氧基团，这赋予它们许多优异的性能，如易功能化、良好的水溶性和生物相容性、低毒性及环境友好性。碳点(CDs)和石墨烯量子点(GQDs)是两种常用的碳基 QDs，在不同的 ECL 传感器中均展现出了优良的性能。

除碳基 QDs 外，还有一些碳基材料被开发出来作为新型的 ECL 发光体，如石墨相碳化氮纳米片(g-C_3N_4 NHs)。它是一种有着稳定的 s-三嗪环结构的无金属半导体纳米材料，具有与石墨烯相似的二维平面结构，被认为是最稳定的碳化氮同素异形体。基于 g-C_3N_4 NHs 的 ECL 传感器也在检测不同的目标物时展现出了优异的性能。

Au 和 Ag 纳米簇 ECL 行为的发现，使金属 ECL 发光体得到了迅速的补充与发展。这些纳米簇可以有不同的形貌，如棒状、片状、立方体等，以满足不同的需要。它们具有良好的水溶性和稳定性、低毒性、易官能化等优良性质，使得其在随后的一系列研究中均取得了良好的效果。聚合物纳米点 ECL 行为的研究始于 Bard 等人发现聚乙烯纳米点在有机溶剂中的 ECL 现象。随后，各种其他聚合物纳米点在水溶液中的 ECL 行为相继被报道，这表明这种新型 ECL 纳米材料在生物传感领域的应用前景广阔。

(四) 电化学发光免疫分析方法的标记技术

与化学发光免疫分析标记方法相类似，抗原和抗体的标记是电化学发光免疫分析中十分关键的一个环节。标记免疫步骤不仅要求标记产物不易脱落，性质稳定，更重要的是标记后标记物应保持原抗原或抗体的活性，保持标记基团的发光活性。以蛋白质为标记对象，表 6-1 列举了一些常用的方法(A、B 分别为参与偶联的两种物质所具有的反应基团)。

表 6-1 参与标记的双方结构特点与标记方法的选择

A	B	标记方法	主要偶联方式
—COOH	—NH_2	碳二亚胺法	$-\overset{O}{\overset{\Vert}{C}}-NH-$
芳香伯氨基	组氨酸、色氨酸残基	重氮化法	—N=N—C
—COOH	—NH_2	混合酸酐法	$-\overset{O}{\overset{\Vert}{C}}-NH-$
—COOH	—NH_2	N-羟基琥珀酰亚胺活化法	$-\overset{O}{\overset{\Vert}{C}}-NH-$

续表

A	B	标记方法	主要偶联方式
—CH—OH | —CH—OH	$—NH_2$	过碘酸钠法	| —C—NH— |
$—OH, —NH_2$	$—NH_2$	环内酸酐法	O O ‖ ‖ —NH—C—C—NH—
$—NH_2$	$—NH_2$	硫氰酸酯衍生物法	S ‖ ——NH—C—NH—
—CHO	$—NH_2$	O-(羟甲基)羟胺法	O ‖ $—CH{=}NOCH_2C—NH—$
$—NH_2$	$—NH_2$	戊二醛法	$—N{=}CH(CH_2)_2CH{=}N—$

四、电化学发光免疫分析的应用与发展趋势

1. 电化学发光免疫分析的应用

电化学发光免疫分析自20世纪90年代以来得到了广泛的关注，已经成为环境监测和生物分析领域中的一项重要技术。目前，在临床医学上，电化学发光免疫分析的应用主要体现在以下几个方面：① 生物活性肽、激素以及各种蛋白的含量测定，主要包括甲状腺功能的8个参数及内分泌性激素等的测定。激素在人体内含量很低，但却是不可或缺的物质，研究表明激素代谢的紊乱会造成很多代谢疾病的发生。一般现在采用放射免疫法对激素进行检测，但其对公共环境的污染和人体的伤害是非常大的。用于代替放射性免疫方法对多种激素进行定量测定的电化学发光免疫分析方法是非常具有发展潜力的。② 贫血诊断的铁蛋白、维生素 B_{12}、酶等微量物质的定量检测。酶在人体内具有催化活性，但它在人体内的含量非常少。一般的常规实验方法都是对其实验活性进行测定，然而因为测定方法的局限性，很难测定其具体的含量，所以很多实验室得到的数据差距很大，基本无可比性。而电化学发光免疫分析使得酶类的质量测定变得快速而简单。③ 过敏反应中免疫球蛋白(IGE)的含量测定。因为在过敏反应中IGE有着重要的意义，但是年龄不同的人体内IGE含量变化一般较大，所以测量IGE在血浆中的含量只有和其他临床检查结合起来才有实际的应用价值。④ 肿瘤的早期诊断。用电化学发光免疫分析测定甲胎蛋白一般能够早期诊断肝癌，检测甲状腺球蛋白可以早期诊断甲状腺肿瘤。同时也有学者报道，用电化学发光免疫分析来检测血清人绒毛膜促性腺激素，也同样非常适合早孕以及宫外孕的诊断。

2. 电化学发光免疫分析的发展趋势

电化学发光免疫分析结合了免疫分析法与电化学发光法的特点，具有特异性强、灵敏度高、线性范围宽、检测快速、易实现自动化、所用的试剂无放射性危害、稳定性好、分析方法多样、使用面广等特点。随着电化学发光免疫分析方法的日益成熟，各种新技术与电化学发光免疫分析的联用已成为一种发展趋势。例如，电化学发光与流动注射技术(FI)的

联用，可以实现电化学发光免疫分析检测的自动化；电化学发光免疫分析与高效液相色谱（HPLC）、毛细管电泳（CE）及微全分析系统的结合，可以使电化学发光免疫分析的灵敏度、选择性以及检测速度得到提高。目前，电化学发光免疫分析已广泛用于临床医学、环境分析、食品分析、药物分析及核酸杂交分析等众多分析科学领域，已经形成了一热门产业，极大地推动着生命科学的研究。尽管如此，仍然还有许多值得研究和发展的关键问题：

（1）研究新型的电化学发光免疫材料。探索新的激发电位和发光波长，采用不同于三联吡啶钌的电化学发光物质，并同时和三联吡啶钌进行标记，由收集到的不同的信号来对多组分进行同时测定。

（2）开发新的电化学发光免疫分析标记物。因为三联吡啶钌有着独特的电化学发光特点，目前广泛应用于电化学标记物，一般的电化学发光物质还无法与其比拟，但其价格昂贵，所以还需努力研发新型高效价廉的电化学发光免疫分析标记物。

（3）将电化学发光免疫和其他技术联用。将其与磁性微球分离、流动注射、毛细管电泳和高效液相色谱等技术联用来对食品以及药物进行分析是近几年来发展的主要研究方向。不同技术的联用可以优势互补，促进环境科学、生命科学的研究和发展。

思考题与习题

1. 简述电化学发光分析法的原理及其特点。

2. 简述电化学发光仪的工作原理。

3. 化学发光分析仪和电化学发光分析仪的结构有何不同？功能有何差异？

4. 简述电化学发光免疫分析法的原理。电化学发光免疫分析标记方法有哪些？电化学发光免疫分析的标记物有哪些？

5. 电化学发光免疫分析的检测方法有哪些？

6. 举例说明电化学发光免疫分析法的应用。

第七章　流动注射及微流控分析

溶液化学分析是分析化学中最基本和最经典的分析方法，其分析过程可分为一系列的“单元”操作，如仪器准备及器皿的清洗、试样制备（研磨、匀化和干燥等）、试样量度（称量和体积量度）、试样溶（消）解稀释、分离（沉淀、过滤、萃取、渗析、柱吸附或色谱分离等）、目标物测量（吸光度、辐射强度、电位、电流、电导、电荷量等物理量的测定，以及滴定、称量等）、校准（标准溶液配制并制作校准曲线）、数据评价及结果报告等。以上过程的手工操作仍然是每个化学实验室最常见的操作，它费时、费力、分析速度慢，而且分析结果常常受到操作者主观因素的影响。例如，临床实验室在对大量人体血液、尿液等样本中 30 多项理化指标实施常规检测时，除需要在短时间内完成检测之外，还要求控制合理的检测成本，同时要避免大量试剂对操作者健康和环境的影响。显然，手工操作很难满足这些临床检验要求。另一方面，在实验室完成一次分离、分析所需要的分析设备种类多、体积大，试样和试剂消耗量很大，难于操作，且不便于进行现场分析。一个分析测试中试样的处理等往往占去了整个分析时间的 80%，这种状况自然远远不能满足电子计算机时代对一个化验室所应该提供的信息量的要求。为此，人们尝试研究并发展了一系列自动分析方法及装置。20 世纪 70 年代和 90 年代分别出现的流动注射分析及微流控分析技术正是为解决这些矛盾而发展起来的分析检测新技术。

第一节　流动注射分析

一、概述

流动注射分析（flow injection analysis, FIA）是由丹麦技术大学的 J. Ruzika 和 E. H. Hansen 于 1974 年首先提出的一种新型的连续流动分析技术。这项技术是将化学分析所使用的试剂和试样按一定顺序和比例用泵和管道输送到一定的区域进行混合，待反应完成之后再经由检测器检测反应产物并记录和显示分析结果。由于试样溶液在严格控制的条件下在试剂载流中分散，因而只要试样溶液注射方法以及在管道中存留时间、温度和分散过程等条件相同，不要求反应达到平衡状态就可以按照比较法由标准溶液所绘制的工作曲线测定试样溶液中被测物质的浓度。流动注射与其他分析技术相结合，极大地推动了自动化分析和仪器的发展，成为一项新型的微量、高速和自动化的分析技术。

该分析技术的独特之处在于用“试剂流”与“试样流”按比例混合的方式代替手工量取试剂和试样并混合的过程，实现了管道化的自动连续分析。将试样溶液直接以“试样塞”的形式注入管道的试剂载流中，化学分析可在非平衡的动态条件下进行，试样间交叉污染小、扩散程度低，因此 FIA 的分析准确度、精密度和分析速度都大大提高。大量实验研究及应用成果表明，FIA 具有以下优点：

(1) 操作简便。省去了大量手工操作过程，如器皿洗涤、试剂加入及混匀等。

(2) 重现性好。FIA 的相对标准偏差(RSD)一般小于 1%。

(3) 试剂和试样消耗量小，环境友好。FIA 是一种很好的微量分析技术，通常完成一次测定只需要试样 25～100 μL、试剂 100～300 μL。此外，分析系统封闭，减小了外界因素(如沾污、空气中 CO_2 和 O_2)对测定的干扰。同时，系统封闭也有利于环境保护，同时可以减少对操作者的健康影响。

(4) 分析速度快。通常每小时可获得 100～300 个分析结果，有时甚至可达 600 个。

(5) 适用于物理和物理化学过程研究。由于 FIA 在非平衡的动态条件下完成，所以该方法是研究扩散以及化学反应过程等非常有用的手段。

(6) 仪器简单，易于自动化。FIA 仪器可通过常规仪器自行进行组装，并可实现在线分析。

(7) 应用范围广。FIA 技术可与分光光度计、离子计、原子吸收光谱仪以及等离子体发射光谱仪等仪器联用，达到多种分析目的。

图 7-1 是分光光度法测定氯离子最简单的流动注射分析系统及其记录响应曲线。其具体分析过程是：蠕动泵 P 将 $Hg(SCN)_2$ 和 Fe^{3+} 溶液以 0.8 mL・min^{-1} 的流速直接泵入管路中，形成试剂载流，然后通过进样器(通常为六通阀)将 30 μL 含氯试样溶液注入试剂载流中。此时，试样和试剂进入 50 cm 反应盘管 RC 并发生如下反应：

$$Hg(SCN)_2(aq) + 2Cl^- \rightleftharpoons HgCl_2 + 2SCN^-$$

$$Fe^{3+} + SCN^- \rightleftharpoons Fe(SCN)^{2+}$$

反应生成的红色产物 $Fe(SCN)^{2+}$ 通过充液体积为 18 μL 的流通池 FC，用配有 480 nm 干涉滤波片的分光光度计进行检测并记录。图 7-1(b)为含有 7 种不同浓度(5～75 μg・mL^{-1})Cl^- 标准溶液的输出记录曲线，其中每个浓度的溶液重复测定 4 次，共耗时 23 min。记录图右侧曲线 R_{30} 和 R_{75} 表示浓度分别为 30 μg・mL^{-1} 和 75 μg・mL^{-1} Cl^- 的快速扫描曲线。当两次进样(S_1，S_2)的时间间隔为 28 s 时，前次进样在流通池中的残留量小于 1%，或者说两个相邻试样之间的交叉污染程度小于 1%。

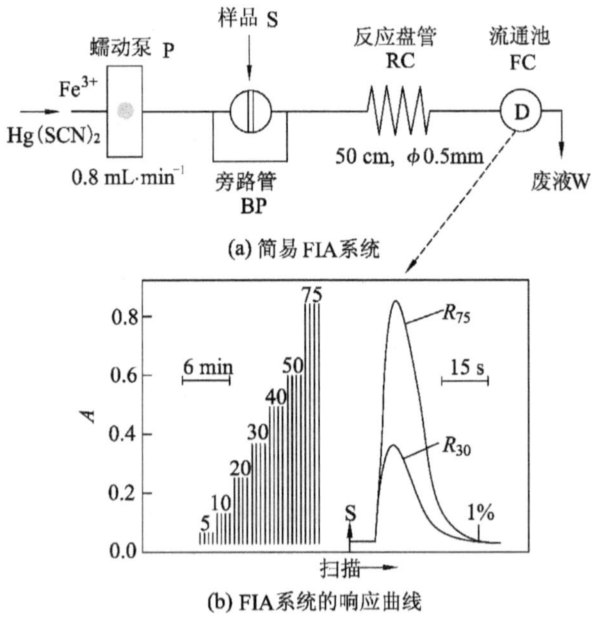

图 7-1　简易 FIA 系统及其响应曲线

一般可将 FIA 过程概括为：将一定体积的试样液以“塞子”(plug)的形式间歇地注入处于密闭的、具有一定组成的流动液体(试剂或水)载流，试样塞在被载流推入反应管道的过程中，因对流和扩散作用而分散形成具有一定浓度梯度的试样带

(sample zone)。该试样带与载流中的某些组分发生化学反应生成可被检测的物质，最后被载流带入检测器进行检测，并由记录仪连续记录响应信号随时间的变化情况。在 FIA 中，载流除了具有推动试样进入反应管道和检测器、与试样待测组分发生反应等作用外，还可对反应管道和检测器进行自动清洗，防止试样交叉污染。这也是 FIA 方法分析速度快的一个重要原因。

二、流动注射分析基本原理

在 FIA 中，从试样注入到完成分析，整个过程经历了一系列复杂的物理、化学过程，如基于试样、试剂和载流三者之间的扩散和对流的分散混合过程(物理过程)，试剂与试样间的化学反应过程(化学过程)以及检测器对目标物的响应(能量转换过程)。

(一) 物理混合过程及分散度

1. 物理混合过程

在 FIA 中，在试样以"试样塞"进入反应管道并随载流向前移动的过程中，试样塞的分子与载流之间将产生分子扩散和对流扩散作用并导致试样带变宽，即试样的分散。在混合过程中，轴向对流和径向分子扩散两种作用的竞争决定了输出峰的形状。图 7-2 给出了 4 种不同混合程度时的扩散情况和相应的响应峰。

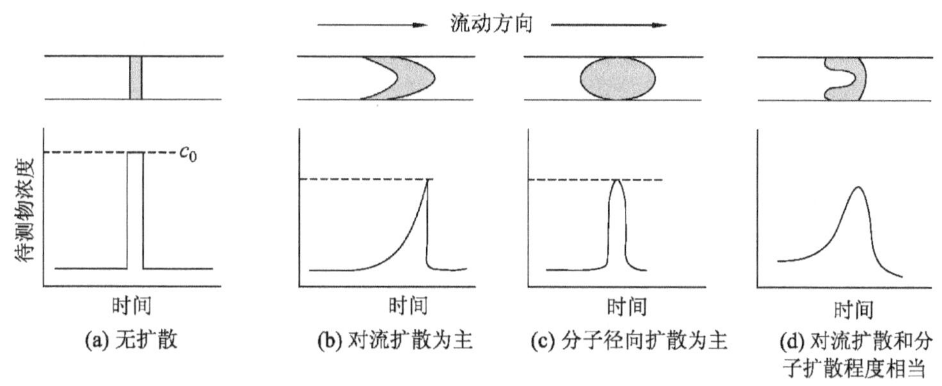

图 7-2　对流和径向扩散程度对各种响应峰轮廓的影响

在运动着的液体间摩擦力的作用下，液体质点各处的轴向流速不同。靠近管壁附近的流速较慢，而靠近管中心的流速较快，此时轴向流速沿管径的分布呈抛物线形，"试样塞"在此条件下产生对流扩散过程。如果试样在载流的推动下向前移动的过程中，沿流动方向(轴向)只发生对流扩散(试样中心区域的流速大于靠近管壁区域的流速)，那么当试样进入检测器时，输出峰形将产生严重的拖尾，从而导致试样间的交叉污染，如图 7-2(b)所示。但实际情况中并未发生这种现象，这说明在对流扩散进行的同时还有另一种扩散过程，即分子扩散，如图 7-2(c)所示。

分子扩散过程是因分子的布朗运动产生的。在做层流运动的流体中，与流动方向垂直(径向)的截面上如果存在浓度梯度，则在此截面上的物质将通过分子扩散作用从浓度高的地方移至浓度低的地方。试样和载流借助这种径向扩散作用进行有效混合，同时限制了轴向的对流扩散，减小了试样间的交叉污染，提高了进样频率，如图 7-2(d)所示。

应该指出的是，在运动的流体中，一般情况下的对流扩散除分子的轴向对流扩散外，还包括液体质点在各处的运动速度和方向随时间和空间随机变化的湍流扩散。但由于FIA是在层流扩散条件下进行的，所以可认为湍流扩散为零，对流扩散简化为分子的轴向对流扩散。同样，因浓度梯度产生的分子扩散也包括分子的径向扩散和分子的轴向扩散。然而，当使用的管径足够小时，分子的轴向扩散可以忽略不计，此时的分子扩散主要是径向扩散。

在FIA中，对流扩散与分子扩散作用的强弱取决于载流流速、管道内径、留存时间以及试样和试剂分子的扩散系数。在试样注入方式、反应管道内径、载气和试样特性以及FIA系统确定之后，当载流速率增加时，"试样塞"中心处流速与管壁处流速之差增加，对流扩散增强；反之，则分子扩散增强。当载流速率接近分子扩散速率时，分子扩散速率占主导。

2. 分散度

为描述"试样塞"与载流或试剂之间的分散混合程度，可引入分散度(dispersion coefficient)的概念。所谓分散度，是指产生分析读数的液流组分在扩散过程发生前后的浓度比值，即

$$D_t=\frac{c_0}{c_t} \tag{7-1}$$

式中，c_0为待测试样的原始浓度；c_t为进样后任一时刻试样分散后的浓度；D_t为输出曲线上任意一点的分散度。在多数FIA方法中，通常用峰高值对应的最大浓度c_p或最大峰高h_p代替任一时刻的浓度c_t或峰高h_t，从而直接获得试样的总分散度D，即

$$D=\frac{c_0}{c_p}=\frac{h_0}{h_p} \tag{7-2}$$

式(7-2)描述了原始试样被稀释的程度。在试样原始浓度c_0一定的情况下，总分散度D越大，峰值浓度c_p越小，表明试样被稀释的程度越大。例如，当原始浓度$c_0=1$，$D=2$时，$c_p=1/2$。也就是说，试样被载流或试剂稀释，使其浓度由1下降到1/2，试样中混入了一倍的载流或试剂。

分散度是FIA系统中的一个重要参数。不同检测方法要求采用不同分散度的FIA系统。通常按D值大小将体系分散度分为低分散($1<D<3$)、中分散($3<D<10$)和高分散($D>10$)三个范围。

3. 影响分散度的因素

在FIA分析中，分散度主要受进样体积(V_s)、反应管长(L)和内径(r)、载流流量(q)或流速(f)等因素的影响。通过控制和选择这些参数可获得合适的分散度。

(1) 进样体积(V_s)。

以水为载流，染料试样的V_s与分散度的关系如图7-3(a)所示。可见，在所有其他因素一定的条件下，随着V_s的增加，分散度下降，此时峰高增加直至达到稳定的输出信号(此时的分散度趋近于1)。与此同时，峰形显著变宽，且达到峰值的时间也增加。另外，所有记录曲线都从同一起点S开始响应。各曲线上升部分的斜率相同，表明斜率与V_s无关。

如果将达到稳定信号的50%($D=2$)时的进样体积记为$V_{1/2}$，理论计算和实验表明，

对低分散体系而言，当进样体积超过 $2V_{1/2}$ 时，分散度的下降变得非常有限，此时很难再通过增加进样体积来提高灵敏度。因此，低分散体系的最大进样量一般不大于 $2V_{1/2}$。在具有中、高分散度的 FIA 体系中，从开始响应点到进样体积为 $V_{1/2}$ 所对应的响应点这一曲线上升部分可视为直线，因此进样体积与响应峰高成正比，其最大进样量也不应超过 $2V_{1/2}$。

综上所述，试样注入体积增加可引起分散度下降，分析灵敏度增加，但同时导致峰形变宽以及留存时间延长。通常在分析高浓度试样时试样注入体积不宜过大，而在分析低浓度试样时可适当增加试样注入体积。

(2) 反应管长及内径。

以水为载流，染料试样反应管长与分散度的关系如图 7-3(b)所示。可以看出，随着管长 L 的增加，“试样塞”在管道中的扩散混合等物理过程的时间也增加，导致分散度增加，峰宽也随之增加，最终导致灵敏度和进样频率的下降。因此，在保证系统有足够灵敏度的条件下，应采用尽可能短的反应管长。

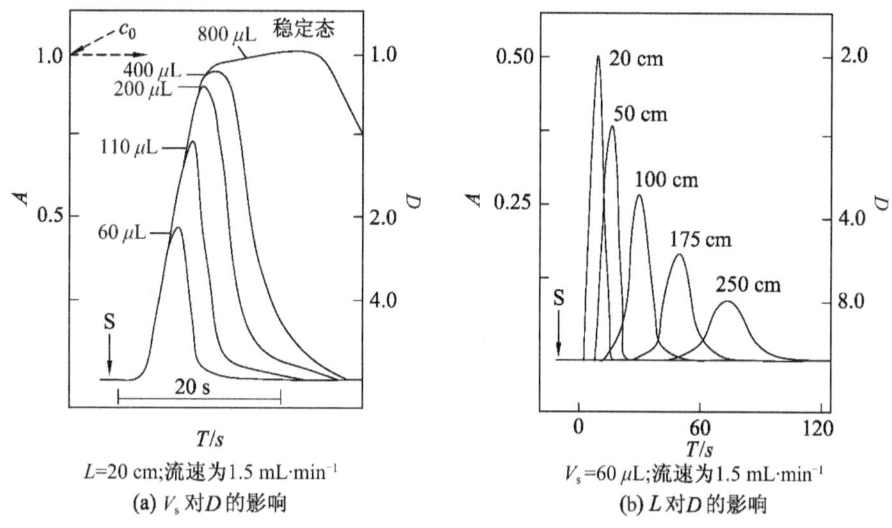

图 7-3　进样体积 V_s 和反应管长 L 对分散度 D 的影响

由于同一体积的试样在不同内径的管道中的长度不同，管径越细，同体积的“试样塞”越长，与载流或试剂的接触面积越小，因而相互之间的混合分散程度越小。此外，使用细管道也可节省试样和试剂用量。但是，太细的反应管道对流体的阻力增加，不便于使用简易蠕动泵；另一方面，细管道也易被固体颗粒物堵塞，而且当流通池孔径(通常在 0.5～1.5 mm之间)大于管道内径时容易引起检测区流体的不稳定。一般来说，最佳反应管道内径约为 0.5 mm，而高、低分散体系流路分别采用内径为 0.75 mm 和 0.3 mm 的反应管。

(3) 载流流量或流速。

当反应管长和内径一定时，载流流量(q)或流速(f)可通过控制泵速进行调节。此时，载流流量、载流流速、留存时间(T)与分散度(D)的关系分别为

$$D^2=\frac{k_1}{q}=\frac{k_2}{f}=k_3T \tag{7-3}$$

式中，k_1、k_2、k_3均为常数。

由上式可见，载流流量或流速与留存时间成反比，与分散度的平方成反比。必须注意的是，按“试样塞”流动分散模型推理，载流流速增加时对流扩散增加，因而分散度亦增加；另一方面，载流流速增加也使得留存时间减小，分散度减小。在影响分散度的两种相反因素中，因留存时间缩短引起的分散度减小值远大于因载流流速增加引起的分散度增加值。总的看来，载流流速增加导致分散度下降。

以上介绍了影响分散度的几种主要因素，了解这些因素之间的相互关系对设计合适的 FIA 系统具有一定的指导意义。然而，FIA 系统中涉及的影响因素很多，除以上所介绍的几种物理因素外，还有化学因素（如试样和试剂浓度、pH、载流种类和物性、干扰物及其浓度、反应速率、反应产物及物性等）和其他因素（如检测器的选择、试样注入方式和管道连接方式等）。因此，在进行 FIA 分析或设计 FIA 系统过程中，必须全面考虑这些因素的影响。

（二）化学动力学过程

假设在简单 FIA 系统中，试剂 R 与试样中待测物 A 在管道中经混合分散并发生如下化学反应：

$$A+R \rightleftharpoons P \tag{7-4}$$

在 FIA 中，由于试剂 R 与试样中待测物 A 在管道中的分散混合和化学反应不完全，因此在物理和化学方面均存在动力学过程。两种过程可用图 7-4 中的各条曲线来描述。图中曲线 1 表示试样中待测物 A 的分散程度以及与试剂 R 反应时的消耗规律；曲线 2 表示在实验条件下，反应产物 P 与留存（反应）时间的关系；曲线 3 反映了试剂 R 因扩散进入“试样塞”中心区域的浓度变化。可见，随着反应的进行，反应产物 P 生成的曲线上出现最高点 P_{max}，此时产物的生成速率等于产物的分散速率。该点左边部分表明产物的生成速率大于分散速率，产物浓度随时间增加而增大；该点右边的情况则刚好相反。

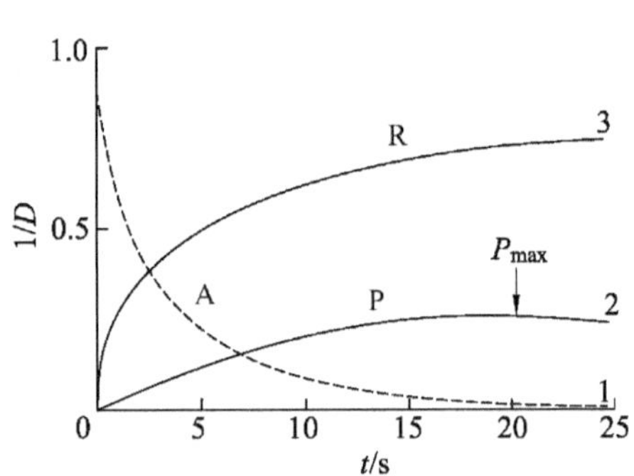

实验条件：$V_s=30\ \mu L$，$Q=0.86\ mL \cdot min^{-1}$，反应管长 L 分别取 25、50、75、100 cm，管内径为 0.5 mm

图 7-4　不同留存（反应）时间下各反应物和反应产物在 FIA 中变化过程

以式(7-4)中的二级反应为例，在任一时刻 t，试样在管道中的化学反应速率、产物生成速率与分散度之间的关系可用下式描述：

$$\frac{dc_t}{dt}=k\left(\frac{c_A}{D_t}-c_t\right)\left(\frac{D_t-1}{D_t}c_R-c_t\right)-\frac{c_t}{D_t}\left(\frac{\partial D}{\partial t}\right)dt \tag{7-5}$$

式中，c_A、c_R分别表示流体中待测物和试剂的原始浓度，c_t和D_t分别表示某一时刻t时反应产物的浓度及其分散度。该式可将“试样塞”中 A 与 R 的反应产物的分散度与化学反应速率这两个不同领域的概念联系起来。

将式(7-5)中的 t 用留存时间 T 代替并经变换可得

$$dc_t = k\left(\frac{c_A}{D} - c_t\right)\left(\frac{D-1}{D}c_R - c_t\right) - \frac{c_t}{D}\left(\frac{\partial D}{\partial t}\right)dT \tag{7-6}$$

式中，D 为总分散度。

对上式进行积分，可得到产物随留存时间 T 和分散度 D 而变化的规律(图 7-4 中的曲线 2)。当 $dc_t/dT=0$ 时，此式有一极大值 P_{max}，该值所对应的 T 值为最佳留存时间 T_{opt}。对于快反应，T_{opt} 很小；而对于慢反应，T_{opt} 将很大。必须指出，由于 k 和 D 值未知，因此不能直接用该方程计算产物的形成曲线，还需通过实验方法测定产物形成曲线，进而估计反应进行的快慢和程度(化学反应产率)。

以上讨论和一些实例研究表明，为获得最大分析灵敏度，一般取产物形成曲线上 P_{max} 点所对应的反应时间作为 FIA 系统的最佳留存时间，可采用改变反应管长、调节泵流速等方法达到最佳留存时间。在具体设计 FIA 方法时，必须综合考虑留存时间与分散度这两个相互矛盾的因素。如果想要增加反应产物浓度而又不使分散度有太大的增加，除了选择反应速率更快的化学反应之外，另一个有效的途径是降低载流流速甚至使试样停止在管道中(停流技术)。这样可使留存时间大大延长，而分散度又不会明显增加。

(三) 能量转换过程

FIA 分析中的能量转换过程是通过 FIA 仪器中的检测系统完成的。检测系统能将反应产物的特性或试样本身的性质转换为可测的电信号，并通过仪器仪表显示或记录。检测器输出信号或记录仪的记录曲线实质上是对试剂和试样间的物理混合、化学动力学和能量转换三种过程的综合反映。FIA 系统可与许多能量转换检测器联用达到多种分析目的，如 FIA-比色分析和 FIA-离子选择性电极分析等。

三、流动注射分析仪器的组成

通常，流动注射分析仪器主要由蠕动泵、进样器、反应器、检测器和记录仪等部分组成。

(一) 蠕动泵

图 7-5 为常用的压盖式蠕动泵工作原理示意图。蠕动泵由 8～10 个平行排列于同一圆周上的轴辊组成，能通过滚筒挤压一根或多根弹性塑料泵管(0.25～4 mm i.d.)提升并推动各管内流体形成连续的载流(使用采样阀进样时，蠕动泵可将试液抽入采样环内)，其流速可通过改变马达转速或弹性塑料管内径进行控制和调节。压盖式蠕动泵的最大缺点是对泵管的适应性差，如果被挤压的各泵管的壁厚不均匀，可能导致各泵管中流体的流速不一致。目前多使用层状压片式蠕动泵，即将压盖制成分裂式的层状压片，每块压片挤压一根泵管，其压紧程度可通过微调螺丝单独调节，从而克服了压盖式蠕动泵的不足。

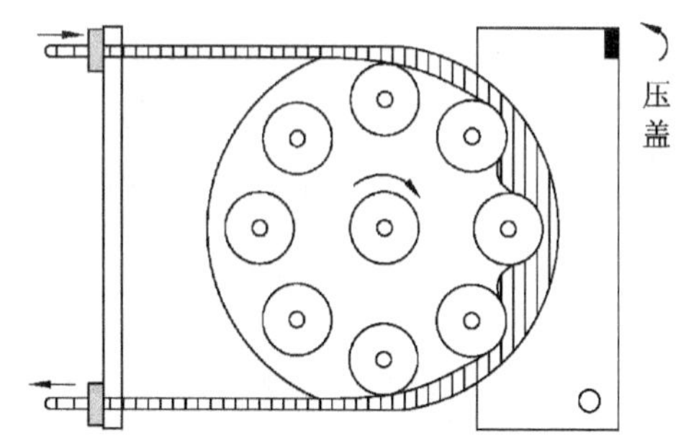

图 7-5　压盖式蠕动泵工作原理

用来输送液流的蠕动泵管材应具有一定的弹性、耐磨性、抗腐蚀性以及对温度的不敏感性等特征。材质不同的泵管，其用途各异。对水溶液，一般用含有添加剂的 PE 或 PVC

管;而对强酸或有机溶剂环境,通常采用催化异构管和硅橡胶管等。

(二) 进样系统

FIA分析进样器要求能以较高重现性将一定体积(5～500 μL,通常为10～30 μL)的试样(S)以“塞子”或“脉冲”的形式快速、不受载流干扰地注入流路中。早期采用注射器,现在多采用具有采样环的进样阀(V)。图7-6给出了最常用的单通道进样阀的工作过程。与HPLC进样阀类似,当进样阀处于图中所示的位置时,试样溶液被蠕动泵吸入一定体积的采样环中,此时,载流从进样阀的“旁路管”(BP)中流过。采样完成后,快速转动进样阀,将采样环接入载流管道,同时断开旁路管,试样以塞子形式进入载流。

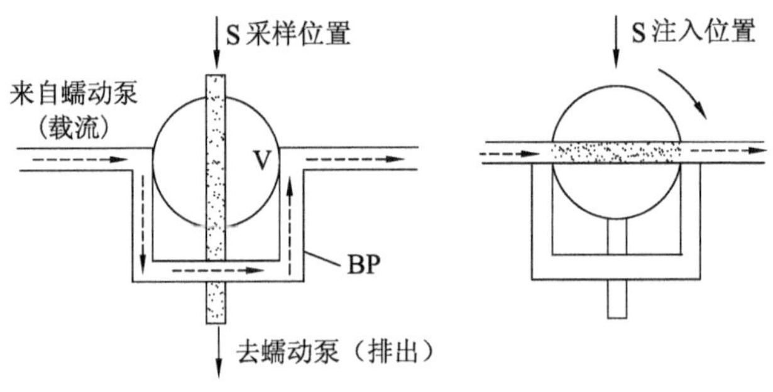

图7-6　进样阀及其工作示意图

(三) 反应器

反应器是被注入的“试样塞”在载流中分散,并与其中的待测组分发生化学反应,生成可被检测物质的场所。反应器种类很多,大致可分为开管式反应器(open tubular reactor, OTR)和填充式反应器(packed reactor, PR)两大类。

1. 开管式反应器

开管式反应器包括直管(straight)反应器和盘管(coiled)反应器。前者实际上是一段具有一定长度的细管,在FIA分析条件下,这种反应器中液体的流动是层流,“试样塞”的分散可以认为是轴向和径向扩散的综合过程,它一般用于低分散系统;后者是最常用的反应器,也称为反应盘管,它是将细管绕成具有一定直径(一般不大于1 cm)的螺旋状圆圈而成。当流体高速通过反应盘管时,液体因离心力的作用而在径向上产生“次生流”。该次生效应限制了“试样塞”的轴向扩散,降低了“试样塞”的变宽程度,从而提高了进样频率。

2. 填充式反应器

填充式反应器包括填充层(packed bed)反应器和单珠串(single bead string)反应器等。前者是按需要截取的一段填充惰性球状微粒(玻璃珠)的管子。当柱管内径与微粒直径之比在5～50范围内时,注入试样的轴向分散程度与粒子直径成正比,因此填充细小的微粒可降低“试样塞”的轴向分散度。此外,填充层反应器中“试样塞”间的交叉污染小,而且可获得较长的化学反应时间和较高的灵敏度,但因液流通过反应器的压强损失大,需采用高压泵。单珠串反应器由填充有直径为反应管内径的60%～80%的“大玻璃珠”的管子构成。由该反应器得到的“试样塞”的分散度比同样规格的开口直管反应器小10倍,且在一定流量范围内,响应峰值几乎不受影响。与填充层反应器相比,单珠串反应器的压强

损失小，可采用普通蠕动泵获得近似高斯分布的响应曲线。

此外，填充式反应器还可通过充填离子交换树脂、还原剂和固定化酶等现实不同的分析目的。有些 FIA 系统还根据反应体系情况引入了相应的恒温加热装置和脱气装置。

（四）检测系统及响应曲线

FIA 检测系统将经过流通池的待测物的某种理化特性转换为可以识别并记录的信号，其组成与 HPLC 分析所使用的检测器类似，主要由流通池（flow cell）、某些信号转换元件（传感器）和记录仪等组成。原子吸收和发射光谱仪、荧光光度计、电化学检测器、折射仪以及分光光度计等均可用于 FIA 过程的检测，其中以分光光度计的应用最为广泛。

典型的 FIA 输出信号是一个尖形峰（图 7-1）。输出曲线的纵坐标表示待测物响应峰的信号强度（峰高 h），其大小与待测物浓度成正比；横坐标为时间轴，从试样注入到出现响应峰的最高点所经历的时间称为留存时间（residence time），FIA 的留存时间一般为 5～20 s。

FIA 分析中，待测物随着试样带的移动，可形成中间浓度高、两端浓度低的梯度曲线，此曲线实质上是试样浓度的分布图。除 FIA 分析常使用的浓度分布曲线最高点之外，曲线其他部分还存在大量而丰富的“信息”。通过研究这些“信息”已开发出许多流动注射梯度技术，如梯度稀释、梯度校准和梯度滴定等技术。

必须注意，在形成试样浓度梯度的同时，载流或试剂在试样带中则形成一种相反的浓度梯度。当载流中试剂浓度很低时，分散进入试样带中心的试剂浓度则更低，此时，试样中心区域反应物产率就可能低于试样带两端，从而导致双峰的出现；当试样溶液与载流存在酸碱性差异时，由于 pH 梯度的形成，一些对 pH 变化敏感的化学反应可产生不同产物，也会产生双峰甚至多峰。此外，当载流中试剂浓度一定时，注入试样体积过大或反应盘管长度不适当也有可能导致双峰的出现。

当载流与注入的试样溶液之间盐类浓度差别太大时，载流和试样黏度、折射率、电导率、液接电位或吸光度等的不同或变化可能导致负峰的形成。例如，以分光光度计为检测器，当待测物浓度很低时，反应产物的光吸收可能小于载流固有的光吸收，从而出现负峰。

双峰、负峰和不规则峰的出现可以通过改变实验条件避免。对于双峰，可通过增加载流浓度、减小进样体积、选择适宜管长及内径、选择合适的 pH 缓冲溶液或者设计可周期性改变溶液流向的流路系统等方法减小或消除；对于负峰，则可以通过调节载流的离子强度、改变 pH 缓冲溶液组成（离子选择性电极分析）或者采用蒸馏水作载流，使试样适当稀释后再与试剂流汇合（光度分析）等方法加以消除。最为有效的方法是使载流和试样的盐度或酸度尽可能一致，这样既可消除负峰，又可保证基线的稳定。

四、流动注射分析的应用

基于分析对象的性质、浓度范围、分析目的以及 FIA 系统的综合过程（物理混合、化学反应和能量转换），各国科技工作者在分析体系的选择、反应器的设计、采样-注样技术、分离富集技术、梯度技术、多组分同时测定方法、流路设计及集成微管道化等方面的研究取得了很大的进展，并在各分析领域得到了广泛应用。限于篇幅，本章按照 FIA 系统分散混合程度的不同，列举部分实例来说明 FIA 方法的应用。

（一）低分散度流动注射分析体系

当需要迅速测量试样本身性质时采用低分散度方法。例如，火焰光度法、电感耦合等离子体发射光谱法（ICP-AES）和火焰原子吸收法（FAAS）等与 FIA 联用测定试样溶液中金属离子浓度，电化学方法与 FIA 联用测定 pH、pCa 值和电导等。由于不涉及化学反应，所以要求试样尽可能集中，不经稀释地流过检测器，即试样与载流的混合程度应尽可能地小。实际工作中，通过增加进样体积、减小注入点与检测器响应点之间的距离、降低泵速等措施降低试样的分散度，可获得较高的分析灵敏度。

例如，采用与图 7-1 类似的单流路 FIA-FAAS 方法测定水中的 Mg^{2+} 时，可以在保持 FAAS 方法测定精度的前提下，显著地提高分析速度。采用对 FIA 系统分散度的控制等方法可以灵活地改变分析灵敏度，扩大分析的线性范围。如果采用如图 7-7 所示的合并带注样技术（此时试剂不作为载流，而是利用另外一个采样阀，将试剂直接注入“试样塞”中），还可以使添加释放剂和缓冲剂等过程自动完成，从而大幅减少添加剂的用量。FIA-FAAS 方法的另一优点是：由于进样与载流的洗涤过程交替进行，即使试样盐分浓度很高，也可直接分析而不至于堵塞 FAAS 的雾化器，这在一定程度上避免了 FAAS 分析中因需稀释试样而引起的灵敏度下降。

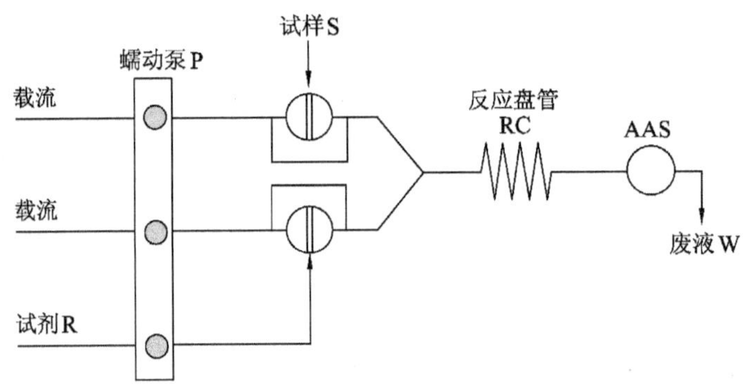

图 7-7 合并带注样——HA-FAAS 方法测定流程图

（二）中分散度流动注射分析体系

当试样必须与一种或几种试剂进行化学反应转化为另一种可被检测的化合物时，需采用中分散度的方法（如各种光度法与 FIA 系统的联用）。在该 FIA 分析系统中，试样带在管道内运行时须与试剂适当混合，并有足够的时间进行反应，产生一定量的可以被检测的化合物。如果分散度过低，反应产物的数量达不到分析灵敏度的要求；如果分散度过高，尽管可使化学反应更充分，但同时亦可因过度稀释使测定灵敏度下降。FIA 分析中多采用中分散度的方法。通过调节进样体积和流速、改变管长和内径等方法均可达到受控分散的目的。

1. 试剂预混合

图 7-8 是中分散体系下，采用分光光度法测定血清、牛奶和水中 Ca^{2+} 浓度的 FIA 流程图。从图中可见，为降低分散度，作为载流的缓冲溶液首先与显色剂（o-cresolphthalein complexon）在盘管 A 中进行预混合，然后再进入盘管 B 中与注入的试样发生化学反应，生成可被分光光度计检测的产物。

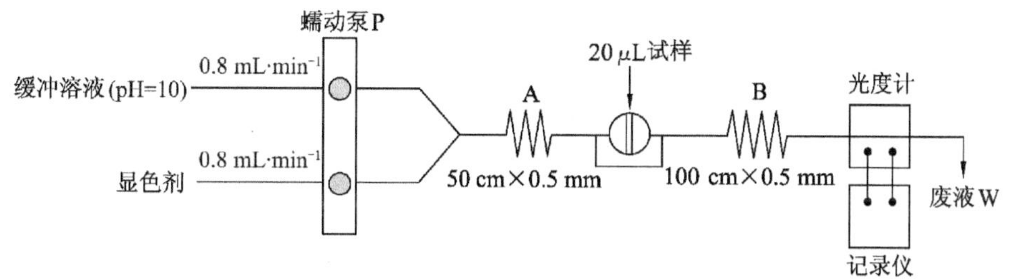

图 7-8　流动注射分光光度法测定水等试样中的 Ca^{2+} 流程图

2. FIA 分离分析技术

溶剂萃取是对试样进行分离富集行之有效的方法之一。然而,在萃取过程中需要使用大量的有机溶剂,污染环境,影响人的健康。如果将在密闭体系中进行的 FIA 技术与溶剂萃取相结合,不仅可大大减少溶剂使用量,克服手工溶剂萃取的不足,而且也为摆脱复杂手工操作,实现自动化萃取提供了一条良好的途径。

图 7-9 是流动注射相分离、分光光度法测定乙酰水杨酸(阿司匹林)中咖啡因的流程图。含有微量咖啡因的试样被注入碱性 NaOH 载流中,试样基体(主要是乙酰水杨酸)在 R_1 管中与 NaOH 充分混合,反应后进入相混合器 T_1 中,被 $CHCl_3$"切割"成水相和有机相互相间隔的小段(相混合);随后,疏水性咖啡因在盘管 R_2 中,从水相转移到 $CHCl_3$ 中(相转移);最后,水相和有机相进入相分离器,密度小的水相(约 65%)被泵抽出,密度较大的有机相(约 35%)则进入流通池(相分离),使用分光光度计在 275 nm 波长处测定咖啡因的含量。为防止因水相污染流通池而降低两相分离效率,通常需要在相分离器通往检测器的一端使用疏水性管材并在管中插入疏水性(如 Teflon 等)纤维。上述相分离是利用两相的"密度差"实现的,实践中也可利用膜分离的技术和方法。

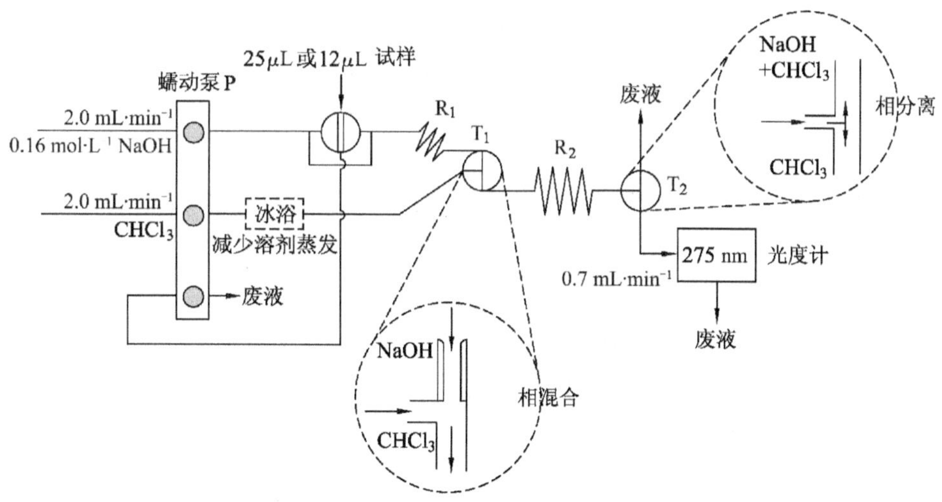

图中虚圆圈内分别是 T_1 和 T_2 的放大图;R_1 和 R_2 是内径为 0.8 mm 的 Teflon 管;从试样注入点,经 R_1 到 T_1 的管长为 0.15 m,R_2 管长为 2 m

图 7-9　相分离技术流动注射测定乙酰水杨酸中的咖啡因

FIA 分离方法中,通过改变载流和有机溶剂的流速、载流 pH 以及萃取盘管的长度等实验条件可获得最佳分离效率。

3. 停流技术(stopped-flow)

事实上,当流动完全停止时,浓度的分散过程也几乎完全停止。FIA 停流法就是在试样带进入检测器的某一时刻停泵,通过观测静态条件下反应混合物进一步反应的参数(如吸光度)随时间的变化来完成某些分析的技术。停流法可用于研究反应机制、测定反应速率以及各种慢反应体系的流动注射分析。

图 7-10 是停流法示意图。在试样带进入检测器时停泵(*A* 时刻),使其静止于流通池内。经过一定停流时间(*AC* 段)之后,当化学反应使记录曲线达到一定高度时(峰 1),再启泵将该试样带排出,进行下一个试样的分析。同样,改变停流起始时间和停流时间可得到一系列陡度不同、线性范围不同、灵敏度不同和反应速率不同的停流曲线(图中虚线是未停流的记录路径)。目前基于停流法已建立葡萄糖、尿素、乙醇及一些活性酶的测定方法。

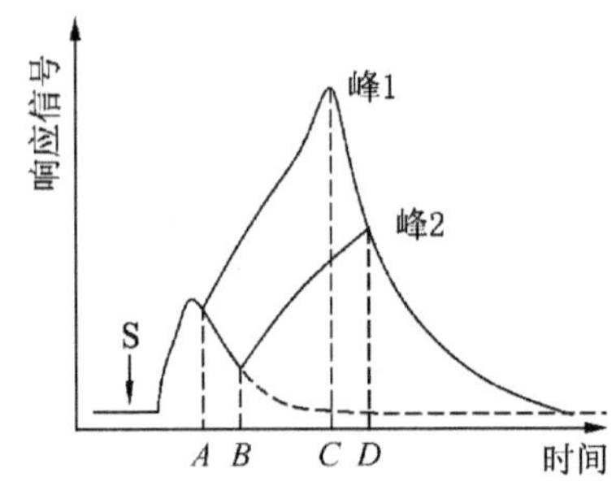

图 7-10　停流法示意图

由于停泵时机和停流时间均可精确控制,在同一停流时间内参数变化的快慢或停流期间曲线的斜率即为反应速率,所以用停流法测定化学反应速率非常方便。此外,通过选择合适的停泵时机可以方便地调节试剂与试样的比例,获得最佳的反应速率测定曲线,同时省去了手工配制不同浓度试剂的烦琐过程。

4. 流动注射催化分析

在许多化学反应中,反应速率随催化剂浓度的改变而发生相应的、显著的变化,通过测定反应物的减少速率或产物的生成速率可间接获得催化剂的浓度。基于此原理而建立的测定催化剂含量的高灵敏方法称为催化分析法。例如,水中微量 I^- 的分析可基于 I^- 对以下反应的催化作用:

$$2Ce(\text{Ⅳ}) + As(\text{Ⅲ}) \xrightarrow{I^-} 2Ce(\text{Ⅲ}) + As(\text{Ⅴ})$$

根据黄色的 Ce(Ⅳ)溶液在酸性条件下($1.0\ mol \cdot L^{-1}\ H_2SO_4$)还原褪色后在 312 nm 处吸光度的变化间接测量 I^-。

然而,常规催化分析方法操作过程烦琐,反应时间和反应过程难以准确控制,因此不易得到高度重现性的分析结果。若将 FIA 技术与常规催化分析方法相结合,则可以方便地测定 I^- 催化剂含量,其分析流程如图 7-11 所示。

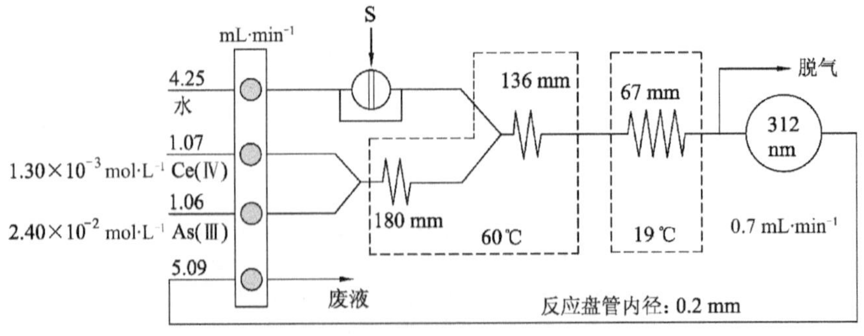

图 7-11　FIA 催化分析法测定水中微量 I^- 的流程图

该流程系统中引入了恒温和脱气装置，主要目的是提高反应速率，同时脱除可能因加热而影响检测的气泡。该方法线性分析范围为 5～50 ng·mL^{-1}，检出限为 1 ng·mL^{-1}。

（三）高分散流动注射分析体系

高分散流动注射分析常用于滴定分析。该方法 FIA 响应曲线的读出信号为半峰宽而不是通常使用的峰高，其 FIA 系统与常规 FIA 系统的区别在于：进样器与检测器之间加设了一个混合室(mixing chamber)M 或细内径的反应盘管(图 7-12)，且人为地增加试样带的分散程度($D>10$)，拉长试样带浓度梯度区域，使试样带两端梯度区域内有明显的滴定终点(或化学计量点)。此时，试样带两端的终点之间的时间间隔 Δt 或半峰宽与被滴定试样浓度的对数成正比(图 7-13)。

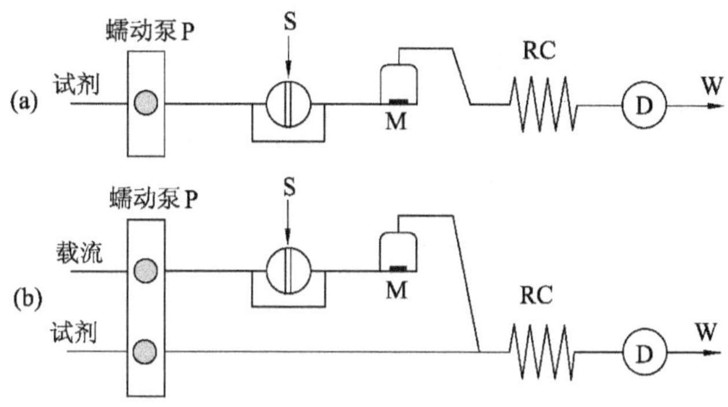

图 7-12　单、双路 FIA 滴定分析流程

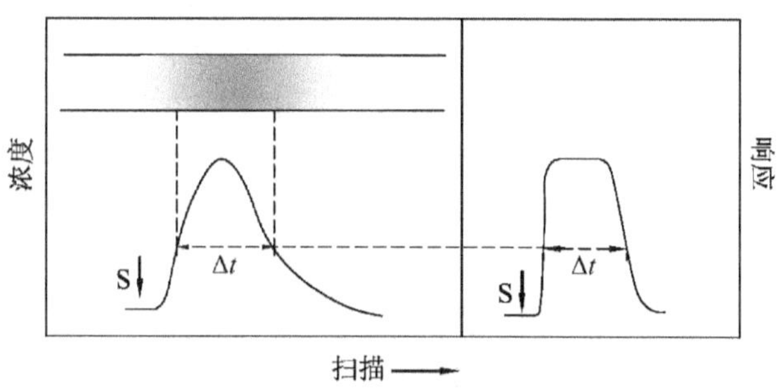

图 7-13　FIA 梯度滴定示意图

应用图 7-12(a)中所示的单流路 FIA 系统，以 0.001 mol·L^{-1} NaOH(含 8×10^{-4} mol·L^{-1} 溴百里酚蓝)滴定盐酸为例。溴百里酚蓝的 pK_a 为 7.1，其 pH 变色范围是 6.2～7.6。指示剂在碱性液中变蓝(λ=620 nm)，在酸性液中变黄(λ=435 nm)。滴定过程如下：

定量采集 200 μL 酸试样注入含有指示剂的蓝色碱性载流(1.35 mL·min^{-1})中，在梯度混合室(0.98 mL)中充分混合形成高分散的浓度梯度带(不是完全混合)，再经反应盘管进一步反应。试样带中间区域因酸过量而显黄色，而试样带两边均存在浓度梯度(存在不同浓度的 HCl，其中总有一个浓度的 HCl 刚好与 NaOH 完全反应)，载流中指示剂颜色将发生两次突变：由蓝变黄和由黄变蓝。因此，当试样带前部终点区进入检测器(620 nm)时，吸光度信号(A)开始向上突跃；当试样带中间区(黄色)流过检测器时吸光度不变，出现曲线“平台”；当试样带尾部终点区流过检测器时，曲线陡然下降。

如果用 NaOH 溶液滴定不同浓度的 HCl 试样(0.007～0.100 mol·L^{-1})，可得到如

图 7-14 所示的一系列 FIA 滴定曲线。在一定浓度范围内，以各曲线的半峰宽 Δt 对浓度的对数 $\lg c_s$ 作图，可得线性良好的标准曲线。当采用图 7-12(b)所示的双流路 FIA 系统时，所获得的滴定曲线与图 7-14 相似，但其校准曲线的线性范围更宽。

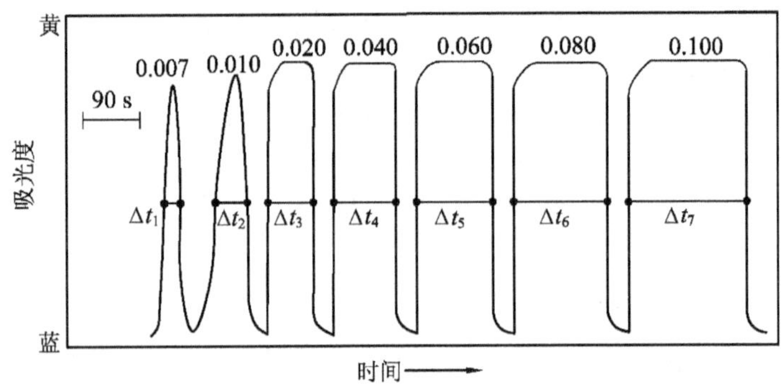

图 7-14　NaOH 溶液滴定不同浓度的 HCl 试样的流动注射响应曲线

第二节　微流控分析

一、概述

微流控(microfluidics)是指使用微管道(尺寸为数十到数百微米)处理或操纵微小流体(体积为纳升到阿升)的系统所涉及的科学和技术，是一门涉及化学、流体物理、微电子、新材料、生物学和生物医学工程的新兴交叉学科。因为具有微型化、集成化等特征，微流控装置通常被称为微流控芯片，也被称为芯片实验室(lab on a chip)和微全分析系统(micro-total analytical system)。微流控的早期概念可以追溯到 20 世纪 70 年代采用光刻技术在硅片上制作的气相色谱仪，而后又发展为微流控毛细管电泳仪和微反应器等。微流控的重要特征之一是微尺度环境下具有独特的流体性质，如层流和液滴等。借助这些独特的流体现象，微流控可以实现一系列常规方法所难以完成的微加工和微操作。目前，微流控被认为在生物医学研究中具有巨大的发展潜力和广阔的应用前景。

以微流控分析芯片为核心的微流控分析是 20 世纪 90 年代初诞生的一种流动分析的新概念。人们沿用微电子工业中加工集成电路的思路，通过微机电加工技术(micro-electro-mechanical systems，MEMS)，在方寸大小的玻璃、硅、石英和聚合物等材料薄片上加工出具有一定结构的微细通道网络及其他相关分析器件，形成集成化的微流控芯片(microfluidic chip)，通过控制试样溶液和试剂溶液在芯片通道网络中的有序流动，完成取样、稀释(浓缩)、反应、分离、检测等化学分析的基本操作。如图 7-15(a)所示为一片由玻璃制作的、用于 DNA 片段分离分析的商品微流控分析芯片。微流控分析芯片的通道宽度和深度一般为几微米至数十微米，长度一般在厘米范围。微流控分析芯片与适当的溶液驱动和控制系统、分析信号的检测系统(目前，这两个系统多半处于芯片以外)一起，构成了各种微流控分析系统。与如图 7-15(a)所示芯片配套使用的微流控 DNA 分析系统如图 7-15(b)所示。一般来说，微流控分析系统具有以下分析特点：

(1) 分析速度极快。微流控芯片一般可在数秒至数分钟时间内完成分离、测定或其

他更复杂的操作，分析速度常高于对应的宏观分析方法 1～2 个数量级。

（2）试样与试剂消耗在纳升至微升水平。这既降低了分析费用和贵重生物试样的消耗，也减少了对环境的污染。

（3）通过 MEMS 技术，不仅可以在芯片上制作微细通道网络，还可以在芯片上加工制作诸如微阀、微泵、微电极和微透镜等微分析器件，形成高度集成化的微流控芯片。

（4）微流控芯片的微小尺寸使材料消耗甚微。在实现批量生产后，可望大幅降低芯片成本而成为一次性分析器件，有利于普及应用。

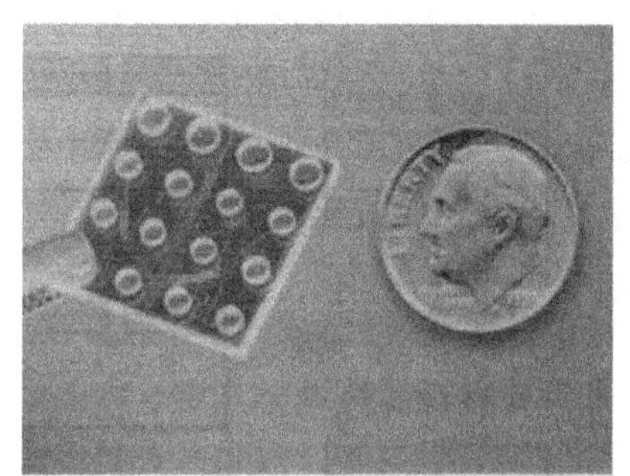

(a) 微流控DNA分析芯片

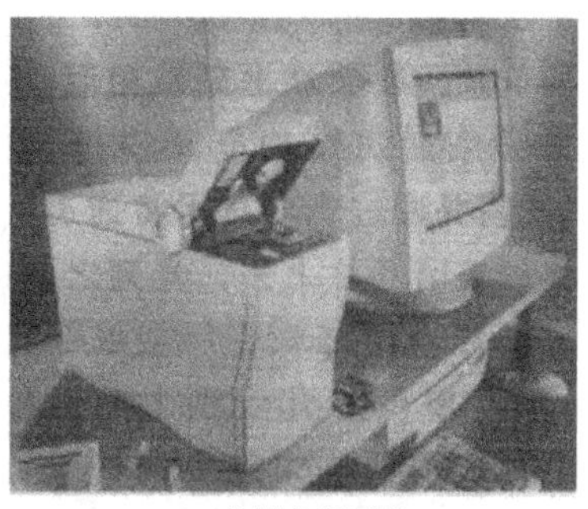

(b) 仪器分析系统

图 7-15　微流控 DNA 分析芯片及其仪器分析系统

微流控分析系统的最终目标是通过化学分析设备的微型化与集成化，最大限度地把分析实验室的功能（如取样、试样预处理、反应、分离、检测、数据处理等）转移到以微流控分析芯片为核心的便携式分析仪器中。在此基础上，像个人计算机、家用血压计那样，实现分析仪器的“个人化”，从而使化学和生化分析从化学实验室解放出来，进入办公室、病房、事发现场，甚至千家万户。但是，目前微流控分析还处于发展阶段，真正具有全分析（从引入粗试样到给出数据的所有操作）功能的系统还不多见。

二、微流控芯片的制备

最为常见的微流控分析芯片是用玻璃制作的。除玻璃外，也有用石英、硅片等无机材料制作的芯片。近年来，用高分子材料加工制备微流控分析芯片引起了人们的重视。微流控分析芯片的制作一般包括通道的制备、集成化器件（如引流孔、微电极等）的加工、芯片的封合、芯片的后处理（如黏接储液池）等若干步骤。

玻璃芯片上微细通道的加工沿用了集成电路芯片制备工艺中广泛使用的光刻和湿法腐蚀技术（图 7-16）。其实质与用氢氟酸在玻璃上刻字相似，所不同的是微细通道结构复杂、精度要求高，因此需要通过光刻技术将通道的图形转移到玻璃基片上去。光刻之前，先要在玻璃片表面沉积一层金属牺牲薄层（一般是厚度为几十纳米的铬层）。在铬牺牲层表面均匀地涂覆一层类似于照相纸感光乳剂的光胶，将具有通道图形的光刻掩膜（相当于照相底片）置于光胶之上，经曝光后，通道的图形即转移到光胶层上，此过程称为光刻（photolithography）。用适当的溶剂首先将曝光过的光胶除去，露出具有通道形状的铬保护层，再用适当的溶剂（如硝酸铈铵和高氯酸的混合液）除去不为光胶掩盖的铬牺牲层，于是玻璃底板上需刻制通道的部位便暴露出来。除去未曝光的光胶并在玻璃基片的背后贴（涂）上耐腐蚀薄层（如透明胶带纸），再将被铬牺牲层选择性保护的玻璃基片放入含氢氟酸的溶液中,经过一段时间的湿法刻蚀,玻璃基片的表面便刻蚀出一定深度的微细通道结构。所刻通道的宽度和深度由刻蚀时间和温度等实验条件所决定。

聚合物芯片上的通道结构可以根据所用聚合物材料的物理和化学性能采用不同的加工方法加工。对于热塑型聚合物,如聚甲基丙烯酸甲酯(PMMA,俗称有机玻璃)和聚碳酸酯(PC),最常用的加工方法是热模压法(hot embossing)。热模压法需要将一个相当于印章的阳模置于聚合物基片上,加热至该聚合物的玻璃化(软化)温度附近,加压使阳膜上的凸起结构嵌入聚合物基片,待阳模和聚合物基片冷却后脱模,即在聚合物基片上形成与阳模凹凸互补的微细通道。聚合物芯片的通道结构还可以用模塑法加工。但与热模压法不同的是,模塑法是将混合了引发剂、尚未完全聚合固化的聚合物前聚体浇铸在阳模上,待前聚体聚合固化以后,再将聚合物片与阳模小心剥离,即得到具有微通道的基片,如聚二甲基硅氧烷(PDMS)芯片通道结构的制备。

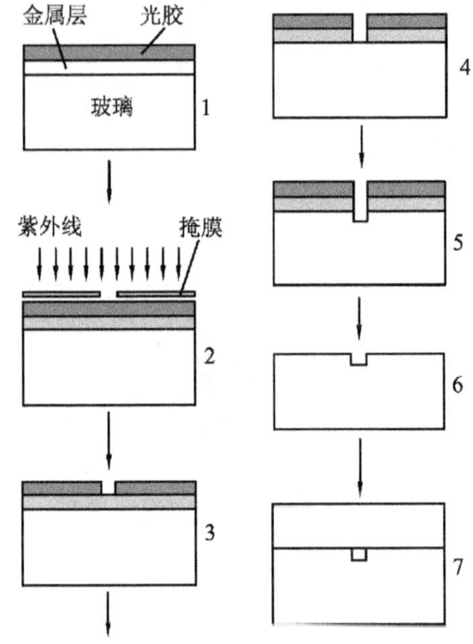

1—带有金属牺牲层和光胶的玻璃基片;
2—曝光;3—除去曝光部分光胶;
4—刻蚀金属牺牲层;5—刻蚀玻璃;
6—除去剩余的光胶和牺牲层;7—封合

图 7-16 玻璃芯片的制备过程

无论采用何种通道加工方法,所得到的是一面开放的凹槽,还需要用适当的方法封合,即将另一片相同或不同的材料盖片与带有通道凹槽的基片封合成密闭的通道结构。最常用的封合方法是热封接。以玻璃芯片为例,将刻有通道的玻璃基片和同种材料、大小一致的玻璃盖片充分洗净、吹干,在无尘的环境中合拢后,放入高温炉,加热至玻璃的软化温度(550 ℃左右)保温一段时间,冷却后即可实现永久性封合。

三、微流控分析系统的液流驱动和控制

微流控分析系统通过试样和试剂溶液在微细通道网络中的有序流动完成化学分析的各个步骤。因此,流体的有序流动是微流控分析的前提。溶液在芯片中的有序流动依赖于一定的液流驱动和控制系统。微流控分析中常用的液流驱动和控制方法有压力驱动和电渗驱动两种。

压力驱动是微流控分析系统常用的驱动方式。根据产生压力方式的不同,可分为重力驱动和微泵(注射泵、蠕动泵等)驱动。如图 7-17 所示的是利用流体自身的重力驱动液流的微流控芯片。在芯片的上部(竖直位置)加工了三个储液池,中部为混合/反应通道,底部为废液池。将芯片水平放置时,向储液池中分别加入试样、指示剂和标样溶液;将芯片竖直,各储液池中的溶液在重力的驱动下流入混合/反应通道,进行混合与反应,所生成的产物在中央通道下游经检测后流入废液池。重力驱动的特点是装置简单,容易集成化,流体无脉动,但流量容易受通道内的阻力变化而变化,且难以在复杂的多流路通道网络中进行复杂的液流调控。

如图 7-18 所示的是采用外置的注射泵驱动和控制液流的微流控液液萃取装置。两个注射泵分别驱动试样水溶液和与水不互溶的有机溶剂，使它们在中央通道汇合并形成具有明确相界面的层流。在流动过程中，试样溶液中的疏水性化合物通过扩散越过两相界面进入有机溶剂相而实现液液萃取。由于相转移的距离很短(通道宽度<200 μm)，相转移的速率快、效率高，只需几毫秒即可完成萃取分离和测定。图 7-19(a)是集成在芯片上的蠕动型气动微泵的示意图。它由三层结构组成，上层为用来控制泵运行的若干气体微通道，下层为一条充有将被驱动流体的微通道，它与所有上层气体微通道均垂直交叉。如图 7-19(b)所示为气体微通道与液体微通道交叉区域液体微通道的横截面。上、下层片基之间夹有一弹性 PDMS 薄膜，它们是流体驱动的执行部分。当压缩气体进入气体微通道 G1、G2、G3，顺序压迫液体通道上的 PDMS 薄膜时(类似常规蠕动泵的泵头转动时轴辊依次挤压弹性泵管)，薄膜下陷，压迫液体通道内的溶液向前运动。采用外置或集成式微泵驱动的特点是液流的流量稳定，且流量容易调节，但是设备比较复杂，产生的液流有脉动，难以在复杂的多流路通道网络中进行复杂的液流调控。

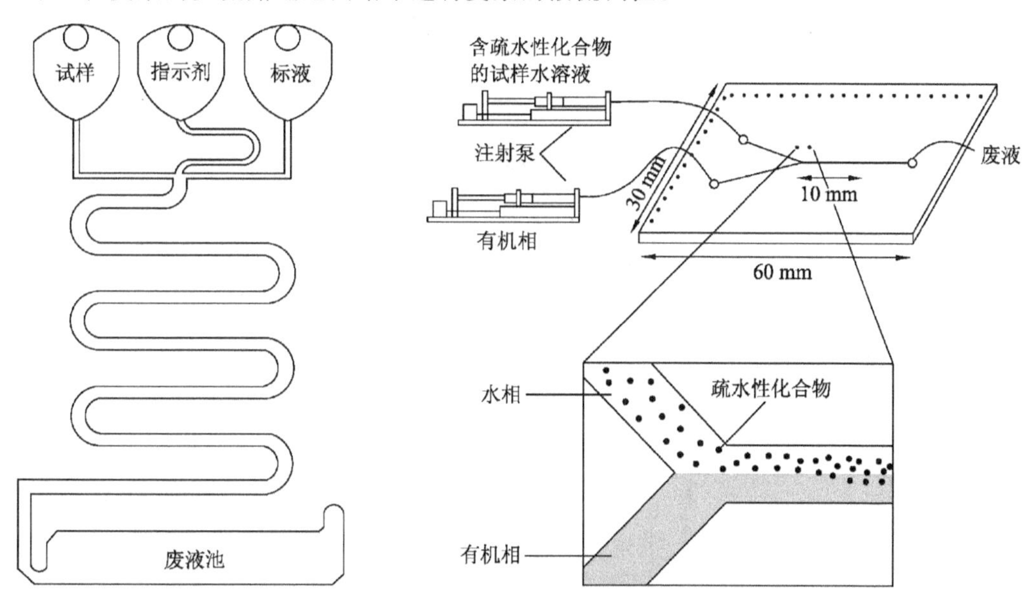

图 7-17　重力驱动液流的微流控芯片

图 7-18　注射泵驱动和控制液流的微流控液液萃取装置

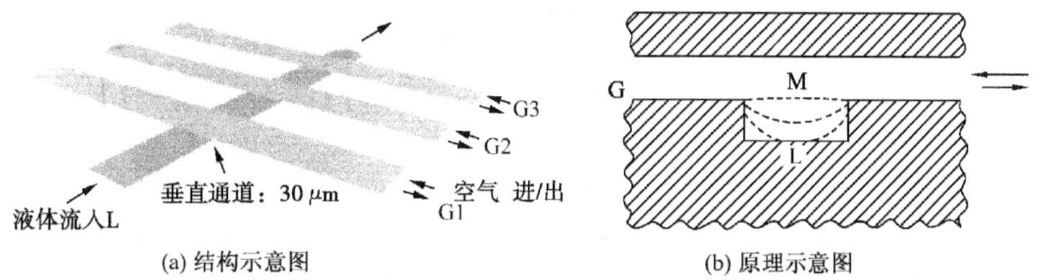

(a) 结构示意图　　(b) 原理示意图

G(包括 G1、G2 和 G3)—压缩气体通道；L—液流通道；M—弹性硅橡胶膜

(b) 中虚线表示弹性硅橡胶膜受气体通道中压缩气体压力后，向液体通道变形，使液体通道堵塞的过程

图 7-19　集成在芯片上的蠕动型气动微泵结构和原理示意图

电渗驱动是基于通道表面与电解质溶液相接触的界面存在表面双电层，在电场作用下产生电渗流现象而实施流体的驱动与控制。对于玻璃通道来说，由于硅醇基的解离，在通道表面具有大量带负电荷的硅氧基点位，而在溶液一侧的紧密层和扩散层中则聚集了带正电荷的 H^+。在直流电场的作用下，当水化的 H^+ 向负极迁移时，牵引着通道中的溶液整体向负极移动，形成了电渗流。通过调节外加电场的方向和大小，以及控制通道内缓冲溶液的 pH 和浓度等化学条件，可以控制电渗流的大小与方向。

现以如图 7-20(a)所示微流控分析最为常见的十字通道芯片毛细管电泳系统的进样和分离为例，说明电渗驱动的控制方法。图 7-20(b)中的短通道为试样通道，长通道为分离通道，两者的交叉口实为一简易的采样环；与通道相连的储液池(1～4)中分别储有试样溶液(1)和分离缓冲溶液(2,3,4)。试样通道和分离通道中也都充有分离缓冲溶液。先在试样通道施加电压(如储液池 1 为 +500 V，储液池 2 为 0 V)，在电渗流的作用下，试样从 1 经十字交叉口流向 2[见图 7-20(b)中的十字交叉口放大图]；然后将电压切换到分离通道(如储液池 3 为 1 500 V，储液池 4 为 0 V)，储存在十字交叉口处的一段试样溶液在电渗流的推动下进入分离通道进行分离，组分经过检测点 D 时，检测到组分的电泳谱图[图 7-20(c)]。

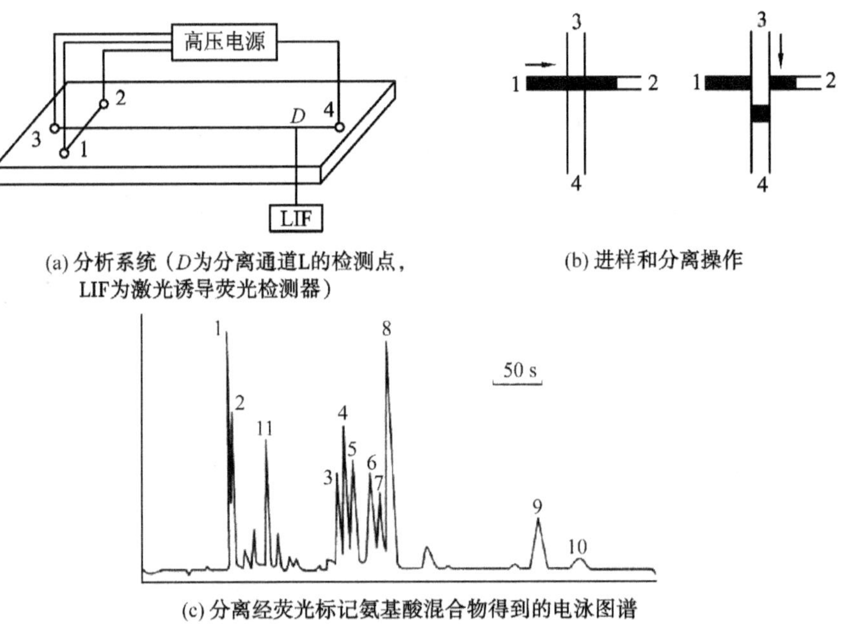

1—精氨酸；2—赖氨酸；3—亮氨酸；4—苯丙氨酸；5—天冬酰胺；6—丙氨酸；7—缬氨酸；8—甘氧酸；9—谷氨酸；10—天冬氨酸；11—荧光屏标记试剂 FITC

图 7-20　十字通道毛细管电泳芯片分析系统及其进样和分离操作示意图

电渗驱动的特点是：设备简单；溶液的流速和方向容易控制，可以按分析任务的需要设计出多路高压电源，完成较为复杂的液流汇合、分流等任务；液流平稳，没有脉动。但是，电渗驱动易受通道表面的性质和状态影响，长时间运行的稳定性欠佳。

四、微混合、反应和分离系统

在微流控分析系统中，待测物质(或其衍生物)进入检测器前所需的混合、反应、分离

等过程是在芯片的通道网络中完成的。为适应不同的分析任务，人们设计、加工了各种各样的通道构型。对于芯片毛细管电泳，分离所需的毛细管就是如图 7-21 所示的一条通道。对于均相化学反应，可以使试剂和试样通过 Y 形通道汇合后在通道内混合、反应。然而，由于通道的深度、宽度都很小，液流处于层流状态，在有限的长度内难以达到充分的混合，所以反应产率不高。

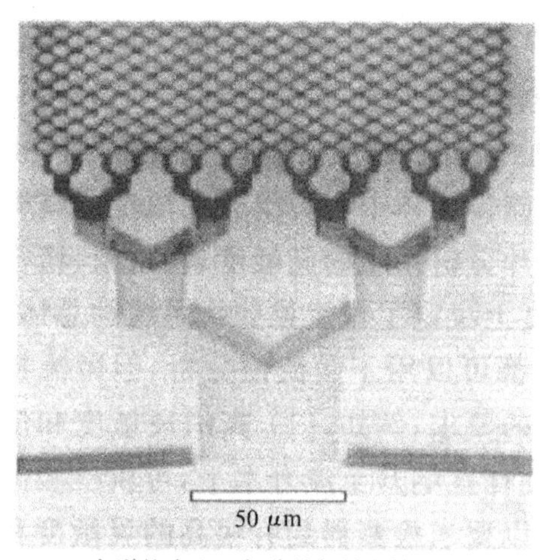

(a) 色谱柱床入口部分的扫描电镜图

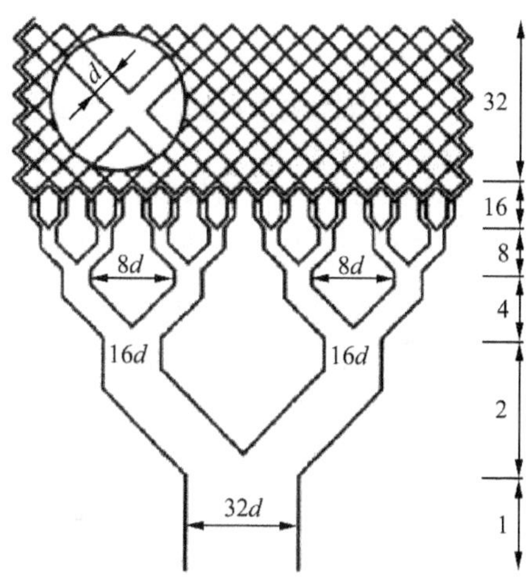

(b) 制备微型色谱柱的掩膜图形

(a) 中色谱柱总尺度为 4.5 mm×150 μm×10 μm。(b) 中通道以 2^n 函数形式逐步从一条宽度为 $32d$ 的干通道分裂成 32 条宽度为 d 的支通道(图中圆圈放大部分)，d 的单位为 μm。右边竖直部分的数字表示在该区域内通道的条数

图 7-21　带有有序排列微型小墩的整体色谱柱床

为解决这个问题，可将微混合-反应器通道设计成逶迤形，以扰乱层流，提高产率。例如，将混合通道设计成如图 7-22 所示构型。图中右边 Y 形通道汇合后(尚未充分混合)的试剂和试样区带溶液进入混合器后，一部分溶液沿路径较长的反 W 形的主通道流过，另一部分溶液则经接在主通道之间的短水平细通道进入下一段主通道。路径长度的不同促进了试样区带溶液和试剂的混合，经过三个拐弯，试样和试剂达到了充分的混合。对于蛋白质的酶解反应，往往可以将酶直接固定在一段通道的内壁，形成开口式固相反应器。当蛋白质溶液流经反应器或在其中短暂停留时，由于通道的横截面积很小，通道内部的表面积/容积比很大，溶液中的待测物质可以较快地扩散到通道内表面，在液固表面发生酶解反应；对于微固相萃取或色谱分离，为了提高液固接触面积，可以在通道内部加工出许多有序排列的微型小墩[图 7-22(a)]，形成非常规则的柱床，再在柱床表面修饰具有一定官能团的分子层，形成固定相。通过上述几种典型的混合、反应和分离实例可以看出，通过 MEMS 技术，可以在芯片上加工出各种各样的混合、反应、稀释、浓缩和分离单元，形成一个具有多种功能的高度集成化的通道网络系统，用于完成较为复杂的分析任务。这一优势是常规流动分析系统不具备的。

(a) 微混合器通道结构示意图

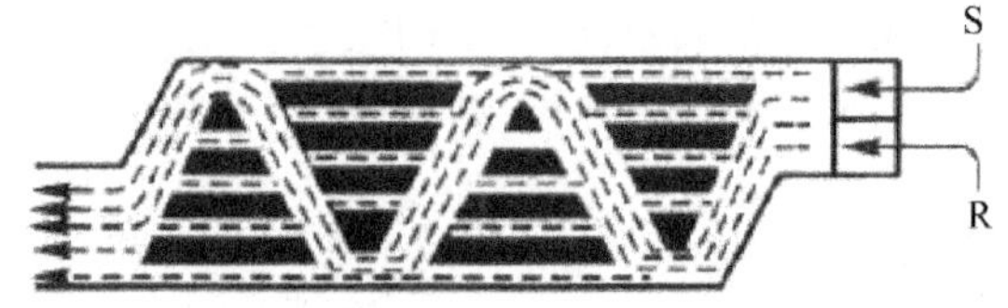

(b) 流体的流线示意图

(a) 中 M 形主通道宽 27 μm,水平直通道宽 5 μm;
(b) 中 S 和 R 表示两股不同的液流从右边进入混合器

图 7-22 基于路径差异的微混合器通道结构和流体的流线示意图

五、微流控分析系统的检测器

试样溶液在微流控芯片通道网络中经过有序的流动,完成取样、稀释(浓缩)、反应、分离等步骤后,最后将由检测器测得试样中有关组分的浓度或结构的信息。检测器的性能将影响整个微流控芯片分析系统的灵敏度、检出限、精密度以及适用范围等分析性能,同时在很大程度上决定了微流控分析系统的总体积。虽然常规流动分析中所用到的检测器原则上都可以用于微流控分析,但微流控分析本身的特殊性对检测器提出了一些特殊的要求:① 灵敏度和信噪比高。在微流控芯片分析中,由于进样体积往往在纳升至皮升水平,可供检测的物质量很少,加上检测的区域一般非常小,所以要求检测器具有很高的灵敏度和信噪比。例如,在常规流动注射分析中最为常用的紫外-可见光度检测器在微流控分析系统中很少应用,其中的一个主要原因就是它的灵敏度较低,难以实现微米尺度光程下微量物质的测定。② 响应速度快。芯片上的通道一般较短,许多混合、反应及分离过程往往在很短的时间内完成(达到秒级甚至更短),组分流经检测器的线速很高(在毫米每秒数量级),因此要求检测器有很快的响应速度。③ 体积小,易集成化。为了实现分析仪器集成化、微型化的总体目标,微流控分析系统的检测器体积应该与方寸大小的芯片相匹配,并且容易与芯片集成于一体。然而,目前微流控分析系统采用的检测器体积均大大超过芯片的体积,而且大多为外置式,成为微流控分析系统"瘦身"的瓶颈。

完全满足以上要求的检测器并不多。目前在微流控分析中应用最多的是激光诱导荧光检测器,其次是电化学检测器。

1. 激光诱导荧光检测器

荧光物质受激发后所发出的荧光强度与激发光的强度成正比,因此采用高强度的激发光源可以提高荧光检测的灵敏度,改善检出限。微流控分析系统的通道只有微米尺度,这就要求激发光能够聚焦成高强度的微米级大小的光斑,以便激发出较强的荧光。由于激光可发出高强度的相干光,能聚焦成很小的光斑,所以在微流控分析中,大多采用激光作光源的激光诱导荧光(laser induced fluorescence,LIF)检测,其检测下限一般可达到 $10^{-14} \sim 10^{-10}$ mol·L^{-1}。

如图 7-23 所示的是微流控分析中常见的共聚焦型 LIF 检测器的光学系统,主要由滤光片(只能透过具有一定宽度的特定波长的光)、二向色镜(dichromic mirror)、显微物镜、光阑、目镜和光电倍增管等组成。其中,二向色镜能让大于所选定波长的光通过而使小于该波长的光反射。一定波长的激光(如从氩离子激光器发出的 488 nm 的激光)经过滤光

片1(滤去激光器发出的其他波长的光)射到二向色镜(488 nm反射,520 nm通过),经二向色镜反射到显微物镜后,聚焦到芯片的检测通道上,通道内的待测组分受激发后,所发出的荧光(520 nm)由显微物镜收集后,透过二向色镜,再经过光阑和滤光片2除去特定波长(520 nm)荧光以外的杂散光,经目镜聚焦在光电倍增管上产生光电流。可见,该光学系统中,激发光的聚焦与荧光的收集采用同一个显微物镜,由此得到"共聚焦"的名称。

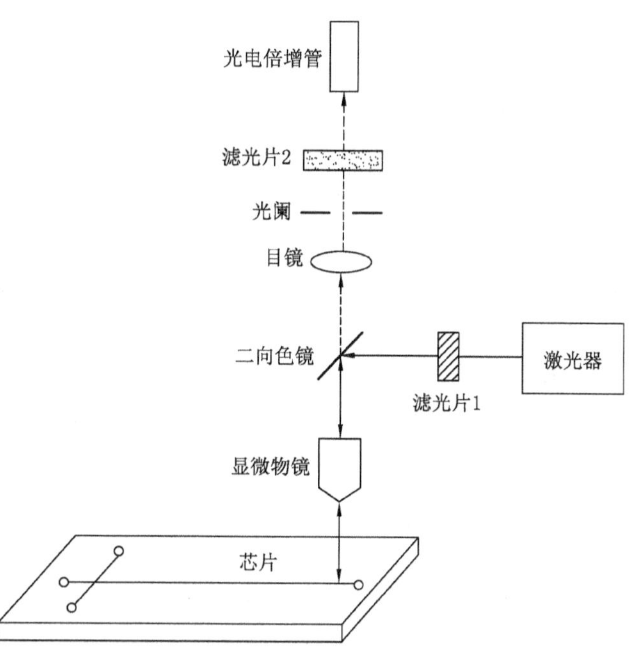

图7-23　共聚焦型激光诱导荧光检测器示意图

在微流控芯片分析中最常用的激光器是主要输出波长为488 nm,输出光功率在2～20 mW的小功率氩离子气体激光器。该激光器输出光的功率稳定,光束会聚性能好,有不少荧光探针(衍生待测物的荧光试剂)的激发波长与之匹配。但该激光器体积较大、价格较贵。近年来,半导体二极管激光器得到普及,在分析化学中得到应用的主要有波长为635 nm的红半导体二极管激光器和波长为473 nm的蓝半导体二极管激光器。半导体二极管激光器具有体积小、功耗低、输出功率稳定、使用寿命长、价格相对便宜等优点,已成为微流控分析荧光检测的理想激发光源。

尽管用激光作光源具有强度大、相干性好的优点,但是多数激光器所能发射的谱线数量有限,且具有天然荧光的化合物不多,因此可用LIF直接测定的化合物并不多。目前,在微流控分析中,用LIF测定的氨基酸、DNA、蛋白质都要经过衍生处理后才能测定。表7-1列出了三种最常用的荧光探针试剂与它们的主要分析性能。

表7-1　微流控激光诱导荧光检测常用的荧光衍生试剂

试　剂	激发波长/nm	荧光波长/nm	衍生对象
荧光素异硫氰酸酯(fluorescein isothiocyanate,FITC)	494	518	氨基酸,多肽,蛋白质
7-氯-4-硝基苯并呋咱(NDB-Cl)	475	550	伯胺,仲胺
Cy-5™	649	670	氨基酸,多肽,蛋白质

为了进一步缩小荧光检测器的体积,使其有可能与芯片集成在一起,人们正在探索用发光二极管为光源、雪崩光电二极管为光电转换器件的荧光检测器。

2. 电化学检测器

电化学检测是一类常用的分析测试方法。不论何种电化学检测法,都采用电极作为传感器，直接将溶液中待测组分的化学信号转变为电信号。这一传感方式十分符合微流控分析系统微型化、集成化的要求，其主要原因有：① 与在芯片上加工微光学器件相比，通过MEMS技术在芯片上制作微电极并不困难；② 与光学检测法不同，电化学传感的灵敏度并不会因为通道几何尺度的微型化而降低；③ 电化学检测器的信号处理系统等外围设备比较简单，易微型化。因此，作为微流控分析系统的检测器，电化学检测器具有其独特的优势。

根据电化学检测原理的不同，目前在微流控分析系统中所采用的电化学检测器主要有安培检测器(amperometric detector)和电导检测器(conductivity detector)。此处主要介绍安培检测器。

安培检测法是在工作电极上施加一个恒定或脉冲电位，使待测物质在工作电极上发生电化学反应，通过测定所产生的氧化或还原电流对待测物进行定量的检测方法。它的灵敏度接近激光诱导荧光法，且有一定的选择性。但安培检测法不是一种通用的检测方法，它要求测定对象在所选用的电极上具有电化学活性。另外，安培检测器的工作电极容易被污染而钝化，使稳定性下降。迄今为止，在微流控分析中，安培检测器几乎都用于芯片毛细管电泳的检测。

图 7-24(a)是一种采用非集成式传感电极的芯片毛细管电泳-安培检测系统示意图。分离通道的终点储液池(缓冲废液池)同时也是安培检测池，池中置有由微型碳纤维圆盘工作电极、微型 Ag/AgCl 参比电极以及 Pt 丝对电极所组成的三电极体系，它与芯片外的恒电位仪和微电流测量器一起构成了安培检测系统。工作电极通过与分离通道相对的电极引导孔与分离通道的出口对准并固定于分离通道的出口处，通过恒电位仪向工作电极上施加一定的检测电位。当待测组分从分离通道中流出，扩散到工作电极表面后即发生氧化或还原反应并产生信号电流，在电泳谱图上形成一个组分峰。采用非集成式传感电极的安培检测系统的优势在于，当工作电极钝化后，可以将它从芯片上卸下进行抛光处理或化学清洗，甚至更换一支新的工作电极，而不影响芯片的使用。但是，这种形式的检测系统集成化程度不高。

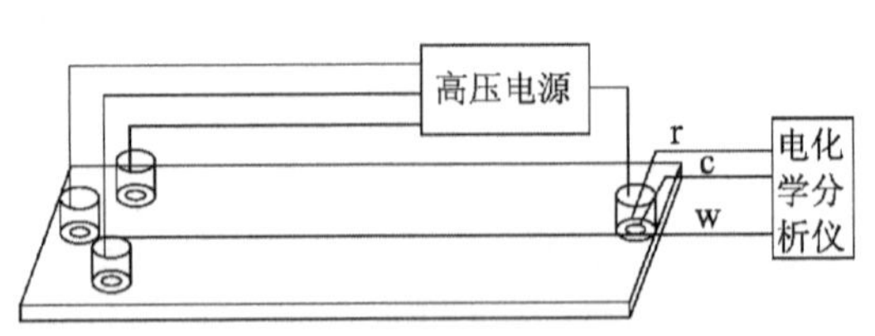

(a) 非集成式传感电极（包括工作电极w、参比电极r和对电极c）的芯片

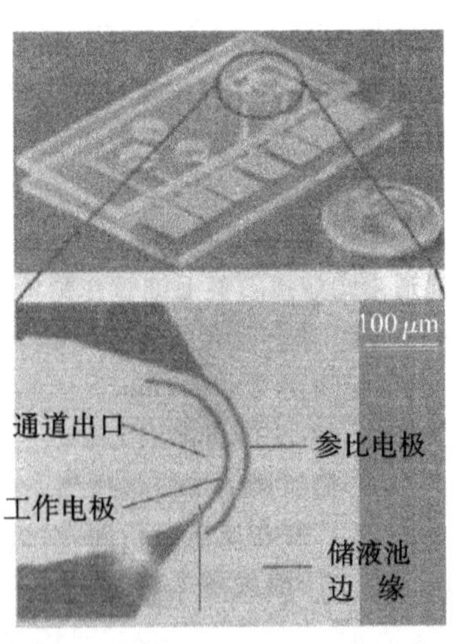

(b) 全集成式电极的芯片（包括三个传感电极和四个施加电泳电压的电极）

图 7-24 带有安培检测器的毛细管电泳芯片

目前，人们更多地致力于通过 MEMS 技术将电极直接制备在芯片之上，形成集成化程度很高的芯片分析系统。如图 7-24(b)所示的即为将检测用的三个电极及施加分离电压用的四个电极与通道网络集成于一体的毛细管电泳-安培检测芯片，其集成化程度获得了显著的改善。然而，当电极钝化后，而原位化学或电化学清洗又不能使电极活化再生时，整块芯片只能报废。因此采用聚合物材料制备这种集成化且可“一次性”使用的芯片，将是微流控分析的一个发展方向。

安培检测器常用于检测多巴胺和儿茶酚等神经递质、糖类、含硫化合物等生命活性物质，以及硝基(如炸药)和酚类化合物等。

3. 其他类型的检测器

除了上述两种最常用的检测器以外，在微流控分析中用到的其他检测器还有电导检测器、紫外-可见光检测器、质谱检测器以及化学发光检测器等。其中，电导检测器是根据带电离子对溶液电导率的贡献而进行检测的。它不像安培检测器那样要求待测组分在电极上具有电化学活性，只要是离子型都有响应，是一种通用型检测器，尤其适于无机离子、氨基酸等小分子离子的检测。作为一种易于微型化、集成化的通用型检测器，它在微流控分析系统中的应用开始为人们所重视。但是，电导检测器的灵敏度比安培检测器低，受背景电解质的影响较大。

紫外-可见光检测器在高效液相色谱和常规毛细管电泳中得到了广泛的应用，但在微流控分析系统中的应用却较少，其主要原因有：① 紫外-可见分光光度法测定的灵敏度与光程成正比，而微流控分析芯片的通道深度一般只在微米级，能测到的吸光度值往往只有 10^{-4} 数量级甚至更小；② 玻璃、聚合物等芯片材料对小于 400 nm 的紫外光有很大的吸收，甚至基本不透过紫外光，而大部分有机化合物的最大吸收波长在 200～360 nm 之间；③ 经湿法腐蚀刻制的玻璃通道表面粗糙，易产生较强的反射和杂散光。实践中一般采取“Z”形通道设计，或在通道末端嫁接石英毛细管作为检测窗口等措施来增加光程，适当提高灵敏度。

质谱具有很高的灵敏度和分辨率。20 世纪 80 年代末发明的两项“软电离”技术，即电喷雾离子化(electrospray ionization，ESI)和基质辅助激光解吸离子化(MALDI)，使得质谱成为多肽、蛋白质等生物大分子结构和定量分析的主要工具，生物质谱学也应运而生。但质谱只能分析纯试样，当分析复杂的生物试样时，往往需要在质谱分析前对试样进行预分离处理。因此，将微流控分析作为质谱分析的前处理工具，具有巨大的发展潜力。其中，ESI 的流体进样方式可以较为方便地与微流控芯片在线偶联，是目前微流控芯片与质谱联用的主要形式。但质谱仪价格昂贵、体积较大，目前尚难在多数实验室中普及。

六、微流控分析系统的应用选例

微流控分析在过去的十多年中得到了突飞猛进的发展。除了发现或建立了许多有关微流控分析的基础理论和基本技术平台外，其应用也涉及用芯片毛细管电泳、微型流动注射和免疫分析等技术进行细胞分选，单细胞内痕量物质以及氨基酸、多肽、核酸、蛋白质和神经递质等重要的生命活性物质的分析。除了前面提到的一些分析实例外，此处再介绍几个具有代表性的应用实例。

1. 荧光激发细胞分选

在生物学和临床医学研究中，经常要从众多细胞的混合悬浮液中将极少量的目标细胞(如癌细胞)分选出来。荧光激发细胞分选是常用的一种细胞分选法。它采用荧光探针(荧光试剂)对细胞进行荧光标记,使目标细胞在光谱特性上表现出与其他细胞具有明显的差异,然后通过荧光成像的方法对细胞进行筛选。传统荧光激发细胞分选仪器分选细胞的速度可达 $10^3 \sim 10^4$ 个/s,但设备复杂,价格昂贵,试剂消耗量大。

如图 7-25 所示的是一种由微流控芯片、高压电源和荧光显微镜所组成,依靠电渗流驱动的微型荧光激发细胞分选装置。其中,微流控芯片由一个 T 形通道网络和三个液池组成。将混合细胞的悬浮液置于试样池中,并在废液池和试样池之间施加驱动电压。受电渗驱动,缓冲液带着非目标细胞从试样池流向废液池,而当被荧光探针所标记的目标细胞经过检测窗口时,荧光检测器检测到异常的荧光信号。该信号经放大后输入计算机,指令高压电源将电压切换到收集池,即可使电渗流带着目标细胞流向收集池,从而完成目标细胞的分选任务。

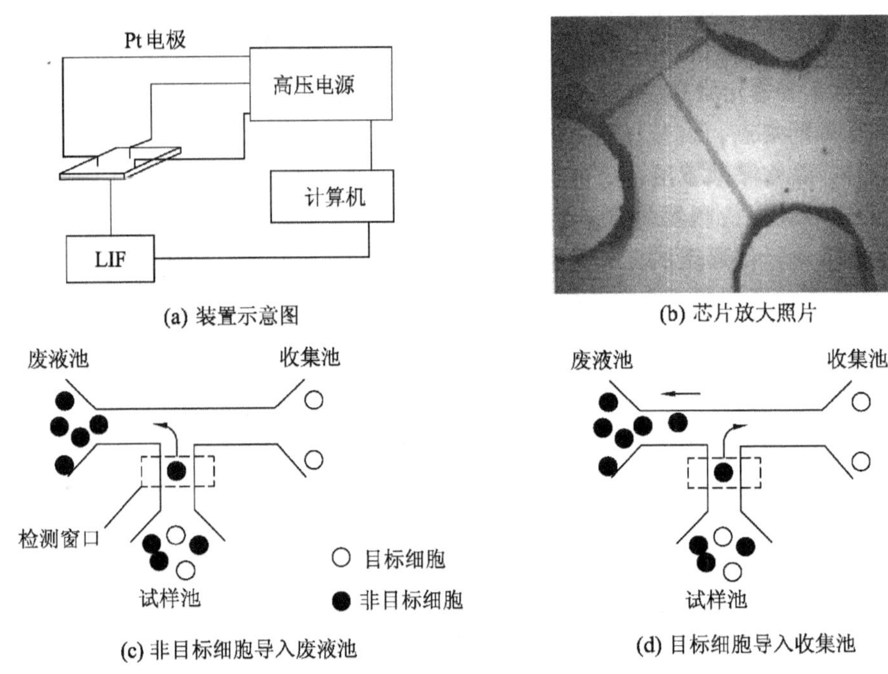

图 7-25　微型荧光激发细胞分选装置

用上述微型荧光激发细胞装置分选初始细胞浓度比为 100 ∶ 1 的野生大肠杆菌中少量的以绿色荧光蛋白表达的大肠杆菌,经一次分选后,收集池中两者的浓度比达到 70 ∶ 30,即绿色荧光蛋白表达的大肠杆菌被富集了 30 倍左右。虽然该装置细胞的分选速度较慢(约 20 个/s),但是装置简单,灵敏度高,试剂用量少。特别要指出的是,该装置的潜在优势在于,它的分选通道可以与其他功能的微流控通道集成于同一芯片上,组成一个多功能的细胞分选和分析系统。

2. 芯片阵列毛细管电泳分离 DNA 片段

芯片毛细管电泳是微流控分析研究的主流领域,也是最早得到商业开发的一种较为成熟的微流控分析技术。如图 7-20 所示的十字通道毛细管电泳芯片是最简单、最基本的芯片毛细管电泳分析系统。虽然芯片毛细管电泳的分离速度较常规毛细管电泳高得多,

但是这种只有一条分离通道的芯片，其试样通量（单位时间分析试样的个数）仍难以满足诸如基因测序等大批量试样分离分析的需要。应用 MEMS 技术在芯片上制备具有相同结构单元的微细通道阵列可以较好地解决这一问题。

图 7-26(a)是一片集成了 96 个十字通道的圆盘形阵列毛细管电泳芯片。该阵列通道芯片的基本结构单元由一对分离通道和四个液池所组成，其中每条分离通道各占有一个试样池，而试样废液池和阴极缓冲液池为一对通道所公用。单元内的四个液池排列在圆盘形芯片的边缘，以充分利用芯片外缘的较大空间。在圆心处，48 个单元的 96 条分离通道会聚到一个 2 mm 直径的公用阳极缓冲池（分离通道的终点）中。因分离带负电荷的 DNA，电泳电压的极性倒转，终点为电泳的阳极。在水平放置的圆形阵列通道芯片下面靠近阳极缓冲池的地方，将共焦激光诱导荧光检测器的显微物镜以芯片的圆心（阳极池中心）为轴旋转扫描，依次读取每一条通道的荧光信号。用 pBR325 MspI DNA 标准品考察该系统时，在 170 s 内完成 96 个试样的分离分析[分离图谱如图 7-26(b)所示]，其分析速度高达 1.8 s/样。与单通道芯片相比较，该阵列通道芯片的试样通量得到大幅度的提高。此例充分体现了微流控分析芯片的高度集成化所带来的高分析效率。

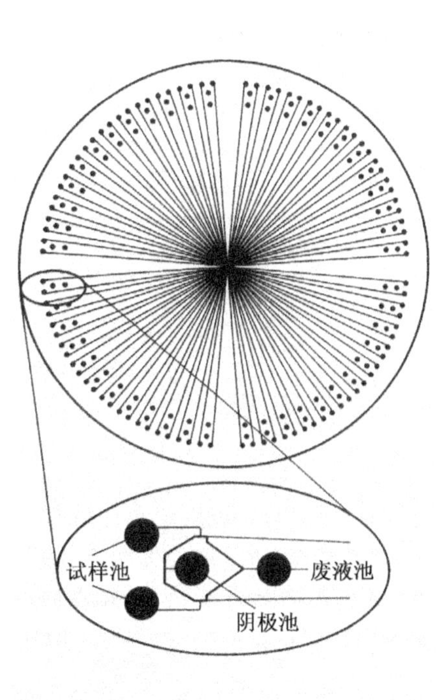

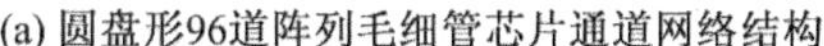

(a) 圆盘形96道阵列毛细管芯片通道网络结构

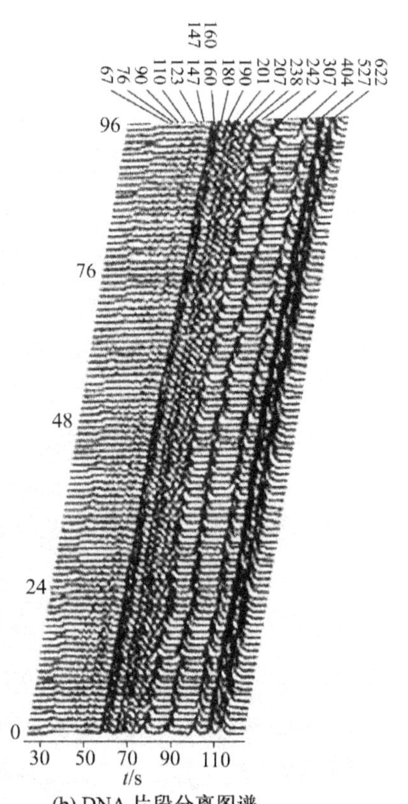

(b) DNA 片段分离图谱

(a) 中椭圆内插图表示每个基本结构单元中 1 对孪生分离通道（局部）、1 对孪生“T”形进样器和 4 个储液池的分布情况。其中，圆盘形片基直径：10 cm；分离通道尺寸：35 mm×110 μm×50 μm（长×宽×深）；4 个储液池直径：1.2 mm。芯片中央另有 1 个直径为 2 mm 的阳极液池（因分辨率问题而未能显现）。(b) 中 DNA 片段上边的数字为碱基对数

图 7-26　圆盘形 96 道阵列毛细管芯片通道网络结构及 DNA 片段分离图谱

3. 微型 DNA 全分析系统

如前所述，微流控分析系统的最终目标是通过化学分析设备的微型化与集成化，最大限度地把分析实验室的功能转移到以微流控分析芯片为核心的便携式分析仪器中。如果一个微流控分析系统集成了取样、试样预处理、反应、分离、检测、数据处理各个必要的分析单元，具备了从试样引入到分析结果的获得的全分析功能，那么它就成为一个微型全分析系统(micro total analytical system，μ-TAS)。例如，基因测序、PCR 扩增、限制性内切酶消化等典型的生化分析常常包含以下几个必不可少的步骤：① 准确量取一定体积的化学试剂、酶试剂和 DNA 模板溶液；② 溶液的混合；③ 在一定温度下混合物经历一定时间的化学反应；④ 取一定量的产物进行电泳分离；⑤ 检测按片段大小分离的 DNA 片段。如果以上步骤全靠人工借助于一定的专用仪器分步完成，则工作量较大，没有半天甚至一天时间是难以完成的。如图 7-26 所示的 96 个通道的圆盘形阵列毛细管电泳芯片所承担的任务仅仅为④和⑤两步，而如图 7-27 所示的是一个能够自动执行上述五步操作的用于 DNA 分析的 μ-TAS 雏形。

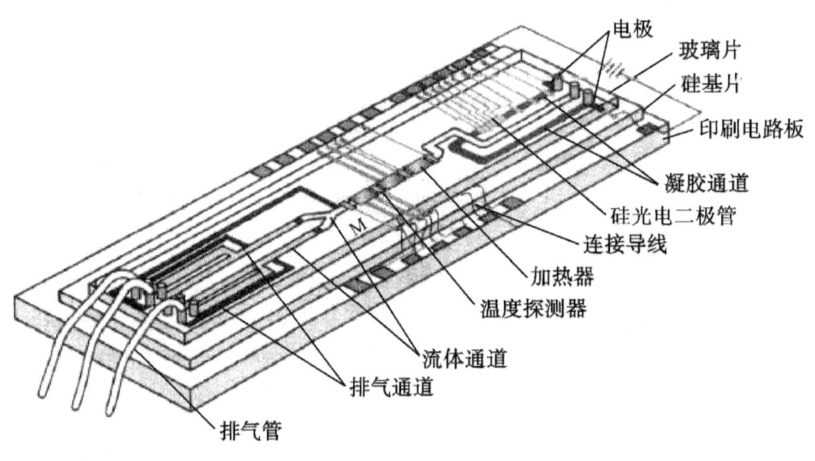

图 7-27 微型 DNA 全分析系统的芯片结构

该 μ-TAS 装置由三层结构所组成：上层为玻璃片，其上刻蚀有用于取样、混合、反应和电泳分离等的气流和液流通道网络；中间层为硅片，通过 MEMS 技术在硅片上集成了二极管光电检测器、滤光膜、加热器、温控器和电泳电极等光电器件；下层为印刷电路板。将上层玻璃和中层硅片封合后，形成一集成化的微流控全分析芯片；再用导线使中层的电气部分与下层的印刷电路板连接，用管道使通道网络中的气路与压缩气源接通，在电泳分离通道、采样通道和试剂通道的端头分别接上缓冲液、试样池和试剂池；最后将外置激光光源(图中未画出)与分离通道上检测窗口对准，一个完整的 μ-TAS 就形成了。使用时，将分离介质充入分离通道，将缓冲液、生物试样和有关试剂加入相应的液池，启动光、电、气源后，集成于μ-TAS中的各个器件在计算机的指令下，协同工作，片刻就能输出与基因信息相关的分析信号。这一微型 DNA 全分析系统的问世，极大地激发了分析化学家研究 μ-TAS 的热情。目前，人们正致力于使微流控分析系统向 μ-TAS 方向发展，最终实现分析仪器微型化、自动化、个人化的目标。

思考题与习题

1. 试述流动注射分析法的基本原理及其优越性。查阅相关文献，列举 1～2 个流动注射分析实际应用的例子并说明其分析过程。

2. FIA 分析中，有哪些影响分散度的主要因素？实验中如何加以控制？

3. FIA 响应曲线中出现双峰和负峰的原因是什么？如何避免？

4. 试从原理、进样和分离操作、仪器设备等比较微流控分析系统中的芯片毛细管电泳与常规毛细管电泳的异同。

5. 为什么紫外-可见光度检测在微流控分析芯片中的应用遇到了较大的困难？

6. 以 microfluidic chip 和 flow injection 为关键词，在网络上查找一下有关构筑在微流控分析芯片上的微流动注射分析系统的论文或报道。阅读后，将它与常规流动注射分析系统进行比较。

第八章 色谱分析法

第一节 色谱分析的基本原理

一、概述

色谱法又称层析法，是利用不同溶质（样品）与固定相和流动相之间的作用力的差异，使各溶质相互分开的一种分离分析的手段。色谱技术最早出现在20世纪初。1906年，俄国植物学家茨维特（Tswett）在玻璃管中填充了碳酸钙，将植物色素加入后，使用石油醚对其进行淋洗，结果产生了不同颜色的谱带，这也是色谱的英文名称chromatography的由来（其希腊词根chroma和graphein分别为“颜色”和“书写”的意思）。随着该技术的发展，人们很少直接“看到”这样的颜色谱带，但该名称得以保留。

组成一个色谱至少需要两种介质：固定相和流动相。根据流动相形态的不同，可以将其分为以气体作为流动相的气相色谱（gas chromatography，GC）、以液体作为流动相的液相色谱（liquid chromatography，LC）及以超临界流体为流动相的超临界流体色谱（supercritical fluid chromatography，SFC）。固定相在色谱过程中本身保持不动，但其可与被分离物质相互作用。前面提到的Tswett实验，其流动相为液体石油醚，固定相为固体碳酸钙，是一种液相色谱。根据色谱固定相的形态进行色谱分析的主要形式有两种：一种是固定相以一种平面形式作用，称为平面色谱，如纸色谱、薄层色谱等；另一种更为流行的是将固定相填充于一柱形容器中，称为柱色谱，相应的柱子称为色谱柱。

与其他分离分析技术相比，色谱技术具有以下特点：

(1) 分离效率高。与其他分离技术相比，色谱技术可分离复杂混合物，包括有机同系物、异构体、手性异构体等。

(2) 灵敏度高。与相应的检测器相连接，可以获得高灵敏度的检测，可以检测出$\mu g \cdot g^{-1}(10^{-6})$级、$ng \cdot g^{-1}(10^{-9})$级甚至更低的物质量。

(3) 分析速度快。色谱分离分析一般在几分钟或几十分钟内可以完成一个试样的分析。

(4) 应用范围广。可用于各种不同类型、不同性质的物质的分离分析，小到离子、小分子，大到分子量数百万的聚合物或是生物大分子，我们都可以找到相对应的色谱模式对其进行分离。

色谱技术的主要不足之处在于分离后对样品的定性比较困难。传统的色谱仅能通过保留值获得样品的某些信息；目前一些新发展起来的技术很大程度上解决了这一难题，如液相色谱-二极管阵列检测器（PAD）、色谱-质谱联用技术（LC-MS/GC-MS）等，其在完成分离的同时还可以获得丰富的样品信息，目前相关技术已经成为实验室重要的分析工具。

（一）色谱图的解读

色谱的信息主要来源于色谱图，读懂色谱图是进行色谱分析重要的一环。图 8-1 是一张典型的色谱图。

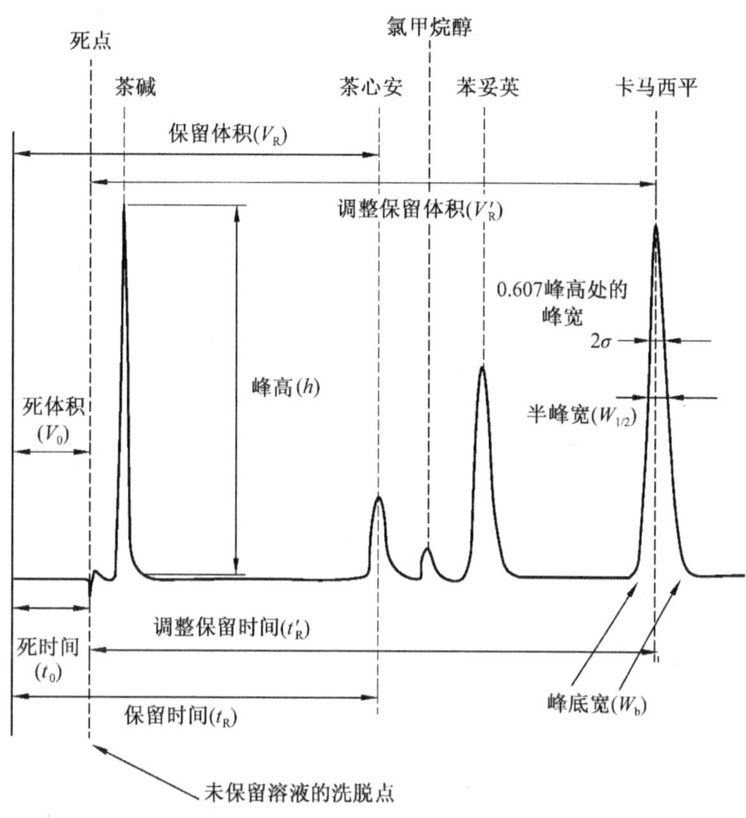

图 8-1　典型色谱图

从该色谱图上，一般我们可以获得以下信息：

基线（base line）：当无试样通过检测器时，检测到的信号即为基线，理想的基线应该是一条平坦的直线。

峰高（h）：色谱峰的高度，即色谱峰顶点到基线的直线距离。

半峰宽（$W_{1/2}$）：色谱峰高一半处的宽度。

峰底宽（W_b）：从色谱流出曲线两侧拐点作切线与基线所形成的两个交叉点的距离。

死时间（t_M或 t_0）：无保留组分在色谱柱上的流经时间。当柱长为 L 时，u 为流动相的平均线速度，则死时间为 $t_0=L/u$。

保留时间（t_R）：从样品进样到色谱峰顶点之间所需的时间。

调整保留时间（t_R'）：保留时间与死时间之差。

标准偏差（standard deviation，σ）：正态分布曲线在 $x=\pm1$ 时（拐点）的峰宽之半。正常峰的拐点在峰高的 0.607 倍处。标准偏差的大小说明组分在流出色谱柱过程中的分散程度。σ 小，样品区带的分散程度小，峰形瘦高，色谱柱的柱效高；反之，σ 大，峰形矮胖，柱效低。

峰面积(peak area,A):峰与峰底所包围的面积,$A=2.507\sigma h=1.064W_{1/2}h$。

从色谱图中获得的以上信息可用于分离效果的评估以及样品的定性和定量分析。

(二) 色谱过程与保留值

物质在固定相和流动相之间进行分配,在平衡状态下,组分在两相之间的活度比为一常数,称为分配系数(distribution coefficient):

$$K=\frac{a_s}{a_m}$$

对于非电解质,其活度与浓度相一致,分配系数即为物质在两相中的浓度之比:

$$K=\frac{c_s}{c_m}$$

该系数与样品性质、固定相、流动相等因素相关,在特定温度下为一常数。在一定温度下,某组分的 $K=0$ 时,即不被固定相保留,随流动相最先流出。组分的分配系数 K 越大,组分越倾向于停留在固定相中,出峰越慢。当试样一定时,K 主要取决于固定相和流动相的性质。在混合物中,每个组分在各种固定相上的分配系数 K 不同。试样中的各组分具有不同的 K 值是分离的基础,通过选择适宜的固定相可改善分离效果。

实际工作中,更常用到分配比(retention factor,partition ratio)来表征色谱分配平衡过程。分配比 k 是指在一定温度下,组分在两相间分配达到平衡时的质量比。由前述可知:

$$k=\frac{m_s}{m_m}=\frac{\frac{m_s}{V_s}V_s}{\frac{m_s}{V_m}V_m}=\frac{c_s}{c_m}\cdot\frac{V_s}{V_m}=\frac{K}{\beta}$$

式中,m_s和 m_m分别为溶质在固定相和流动相中的质量;β 称为相比,是流动相与固定相的体积之比。对一已制备好的色谱柱,其固定相和流动相的体积一定,其相比为一定值,分配比与分配系数直接相关。

当流动相以速度 u 在色谱柱中运动时,对于某一溶质,其在色谱中的运动总体可分为两部分:一部分位于流动相中,随流动相一起运动,这一部分时间即死时间 t_M;另一部分为停留在固定相中的时间 t_s。其保留时间为两部分时间之和:

$$t_R=t_s+t_M$$

则物质的平均速度:

$$\bar{v}=u\times\frac{c_mV_m}{c_mV_m+c_sV_s}=u\times\frac{1}{1+c_sV_s/(c_mV_m)}$$

$$\frac{L}{t_R}=\frac{L}{t_M}\times\frac{1}{1+k}$$

$$t_R=t_M(1+k)$$

对于某一物质,其 k(或 K)值越大,则保留时间越长,出峰越晚。对于一对物质 A、B,它们的保留时间分别为

$$t_{R(A)}=t_M(1+k_A)$$

$$t_{R(B)}=t_M(1+k_B)$$

定义选择因子：
$$\alpha=\frac{K_B}{K_A}=\frac{k_B}{k_A}$$

$$\alpha=\frac{k_B}{k_A}=\frac{t_{R(B)}-t_M}{t_{R(A)}-t_M}=\frac{t'_{R(B)}}{t'_{R(A)}}$$

此选择因子即两个调整保留时间之比。选择因子是决定分离效果的重要因素，该值越接近1，则两组峰的位置越接近，分离也越困难。

（三）色谱峰与物质的分离

从上述讨论可以看出物质的保留时间与其本身的性质（分配系数）相关，但通过该因素仅能知道色谱峰的最高点所处的相对位置。决定色谱分离的并不仅仅是分配系数，还与色谱柱的各项参数及操作条件（温度、流动相流速）等密切相关。色谱峰的获得和峰展宽可以分别由塔板理论和速率理论给出初步解释。

1．塔板理论(plate theory)

塔板理论是由 Martin 和 Synge 于 1952 提出的半经验的理论，该理论可用于解释色谱峰形为类似高斯分布(Gaussian distribution)的曲线。他们使用精馏塔模型，同时引入理论塔板数作为衡量柱效率的指标，在某些预设下获得色谱的流出曲线：

(1) 色谱柱被看成由数量巨大的被称为塔板的独立薄层组成。

(2) 溶质流动时，渐次流过各个塔板。

(3) 在各塔板内，溶质具有相同的分配系数，并且在每个塔板内，溶质在固定相和流动相之间形成平衡状态。

(4) 在各塔板之间不存在扩散。

基于该模型，可以发现随着组分流经各塔板，样品在塔板之间展开，当塔板数目足够高时，最终形成高斯分布形状的流出曲线。某时间点 t 流出样品的浓度为

$$c=\frac{m}{F\sigma\sqrt{2\pi}}e^{-\frac{(t-t_R)^2}{2\sigma^2}}$$

式中，m 为组分的质量，F 为流动相的体积流速，σ 为该峰形的标准偏差。

塔板理论对色谱峰的峰形给予了解释，其缺点是该理论只是对产生该峰形结果进行描述，并未包含产生的原因，该理论也就无法指出影响柱效的因素，也不能提供提高柱效的途径。

2．速率理论

1956 年，荷兰学者 Van Deemter 在塔板理论的基础上，将动力学因素引入主分离的过程，建立了速率理论(rate theory)。该理论可以帮助理解样品在色谱柱上的展宽行为，对样品区带产生的原因给予了很好的解释。在实践中，也可以对提高柱效（减小柱展宽）给予很好的理论指导。

(1) 塔板高度。

$$H=A+\frac{B}{u}+C\cdot u$$

该式又称为范氏方程。在该式中，A、B、C 三项一起作用，从而导致理论塔板高度的升高或是理论塔板数的降低。

(2) 涡流扩散项 A。

对于填充柱，色谱柱内填充了固定相颗粒，样品在流经色谱柱时，在固定相之外所取的路径并不是一根直线，而是在填充颗粒之间蜿蜒前行。由于填充，同一组分中不同分子所取的路径并不相同，形成紊乱的类似"涡流"的流动(图 8-2)，从而导致各分子实际的速率不同，产生样品带的展宽。该展宽以 A 表示：

$$A=2\lambda d_p$$

式中，d_p 为固定相的平均颗粒直径，λ 为固定相的填充不均匀因子。填充的固定相粒径越均匀、粒径越小，则样品分子所经历的路径长度越接近，其涡流扩散也越小，因此小而均匀的固定相有利于获得更高的柱效。当然，填充粒径并不能无限地降低，因为粒径越小，其所带来的压降越高，所需要的驱动力也越高。

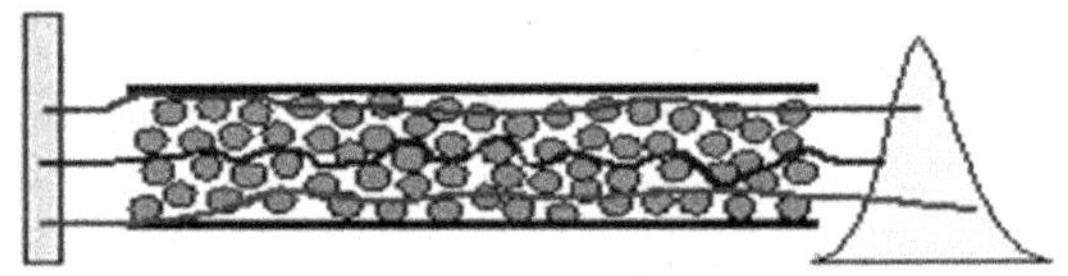

图 8-2　色谱流出中涡流扩散的示意图

(3) 纵向分子扩散项 B。

样品在流经色谱柱时，形成一个"塞子"状样品区带，这也意味着在色谱柱纵向存在着样品浓度差异(图 8-3)。分子具有从高浓度区带向低浓度的两侧扩散的趋势，该趋势同样也导致样品区带的展宽，以 B 表示：

$$B=2\gamma D_m$$

式中，γ 是与柱填充状况相关的因子。该展宽的程度与样品在流动相中的扩散系数相关，也与样品在流动相中的停留时间相关。组分在流动相中的扩散系数(D_m)越大、停留时间(L/u)越长，则展宽越显著。样品扩散系数 D_m 与组分性质、柱温、柱压和流动相性质有关。气相中样品的扩散系数较大，比液相中约大 10^5 倍，因此在液相色谱中可以忽略其引起的峰扩展。

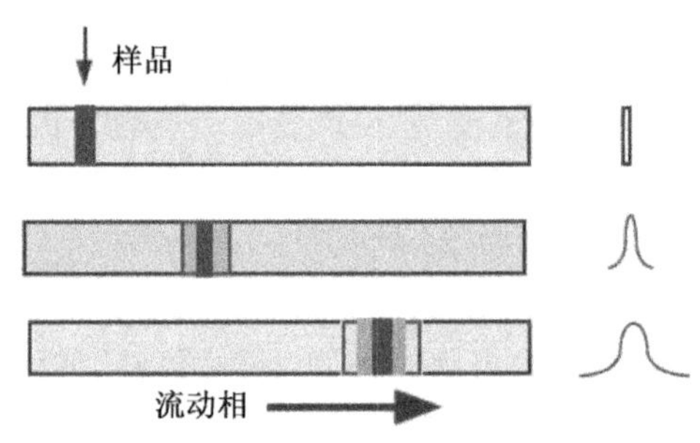

图 8-3　色谱流出中纵向扩散示意图

为了降低纵向分子扩散，对于气相色谱，可使用分子量大的气体(如氩气)作为流动相，或降低柱温，或是使用较高流速，降低样品在流动相中的停留时间。

(4) 传质阻力项 C。

样品在流动相和固定相之间进行分配，该过程发生在两相交界的界面上(图 8-4)。对于样品分子来说，要参与该过程，其首先必须通过传质到达该界面；进入固定相界面后，还需进一步传质进入其内部；当新鲜的流动相流经该固定相时，则需要经过相反的过程：固定相内部样品经传质到达界面，进入流动相后经传质远离界面。传质均在浓度梯度作用下通过扩散形成，相应的扩散系数(流动相内的扩散系数 D_m、固定相中的扩散系数 D_s)越大，则扩散越快，传质阻力越低，所对应的峰展宽也越小。除了扩散系数外，该项也与流动相的流速 u 直接相关：流速越快，则样品在完成传质过程中的迟滞越明显，峰展宽也就越严重。

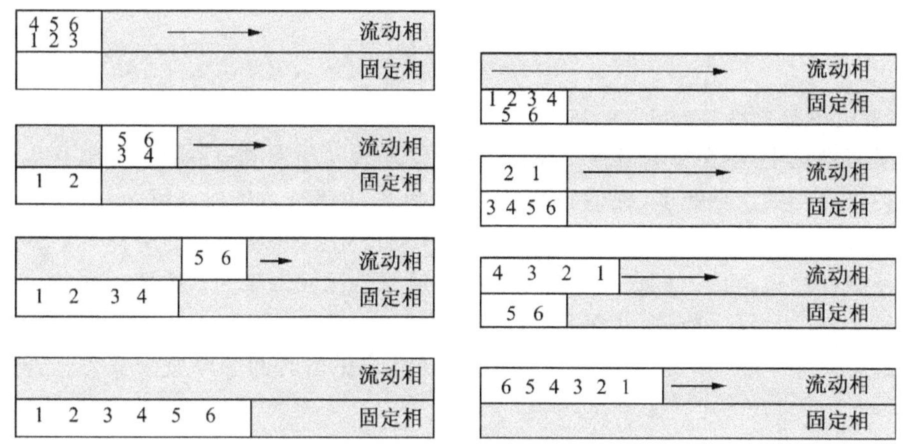

图 8-4　色谱流出中流动相传质阻力(左)和固定相传质阻力(右)示意图

对于流动相传质阻力项 C_m，固定相的平均颗粒直径 d_p 对该项有显著影响，粒径越大，则中间的空隙也越大，空隙中心样品达到固定相界面也越困难。除此之外，该项还与柱填充因子 ω 相关。

$$C_m=\frac{\omega d_p^2}{D_m}$$

对于固定相传质阻力项 C_s，则有

$$C_s=\frac{qk'd_f^2}{(1+k')^2D_s}$$

式中，q 为与固定相性质、构型相关的因子，k' 为分配比。固定相的固定液膜厚度 d_f 也对该项有显著影响，其解释与流动相传质阻力项中的 d_p 影响类似，颗粒越大，流动相中的组分到达界面的距离也越大，固定相传质阻力越大。

从关于传质阻力的讨论可知，为了降低该项对峰展宽的贡献，比较有利的条件是：样品在固定相、流动相中均具有较高的扩散系数，填充颗粒粒径小且填充均匀，固定相的液膜厚度较低。当然，其中有些要求跟前述纵向分子扩散项的要求并不一致，如流动相扩散系数 D_m 及流速 u，因此要获得整体的高柱效，需要综合考虑各项的要求。

总的塔板高度等于各项贡献之和：

$$H=2\lambda d_p+\frac{2\gamma D_m}{u}+\frac{\omega d_p^2 u}{D_m}+\frac{qk'd_f^2 u}{(1+k')^2D_s}$$

该式可简化为

$$H=A+\frac{B}{u}+C\cdot u$$

对于某一色谱柱，当 A、B、C 项都比较小时，才能获得较低的塔板高度，柱效才高。当 B 项贡献较大时(如气相色谱中)，对一组 A、B、C 值，存在一最佳流速，此时 H 最低，即

$$\frac{\mathrm{d}H}{\mathrm{d}u}=-\frac{B}{u^2}+C=0$$

$$u_{\mathrm{opt}}=\sqrt{\frac{B}{C}}$$

具有最低塔板高度：

$$H = A + 2\sqrt{BC}$$

3. 理论塔板数和柱效

在塔板理论中，当色谱柱长度一定时，理论塔板数 n 越大（塔板高度 H 越小），被测组分在柱内被分配的次数越多，柱效就越高，所得色谱峰越窄。塔板高度 H 与色谱柱的柱效直接相关，虽然前述范氏方程对峰展宽和塔板高度给予了理论上的解释，但实际上，测得各项系数并通过范氏方程来对塔板高度进行计算是比较困难的。实践中往往通过对样品的分离结果来计算塔板数，从而获得塔板高度。

色谱柱对某一物质的理论塔板数 N 可从测得的保留时间和峰宽来获得。若以峰底宽计，有

$$N = 16\left(\frac{t_R}{W_b}\right)^2$$

若以半峰宽计，则有

$$N = 5.54\left(\frac{t_R}{W_{1/2}}\right)^2$$

则塔板高度为

$$H = \frac{L}{N}$$

从之前的讨论可知，在整个保留时间中，有一段时间（死时间）样品只是随着流动相一起运动，并未参与分配过程，因此在评估柱效时，剔除这部分时间可以更明确地显示色谱柱实际的柱效。以调整保留时间来代替之前的保留时间可以获得有效塔板数 N_{eff}：

$$N_{eff} = 16\left(\frac{t'_R}{W_b}\right)^2$$

$$N_{eff} = 5.54\left(\frac{t'_R}{W_{1/2}}\right)^2$$

（四）样品的分离

根据前述塔板理论和速率理论，对于一对物质，色谱柱对其分离的效率可用分离度 R_s 来表示：

$$R_s = \frac{t_{R(B)} - t_{R(A)}}{\frac{1}{2}(W_{b(A)} + W_{b(B)})}$$

分离度是两峰之间距离与它们峰底宽一半之和的比值，该比值越大，说明两峰分得越开。当分离度达到 1.5 时，根据正态分布可以计算得知此时相等两峰的叠加部分仅为 0.3%，一般以此为判定完全分离的依据。

$$R_s = \frac{t_{R(B)} - t_{R(A)}}{t_{R(B)}} \times \frac{\sqrt{N}}{4}$$

$$R_s = \frac{k_B - k_A}{1 + k_B} \times \frac{\sqrt{N}}{4}$$

又由 $\alpha = \frac{k_B}{k_A}$ 得

$$R_s=\frac{\sqrt{N}}{4}\left(\frac{k_B}{1+k_B}\right)\left(\frac{\alpha-1}{\alpha}\right)$$

当 A、B 两物质分配比接近 $k_A=k_B\approx k$ 时，有

$$N=16R_s^2\left(\frac{k_B+1}{k_B}\right)^2\left(\frac{\alpha}{\alpha-1}\right)^2$$

$$N=16R_s^2\left(\frac{1}{\alpha-1}\right)^2\left(\frac{1+k}{k}\right)^2$$

式中，k 为 k_A、k_B的平均值。从该式可以得出达到特定分离度所需要的理论塔板数，该式称为基本分离方程。需要注意的是，不管是理论塔板数还是有效塔板数，其所表示的都是样品在色谱柱上假定的塔板上完成的交换次数，单纯从柱效并不能直接得出组分之间的实际分离效果：对于一组具有相同分配系数 K 的物质，无论该色谱柱的塔板数多大，其选择因子 α 始终为 1，都无法实现分离。

以上提到的塔板理论和速率理论，其所描述的色谱过程是一种理想化的过程。在实际色谱中，许多条件会偏离之前所做的假定。

（五）样品的洗脱模式

对于色谱分离，最简单的分离模式是等度洗脱(isocratic elution)，即控制实验条件一定(恒温、恒压、固定成分流动相等)。该模式对仪器的要求较低，一些简单的混合物也能获得比较不错的分离。在一些比较复杂的样品中，各组分的分配比(k)相差很大，因此使用等度洗脱往往很难获得满意的分离结果：如果使用弱洗脱条件，可以保证分配比较小的组分获得比较好的分离，与此同时，强保留组分的保留时间会很长，并且获得的峰形既宽又低，分离效率低；如果使用强洗脱条件，弱保留组分(k 值小)就很难获得很好的分离。该现象称为一般洗脱问题(general elution problem)。解决此问题的手段是采用与等度洗脱相对的技术，称为梯度洗脱(gradient elution)，其核心是通过控制实验条件来调节组分的分配比，获得改善的分离。在洗脱的初始阶段，使用弱洗脱条件(低柱温或弱溶剂作为流动相等)，弱组分在色谱柱上具有较大的分配比，这些组分能够获得较好的分离；随后逐渐加强洗脱条件(较高柱温或强溶剂作为流动相)，使得仍在色谱柱内的强保留组分的分配比降低，以使它们能够在较短时间内流出。该分离策略目前在色谱分离中广泛使用。

二、色谱的检测器

检测器是色谱仪的几大关键部件之一，其作用是把流出液中的组分信息转变为电信号。检测器要求灵敏度高、噪声低(对温度、流量等外界变化不敏感)、线性范围宽、重复性好和适用范围广。

1. 检测器的分类

气相色谱仪和液相色谱仪具有不同的检测器。检测器按其检测原理可分为光学检测器(如紫外、荧光、示差折光、蒸发光散射检测器)、热学检测器(如热导检测器)、电化学检测器(如极谱、库仑、安培检测器)、电学检测器(如电导、介电常数检测器)等。按检测器测量的性质可将其分为通用型和专属型检测器(又称选择性检测器)。通用型检测器测量的是一般物质均具有的性质，它对溶剂和溶质组分均有反应，如示差折光、蒸发光散射、热导检测器等。专属型检测器只能检测某些组分的某一性质，如紫外、荧光检测器，它们只对有紫外吸收或荧光发射的组分有响应。一般专属型检测器的灵敏度要高于通用型检测器。按检测器的检测方式可将其分为浓度型和质量型。浓度型检测器的响应与流动相中组分的浓度有关，而质量型检测器的响应与单位时间内通过检测器的组分的量有关。除此之外，根据检测过程中被测物是否发生变化，检测器还可分为破坏性检测器和非破坏性检测器两类。

2. 检测器的性能指标

(1) 噪声和漂移。在仪器稳定之后，记录基线 1 h，基线带宽为噪声，基线在 1 h 内的变化为漂移。它们反映检测器电子元件的稳定性及其受温度和电源变化的影响。如果有流动相从色谱柱流入检测器，那么它们还反映流速(泵的脉动)和溶剂(纯度、含有气泡、固定相流失)的影响。噪声和漂移都会影响测定的准确度，应尽量减小。

(2) 灵敏度(sensitivity)。灵敏度表示一定量的样品物质通过检测器时所给出的信号大小。对浓度型检测器，它表示单位浓度的样品所产生的电信号的大小，单位为 $mV \cdot mL \cdot g^{-1}$。对质量型检测器，它表示在单位时间内通过检测器的单位质量的样品所产生的电信号的大小，单位为 $mV \cdot s \cdot g^{-1}$。

(3) 检测限(detection limit, limit of detection)。检测器灵敏度的高低并不等于它检测最小样品量或最低样品浓度能力的高低，因为在定义灵敏度时没有考虑噪声的大小，而检测限与噪声的大小是直接有关的。

检测限指恰好产生可辨别的信号(通常用 2 倍或 3 倍噪声表示)时进入检测器的某组分的量(浓度型检测器指的是在流动相中的浓度，单位为 $g \cdot mL^{-1}$ 或 $mg \cdot mL^{-1}$；质量型检测器指的是单位时间内进入检测器的量，单位为 $g \cdot s^{-1}$ 或 $mg \cdot s^{-1}$)。检测限 $D=2N/S$。式中，N 为噪声，S 为灵敏度。通常把一个已知低浓度的标准溶液注入检测器，通过所获得的响应来计算检测限的大小。

检测限是检测器的一个主要性能指标，其数值越小，检测器性能越好。需要注意的是，分析方法的检测限除了与检测器的噪声和灵敏度有关外，还与色谱分离条件，如色谱柱、泵稳定性及各种柱外因素引起的峰展宽有关。

(4) 线性范围(linear range)。线性范围指检测器的响应信号与组分量成直线关系的范围，即在固定灵敏度下，最大与最小进样量(浓度型检测器为组分在流动相中的浓度)之比。也可用响应信号的最大与最小范围表示。

定量分析的准确与否，关键在于检测器所产生的信号是否与被测样品的量始终成一定的函数关系。输出信号与样品量最好成线性关系，这样进行定量测定时既准确又方便。但实际上没有检测器能在所有范围内均呈线性响应。通常 $A=BC^{x}$，B 为响应因子，当 $x=1$ 时为线性响应。对大多数检测器来说，x 只在一定范围内才接近于 1，实际上通常只要 $x=0.98\sim1.02$ 就认为它是呈线性响应的。线性范围一般可通过实验确定。我们希望检测器的线性范围尽可能宽，能同时测定高浓度和痕量成分。

第二节　现代气相色谱分析

在色谱中，以气体作为流动相的色谱技术称为气相色谱。该技术比较特殊的一点是，

气体并不参与被分析物质的分配，只是当物质位于气体中时随之一起运动，故该气体流动相又被称为载气(carrier gas)。在气相色谱中，样品被汽化以后，在载气作用下，在固定有固定相的色谱柱中流动，通过与固定相作用的强弱获得不同的保留体积，从而得以分离。气相色谱是当前应用最广泛的分离分析手段之一。该技术具有分离效率高、检测限低、分析速度快、重现性好等诸多优点。该方法可用于气体以及沸点相对较低的液体或固体样品的分析。由于样品需要被加热汽化，所以该方法不适用于分子量高(通常沸点也高)或热稳定性较差的样品分析。气相色谱法根据其固定相的不同，又可以分为以固体作为固定相的气固色谱(GSC)和以液体作为固定相的气液色谱(GLC)。前者以多孔性固体为固定相，常用于一些永久性气体和低沸点化合物的分离；后者的固定相是涂渍在惰性载体上的高沸点有机物，有多种不同性质的固定液可供选择，以适应不同类型化合物，应用广泛。气相色谱适用于可挥发且具有热稳定性的样品分析，样品的沸点一般不超过 500 ℃。在目前已知化合物中，约有 20%～25%可采用气相色谱进行分析。有些样品虽然不能直接通过气相色谱进行分析，但可以通过某些特殊技术实现对样品的间接分析。

一、气相色谱的基本原理

在气相色谱中，我们可以沿用先前关于色谱的讨论。在特定柱温(T_c)下，经常采用的保留值为保留体积 V_R。

保留体积为保留时间与流量的乘积：

$$V_R = t_R \cdot F$$

$$V_M = t_M \cdot F$$

由于气体具有可压缩的特性，定义压降校正因子：

$$j = \frac{3[(P_{inlet}/P_{outlet})^2 - 1]}{2[(P_{inlet}/P_{outlet})^3 - 1]}$$

添加该校正因子后，获得校正保留体积：

$$V_R^0 = j \times t_R \times F$$

$$V_M^0 = j \times t_M \times F$$

样品的比保留体积：

$$V_g = \frac{V_R^0 - V_M^0}{m_s} \times \frac{273}{T_c} = \frac{jF(t_R - t_M)}{m_s} \times \frac{273}{T_c}$$

$$V_g = \frac{jF(t_R - t_M)}{m_s} \times \frac{273}{T_c} = \frac{V_M^0 k}{m_s} \times \frac{273}{T_c}$$

$$V_g = \frac{KV_s}{m_s} \times \frac{273}{T_c} = \frac{K}{\rho_s} \times \frac{273}{T_c}$$

可以看出，比保留体积与样品的性质(K，热力学常数)直接相关，不同的样品具有不同的比保留体积，从而样品可以获得分离。该值可作为样品定性分析的依据。

对于填充柱的气相色谱，速率理论中的范氏方程仍然适用。其中涡流扩散项 A 和纵向分子扩散项 B 讨论同前，稍有不同的是传质阻力项。

1. 气相传质阻力系数 C_m

气相传质过程是指试样组分由气相移动到固定相表面的过程。在这一过程中，试样组分将在两相间进行浓度分配，有的分子还来不及进入两相界面就被气相带走，有的则进入两相界面又来不及返回气相。这样，使得试样在两相界面上不能瞬间达到分配平衡，引起滞后现象，从而导致色谱峰变宽。气相传质阻力系数 C_m 可以表示为

$$C_m=\frac{0.01k'^2d_p^2}{(1+k')^2D_g}$$

式中，k' 为容量因子，d_p 为填充物粒度，D_g 为组分在载气中的扩散系数。

从该式可以看出，采用粒度小的填充物和分子量小的气体（扩散系数 D_g 较高，如氢气）作载气可使 C_m 减小，柱效提高。

2. 固定相传质阻力系数 C_s

固定相传质过程是指组分从气/固界面移动到固定相内部，并发生质量交换，达到分配平衡后又返回气/固界面的传质过程。该过程也需要一定的时间，此时气相中组分的其他分子仍然随着载气不断向柱出口运动，同样造成峰扩展。

$$C_s=\frac{2k'^2d_f^2}{3(1+k')^2D_s}$$

式中，d_f 为固定液的液膜厚度，D_s 为组分在液相中的扩散系数。降低固定液的液膜厚度，扩大组分在液相中的扩散系数 D_s，可使固定相传质阻力减小。

综上所述，可以获得气相色谱的范氏方程：

$$H=A+\frac{B}{u}+C\cdot u=2\lambda d_p+2\gamma D_g+\left[\frac{0.01k'^2d_p^2}{(1+k')^2D_g}+\frac{2k'^2d_f^2}{3(1+k')^2D_s}\right]u$$

此式指出了色谱柱填充的均匀程度（λ）、填料颗粒的大小（d_p）、流动相的种类（D_g、k'、D_s）和流速（u）、固定相的液膜厚度（d_f）等对柱效的影响，对色谱分离条件的选择优化具有实际的指导意义。

二、气相色谱仪的基本结构

气相色谱仪是实现气相色谱过程的仪器，基本结构大体相似，主要由载气系统、温控系统、进样系统、分离系统（色谱柱）、检测系统以及数据处理系统等几个部分组成（图 8-5）。在气相色谱中，由高压气瓶或气体发生器提供的载气经减压阀降压后，由气体调节阀调节到所需流速，并经净化后得到稳定流量的载气；载气流经汽化室，将汽化后的样品带入色谱柱进行分离；分离后的各组分依次流经检测器，并由检测器将物质的质量或浓度的变化转换成电信号，经放大处理后由记录仪或计算机记录下来，得到色谱图。从色谱图可得到各峰出现的时间，对样品进行定性分析，根据样品峰面积或峰高可对样品进行定量分析。

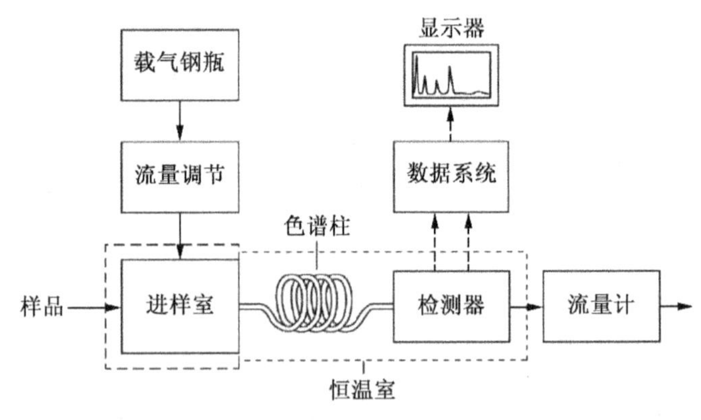

图 8-5　气相色谱仪的基本结构

（一）载气系统

载气系统包括气源、气体净化器、气路控制系统。载气是气相色谱过程的流动相，载气要求没有腐蚀性，且不干扰样品分析。常用的载气有 H_2、He、N_2、Ar 等，气源常采用钢瓶的形式储存、运输。在实际应用中，载气种类的选择主要是根据检测器的特性来决定的，同时还需兼顾色谱柱的分离效能和分析速度。载气的纯度、流速对色谱柱的分离效能、检测器的灵敏度均有很大影响。气路控制系统的作用就是将载气及辅助气进行稳压、稳流及净化，以满足气相色谱分析的要求。

载气流速可用转子流量计和皂膜流量计测量。转子流量计可以给出柱前流量大小的相对值；皂膜流量计安放于柱后，可测量流速的大小，但其测得的流速 F_o是在柱后室温和当时的大气压下测得的，并存在皂液水蒸气的影响，因此柱内的流速应扣除水蒸气的影响并校正到柱内的温度和压力下的流速。载气在柱后的真实流速为

$$F_{co}=F_o\cdot\frac{T_r(p_o-p_w)}{T_c p_o}$$

式中，F_o 为用皂膜流量计在检测器出口实测的流速，$mL\cdot min^{-1}$；T_r 为室温，K；T_c 为色谱柱的温度，K；p_o 为柱出口压力，即大气压，Pa；p_w 为室温下水的蒸气压，Pa。

气体的纯度对样品的分离、分离后的检测等都有影响，在允许的范围内应尽可能选用高纯度的气体（>99.999%）。气体中的杂质不仅会增大检测器的噪声，还可能影响到色谱柱的性能。高纯度的气体可以保证检测器的高灵敏度，同时还可以延长色谱柱和色谱仪器的寿命。为了减少杂质的影响，气体在进入色谱柱之前需要通过气体净化装置。净化装置中一般装有分子筛及硅胶。分子筛可吸附有机杂质，硅胶可除去水蒸气。分子筛和硅胶经活化后可反复使用。

气路控制系统用于色谱柱内气体的控制。该控制系统的好坏直接影响到分析结果的重现性。在气相色谱中，一般采用多级控制方法。从钢瓶出来的气体经过减压阀减压，再经过气体净化器净化后通过稳压阀。稳压阀用于控制进入色谱的气体的总压力。气路系统中除了载气外可能还有其他气体（如燃气和助燃气）。

（二）进样系统

进样系统包括进样器和汽化室，它的功能是引入试样，并使试样瞬间汽化。液体样品的进样可用微量注射器。根据进样量的不同，可以选用不同规格的微量注射器，其缺点是重现性比较差。气体样品可以用六通阀进样，进样量由定量管控制。定量管可以按需要更换，进样量的重现性可达 0.5%。工业流程色谱分析和大批量样品的常规分析可使用自动进样器，在程序中设定后无须人工干涉，且进样重现性好。由于气相色谱柱，特别是毛细管气相色谱柱的体积较小，柱容量低，其能够承受的样品量很小，因此即使使用微量注射器，样品的量也高于柱容量，最常用的方法是采用分流进样和不分流进样。不分流进样仅适用于痕量物质的分析。进样口的下端为汽化室，其作用是将液体样品瞬间汽化为蒸气。对汽化室，要求其死体积小，热容量大，温度要足够高且无催化效应，目的是保证样品瞬间汽化且不分解，并迅速进入柱头以尽量减少谱带扩散。汽化室一般由金属块和外套加热块组成。为了消除金属表面可能的催化效应，还可以在汽化管内衬入石英套管。汽化室注射孔用厚度为 5 mm 的硅橡胶垫密封，由散热式压管压紧，采用长针头注射将样品

注入热区，并减少汽化室死体积，提高柱效。样品汽化完成后，由载气带入色谱柱进行分离。

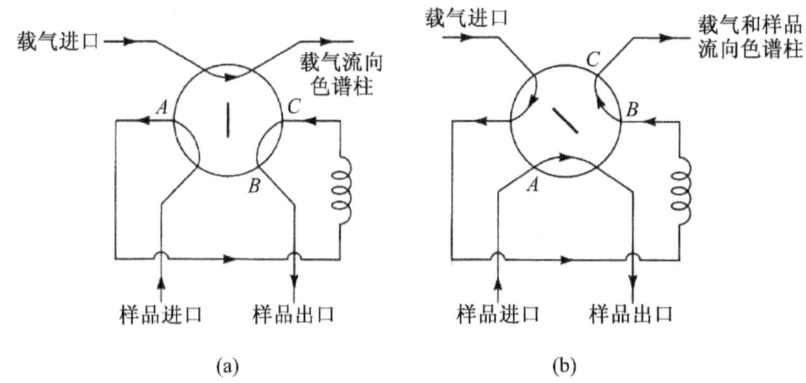

图 8-6　气相色谱仪的进样环结构示意图

（三）分离系统

色谱柱是气相色谱仪的核心部件，它的功能是使试样在柱内运行的同时得到分离。气相色谱的色谱柱一般可分为两类：填充柱和开管柱。填充柱是将固定相填充在内径较大(常用内径为 50 mm 左右)的金属或玻璃管中。毛细管柱使用由熔融石英(二氧化硅)拉制的空心毛细管作为分离场作。为了提高毛细管柱的强度，常在其外层表面涂一层聚酰亚胺保护层，使其呈棕褐色。毛细管内径通常为 0.1～0.5 mm，柱长可达 30～50 m，在温控室内可以绕成直径 20 cm 左右的环状。用这样的毛细管作分离柱的气相色谱其分离效率比填充柱要高得多。毛细管柱可分为开管毛细管柱、填充毛细管柱等。填充毛细管柱是在毛细管中填充固定相而成，也可先在较粗的厚壁玻璃管中装入松散的载体或吸附剂，然后拉制成毛细管。如果装入的是载体，使用前在载体上涂渍固定液成为填充毛细管柱气液色谱。如果装入的是吸附剂，就是填充毛细管柱气固色谱。填充毛细管柱近年来使用较少。开管毛细管柱又分以下四种：① 壁涂毛细管柱(WCOT)：在内径为 0.1～0.3 mm 的中空石英毛细管的内壁涂渍固定液，这是目前使用最多的毛细管柱。② 载体涂层毛细管柱(SCOT)：先在毛细管内壁附着一层硅藻土载体，然后再在载体上涂渍固定液。③ 小内径毛细管柱：内径小于 0.1 mm 的毛细管柱，主要用于快速分析。④ 大内径毛细管柱：内径在 0.3～0.5 mm 的毛细管，往往在其内壁涂渍 5～8 μm 的厚液膜。

（四）温控系统

对于气相色谱来说，温控系统是非常重要的一个组成部件。在气相色谱中，大部分样品的原始形态为固体或液体，需要经过高温汽化后才能进入色谱柱获得分离分析。除了进样之外，样品在分离中仍需要保持气态，因此色谱柱或进样器的温度至少要高于沸点最高的组分。

1. 色谱柱温度极限

一根色谱柱通常有两个温度极限：温度下限和温度上限。如果在低于温度下限的条件下进行实验，获得的色谱峰较宽，影响色谱分离的效果；如果在高于温度下限的条件下进行实验，获得的色谱峰会有明显的好转。温度上限一般有两个固定的数值：较低的数值是恒温极限，在该温度下色谱柱可以正常地使用，柱流失和寿命不会受到影响；较高的数

值是程序升温极限，在此温度下，色谱柱使用时间如果在 10～15 min 内，色谱柱的流失和寿命不会受到太大的影响，但如果持续时间过长，则会增加色谱柱的流失，固定相和熔融石英管的惰性都有可能被破坏，从而缩短色谱柱的使用寿命。一般汽化室温度比柱温高 30 ℃～70 ℃，以保证试样能瞬间汽化而不分解；而检测室温度与柱温相同或略高于柱温，以防止样品在检测室冷凝。

2. 色谱柱温度控制方式

色谱柱的温度控制方式有恒温和程序升温两种。对于沸点范围很宽的混合物，往往采用程序升温法进行分析，一个分析周期内柱温随时间由低向高做线性或非线性变化。该操作既可以保证低沸点物质获得较好的分离，同时高沸点物质也可以在较短时间内洗脱，获得比较好的峰形，以达到用最短的时间获得最佳的分离的目的。在色谱分离中，无论是恒温还是程序升温，都需要高精度的温度控制，以获得数据的重现性。

（五）检测器

检测器的功能是在柱后将已被分离的组分的信息转变为便于记录的电信号，从而对各组分的组成和含量进行鉴定和测量。原则上，只要被测组分和载气在性质上存在差异，即可以将之作为检测依据，但实际中常用的检测器只有有限的几种。一般要求检测器结构简单，使用方便，稳定性高，使用寿命长，并具有通用性或选择性。检测器的选择要依据分析对象和目的来确定。常见的检测器包括热导检测器、氢火焰离子化检测器、电子捕获检测器、火焰光度检测器等（表 8-1）。

表 8-1　常用检测器的性能

检测器	类型	通用型或选择性	灵敏度	检出限	最小检出浓度	线性范围	适用范围
热导	浓度	通用型	10^4 mV·cm^3·mg^{-1}	2×10^{-6} mg·cm^{-3}	0.1 μg·g^{-1}	10^4	通用型，有机物和无机物
氢火焰离子化	质量	准通用型	10^{-2} mV·s·g^{-1}	10^{-12} g·s^{-1}	1 ng·g^{-1}	10^7	含碳有机物
电子捕获	浓度	选择性	800 A·cm^3·g^{-1}	10^{-14} g·cm^{-3}	0.1 ng·g^{-1}	10^2～10^4	含卤素及亲电子物质、农药
火焰光度	质量	选择性	400 mV·s·g^{-1}	10^{-12} g·s^{-1}（对 P） 10^{-11} g·s^{-1}（对 S）	10 ng·g^{-1}	10^3～10^4（对 P） 10^2（对 S）	含硫磷化合物、农药残留物

1. 热导检测器（thermal conductivity detector，TCD）

热导检测器的工作原理是基于不同气体具有不同的热导率。其检测元件为热丝，如钨丝、铂丝、铼丝，并由热丝组成惠斯通电桥（图 8-7）。金属丝具有电阻随温度变化的特性。当通过恒定电流以后，金属丝温度升高，其热量经四周的载气分子传递至池壁。当热丝产生的热量与散失的热量达到平衡时，热丝温度就稳定在一定数值。此时，热丝阻值也稳定在一定数值。当无样品流出仅有载气时，由

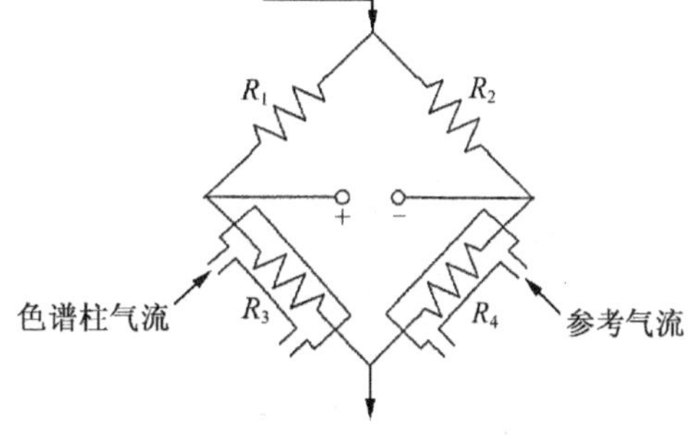

图 8-7　热导检测器的惠斯通电桥

于参比池和测量池通入的都是纯载气,二者具有相同的热导率,所以两臂的电阻值相同,电桥平衡 $R_1 \times R_4 = R_2 \times R_3$,无电压信号输出,记录系统记录的是一条直线。当被测组分与载气一起进入热导池时,由于混合气的热导率与纯载气不同(通常低于纯载气的热导率),钨丝传向池壁的热量也发生变化,致使金属丝温度发生改变,其电阻也随之改变,从而使电桥失去平衡 $R_1 \times R_4 \neq R_2 \times R_3$ 而产生电位差,记录仪绘制出相应组分的色谱峰。载气中待测组分的浓度越大,测量池中气体热导率改变就越显著,温度和电阻值改变也越显著,电压信号就越强。此时输出的电压信号与样品的浓度成正比,这是热导检测器的定量基础。热导检测器对单质、无机物、有机物均有响应,且其相对响应值与使用的热导检测器的类型、结构以及操作条件等无关,通用性好,并且该检测过程中样品保持原形态,是一种非破坏性浓度型检测器,也是在实际工作中应用较多的一种气相色谱检测器。热导检测器的缺点是样品区带所带来的热导改变并不显著,检测灵敏度低,不能适用于痕量检测。

2. 氢火焰离子化检测器(flame ionization detector,FID)

氢火焰离子化检测器是气相色谱中最常用的一种检测器,其工作原理是当含碳有机物在氢火焰中燃烧时产生化学电离,发生下列反应:

$$C_nH_m \longrightarrow nCHO\cdot$$

$$CHO\cdot + O_2^* \longrightarrow CHO^+ + e^-$$

$$CHO^+ + H_2O \longrightarrow H_3O^+ + CO$$

燃烧过程中产生 CHO^+,并进一步与燃烧生成的水形成稳定的 H_3O^+,该正离子在电场作用下被收集到负电极上,产生微弱电流,电流的大小与有机物的量及其碳的含量相关,经放大记录后得到色谱信号。氢火焰离子化检测器是选择性质量检测器,其敏感度高、线性范围宽、易于掌握、应用范围广,特别适合于毛细管色谱使用。

氢火焰离子化检测器的结构比较简单,一般用不锈钢制成,如图 8-8 所示。色谱柱末端的气体与氢气混合后由喷嘴逸出,并在助燃空气的作用下经电子点火燃烧,产生离子碎片,离子碎片由信号收集极收集到,产生电信号。

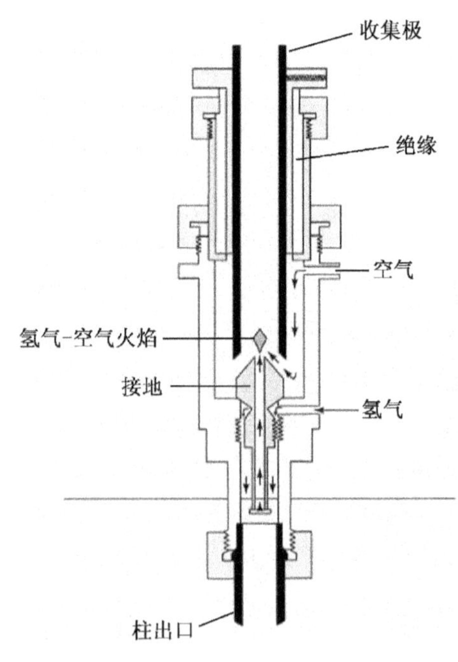

图 8-8　氢火焰离子化检测器示意图

氢火焰离子化检测器对含碳有机物有很好的响应,特别适用于有机化合物的检测,其灵敏度高,检出限可比热导检测器低三个数量级。从其检测原理可知,该检测器对其他不燃烧的杂质(如水、CO_2、SO_2、NO_x 等)不灵敏,因此载气中即使有少量不纯物质,对检测的影响也较小,基线稳定性好,噪声低。除此之外,氢火焰离子化检测器的响应速度快,线性范围宽(可达 7 个数量级),耐用性好,使用寿命长,输出信号重现性高,死体积小,对温度变化不敏感。这些优点使得其成为目前气相色谱仪中最常用的检测器。其主要缺点是在检测过程中被检测物被离子化成为

碎片，难以收集其原始形态，因此是一种破坏性检测器，不适于需要制备的场合。

3．电子捕获检测器(electron captive detector，ECD)

电子捕获检测器是气相色谱检测器中灵敏度最高的一种选择性检测器，在气相色谱仪中的应用仅次于热导和氢火焰离子化检测器。

常见的电子捕获检测器的结构如图 8-9 所示。检测器的池体用作阴极，圆筒内侧装有放射源(^{3}H、^{63}Ni、^{85}Kr等)，在阳极和阴极之间用陶瓷或聚四氟乙烯材料进行绝缘，并在两电极之间施加恒流或脉冲电压。当载气(如N_2)通过检测器时，其受放射源发射出的β射线(电子束)的激发而电离，产生一定数量的电子和正离子(N_2^+)。带电粒子在外加的电场作用下做定向移动，由于电子运动的速度要远高于正离子，两者复合的概率较低，从而在电极上形成稳定的背景电流(基流)。当载气中含有电负性强的化合物时，分子中电负性强的物质会捕捉电子形成负离子，而负离子的移动速度远低于电子，其与正离子结合形成电荷湮灭的概率大大增加，从而使检测室中的背景电流(基流)减小。该电流的减小程度与样品在载气中的浓度成正比关系：

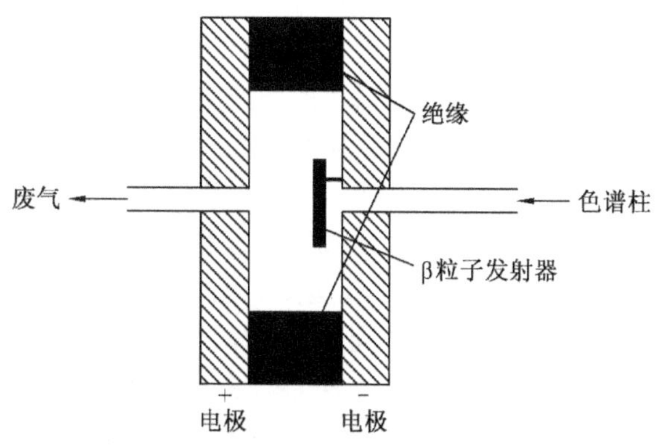

图 8-9 电子捕获检测器的示意图

$$N_2 \longrightarrow N_2^+ + e^-$$

$$AB + e^- \longrightarrow (AB)^- \text{ 或 } AB + e^- \longrightarrow A^- + B$$

电子捕获检测器目前广泛地用于含氯、氟及硝基化合物等的检测中。由于背景信号来源于载气的电离，所以载气气流的变化会影响信号。另外与其他检测方式不一样的是，该方法是在高背景信号下获得降低的信号(负峰)，因此其检测的线性范围比较窄。需要注意的是，在该检测过程中，样品经过离子化后又会重新中和，仍保持原形，并无实际损失，因此是一种非破坏性检测方法。

电子捕获检测器是一种浓度型检测器。对填充柱色谱仪来说，由于它的柱容量大，进样量大，检测器的池体积可大一些(约 1 mL)；但对毛细管色谱柱来说，电子捕获检测器的池体积就要小一些(200～300 μL 或更小一些)，灵敏度就要降低，为了解决这一问题，可采用同轴移位式 ECD。

4．火焰光度检测器(flame photometric detector，FPD)

火焰光度检测器是把氢火焰离子化检测器和发光检测器相结合的技术。在火焰光度检测器中，样品在富氢火焰中燃烧，使含硫、磷的化合物经燃烧后又被氢还原，产生激发态的 S_2^*(S_2的激发态)和 HPO^*(HPO 的激发态)，这两种受激物质在返回基态的过程中以辐射的形式释放多余的能量，分别产生 400 nm 和 550 nm 左右的发光，使用光电倍增管测量这一发光的强度，光强与样品的质量流速成正比关系。

$$RS + 2O_2 \longrightarrow CO_2 + SO_2$$

$$2SO_2 + 4H_2 \longrightarrow 4H_2O + 2S$$

$$S + S \longrightarrow S_2^* \ (390\ ^\circ C)$$

火焰光度检测器是高灵敏度的选择性检测器，广泛地用于含硫、磷化合物的分析。

5. 热离子检测器(therminoic detector，TID)

热离子检测器又称氮磷检测器(nitrogen phosphorous detector，NPD)，是一种比较特殊的氢火焰离子化检测器，与普通的氢火焰离子化检测器的区别是在喷嘴和收集极之间添加了一个含有碱金属(钾、铷和铯)的玻璃珠(如硅酸铷)。由于碱金属非常容易电离，含氮磷化合物受热分解，在铷珠的作用下就会产生大量电子，使得信号值比没有铷珠时大大增加，从而提高了检测器的灵敏度。所选碱金属盐的种类对检测器的可靠性和灵敏度都有影响，一般对可靠性的优劣次序是 K>Rb>Cs，对氮的灵敏度为 Rb>K>Cs。这种检测器对含氮、磷的化合物具有非常好的检测灵敏度，适用于该类化合物的测定，其检测限可比普通氢火焰离子化检测器低 500 倍以上。热离子检测器对其他杂元素化合物(如含硫、卤素、砷等分子)，也具有较高灵敏度。热离子检测器的缺点也与普通氢火焰离子化检测器类似，它是一种破坏性检测器，不能用于制备目的。

热离子检测器本质上是一种氢火焰离子化检测器，电流的大小与火焰的温度有关，火焰的温度又与氢气的流量有关，所以必须很好地选择和控制氢气的流量。除此之外，热离子检测器的灵敏度和基流还决定于空气和载气的流量，通常情况下其流量的增加会导致灵敏度的降低。载气的种类也对灵敏度有一定的影响，用氮气作载气比用氦气作载气灵敏度高 10%，其原因是氦会使碱金属盐过冷，造成样品分解不完全。热离子检测器的极间电压与氢火焰离子化检测器一样，在 300 V 左右时才能有效地收集正负电荷，但与之不同的是热离子检测器的收集极必须是负极，其位置必须进行优化调整。

6. 光离子化检测器(photo ionization detector，PID)

光离子化检测器是一种新型的气相色谱检测器，在该检测器中使用紫外灯(UV)光源将有机物“击碎”(离子化)成可被检测器检测到的正负离子，所形成的分子碎片和电子由于分别带有正负电荷，从而在两个电极之间产生电流，检测器将电流放大并显示出相应的浓度值。在完成检测后，离子重新复合成为原来的气体。因此，PID 是一种非破坏性检测器，经过 PID 检测的气体仍可被收集做进一步的测定。

理论上所有的元素和化合物都可以被离子化，但在所需能量上有所不同，而这种可以替代元素中的一个电子将化合物离子化的能量称为“电离电位”(IP)，它以电子伏特(eV)为计量单位。相应进行激发的紫外光的能量也以 eV 为单位。不同化合物对应的电离电位不同，因此所需要的紫外灯也不一样。例如，苯的 IP 是 9.25 eV，它可以被标准配置的 PID(配 10.6 eV)所检测到。氯甲烷的 IP 是 11.32 eV，它只能被具有 11.7 eV 级以上的 PID 检测到。一氧化碳的 IP 是 14.01 eV，它就不可能被 PID 离子化。可以从各类化学手册和资料中查到各类物质的 IP 值。利用紫外光能激发电离电位较低(<10.2 eV)的化合物，使之电离而产生可供检测的信号。通过选定合适的紫外灯，可以检测大量含碳有机化合物，可能的目标物包括含有苯环的芳香族化合物(如苯、甲苯、萘等)、含有 C=O 键的酮类和醛类、含 N 的碳氢化合物(如胺类)、卤代烃类、硫化物、不饱和烃类、醇类、饱和烃类等。

（六）数据处理系统

数据处理系统目前多采用配备操作软件包的工作站，由计算机控制，既可以对色谱数据进行自动处理，又可对色谱系统的参数进行自动控制。

三、气相色谱的固定相

由于气相色谱中的流动相仅起到载气的作用，并不参与分配，所以气相色谱的固定相对分离尤为重要。气相色谱根据其固定相形态的不同可分为气固色谱和气液色谱。

在气固色谱中，使用固体吸附剂作为固定相，可用于永久性气体及气态烃类的分离分析。常用的吸附剂包括强极性的硅胶、弱极性的氧化铝、非极性的活性炭和特殊作用的分子筛等。这些材料比表面积大、耐高温且价廉易得。其主要缺点是制备的色谱柱柱效低、重现性差，得到的峰形对称性差，在实践中相对于气液色谱应用较少。

除了上述材料外，还可以以人工合成的聚合物作为固定相。聚合物固定相主要以乙烯基苯为单位，以二乙烯基苯为交联剂聚合形成多孔微球。如果在聚合时引入不同极性的基团，则可获得不同极性的聚合物，用于相应的分离场合。在该模式中，聚合物固定相既是载体，又起到固定相的作用，在活化后直接用于分离。另外，也可以其作为载体在表面涂渍固定液（这属于气液色谱）。

气液色谱是最常用的气相色谱分离模式。气液色谱的固定相是负载在载体上的固定液。固定液的性质灵活多样，可用于各种不同的场合。

（一）载体

载体的作用是为固定液提供一个较大的惰性表面，作为承担固定液的场所。对载体一般有以下要求：

(1) 载体必须具有良好的孔穴结构以及足够大的表面积，这样固定液在载体表面可以形成均匀的薄膜，并与被分析的试样大面积接触。当然，载体的表面积也不宜过大，否则易产生吸附现象，造成峰的拖尾。

(2) 载体表面应呈惰性，没有吸附或吸附很弱，没有催化活性，更不能与被测物发生反应。

(3) 载体应具有较高的热稳定性，能够承受较高的洗脱温度以及温度变化。

(4) 载体应具有一定的机械强度，并且形状规则，粒度均匀。

载体根据其材料类型，可分为硅藻土和非硅藻土两大类。

非硅藻土类载体主要是一些聚合物材料，如多孔高分子微球、聚四氟乙烯材料等。多孔高分子微球载体是由苯乙烯与二乙烯苯交联而成的多孔共聚物。通过适当调节合成条件，可控制孔径大小和表面性质。所获得的微球表面积大，机械强度好，内部均匀，疏水性很强，耐腐性好，不存在固定液流失问题，有利于大幅度程序升温，可快速测定有机物中的微量水分，适合于低固定液含量条件下分离高沸点和强极性样品。聚四氟材料乙烯表面惰性好，耐腐蚀，适用于分离强极性或具有腐蚀性的样品。

硅藻土类载体是目前气相色谱中常用的一种载体，它由单细胞海藻的硅酸盐遗骸形成，主要成分为 SiO_2 及少量无机盐。硅藻土含有大量的微孔，比表面积大，渗透性强，是非常理想的载体材料。根据制造方法的不同，硅藻土又可分为红色硅藻土和白色硅藻土。红色硅藻土由硅藻土与黏合剂在 900 ℃下煅烧，经破碎过筛而得，因其含有氧化铁而呈红色。红色硅藻土表面孔穴密集、孔径较小、比表面积较大（约 $4\ m^2 \cdot g^{-1}$），对强极性化合物(如烃类、醇、胺、酸等)吸附性强,同时具有较强的催化性。这种硅藻土载体适合于涂渍非极性固定液,分析非极性和弱极性物质。如果将其应用于极性物质,则会由于吸附而产生严重拖尾。白色硅藻土由硅藻土与 20% Na_2CO_3(助熔剂)混合煅烧而成。这类硅藻土的比表面积较小(约为 1 $m^2 \cdot g^{-1}$),吸附性和催化性均较弱,适合于涂渍极性固定液,分析极性或碱性物质。

硅藻土载体的表面并非完全惰性,仍具有活性中心,如硅羟基和矿物杂质等,容易使色谱峰产生拖尾。因此,在使用前要除去这些活性中心,使硅藻土载体表面结构钝化。常见的钝化方法有酸洗、碱洗、硅烷化、釉化和添加减尾剂等。

1. 酸洗

其目的是除去载体表面的氧化铁等物质。用 3~6 $mol \cdot L^{-1}$ 盐酸浸煮硅藻土载体,随后过滤、水洗至中性,用甲醇淋洗,脱水烘干,由此可除去无机盐和氧化铁等。所获得的硅藻土适用于分离酸性样品。

2. 碱洗

其目的是除去氧化铝等碱性杂质。用 5%~10% NaOH 的甲醇溶液回流或浸泡硅藻土载体,随后用水和甲醇洗至中性,可除去氧化铝。所获得的硅藻土适用于分离碱性样品。

3. 硅烷化

其目的是除去载体表面的硅羟基,减弱生成氢键的能力,使表面惰化。用盐酸浸泡载体,用硅烷化试剂与之反应生成 Si—O—Si—C 键。常用的硅烷化试剂有二甲基二氯硅烷(DMCS)和六甲基二硅烷胺(HMDS)等。所获得的硅藻上适用于分离水、醇和胺等易形成氢键而拖尾的样品。

4. 釉化

其目的是堵塞载体表面的微孔和改变表面性质。通常用 2% 的硼砂水溶液浸泡硅藻土载体,抽滤后,用和其体积相当的 0.5% 的硼砂水溶液淋洗,干燥后于 870 ℃ 灼烧 3.5 h,再升温至 980 ℃ 灼烧 40 min,冷却,用蒸馏水煮 4 次,洗涤并干燥。经过该步骤后,载体的吸附性能降低,而机械强度增加。所获得的硅藻上适用于分离醇和酸类极性较强的样品,分离甲醇和甲酸时有不可逆吸附。

5. 添加减尾剂

典型的减尾剂如某些表面活性剂等,它们可以与载体表面上的羟基形成氢键,以饱和活性中心,减少极性试样色谱峰的拖尾现象。

(二) 固定液

在气液色谱中,真正起到固定相作用的是固定液。固定液一般为高沸点有机物,其被均匀地涂覆在载体表面,形成液膜,从而参与组分的分配。由于固定液要在较高操作温度下长期使用,以实现组分的分离,其一般需满足以下几个要求:

(1) 有良好的热稳定性和化学稳定性。

(2) 沸点高,在操作温度下蒸气压较低(<13.33 Pa),以免流失太快。

(3) 对试样各组分有适当的溶解能力。

(4) 选择性好。

1. 固定液的特性

固定液的特性主要是指其极性或选择性，据此可描述和区别固定液的分离特征。研究者通过不同方法建立了评价体系对固定液的特性进行评估。

2. 固定液的相对极性

Rohrschneider 提出，使用相对极性 P 来表示固定液的分离特征。在该方法中，进行了如下规定：

(1) 规定非极性固定液角鲨烷(2,6,10,15,19,23-六甲基二十四烷)的极性为 0，强极性固定液 β,β'-氧二丙腈的极性为 100。

(2) 选择一对物质，如正丁烷-丁二烯或环己烷-苯，分别测定它们在氧二丙腈、角鲨烷以及欲测固定液的色谱柱上的相对保留值，将其取对数后，得

$$q=\lg\left[\frac{t'_r(\text{丁二烯})}{t'_r(\text{正丁烷})}\right]$$

(3) 被测固定液的相对极性为

$$P_x=100-100\,\frac{q_1-q_x}{q_1-q_2}$$

式中，下标 1、2、x 分别表示氧二丙腈、角鲨烷及被测固定液。

(4) 所测得的相对极性在 0～100 之间。一般情况下，每 20 单位为一级，将其分为 5 级。常用固定液的相对极性数据见表 8-2。

表 8-2　常用固定液的相对极性

固定液	相对极性	级别	固定液	相对极性	级别
角鲨烷	0	0	XE-60	52	+3
阿皮松	7～8	+1	新戊二醇丁二酸聚酯	58	+3
SE-30，OV-1	13	+1	PEG-20M	68	+3
DC-550	20	+2	PEG-600	74	+4
己二酸二辛酯	21	+2	己二酸聚乙二醇酯	72	+4
邻苯二甲酸二壬酯	25	+2	己二酸二乙二醇酯	80	+4
邻苯二甲酸二辛酯	28	+2	双甘油	89	+5
聚苯醚 OS-124	45	+3	TCEP	98	+5
磷酸二甲酚酯	46	+3	β,β'-氧二丙腈	100	+5

相对极性级别在 0～+1 之间的为非极性固定液，非极性固定液也可用“—”表示；相对极性级别为+2 的为弱极性固定液；相对极性级别为+3 的为中等极性固定液；相对极性级别为+4～+5 的为强极性固定液。

该方法的缺点是所使用的相对极性不能全面反映组分与固定液分子间的全部作用力。

3. 固定液特征常数

通常用 Rohrschneider(罗氏)常数和 McReynolds(麦氏)常数来表示。1966 年，Rohrschneider 提出用保留指数差值 ΔI 表示固定液的相对极性，ΔI 越大，表示固定液和分子间的作用力越大，固定液的选择性越高。Rohrschneider 选用以下 5 种不同类型的典型标准物质来表征固定液的特性：

(1) 苯(电子给予体),代表易极化的物质。

(2) 乙醇(质子给予体),代表氢键型化合物。

(3) 甲乙酮(质子接受体),代表接受氢键能力强的化合物。

(4) 硝基甲烷(质子接受体),代表特殊氢键化合物。

(5) 吡啶(质子接受体),代表氮杂环上可形成大 π 键的物质。

分别测定这 5 种标准物质在被测固定液、参比固定液(角鲨烷)上的保留指数,求出 5 种标准物质的保留指数差值:

$$\Delta I = I_p - I_g$$

式中,ΔI 为标准物质保留指数差值,I_p 为任一标准物质在被测固定液上的保留指数,I_g 为任一标准物质在参比固定液上的保留指数。

罗氏常数常用 $\Delta I/100$ 表示,有表可查。

麦氏常数是在罗氏方法的基础上,由 McReynolds 在 1970 年提出的,其与罗氏方法的差别在于选取的标准物质不同,所选标准物质为苯、正丁醇、2-戊酮、1-硝基丙烷和吡啶。在柱温120 ℃下,分别测定这些标准物质在 226 种固定液和角鲨烷上的 ΔI 值,并把 5 项的和称为总极性。常用固定液的麦氏常数见表 8-3。

表 8-3　常用固定液的麦氏常数

固定液	商品名	苯	丁醇	2-戊酮	1-硝基丙烷	吡啶	平均极性	总极性	最高使用温度/℃
		X′	Y′	Z′	U′	S′			
角鲨烷	SQ	0	0	0	0	0	0	0	100
甲基硅橡胶	SE-30	15	53	44	64	41	43	217	300
苯基(10%)甲基聚硅氧烷	OV-3	44	86	81	124	88	85	423	350
苯基(20%)甲基聚硅氧烷	OV-7	69	113	111	171	128	118	592	350
苯基(50%)甲基聚硅氧烷	DC-710	107	149	153	228	190	165	827	225
苯基(60%)甲基聚硅氧烷	OV-22	160	188	191	283	253	219	1 075	350
三氟丙基(50%)甲基聚硅氧烷	QF-1	144	233	355	463	305	300	1 500	250
氰乙基(25%)甲基硅橡胶	XE-60	204	381	340	493	367	357	1 785	250
聚乙二醇-20000	PEG-20M	322	536	368	572	510	462	2 308	225
己二酸二乙二醇聚酯	DEGA	378	603	460	665	658	553	2 764	200
丁二酸二乙二醇聚酯	DEGS	492	733	581	833	791	686	3 504	200
三(2-氰乙氧基)丙烷	TCEP	593	857	752	1 028	915	829	4 145	175

4. 固定液分类

气液色谱可选择的固定液有几百种,它们的组成、性质、用途各不相同。可以按固定液的极性和化学类型来进行分类。按固定液的极性进行分类如前所述,可用固定液的极性和特征常数表示。

按固定液的化学结构分类是将具有相同官能团的固定液排列在一起,然后按官能团的类型来分类(表 8-4)。这种分类方法便于按组分与固定液结构相似原则来选择固定液。

表 8-4 按化学结构分类的固定液

固定液的结构类型	极性	固定液举例	分离对象
烃类	最弱极性	角鲨烷、石蜡油	非极性化合物
硅氧烷类	极性范围广，从弱极性到强极性	甲基硅氧烷、苯基硅氧烷、氟基硅氧烷、氰基硅氧烷	不同极性化合物
醇类和醚类	强极性	聚乙二醇	强极性化合物
酯类和聚酯	中强极性	苯甲酸二壬酯	应用较广
腈和腈醚	强极性	氧二丙腈、苯乙腈	极性化合物
有机皂土	—	—	芳香异构体

5. 固定液的选择

对固定液的选择一般可按“相似相溶”原则来进行，要求待测组分具有和固定液相似的性质(极性、官能团等)。在实际应用时，一般依靠经验规律或参考文献，按最接近的性质来选择。对于非极性物质的分离，一般选用非极性固定液，此时，试样中各组分按沸点次序流出:沸点低的先流出，沸点高的后流出；对于极性物质的分离，一般选用极性固定液，试样中各组分按极性次序流出:极性小的先流出，极性大的后流出；对于非极性和极性混合物的分离，一般选用极性固定液，试样中的非极性组分先流出，极性组分后流出；对于能形成氢键的试样的分离，一般选用极性或氢键型固定液，试样中各组分按与固定液分子间形成氢键能力的大小先后流出:不易形成氢键的先流出，易形成氢键的后流出。对于复杂的难分离物质，可选用两种或两种以上混合固定液，以获得较好的分析效果。当样品极性未知时，一般用最常用的几种固定液进行实验，确定合适的分离条件。

除了根据样品的性质来选择固定液外，也可以按官能团来选择。若待测物质为酯类，则可选用酯或聚酯类固定液；若待测物质为醇类，则可选用聚乙二醇固定液。为了实现更好的分离，还可以按照试样内组分之间的主要差异选择固定液。若待测各组分之间的主要差异是沸点，则可选用非极性固定液；若样品之间的主要差异是极性的不同，则可选用极性固定液。

四、毛细管气相色谱基本理论

1957 年，美国科学家 Golay 提出毛细管柱气相色谱法，因这种色谱柱中心一般是空的，这种毛细管色谱柱又被普遍称为开管柱(open tubular column，OTC)。

在毛细管气相色谱柱中，中央无填充，固定液直接涂在管壁上或涂覆于内壁的载体上，总的柱内壁面积较大，涂层很薄，组分在气相和液相间的传质阻力降低，这些因素使得毛细管柱的柱效比填充柱有了很大的提高。另外，由于没有填充，气体所遇到的阻力也小，所以可以使用长色谱柱(一般开管柱长从几米到几十米，甚至可达上百米)，从而改善分离。

毛细管气相色谱的主要优点有:分离效率高，毛细管色谱柱柱效每米理论塔板数约为 2 000～5 000，该值与填充柱相当，但由于其柱子可以很长，总体柱效可高达 10^6，远高于普通填充柱；开管柱内样品阻力低，分析速度快；色谱峰窄，峰形对称性好；在毛细管气相色谱柱上一般采用氢火焰离子化检测器，可获得较高的检测灵敏度高。毛细管气相色谱由于其柱效高，分离效果好，已成为目前最重要的色谱分离技术之一。该技术被广泛应用于复杂有机物的分析，如石油成分、天然产物、环境污染物等的分析。

（一）毛细管气相色谱的速率方程

毛细管气相色谱柱通常使用内径在 0.1～0.5 mm、长度为 10～300 m 的毛细管柱。与填充柱相比，开管柱无填充，速率方程中的涡流扩散项（A）可忽略，相应的速率方程称为 Golay 方程，其表达式为

$$H=\frac{B}{u}+C_g+C_l u$$

式中，C_g 和 C_l 分别为组分在气相（载气）和液相（固定液）中的传质阻力项。所获得的毛细管柱的 H-u 图也是一个 U 形曲线，在最佳流速 u_{opt} 下，H 值最小。

$$H_{min}=2\sqrt{B(C_g+C_l)}$$

1. WCOT 柱的 Golay 方程

1957 年，Golay 提出了 WCOT 柱的速率方程表达式：

$$H=\frac{2D_g}{u}+\frac{(1+6k+11k^2)r_g^2}{24(1+k)^2D_g}u+\frac{kd_f^2}{6(1+k)^2D_l\beta^2}u$$

式中，k 为容量因子；D_g 和 D_l 分别为组分在气相（载气）和液相（固定液）中的扩散系数；r_g 为自由气体流路半径，为毛细管柱半径（r）与平均液膜厚度（d_f）之差，即 $r_g=r-d_f$；u 为载气流速；β 为相比，其表达式为

$$\beta=\frac{V_m}{V_l}=\frac{K}{k}=\frac{au}{bL}=\frac{a}{bt_M}$$

式中，V_m 为毛细管中气体所占的体积；V_l 为液相体积；a、b 分别为半峰宽与保留时间直线的截距和斜率；t_M 为死时间。相比 β 是毛细管柱型与结构的重要特征，一般在 60～600 之间。

2. SCOT 柱的速率方程

1963 年，Golay 又提出了 SCOT 柱的速率方程表达式：

$$H=\frac{2D_g}{u}+\left[\frac{1+6k+11k^2}{(1+k)^2D_g}+8\alpha+\frac{16k\alpha}{(1+k)^2}\right]\frac{r_g^2}{24D_g}u+\frac{kd_f^2}{6(1+k)^2D_l\beta^2F^2}u$$

式中，α 为相对多孔层厚度，一般在 0.05～0.1 之间；F 为体积流速。

可见，除了无涡流扩散项（A）外，毛细管柱的影响因素比填充柱更为复杂。在毛细管柱与填充柱中，纵向分子扩散项都与样品在气相中的扩散系数 D_g 成正比，而填充柱还受弯曲因子影响。

毛细管柱的气相传质阻力项与液相传质阻力项的影响因素比填充柱更为复杂，C_g+C_l 小于填充柱中的 C 值，因此，高流速部分曲线斜率小于填充柱，可以尽量使用较高的线速。毛细管色谱柱柱效可用理论塔板数、分离度 R_s 等公式，与填充柱色谱法相同。

现代实验室用的气相色谱仪大都既可用作填充柱色谱仪，又可用作毛细管色谱仪。毛细管色谱仪应用范围广。与填充柱色谱仪相比，毛细管色谱仪在柱前多一个分流-不分流进样器，柱后多一个尾吹气路。由于毛细管柱体积很小，柱容量很小，出峰快，所以死体积一定要小，要求瞬间注入极小量样品，因此柱前要分流。它对进样技术要求高，对操作

条件要求严。尾吹的目的是减小死体积和柱末端效应。毛细管柱对固定液的要求不苛刻，一般2～3根不同极性的柱子可解决大部分的分析问题。毛细管柱一般配有响应快、灵敏度高的质量型检测器。

（二）毛细管气相色谱柱的组成

毛细管柱主要采用熔融石英（二氧化硅）材料制成，通常在其表面涂上一层聚酰亚胺保护层来增强其物理强度。涂层后的熔融石英毛细管呈褐色，经过持续的较高温度处理后，聚酰亚胺涂层的颜色会进一步加深。标准的聚酰亚胺涂层熔融石英管的温度上限为360 ℃，高温聚酰亚胺涂层熔融石英管的温度上限为400 ℃。当实验需要更高的使用温度时，可以用不锈钢毛细管柱来代替熔融石英毛细管柱。不锈钢毛细管柱的物理强度高，可在高温下使用，日常维护容易，其缺点是惰性劣于熔融石英管，在操作柱温下容易和许多化合物相互作用而发生反应。为了增强不锈钢毛细管柱的化学惰性，常用化学手段对其表面进行处理，或者在其内壁再涂上一层熔融石英。经过适当处理后，不锈钢毛细管柱的惰性与熔融石英毛细管柱相近。

熔融石英管的内表面会用一些化学方法进行处理，尽量减小样品和管壁之间可能存在的相互作用。最为常用的处理方式是硅烷化，即使用硅烷类试剂与管壁内表面上的硅羟基进行反应，在其表面形成各种不同长度及不同性质的硅烷基。毛细管气相色谱柱使用的固定相种类很多，大部分的固定相是热稳定性好的聚合物，常用的有聚硅氧烷和聚乙二醇；另外还有一类是小的多孔粒子组成的聚合物或沸石（如氧化铝、分子筛等）。

（三）毛细管气相色谱柱的制备

石英毛细管柱在涂渍前要进行表面处理，目的是粗糙化并除去活性吸附点。毛细管柱的涂渍方法有动态法与静态法。

动态法适用于长度较长的毛细管柱（大于50 m），所使用的固定液黏度较小。将固定液用溶剂配成溶液，吸入一段进入毛细管柱，在气体（如氦气）的驱动下在毛细管内部运动，在毛细管内壁形成液膜，待溶剂挥发后留下固定液。静态法适用于柱长较短的毛细管柱（柱长在30 m之内）。将固定液配制成溶液后由其充满整个毛细管柱，并将一端封住，待溶液慢慢挥发，留下所需的固定液。

使用普通的涂渍方法时由于固定液与毛细管柱的作用力弱，易发生柱流失，液膜破裂，涂层不均匀。改善的途径是将固定相采用交联和键合方法与表面相结合。交联是指使固定相分子间共价连接；键合是指使固定相与支持物表面反应形成化学键。

五、毛细管气相色谱的固定相

（一）气液色谱固定相

1. 聚硅氧烷（polysiloxane）

聚硅氧烷是目前毛细管气相色谱最为常用的固定相材料，其稳定性好，用途广泛。该材料由许多单个的硅氧烷重复连接构成，并且可以修饰上不同的功能基团。功能基团的类型和数量决定了固定相的总体性质，常见的功能基团包括甲基、氰丙基、三氟丙基和苯基等。最基本的聚硅氧烷是由100％甲基取代的。当有其他种类的取代基出现时，该基团的数量将由一个百分数来表示。如果甲基的百分数没有表征，则表示它的含量可能是100％。例如，50％苯基-甲基聚硅氧烷表示甲基的含量为50％。

有时会用低流失来表征一类固定相。这一类固定相是在硅氧烷聚合物中链接一定数量的苯基或苯基类的基团，通常称之为“亚芳基”。由于它们的加入，聚合物的链接变得更加坚固稳定，保证了在较高温度时固定相不会产生降解，进一步降低了色谱柱的柱流失，提高了色谱柱的使用温度。与原始的非亚芳基类型的固定相相比，亚芳基固定相不仅拥有相同的分离指数，而且在色谱柱的维护等方面也有许多的调整（如 SE-52 和 SE-54）。尽管同类普通型和低流失型固定相的分离性能相同或极为相似，但是在某些方面还有微小的区别。另外，我们也使用一些独特低流失固定相。

2. 聚乙二醇

聚乙二醇是另外一类广泛应用的固定相，有时我们称之为 WAX。聚乙二醇不像聚硅氧烷那样有多种取代基团，它是 100%固定基质的聚合物。相对于聚硅氧烷，聚乙二醇固定相色谱柱的寿命较短，而且容易受温度和环境（有氧环境等）的影响。另外，聚乙二醇固定相在相应的气相色谱实验条件下需保持液态。虽然聚乙二醇作为固定相存在着种种限制，但由于其独特的分离性能，它仍是毛细管气相色谱常用的固定相之一。

常用的聚乙二醇固定相有两种：一种是能在较高温度下使用，但是它的活性相对较高一些，会使某些化合物的色谱峰产生拖尾现象；另一种的使用温度上限较低，温度下限也较低，但使用中的重现性和惰性要好于前一种。在分离指数上，上述两种固定相有轻微的差异。另外一种是 pH 阳离子改性聚乙二醇固定相。FFAP(free fatty acid phase)柱用硝基对苯二甲酸改性的聚乙二醇作为固定相，常用于分离分析酸性化合物。另外，也可用碱性化合物对聚乙二醇固定相改性来分离分析碱性化合物（CAM）。普通分析色谱柱分离强酸或强碱化合物时会出现色谱峰拖尾现象，使用 pH 改性固定相后，这种现象会明显减少。

毛细管色谱柱常用固定液如表 8-5 所示。

表 8-5　毛细管色谱柱常用固定液

商品型号	固定液	极性	对照牌号	最高使用温度
OV-101，SE-30	聚甲基硅氧烷	非极性	DL-1，AT-1，HP-1，DB-1，BP-1，RTX-1	320 ℃
SE-52，SE-54	5%聚苯基甲基硅氧烷	弱极性	DL-5，AT-5，HP-5，DB-5，BP-5，RTX-5	320 ℃
OV-17	氰基硅油	中极性	DL-17，AT-50，HP-50，DB-17，RTX-50	240 ℃
PEG-20	聚乙二醇	强极性	AT-WAX，HP-WAX，DB-WAX，BP-20	250 ℃

（二）气固色谱固定相

气固色谱固定相是在管壁表面黏合很薄一层的小颗粒物质，通常用于多孔层开口管(PLOT)柱。样品是通过在固定相上产生吸附/脱附作用来分离的。最为常用的 PLOT 柱固定相有苯乙烯衍生物、氧化铝和分子筛等。PLOT 柱的保留性能非常突出，可以进行一些常规固定相做不到的分析分离。对于那些要求在低于室温的条件下使用聚硅氧烷或

聚乙二醇固定相进行的分析分离，PLOT 柱在室温或高于室温的状态下就可以轻易完成。使用 PLOT 柱进行分析分离的对象包括烃类、硫化物气体、惰性和永久性气体以及低沸点溶剂等。

（三）键合交联固定相

交联是将多个聚合物链单体通过共价键进行连接，键合是将其再通过共价键与管壁表面相连。这样处理的结果使得固定相的热稳定性和溶剂稳定性都有较大的提高。所以，键合交联固定相色谱柱可以通过溶剂的浸洗，从而去除柱内的污染物。大多数的聚硅氧烷和聚乙二醇固定相都是经过键合交联处理的，另有少数固定相是不用键合或键合交联进行处理的。但如有可能，能够进行键合交联的，都会对固定相做出相应的处理。

（四）熔融石英毛细管开管柱（FSOT）的固定相

熔融石英毛细管开管柱是一种比较特殊的毛细管气相色谱柱，其以毛细管柱内壁直接作为固定相。相比较其他涂覆、键合或交联的固定相，FSOT 的表面惰性好、能耐高温。另外，由于其固定相厚度（d_f）低，传质阻力极低，从而可以获得更高的柱效。

六、气相色谱-质谱联用技术

气相色谱是一种非常高效的物质分离手段，分离以后，通过检测器的响应信号（峰高或峰面积）可对样品进行定量。该方法的缺点是其定性能力较弱，色谱图中的保留值（保留体积）仅能反映物质结构中的某些信息，对组分的确认还需要收集不同流出组分进行进一步鉴定。而气相色谱，特别是毛细管气相色谱，由于其柱容量的限制，完成分离所能收集到的量非常小，而且大部分气相色谱检测器为破坏性检测器（如检测有机物最常用的火焰离子化检测器），很难收集到组分的原形。气相色谱-质谱联用很好地解决了这一问题。在气相色谱分离末端连接上质谱检测器，复杂组分在分离完毕之后即可通过质谱获得各流出组分的定性定量信息。

气相色谱-质谱联用技术（气质联用，GC-MS）是色谱分离与质谱检测两种技术相结合的产物。GC-MS 将质谱技术具有的卓越的定性定量能力，特别是定性分析能力，与气相色谱的高分析能力相结合，很好地解决了单纯气相色谱定性能力弱的问题，成为一种非常有效的分离分析工具。该技术结合了色谱、质谱两者的优点，使样品的分离、定性及定量成为连续的过程：混合物样品经气相色谱仪分离后以纯物质形式进入质谱仪，减少检测的干扰，从而成为质谱的一种较为理想的“进样器”；分离完成的各种组分差不多都可在质谱仪上被高灵敏地检出，甚至可对流出组分的结构进行检测，检测适用面广且提供的信息丰富，从而使质谱成为气相色谱一个理想的“检测器”。气相色谱的气态分析物及载气与质谱仪中所需要的气体状态有着较好的兼容性，基于各种质量分析器的质谱仪，如磁性扇区质谱、四极杆质谱、离子阱质谱、飞行时间质谱（TOF）、傅里叶变换质谱（FTMS）等都可与气相色谱相衔接。由于该技术突出的优点，1957 年 Holmes 和 Morrell 首次实现气相色谱和质谱联用后，GC-MS 得到了广泛的应用，目前从事有机物分析的实验室几乎都把 GC-MS 作为定性手段之一，用于分离分析复杂有机混合物。

（一）气质联用仪器组成

图 8-10 是气相色谱-质谱联用仪的组成框图。

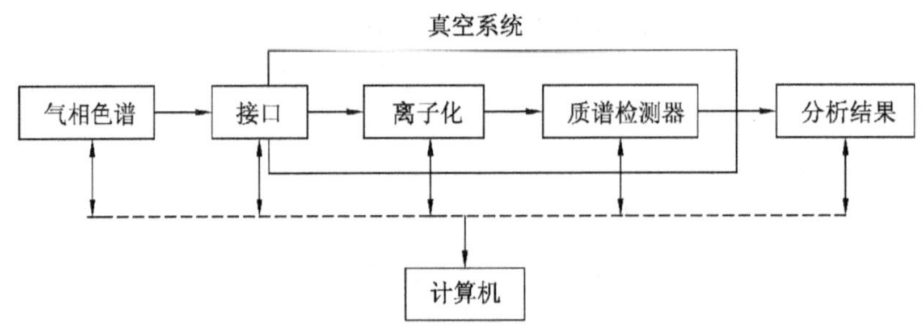

图 8-10　气相色谱-质谱联用仪的组成框图

有机混合物由色谱柱分离后经接口进入离子源被电离成离子，离子在进入质谱的质量分析器前，在离子源与质量分析器之间有一个总离子流检测器，以截取部分离子流信号。该总离子流强度显示的是流入离子源的色谱组分变化，因而其对时间或扫描数变化曲线就是混合物的色谱图，称为总离子流色谱图(total ion chromatogram，TIC)。一般总离子流检测器的灵敏度比氢火焰离子化检测器高 1～2 个数量级，它对所有的峰都有相近的响应，是一种通用型检测器。

（二）气质联用技术常见问题

在气相色谱中，为了驱动样品在色谱柱内流动，需要给载气施加较高的压力，色谱的入口端压力远高于大气压。在该高压的驱动下，样品混合物随着载气一起运动。各组分由于在流动相和固定相上的分配系数不同，在色谱柱内的流动速度就不同，从而发生分离，最后和载气一起流出色谱柱。色谱柱的出口端压力通常为大气压。而在质谱仪中，样品气态分子在具有一定真空度的离子源中转化为样品气态离子。这些离子包括分子离子和其他各种碎片离子，它们在高真空的条件下进入质量分析器运动。在质量扫描部件的作用下，检测器记录各种按质荷比分离的不同离子的离子流强度及其随时间的变化。为了将常压的气相色谱出口端与具有一定真空度的质谱仪相连接，一个重要的问题就是两者之间的接口技术。在该接口中，要尽可能除去气相色谱柱流出物中的载气，同时又要保留或浓缩待测物，使近似大气压的气流转变成适合离子化装置的粗真空，并协调色谱仪和质谱仪的工作流量，以起到传输试样、匹配两者工作气压的作用。

早期的气相色谱使用填充柱色谱柱，由于柱子中载气的流量大，与质谱联用时必须经过一个分子分离器作为接口将载气与试样分子分离，匹配两者的工作气压。喷射式分子分离器是其中常用的一种，其结构原理如图 8-11 所示。

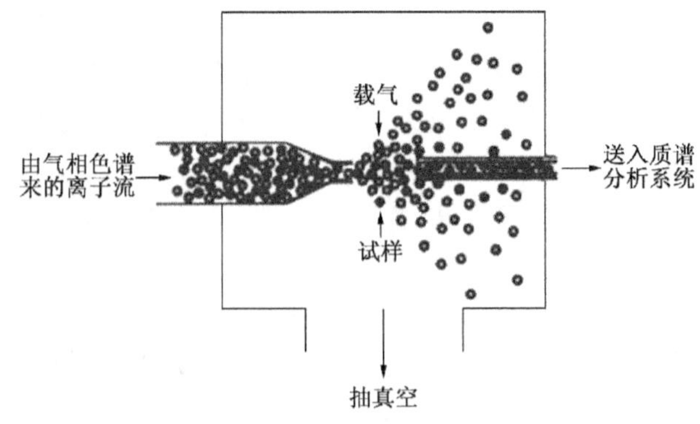

图 8-11　喷射式分子分离器结构原理示意图

在该分离器中，色谱柱出口的气流通过狭窄的喷嘴孔，以超声膨胀喷射方式喷向真空室，在喷嘴出口端产生扩散作用。由于分子的扩散速率与分子量的平方根成反比，质量小的载气大量扩散，被真空泵

抽除，而组分分子通常具有较大的质量，其扩散速率远低于载气，大部分分子仍按原来的方向前进，从而进入质谱仪部分。在该过程中，原先大量存在的载气可优先被除去，与此同时组分分子得以保留，从而达到分离载气并浓缩组分的作用。在各种载气中，氦气最为常用。首先，其分子量小（仅为 4），具有较高的扩散系数，易与其他组分相分子分离；其次，氦具有较高的电离电位（24.6 eV），难以电离，其质谱峰也相对简单，主要在 $m/z=4$ 处出现，很容易与后面组分的碎片峰相区别，不会对样品的质谱峰信号产生较大干扰。

对于毛细管气相色谱仪，因为毛细管柱的载气流量比填充柱小得多，其载气的存在不会破坏质谱仪的真空度，可以将毛细管直接插入质谱仪离子源进行电离。

质谱仪部分可以是磁式质谱仪、四极杆质谱仪，也可以是飞行时间和离子阱质谱仪。目前应用最多的是四极杆质谱仪。离子源主要是电子轰击电离源（electron impact ionization，EI）和化学电离源（chemical ionization），直接或间接地将高速电子的能量传递给被分析物质，导致其电离甚至形成碎片。

（三）气质联用的色谱图

GC-MS 分析得到的主要信息有 3 个：样品的总离子色谱图，样品中每一个组分的质谱图，每个质谱图的检索结果。高分辨仪器还可以给出分析物的精确质量和组成式。

1. 总离子色谱图（total ion chromatogram）

在 GC-MS 分析中，样品连续进入离子源并被连续电离，分析器每扫描一次，检测器就得到一个完整的质谱并将该信息送入计算机存储。色谱柱流出的各个组分其浓度随着时间变化，每次扫描得到的质谱的强度也随着时间变化（但质谱峰之间的相对强度不变），计算机就会得到各个组分不同浓度下的多个质谱。同时，可以把每个质谱的所有离子相加得到总离子强度，并由计算机显示随时间变化的总离子强度，就是样品总离子色谱图。图 8-12 中每个峰表示样品的一个组分，峰面积和该组分的含量成正比，横坐标是出峰时间，纵坐标是峰高。由 GC-MS 得到的总离子色谱图与一般色谱仪得到的色谱图基本上是一样的，只要所用色谱柱相同，样品出峰顺序就相同。其差别在于，总离子色谱图所用的检测器是质谱仪，除具有色谱信息外，还具有质谱信息，由每一个色谱峰都可以得到相应组分的质谱。

2. 质谱图（mass spectrogram）

由总离子色谱图可以得到任何一个组分的质谱图。一般情况下，为了提高信噪比，通常由色谱峰峰顶处得到相应质谱图，但如果两个色谱峰相互干扰，应尽量选择不发生干扰的位置得到质谱，或通过扣除本底消除其他组分的影响。

3. 库检索（library searching）

得到质谱图后可以通过计算机检索对未知化合物进行定性。检索结果可以给出几个可能的化合物，并以匹配度大小顺序排列出这些化合物的名称、分子式、分子量和结构式等。使用者可以根据检索结果和其他的信息对未知物进行定性分析。目前的 GC-MS 联用仪有几种数据库，应用最为广泛的有 NIST 库和 Willey 库，前者现有标准化合物谱图 13 万张，后者有近 30 万张。此外，还有毒品库、农药库等专用谱库。

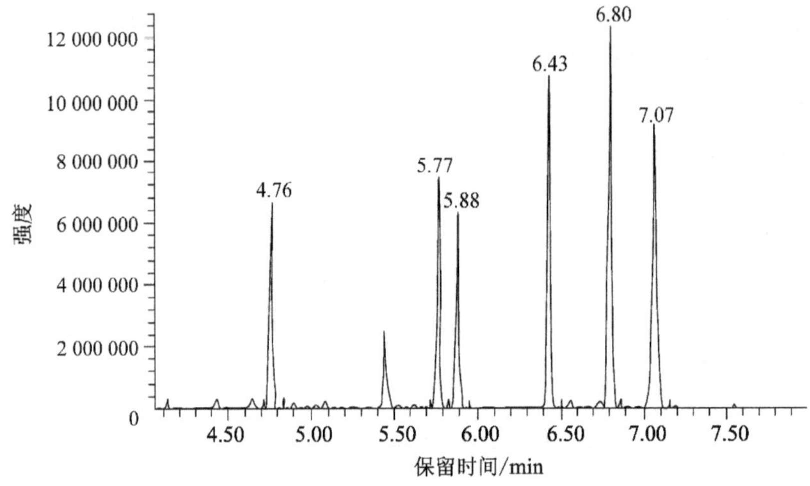

图 8-12 某混合样品的总离子色谱图

第三节 现代液相色谱分析

一、概述

液相色谱的发展已经有 100 多年，20 世纪初 Tweets 在植物色素分离中所使用的即是一种液相色谱。现代液相色谱与早期的液相色谱存在着较大的差别。传统的液相色谱使用非刚性的填充，其承受压力较低，往往以重力或低压泵驱动，柱效也较低；现代色谱关键在于刚性的、小粒径固体载体及相应高压驱动的引入，使得色谱柱柱效得到极大提高。为区别于传统的液相色谱技术，现代色谱往往称为高效液相色谱(high performance liquid chromatography，HPLC)，由于其高效来源于所使用的高压，有时也称为高压液相色谱(high pressure liquid chromatography，HPLC)。高效液相色谱是目前非常流行的一种分离分析手段，其适用范围广，从小的离子、分子，直至分子量高达数百万的聚合物或生物大分子，均可以找到相应的分离模式对其进行分离。

高效液相色谱技术有以下特点：

(1) 高压。由于色谱柱中小颗粒的填充，液相色谱需要高压力的泵驱动液流，泵压力可达 150～300 $kg \cdot cm^{-2}$。色谱柱每米压降为 75 $kg \cdot cm^{-2}$以上。

(2) 高速。流速为 0.1～10.0 $mL \cdot min^{-1}$。

(3) 高效。由于采用了小尺寸的填充，液相色谱柱具有较高的柱效，可达 5 000 塔板/米。

(4) 高灵敏度。通过与高灵敏的检测器结合，紫外检测器灵敏度可达 0.01 ng，荧光和电化学检测器可达 0.1 pg，同时消耗样品量少。

(5) 速度快。液相色谱通常分析一个样品的时间在 15～30 min，有些样品甚至在 5 min 内即可完成。

(6) 分辨率高。通过选择合适的固定相，并对流动相进行优化，可以达到最佳分离效果。

(7) 柱子可反复使用。用一根色谱柱可分离不同的化合物。

(8) 使用样品量少，容易回收。样品经过色谱柱后不被破坏，使用制备型的色谱柱还可以对流出组分进行收集。

与气相色谱相比，液相色谱法适用于分离低挥发性或非挥发性、热稳定性差的物质。液相色谱法根据固定相的不同可分为液固色谱法(LSC)和液液色谱法(LLC)；按原理可分为吸附色谱法(AC)、分配色谱法(DC)、离子交换色谱法(IEC)、排阻色谱法(EC，又称凝胶色谱法)和亲和色谱法。

高效液相色谱法按分离机制的不同分为液固(吸附)色谱法、液液(分配)色谱法(正相与反相)、离子交换色谱法、离子对色谱法及分子排阻色谱法。

1. 液固(吸附)色谱法

使用固体吸附剂，被分离组分在色谱柱上的分离原理是根据固定相对组分吸附力大小不同而分离。分离过程是一个吸附-解吸附的平衡过程。常用的吸附剂为硅胶或氧化铝，粒度 5～10 μm。该方法适用于分离分子量为 200～1 000 的组分，大多数用于非离子型化合物的分离，离子型化合物易产生拖尾，常用于分离同分异构体。

2. 液液(分配)色谱法

将特定的液态物质涂于担体表面，或化学键合于担体表面而形成固定相。分离原理是根据被分离的组分在流动相和固定相中溶解度不同而分离。分离过程是一个分配平衡过程。

涂布式固定相应具有良好的惰性；流动相必须预先用固定相饱和，以减少固定相从担体表面流失；温度的变化和不同批号流动相的区别常引起柱子的变化；另外，在流动相中存在的固定相也使样品的分离和收集复杂化。由于涂布式固定相很难避免固定液流失，现在已很少采用。现在多采用化学键合固定相，如 C_{18} 柱、C_8 柱、氨基柱、氰基柱和苯基柱。

液液色谱法按固定相和流动相的极性不同可分为正相色谱法(NPC)和反相色谱法(RPC)。

(1) 正相色谱法：采用极性固定相(如聚乙二醇、氨基与腈基键合相)；流动相为相对非极性的疏水性溶剂(烷烃类，如正己烷、环己烷)，常加入乙醇、异丙醇、四氢呋喃、三氯甲烷等以调节组分的保留时间；常用于分离中等极性和极性较强的化合物(如酚类、胺类、羰基类及氨基酸类等)。

(2) 反相色谱法：一般用非极性固定相(如 C_{18}、C_8)；流动相为水或缓冲液，常加入甲醇、乙腈、异丙醇、丙酮、四氢呋喃等与水互溶的有机溶剂以调节保留时间；适用于分离非极性和极性较弱的化合物。RPC 在现代液相色谱中应用最为广泛，据统计，它占整个 HPLC 应用的 80%左右。

随着柱填料的快速发展，反相色谱法的应用范围逐渐扩大，现已应用于某些无机样品或易解离样品的分析。为控制样品在分析过程中的解离，常用缓冲液控制流动相的 pH。但需要注意的是，C_{18} 和 C_8 使用的 pH 通常为 2.5～7.5(或 2～8)，太高的 pH 会使硅胶溶解，太低的 pH 会使键合的烷基脱落。据报道，新商品柱可在 pH 1.5～10 范围内操作。

正相色谱法与反相色谱法的比较见表 8-6。

表 8-6　正相色谱法与反相色谱法的比较

比较项目	正相色谱法	反相色谱法
固定相极性	高～中	中～低
流动相极性	低～中	中～高
组分洗脱次序	极性小的先洗出	极性大的先洗出

从表 8-6 可看出，当极性为中等时，正相色谱法与反相色谱法没有明显的界线（如氨基键合固定相）。

3. 离子交换色谱法

固定相是离子交换树脂，常用苯乙烯与二乙烯交联形成的聚合物骨架，在表面末端芳环上接上羧基、磺酸基（阳离子交换树脂）或季氨基（阴离子交换树脂）。被分离组分在色谱柱上的分离原理是：树脂上可电离离子与流动相中具有相同电荷的离子及被测组分的离子进行可逆交换，根据各离子与离子交换基团具有不同的电荷吸引力而分离。

缓冲液常用作离子交换色谱的流动相。被分离组分在离子交换柱中的保留时间除跟组分离子与树脂上的离子交换基团作用强弱有关外，还受流动相的 pH 和离子强度影响。pH 可改变化合物的解离程度，进而影响其与固定相的作用。流动相的盐浓度大，则离子强度高，不利于样品的解离，导致样品较快流出。

离子交换色谱法主要用于分析有机酸、氨基酸、多肽及核酸。

4. 离子对色谱法

离子对色谱法又称偶离子色谱法，是液液色谱法的分支。其分离原理是：被测组分离子与离子对试剂离子形成中性的离子对化合物后，在非极性固定相中溶解度增大，从而使其分离效果改善。离子对色谱法主要用于分析离子强度大的酸碱物质。

分析碱性物质常用的离子对试剂为烷基磺酸盐，如戊烷磺酸钠、辛烷磺酸钠等。另外，高氯酸、三氟乙酸也可与多种碱性样品形成很强的离子对。

分析酸性物质常用四丁基季铵盐，如四丁基溴化铵、四丁基铵磷酸盐。

离子对色谱法常用 ODS 柱（C_{18} 柱），流动相为甲醇-水或乙腈-水，水中加入 3～10 $mmol \cdot L^{-1}$ 的离子对试剂，在一定的 pH 范围内进行分离。被测组分保留时间与离子对性质、浓度、流动相组成及其 pH、离子强度有关。

5. 分子排阻色谱法

固定相是有一定孔径的多孔性填料，流动相是可以溶解样品的溶剂。小分子量的化合物可以进入孔中，滞留时间长；大分子量的化合物不能进入孔中，直接随流动相流出。它利用分子筛对分子量大小不同的各组分排阻能力的差异而完成分离。分子排阻色谱法常用于分离高分子化合物，如组织提取物、多肽、蛋白质、核酸等。

二、液相色谱系统的基本构成

高效液相色谱系统一般由输液泵、进样器、色谱柱、检测器、数据记录及处理装置等组成（图 8-13）。其中，输液泵、色谱柱、检测器是关键部件。有的仪器还有梯度洗脱装置、在线脱气机、自动进样器、预柱或保护柱、柱温控制器等。现代 HPLC 仪还有计算机控制系

统，进行自动化仪器控制和数据处理。制备型 HPLC 仪还备有自动馏分收集装置。

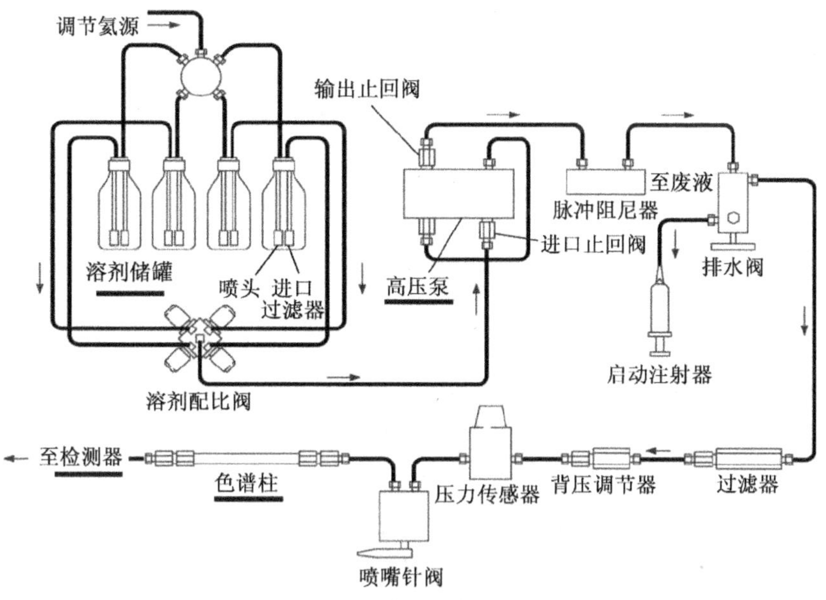

图 8-13　液相色谱的基本构成示意图

（一）输液泵

1. 泵的构造和性能

输液泵是液相色谱系统中的核心部件之一。泵的性能直接影响到整个系统的质量和分析结果的可靠性。典型的液相色谱的输液泵应具备如下性能：

(1) 流量稳定，其 RSD 应小于 0.5%，这对定性定量的准确性至关重要。

(2) 流量范围宽，分析型液相色谱的输液泵输出应在 0.1～10 $mL \cdot min^{-1}$ 范围内连续可调，制备型应能达到 100 $mL \cdot min^{-1}$。

(3) 输出压力高，一般应能达到 150～300 $kg \cdot cm^{-2}$。

(4) 液缸容积小。

(5) 密封性能好，耐腐蚀。

泵的种类很多，按输液性质可分为恒压泵和恒流泵。恒流泵按结构又可分为螺旋注射泵、柱塞往复泵和隔膜往复泵。恒压泵受柱阻影响，流量不稳定；螺旋泵缸体太大。目前应用最多的是柱塞往复泵。

柱塞往复泵的液缸容积小，可至 0.1 mL，因此易于清洗和更换流动相，特别适合于再循环和梯度洗脱；改变电机转速能方便地调节流量，流量不受柱阻影响，其泵压可达 400 $kg \cdot cm^{-2}$。其主要缺点是输出的脉冲性较大，现多采用双泵系统来加以改进。双泵按连接方式可分为并联式和串联式。并联泵的流量重现性较好（RSD 为 0.1%左右，而串联泵的 RSD 为 0.2%～0.3%），但故障率相应较高（因多一单向阀），价格也较高。

各品牌输液泵的基本参数见表 8-7。

表 8-7　各品牌输液泵的基本参数

项目	Waters 515 型	HP 1100 型	LC-10A Tvp 型	Elite P200 Ⅱ型	检定要求
流速范围/($mL \cdot min^{-1}$)	0.001～10	0.001～10	0.001～9.999	0.01～4.99	—
调节精度	0.001%	0.001%	0.001%	0.01%	—
流量精密度	0.1%	0.15%(<0.3%)	0.3%	0.5%	1.5%
流量准确度	—	—	±2.0%	±5.0%	±2.0%
最高压力/MPa	27.6	40	39.2	40.0	—

2. 泵的使用和维护注意事项

为了延长泵的使用寿命和维持其输液的稳定性，必须按照下列注意事项进行操作：

(1) 防止任何固体微粒进入泵体，因为尘埃或其他任何杂质微粒都会磨损柱塞、密封环、缸体和单向阀，所以应预先除去流动相中的任何固体微粒。流动相最好在玻璃容器内蒸馏，而常用的方法是过滤，可采用 Millipore 滤膜(0.2 μm 或 0.45 μm)等滤器。泵的入口都应连接砂滤棒(或片)。输液泵的滤器应经常清洗或更换。

(2) 流动相不应含有任何腐蚀性物质，含有缓冲液的流动相不应保留在泵内，尤其是在停泵过夜或更长时间的情况下。如果将含缓冲液的流动相留在泵内，由于蒸发或泄漏，甚至只是由于溶液的静置，就可能析出盐的微细晶体，这些晶体将和上述固体微粒一样损坏密封环和柱塞等。因此，必须泵入纯水将泵充分清洗后，再换成适合于色谱柱保存和有利于泵维护的溶剂(对于反相键合硅胶固定相，可以是甲醇或甲醇-水)。

(3) 泵工作时要注意防止溶剂瓶内的流动相被用完，否则空泵运转也会磨损柱塞、缸体或密封环，最终产生漏液。

(4) 输液泵的工作压力不能超过规定的最高压力，否则会使高压密封环变形，产生漏液。

(5) 流动相应该先脱气，以免在泵内产生气泡，影响流量的稳定性。如果有大量气泡，泵就无法正常工作。

3. 泵的故障及其排除

如果输液泵产生故障，须查明原因，采取相应措施排除故障：

(1) 没有流动相流出，又无压力指示。原因可能是泵内有大量气体，这时可打开泄压阀，使泵在较大流量(如 5 $mL \cdot min^{-1}$)下运转，将气泡排尽，也可用一个 50 mL 针筒在泵出口处帮助抽出气体。另一个可能原因是密封环磨损，需更换。

(2) 压力和流量不稳。原因可能是存在气泡，需要排除；或者是单向阀内有异物，可卸下单向阀，浸入丙酮内超声清洗。有时可能是砂滤棒内有气泡，或被盐的微细晶粒或滋生的微生物部分堵塞，这时可卸下砂滤棒浸入流动相内超声除气泡，或将砂滤棒浸入稀酸(如4 $mol \cdot L^{-1}$硝酸)内迅速除去微生物，或将盐溶解，再立即清洗。

(3) 压力过高的原因是管路被堵塞，需要清除和清洗。压力过低的原因则可能是管路有泄漏。检查堵塞或泄漏时应逐段进行。

4. 梯度洗脱

HPLC 有等度(isocratic)和梯度(gradient)洗脱两种方式。等度洗脱是在同一分析周期内流动相组成保持恒定,适用于组分数目较少、性质差别不大的样品。梯度洗脱是在一个分析周期内程序控制流动相的组成,如溶剂的极性、离子强度和 pH 等,用于分析组分数目多、性质差异较大的复杂样品。采用梯度洗脱可以缩短分析时间,提高分离度,改善峰形,提高检测灵敏度,但是常常引起基线漂移和重现性降低。

梯度洗脱有两种实现方式:低压梯度(外梯度)和高压梯度(内梯度)。

两种溶剂组成的梯度洗脱可按任意程度混合,即有多种洗脱曲线:线性梯度、凹形梯度、凸形梯度和阶梯形梯度。线性梯度最常用,尤其适合于在反相柱上进行梯度洗脱。

在进行梯度洗脱时,多种溶剂混合且组成不断变化,所以带来了一些特殊问题,必须充分重视:

(1) 要注意溶剂的互溶性,不相混溶的溶剂不能用作梯度洗脱的流动相。有些溶剂在一定比例内混溶,超出范围后就不互溶,使用时更要引起注意。当有机溶剂和缓冲液混合时,还可能析出盐的晶体,尤其使用磷酸盐时需特别小心。

(2) 梯度洗脱所用的溶剂纯度要求较高,以保证良好的重现性。进行样品分析前必须进行空白梯度洗脱,以辨认溶剂杂质峰,因为弱溶剂中的杂质富集在色谱柱头后会被强溶剂洗脱下来。用于梯度洗脱的溶剂需彻底脱气,以防止混合时产生气泡。

(3) 混合溶剂的黏度常随组成而变化,因而在梯度洗脱时常出现压力的变化。例如,甲醇和水的黏度都较小,当二者以相近比例混合时黏度增大很多,此时的柱压大约是甲醇或水为流动相时的两倍。因此,要注意防止梯度洗脱过程中压力超过输液泵或色谱柱能承受的最大压力。

(4) 每次梯度洗脱之后必须对色谱柱进行再生处理,使其恢复到初始状态。需让 10～30 倍柱容积的初始流动相流经色谱柱,使固定相与初始流动相达到完全平衡。

(二) 进样器

早期使用隔膜和停流进样器,装在色谱柱入口处。现在大都使用六通进样阀或自动进样器。进样装置要求密封性好,死体积小,重复性好,保证中心进样,进样时对色谱系统的压力、流量影响小。HPLC 进样方式可分为隔膜进样、停流进样、阀进样、自动进样。

(1) 隔膜进样。用微量注射器将样品注入专门设计的与色谱柱相连的进样头内,可把样品直接送到柱头填充床的中心,死体积几乎等于零,可以获得最佳的柱效,且价格便宜,操作方便,但不能在高压(如 10 MPa 以上)下使用。此外,隔膜容易吸附样品产生记忆效应,使进样重复性只能达到 1%～2%,加之能耐各种溶剂的橡皮不易找到,常规分析使用受到限制。

(2) 停流进样。可避免在高压下进样。但在 HPLC 中由于隔膜的污染,停泵或重新启动时往往会出现"鬼峰";另一缺点是保留时间不准。在以峰的始末信号控制馏分收集的制备色谱中效果较好。

(3) 阀进样。一般 HPLC 分析常用六通进样阀(以美国 Rheodyne 公司的 7725 和 7725i 型最常见),其关键部件由圆形密封垫(转子)和固定底座(定子)组成。由于阀接头和连接管死体积的存在,柱效低于隔膜进样(约下降 5%～10%),但耐高压(35～

40 MPa)，进样量准确，重复性好(0.5%)，操作方便。

六通阀的进样方式有部分装液法和完全装液法两种。① 用部分装液法进样时，进样量应不大于定量环体积的 50%(最多 75%)，并要求每次进样体积准确、相同。此法进样的准确度和重复性决定于用注射器取样的熟练程度，而且易产生由进样引起的峰展宽。② 用完全装液法进样时，进样量应不小于定量环体积的 5～10 倍，这样才能完全置换定量环内的流动相，消除管壁效应，确保进样的准确度及重复性。

六通阀使用和维护注意事项：① 样品溶液进样前必须用 0.45 μm 滤膜过滤，以减少微粒对进样阀的磨损。② 转动阀芯时不能太慢，更不能停留在中间位置，否则流动相受阻，泵内压力剧增，甚至超过泵的最大压力，再转到进样位时，过高的压力将使柱头损坏。③ 为防止缓冲盐和样品残留在进样阀中，每次分析结束后应冲洗进样阀。通常可用水冲洗，或先用能溶解样品的溶剂冲洗，再用水冲洗。

(4) 自动进样。用于大量样品的常规分析。

(三) 色谱柱

色谱柱是实现分离的场所，是色谱系统的核心。典型的对色谱柱的要求包括柱效高、选择性好、分析速度快、重现性好等。目前市售的液相色谱柱的填料包括多孔硅胶、氧化铝、有机聚合物微球(包括离子交换树脂)、多孔碳等，其粒度一般为 3 μm、5 μm、7 μm、10 μm 等，理论塔板数可达 5～16 万/米。不同的场合对塔板数有不同的要求：一般只需 5 000 塔板数的柱效即可满足大部分分析；对于同系物分析，塔板数只要 500 即可；而对于较难分离的物质，则可能要求色谱柱的塔板数高达 2 万。在大部分场合，10～30 cm 左右的柱长就能满足复杂混合物分析的需要。

柱效受柱内外因素影响，为使色谱柱达到最佳效率，除柱外死体积要小外，合理的柱结构(尽可能减少填充床以外的死体积)及装填技术也至关重要。即使采用最好的装填技术，在柱中心部位和沿管壁部位的填充情况总是不一样的，靠近管壁的部位比较疏松，易产生沟流，流速较快，影响冲洗剂的流形，使谱带加宽，这就是管壁效应。这种管壁区大约是从管壁向内算起 30 倍粒径的厚度。在一般的液相色谱系统中，柱外效应对柱效的影响远远大于管壁效应。

1. 柱的构造

色谱柱由柱管、压帽、卡套(密封环)、筛板(滤片)、接头、螺丝等组成。柱管多用不锈钢制成，当压力不高于 70 kg · cm^{-2}时，也可采用厚壁玻璃管或石英管。管内壁要求有很高的光洁度。为提高柱效，减小管壁效应，不锈钢柱内壁多经过抛光。也可以在不锈钢柱内壁涂敷氟塑料以提高内壁的光洁度，可取得与抛光类似的效果。色谱柱两端的柱接头内装有筛板，由烧结不锈钢或钛合金制成，根据填料粒度，其孔径在 0.2～20 μm，以防止填料漏出。

色谱柱按用途可分为分析型和制备型两类，尺寸规格也不同：① 常规分析柱(常量柱)，内径 2～5 mm，柱长 10～30 cm；② 窄径柱(narrow bore，又称细管径柱、半微柱，semi-microcolumn)，内径 1～2 mm，柱长 10～20 cm；③ 毛细管柱(又称微柱，microcolumn)，内径 0.2～0.5 mm；④ 半制备柱，内径>5 mm；⑤ 实验室制备柱，内径 20～40 mm，柱长 10～30 cm；⑥ 生产制备柱，内径可达几十厘米。柱内径一般根据柱长、填料粒径和折合

流速来确定，目的是避免管壁效应。

2. 柱的发展方向

因强调分析速度而发展出短柱，柱长 3～10 cm，填料粒径 2～3 μm。为提高分析灵敏度，与质谱(MS)连接而发展出窄径柱、毛细管柱和内径小于 0.2 mm 的微径柱(microbore)。细管径柱的优点是：① 节省流动相；② 灵敏度增加；③ 样品量少；④ 能使用长柱以达到高分离度；⑤ 容易控制柱温；⑥ 易于实现 LC-MS 联用。

但由于柱体积越来越小，柱外效应的影响就更加显著，需要更小池体积的检测器(甚至采用柱上检测)、更小死体积的柱接头和连接部件。配套使用的设备应具备如下性能：输液泵能精密输出 1～100 $\mu L \cdot min^{-1}$ 的低流量，进样阀能准确、重复地控制微小体积样品的进样。因上样量小，要求高灵敏度的检测器，电化学检测器和质谱仪在这方面具有突出优点。

3. 柱的填充和性能评价

色谱柱的性能除了与固定相性能有关外，还与填充技术有关。在正常条件下，当填料粒度>20 μm 时，干法填充制备柱较为合适；当填料粒度<20 μm 时，湿法填充较为理想。填充方法一般有 4 种：① 高压匀浆法，多用于分析柱和小规模制备柱的填充；② 径向加压法，是 Waters 专利；③ 轴向加压法，主要用于装填大直径柱；④ 干法。柱填充的技术性很强，大多数实验室使用已填充好的商品柱。

必须指出，高效液相色谱柱的获得，装填技术是重要环节，但根本问题还在于填料本身性能的优劣，以及配套的色谱仪系统的结构是否合理。

无论是自己装填的还是购买的色谱柱，使用前都要对其性能进行考察，使用期间或放置一段时间后也要重新检查。柱性能指标包括在一定实验条件(样品、流动相、流速、温度)下的柱压、理论塔板高度和塔板数、对称因子、容量因子和选择性因子的重复性或分离度。一般说来，容量因子和选择性因子的重复性应在±5%或±10%以内。进行柱效比较时，还要注意柱外效应是否有变化。

一份合格的色谱柱评价报告应给出柱的基本参数，如柱长、内径、填料的种类、粒度、色谱柱的柱效、不对称度和柱压降等。

4. 柱的使用和维护注意事项

色谱柱的正确使用和维护十分重要，稍有不慎就会降低柱效、缩短使用寿命甚至损坏。在色谱操作过程中，需要注意下列问题，以维护色谱柱：

(1) 避免压力和温度的急剧变化及任何机械振动。温度的突然变化或者使色谱柱从高处掉下都会影响柱内的填充状况；柱压的突然升高或降低也会冲动柱内填料，因此在调节流速时应该缓慢进行，在阀进样时阀的转动不能过缓(如前所述)。

(2) 应逐渐改变溶剂的组成，特别是反相色谱中，不应直接从有机溶剂改变为全部是水，反之亦然。

(3) 一般说来，色谱柱不能反冲，只有在生产者指明该柱可以反冲时才可以反冲除去留在柱头的杂质，否则反冲会迅速降低柱效。

(4) 选择使用适宜的流动相(尤其是 pH)，以避免固定相被破坏。有时可以在进样器前面连接一预柱。分析柱是键合硅胶时，预柱为硅胶，可使流动相在进入分析柱之前预先被硅胶“饱和”，避免分析柱中的硅胶基质被溶解。

(5) 避免将基质复杂的样品尤其是生物样品直接注入柱内，需要对样品进行预处理或在进样器和色谱柱之间连接一保护柱。保护柱一般是填有相似固定相的短柱。保护柱可以而且应该经常更换。

(6) 经常用强溶剂冲洗色谱柱，清除保留在柱内的杂质。在进行清洗时，对流路系统中流动相的置换应以相混溶的溶剂逐渐过渡，每种流动相的体积应是柱体积的 20 倍左右，即常规分析需要 50～75 mL。

下面列举一些色谱柱的清洗溶剂及顺序作为参考：硅胶柱以正己烷（或庚烷）、二氯甲烷和甲醇依次冲洗，然后再以相反顺序依次冲洗，所有溶剂都必须严格脱水。甲醇能洗去残留的强极性杂质，正己烷使硅胶表面重新活化。反相柱以水、甲醇、乙腈、一氯甲烷（或氯仿）依次冲洗，再以相反顺序依次冲洗。如果下一步分析用的流动相不含缓冲液，那么可以省略最后用水冲洗这一步。一氯甲烷能洗去残留的非极性杂质，在甲醇（乙腈）冲洗时重复注射 100～200 μL 四氢呋喃数次有助于除去强疏水性杂质。四氢呋喃与乙腈或甲醇的混合溶液能除去类脂。有时也注射二甲亚砜数次。此外，用乙腈、丙酮和三氟醋酸(0.1%)梯度洗脱能除去蛋白质污染。

阳离子交换柱可用稀酸缓冲液冲洗，阴离子交换柱可用稀碱缓冲液冲洗，除去交换性能强的盐，然后用水、甲醇、二氯甲烷（除去吸附在固定相表面的有机物）、甲醇、水依次冲洗。

(7) 保存色谱柱时应将柱内充满乙腈或甲醇，柱接头要拧紧，防止溶剂挥发干燥。绝对禁止将缓冲溶液留在柱内静置过夜或更长时间。

(8) 色谱柱使用过程中，如果压力升高，一种可能是烧结滤片堵塞，这时应更换滤片或将其取出进行清洗；另一种可能是大分子进入柱内，使柱头被污染；如果柱效降低或色谱峰变形，则可能出现柱头塌陷，死体积增大。

在后两种情况发生时，小心拧开柱接头，将柱头填料取出 1～2 mm 高度（注意把被污染填料取净），再把柱内填料整平。然后用适当溶剂湿润的固定相（与柱内相同）填满色谱柱，压平，再拧紧柱接头。这样处理后柱效能得到改善，但是很难恢复到新柱的水平。

柱子失效通常是柱端部分，在分析柱前装一根与分析柱相同固定相的短柱（5～30 mm），可以起到保护、延长柱寿命的作用。采用保护柱会损失一定的柱效，这是值得的。

通常色谱柱寿命在正确使用时可达 2 年以上。以硅胶为基质的填料，只能在 pH 2～9 范围内使用。柱子使用一段时间后，可能有一些吸附作用强的物质保留于柱顶，特别是一些有色物质更易看清被吸着在柱顶的填料上。新的色谱柱在使用一段时间后柱顶填料可能塌陷，使柱效下降，这时也可补加填料使柱效恢复。

每次工作完后，最好用洗脱能力强的洗脱液冲洗，如 ODS 柱宜用甲醇冲洗至基线平衡。当采用盐缓冲溶液作流动相时，使用完后应用无盐流动相冲洗。含卤族元素（氟、氯、溴）的化合物可能会腐蚀不锈钢管道，不宜长期与之接触。装在 HPLC 仪上的柱子如不经常使用，应每隔 4～5 天开机冲洗 15 min。

（四）检测器

液相色谱常见的检测器有紫外检测器、荧光检测器、示差折光检测器、安培检测器、质谱检测器等几种。各种检测器的主要性能如表 8-8 所示。

表 8-8　检测器的主要性能

检测器	紫外	荧光	安培	质谱	蒸发光散射
信号	吸光度	荧光强度	电流	离子流强度	散射光强
噪声	10^{-5}	10^{-3}	10^{-9}	—	—
线性范围	10^5	10^4	10^5	宽	—
选择性	是	是	是	否	否
流速影响	无	无	有	无	—
温度影响	小	小	大	—	小
检测限	10^{-10} g · mL^{-1}	10^{-13} g · mL^{-1}	10^{-13} g · mL^{-1}	$<10^{-9}$ g · s^{-1}	10^{-9} g · mL^{-1}
池体积/μL	2～10	～7	<1	—	—
梯度洗脱	适宜	适宜	不宜	适宜	适宜
细管径柱	难	难	适宜	适宜	适宜
样品破坏	无	无	无	有	无

除制备色谱外，大多数 HPLC 检测器的池体积都小于 10 μL。在使用细管径柱时，池体积应减小到 1～2 μL 甚至更低，不然检测系统带来的峰扩张问题就会很严重。而且这时池体、检测器与色谱柱的连接、接头等都要精心设计，否则会严重影响柱效和灵敏度。

1. 紫外检测器(ultraviolet detector，UVD)

紫外检测器是 HPLC 中应用最广泛的检测器，差不多是所有液相色谱的标配。该检测器灵敏度高，噪声低，线性范围宽，对流速和温度均不敏感，且对样品无破坏，除了分析外还可于制备色谱。为了保证检测的低背景信号，流动相中所使用的各种溶剂的紫外吸收截止波长应低于检测波长。另外，如果溶剂中含有吸光杂质，则会提高背景噪声，降低灵敏度(实际上是提高检测限)，因此使用的溶剂应具有较高的纯度，应选用相应的 HPLC 级试剂。

紫外检测器的工作原理是朗伯-比尔(Lambert-Beer)定律，即当一束单色光透过流动池时，若流动相不吸收光，则吸收度 A 与吸光组分的浓度 c 和流动池的光程 b 成正比：

$$A=-\lg T=\lg \frac{I_0}{I}=\varepsilon bc$$

式中，I_0 为入射光强度，I 为透射光强度，T 为透光率，ε 为摩尔吸收系数。检测的灵敏度与吸收池的光程直接成正比，为了提高检测的灵敏度，可使用 Z 形吸收池设计来增加光程，该设计的缺点是会损失部分柱效。

紫外检测器可分为固定波长检测器、可变波长检测器和光电二极管阵列检测器(photodiode array detector，PDAD)。按光路系统来分，紫外检测器可分为单光路和双光路两种。可变波长检测器又可分为单波长(单通道)检测器和双波长(双通道)检测器。光电二极管阵列检测器是近些年发展起来的一种多通道检测器,它可以在多个波长处对各洗脱组分进行同时测定,经计算机处理后,得到光谱和色谱结合的三维图谱。与单波长检测器相比,光电二极管阵列检测器提供了更丰富的信息,除了一般的色谱图外,在各时间点都可获得一张独立的光谱图;在应用中,除了定量,三维谱图亦可作为流出组分定性分析的依据。该检测器可用于复杂样品的定性定量分析。

2. 示差折光检测器

示差折光检测器又称折射指数检测器(refractive index detector,RID),其基于样品组分的折射率与流动相溶剂的折射率的差异,当组分洗脱出来时,会引起流动相折射率的变化,这种变化与样品组分的浓度成正比。示差折光检测器是连续检测样品流路与参比流路间液体折光指数差值的检测器,是根据折射原理设计的,属偏转式类型。

示差折光检测器的光路由光源、凸镜、检测池、反射镜、平板玻璃、双光敏电阻等主要部件组成,检测池有参比、测量两个池室,两池成串联构型。光源通过聚光镜和夹缝在光栏前成像,并作为检测池的入射光,出射光照在反射镜上,光被反射,又入射到检测池上,出射光在经过透射镜照到双光敏电阻上形成夹缝像。双光敏电阻是测量电桥的两个桥臂,当参比池和测量池流过相同的溶剂时,照射在双光敏电阻上的光量相同,此时桥路平衡,输出为零;当测量池中有被测样品流过时,其引起的折射率变化使照在双光敏电阻上的光束发生偏转,使双光敏电阻阻值发生变化,此时电桥输出信号,该信号包含了样品浓度的信息,记录该信息可获得色谱图。

示差折光检测器的检测基于样品的物理性质(折光指数),所以只要样品与溶剂之间存在折光指数的差异,即可对其进行检测。因此,示差折光检测器是液相色谱中的通用型检测器。该检测器的缺点也很明显,由于不同组分及溶剂之间的折光指数的差异有限,检测的灵敏度比其他检测方法要低 1～3 个数量级。对于那些无法使用其他检测器进行检测的场合,如样品既无荧光(非荧光活性物质)又无紫外吸收的有机物(如高分子化合物、糖类、脂肪烷烃等),示差折光检测器是比较适合的。

3. 与检测器有关的故障及其排除

(1) 流动池内有气泡。如果有气泡连续不断地通过流动池,将使噪声增大。如果气泡较大,则会在基线上出现许多线状“峰”。这时由于系统内有气泡,需要对流动相进行充分的除气,检查整个色谱系统是否漏气,再加大流量驱除系统内的气泡。如果气泡停留在流动池内,也可能使噪声增大,可采用突然增大流量的办法除去气泡(最好不连接色谱柱);或者启动输液泵的同时,用手指紧压流动池出口,使池内增压,然后放开。可反复操作数次,但要注意不使压力增加太多,以免流动池破裂。

(2) 流动池被污染。无论参比池还是样品池被污染,都可能产生噪声或基线漂移。可以使用适当的溶剂清洗检测池,要注意溶剂的互溶性。如果污染严重,就需要依次采用 $1\ mol \cdot L^{-1}$ 硝酸、水和新鲜溶剂冲洗,或者取出池体进行清洗、更换窗口。

(3) 光源灯出现故障。紫外或荧光检测器的光源灯使用到极限或者不能正常工作时,可能产生严重的噪声,基线漂移,出现平头峰等异常峰,甚至使基线不能回零,这时需要更换光源灯。

（4）出现倒峰。倒峰的出现可能是检测器的极性接反了，改正后即可变成正峰。用示差折光检测器时，如果组分的折光指数低于流动相的折光指数，也会出现倒峰，这就需要选择合适的流动相。如果流动相中含有紫外吸收的杂质，使用紫外检测器时，无吸收的组分就会产生倒峰，因此必须用高纯度的溶剂作流动相。在死时间附近的尖锐峰往往是由于进样时的压力变化，或者由于样品溶剂与流动相不同所引起的。

（五）数据处理和计算机控制系统

早期的 HPLC 仪器使用记录仪（如走纸记录仪）记录色谱信号，并使用积分仪计算并打印出峰高、峰面积和保留时间等参数。20 世纪 80 年代后，计算机技术的广泛应用使 HPLC 操作更加快速、简便、准确、精密和自动化，现在已可在互联网上远程处理数据。通过计算机及其控制软件，用户在一个界面中即可按照设定实现对仪器的控制（如泵流速、检测波长等），并完成对数据的采集、处理和分析。

（六）恒温装置

在 HPLC 仪中，色谱柱及某些检测器都要求能准确地控制工作环境温度。温度对溶剂的溶解能力、色谱柱的性能、流动相的黏度都有影响。一般来说，温度升高，可提高溶质在流动相中的溶解度，从而降低其分配系数 K，但对分离选择性影响不大；还可使流动相的黏度降低，从而改善传质过程并降低柱压。对于色谱柱来说，不同工作温度对保留时间、相对保留时间都有影响。在凝胶色谱中使用软填料时温度会引起填料结构的变化，对分离有影响；但如使用硬质填料则影响不大。对于色谱柱，一般的恒温精度要求在 ±0.1 ℃～0.5 ℃之间

不同的检测器对温度的敏感度不一样。紫外检测器一般在温度波动超过 ±0.5 ℃时就会造成基线漂移起伏。示差折光检测器的灵敏度和最小检出量常取决于温度控制精度，一般需控制在 ±0.001 ℃左右；微吸附热检测器也要求控制在 ±0.001 ℃以内。

总的说来，在液固吸附色谱法和化学键合相色谱法中，温度对分离的影响并不显著，通常实验在室温下进行操作即可。在液固色谱中有时将极性物质（如缓冲剂）加入流动相中以调节其分配系数，这时温度对保留值的影响很大。

三、液相色谱中的固定相和流动相

在色谱分析中，要实现高效的分离，选择最佳的色谱条件是色谱工作者的重要工作，也是用计算机实现 HPLC 分析方法建立和优化的任务之一。以下着重讨论填料基质、化学键合固定相和流动相的性质及其选择。

（一）基质（担体）

HPLC 填料可以是无机物基质，也可以是有机聚合物基质。无机物基质主要是硅胶和氧化铝。无机物基质物理刚性高，在溶剂中稳定性好，不容易膨胀。有机聚合物基质主要有交联苯乙烯-二乙烯苯、聚甲基丙烯酸酯等。有机聚合物基质刚性低、易压缩，并且溶剂以及溶质容易渗入有机基质中，导致填料颗粒膨胀，减少传质，最终使柱效降低。

1. 基质的种类

（1）硅胶。

硅胶是 HPLC 填料中最普遍的基质。硅胶除具有高强度外，其表面具有反应活性的硅羟基（Si—OH），可以通过硅烷化技术修饰上各种基团，使表面具有不同的性质（如疏

水、亲水、尺寸排阻、离子交换等功能)，从而实现各种不同的色谱分离模式。硅胶基质填料适用于各种极性和非极性溶剂。其缺点是：由于硅胶本身的化学性质，它在碱性水溶性流动相中稳定性差，仅适用于酸性和弱碱性条件(pH 范围为 2～8)的分离。

硅胶的主要性能参数有：

① 平均粒度及其分布。

② 平均孔径及其分布。平均孔径与比表面积成反比。

③ 比表面积。在液固吸附色谱法中，硅胶的比表面积越大，溶质的 k 值越大。

④ 含碳量及表面覆盖度(率)。在反相色谱法中，含碳量越大，溶质的 k 值越大。

⑤ 含水量及表面活性。在液固吸附色谱法中，硅胶的含水量越小，其表面硅羟基的活性越强，对溶质的吸附作用越大。

⑥ 端基封尾。在反相色谱法中，主要影响碱性化合物的峰形。

⑦ 几何形状。硅胶可分为无定形全多孔硅胶和球形全多孔硅胶。前者价格较便宜，缺点是涡流扩散项及柱渗透性差；后者无此缺点。

⑧ 硅胶纯度。对称柱填料使用高纯度硅胶，柱效高，寿命长，碱性成分不拖尾。

(2) 氧化铝。

氧化铝具有与硅胶类似的良好物理性质，有较好的刚性，不会在溶剂中收缩或膨胀，同时也可以耐受较大的 pH 范围。其缺点是：相应的化学键合表面修饰在水性流动相中稳定性较差，其应用不如硅胶材料广泛。不过现在已经出现了在水相中稳定的氧化铝键合相，并显示出优秀的 pH 稳定性。

(3) 聚合物。

以高交联度的苯乙烯-二乙烯苯或聚甲基丙烯酸酯为基质的填料一般用于中低压力下的 HPLC，由于刚性较差，它们所能承受的压力要低于无机填料。苯乙烯-二乙烯苯基质具有较强的疏水性，对不同流动相的兼容性好，在整个 pH 范围内稳定，可以用强碱来清洗色谱柱。甲基丙烯酸酯基质本质上比苯乙烯-二乙烯苯的疏水性更强，但它可以通过适当的功能基修饰变成亲水性的。这种基质的耐酸碱程度比苯乙烯-二乙烯苯稍低，但也可以承受在 pH 13 下反复冲洗。

所有聚合物基质在流动相发生变化时都会出现膨胀或收缩。用于 HPLC 的高交联度聚合物填料，其膨胀和收缩要有限制。溶剂或小分子容易渗入聚合物基质中，因为小分子在聚合物基质中的传质比在陶瓷性基质中慢，所以造成小分子在这种基质中柱效低。对于大分子，如蛋白质或合成的高聚物，聚合物基质的效能比得上陶瓷性基质。因此，聚合物基质往往用于高分子量物质的分离。

2. 基质的选择

硅胶基质的填料被用于大部分的 HPLC 分析，尤其是小分子量的被分析物；聚合物填料用于大分子量的被分析物，主要用来制成分子排阻和离子交换柱。液相色谱中基质材料的性质比较如表 8-9 所示。

表 8-9 液相色谱中基质材料的性质比较

基质	硅胶	氧化铝	苯乙烯-二乙烯苯	甲基丙烯酸酯
耐有机溶剂	+++	+++	++	++
适用 pH 范围	+	++	+++	++
抗膨胀/收缩	+++	+++	+	+
耐压	+++	+++	++	+
表面化学性质	+++	+	++	+++
效能	+++	++	+	+

注：+++表示“好”，++表示“一般”，+表示“差”。

(二) 化学键合固定相

将有机官能团通过化学反应共价键合到硅胶表面的游离羟基上而形成的固定相称为化学键合固定相。这类固定相的突出特点是耐溶剂冲洗，并且可以通过改变键合相有机官能团的类型来改变分离的选择性。

1. 键合相的性质

目前，化学键合相广泛采用微粒多孔硅胶为基体，用烷烃二甲基氯硅烷或烷氧基硅烷与硅胶表面的游离硅羟基反应，形成 Si—O—Si—C 键型的单分子膜而制得。硅胶表面的硅羟基密度约为 5 个/nm^2，由于受空间位阻效应(不可能将较大的有机官能团键合到全部硅羟基上)和其他因素的影响，大约有 40%～50%的硅羟基未反应。

残余的硅羟基对键合相的性能有很大影响，特别是对非极性键合相，其可能降低键合相表面的疏水性，对极性溶质产生化学吸附，从而使保留机制复杂化(使溶质在两相间的平衡速度减慢，降低了键合相填料的稳定性，结果使碱性组分的峰形拖尾)。为尽量减少残余硅羟基，一般在键合反应后，需使用试剂(如三甲基氯硅烷，TMCS)等对表面进一步进行钝化处理，称为封端(或称为封尾、封顶，end-capping)，以提高键合相的稳定性。另外，也有些 ODS(octadecyl silane)填料是不封尾的，以使其与水系流动相有更好的“湿润”性能。

由于不同生产厂家所用的硅胶、硅烷化试剂和反应条件不同，具有相同键合基团的键合相，其表面有机官能团的键合量往往差别很大，使其产品性能有很大的不同。键合相的键合量常用含碳量(C%)来表示，也可以用覆盖度来表示。所谓覆盖度，是指参与反应的硅羟基数目占硅胶表面硅羟基总数的比例。

2. 键合相的种类

化学键合相按键合官能团的极性分为极性和非极性键合相两种。

常用的极性键合相主要有氰基(—CN)、氨基(—NH_2)和二醇基键合相等。极性键合相常用作正相色谱，混合物在极性键合相上的分离主要是基于极性键合基团与溶质分子间的氢键作用，极性强的组分保留值较大。极性键合相有时也可作反相色谱的固定相。

常用的非极性键合相主要有各种烷基(C_1～C_{18})、苯基、苯甲基等，以十八烷基(C_{18})应用最广。非极性键合相的烷基链长对样品容量、溶质的保留值和分离选择性都有影响。一般来说，样品容量随烷基链长的增加而增大，且溶质的保留值随链长的增大而变大，从而可获得更好的分离。短链烷基键合相具有较高的表面覆盖度，分离极性化合物时可得到对称性较好的色谱峰。苯基键合相与短链烷基键合相的性质相似。

另外，C_{18}柱稳定性较高，这是由于长的烷基链保护了硅胶基质，但C_{18}基团空间体积较大，使有效孔径变小，分离大分子化合物时柱效较低。

3. 固定相的选择

固定相的选择遵从“相似相溶”原则，即固定相与组分的性质越接近，则保留越强。对于中等极性和极性较强的化合物，可选择极性键合相。氰基键合相对于双键异构体或含双键数不等的环状化合物的分离有较好的选择性。氨基键合相具有较强的氢键结合能力，对某些多官能团化合物，如甾体、强心苷等有较好的分离能力。氨基键合相上的氨基能与糖类分子中的羟基产生选择性相互作用，故被广泛用于糖类的分析，但它不能用于分离羰基化合物，如甾酮、还原糖等，因为它们之间会发生反应生成 Schiff 碱。二醇基键合相适用于分离有机酸、甾体和蛋白质。

分离非极性和极性较弱的化合物可选择非极性键合相。利用特殊的反相色谱技术，如反相离子抑制技术和反相离子对色谱法等，非极性键合相也可用于分离离子型或可离子化的化合物。ODS 是应用最为广泛的非极性键合相，它对各种类型的化合物都有很强的适应能力。短链烷基键合相能用于极性化合物的分离，而苯基键合相适用于分离芳香化合物。

另外，美国药典对色谱法规定较严，它规定了柱的长度、填料的种类和粒度，填料分类也较详细，这样色谱图就易于重现；而中国药典仅规定了填料种类，未规定柱的长度和粒度，这使检验人员难于重现实验，在某些情况下还会浪费时间和试剂。

（三）流动相

1. 流动相的性质要求

理想的液相色谱流动相应具有低黏度、与检测器兼容性好、易于得到纯品和低毒性等特征。

选好填料（固定相）后，强溶剂使溶质在填料表面的吸附减少，相应的分配比 k 降低；而较弱的溶剂使溶质在填料表面吸附增加，相应的分配比 k 升高。因此，k 值是流动相组成的函数。塔板数 N 一般与流动相的黏度成反比。因此，选择流动相时应考虑以下几个方面：

（1）流动相应不改变填料的任何性质。低交联度的离子交换树脂和排阻色谱填料有时遇到某些有机相会溶胀或收缩，从而改变色谱柱填床的性质。碱性流动相不能用于硅胶柱系统。酸性流动相不能用于氧化铝、氧化镁等吸附剂的柱系统。

（2）纯度。色谱柱的寿命与大量流动相通过有关，特别是当溶剂所含杂质在柱上积累时。

（3）必须与检测器匹配。使用紫外检测器时，所用流动相在检测波长下应没有吸收，或吸收很小。当使用示差折光检测器时，应选择折光系数与样品差别较大的溶剂作流动相，以提高灵敏度。

（4）黏度要低（应小于 2 cp）。高黏度溶剂会影响溶质的扩散、传质，降低柱效，还会使柱压降增加，分离时间延长。最好选择沸点在 100 ℃以下的流动相。

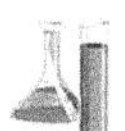

(5) 对样品的溶解度要适宜。如果溶解度欠佳，样品会在柱头沉淀，不但会影响纯化分离，而且还会使柱子恶化。

(6) 样品要易于回收。应选用挥发性溶剂。

2. 流动相的选择

在化学键合相色谱法中，溶剂的洗脱能力直接与它的极性相关。在正相色谱中，溶剂的强度随极性的增强而增加；在反相色谱中，溶剂的强度随极性的增强而减弱。

正相色谱的流动相通常采用烷烃加适量极性调整剂。

反相色谱的流动相通常以水作基础溶剂，再加入一定量的能与水互溶的极性调整剂，如甲醇、乙腈、四氢呋喃等。极性调整剂的性质及其所占比例对溶质的保留值和分离选择性有显著影响。一般情况下，甲醇-水系统已能满足多数样品的分离要求，且流动相黏度小、价格低，是反相色谱最常用的流动相。但 Snyder 则推荐采用乙腈-水系统做初始实验，因为与甲醇相比，乙腈的溶剂强度较高且黏度较小，还可满足在紫外 185～205 nm 处检测的要求。因此，综合来看，乙腈-水系统要优于甲醇-水系统。

在分离含极性差别较大的多组分样品时，为了使各组分均有合适的 k 值并分离良好，也需采用梯度洗脱技术。

3. 流动相的 pH

采用反相色谱法分离弱酸($3 \leqslant pK_a \leqslant 7$)或弱碱($7 \leqslant pK_a \leqslant 8$)样品时，通过调节流动相的 pH 抑制样品组分的解离，增加组分在固定相上的保留，并改善峰形的技术称为反相离子抑制技术。对于弱酸，流动相的 pH 越小，组分的 k 值越大，当 pH 远小于弱酸的 pK_a 时，弱酸主要以分子形式存在；对于弱碱则情况相反。分析弱酸样品时，通常在流动相中加入少量弱酸，常用 50 $mmol \cdot L^{-1}$ 磷酸盐缓冲液和 1% 醋酸溶液；分析弱碱样品时，通常在流动相中加入少量弱碱，常用 50 $mmol \cdot L^{-1}$ 磷酸盐缓冲液和 30 $mmol \cdot L^{-1}$ 三乙胺溶液。

注：流动相中加入有机胺可以减弱碱性溶质与残余硅羟基的强相互作用，减轻或消除峰拖尾现象。所以在这种情况下有机胺（如三乙胺）又称为减尾剂或除尾剂。

4. 流动相的脱气

HPLC 所用流动相必须预先脱气，否则容易在系统内逸出气泡，影响泵的工作。气泡还会影响柱的分离效率，影响检测器的灵敏度、基线稳定性，甚至导致无法检测（噪声增大，基线不稳，突然跳动）。此外，溶解在流动相中的氧还可能与样品、流动相甚至固定相（如烷基胺）反应。溶解气体还会引起溶剂 pH 的变化，给分离或分析结果带来误差。

溶解氧能与某些溶剂（如甲醇、四氢呋喃）形成有紫外吸收的配合物，此配合物会提高背景吸收（特别是在 260 nm 以下），并导致检测灵敏度的轻微降低，但更重要的是，会在梯度淋洗时造成基线漂移或形成鬼峰（假峰）。在荧光检测中，溶解氧在一定条件下还会引起淬灭现象，特别是对芳香烃、脂肪醛、酮等。在某些情况下，荧光响应可降低 95%。在电化学检测中（特别是还原电化学法），氧的影响更大。

除去流动相中的溶解氧将大大提高紫外检测器的性能，也将改善在一些荧光检测应用中的灵敏度。常用的脱气方法有：加热煮沸、抽真空、超声、吹氦等。对混合溶剂，若采用抽真空或加热煮沸法，则需要考虑低沸点溶剂挥发造成的组成变化。使用超声脱气比较好，10～20 min的超声处理对许多有机溶剂或有机溶剂、水混合液的脱气已足够(一般500 mL溶液需超声20～30 min)，此法不影响溶剂组成。超声处理时应注意避免溶剂瓶与超声槽底部或壁接触，以免玻璃瓶破裂，容器内液面不要高出水面太多。

离线(系统外)脱气法不能维持溶剂的脱气状态，在停止脱气后，气体立即开始回到溶剂中。在1～4 h内，溶剂又将被环境气体所饱和。

在线(系统内)脱气法无此缺点。最常用的在线脱气法为鼓泡法，即在色谱操作前和进行时，将惰性气体喷入溶剂中。严格来说，此方法不能将溶剂脱气，它只是用一种低溶解度的惰性气体(通常是氦)将空气替换出来。此外还可使用在线脱气机。

一般说来，有机溶剂中的气体易脱除，而水溶液中的气体较顽固。在溶液中吹氦是相当有效的脱气方法，这种连续脱气法在电化学检测时经常使用。但氦气昂贵，难于普及。

5. 流动相的过滤

所有溶剂使用前都必须经0.45 μm(或0.22 μm)滤膜过滤，以除去杂质微粒，色谱纯试剂也不例外(除非在标签上标明“已过滤”)。

用滤膜过滤时，特别要注意分清有机相(脂溶性)滤膜和水相(水溶性)滤膜。有机相滤膜一般用于过滤有机溶剂，过滤水溶液时流速低或滤不动。水相滤膜只能用于过滤水溶液，严禁用于有机溶剂，否则滤膜会被溶解。溶有滤膜的溶剂不得用于HPLC。对于混合流动相，可在混合前分别过滤，如需混合后过滤，首选有机相滤膜。现在已有混合型滤膜出售。

6. 流动相的贮存

流动相一般贮存于玻璃、聚四氟乙烯或不锈钢容器内，不能贮存在塑料容器中。因为许多有机溶剂如甲醇、乙酸等可浸出塑料表面的增塑剂，导致溶剂受污染。这种被污染的溶剂如用于HPLC系统，可能造成柱效降低。贮存容器一定要盖严，防止溶剂挥发引起组成变化，以及氧和二氧化碳溶入流动相。

磷酸盐、乙酸盐缓冲液容易长霉，应尽量新鲜配制使用，不要贮存。如确须贮存，可在冰箱内冷藏，并在3天内使用，用前应重新过滤。容器应定期清洗，特别是盛水、缓冲液和混合溶液的瓶子，以除去底部的杂质沉淀和可能生长的微生物。因甲醇有防腐作用，所以盛甲醇的瓶子无此现象。

四、凝胶色谱

凝胶色谱(gel chromatography)又称尺寸排阻色谱(size-exclusion chromatography)，是20世纪60年代发展起来的一种基于样品尺寸实现分离的色谱方法，主要用于高分子量物质的分离。根据分离体系水溶性及洗脱溶剂的类型，可分为凝胶过滤色谱(gel filtration chromatography，GFC)和凝胶渗透色谱(gel permeation chromatography，GPC)。凝胶过滤色谱主要以水相洗脱剂分离水溶性的大分子，如多糖、蛋白质等物质；凝胶渗透色谱则以有机溶剂为洗脱剂，用于高聚物的分离及分子量分布测试。在早期研究中，经常使用葡聚糖、琼脂糖等软凝胶材料作为填充。对于这些填充材料，由于其具有可压缩的物理性质，能够使用的液相流速和泵压受到限制，从而影响了分离的效果。如果通过交联技术，将软凝胶结合成具有较高结构刚性的立体结构，则能够承受更高的压强。凝胶色谱分离的核心在于凝胶的孔径。与其他色谱技术不同，在理想情况下，凝胶色谱中不涉及溶质

和固定相的相互作用。

在驱动力的作用下，当含有各种不同分子的混合样品溶液经过凝胶色谱柱时，其内部各分子在柱内同时进行着两种不同的运动：定向的沿色谱柱轴向的移动和无定向的扩散运动。大分子物质由于直径较大，不易进入凝胶颗粒的微孔，只能分布在凝胶颗粒之间，在流动相的带动下随之一起运动，具有较高的流动速度。小分子物质除了可在凝胶颗粒间隙中扩散外，还可以进入凝胶颗粒的微孔中，在移动的过程中，除了颗粒之间的运动之外，还包含着不断反复的扩散进入凝胶颗粒空隙以及从凝胶内部扩散出的过程，使得小分子物质的平均移动速度要低于大分子物质。这样样品中大分子组分先流出色谱柱，中等分子组分后流出，小分子组分最后流出，这种现象叫作分子筛效应。具有多孔的凝胶就是分子筛。

凝胶可以使用多孔硅胶或是有机聚合物颗粒（如聚苯乙烯、聚丙烯酰胺等），这些颗粒直径一般在 5～10 μm。颗粒内部具有一定分布范围的孔径，孔径范围一般在 40～2 500 Å 之间。各种分子筛的孔隙大小分布有一定范围，有最大极限和最小极限。分子直径如果比凝胶最大孔隙直径还大，就会全部被排阻在凝胶颗粒之外（这种情况叫全排阻），分子不会进入凝胶内部，从而在色谱柱上无保留。超出排阻极限（exclusion limit）的全排阻的分子即使大小不同，也不可能有分离效果。直径比凝胶最小孔隙[渗透极限（permeation limit）]直径小的分子能进入凝胶的全部孔隙。如果两种分子都能全部进入凝胶孔隙，即使它们的大小有差别，也不会有好的分离效果。因此，分子筛有一定的使用范围，能够区分尺寸位于排阻极限和渗透极限之间的分子，对于其他过大或过小的分子，无区分能力或区分能力弱。

对于同属于凝胶分离范围内但分子大小不同的各种分子，在凝胶床中的分布情况是不同的：分子较大的能进入孔径较大的凝胶而进入不了孔径较小的凝胶，其在凝胶中停留的时间较短；而分子较小的既可以进入孔径较大的凝胶，又可以进入孔径较小的凝胶，其在凝胶中停留的时间就相对较长。在经过整个凝胶柱后，较大的分子要先于较小的分子流出，这样不同大小的分子就得以分离。另外，凝胶本身具有三维网状结构，大的分子在通过这种网状结构上的孔隙时阻力较大，小分子通过时阻力较小。分子量大小不同的多种成分在通过凝胶床时，按照分子量大小排队，凝胶表现分子筛效应。

从色谱保留值的角度来看，对于凝胶柱来说，其柱体积 V_t 可以分成以下几个部分：

$$V_t=V_g+V_i+V_0$$

式中，V_0 是凝胶颗粒之间的间隙体积，同时也是无保留组分（分子量超过排阻极限）的保留体积；V_g 是凝胶颗粒体积；V_i 是分子在凝胶颗粒内部的保留体积。

对于某一组分来说，其峰洗脱体积 V_e 可表示为

$$V_e=V_0+KV_i$$

V_e 包含了两部分，一部分是所有分子都必须流经的凝胶颗粒间的间隙体积 V_0，同时不同分子在凝胶内部孔径的保留情形不同，具有不同的分配系数 K。对于超出排阻极限的分子，其不能进入孔隙内部，在孔隙内无保留，$K=0$，也就是 $V_e=V_0$，这部分分子最先一起流出，凝胶柱对它们没有分离效果；对于小于等于渗透极限的小分子，其在所有的孔隙间均有保留，此时 $K=1$，其保留体积最大，$V_e=V_0+V_i$，这些分子在凝胶柱上最后一起

流出，也没有办法得到分离；对于具有中等大小的分子，在部分较大孔隙中有保留而在小孔隙中无保留，其 K 值介于 0～1 之间，对于这部分分子，由于其 K 值大小的不同，不同组分具有不同的洗脱体积，从而可以实现分离(图 8-14)。

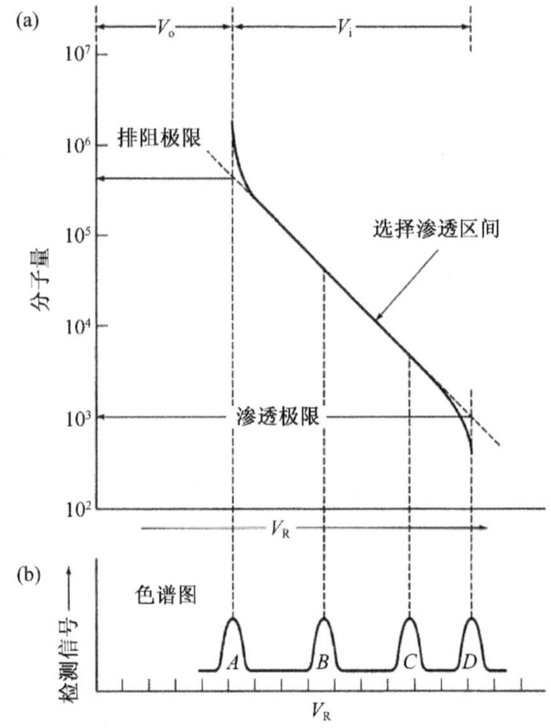

图 8-14　凝胶色谱的流出曲线与分子量排布

（一）凝胶色谱的固定相

无机固定相的缺点是其表面往往具有活性，因而具有吸附效应，可通过硅烷化对其活性进行抑制。常见的凝胶包含以下几种：

1. 交联葡聚糖凝胶

Sephadex 是 Pharmacia(GE)公司交联葡聚糖的商品名，是目前应用最广的凝胶色谱材料之一。不同规格型号的葡聚糖用英文字母 G 表示，G 后面的阿拉伯数字为凝胶吸水值的 10 倍。例如，G-25 表示每克凝胶膨胀时吸水 2.5 g，同样 G-200 表示每克干胶吸水 20 g。交联葡聚糖凝胶的种类有 G-10、G-15、G-25、G-50、G-75、G-100、G-150 和 G-200。不同凝胶材料的适用范围如下：

Sephadex G-15 葡聚糖凝胶分离范围(分子量)＜1 500，适用于脱盐、肽与其他小分子的分离。

Sephadex G-25 葡聚糖凝胶分离范围(分子量)1 000～5 000，适用于脱盐、肽与其他小分子的分离。

Sephadex G-50 葡聚糖凝胶分离范围(分子量)1 500～30 000，适用于多肽分离、脱盐、清洗生物提取液、分子量测定。

Sephadex G-75 葡聚糖凝胶分离范围(分子量)3 000～80 000，适用于蛋白分离纯化、分子量测定、平衡常数测定。

Sephadex G-100 葡聚糖凝胶分离范围(分子量)4 000～150 000，适用于蛋白分离纯化、分子量测定、平衡常数测定。

Sephadex G-150 葡聚糖凝胶分离范围(分子量)5 000～300 000，适用于蛋白分离纯化、分子量测定、平衡常数测定。

Sephadex G-200 葡聚糖凝胶分离范围(分子量)5 000～600 000，适用于蛋白分离纯化、分子量测定、平衡常数测定。

Sephadex LH-20 是 Sephadex G-25 的羧丙基衍生物，能溶于水及亲脂溶剂，可用于分离不溶于水的物质。

2. 聚丙烯酰胺凝胶

聚丙烯酰胺凝胶是一种人工合成凝胶，以丙烯酰胺为单位，由甲叉双丙烯酰胺交联而成。在合成中通过控制交联剂的用量可制成各种型号的凝胶。交联剂越多，孔隙越小。该聚合物材料经干燥粉碎或加工成形制成粒状。聚丙烯酰胺凝胶的商品为 Bio-Gel P，适用于蛋白和多糖的纯化。

3. 琼脂糖凝胶

琼脂糖凝胶通过糖链之间的氢键等相互作用形成立体网状结构。通过控制琼脂糖的浓度可以获得不同疏密程度的网状结构。

4. 聚苯乙烯凝胶

聚苯乙烯凝胶具有较大的孔径，其机械强度高，能够承受较高的压力，可用于多聚物分子量分布、脂溶性天然产物的分离等场合。

凝胶色谱柱的柱体一般采用玻璃管或有机玻璃管。色谱柱的直径大小不影响分离度，当样品用量大时，可加大柱的直径。一般制备用凝胶柱直径可大于 2 cm。在加样时，为了减少谱带展宽，应将样品均匀分布于凝胶柱床面上。此外，直径加大，洗脱液体积增大，样品稀释度增大。凝胶色谱的分离度与柱高密切相关（与柱高的平方根成正比）。为分离不同组分，凝胶柱床必须有适宜的高度。由于软凝胶柱过高会导致挤压变形阻塞，凝胶色谱柱一般不超过 1 m。层析柱滤板下的死体积应尽可能小，如果支撑滤板下的死体积大，被分离组分之间重新混合的可能性就大，其结果是影响洗脱峰形，出现拖尾现象，分辨能力降低。在精确分离时，死体积不能超过总床体积的 1/1 000。

（二）凝胶色谱的检测器

具有不同分子量的物质经凝胶色谱分离后，需要有适当的检测器对其进行检测，以获得分离结果的信息。最经常采用的仍是一般通用型检测器，如示差折光检测器和紫外检测器。示差折光检测器基于物质的物理性质，根据不同物质具有不同折射率来进行组分检测。凡是具有与流动相折射率不同的组分，均可以使用这种检测器。示差折光检测器分为反射式和偏转式两种。反射式示差折光检测器是根据下述原理制成的：光在两种不同物质界面的反射百分率与入射角和两种物质的折射率成正比。如果入射角固定，光线反射百分率仅与这两种物质的折射率成正比。光通过仅有流动相的参比池时，由于流动相组成不变，其折射率是固定的；光通过工作池时，由于存在待测组分而使折射率改变，从而引起光强度的变化，通过测量光强度的变化即可测出该组分浓度的变化。偏转式示差折光检测器是根据下述原理制成的：当一束光透过折射率不同的两种物质时，此光束会发生一定程度的偏转，其偏转程度正比于两种物质折射率之差。示差折光检测器通用性强，缺点是检测灵敏度低，不适用于低浓度组分的测定。紫外检测器对于有较强紫外吸收的物质具有较灵敏的响应，若无强吸收，则灵敏度也不理想。紫外检测器的工作原理如下：由光源产生波长连续可调的紫外光或可见光，经过透镜和遮光板变成两束平行光，无样品通过时，参比池和样品池通过的光强度相等，光电管输出相同，无信号产生；有样品通过时，由于样品对光的吸收，参比池和样品池通过的光强度不相等，有信号产生。根据朗伯-比尔定律，样品浓度越大，产生的信号越大。紫外检测器灵敏度高，检测下限约为 10^{-10} g·mL^{-1}，而且线性范围广，对温度和流速不敏感，适合于进行梯度洗脱。

五、离子色谱

离子色谱(Ion chromatography)是基于离子交换现象的一种液相色谱方法，主要用于阳离子和阴离子的分离。离子色谱通常采用电导检测器。在该技术发展初期，由于淋洗液中也包含大量的离子，从而干扰了检测，因此在完成分离后，一般采取抑制柱来将淋洗液中高电导的组分换成低电导的组分，从而提高检测灵敏度。除此之外，还可采取单柱的形式，使用低容量的离子交换柱和低电导的淋洗液。这种单柱的离子色谱检测灵敏度要低于采用抑制柱的形式，从而导致使用范围受到限制。

离子交换柱通常通过单体聚合获得。例如，苯乙烯和二乙烯基苯在适当条件下形成共聚物，通过硫酸的磺化可使其成为磺酸型的阳离子交换树脂。类似的，通过交联引入其他基团，如羧酸基团、季铵盐基团等，这些基团可参与离子交换过程。例如，对于阳离子交换树脂，有：

$$nR-SO_3H_{(res)}+M^{n+}_{(aq)} \rightleftharpoons (R-SO_3)_nM_{(res)}+nH^+_{(aq)}$$

$$nR-COOH_{(res)}+M^{n+}_{(aq)} \rightleftharpoons (R-COO)_nM_{(res)}+nH^+_{(aq)}$$

对于阴离子交换树脂，有：

$$nR-NR_3^+OH^-_{(res)}+A^{n-}_{(aq)} \rightleftharpoons (nR-NR_3)_nA_{(res)}+nOH^-_{(aq)}$$

$$nR-NHR_2^+OH^-_{(res)}+A^{n-}_{(aq)} \rightleftharpoons (nR-NHR_2)_nA_{(res)}+nOH^-_{(aq)}$$

利用离子与树脂之间结合强度的差异，可以使不同的离子获得分离。该强度可以离子交换常数来表示，以阳离子型树脂为例：

$$RSO_3^-H^+_{(s)}+B^+_{(aq)} \rightleftharpoons RSO_3^-B^+_{(s)}+H^+_{(aq)}$$

离子 B^+ 的交换常数为

$$K_{ex}=\frac{[RO_3^-B^+]_s[H^+]_{aq}}{[RO_3^-H^+]_s[H^+]_{aq}}$$

K_{ex}值越高，则离子与树脂结合越强，其保留时间越长，反之亦然。

对于具有不同电荷的离子，显然离子电荷数越高，其与树脂的结合越强(三价离子>二价离子>一价离子)。对于具有相同电荷的离子，其体积(实际为其水合离子的体积)决定着与树脂的结合力：离子实际体积越大，与树脂之间的距离则越远，其结合力越弱。对于单电荷阳离子，交换常数的递减顺序如下：

$$Tl^+>Ag^+>Cs^+>Rb^+>K^+>NH_4^+>Na^+>H^+>Li^+$$

对于双电荷阳离子，交换常数的递减顺序如下：

$$Ba^{2+}>Pb^{2+}>Sr^{2+}>Ca^{2+}>Ni^{2+}>Cd^{2+}>Cu^{2+}>Co^{2+}>Zn^{2+}>Mg^{2+}>UO_2^{2+}$$

常见阴离子的交换常数大小排列如下：

$$SO_4^{2-}>CrO_4^{2-}>I^->NO_3^->Br^->Cl^->HCOO^->Ac^->OH^->F^-$$

在离子色谱技术的发展早期，常用多孔聚合物珠作为树脂的载体，这种多孔聚合物珠的缺点是扩散速率低，导致传质阻力大，柱效较低；多孔结构的另一缺点是其机械性能差，在高压下容易压缩变形，使得使用压力受限。目前较常采用的载体有两种形式：一种是具有表面涂层的聚合物，与多孔珠相比，其物理刚性大大增强，同时具有较高的负载容量，由于聚合物的化学惰性，其适用的 pH 范围较宽；另一种广泛采用的是具有表面涂层的多孔石英微珠，这种微珠具有较高的离子交换效率，但由于石英本身的性质，其使用 pH 范

围受限，不能用于强碱性的洗脱条件，并且这种微珠与基于抑制柱的检测兼容性差。

对于离子色谱，要达到高效的分离，通常需要使用具有一定离子强度的电解质溶液作为洗脱剂，而这种洗脱剂在分离完毕进行电导检测时会带来较高的背景信号，从而限制了离子色谱检测的灵敏度。针对该问题，一种有效的途径是在分离中添加抑制柱。抑制柱同样也是一种离子交换柱，但其目的是将流经溶液中的背景离子转换成低电离的分子，从而降低背景信号。以阳离子为例，使用盐酸作为洗脱剂，为了除去背景中的高浓度盐酸，可以在分离柱后添加一阴离子交换柱，在柱上发生反应：

$$H^+_{(aq)} + Cl^-_{(aq)} + resin^+ OH^-_{(s)} \longrightarrow resin^+ Cl^-_{(s)} + H_2O$$

可以看到，经过该交换柱后，原来高浓度的盐酸，其中的 Cl^- 结合到交换树脂上，同时释放出 OH^-，与溶液中的 H^+ 结合形成低电离的水分子，从而大大降低了电导检测器的背景信号。

对于阴离子的洗脱，使用 $NaHCO_3$ 作为洗脱剂，为了除去背景中的 $NaHCO_3$，相应的可以加上一阳离子交换柱作为抑制柱：

$$Na^+_{(aq)} + HCO^-_{3(aq)} + resin^- H^+_{(s)} \longrightarrow resin^- Na^+_{(s)} + H_2CO_{3(aq)}$$

可以看到，经过该柱后 Na^+ 结合到树脂上，同时释放出来的 H^+ 与溶液中的 HCO_3^- 形成了低电离的 H_2CO_3，同样也达到了降低背景的作用。

对于这种抑制柱，其原理是基于离子交换，而离子交换柱本身具有一定的柱容量，因此一根抑制柱并不能长期连续使用，过一段时间后需要对抑制柱进行再生处理，以恢复其离子交换能力。为了克服该缺陷，可将膜抑制器用于连续的分离。该装置为双层结构，内部用于目标物的离子交换和洗脱，外部以离子交换膜相隔离，通过不断添加新鲜的再生试剂（如硫酸）进行阳离子抑制柱的再生，或是通过电解产生 H^+ 或 OH^-，以持续维持抑制柱的抑制能力。

除了抑制柱之外，还有一种单柱的离子色谱。针对电导检测的要求，该单柱的交换容量较低，因此不需要较高浓度的洗脱液，使用低浓度的溶液即可进行洗脱，整个柱上维持较低的电导率，从而在检测器上获得低背景信号。这种单柱模式比抑制柱灵敏度低。

六、亲和色谱

亲和色谱（affinity chromatography）又称亲和层析，是一种基于分子间特定相互作用，特别是生物分子间相互作用的一种色谱分离手段。某些生物分子，如核酸、蛋白质、多肽等，可以和一些其他分子产生特定的相互作用并与之相结合，利用这种相互作用可以实现生物分子的分离纯化。亲和色谱就是这种相互作用与色谱相结合的产物。目前，该技术已经广泛用于生物化学、分子生物学、蛋白质组学、基因组学、临床医学、新药开发等众多领域，成为一种强有力的研究、生产工具。

亲和色谱的基础是亲和结合，某些生物大分子化合物具有与其结构相对应的专一分子可逆结合的特性。依据生物大分子物质能与相应专一配基分子可逆结合的原理，采用一定技术，把与目标产物具有特异亲和力的生物分子固定化后作为色谱固定相，当含有目标物的混合物（流动相）流经此固定相时，可把目标物从混合物中分离出来。

亲和色谱的亲和结合与其他分离方法相比有着其特有的优势。首先，这种分离方法的专一性高，能够高效地分离出目标物；其次，分离操作过程简单灵活，除使用大型液相色谱仪外，目前市场上还有许多专用的亲和短柱，在无须特殊泵驱动的条件下即可实现分离(利用重力或离心力)，且温和的操作条件还能有效地保持生物活性物质的高级结构，回收率也较高；兼有样品富集的功能，低浓度的样品可在亲和柱上富集，获得高达上千倍的浓缩。该技术对含量低同时又不稳定的生物活性分子的分离极为有效，是一种专门用于分离纯化生物大分子的层析分离技术。亲和色谱目前大规模应用于酶抑制剂、抗体和干扰素等的分离精制。在生物化学领域，亲和色谱可用于各种酶、辅酶、激素和免疫球蛋白等生物分子的分离分析。

(一) 亲和色谱的基本原理

在常规分配色谱中，不同被分析物在色谱的固定相和流动相之间具有不同的分配常数 K，从而得到分离。在亲和色谱中，人们在固定基质上固定特定配体，这些配体能够与目标生物分子产生某种相互作用。这种相互作用往往是几种因素相叠加的结果，其中包括范德华力、静电引力、疏水-疏水相互作用、空间位阻效应等。不同的被分析物与固定配体的相互作用存在着差异，弱相互作用的组分保留较弱，在流动相的洗脱下能够较快流出；强相互作用的组分会获得较强保留，洗脱时间长，后流出。

$$\mathrm{E} \xrightleftharpoons{K_d} \mathrm{E_1} + \mathrm{LM} \xrightleftharpoons{K_{lm}} \mathrm{E-LM}$$

分配系数：
$$K_d = \frac{[\mathrm{E_1}]}{[\mathrm{E}]}$$

解离常数：
$$K_{lm} = \frac{[\mathrm{E_1}][\mathrm{LM}]}{[\mathrm{E-LM}]}$$

$$V'_E = V_E + (V_E - V_0)\frac{[\mathrm{LM}]}{K_{lm}}$$

亲和色谱理想的配体应该可以与目标物高强度、高选择性地结合，并且该结合应该在合适的条件下可逆，从而可以将先前结合的物质洗脱下来，获得高效的分离。配体与目标物之间形成锁-匙结构的复合物。根据形成锁-匙结构的不同，可分为以下几种类型：

(1) 酶-底物相互作用，或是酶与其抑制剂或辅酶的相互作用。

(2) 免疫识别，即抗原-抗体之间特异的结合。

(3) 激素-受体之间的结合。

(4) 糖蛋白与凝集素的相互作用。

(5) 生物素-生物素结合蛋白等。该结合强度高，是免疫球蛋白(抗体)与 A 蛋白、G 蛋白等的结合。A 蛋白、G 蛋白对某些免疫球蛋白具有非常高的结合强度，可以用于响应抗体的分离、纯化。

常见分离目标物及其相应配体如表 8-9 所示。

表 8-9　常见分离目标物及其相应配体

要分离的目标物	相应的配体
酶	底物、抑制剂、辅酶(辅因子)
抗体	抗原、病毒、细胞、A 蛋白、G 蛋白
凝集素	多糖、糖蛋白、细胞受体
激素	受体、载体蛋白

（二）亲和作用的影响因素

亲和作用的影响因素包括离子强度、pH、抑制氢键形成的物质、温度、液体离子、螯合剂等。通过对这些因素的调节，可以增强或减弱配基与目标物之间的亲和作用，实现亲和识别以及洗脱等操作。

（1）离子强度：一般来说，提高离子强度，亲和作用减弱或完成破坏。

（2）pH：在适当的pH条件下，亲和结合作用达到最高；在其他pH下（低于或高于），亲和作用减弱甚至完成破坏。

（3）抑制氢键形成的物质：氢键是亲和作用的重要来源之一，某些能抑制氢键形成的物质（如脲和盐酸胍）的加入可减弱亲和作用。

（4）温度：提高温度，静电作用、氢键、配位键减弱，但疏水性相互作用增强。

（5）液体离子：若存在SCN^-、I^-、ClO_4^-，疏水性相互作用减弱。

（6）螯合剂：可以参与配基-目标物之间的结合相竞争，影响配位键，使得亲和作用消失。

（三）亲和色谱的组成

亲和色谱基于配体与目标物之间的结合，一般以配体作为固定相。但是配体一般无法直接固定在色谱柱中。要实现该相互作用，还需要其他材料的支持。亲和色谱柱一般包含载体、间臂、配体等几个要素，亲和色谱的固定相是固定在琼脂糖或多孔玻璃微球表面的亲和配体。

1. 载体

载体起支架作用，是负载配体的场所。常用的载体有琼脂糖凝胶、聚丙烯酰胺凝胶、葡聚糖凝胶、纤维素、多孔玻璃珠等。最常用的是琼脂糖凝胶，近年来多孔硅胶和合成高分子化合物载体正在被开发应用于亲和色谱。

对于亲和色谱中的载体，一般要求其具有以下性质：

（1）具有不溶性的多孔网状结构，同时渗透性、亲水性好。

（2）物理和化学稳定性高，有较高的机械强度，使用寿命长。

（3）含有可活化的反应基团，能被有效地活化，而且容易和配体结合，利于亲和配体的固定化。

（4）无非特异性吸附。

（5）抗微生物和酶的侵蚀。

（6）最好为粒径均一的球形粒子。

2. 间臂

当以小分子化合物作为配体时，由于生物大分子的空间位阻，配体难于与配对的大分子亲和连接，而间臂在其中能起到延伸的作用，从而减小空间位阻。间臂应具有适当的长度：太短起不到应有的作用，过长则使其疏水性高，从而使非特异性疏水吸附变得显著。根据实验条件的需要可选择具有不同长度的碳链，而碳链两端都含有具有反应的基团（如氨基），可分别与基质和配体连接，形成伸展出的间臂。最常用的间臂为二胺化合物（如丁二胺、乙二胺、己二胺等）。其他试剂包括一些带有可供展开的环氧基团，目前带有各种间臂的系列载体已有商品供应。

3. 配体

配体是亲和色谱的核心物质，也是该技术中的真正固定相，在分离中起特异性吸附欲分离目标物的作用。配体一般分为天然配体（包括糖结合配体和蛋白质结合配体）、染料配体、氨基酸类亲和配体、核苷酸及核苷酸类似物配体、仿生配体等几类。

在亲和色谱中使用的配体必须具备的条件如下：

(1) 对目标物有专一性识别或特异性作用，而且这种结合必须是可逆的。

(2) 结合常数要适当：太弱时选择效果差，太高则洗脱困难。

(3) 稳定性好，可进行化学改性。

单独的配体在色谱上无法使用，必须先将其固定在不溶性载体上，才能实现亲和识别和分离。该固定一般采用化学偶联技术。要使不溶性载体与配体偶联或通过连接臂与配体偶联，必须先使母体活化，即通过某种方法（如溴化氰法、叠氮法等），使母体引入某一活泼的基团，才能以共价键与配体偶联。

根据配体对分离目标物的亲和性的不同，可以将其分为两类：特异性配体（specific ligand）和通用性配体（general ligand）。

特异性配体一般是指只与单一或很少种类的蛋白质等生物大分子结合的配体。例如，生物素和亲和素、抗原和抗体、酶和它的抑制剂、激素和受体等，这些结合具有很高的特异性，所对应的配体都属于特异性配体。配体的特异性保证了相应色谱分离过程的高分离度。同时，特异性也使得这些配体仅能针对某一个或某几个目标物起作用，其应用范围受到限制。对一般物质，要找到其对应的特异性配体一般是比较困难的，尤其对于一些性质不是很了解的生物大分子，往往需要复杂的流程，操作费时费力。

与特异性配体相对应的是通用性配体。其特异性不是很强，但能和某一类或某几类物质结合，如各种凝集素（lectine）可以结合各种糖蛋白，核酸可以结合 RNA、结合 RNA 的蛋白质等。通用性配体对生物大分子的选择性不如特异性配体，但通过选择合适的洗脱条件依然可以得到很高的分离效率，而且这些配体往往结构稳定，偶联率高，吸附容量高，易于洗脱，价格也相对便宜，因此在实验中也得到了广泛的应用。

(四) 亲和吸附剂的制备方法

为了使配体能起到色谱柱固定相的作用，需要将其结合到载体上，最常用的是采用化学偶联的方法。另外，也可对基质进行改造，形成相应结合。

1. 基质活化

载体本身不具反应活性，但是其具有特定的官能团，在一定条件下可以将其激活，并进一步与配体反应。不同的载体活化需要不同的活化剂。常用的活化试剂有溴化氰（CNBr）、环氧氯丙烷、1,4-丁二醚、戊二醛、高碘酸盐、苯醌等。

溴化氰可用于聚糖类物质（琼脂糖、葡聚糖等）。其可与这些物质表面的羟基反应，生成亚胺碳酸活性基团，该基团可进一步与伯胺（如蛋白上的氨基残基）形成异脲衍生物，从而将配体负载于载体的表面。

$$\text{gel}\langle^{OH}_{OH} + CNBr \xrightarrow{\text{活化}} \text{gel}\langle^{O}_{O}\rangle C{=}NH + RNH_2 \xrightarrow{\text{偶联}} \text{gel}\langle^{OH}_{O-C(=NH)-NHR}$$

该方法的缺点是所生成的异脲衍生物中氨基的解离常数很低($pK_a=10.4$),在一般情况下会带一定的正电荷,从而使基质可能与阴离子产生离子交换作用,增大了非特异性吸附,影响亲和分离的效果。另外,溴化氰活化的基质与配体形成的结合稳定性不高,尤其是当与小配体结合时,可能会出现配体脱落现象。除此之外,溴化氰有剧毒,易挥发,操作不方便。

2. 环氧基活化法

在热的浓碱溶液中,多糖类化合物(基质)与环氧氯丙烷作用生成环氧化合物;在碱性条件下,所产生的环氧化合物又能与氨基酸或蛋白质上的氨基偶联。通过这两步反应,可将氨基酸或蛋白配体结合至基质材料上。

相比溴化氰偶联,这种活化方法的优点是:活化过程中不引入荷电基团,而且基质与配体所形成的 N—C、O—C 和 S—C 键稳定性高,配体与基质的结合紧密,避免了配体脱落的现象,使用寿命长;在进行洗脱色谱时,可以使用较强烈的洗脱条件,使得操作更加灵活,洗脱效率提高。该方法的另一个优点是没有溴化氰的毒性。它的缺点是用环氧氯丙烷活化的基质在与配体偶联时需要碱性条件,pH 为 9~13,温度为 20 ℃~40 ℃,不适用于一些对环境比较敏感的配体。

$$\bullet{-}OH + Cl{-}CH_2{-}\underset{\diagdown O \diagup}{CH{-}CH_2} \longrightarrow \bullet{-}O{-}CH_2{-}\underset{\diagdown O \diagup}{CH{-}CH_2} + HCl$$

多糖载体　　环氧氯丙烷　　活化载体

3. 亲和色谱的操作流程

经过制备的亲和柱可从复杂的背景中将目标物特异性地捕获并释放出来,该色谱过程包含进样吸附、清洗、洗脱及再生等几个步骤(图 8-15)。

(1) 进料吸附:把含有目标物质的混合液作为流动相,在有利于固定相配体与目标物质形成配合物的条件下进入层析柱。此时,混合液中只有目标物质能与配体发生结合反应,形成配体-目标物复合物,并被吸附在载体上。与此同时,不能发生结合的杂质分子直接流出。

吸附操作要保证吸附介质对目标产物有较高的吸附容量,同时杂质的非特异性吸附要控制在尽可能低的水平。一般杂质的非特异性吸附与其浓度、性质、载体材料、配体固定化的方法以及流动相的离子强度、pH 和温度等因素有关。为了减小吸附操作中的非特异性吸附,所用的缓冲液的离子强度要适当,缓冲液的 pH 应使配体与目标产物及杂质的静电作用较小。

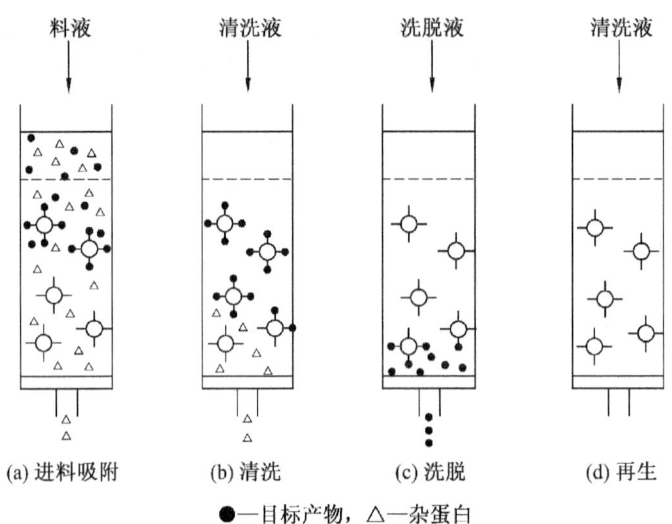

图 8-15　亲和层析操作示意图

（2）清洗：在样品完全进入色谱柱后，选择适当的清洗液对色谱柱进行清洗，以去除残留在色谱柱内的杂质，一般使用与吸附时相同的缓冲液。此时所使用的清洗条件应能维持配体-目标物的结合，目标物无损失。

（3）洗脱：改变洗脱条件，降低或破坏配体-目标物之间的结合，目标物从固定相上释放，并从色谱柱末端流出，此时可收集相应的含有目标物的流出液。目标物的洗脱方法有特异性洗脱和非特异性洗脱。特异性洗脱剂含有与亲和配基或目标产物具有亲和结合作用的小分子化合物，通过与亲和配基或目标产物的竞争性结合，来洗脱目标产物。非特异性洗脱通过调节洗脱液的操作条件，如 pH、离子强度、离子种类或温度等降低目标产物的亲和吸附作用。流速是影响层析速度和效果的重要因素。提高流速虽可加快分离速度，但会降低柱效。此外，琼脂糖容易受压变形，压力过大反而使流速降低。

当目标物很强，用通常的方法不能洗脱目标产物时，可用尿素或盐酸胍等变性剂溶液使目标产物变性，直接破坏目标物的高级结构，使其空间构象发生改变，从而失去与配体的结合能力。但应注意目标产物变性后能否复性。

（4）再生：为了维持亲和柱的识别能力，洗脱之后需要对色谱柱进行再生。亲和柱仍需继续用洗脱剂洗涤，直到无亲和物存在为止，再用平衡缓冲液充分平衡亲和柱，以备下次使用。

思考题与习题

1. 什么是色谱分析中的塔板理论和速率理论？它们在色谱的实际应用中有什么意义？

2. 常见的气相色谱中的检测器有哪些？简述各检测器的优缺点及应用范围。

3. 常见的液相色谱中的检测器有哪些？简述各检测器的优缺点及应用范围。

4. 在色谱中，如何实现对分配比的调整？在气相和液相色谱中又是如何操作的？

5. 液相色谱的常用分离模式有哪些？它们分别适用于哪种类型的目标物？

6. 与传统液相色谱相比，高效液相色谱是如何达到“高效”这一目的的？试用速率理

论给予简明的解释。

7. 离子色谱中抑制柱的功能是什么？它的工作原理如何？

8. 开管柱毛细管气相色谱相比普通填充柱气相色谱有何优势？

9. 气相色谱仪的基本设备包括哪几部分？各有什么作用？

10. 什么是液相色谱中的正相色谱和反相色谱？它们各适于分离何种化合物？

11. 什么是化学键合固定相？它的突出优点是什么？

12. 色谱与质谱联用后有什么突出特点？

13. 试述液相色谱-质谱联用的迫切性。

14. 什么叫梯度洗脱？它与气相色谱中的程序升温有何异同？

15. 为什么作为高效液相色谱仪的流动相在使用前必须过滤、脱气？

16. 高效液相色谱有哪几种定量方法？其中哪种是比较精确的定量方法？

17. 如何实现气相色谱-质谱联用？

18. 何谓色谱分析的分离度与程序升温？

19. 解释下列各项对柱的塔板高度的影响：① 增大相比；② 减小进样速度；③ 提高载气的流速；④ 减小填料的粒度；⑤ 降低色谱柱的柱温。

20. 试从原理、仪器及应用等方面比较气相色谱分析法和高效液相色谱分析法。

第九章 毛细管电泳法

电泳(electrophoresis)是电介质中带电粒子在电场作用下向与其电性相反方向迁移的现象。利用电泳现象对物质进行分离分析的方法称为电泳法。瑞典生物化学家A. W. K. Tiselius于1937年设计制造了界面电泳仪用于分离血清蛋白,从而创建了电泳技术。此后出现了多种电泳技术。A. W. K. Tiselius因对电泳分析和吸附方法的研究,特别是发现了血清蛋白的组分而荣获1948年诺贝尔化学奖。经典电泳法最大的局限性在于难以克服由高电压引起的焦耳热(Joule heating),这种影响随电场强度的增大而迅速加剧,因此限制了高电压的应用。为此,20世纪60年代以后,相继开展了在200 μm～3 mm的玻璃和Teflon管中进行电泳的尝试。

毛细管电泳法(capillary electrophoresis,CE)是以高压直流电场为驱动力,毛细管为分离通道,根据样品中各组分的电泳和分配行为的差异而实现分离的一类分析技术。由于毛细管散热效率很高,可以应用更高的分离电压,电泳分离效果大为改善。1981年,J. W. Jorgenson和K. D. Lukacs使用内径75 μm的毛细管分离丹磺酰化氨基酸,获得了理论塔板数4×10^5/m的高柱效,充分展现了毛细管电泳法的巨大潜力。他们还从理论上证明,毛细管电泳法的柱效与电场强度成正比,与分子扩散系数成反比。随着1988年商品仪器的推出,毛细管电泳法开始迅速发展。毛细管电泳法具有操作简单、分离效率高、样品用量少、运行成本低等优点。与高效液相色谱法相比,毛细管电泳法的柱效更高,可达10^5～10^6/m,故也称为高效毛细管电泳法(high performance capillary electrophoresis,HPCE);分离速度更快,数十秒至数十分钟内即可完成一个试样的分析;溶剂和试样消耗极少,试样用量仅为纳升级;不用高压泵输液,因此仪器成本更低;通过改变操作模式和缓冲溶液的组成,毛细管电泳法有很大的选择性,可以对性质不同的各种分离对象进行有效分离。毛细管电泳法的特点可以概括为“高效、低耗、快速、应用广泛”。但是,毛细管电泳法在迁移时间的重现性、进样准确性和检测灵敏度方面要逊于高效液相色谱法,并且不适于制备性分离。

近年来,毛细管电泳法已经成为分析化学领域发展最快的技术之一,新技术、新方法不断出现,如近年来发展的芯片毛细管电泳(chip capillary electrophoresis)和阵列毛细管电泳(capillary array electrophoresis)等,使毛细管电泳法在药品质量分析、单细胞分析、疾病早期诊断、组学分析和药物研发等方面得到广泛的应用。

第一节　毛细管电泳基础理论

一、基本概念

(一) 电渗和电渗流

电渗(electroosmosis)是一种液体相对于带电的管壁移动现象。电渗与固-液相界面的双电层有密切关系。

石英材质的毛细管是毛细管电泳中最常使用的毛细管,管子内表面在 pH>3 的情况下,由于石英毛细管壁表面的硅羟基在缓冲溶液中发生解离带负电而使管壁带负电,即石英毛细管内壁覆盖一层硅羟基阴离子。溶液中的抗衡离子(阳离子)由于静电吸附和扩散作用,在毛细管内壁表面固-液相界面上形成双电层。双电层包括紧密层和扩散层。在电场作用下,固-液两相的相对运动发生在紧密层与扩散层之间的滑动面上,此处的电动电势即为 Zeta 电势(Zeta potential)。由于离子是溶剂化的,当扩散层的离子在电场中发生迁移时,将携带溶剂一起移动,形成电渗流(electroomotic flow, EOF),如图 9-1 所示。

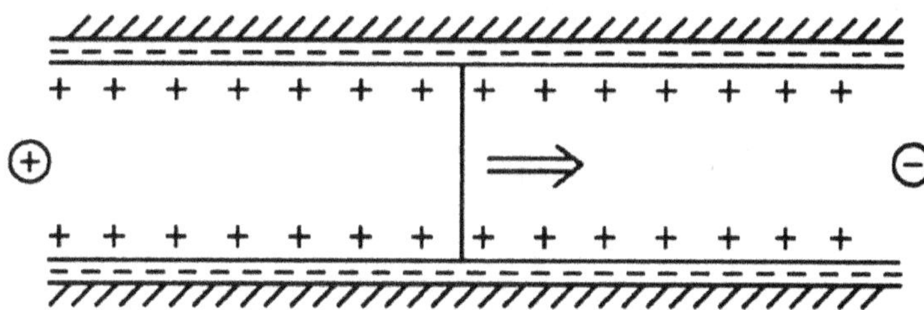

图 9-1　电渗流示意图

电渗速度 u_{os}用下式表示:

$$u_{os}=\mu_{os}E=\frac{\varepsilon\zeta_{os}}{4\pi\eta}E \tag{9-1}$$

式中,μ_{os}为电渗率或电渗淌度,即单位电场强度下的电渗速度;ζ_{os}为管壁的 Zeta 电势(下标 os 表示电渗);E 为电场强度;ε 和 η 分别为介质的介电常数和黏度。

在多数水溶液中,石英和玻璃毛细管表面因硅羟基解离会产生负电荷,许多有机材料如聚四氟乙烯、聚苯乙烯等也会因为残留的羧基而产生负电荷,其结果是产生指向负极的电渗流。因此,在普通毛细管电泳条件下,电渗流从正极流向负极,其大小受电场强度、Zeta 电势、双电层厚度和介质黏膜的影响。一般来说,Zeta 电势越大,双电层越薄,电荷密度越大,黏度越小,则电渗流越大。一般情况下,电渗速度是电泳速度的 5～7 倍。因此,不管是正离子、负离子还是中性分子,都将随着电渗流朝同一个方向移动。

石英毛细管表面硅羟基的解离随溶液 pH 的升高而增大,将引起界面有效电荷密度增大,电渗流也随之增大。当溶液中含有阳离子表面活性剂时,阳离子表面活性剂通过强的静电作用吸附在毛细管壁上,减小了界面有效电荷密度,甚至使内壁带上相反电荷,从而使电渗流减小甚至使电渗流方向反转。此外,在缓冲溶液中添加有机溶剂,如甲醇、乙腈等,对电渗流有一定的抑制作用。

（二）电泳和电泳淌度

1. 电泳

电泳是在电场作用下带电粒子在缓冲溶液中定向移动的现象。带电粒子的电泳方向与其电性相关，正电荷粒子向负极移动，负电荷粒子向正极移动。电泳速度由下式决定：

$$u_{ep}=\mu_{ep}E=\frac{\mu_{ep}V}{L} \tag{9-2}$$

式中，V 为毛细管两端所加的电压；L 为毛细管柱总长度；μ_{ep}为电泳淌度(electrophoresis mobility)或电泳迁移率，即单位电场强度下的电泳速度(u_{ep}/E)，单位为 $m^2\cdot V^{-1}\cdot s^{-1}$或 $cm^2\cdot V^{-1}\cdot s^{-1}$。

2. 淌度

在空心毛细管中，一个粒子的淌度可近似表示为

$$\mu_{ep}=\frac{\varepsilon\zeta_i}{4\pi\eta} \tag{9-3}$$

式中，ζ_i是粒子的 Zeta 电势，Zeta 电势的大小和粒子表面的电荷密度有关，近似地正比于 $Z/M^{2/3}$，其中 M 是摩尔质量，Z 是净电荷，即表面电荷越大，质量越小，Zeta 电势越大。因此，不同粒子可按照其表面电荷密度的差别，以不同的速率在电介质中移动，从而实现分离。

3. 有效淌度

在实际溶液中，离子的活度系数、溶质分子的解离程度均对粒子的淌度有影响，这时的淌度称为有效淌度，用 μ_{eff}表示：

$$\mu_{eff}=\sum\alpha_i\gamma_i\mu_{ep} \tag{9-4}$$

4. 表观淌度

在毛细管电泳中，同时存在着电泳流和电渗流，在不考虑粒子和毛细管壁之间相互作用的前提下，粒子在毛细管内的运动速度应当是两种速度的矢量和，即

$$u_{ap}=u_{os}\pm u_{ep}=(\mu_{os}\pm\mu_{eff})E \tag{9-5}$$

或

$$\mu_{ap}=\mu_{os}\pm\mu_{eff} \tag{9-6}$$

式中，u_{ap}为表观迁移速度，μ_{ap}称为表观淌度(apparent mobility)。式中的“ ± ”号根据粒子电泳方向而定，当粒子电泳方向与电渗方向相同时取“+”，当粒子电泳方向与电渗方向相反时取“−”。多数情况下，μ_{os}远大于 μ_{eff}，因此粒子在毛细管电泳中的迁移方向总是与电渗流的方向相同。

二、分离效率和谱带展宽

（一）理论塔板数和塔板高度

由于毛细管电泳法在功能和结果显示形式上与色谱法颇为相似，因此在不少讨论中引入与色谱法相似的处理和表达方法，特别是直接沿用了色谱法的理论塔板数 N 和塔板高度 H 的概念，用于表示柱效。

$$N=5.54\left(\frac{t_m}{W_{1/2}}\right)^2 \tag{9-7}$$

式中，t_m为流出曲线最高点所对应的时间，称为迁移时间(migration time)。在理想情况

下，粒子和毛细管壁之间的相互作用可以忽略，即认为没有粒子被保留下来，所以用迁移时间代替色谱中的保留时间。另外，因毛细管电泳法采用柱上检测，记录仪上显示峰顶时，组分尚未流出，所以毛细管电泳法的塔板高度为

$$H=\frac{L_d}{N} \tag{9-8}$$

式中，L_d为毛细管进样端到检测器的距离，称为有效长度。理论塔板数和塔板高度用于评价色谱峰的展宽，衡量整个毛细管电泳系统性能的优劣。

根据色谱速率理论，理论塔板数可用下式表示：

$$N=\frac{L_d^2}{\sigma^2} \tag{9-9}$$

式中，σ^2为标准差，其含义与色谱法中相同，表征谱带展宽的程度。假设分子扩散是造成谱带展宽的唯一因素，则根据 Einstein 扩散定律，谱带展宽可表示为

$$\sigma^2=2Dt_m \tag{9-10}$$

式中，D 为溶质分子扩散系数；t_m为迁移时间，它可通过下式计算：

$$t_m=\frac{L_d}{\mu_{ap}E}=\frac{LL_d}{\mu_{ap}V} \tag{9-11}$$

由式(9-9)、式(9-10)和式(9-11)，可以得到毛细管电泳法的分离柱效方程为

$$N=\frac{\mu_{ap}VL_d}{2DL} \tag{9-12}$$

由式(9-12)可知，增大分离电压可提高柱效；在分离电压不变的情况下，L_d/L 值越大，分离柱效越高。理论塔板数还与溶质的扩散系数成反比，扩散系数越小的分子柱效越高。因为分子量越大，扩散系数越小，所以毛细管电泳法特别适合分离生物大分子。但应该注意的是，毛细管电泳法不是只能用于生物大分子分离，其分离小分子药物的能力也相当出色。

（二）引起谱带展宽的因素

在毛细管电泳法中，毛细管中的液体在电渗流驱动下像一个塞子一样以均匀的速度向前运动，管壁处和管中心的流速差异较小，使整个流型呈扁平型。扁平型的塞子流使毛细管电泳法的谱带较窄，因而柱效较高。与之相应的压力驱动系统，如 HPLC 法中的泵驱动，液体和固体表面接触处的摩擦力会导致压力降低，从而使流线呈抛物线形，靠近管壁处的速度较小，而中心处的速度则大约是平均速度的 2 倍。两种流型的示意图如图 9-2 所示。

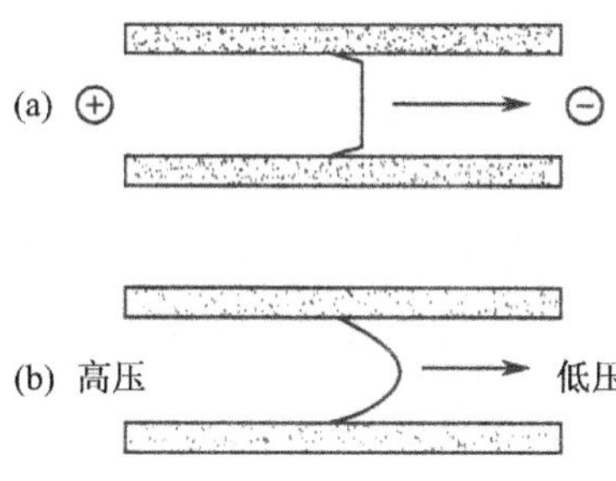

图 9-2　HPCE(a)和 HPLC(b)柱中溶液流型的比较

虽然毛细管电泳法的谱带较窄，但在某些因素影响下谱带会展宽，这些因素主要有两类：一是来源于柱内溶液和溶质本身，其中特别是扩散、焦耳热和吸附；二是来源于仪器系统，如进样和检测系统存在的死体积导致谱带展宽。下面对第一类因素进行讨论，第二类因素的影响将在本章第三节讨论。

1. 扩散

在毛细管电泳法中，一般情况下，溶质纵向扩散是谱带展宽的唯一因素。从式(9-10)可看出，扩散引起的谱带方差(σ^2)由溶质的扩散系数和迁移时间两项决定。迁移时间受许多分离参数影响，如外加电压、毛细管长度、缓冲溶液种类、浓度及 pH 等。扩散系数是溶质本身的一种物理特性，一般随分子量的增加而减小。凡影响溶质扩散的因素都会影响毛细管电泳法的谱带宽度。

2. 焦耳热

电流通过缓冲溶液时产生焦耳热(或称自热)，在普通电泳中焦耳热已成为实现快速、高效分离的重大障碍。对毛细管电泳，管内径是影响自热的一个重要因素。J. H. Knox 等指出，如果毛细管的内径能满足下述方程，那么焦耳热就不会引起太严重的谱带展宽和效率损失：

$$Edc^{1/3} < 1\,500 \tag{9-13}$$

式中，E 是电场强度($kV \cdot m^{-1}$)，c 是介质浓度($mol \cdot L^{-1}$)，d 为管内径(μm)。在 $E=50\ kV \cdot m^{-1}$、$c=0.01\ mol \cdot L^{-1}$的条件下，求得 d 值小于 140 μm。实验结果较此值还小一些，因此目前采用的多是内径 25～75 μm 的毛细管。事实上，毛细管电泳法之所以能实现快速、高效的分离，很大程度上就是由于采用了极细的毛细管。但是，若使用更细的毛细管，则会给检测、进样等带来一系列困难，如易造成柱的堵塞，并影响分析结果的重现性。

那么电泳中的焦耳热是如何影响柱效的呢？焦耳热通过管壁向周围环境扩散时，在毛细管内形成抛物线形的径向温度梯度，即毛细管中心温度最高，越接近管壁温度越低，分布呈抛物线形。毛细管的内半径为 5 μm 时，轴心与管内壁之间的温差为 1.39 ℃；内半径为 100 μm 时，温差则为 5.58 ℃。温度径向梯度导致缓冲溶液的黏度呈径向梯度分布，因而产生离子迁移速度的径向不均匀分布，破坏了谱带的扁平流轮廓，导致谱带展宽，塔板高度增加。

毛细管温差大小取决于管内径、壁厚、管外壁涂层(聚酰亚胺涂层)的厚度，以及电泳介质的传热系数。因为石英的导热性好，所以毛细管内外壁之间的温差较小，而毛细管外壁与环境温度梯度较大。因此，为提高散热效率，毛细管的外径与内径之差越大越好，以增大毛细管柱外表面的散热面积，实际工作中常用内径 50 μm、外径达 375 μm 的毛细管。同时，也可通过降低缓冲液浓度来降低焦耳热。另外，在毛细管电泳仪中可采用冷却温控方法来减少焦耳热的影响。

3. 吸附

在毛细管电泳法中，吸附一般是指毛细管内壁对于被分离物质粒子的作用。吸附不仅使谱带展宽，而且可使某些被测组分无法分离检测。造成管壁表面吸附的主要原因有两个：一是阳离子溶质和带负电管壁的静电作用；二是疏水作用。吸附作用的大小与管壁表面活性中心的几何位置以及活性大小、不同溶质分子之间或溶质分子与溶剂分子之间对管壁活性中心的竞争吸附等有关。毛细管内表面积和体积之比越大，吸附的可能性就越大，因此，细内径的毛细管不利于降低吸附。生物大分子，如碱性蛋白和多肽等，易被石英管壁吸附，吸附严重时可能导致测不到信号，即产生死吸附。因此，分析生物大分子时

常需用内壁涂层处理的毛细管柱。

（三）分离度

分离度是衡量淌度相近的两组分分离程度的参数，毛细管电泳法仍沿用色谱分离度 R 的计算公式来衡量两组分的分离度：

$$R=\frac{2(t_{m_2}-t_{m_1})}{W_1+W_2}=\frac{t_{m_2}-t_{m_1}}{4\sigma} \tag{9-14}$$

分离度也可表示为柱效的函数：

$$R=\frac{\sqrt{n}}{4}\cdot\frac{\Delta u}{\overline{u}} \tag{9-15}$$

式中，Δu 为相邻两组分的迁移速度差，$\overline{u}$ 为两组分迁移速度的平均值。用 $(\mu_{eff}+\mu_{os})E$ (u_{ap}) 代替 $\overline{u}$，并将式(9-12)代入，得

$$R=\frac{1}{4\sqrt{2}}\Delta\mu_{eff}\left[\frac{VL_d}{DL(\mu_{eff}+\mu_{os})}\right]^{\frac{1}{2}} \tag{9-16}$$

由式(9-16)可知，影响分离度的主要因素有：① 外加电压 V；② 有效柱长与总长度之比(L_d/L)；③ 电泳有效淌度差($\Delta\mu_{eff}$)；④ 电渗淌度(μ_{os})。改变上述因素或参数可以改变分离度，这是选择电泳分离条件的重要依据。

第二节　毛细管电泳法的主要分离模式

一、毛细管电泳法的分类

按毛细管中填充物质的性状，毛细管电泳法可分为自由溶液毛细管电泳法和非自由溶液毛细管电泳法；按分离机制，可分为电泳型、色谱型和电泳/色谱型三类。除凝胶电泳法和电色谱法需用填充型分离柱外，其余几种分离模式仅是基于使用的运行缓冲溶液（也称背景电解质，background electrolyte，BGE）不同。常用的毛细管电泳分离模式见表 9-1。

表 9-1　毛细管电泳法的主要分离模式

名称	缩写	管内填充物	说明
毛细管区带电泳法	CZE	自由电解质溶液，可含有一定功能的添加剂	属自由溶液电泳型，但可通过添加剂引入色谱机制
胶束电动毛细管色谱法	MECC	CZE 溶液＋带电荷的胶束	CZE 扩展的色谱型
微乳液电动毛细管色谱法	MEECC	由缓冲液、不溶于水的有机液体和乳化剂构成的微乳液	CZE 扩展的色谱型
毛细管凝胶电泳法	CGE	各种电泳用凝胶或其他筛分介质	属非自由溶液电泳，含有“分子筛”效应
毛细管等电聚焦法	CIEF	建立 pH 梯度的两性电解质	按等电点分离，属电泳型，要求完全抑制电渗流

续表

名称	缩写	管内填充物	说明
毛细管等速电泳法	CITP	非连续的电解质溶液-前导电解质溶液和终结电解质溶液	属自由溶液电泳型，所有组分以相同迁移率通过检测器
毛细管电色谱法	CEC	CZE溶液＋液相色谱固定相	属非自由溶液色谱型
非水毛细管电泳法	NACE	含有电解质的非水体系	属自由溶液电泳型

毛细管凝胶电泳法、毛细管等电聚焦法和毛细管等速电泳法主要用于蛋白质等生物大分子的分离分析，其余分离模式常用于小分子化合物的分离分析。非水毛细管电泳法是在有机溶剂（如甲醇、乙腈、甲酰胺、四氢呋喃等）为主的非水体系中添加合适的电解质（如甲酸、乙酸铵等）而进行的毛细管电泳分析方法，该法可使在水中难溶的样品组分有较高的溶解度而实现分离。在药物分析中，常用毛细管区带电泳法和胶束电动毛细管色谱法。

二、毛细管电泳分离模式

（一）毛细管区带电泳法（capillary zone electrophoresis，CZE）

毛细管区带电泳法也称为毛细管自由溶液区带电泳法，是毛细管电泳法中最基本也是应用最广泛的一种操作模式。

1. 分离机制

在CZE中，样品组分在充满缓冲溶液的毛细管中随电渗流发生定向移动，依据电泳淌度的差异而实现分离。未涂层石英毛细管中的电渗流从正极流向负极。当把试样从正极端注入毛细管内时，由于电渗速度大于电泳速度，正、负离子和中性分子均向负极迁移，分离后出峰次序为：正离子、中性分子、负离子，如表9-2所示。所有中性分子的迁移速度都与电渗速度相同，不能相互分离。带相同电荷的离子则按其荷质比的差异进行分离。

表9-2 电泳中的组分迁移速度

组分	表观淌度	表观迁移速度
正离子	$\mu_{eff}+\mu_{os}$	$u_{eff}+u_{os}$
中性分子	μ_{os}	u_{os}
负离子	$\mu_{os}-\mu_{eff}$	$u_{os}-u_{eff}$

2. 实验条件选择

在CZE中，分离电压、缓冲溶液种类和浓度及其pH、添加剂等操作条件均可显著影响组分的电泳行为，从而影响电泳分离。

（1）分离电压。

分离体系的最佳外加电压值与毛细管内径和长度及缓冲溶液浓度（离子强度）有关。当柱长确定时，随着电压的增加，电渗和电泳速率都会增加，迁移时间缩短。尽管电泳速率的增加幅度视粒子所带的电荷而异，但由于电渗速率一般远大于电泳速率，因此表现为粒子的总迁移速率加快。在升高电压的同时，将使电泳电流增大，柱内的焦耳热增加，缓冲液的黏度减小，而黏度和温度的关系是指数型的，因此分离电压和迁移时间的关系不呈

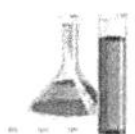

线性，电压高时速度增加更快一些。

理论与实践都证明，随着电压的变化，分离效率存在极大值。分离效率极大时的电压称为最佳工作电压。在实际分离中，如果所用的毛细管很细或缓冲液的电导很低，最佳电压可能会超出仪器允许范围，此时可选择仪器允许的最大输出电压。当毛细管较粗或缓冲液电导较高时，最佳电压可能很小，若此时分离度很高，也可选择大于最佳值的电压进行分离。

(2) 缓冲溶液的种类。

缓冲溶液的选择通常需考虑下述几点：① 在所选择的 pH 范围内有足够大的缓冲容量；② 与检测器相匹配，使用紫外-可见检测器时，为减少背景干扰，缓冲溶液在检测波长处的吸收要低；③ 自身的淌度低，即分子大而荷电小，以减少电流的产生；④ 使被测组分带合适的电荷量，以实现有效进样并有合适的电泳淌度；⑤ 尽可能采用酸性缓冲溶液，因在低 pH 条件下吸附和电渗流值都较小；⑥ 与毛细管种类匹配，涂层毛细管只能在一定 pH 范围内使用，否则会破坏涂层。

常用于毛细管电泳的缓冲溶液有硼砂、磷酸盐、柠檬酸盐、琥珀酸盐和醋酸盐等。一些生物学上常用的缓冲溶液，如三(羟甲基)氨基甲烷(Tris)等，因离子质量大、电导率低，高浓度也不产生大电流，因而常被用作毛细管电泳缓冲溶液。要特别强调的是，在配制毛细管电泳用的缓冲溶液时，必须使用高纯蒸馏水和试剂，用 0.45 μm 的滤器过滤以除去颗粒等。

(3) 缓冲溶液的浓度。

缓冲剂及调节剂的浓度对改善分离、抑制吸附、控制焦耳热等均有影响。缓冲溶液浓度增加，离子强度增加，能减少溶质和管壁之间、被分离组分之间(如蛋白质-DNA)的相互作用，从而改善分离。在大多数情况下，随着缓冲溶液浓度的增加，电渗率降低，溶质的迁移速率下降，因此迁移时间延长。随着浓度的增加，导电的离子数增加，在相同的电场强度下毛细管的电流值增大，焦耳热增加。

缓冲溶液的浓度对柱效的影响比较复杂，要同时兼顾扩散和黏度的影响。一般而言，对于迁移时间较短的组分，其柱效随浓度的增加而明显提高，而对于后出峰的各组分则无明显的相关性。通常，缓冲溶液的浓度应控制在 10～200 $mol \cdot L^{-1}$，有时为了抑制蛋白质等的吸附作用，可用高达 500 $mol \cdot L^{-1}$ 的浓度(此时应降低分离电压)。电导率高的缓冲试剂(如磷酸盐和硼酸盐等)一般选择较低浓度，电导率低的缓冲试剂(如硼酸)的浓度可控制在 100 $mol \cdot L^{-1}$ 以上。

(4) 缓冲溶液的 pH。

对于两性溶质来说，它的表观电荷数受到缓冲溶液 pH 的影响，在不同的 pH 下带不同的电荷数，因此有不同的质荷比及电荷密度，给迁移带来很大的影响。当缓冲溶液的 pH 低于溶质的 pI 时，溶质带正电荷，朝负极泳动，和电渗流同向，粒子迁移的总速度比电渗流还快；若缓冲溶液的 pH 高于溶质的 pI，情况则相反。

缓冲体系的 pH 范围选择与样品的性质有关。为使溶质成为离子，通常酸性组分的分离选择在碱性条件下进行，而碱性组分的分离则选择酸性介质，蛋白质、多肽、氨基酸等两性物质的分离可选酸性(pH<2)或碱性(pH>9)介质。糖类组分通常在 pH 9～11 时能获得最佳分离，羧酸等组分多在 pH 5～9 时选择分离条件。除影响溶质的电荷外，pH 的改变还会引起电渗流的相应变化。随着 pH 增大，电渗流增大。值得注意的是，电渗流太大往往会使溶质在分离前即流出。在这种情况下，需要增加柱长或降低电渗流。

为了选择合适的 pH，需要使用 pH 调节剂调整介质的酸碱性。由于多数缓冲试剂属酸性物质，如磷酸盐，所以 pH 调节剂主要是碱类试剂。常用的 pH 调节剂有 NaOH、KOH、Tris 等。有时也可用胺或醇胺等有机碱，如乙醇胺、乙二胺。如果缓冲试剂为碱类，则可用酸作为调节剂，且应尽量使用弱酸，如 H_3PO_4。

(5) 添加剂。

如果缓冲体系经各种参数优化后仍无法获得良好的分离效果，可以加入添加剂以改善分离。添加剂的种类较多，最简单的添加剂是无机电解质，较高浓度的电解质可以压缩区带，抑制蛋白质等在管壁上的吸附。但高浓度电解质易导致焦耳热增加，反而使分离效率下降。高分子类添加剂可以形成分子团或特殊的局部结构，从而影响样品的迁移过程，改善分离。甲醇、乙腈等有机溶剂可抑制电渗流。

(二) 胶束电动毛细管色谱法 (micellar electrokinetic capillary chromatography, MECC)

胶束电动色谱法(micellar electrokinetic chromatography, MEKC)是以胶束为假固定相的一种电动色谱法，是电泳技术与色谱技术的结合。因在毛细管中进行，故又称为胶束电动毛细管色谱法。MECC 是在电泳缓冲溶液中加入表面活性剂，当溶液中表面活性剂浓度超过临界胶束浓度(critical micelle concentration, CMC)时，表面活性剂分子之间的疏水基团聚集在一起形成胶束(假固定相)，溶质不仅可以由于淌度差异而分离，同时又可基于在水相和胶束相之间的分配系数不同而得到分离。因此，MECC 可以分离 CZE 无法分离的中性化合物。

1. 胶束假固定相

胶束是表面活性剂的聚集体，表面活性剂分子含有亲水基团和疏水基团。疏水部分是直链或支链烷烃，或甾族骨架；亲水部分则较多样，可以是阳离子、阴离子、两性离子基团。MECC 中常用的阴离子表面活性剂有十二烷基硫酸钠(SDS)、N-月桂酰-N-甲基牛磺酸钠(LMT)、牛磺脱氧胆酸钠(STDC)等。阳离子表面活性剂最常用的是季铵盐，如十二烷基三甲基溴化铵(DTAB)、十六烷基三甲基溴化铵(CTAB)等。非离子表面活性剂有 3-[3-(氯化酰胺基丙基)二甲基胺基]-1-丙基磺酸酯(CHAPS)等。另外，还有手性表面活性剂，如胆酸、毛地黄皂苷、十二烷基-N-L-缬氨酸钠等。阳离子表面活性剂分子易吸附在石英毛细管壁上，可减慢电渗流速度或使电渗流转向，称之为 EOF 改性剂。表面活性剂在低浓度时以分子形态分散在水溶液中，当浓度超过某一值时，分子缔合形成胶束。表面活性剂分子开始聚集形成胶束时的浓度称为临界胶束浓度(CMC)。CMC 一般小于 20 $mmol \cdot L^{-1}$。胶束由多个分子缔合而成，组成一个胶束的分子数叫作聚集数(n)。典型的胶束由 40～140 个分子组成，如 SDS 为 62，DTAB 为 56。

2. 分离机制

与 CZE 相比，MECC 的电泳介质中增加了带电的胶束相，是不固定在柱中的载体(假固定相)，它具有与周围介质不同的淌度，并且可以与溶质相互作用。另一相是导电的缓

冲溶液水相，是分离载体的溶剂。在电场作用下，水相溶液由电渗流驱动流向负极。对于常用的SDS胶束，因其表面带负电荷，泳动方向与电渗流相反，朝正极方向泳动。在多数情况下，电渗流速度大于胶束电泳速度，所以胶束的实际移动方向和电渗流相同，都向负极移动（图9-3）。中性介质在随电渗流移动的过程中，在水相和胶束相之间进行分配，基于其与胶束作用的强弱差异，因在两相间的分配系数不同而得到分离。

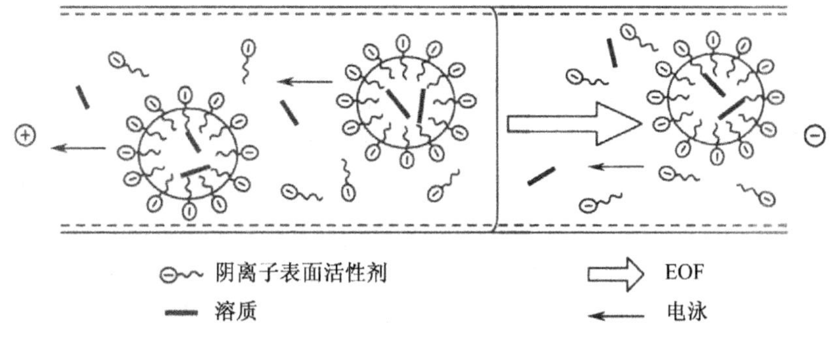

图9-3　MECC的分离原理示意图

3. 流动相

为了方便起见，把MECC中的胶束相和缓冲溶液相组成的溶液称为流动相。在MECC中，可以通过改变流动相来改善分离选择性。溶质在胶束相和缓冲溶液相之间进行分配，因此改变胶束浓度和缓冲体系将会改变溶质分配系数，进而对容量因子和迁移产生影响。流动相的改变通常包括胶束种类和浓度、缓冲溶液种类和浓度、pH和离子强度的改变，也可加入有机添加剂。

pH能影响MECC中带电组分迁移的速度，也影响电渗速度，但是不改变SDS的荷电状况，因此不影响它的泳流速度。在MECC中，向缓冲溶液中加入有机添加剂可提高分离选择性。有机添加剂的加入会改变水溶液的极性，从而调节被分离组分在水相和胶束相之间的分配系数，使分离选择性得到提高。常用的添加剂有甲醇、乙腈、异丙醇、环糊精、尿素、季铵盐等。

（三）毛细管电色谱法（capillary electrochromatography，CEC）

毛细管电色谱法是在毛细管内填充、内壁涂覆、键合或交联色谱固定相，以电渗流驱动流动完成分离的微柱色谱技术。由于电渗流在毛细管中的流速轮廓是一个平面，不存在径向流速梯度，所以毛细管电色谱法的柱效比高效液相色谱法高。毛细管电色谱法结合了CE的高效和HPLC的高选择性，开辟了微分离技术的新途径。

1. 分离机制

CEC可以看成是CZE中的空管被色谱固定相涂布或填充的结果，也可以看成是微柱色谱中的机械泵被“电渗泵”所取代的结果。它包含了电泳和色谱两种机制，被测组分根据它们在流动相和固定相中的分配系数不同和自身电泳淌度差异得以分离。CEC既可以分离带电物质，也可以分离中性物质。分离中性化合物时，CEC的分离机制与HPLC相同；对于离子型化合物的分离，既有色谱分配机制，又有电泳分离机制。CEC克服了CZE只能根据溶质电泳淌度的不同、反相HPLC只能根据溶质疏水性差异进行分离的局限。

2. 实验条件选择

CEC 的条件选择首先是固定相的选择，其次是流动相或缓冲溶液的选择。

沿用常规 HPLC 的概念，根据固定相和流动相的性质，CEC 可分为反相、正相、离子交换和分子排阻等多种分离模式。固定相的选择主要依据 HPLC 的理论和经验。目前关于反相毛细管电色谱法的研究最多，毛细管填充长度一般为 20 cm 左右，填料为 C_{18} 或 C_8，粒径为 3 μm，用乙腈-水或甲醇-水等作为流动相。

CEC 中使用的色谱柱有填充柱、开管柱和整体柱。填充柱通过在毛细管中填充色谱固定相(如 C_{18})制成。开管柱通过在毛细管内壁涂覆、键合固定相制成，可由蚀刻法、溶胶-凝胶法、原位聚合多孔聚合物法制备，该类柱制备简单、柱效高，但相比小、柱容量低。整体柱通过在毛细管内原位聚合或固化而形成均一、整体的固定相制成，包括有机聚合物整体柱、硅胶整体柱、颗粒固定化整体柱和杂化材料整体柱等。

根据固定相的特性(正相、反相等)，缓冲液可以是水溶液或有机溶液。在反相 CEC 中，流动相一般是含有电解质的有机溶剂与缓冲溶液的混合溶液。有机溶剂的种类和浓度对 HPLC 的容量因子有显著影响，在 CEC 中可以通过改变有机溶剂来提高选择性。流动相 pH 对溶质的保留影响很大，尤其是对酸碱性溶质。一方面，pH 影响溶质的解离度；另一方面，pH 影响电渗大小。通常 pH 在 pK_a 附近的影响最大，说明在此处附近调节 pH 易于获得较高的选择性。为了减少焦耳热，CEC 流动相通常采用较低浓度的缓冲溶液。对于无机盐缓冲溶液，如磷酸盐、硼酸盐，典型的浓度是 1～10 $mmol \cdot L^{-1}$。对于电导率较低的缓冲体系，如乙磺酸吗啉(MES)和 Tris，可适当提高浓度。其他条件，如分离电压、温度、流动相添加剂(如表面活性剂)等也对溶质的保留和选择性有影响，需通过实验确定最佳条件。

当常规条件改变无法改善分离时，可以考虑采用加压毛细管电色谱(P-CEC)，或采用混合固定相填充的 CEC 柱。在 CEC 分离过程中，气泡产生是导致分离失败的最常见原因。气泡一般出现在样品塞子与填料交界处，由于两侧电渗淌度不同而易形成气泡。气泡的存在导致电阻增大，分离电流减小，最终中断分离。如果发生这种情况，就必须用高压缓冲液重新冲洗柱子。采用 P-CEC，即利用电渗流和压力联合驱动流动相，可避免分离过程中气泡的产生，提高稳定性。另外，用压力来控制流速，可缩短分析时间，还可实现梯度洗脱。

(四) 毛细管凝胶电泳法(capillary gel electrophoresis，CGE)

毛细管凝胶电泳是以凝胶物质作为支持物进行的毛细管区带电泳。其将聚丙烯酰胺等在毛细管柱内交联生成凝胶，利用凝胶物质的多孔性和分子筛的作用使通过凝胶的物质按照分子的尺寸大小逐一分离，是分离效率极高的一种电泳分离技术($N>10^7$)。凝胶是毛细管电泳的理想介质，由于凝胶黏度大，故能减少溶质的扩散，具有抗对流、阻挡毛细管壁对溶质的吸附等作用，还可减少甚至忽略电渗流的影响。采用毛细管凝胶电泳法分离样品能够有效减少组分扩散，所得峰形尖锐，分离效率高，可以达到毛细管电泳中最高的柱效。某些高分子聚合物的水溶液代替凝胶的技术称为无胶筛分，相对凝胶分离技术而言，无胶筛分的分离效率略低。毛细管凝胶电泳法的缺点在于凝胶柱制备困难、寿命较短。毛细管凝胶电泳法对于大分子物质，如蛋白质、多肽、寡聚核苷酸的分离分析，特别是

DNA 序列分析显示出了其在速度和效率方面的优越性。

（五）毛细管等速电泳法(capillary isotachphoresis，CITP)

毛细管等速电泳法是基于试样中各组分在两种电介质中电泳迁移率的差异而进行分离的一种电泳技术，属于不连续介质电泳技术。其中，前导离子电解质溶液含有与溶质离子电荷相同且淌度为体系中最高的离子，尾随离子电解质溶液含有体系中淌度最低的离子。

(1) 将两种淌度差别很大的缓冲液分别作为前导离子(充满毛细管)和尾随离子，试样离子的淌度全部介于两者之间，当毛细管两端加上电压后，电位梯度的扩展使所有离子最终以同一速度泳动，样品组分在给定的 pH 下按其淌度和电离度大小依次连续迁移，得到相互连接而又不重叠的区带。

(2) 负离子分析时，前导电解质的淌度大于试样中所有负离子的淌度。所有试样都按前导离子的速度等速向阳极前进，逐渐形成各自独立的区带而分离，阴极进样，阳极检测。

(3) 不同离子的淌度不同，所形成区带的电场强度不同($u=\mu E$)，淌度大的离子区带电场强度小；沿出口到进口，将不同区带依次排序 1，2，3，4，…，电场强度依次增大。假设"2"号中离子扩散到"3"号，该区电场强度大，离子被加速，返回到"2"区；当"2"号中离子跑到"1"号区，离子被减速使之归队。

(4) 特点是界面明显，有富集、浓缩作用。

毛细管等速电泳可在无支持电解质的条件下进行分离，并可通过控制 pH 改变任意两种离子间的分辨率，观察指纹区物质的微小变化。毛细管等速电泳不能对阴离子和阳离子同时进行分离，且由于采用不连续缓冲体系，空间分辨率较差。

（六）毛细管等电聚焦法(capillary isoelectric focusing，CIEF)

毛细管等电聚焦法是根据等电点差别分离生物大分子的高分辨率电泳技术。其基本原理是基于两性电解质在分离介质中的迁移形成 pH 梯度，使具有不同等电点的物质聚集在不同的位置上，在毛细管中等电点聚焦，形成明显的区带。聚焦后，用压力或改变检测器末端电极槽储液的 pH 使溶质通过检测器。毛细管等电聚焦法常用于蛋白的分离，由于分辨率极高，通常可以分离等电点之差小于 0.01(pH 单位)的两种蛋白。其特点为：① 毛细管内充有两性电解质(合成的具有不同等电点范围的脂肪族多胺基、多羧酸混合物)，当施加直流电压(6～8 V)时，管内将建立一个由阳极到阴极逐步升高的 pH 梯度。② 氨基酸、蛋白质、多肽等所带电荷与溶液 pH 有关，在酸性溶液中带正电荷，反之带负电荷。在其等电点时，呈电中性，淌度为零。③ 聚焦：具有不同等电点的生物试样在电场力的作用下迁移，分别到达满足其等电点 pH 的位置时，呈电中性，停止移动，形成窄溶质带而相互分离。④ 阳极端装稀磷酸溶液，阴极端装稀 NaOH 溶液。⑤ 加压将毛细管内分离后的溶液推出经过检测器检测。⑥ 电渗流在 CIEF 中不利，应消除或减小。

（七）亲和毛细管电泳法(affinity capillary electrophoresis，ACE)

亲和毛细管电泳是一个定义较为广泛的毛细管电泳模式。它是基于配体和受体之间相互作用的差异，研究生物分子间特异性相互作用，提高毛细管电泳分离选择性的一种新型分离技术。亲和毛细管电泳分离的对象主要为生物大分子，其原理是依据蛋白、核酸等生物大分子能够与配体通过静电、疏水、氢键等非键合作用结合在一起，形成不同荷质比的配合物。特异性高、可逆性强是这种特异性作用的突出特点。亲和毛细管电泳的应用研究主要集中在两方面：一是研究受体与配体之间的特异性相互作用，获得热力学与动力学参数；二是利用这种特异性相互作用提高毛细管电泳分离的选择性。

（八）非水毛细管电泳法（non-aqueous capillary electrophoresis，NACE）

近年来，毛细管电泳法在非水介质体系中的分离报道正引起分析工作者的注意。非水毛细管电泳法在表面活性剂、药物、无机阴离子、金属离子、有机酸等分析中已得到越来越广泛的应用。与单纯的水溶液毛细管电泳法相比，非水毛细管电泳法有许多优点：

(1) 增加了毛细管电泳分析对象，拓宽了毛细管电泳分析领域。非水毛细管电泳增加了可优化参数，如介质的极性、介电常数、黏性等，使在水溶液中难溶而不能用毛细管电泳分离的对象能在非水介质中有一较高的溶解度而实现毛细管电泳分离。

(2) 对某些水和非水都可溶的分析物，非水毛细管电泳能改善分离度，提高灵敏度和增加选择性。与水体系相比，非水体系可承受更高的操作电压产生的高电场，因而会有更高的分离效率，或者在不增大焦耳热条件下可提高缓冲溶液的离子强度，增大进样量，使样品的堆积效应更好，提高检测灵敏度。在非水体系下，溶质的溶剂化和离子对效应与水相中有很大的不同。此性质使溶质在非水介质毛细管中的保留时间发生改变，甚至完全改变保留顺序，因而可更好地选择测定。

对不同样品的测定应选用不同的电泳分离模式，电泳分离模式的选择要依据以下几个原则：① 简单性原则；② 目的性原则；③ 普适性原则；④ 选择性原则；⑤ 样品特异性原则；等等。

第三节　毛细管电泳仪

毛细管电泳仪的基本组成包括高压电源、缓冲液槽和进样系统、毛细管、恒温系统、检测器、记录/数据处理系统等，如图 9-4 所示。

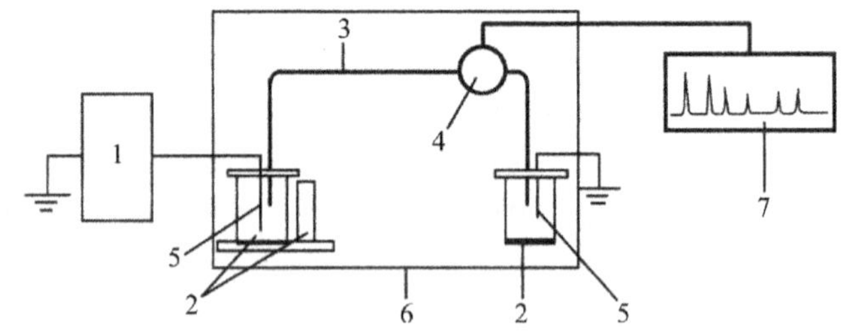

1—高压电源；2—缓冲液槽和进样系统；3—毛细管；4—检测器；5—铂电极；6—恒温系统；7—记录/数据处理系统

图 9-4　毛细管电泳系统

一、高压电源

高压电源是毛细管电泳分离系统中的重要部分，一般采用 0～±30 kV 连续可调的直流高压电源，电压输出精度高于 1%。电极通常由直径 0.5～1 mm 的铂丝制成。电极槽

通常是带螺帽的玻璃瓶或塑料瓶(1～5 mL)，以便于密封。

仪器必须接地，操作过程中必须注意高压的安全保护。商品仪器通常有自锁控制，在漏电、放电、突发高电流或高电压等危险情况下，高压电源会自动关闭。高压容易放电，尤其是在湿度高的地方。防止高压放电的方法包括干燥、隔离或适当降低分离电压。

二、毛细管

理想的毛细管柱应是化学和电惰性的，可以透过紫外光和可见光，有一定的韧性，易于弯曲，经济耐用。毛细管柱可以由聚四氟乙烯、玻璃和石英制成，目前常用的是弹性熔融石英毛细管。石英毛细管表面的金属杂质极少，不会对溶质产生非氢键吸附，表面硅羟基使毛细管内产生电渗流，也会产生氢键吸附。

石英毛细管的内径一般为25～100 μm，常用50 μm和75 μm两种商品规格。细柱子能减小电流，减少自热，但内径的变小使吸附加重，同时又会造成进样、检测和清洗等技术上的困难。在理想条件下，如果电场强度保持恒定，则理论塔板数随着柱长的增加而增加，但为了保持电场强度的恒定，在增加柱长的同时必须提高操作电压，但焦耳热也会增加。毛细管有效长度一般控制在30～70 cm，凝胶柱在20 cm左右。

对于从未用过的未涂渍柱，使用前宜用5～15倍柱体积的1 mol·L^{-1} NaOH溶液、5～15倍柱体积的水及3～5倍柱体积的运行缓冲溶液依次冲洗(已涂渍毛细管应按供应厂家的要求处理)，或增加有机溶剂(如甲醇)清洗步骤，以除去管中的脂溶性吸附组分，然后再用运行缓冲溶液平衡。当改变缓冲溶液时，也需要用该缓冲溶液冲洗和平衡毛细管，使毛细管有足够时间与所使用的缓冲溶液建立平衡，否则难以取得重现的结果。

为了克服毛细管壁对蛋白质等的吸附作用，常需对毛细管壁进行改性处理，通常是采用物理涂敷、化学键合或交联等方法在毛细管内壁形成涂层，阻止蛋白质与管壁的相互作用。由于涂层改变了毛细管壁的状态，可能会抑制甚至反转电渗流。

三、进样系统

毛细管柱内体积很小，所需试样溶液不过几纳升，所以不能采用色谱的进样方式，应采用无进样系统死体积的进样方法，让毛细管直接与试样溶液接触，然后由重力、电场力或其他动力来驱动试样流入毛细管中，通过控制驱动力的大小和时间长短可控制进样量。进样系统包括动力控制、计时控制、电极槽或毛细管移位控制等。目前常用的进样方法有以下3种：

1. 压力进样

压力进样也叫流体流动进样，它要求毛细管中的填充介质具有流动性。将毛细管的进样端插入试样瓶中，然后使毛细管两端产生一定压差并维持一定时间，此时试样溶液在压差作用下进入毛细管。设毛细管的长度为L，两端的压差为Δp，管中溶液的黏度为η，则进样量Q_{in}为

$$Q_{in}=\frac{c_0\pi r^4}{8\eta L}(\Delta p)t \tag{9-17}$$

式中，r为毛细管内半径，t为进样时间，c_0为组分浓度。显然，Δp和t是控制参数。其中，Δp是进样动力，即通过毛细管截面的压差，取值一般为2 000～6 000 Pa。t的取值为1～

10 s，有时可超过 60 s。最初，压差的实现靠虹吸作用，但该法重现性差，目前大多数商品仪器利用压缩气体实现正压进样，该装置能与毛细管清洗系统共用。

压力进样没有组分偏向问题，进样量几乎与试样基质无关，但选择性差，组分及基质都同时被引进管中，对后续分离可能产生影响。从式(9-17)可知，进样体积与试样黏度有关，而黏度不仅与试样基质有关，而且随温度变化而变化。因此，控制样品室和毛细管温度可提高进样重复性。在药物分析中，常用压力进样方式。

2. 电动进样

当把毛细管的进样端插入试样溶液并加上电场 E 时，组分就会因电迁移和电渗作用而进入管内。在 t 时间内试样进入毛细管的体积 Q_V 和进样量 Q_{in} 为

$$Q_{in}=c_0Q_V=c_0\pi r^2(u_{eff}+u_{os})t=c_0\pi r^2(\mu_{eff}+\mu_{os})Et \tag{9-18}$$

式(9-18)表明，电动进样的控制参数是电场强度 E 和进样时间 t，其中 E 取值为 1～10 kV/60 cm；t 通常为 1～10 s，有时可达 1 min 或更长时间。

电动进样对毛细管内的填充介质没有特别限制，样品基质对电泳分离的干扰小。不过电动进样对离子组分存在进样偏向，即 u_{ap} 大者进样量多，反之则进样量少，这会降低分析的准确性和可靠性。另外，基质变化也会引起导电性和进样量的变化，影响进样的重现性。

3. 扩散进样

扩散进样即利用浓度差扩散原理将试样分子引入毛细管。当将毛细管进样端插入试样溶液时，由于组分在试样溶液中浓度高而在毛细管中浓度为 0，存在浓度差而向管内扩散，进样量由下式决定：

$$Q_{in}=400c_0\pi r^2\sqrt{2Dt} \tag{9-19}$$

式中，D 为溶质分子的扩散系数。对于利用电动进样和压力进样的系统，设置电场或压差为零即可实现扩散进样。扩散进样动力属不可控制参数，进样量仅由扩散时间控制，一般在 10～60 s。扩散进样对管内介质没有任何限制，属于普适性进样方法。

扩散具有双向性，在溶质分子进入毛细管的同时，区带中的背景物质也向管外扩散，由此能抑制背景干扰，提高分离效率。扩散也与电迁移速度和方向无关，可抑制进样偏向，提高定性、定量的可靠性。

四、检测器

毛细管电泳虽然具备强大的分离能力，但由于进样体积非常小，也给检测带来了挑战。毛细管电泳检测器不仅要求灵敏度高，同时也要求具备快速响应和高度空间分辨的能力。人们在检测方法和检测器方面进行了大量的卓有成效的研究。由于毛细管内径极小，仪器死体积会使谱带展宽，并可能使已分离组分重新混合，所以在毛细管电泳检测器的研制中，首先面临的一个问题是如何既对溶质进行灵敏的检测，又不使谱带展宽。通常采用的解决方法是柱上检测 (on-column detection)，这是减小谱带展宽的有效途径。紫外检测器和荧光检测器是目前使用最广的两种柱上检测器。电化学检测器(包括电导检测器和安培检测器等)和质谱检测器的灵敏度高，它们均采用柱后检测的方法。

毛细管电泳中应用的检测器主要可分为光吸收检测器、激光诱导荧光检测器、质谱检测器、拉曼光谱检测器、电化学检测器(电位、电导、安培检测器等)、化学发光和电化学发

光检测器等。与高效液相色谱用检测器相似，毛细管电泳仪中的紫外检测器有连续可变波长检测器和二极管阵列检测器。为提高检测灵敏度，多数商品紫外检测器在毛细管两侧放置聚焦球镜，使光束聚焦在毛细管上。为使紫外光透过毛细管实现柱上检测，须在毛细管的出口端适当位置上除去不透明的保护涂层，让透明部位窗口对准光路。聚酰亚胺涂层剥离长度通常控制在 2～3 mm。涂层剥离方法有硫酸腐蚀法、灼烧法、刀片刮除法等。

激光诱导荧光(laser induced fluorescence，LF)检测器主要由激光器、光路系统、检测池和光电转换器等部件组成。进行柱上检测时，在窗口导入激光、引出荧光。入射激光的倾角应小于 45°，以降低背景杂散光的强度。常用的连续激光器是氩离子激光器，主要输出谱线有 238 nm、257 nm、488 nm 和 514 nm。激光的单色性和相干性好、光强高，能有效地提高信噪比，从而大幅度地提高检测灵敏度，其检测灵敏度可达 $10^{-15}\sim10^{-12}$ $mol\cdot L^{-1}$。对于有紫外吸收的有机和生物分子，特别是具有色氨酸和酪氨酸残基的蛋白质，可用紫外激光(如 257 mm)激发其天然荧光，无须衍生化；而对于没有紫外吸收的物质，往往需要对待测样品进行荧光试剂的衍生化等复杂的前处理才能检测，限制了荧光检测方法的实际使用范围。此外，激光诱导荧光检测法需要比较昂贵的紫外或低波长的激光器才能实现其测定目的，不同结构的物质所需要的激光波长不同，荧光波长也不一样，需要一定的光学系统，制约了激光诱导检测的普及和推广，更不符合当今流行的仪器微型化的发展趋势。

质谱法(mass spectra，MS)具有较强的定性分析功能，在一次分析中可获得很多结构信息，因此，尝试将分离技术与质谱法相结合可谓是分离科学中的一项突破性进展。但作为常规方法，毛细管电泳-质谱法尚存在一些缺点：浓度灵敏度低，需要其他比较复杂的配套装置；设备价格昂贵，操作和维修都不方便。

思考题与习题

1. 用色谱基本理论来解释高效毛细管电泳能实现高效和高速分离的原因。

2. 提高毛细管电泳柱效的措施有哪些？

3. 按经典电泳理论，阳离子和阴离子分别向阴极和阳极迁移，而在高效毛细管电泳中，为什么可以在阴极检测出所有离子？

4. 在低 pH 缓冲溶液中检测阴离子会发生困难，这是为什么？为了解决这一困难，你认为应该怎样做(提示：从仪器方面考虑)？

5. 有什么办法可以测得电渗流迁移率和准固定相迁移率？

6. 你能否通过物理或化学的处理方法使电渗流的迁移率改变或方向逆转(流向阳极)？

7. 从色谱基本理论出发，比较胶束电动毛细管色谱与毛细管区带电泳的最大差别。

8. 采用什么方法可以使中性分子分离？为什么？

9. 简述毛细管电泳分析法中的几种分离模式及其特点和应用。

10. 当把试样(包括正离子、负离子、中性分子)从正极端注入毛细管内以区带电泳分离时，各种粒子向负极的出峰次序如何？

11. 某高效毛细管电泳系统的电压为 25 kV，柱长 L_d 为 55 cm，某离子的扩散系数为 2.0×10^{-9} $m^2\cdot s^{-1}$，该离子通过柱的时间是 10 min。求该毛细管柱的理论塔板数。

12. 3 种羧酸类药物的 K_a 值分别为 2.0×10^{-4}、2.2×10^{-5} 和 1.0×10^{-6}，试判断它们在 CZE 中的出峰顺序。

第十章 电位分析法

第一节 电化学分析法

电化学分析法(electrochemical analysis)是建立于物质在溶液中的电化学性质基础上的一类仪器分析方法,是由德国化学家 C. 温克勒尔在 19 世纪首先引入分析领域的。仪器分析法始于 1922 年捷克化学家 J. 海洛夫斯基建立的极谱法。电化学分析法通常将试液作为化学电池的一个组成部分,根据溶液的化学性质(溶液的化学组成、浓度等)和构成电池的电学性质(如电流、电极电位、电量和电导等),利用研究电能和化学能相互转换而进行测定。它是电化学和分析化学学科的重要组成部分,与其他学科,如物理学、电子学、计算机科学、材料科学以及生物学等有着密切的关系。目前,电化学分析法已经建立了比较完整的理论体系。它既是现代分析化学的一个重要分支,又是一门表面科学,在研究表面现象和相界面过程中发挥着越来越重要的作用。

根据测量电化学参数的类型,电化学分析法主要可分为电位分析法、电导分析法、库仑分析法、电解分析法、伏安法和极谱法等。

电位分析法是利用电极电位与离子浓度(活度)之间的关系测定离子浓度(活度)的方法,可分为直接电位法和电位滴定法两类。

电导分析法是以测量溶液的电导为基础的分析方法,可分为直接电导法和电导滴定法两类。直接电导法是直接测定溶液的电导值而测出被测物质的浓度的方法。电导滴定法是通过电导的突变来确定滴定终点,然后计算被测物质的含量的方法。

库仑分析法是应用外加电源电解试样,根据电解过程中所消耗的电量来进行分析的方法。电解分析法是应用外加电源电解试样,电解后称量在电极上析出金属的质量进行分析的方法,也称为电重量法。

此外还有极谱法和伏安法,两者都是以电解过程中所得的电流-电压曲线为基础来进行分析的方法。这两种方法统称为伏安分析法。与电位分析法不同,伏安分析法是在一定的电位下对体系电流的测量;而电位分析法是在零电流条件下对体系电位的测量。

根据测量方式不同,电化学分析法又可分为三类:第一类是直接测量化学电池中某一电化学参数,根据试液中待测组分的浓度与电化学参数之间的关系求得待测组分的含量,包括直接电位法、直接电导法、控制电位库仑法等,这类方法是电化学分析的最主要类型;第二类是通过测量滴定过程化学电池中某电化学参数的突变,以此来指示理论终点,也称为电化学滴定分析法,包括电位、电导和恒电流库仑滴定法等;第三类是通过电极反应,将待测组分转入第二相,然后用重量法或滴定法进行分析,如电解分析法等。

作为一类重要的仪器分析方法,电化学分析法具有如下几个优点:

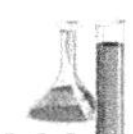

(1) 灵敏度高，适用于痕量甚至超痕量物质的分析。例如，离子选择性电极法的检出限可达 10^{-7} mol · L^{-1}，有的电化学分析法的检出限可达 10^{-12} mol · L^{-1}。

(2) 测定快速。一般的电化学分析法只需 3～5 min 便可得出检测结果，且操作简便。

(3) 准确度高。库仑分析法和电解分析法的准确度很高，前者特别适用于微量组分的测定，后者适用于含量较高成分的测定。

(4) 测量范围宽。电位分析法及微库仑分析法可用于微量组分的测定；电解分析法及库仑分析法则可用于中等含量组分及纯物质的分析。

(5) 仪器设备简单，价格低廉。仪器的调试和操作都比较简单，容易实现自动化，尤其适合于工厂生产中的自动控制盒在线分析。

(6) 检测对象广，能适应多种用途。可用于无机离子的分析，对于有机化合物的测定应用也日益广泛(如药物分析)；可用于活体分析(如超微电极)；能进行组成、状态、价态和组态分析；可用于各种化学平衡常数的测定以及化学反应机制和历程的研究。

第二节　电位分析原理与离子选择性电极

电位分析法是利用电极电位与离子浓度(活度)之间的关系测定离子浓度(活度)的方法，可分为直接电位法和电位滴定法两类。

直接电位法通过测量电池电动势来确定指示电极的电位，然后根据能斯特(Nernst)方程由所测得的电极电位值计算出被测物质的含量。每种离子的测定都有专用的电极，最典型的是利用玻璃电极测定溶液中的氢离子浓度。

电位滴定法则是利用指示电极电位的突变代替化学指示剂颜色的变化来指示滴定终点的容量分析方法。直接电位法和电位滴定法的区别主要是：电位滴定法测定被测离子的总浓度，包括已电离的和未电离的离子；而直接电位法只测溶液中已经存在的自由离子，不破坏溶液中的平衡关系。例如，乙酸溶液的氢离子浓度，电位滴定法测出的是乙酸的总浓度，而直接电位法测出的是已电离的氢离子浓度。

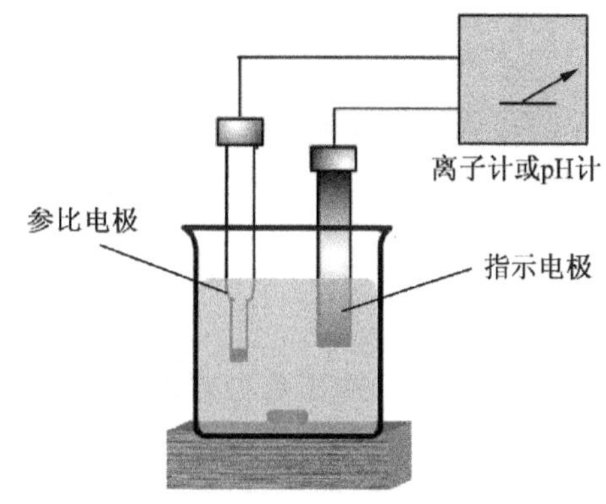

图 10-1　电位分析示意图

在电位分析中为了测定未知离子的浓度，由两支性质不同的电极与被测溶液组成工作电池，如图 10-1 所示。其中一支为指示电极，其电极电位随被测物质浓度变化；另一支为参比电极，提供测量电位参考。电解质溶液由被测试样及其他组分组成。下面介绍电位分析中常用的参比电极和指示电极。

一、参比电极

电极电位的绝对值是无法单独测量或从理论上计算的，只能测量两支电极的电位相对值。因此，要测量一支电极的电极电位，就必须与另一支电位稳定且电位值已知的电极来比较。这种稳定并具有已知电位值，能提供标准电位的辅助电极称为参比电极。

1. 参比电极性能要求

作为一个理想的参比电极应具备以下条件：电极电位稳定，能允许仪器进行测量；能迅速建立热力学平衡电位，电极可逆性好；温度和浓度变化时，滞后现象小。具体表现为电极的可逆性好、重现性好和稳定性好三个方面。

只有可逆电极才能用作参比电极。可逆电极就是在平衡条件下工作、界面处电荷迁移和物质迁移都处于平衡态的电极。只有可逆性好(交换电流大)的电极才能用作参比电极。如果其可逆性不好，那么在使用中将由于电流流过电极而发生极化，使电极电位发生漂移。所以在实际工作中，要求使用输入阻抗高的测量仪器。

电极的重现性表示电极的重复能力的好坏。重现性有两方面的含义：第一，表示用固定工艺生产时两支电极之间的电位差，一般要求电位差值小于 2 mV；第二，表示电极的温度和浓度的滞后现象。当溶液的温度改变时，电极电位不能按能斯特关系迅速改变，称为电极的温度滞后现象。当溶液中响应离子的浓度改变时，电极电位不能按能斯特关系迅速改变，称为电极的浓度滞后现象。除标准氢电极外，其他常用的参比电极的温度和浓度滞后现象都比较大，因此使用时应尽量避免改变使用环境的温度。

电极的稳定性是指电极在同一条件下使用时，电极电位的漂移程度。电极稳定性的好坏与电极的可逆性和重现性有关，还与电极的使用情况和使用时间密切相关，电极使用时间过长或电极极化和沾污，都会使电极稳定性降低。

标准氢电极是最精确的参比电极，是参比电极的一级标准，但其制备和操作难度较高，电极中的铂黑容易中毒失活。目前常用的参比电极有甘汞电极和银-氯化银电极，它们的电极电位是相对于标准氢电极而测得的，故称为二级标准。

2. 甘汞电极

甘汞电极由金属汞、甘汞(Hg_2Cl_2)和一定浓度的 KCl 溶液组成。甘汞电极通过其尾端的烧结陶瓷或多孔玻璃与指示电极相连，这种接口具有较高的阻抗和一定的电流负载能力，因此甘汞电极是一种很好的参比电极。其电极反应为

$$Hg_2Cl_2 + 2e^- = 2Hg + 2Cl^-$$

电极电位为

$$\varphi = \varphi^{\ominus}_{Hg_2Cl_2/Hg} - \frac{2.303RT}{F}\lg a_{Cl^-} \quad (10\text{-}1)$$

式中，$\varphi^{\ominus}_{Hg_2Cl_2/Hg}$ 为甘汞电极的标准电位，当 KCl 溶液为饱和溶液时称为饱和甘汞电极(SCE)，此时 Cl^- 活度较易控制，是最常用的参比电极。甘汞电极在不同温度和不同 KCl 浓度下的电极电位如表 10-1 所示。

表 10-1　不同温度和不同 KCl 浓度下甘汞电极的电极电位(相对于标准氢电极)

温度/℃	0.1 mol·L^{-1} KCl 甘汞电极电位/V	3.5 mol·L^{-1} KCl 甘汞电极电位/V	饱和 KCl 甘汞电极电位/V
10	—	0.256	0.254 3
25	0.335 6	0.250	0.244 4
40	—	0.244	0.234 0

根据甘汞电极的结构和性质，使用时的注意事项如下：

(1) 电极不使用时，应该将加液口和液接毛细孔处用无硫橡胶帽罩好，使用时必须打开。内参比溶液应保持有足够的高度，必要时应及时添加内参比溶液。

(2) 使用前应排除电极里面或液体接界部位的气泡，以免引起电路断路或读数不稳定。

(3) 甘汞电极应垂直置于溶液中，内参比溶液的液面应较待测溶液液面高 2 cm 左右，防止溶液向电极内渗透。

(4) 甘汞电极的温度滞后效应比较大，故不宜在温度变化太大的环境中使用。加置盐桥可以减小温度滞后效应导致的电位漂移。

(5) 当待测溶液中含有有害物质，如 Ag^+、S^{2-} 及高氯酸等，应加置盐桥作液体接界。

3. 银-氯化银参比电极

Ag-AgCl 电极是由银丝、AgCl 沉淀和 KCl 溶液组成的，它是除标准氢电极外，稳定性和重现性最好的电极，同时制备方法简单，使用方便，性能可靠，应用很广泛。离子选择性电极几乎都采用其作内参比电极，用作外参比电极也已成为发展趋势。其电极反应为

$$AgCl + e^- \rightleftharpoons Ag + Cl^-$$

电极电位为

$$\varphi = \varphi^{\ominus}_{AgCl/Ag} - \frac{2.303RT}{F}\lg a_{Cl^-} \tag{10-2}$$

通常，相对于甘汞电极，Ag-AgCl 电极的温度滞后效应不大，也不易发生电位漂移。在一定温度下，当溶液中的 Cl^- 活度固定时，Ag-AgCl 电极的电位就是定值。常用饱和 KCl 溶液作内参比溶液，25 ℃时电极电位为 0.200 V。Ag-AgCl 电极用作外参比电极时，使用前必须除去电极内的气泡。内参比溶液应有足够的高度，否则应添加内参比溶液(用 AgCl 饱和的 KCl 或 NaCl 溶液)。在有些实验中，Ag-AgCl 电极丝(涂有 AgCl 的银丝)可以作为参比电极直接插入反应体系，具有体积小、灵活等优点。使用时应注意 AgCl 性脆，容易因操作不慎而受到损坏。电极表面若被刮伤、破裂甚至敲击，都会产生假电位。另外，AgCl 是光敏性物质，不能受强光照射。Ag-AgCl 电极可以在高于 60 ℃的体系中使用，而甘汞电极则不能。

二、指示电极

用来指示电极电位与溶液中待测离子的活(浓)度有函数关系的电极称为指示电极。按作用机制不同，指示电极可分为金属基指示电极和离子选择性电极两种类型。

(一) 金属基指示电极

金属基指示电极的基本特征是电极电位的产生与电子的转移有关，即半电池反应是氧化反应或还原反应，此类电极可分为以下几类：

1. 金属-金属离子电极

金属插入该金属离子的溶液中，在金属与溶液的界面上形成双电层，产生电极电位。电极电位与溶液中该金属离子的活度有关。例如，以纯金属银作 Ag^+ 的指示电极，电极反应为

$$Ag^+ + e^- \rightleftharpoons Ag$$

298 K 时，有

$$\varphi_{Ag^+/Ag} = \varphi^{\ominus}_{Ag^+/Ag} + 0.0592\lg a_{Ag^+} \tag{10-3}$$

银电极常用作测定 Ag^+ 活度，也可用于测定沉淀滴定或配位滴定中 Ag^+ 活度的变

化，从而确定滴定终点。

2. 金属-金属难溶盐电极

在金属表面涂敷该金属的难溶盐或氧化物，或将金属浸在该金属难溶盐的过饱和溶液中，可作为难溶盐的阴离子指示电极。用难溶盐 AgCl、AgBr、AgI、Ag_2S 和 Ag_2CO_3 可分别组成 Ag-AgCl、Ag-AgBr、Ag-AgI、Ag-Ag_2S 和 Ag-Ag_2CO_3 电极，最有实用价值的是 Ag-AgCl 电极。例如，在 Ag 丝或 Ag 片上通过电解或用氯酸盐热分解的方法沉积一层 AgCl，可制成Ag-AgCl 电极。由于 Br^-、I^-、S^{2-} 等也能与 Ag^+ 生成难溶盐，所以 Br^-、I^- 及 S^{2-} 等有干扰。

3. 惰性金属电极

惰性金属电极是将惰性金属浸入含有同一元素、不同氧化态的两种离子的溶液中组成的电极。这类电极的电极电位与两种氧化态离子的活度比有关，惰性金属不参与电极反应，只是起传递电子的作用。用作电极的金属必须是化学惰性的，不易氧化且不易与溶液中的成分发生化学反应。能满足这种要求的，一般常用的为铂、金或钨。电极的形状常为丝状或片状，但表面积应足够大，在使用前应打磨光亮并清洗干净。例如，铂与 Fe^{3+} 和 Fe^{2+} 组成的电极，电极反应为

$$Fe^{3+} + e^- \rightleftharpoons Fe^{2+}$$

298 K 时，有

$$\varphi_{Fe^{3+}/Fe^{2+}} = \varphi^{\ominus}_{Fe^{3+}/Fe^{2+}} + 0.059\ 2\lg\frac{a_{Fe^{3+}}}{a_{Fe^{2+}}} \tag{10-4}$$

（二）离子选择性电极

20 世纪 60 年代末，由于膜电极技术的出现，相继成功研制了多种具有良好选择性的指示电极，即离子选择性电极（ion selective electrode，ISE），在此基础上建立的分析法称为离子选择性电极分析法。离子选择性电极是一类电化学传感器，所产生的电位与溶液中被测离子的活度（浓度）的对数成线性关系。这类电极的电位效应与给定离子在膜界面处发生的质量迁移所引起自由能的改变相关，这种质量迁移包括离子交换、吸附、溶液萃取等。

1. 离子选择性电极的结构和原理

离子选择性电极是一类指示电极，由敏感膜、内参比电极和内参比溶液等组成。敏感膜是指一个能分开两种电解质溶液并能对某种物质有选择响应的连续层，它是离子选择性电极性能好坏的关键。内参比溶液和内参比电极构成了内参比系统，内参比溶液由离子选择性电极的种类决定，内参比电极通常用银-氯化银电极。有的离子选择性电极不用内参比溶液和内参比电极，而是在晶体膜上压一层银粉，把导线直接焊接在银粉层上，或把敏感膜涂在金属丝或金属片上制成涂层电极。

在离子选择性电极中，如果离子选择性电极与参比电极组成电池：

参比电极‖试液|离子选择性电极

当含被测离子的溶液和它接触时，能对溶液中特定离子选择性地产生 Nernst 响应，其电极电位是一种膜电位，那么对于任意价数 n 的离子电极，离子选择性电极电位的 Nernst 表达式为

$$\varphi = \varphi^{\ominus}_{ISE} \pm \frac{RT}{nF}\lg a \tag{10-5}$$

其中，$\varphi^{\ominus}_{ISE}$为离子选择性电极的标准电位，"＋"为阳离子选择性电位，"－"为阴离子选择性电位，a 为测试溶液中敏感离子的活度。

2. 离子选择性电极的分类

按照敏感膜材料的不同，可将离子选择性电极分为原电极和敏化电极等。IUPAC 推荐的分类如下：

原电极是指敏感膜直接与试液接触的离子选择性电极，包括晶体膜电极和非晶体膜电极。晶体膜电极可分为均相膜电极（如氟、氯离子选择性电极）和非均相膜电极两种；非晶体膜电极主要有刚性基质电极（如 pH 电极、pNa 等玻璃电极）和流动载体电极（带正电荷的，如硝酸根离子选择性电极；带负电荷的，如钙离子选择性电极；中性的，如钾离子选择性电极等）。这些电极主要用于进行溶液 pH 和各种离子浓度的测定。敏化电极是以原电极为基础装配成的离子选择性电极。敏化电极包括气敏电极、生物电极（包括酶电极、组织电极），可测定气体含量、无机物和有机物含量。生物电极是一种将生物化学与电化学分析原理结合而研制成的新型电极，这种电极对生物分子和有机化合物的检测具有较高的选择性和特异性。

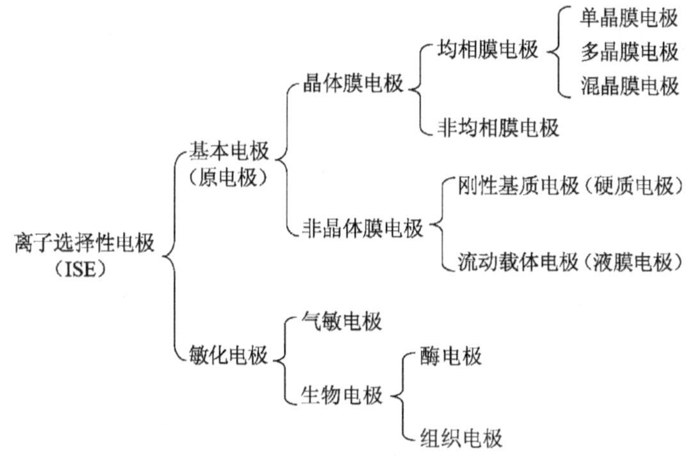

（1）晶体膜电极。

晶体膜电极是以离子导电的固体膜为敏感膜的。敏感膜一般是将金属难溶盐加压或拉制成单晶、多晶或混晶的活性膜，对构成晶体的金属离子或难溶盐的阴离子有响应。

晶体膜电极分为均相膜电极和非均相膜电极。均相膜电极由一种或多种化合物均相混合的多晶压片制成，如氟离子选择性电极是由氟化镧单晶构成的单晶膜电极，氟以外的卤素离子选择性电极是由硫化银与卤化银晶体混合制成的多晶膜电极。非均相膜电极由多晶中掺惰性物质经热压制成。

氟离子选择性电极是最典型的单晶膜电极，其敏感膜由 LaF_3 单晶制成，晶体中掺杂了少量 EuF_2 等。单晶膜封在聚四氟乙烯管中，以 0.01 $mol \cdot L^{-1}$ NaF 和 0.1 $mol \cdot L^{-1}$ 的 NaCl 作为内参比溶液，Ag-AgCl 电极作为内参比电极。

在晶体膜电极中，由于晶格的缺陷将引起离子的电荷传递，靠近缺陷空穴的氟离子能移动至空穴中，而氟离子的移动能传递电荷；镧离子固定在膜相中，不参与电荷的传递。

对一定的电极膜，根据其空穴的大小、形状、电荷分布等情况，容纳特定的可移动离子，其他离子则不能入内，因此氟电极对氟离子具有选择性响应。

当氟电极插入被测溶液时，待测的氟离子可在膜表面或膜内与相同离子进行交换，并通过扩散进入膜相。同理，膜内存在的晶格缺陷产生的氟离子也可扩散进入溶液相。这样，在晶体膜与溶液界面上形成了双电层结构，产生了膜电位，与溶液中氟离子活度之间的关系遵循能斯特方程式，即在 298 K 时，有

$$\varphi_{ISE}=K-0.0592\lg a_{F^-} \tag{10-6}$$

由式(10-6)可知，氟离子选择性电极的电位与氟离子活度的对数成线性关系。

氟电极的选择性很高，主要干扰离子是氢氧根离子。pH 较低时，可能有部分氟离子形成 HF 和 HF_2^-；而 pH 过高时，OH^- 与 $LaCl_3$ 生成 $La(OH)_3$，影响敏感膜的响应性质，产生干扰。通常用醋酸-醋酸钠的缓冲溶液调节 pH 至 5～6，以消除氢离子和氢氧根离子对测定的干扰。测定时加入氯化钠和柠檬酸盐(或 EDTA)，氯化钠控制溶液的离子强度，柠檬酸盐(或 EDTA)能配合掩蔽铁、铝、钙、镁等易与氟离子形成配合物和沉淀的离子。

(2) 玻璃电极。

刚性基质电极又称玻璃电极，除 pH 玻璃电极外，还有对 Na^+、K^+ 和 Li^+ 等响应的 pNa、pK、pLi 等玻璃电极，这些玻璃电极的结构及响应机制等均相似，其选择性来源于玻璃敏感膜的组成不同。其中，复合电极集指示电极和外参比电极于一体，比单玻璃电极使用更方便。

以 pH 玻璃电极为例，其主要部分是由在 72.2%的 SiO_2 基体中加入 21.4%的 Na_2O 或 Li_2O 及 6.4%(摩尔分数)的 CaO 制成，又称考宁 015 玻璃，膜厚为 50～100 μm，内参比溶液为 0.1 mol·L^{-1} HCl，再插入一支 Ag-AgCl 电极作内参比电极。该玻璃膜由固定的带负电荷的硅与氧组成骨架，在骨架的网格中存在体积较小但活动能力较强的钠。溶液中的氢离子进入网格并取代钠离子的点位，阴离子被带负电荷的硅氧载体所排斥，高价阳离子也不能进出网格。当玻璃膜浸泡在水中时，玻璃膨胀形成水化凝胶层，溶液中的氢离子可进入玻璃膜与钠离子发生交换反应。其中，在水化凝胶层的最表面，钠离子的点位全部被氢离子占有，从水化层表面到水化层内部，氢离子占有的点位逐渐减少，而钠离子占有的点位逐渐增多，到玻璃膜的中部即为干玻璃层，全部点位被钠离子占有。氢离子在水化凝胶层表面与溶液的界面上进行扩散，改变了界面附近原有平衡的正负电荷分布，在两相界面形成双电层结构，从而产生道南电位。另外，在内外水化凝胶层与干玻璃层之间，还存在扩散电位。pH 玻璃电极电位可表示为

$$\varphi_{玻璃}=K'-0.0592\mathrm{pH} \tag{10-7}$$

用考宁 015 玻璃制作的 pH 玻璃电极，其测定范围为 pH=1～9。当 pH>9 或钠离子浓度较高时，测得的 pH 比实际值低，这种现象称为碱差或钠差。由于存在扩散作用，钠离子重新进入玻璃膜的硅氧网格，并与氢离子交换而占有少数点位。用 Li_2O 代替 Na_2O 制作玻璃膜可降低钠差，用于测量 pH=1～13.5 的溶液。当 pH<1 时，测量值比实际值高，称为酸差。产生酸差的原因是当 pH<1 时，水分子活度减小，而氢离子以 H_3O^+ 形式传递，到达电极表面的氢离子减少，pH 升高。

玻璃电极在使用前，必须在水中浸泡活化数小时，使膜表面的钠离子与水中的氢离子

交换，形成充分的水化凝胶层，有利于离子的稳定扩散。

(3) 流动载体电极。

流动载体电极与玻璃电极不同，玻璃电极的载体是固定不动的，流动载体电极的载体是可流动的，但不能离开膜。若载体带有电荷，称为带电荷的流动载体电极；若载体不带电荷，则称为中性载体电极。流动载体电极由电活性物质（载体）、溶剂（增塑剂）、微孔膜（作为支持体）以及内参比电极和内参比溶液组成。常见的电极形式有聚氯乙烯（PVC）膜电极和液膜电极两种。

PVC 膜电极的一般制法是将活性物质和 PVC 粉末一起溶于四氢呋喃或环己酮等有机溶剂中，然后倒在平板玻璃上，待有机溶剂挥发后可得透明的 PVC 膜，这层膜为支持体的薄膜，厚度一般为 0.3～0.5 mm。将薄膜切成圆片，用有机溶剂将它黏结在电极杆上，在内管中装入内参比溶液和内参比电极，这种电极的结构与晶体膜电极相似，以 PVC 膜代替晶体膜。PVC 功能膜中三组分的选择原则是：

① 电活性物质及作为膜基体的 PVC 聚合物必须能同时溶解于所选用的溶剂中，这样做的目的是能够制备均匀透明且具有韧性的膜。

② 增塑剂必须能溶解尽可能多的电活性物质，不能溶于水，并且蒸气压很低，有较高的黏度。

③ 聚合物和溶剂应具有憎水性，且不含有任何电活性基团。

④ 聚合物的玻璃化温度应低于室温。虽然 PVC 的玻璃化温度较高(81 ℃)，但是在加入增塑剂后，玻璃化温度降至室温以下，故制成的 PVC 敏感膜柔软而且富有弹性，有利于离子的迁移。

液膜电极是将溶于有机溶剂的电活性物质浸渍在作为支持体的微孔膜的空隙内，从而使微孔膜成为敏感膜。内参比电极插入以琼脂固定的内参比溶液中，与液体电活性物质相接触。微孔膜可用聚四氟乙烯、聚偏氟乙烯或素陶瓷片制成。

常用的钙离子选择性电极是一种带负电荷的流动载体电极。该电极的电活性物质是带负电荷的二奎基磷酸。将其溶于苯基膦酸二正辛酯中，与 5% PVC 四氢呋喃溶液以一定比例混合后倒在一块平板玻璃上，使溶剂自然挥发，即可得一透明的敏感膜。该膜对钙离子有选择性响应，其膜电位表达式为

$$\varphi_{\mathrm{ISE}}=K+\frac{0.059\ 2}{2}\lg a_{\mathrm{Ca}^{2+}} \tag{10-8}$$

3. 离子选择性电极的主要性能指标

(1) 选择性系数。

任何一支离子选择性电极不可能只对某特定离子有响应，对溶液中其他离子也可能会有响应。为了表明共存离子对电动势(或电位)的贡献，可用一个更适用的能斯特方程来表示：

$$E=b\pm\frac{0.059\ 2}{Z_{\mathrm{A}}}\lg[a_{\mathrm{A}}+K_{\mathrm{A,B}}^{\mathrm{pot}}a_{\mathrm{B}}^{Z_{\mathrm{A}}/Z_{\mathrm{B}}}+K_{\mathrm{A,C}}^{\mathrm{pot}}a_{\mathrm{C}}^{Z_{\mathrm{A}}/Z_{\mathrm{C}}}+\cdots] \tag{10-9}$$

式中，E 为电池电动势，常数项 b 包括离子选择性电极的内外参比电极电位；a 为离子的活度；Z 为离子的电荷数；下标 A 为主响应离子，B、C 为干扰离子；$K_{\mathrm{A,B}}^{\mathrm{pot}}$、$K_{\mathrm{A,C}}^{\mathrm{pot}}$ 为电位选择

系数。

电位选择系数 $K_{A,B}^{pot}$ 表明 A 离子选择性电极抗 B 离子干扰的能力。$K_{A,B}^{pot}$ 越小，A 离子选择性电极抗 B 离子干扰的能力越大，选择性越好。利用电位选择系数可以大致地估算在某主响应离子的活度下，由干扰离子所引起的误差：

$$误差\% = \frac{K_{A,B}^{pot} a_B^{Z_A/Z_B}}{a_A} \times 100 \tag{10-10}$$

电位选择系数随溶液浓度和测量方法的不同而异，它不是一个常数，数值可在相关手册中查到。电位选择系数可以用分别溶液法或混合溶液法等测定。

① 分别溶液法。

分别配制活度相同的主响应离子 A 和干扰离子 B 的标准溶液，然后用 A 离子选择性电极测量电位值。测得含 A 离子标准溶液的电位值 φ_1，含 B 离子标准溶液的电位值 φ_2。若 A 和 B 为一价阳离子，其电位可分别表示为

$$\varphi_1 = k + S\lg a_A$$

$$\varphi_2 = k + S\lg K_{A,B}^{pot} a_B$$

将两式相减：

$$\varphi_2 - \varphi_1 = S\lg K_{A,B}^{pot} + S\lg a_B - S\lg a_A$$

因 $a_A = a_B$，则

$$\lg K_{A,B}^{pot} = \frac{\varphi_2 - \varphi_1}{S} \tag{10-11}$$

式中，S 为电极的实际斜率。对不同价数的离子，其通式为

$$\lg K_{A,B}^{pot} = \frac{\varphi_2 - \varphi_1}{S} + \lg \frac{a_A}{a_B^{Z_A/Z_B}} \tag{10-12}$$

② 混合溶液法。

混合溶液法是在被测离子与干扰离子共存时，求出电位选择系数的方法。它包括固定干扰法和固定主响应离子法两种。

固定干扰法是指配制一系列含固定活度的干扰离子 B 和不同活度的主响应离子 A 的标准混合溶液，分别测量电位值，然后将电位值 φ 对 $\lg a_A$ 或 pa_A 作图，如图 10-2 所示。若 A、B 为一价阳离子，在校准曲线的直线部分（$a_A > a_B$，不考虑 B 离子的干扰）的能斯特方程为

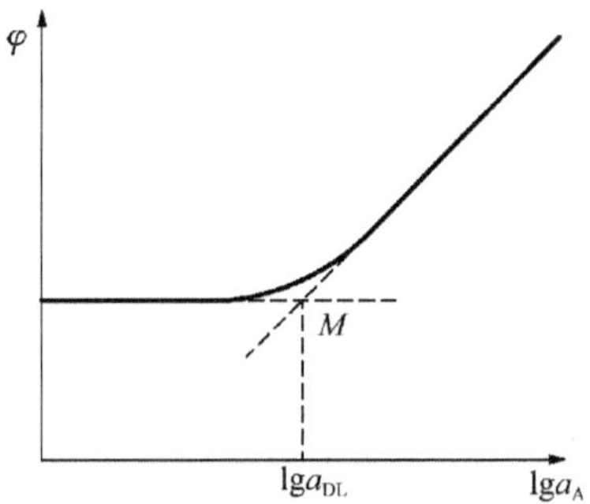

图 10-2　**固定干扰法**

$$\varphi_1 = k + S\lg a_A$$

在校准曲线的水平线部分，即 $a_B > a_A$，电位值完全由干扰离子决定，则

$$\varphi_2 = k' + S'\lg K_{A,B}^{pot} a_B$$

假定 $k = k'$，$S = S'$，在两直线交点的 M 处，$\varphi_1 = \varphi_2$，所以由以上两式得

$$K_{A,B}^{pot} = \frac{a_A}{a_B} \tag{10-13}$$

式中，a_A 为交点 M 对应的活度。对不同价数的离子，其通式为

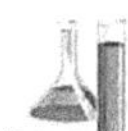

$$K_{A,B}^{pot}=\frac{a_A}{a_B^{Z_A/Z_B}} \tag{10-14}$$

固定主响应离子法是指配制一系列含固定活度的主响应离子 A 和不同活度的干扰离子 B 的标准混合溶液，分别测定它们的电位值，然后用 φ 对 $\lg a_B$ 作图，可以求得 $K_{A,B}^{pot}$，利用该法可确定离子选择性电极适用的 pH 范围。

离子选择性电极所测得的膜电位实际上是被测离子和干扰离子对膜电位的共同响应值。选择性系数 $K_{i,j}$ 作为选用离子选择性电极的主要特性依据之一，表示在测定离子 i 时，共存的干扰离子 j 对电极电位 φ 值的贡献。假定被测离子 i 和干扰离子 j 的活度分别为 a_i 和 a_j，电荷数分别为 n_i 和 n_j，$K_{i,j}$ 定义为

$$K_{i,j}=\frac{a_i}{(a_j)^{n_i/n_j}} \tag{10-15}$$

可见其值越小，说明电极对 i 离子的选择性越好，j 离子的干扰越小。

（2）检测下限和线性范围。

在适宜条件下，测定不同活度的离子标准溶液的电位值，绘制校准曲线，以确定电极的 Nernst 响应线性范围和检测下限。根据 IUPAC 的定义，电极实际检测下限为校准曲线部分外推与曲线部分的切线的交点。曲线的直线部分为线性范围。应该注意，溶液的组成、电极的预处理条件及搅拌速度都对检测下限有影响，所以对于检测下限，应标明相关条件，应用时应结合实际情况；在使用离子选择性电极时，必须控制待测离子的活（浓）度在该电极的线性范围，否则会产生测定误差。

（3）电极的响应时间和稳定性。

电极响应是一个动力学平衡过程，电极响应时间也称为电极电位平衡时间。

电极响应时间一般是从离子选择性电极和参比电极一起接触被测溶液的瞬间开始算起，至电位达到稳定值（变化在 1 mV 以内）为止。电极的这种特性取决于电极的本质，还与被测离子浓度、电极内阻、被测溶液温度及搅拌与否等因素有关。

电极的稳定性是指电极在一定温度下，测定某一溶液的电位值，经过一段时间再测时，其电位值保持恒定的程度，通常以电极电位漂移程度和电极的重现性好坏予以衡量。

第三节　电位分析法的应用

电化学分析法是一种公认的快速、灵敏、准确的微量和痕量分析方法。它的分析仪器简单，价格低廉，已在有机、生物和药物及环境分析中显示出很大的潜力和优越性。电极过程动力学和电极反应机制的研究是电化学分析法的另外一个重要方向。电极过程中常包含有在溶液中或在电极表面上进行的化学步骤、新相的生成和表面扩散步骤等。电极过程动力学的研究在冶金、电镀、有机物与无机物的电合成、化学电源、化学传感器以及金属材料的腐蚀防护等方面都具有重要意义。物质在电极上的氧化还原反应机制是十分复杂的，但它的研究结果对许多学科都具有借鉴意义，特别是在生物化学和药物学研究领域。例如，药物在人体内的代谢过程就是一个生物氧化还原过程，与药物在电极上的氧化还原反应具有某些相似性。通过电极反应的机制可以了解这些药物的生物氧化还原过

程；亦可研究热、光、氧、酸、碱等对生物过程的影响，研究联合作用、协同效应和拮抗作用，为药物的临床应用和药理药效的研究提供理论依据。

一、直接电位法的应用

直接电位法的应用最早是利用玻璃电极测定溶液 pH。到 20 世纪 60 年代中期，多种离子选择性电极出现以后，直接电位法才广泛用于测定金属离子、阴离子、气体和有机化合物。该方法是利用测定工作电池的电动势，然后根据能斯特方程计算被测离子活度的定量方法。测定系统包括一对电极（指示电极及参比电极）、搅拌装置及测量电动势的仪器。实际上，所测得的电池电动势包括液体接界电位，对测量会产生影响；膜电极不对称电位的存在限制了直接电位法的应用；指示电极测定的是活度而不是浓度。因此，直接电位法不是由电池电动势计算溶液浓度，而是依靠标准溶液进行测定。

（一）溶液 pH 的测量

将 pH 玻璃电极和参比电极插入待测溶液中，组成一个原电池，该电池的电动势是玻璃电极和参比电极电位的代数和：

$$\text{Ag, AgCl}|\text{内参比溶液}|\text{玻璃膜}|\text{试液}\parallel\text{KCl(饱和)}|\text{Hg}_2\text{Cl}_2\text{, Hg}$$

电池电动势：
$$E=\varphi_{+}-\varphi_{-}=\varphi_{甘汞}-\varphi_{玻璃}+\varphi_{不对称}+\varphi_{液接} \tag{10-16}$$

当甘汞电极插入试液中时，在甘汞电极内的 KCl 溶液与被测溶液的接触界面两侧，不同种类或不同浓度的离子会相互扩散，因不同离子的迁移率不同，使界面上形成双电层，产生电位差，即为液体接界电位。在实际测定中，可使用盐桥将其降至最小。将玻璃电极电位的表达式(10-7)代入式(10-16)，得

$$E=\varphi_{甘汞}-\varphi_{AgCl/Ag}+\varphi_{不对称}+\varphi_{液接}-K'+0.059\ 2\text{pH} \tag{10-17}$$

令 $\varphi_{甘汞}-\varphi_{AgCl/Ag}+\varphi_{不对称}+\varphi_{液接}-K'=K$，得

$$E=K+0.059\ 2\text{pH} \tag{10-18}$$

在实际测量中，采用标准比较法，以已知 pH 的标准缓冲溶液为参比，通过比较待测溶液和标准缓冲溶液的电动势来确定待测溶液的 pH。

$$E_x=K_x+0.059\ 2\text{pH}_x \tag{10-19}$$

$$E_s=K_s+0.059\ 2\text{pH}_s \tag{10-20}$$

若两溶液的 H^+ 活度相差很小，则在相同测量条件下，$K_x=K_s$，上述两式相减后整理得

$$\text{pH}_x=\text{pH}_s+\frac{E_x-E_s}{0.059\ 2} \tag{10-21}$$

上式即为 pH 的操作定义或实用定义，通常也称为 pH 标度。由此可看出，未知溶液的 pH 与未知溶液的电位值成线性关系。使用 pH 计测定 pH，可先用标准缓冲溶液定位，再在 pH 计上读出待测溶液的 pH。这种测定方法实际上是一种标准曲线法，标定仪器的过程实际上就是用标准缓冲溶液校准标准曲线的截距，温度校准则是调整曲线的斜率。为尽可能减小测量误差，应选用尽可能与待测溶液 pH 相近的标准缓冲溶液，测定过程中尽可能恒定待测溶液的温度。

（二）溶液离子活度的测定

应用离子选择性电极进行电位分析时，将离子选择性电极与参比电极插入待测溶液

中组成电池，通过测量电池的电动势，根据能斯特方程即可求得离子活度：

$$E=K'\pm\frac{2.303RT}{nF}\lg a_i=K'\pm\frac{2.303RT}{nF}\lg\gamma_i c_i \tag{10-22}$$

式中，i 为阳离子时取"－"，i 为阴离子时取"＋"，γ_i为活度系数。

若分析时能控制标准溶液与试液的总离子强度一致，则可认为标准溶液与待测试液中被测离子的活度系数为常数，与常数项 K'合并为 K，得

$$E=K\pm\frac{2.303RT}{nF}\lg c_i \tag{10-23}$$

实际分析中，通常加入"总离子强度调节缓冲剂(TISAB)"来控制溶液的总离子强度。TISAB 一般由中性电解质、缓冲溶液和掩蔽剂组成，具有恒定的溶液离子强度，具有控制溶液 pH 以及掩蔽干扰离子的作用。

常用的离子活度(浓度)的测定方法有如下三种：

1. 直接比较法

直接比较法主要用于以活度的负对数来表示结果的测定，如溶液 pH 的测量。对试样组分较稳定的待测液也可采用此法。测量仪器通常以 pH 或 pA 作为标度而直接读出。测量时，先用一个或两个标准溶液校准仪器，然后测量试液，即可直接读取试液的 pH 或 pA。

2. 标准曲线法

在相同条件下配制一系列不同浓度的标准溶液，并加入与待测试液相同量的 TISAB 溶液，分别测定其电动势，绘制 E-$\lg c_i$ 标准曲线，由未知试样的电动势可在标准曲线上找到对应的含量。

标准曲线法适用于大批量试样的分析。当试样组成比较复杂时，难以做到与标准曲线条件一致，需要做回收率实验验证方法的准确性。

3. 标准加入法

标准加入法是将一定体积和一定浓度的标准溶液加入已知体积的待测试液中，根据加入前后电位的变化计算待测离子含量的方法。具体原理如下：

假定浓度为 c_x 的待测试液的体积为 V_0，测得其电池电动势为

$$E_1=K_1\pm S\lg c_x \tag{10-24}$$

式中，S 为能斯特斜率，其值为$\frac{2.303RT}{nF}$。在待测溶液中加入体积为 V_s、浓度为 c_s 的标准溶液，测得电池电动势为

$$E_2=K_2\pm S\lg\frac{c_xV_x+c_sV_s}{V_x+V_s} \tag{10-25}$$

由于测定条件相同，则 $K_1=K_2$，得

$$\Delta E=E_2-E_1=S\lg\frac{c_xV_x+c_sV_s}{c_x(V_x+V_s)} \tag{10-26}$$

整理得

$$c_x=\frac{c_sV_s}{V_x+V_s}\left(10^{\Delta E/S}-\frac{V_x}{V_x+V_s}\right)^{-1} \tag{10-27}$$

一般加入溶液的浓度 c_s 为待测溶液 c_x 的 100 倍，待测溶液的体积 V_x 为加入溶液体积 V_s 的 100 倍，则 $V_x+V_s\approx V_x$，由式(10-27)可知一次标准加入法近似计算关系式为

$$c_x=\frac{c_sV_s}{V_x+V_s}(10^{\Delta E/S}-1)^{-1} \tag{10-28}$$

由于测定在同一溶液中进行，活度系数变化小，仅需要一种标准溶液。该法操作简便快速，适用于组成较复杂以及试样份数不多的分析。测定过程中，一般 ΔE 的数值在 15～40 mV 之间。

离子选择性电极除了对某特定离子有响应外，溶液中共有的离子对电极电位也有贡献，形成对待测离子的干扰。此时，电极电位可写成：

$$E=K\pm\frac{2.303RT}{nF}\lg c_i$$

$$E=常数+\frac{2.303RT}{n_iF}\lg\left(a_i+\sum_j K_{ij}a_j^{n_i/n_j}\right) \tag{10-29}$$

式中，i 表示待测离子；j 表示共存离子；K_{ij} 称为选择系数，它表示电极对主要离子的响应与对干扰离子响应的倍数，该值越小，电极对待测离子的选择性越好。例如，某 pH 玻璃电极对 Na^+ 的选择性系数 $K_{H^+,Na^+}=10^{-11}$，表示该电极对 H^+ 的响应比对 Na^+ 的响应灵敏 10^{11} 倍。K_{ij} 的倒数称为选择比，表示在溶液中干扰离子的活度 a_j 和主要离子的活度 a_i 之比为多大时，离子选择性电极对两种离子活度的响应电位相等。K_{ij} 虽然是一个常数，但是受很多因素影响，且无严格的定量关系，可以通过实验测定。

（三）直接电位法测定的影响因素

1. 测量温度的影响

将能斯特方程对温度 T 求微分，可得

$$\frac{dE}{dT}=\frac{dE^\ominus}{dT}+\frac{0.1984}{n}\lg a_i+\frac{0.1984}{n}\cdot\frac{d\lg a_i}{dT} \tag{10-30}$$

式(10-30)表明，温度对测定的影响主要表现在对电极的标准电极电位、工作曲线的斜率和离子活度的影响上。其中，标准电位温度系数$\frac{dE^\ominus}{dT}$的大小取决于电极膜的性质、测定离子的特性、内参比电极和内参比溶液等因素。能斯特响应斜率的温度系数项为$\frac{0.1984}{n}\lg a_i$，当$n=1$时，温度每改变 1 ℃，工作曲线的斜率将改变 0.198 4。因此，测定用的离子计通常设有温度补偿装置，可对该项进行校正。溶液待测离子活度的温度系数项为$\frac{0.1984}{n}\cdot\frac{d\lg a_i}{dT}$，温度的改变将导致溶液中的离子活度系数和离子强度的改变。理论上，ISE 存在温度系数 dE/dT 为零的点，称为电极的等电位点。在该点的电极电位将不随温度的变化而变化，其对应的溶液浓度称为等电位浓度。因此，试样浓度在等电位浓度附近范围内进行测定时，由温度引起的测定误差最小。

2. 直接电位法的相对误差

电池电动势的测量引起的浓度测定误差是直接电位法的主要误差来源之一。

对(10-23)进行微分，用有限区间的变化值 ΔE、Δc 代替 dE 和 dc，得

$$\Delta E=\frac{RT}{nF}\cdot\frac{\Delta c}{c} \tag{10-31}$$

在 25 ℃时，有

$$\frac{\Delta c}{c}=\frac{nF}{RT}\Delta E\approx 39n\Delta E \tag{10-32}$$

可知，仪器的读数误差引起直接电位法的浓度测定相对误差的大小与仪器的精密度及测定离子的电荷数有关。测定相对误差 E_r 为

$$E_r=\frac{\Delta c}{c}\times 100\%\approx 3\,900n\Delta E\% \tag{10-33}$$

上式中 ΔE 的单位为 V。当电动势的测量误差为 ±1 mV 时，对一价离子测定相对误差约为 4%，二价离子约为 8%，因此直接电位法适合低价离子的测定。如果用其测定高价离子，可考虑将其转变为低价离子予以分析，降低因仪器读数造成的浓度测量误差。例如，用硫离子选择性电极测定 S^{2-} 含量时，其相对误差较大；若在溶液中加入已知准确浓度和体积的 $AgNO_3$，使所有的 S^{2-} 与 Ag^+ 生成 Ag_2S 沉淀，然后直接电位测定过量的 Ag^+ 含量，间接求得 S^{2-} 含量，可得到较小的测量误差。

3. 迟滞效应

电极对同一种溶液的离子响应会受到电极在测定前接触的试液的成分影响，这种现象称为迟滞效应。

为减小迟滞效应，在测定前应对电极进行预处理。例如，氟离子选择性电极在使用前应进行清洗，将电极浸泡在去离子水中，使电极的漂洗电位小于其空白电位（−320 mV）。另外，在测定过程中，注意从低浓度到高浓度进行测定，可降低迟滞效应的影响。

二、电位滴定法的应用

电位滴定法是在滴定过程中测量电位变化以确定滴定终点的方法。实验时，选择合适的参比电极和指示电极插入被测溶液组成原电池，测定其电动势。和直接电位法相比，电位滴定法不需要准确测量电极电位值，因此受温度、液体接界电位的影响不显著，测定结果具有更高的准确度，相对误差可低至 0.2%。电位滴定法与经典的容量滴定分析的主要区别在于，电位滴定法是借助于仪器而非指示剂颜色变化来确定滴定终点，因此极大地拓宽了滴定分析的应用范围，能用于有色或浑浊的溶液、非水溶液的滴定，也可用于连续滴定和自动滴定，并适用于微量分析。

以银电极为指示电极，饱和甘汞电极为参比电极，用 0.100 0 mol·L^{-1} $AgNO_3$ 滴定 2.433 mmol·L^{-1} NaCl 溶液为例，所得数据见表 10-2。

表 10-2　0.100 0 mol·L^{-1} $AgNO_3$ 标准溶液滴定 2.433 mmol·L^{-1} NaCl 溶液

加入 $AgNO_3$ 体积 V/mL	E/V	ΔE/V	ΔV/mL	$\Delta E/\Delta V$	V/mL	$\Delta(\Delta E/\Delta V)$	ΔV/mL	$\Delta^2 E/\Delta V^2$	V/mL
24.00	0.174								
24.10	0.183	0.009	0.10	0.090	24.05	0.020	0.10	0.200	
24.20	0.194	0.011	0.10	0.110	24.15	0.280	0.10	2.800	24.20
24.30	0.233	0.039	0.10	0.390	24.25	0.440	0.10	4.400	0

续表

加入 $AgNO_3$ 体积 V/mL	E/V	ΔE/V	ΔV/mL	$\Delta E/\Delta V$	V/mL	$\Delta(\Delta E/\Delta V)$	ΔV/mL	$\Delta^2 E/\Delta V^2$	V/mL
24.40	0.316	0.083	0.10	0.830	24.35	−0.590	0.10	−5.900	24.30
24.50	0.340	0.024	0.10	0.240	24.45	−0.130	0.10	−1.300	0
24.60	0.351	0.011	0.10	0.110	24.55	−0.040	0.10	−0.400	24.40
24.70	0.358	0.007	0.10	0.070	24.65	−0.020			0
25.00	0.373	0.015	0.30	0.050	24.85				24.50
									0

电位滴定法确定滴定终点的方法主要有以下几种：

1. E-V 曲线法

以加入的滴定剂体积 V 为横坐标，电动势 E 为纵坐标，绘制 E-V 曲线（图 10-3）。在 S 形滴定曲线上绘制两条与两拐点相切的平行直线，两平行线的等分线与曲线的交点就是转折点，其对应的体积即为滴定终点。

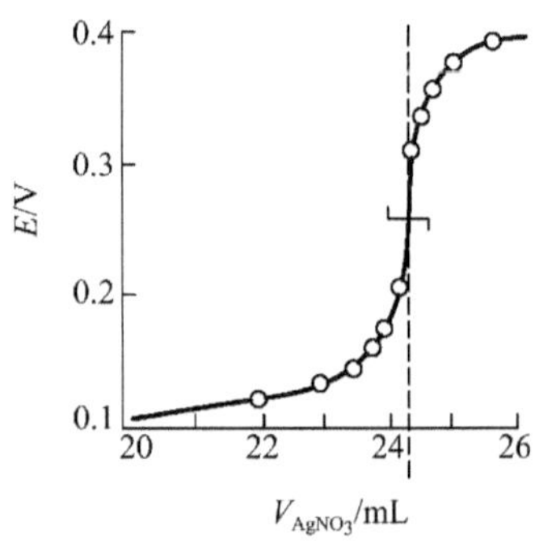

图 10-3　电位滴定 E-V 曲线

2. $\Delta E/\Delta V$-V 曲线法（一级微商法）

以 $\Delta E/\Delta V$ 为纵坐标，相应两体积的平均值 V 为横坐标作图，得一级微商曲线（图 10-4），曲线极大值处对应的滴定体积即为终点。例如，表 10-2 中 24.30 mL 和 24.40 mL 之间的 $\Delta E/\Delta V$=0.830，平均值 V=24.35 mL。

3. $\Delta^2 E/\Delta V^2$-V 曲线法（二级微商法）

以 $\Delta^2 E/\Delta V^2$ 为纵坐标，相应两体积的平均值 V 为横坐标作图，得二级微商曲线（图 10-5），二级微商为零时对应的滴定体积即为终点。

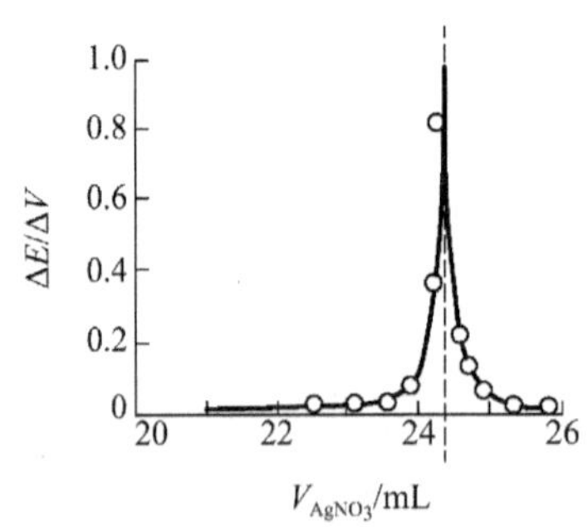

图 10-4　电位滴定一级微商曲线

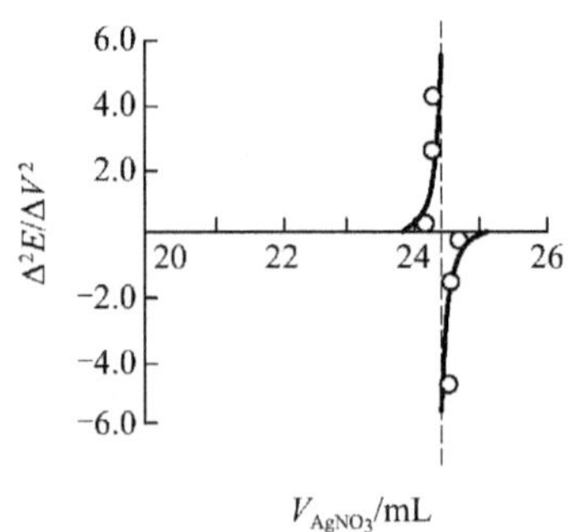

图 10-5　电位滴定二级微商曲线

4. 二级微商计算法

用作图法求终点较烦琐，也不准确，因此常用二级微商计算法计算终点体积。在数值出现正负符号时所对应的两个体积，必然有 $\Delta^2 E/\Delta V^2=0$。如表 10-2 中，一级微商值 0.390和 0.830 对应的平均体积分别为 24.25 mL 和 24.35 mL，则二级微商值可计算

如下：

$$\frac{\Delta^2 E}{\Delta V^2}=\frac{(\Delta E/\Delta V)_2-(\Delta E/\Delta V)_1}{V_2-V_1}=\frac{0.830-0.390}{24.35-24.25}=4.4 \qquad (10\text{-}34)$$

同理，利用一级微商值 0.830 和 0.240 及对应的平均体积 24.35 mL 和 24.45 mL，可计算二级微商值：

$$\frac{\Delta^2 E}{\Delta V^2}=\frac{(\Delta E/\Delta V)_3-(\Delta E/\Delta V)_2}{V_3-V_2}=\frac{0.240-0.830}{24.45-24.35}=-5.9 \qquad (10\text{-}35)$$

因为二级微商值对应的体积 $V=(V_1+V_2)/2$ 分别为 24.30 mL 和 24.40 mL，所以二级微商值为零时对应的体积在 24.30～24.40 mL 之间，用内插法可求得相应的体积。设滴定终点体积为 V_{ep}，则

$$\frac{24.30-V_{ep}}{24.30-24.40}=\frac{4.4-0}{4.4-(-5.9)}$$

$$V_{ep}=24.34(\text{mL})$$

5. 自动电位滴定法

自动电位滴定终点的确定有三种方式：第一种是自动终点停止方式，当到达终点时，即自动关闭滴定装置，并显示滴定剂用量；第二种方式是自动记录滴定曲线，经自动运算后显示滴定剂消耗的体积；第三种方式是记录滴定过程中的 $\Delta^2E/\Delta V^2$ 值，当其为零时即为滴定终点。

思考题与习题

1. 什么是电位分析法？什么是离子选择性电极分析法？

2. 如何定义电位分析中的指示电极和参比电极？金属基电极和膜电极有何区别？

3. 离子选择性电极有哪几类？各举一例说明并写出其离子选择性电极的能斯特方程。

4. 如何用二级微商法求滴定终点时的滴定剂体积、pH 或电位值？

5. 用氟离子选择性电极测定自来水中氟离子的含量。取水样 25.00 mL 并用TISAB 稀释至 100.00 mL，测得电位值为 328.0 mV。若加入 5.000×10^{-4} mol·L^{-1}氟标准溶液 0.50 mL，测得电位值为 309.0 mV。该氟离子选择电极的实际斜率为 58.0 mV·pF^{-1}。计算自来水中氟离子的含量。

6. 用电位滴定法测定某试液中 I^- 的含量。以银电极为指示电极，饱和甘汞电极为参比电极，用 0.010 0 mol·L^{-1} $AgNO_3$ 溶液进行滴定。试计算滴定终点时电位计上的读数。[已知 $K_{sp}(AgI)=9.3\times10^{-17}$，$\varphi^{\ominus}_{Ag^+/Ag}=0.799$ V]。

7. 用铅离子选择性电极测定某低度白酒中的 Pb^{2+}。取酒样 25.00 mL，加入一定量5%的三乙烯四胺和 5 mol·L^{-1}的高氯酸钠，用高氯酸溶液调节 pH 为 5.5 ± 0.2。如果电动势的测量误差为 1 mV，试求单纯测量所引起的相对误差。

8. 用离子选择性电极测定海水中的 Ca^{2+}，而大量 Mg^{2+} 的存在会引起测量误差。若海水中含有的 Mg^{2+} 为 1 130 μg·mL^{-1}，含有的 Ca^{2+} 为 460 μg·mL^{-1}，钙离子选择性电极对镁离子的电位选择系数为 1.2×10^{-2}，则用电位法测定海水中 Ca^{2+} 浓度，其方法误差为多大？

9. 根据下列电池：$Ag|Ag_2CrO_4(s),CrO_4^{2-}(x\ mol \cdot L^{-1}) \| SCE$,若测量的电池电动势为$-288$ mV,试计算25 ℃时CrO_4^{2-}的浓度。已知：$\varphi_{SCE}=0.245$ V,$\varphi^{\ominus}_{Ag^+/Ag}=0.799$ V,Ag_2CrO_4的K_{sp}为2.0×10^{-12}。

10. 玻璃膜钠离子选择性电极对氢离子的电位选择系数为1×10^2。用该离子选择性电极测定1×10^4 mol·L^{-1}钠离子时,要使测定的误差小于1%,试液的pH应控制为多大?

11. 冠醚中性载体膜钾电极与饱和甘汞电极(以乙酸锂为盐桥)组成测量电池,在0.01 mol·L^{-1}氯化钠溶液中测得的电池电动势为58.2 mV(钾电池为负极),在0.01 mol·L^{-1}氯化钾溶液中测得的电池电动势为88.8 mV(钾电池为正极)。钾电极的响应斜率为55.0 mV·pK^{-1},计算$K_{K,Na}$。

12. 用银电极作指示电极,用硝酸银溶液滴定氯离子,计算银电极在等当点时的电位。已知：$\varphi^{\ominus}_{Ag^+/Ag}=0.799$ V,AgCl的K_{sp}为1.8×10^{-10}。

13. 在用pH玻璃电极测量溶液的pH时,为什么要选用与试液pH接近的pH标准溶液定位?

14. 什么是离子选择性电极的响应时间?响应时间与哪些因素有关?

15. 用离子选择性电极校准曲线法进行定量分析有何优点?应注意什么?使用总离子强度调节缓冲溶液有何作用?

16. 用Na_2O制作玻璃膜的pH电极,当试液的pH大于10时,测得的数值比实际数值要低,为什么?

17. 举例说明如何在测量误差较小的条件下,用直接电位法来测定高价离子。

第十一章　极谱与伏安分析法

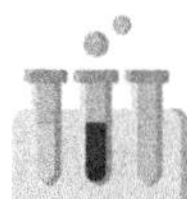

伏安分析法是以电解为基础，测定电解过程中的电流-电压曲线（伏安曲线）为特征的一系列电分析方法的总称。伏安分析法是一种特殊形式的电解方法，它以小面积、易极化的电极作工作电极，以大面积、不易极化的电极作参比电极组成电解池，电解被分析物质的稀溶液，由所测得的电流-电压特性曲线来进行定性和定量分析。当以滴汞作工作电极时的伏安分析法称为极谱分析法，它是伏安分析法的特例，是最早发现和最先开始使用的伏安分析法。

极谱分析法是由捷克斯洛伐克的J.海洛夫斯基于1922年开创的，1925年，他与日本学者志方益三合作研制出世界上第一台极谱仪，并发表了第一个极谱图。1934年，捷克斯洛伐克科学家尤考维奇推导出极谱扩散电流方程式，为极谱分析的发展奠定了理论基础。20世纪40年代极谱分析法开始用于分析工作，20世纪50至60年代得到了很大的改进和发展。海洛夫斯基于1959年获得诺贝尔化学奖。目前，伏安分析法在理论和实际应用中发展迅速，它包括经典极谱分析法、单扫描极谱法、脉冲极谱法、溶出伏安法和循环伏安法等。伏安分析法主要用于各种介质中的氧化还原过程、表面吸附过程以及化学修饰电极表面电子转移机制的研究，同时也可用于水相中无机离子或有机物的测定。

第一节　极谱分析原理与过程

一、极谱分析的基本原理

极谱分析是一种特殊的电解过程，其特殊性在于使用了一支小面积的极化电极（滴汞电极，DME）和一支大面积的去极化电极（饱和甘汞电极，SCE）作为工作电极，在溶液静止的状况下进行非完全的电解过程。滴汞电极的上部为贮汞瓶，用高强度厚壁硅橡胶管与下端毛细管相连，随着汞滴的不断滴落，保持电极表面的不断更新，如图11-1所示。

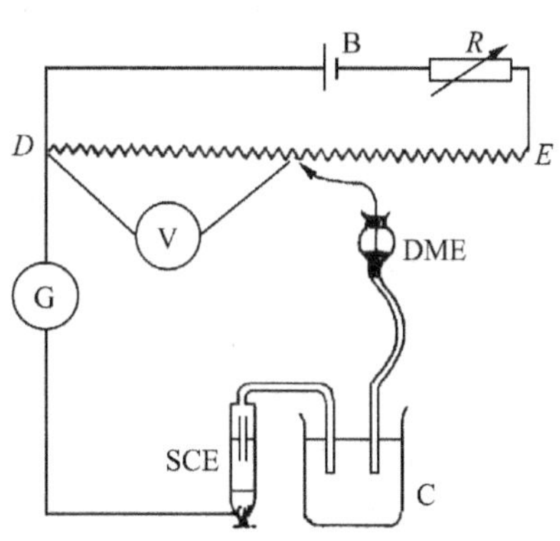

图11-1　极谱分析装置图

在一般电解过程中，电极极化现象对分析不利。为消除极化，通常要增大电解的面积并快速搅拌，使浓差极化降到最小。在此情况下，随着外加电压增加，开始时电极上仅有很小的背景电流通过，但达到电活性物质的析出电位后，外加电压的少许增加将导致电解电流的迅速增加。随后电压继续增加，若溶液本体的电活性物质传输到电极表面的速度跟不上，则电解电流将不再增加，即电极反应受溶质扩散控制。反之，若能尽可能减小电极面积，保持溶液静止并降低浓度，扩大浓差极化现象，仅依靠溶质扩散到电极表面形成电解电流（扩散电流），则可以通过考察过程的伏安曲线，建立扩散电流与溶液本体中电活性物质浓度之间的定量关系，这是经典直流极谱的基本创建思想。

在极谱分析中，外加电压 U 与两电极的电位关系如下：

$$U=\varphi_{SCE}-\varphi_{DME}+iR \tag{11-1}$$

通过电解池的电流很小，通常只有几微安，并且电解池的内阻也很小，电压降 iR 可以忽略，则 $U=\varphi_{SCE}-\varphi_{DME}$。

φ_{SCE}保持不变，外加电压即为

$$U=-\varphi_{DME}(\text{vs. } \varphi_{SCE}) \tag{11-2}$$

实验中得到的电流与外加电压曲线（i-U）与作为理论分析基础的电流-滴汞电极电位曲线（i-φ_{DME}）形状是完全一致的，因此电流-滴汞电极电位曲线（i-φ_{DME}）更能直接反映电活性物质在滴汞电极上的电解情况。

二、极谱波的形成

以测定铅含量为例。取含铅试液（10^{-3} mol·L^{-1}）于极谱分析电解池中，加入 0.1 mol·L^{-1} KCl 溶液（称为支持电解质，浓度比被测离子大 50～100 倍），并加入几滴 1% 的动物胶（称为极大抑制剂）。电解前，通入 N_2除去电解液中溶解的 O_2。以滴汞电极为阴极，饱和甘汞电极为阳极，在不搅拌溶液的静止条件下电解。调节外加电压，逐渐增加加在两电极上的电压，从−0.1 V 逐渐增加到−1.0 V，每改变一次电压，记录一次电流值。将测得的电流 i、外加电压 U 或滴汞电极的电位 φ_{DME} 值绘制成 i-U 或 i-φ_{DME} 曲线，得到的极谱图如图 11-2 所示。

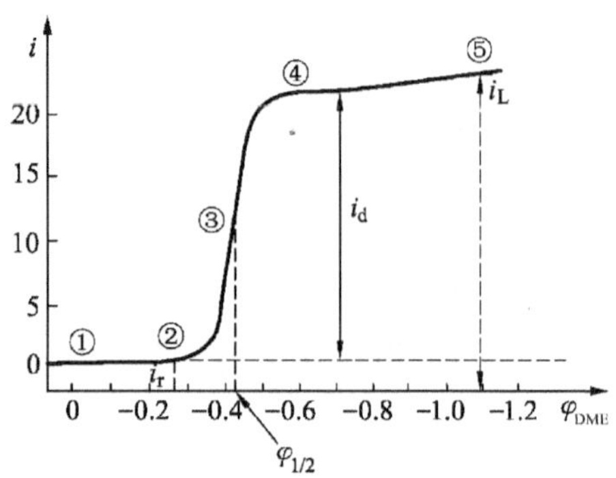

图 11-2 铅的极谱图

外加电压未达到 Pb^{2+} 的还原电位时，理论上没有电解反应，没有电流通过电解池，但由于存在少量电活性物质的电解及滴汞电极充电电流的存在，仍有极微小的电流通过，称为残余电流（i_r），也叫背景电流。随着外加电压增大，达到 Pb^{2+} 的分解电压，Pb^{2+} 在汞阴极析出，电流略有上升。

$$Pb^{2+}+2e^{-}+Hg = Pb(Hg)$$

此后，随着外加电压的继续增大，Pb^{2+} 迅速在滴汞电极表面还原，电解电流急剧增大。由于滴汞面积很小，反应开始后，很快导致电极表面的 Pb^{2+} 浓度迅速降低，溶液本体中的 Pb^{2+} 开始向电极表面扩散。电解电流的大小取决于溶液中 Pb^{2+} 扩散到电极表面的速率，而扩散速率与该离子在溶液中的浓度 c 以及电极表面存在的浓度 c_s的差值成正比，即

$$i=K_s(c-c_s) \tag{11-3}$$

当电压增加到一定值时，由于溶液静止，故产生浓度梯度（厚度约 0.05 mm 的扩散层），此时电极反应完全受浓度控制。达到扩散平衡后，电极表面 Pb^{2+} 的浓度 c_s趋于零，电流不再随外加电压的增加而增加，此时的电流称为极限电流，用 i_L表示。该电流与残余

电流 i_c 的差值称为极限扩散电流 i_d（简称扩散电流），它与物质的浓度成正比（极谱定量分析的基础）。此时，式(11-3)可表示为

$$i=K_s c \tag{11-4}$$

在极限扩散电流一半处所对应的电位值称半波电位，用 $\varphi_{1/2}$ 表示。在 $\varphi_{1/2}$ 处，电流随电压变化的比值最大。

应该指出的是，尽管不同物质具有不同的分解电压，但分解电压可随溶液浓度发生变化。浓度增大，分解电压降低，达到极限电流的电压相应有所升高；浓度减小，分解电压升高，相应的极限电流则有所降低，但始终保持极谱曲线的拐点 $\varphi_{1/2}$ 不变，故极谱分析常用半波电位而不用分解电压作为定性依据。

第二节　极谱定性、定量分析及应用

一、极谱定量分析基础——扩散电流方程式

在经典极谱法中，扩散电流 i_d 与在滴汞电极上进行电极反应的物质浓度之间的定量关系即为扩散电流方程式。

对于一个正在进行的电化学反应，反应粒子消耗的同时反应产物在不断地生成，于是在电极表面的液层中形成浓度梯度，导致粒子的扩散。由浓度梯度引起的粒子扩散称为浓差扩散，是极谱分析法电极过程中唯一用于分析的传质过程。滴汞电极上的电流受扩散控制，扩散速率受电极表面附近浓度梯度的控制。滴汞电极中的传质界面为球形，但扩散层很薄，与汞滴平均半径相比要小得多，可简化为平面线性扩散。根据 Fick 第一定律，每秒通过扩散而到达电极表面的被测离子的量 f 与时间 t 时的电极面积 A 和浓度梯度成正比，即

$$f=DA_t\frac{c-c_s}{\delta} \tag{11-5}$$

式中，D 是扩散系数，$cm^2\cdot s^{-1}$；c、c_s 分别是被测物在溶液中的浓度和在电极表面溶液中的浓度，$mol\cdot L^{-1}$；δ 为扩散层的厚度，mm。若每摩尔离子在电极上反应时转移的电子数为 Z，依据法拉第定律，t 时刻的电解电流 i_d 为

$$(i_d)_t=ZFf=ZFDA_t\frac{c-c_s}{\delta} \tag{11-6}$$

当达到极限电流时，电极表面上被还原离子浓度迅速趋向于 0，式(11-6)可简化为

$$(i_d)_t=ZFf=nFDA_t\frac{c}{\delta} \tag{11-7}$$

若把汞滴视为球形，当汞滴形成到 t(s)时，汞滴半径为 r_t(cm)，则汞滴的总体积 V_t 与汞滴半径 r_t 的关系为

$$V_t=\frac{mt}{\rho}=\frac{4}{3}\pi r_t^3 \tag{11-8}$$

式中，m 为汞滴在毛细管中的流出速度，$mg\cdot s^{-1}$；ρ 为汞的密度，$mg\cdot mL^{-1}$。t 时刻的汞滴面积 A_t(cm^2)为

$$A_t = 4\pi r_t^2 = 4\pi\left(\frac{3mt}{4\pi\rho}\right)^{2/3} \quad (11\text{-}9)$$

在时刻 t，滴汞电极球形扩散的厚度为

$$\delta = \sqrt{\frac{3}{7}\pi Dt} \quad (11\text{-}10)$$

将式(11-9)、式(11-10)代入式(11-7)，得极限电流 $i_{d,max}$(μA)为

$$i_{d,max} = 708ZD^{1/2}m^{2/3}t^{1/6}c \quad (11\text{-}11)$$

上式表示在每滴汞寿命的最后时刻获得的最大扩散电流，实际测量的是平均扩散电流附近的小振荡信号，平均电流 i_d 为

$$i_d = \frac{6}{7}i_{d,max} = 607ZD^{1/2}m^{2/3}t^{1/6}c \quad (11\text{-}12)$$

式(11-12)即为平均极限扩散电流方程式，又称尤考维奇方程。

二、影响扩散电流的因素

1. 温度

在尤考维奇方程中除 Z 以外，其余各项均受温度影响。极谱分析时温度应控制在 ±0.5 ℃，则其误差约为±1%。

2. 毛细管特性

尤考维奇方程中，$m^{2/3}t^{1/6}$ 称为毛细管常数，与毛细管的特性有关；$607ZD^{1/2}$ 称为扩散电流常数，与被测物质及溶液的性质有关。在相同支持电解质溶液中测定同种离子，使用不同的毛细管，其毛细管常数值不同，但扩散电流常数值相同。利用扩散电流常数，可以比较不同实验室在使用不同毛细管时所获得的实验数据是否相符。

3. 溶液的组分

溶液组成的改变将引起溶液黏度的变化而影响扩散系数 D，黏度越大，D 越小。因此，测定时应在试液中加入一定组成的试剂溶液以保持黏度不变。在极谱分析中，需要保持标准溶液和试样溶液的组分基本一致。

三、极谱分析中的干扰电流及消除方法

在极谱分析中，除了与待测电活性物质浓度有关的扩散电流外，还存在其他与待测物无关的电流，将干扰扩散电流的测量，因此必须了解各种干扰电流形成的原因，并采取相应措施加以消除。

1. 残余电流

在极谱波上，外加电压未达到电活性物质的分解电压之前有微小的残余电流通过电解池。

残余电流一方面是杂质金属离子还原产生的法拉第电流，另一方面是由于滴汞电极上双电层的充放电产生的，称为充电电流或电容电流。法拉第电流是由溶液中还原电位较正的易于在滴汞电极上还原的微量杂质所引起的，如 O_2、Cu^{2+} 和 Fe^{3+} 等。这部分电流通常十分微小，可以通过提纯试剂来消除。

充电电流在经典直流极谱上无法消除，它的存在限制了极谱分析的检测下限。因充电电流的大小约为 10^{-7} A，相当于 10^{-5} mol·L^{-1}的电活性物质产生的扩散电流的大小，

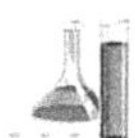

所以经典极谱检测下限不能低于 10^{-5} mol·L^{-1}。残余电流一般采用切线作图法扣除或使用残余电流补偿装置扣除。

2. 迁移电流

迁移电流是由于带电荷的被测离子或极性分子在静电场力的作用下，移动至电极表面发生电化学反应所产生的电流。迁移电流与电极附近的电位梯度成正比，与待测物的浓度无固定计量关系，加入大量支持电解质可消除迁移电流，同时降低电压降 iR。支持电解质是能导电但在该条件下不与电极反应的惰性电解质，如无机酸、碱金属和碱土金属无机盐以及配位剂等，浓度比电活性物质大 50～100 倍。它们在溶液中电离出大量的阴、阳离子，因支持电解质离子浓度比待测离子浓度大得多，故电迁移运动主要由支持电解质承担；并且这些电解质离子在测定电压范围内不发生电极反应，因而不形成电流，基本消除了待测离子迁移电流的影响。

3. 极谱极大

当某些电活性物质在滴汞电极上还原或氧化时，随着外加电压的增大，在极谱波的前部出现极大值，称为极谱极大，又称畸峰，是滴汞电极上出现的异常现象。极谱极大的出现将影响扩散电流和半波电位的准确测定。

极谱极大电流形成的原因是在汞滴的生长过程中，表面上各部分的表面张力是不均匀的，引起汞滴表面的切向运动，导致电极附近的溶液被搅动，产生对流传质，使可还原物质急速到达电极表面，形成极大电流。通常可加入少量表面活性剂，如动物胶、Triton X-100、聚乙烯醇或甲基红试剂等来消除，这种试剂称为极大抑制剂。加入的抑制剂量不宜过大，约为底液的 0.01%，否则会降低扩散电流。

4. 氧波

极谱测定通常在液相中进行。常温常压下，氧在水中的溶解度约为 8 mg·mL^{-1}。当进行电解时，氧在电极上被还原，产生两个极谱波：

第一个波：$O_2+2H^++2e^-=\!=\!=H_2O_2$　　$\varphi_{1/2}=-0.2$ V　（酸性溶液）

$O_2+2H_2O+2e^-=\!=\!=H_2O_2+2OH^-$　　$\varphi_{1/2}=-0.9$ V　（中性、碱性溶液）

第二个波：$H_2O_2+2H^++2e^-=\!=\!=2H_2O$　　$\varphi_{1/2}=-0.2$ V　（酸性溶液）

$H_2O_2+2e^-=\!=\!=2OH^-$　　$\varphi_{1/2}=-1.2$ V　（中性、碱性溶液）

由于氧波的波形倾斜且延伸长，占据了 0 至 −1.2 V 极谱分析最有用的电位范围，往往重叠在被测物质的极谱波上，干扰测定，应设法消除。氧波因溶液中的溶解氧而引起，除氧常用的方法有：

(1) 向溶液中通入惰性气体，如 H_2、N_2 及 CO_2（仅适用于酸性溶液）。

(2) 在中性或碱性条件下加入 Na_2SO_3 来还原 O_2。

(3) 在强酸性溶液中加入 Na_2CO_3，放出大量二氧化碳以除去 O_2；或加入还原剂，如铁粉，使与酸作用生成 H_2 而除去 O_2；在弱酸性或碱性溶液中可加入抗坏血酸。

5. 叠波、前波和氢波

在直流极谱法中，若两种物质的极谱波的半波电位之差小于 0.2 V，则将发生波的重叠，不易测定。消除极谱波的叠波，可以加入配位剂以改变半波电位，使两波分开，或用化学方法除去干扰物质。

若被测物质的半波电位较负，而溶液中同时存在大量的(其量大于被测物质 10 倍)半波电位较正的易还原物质，虽半波电位差值大于 0.2 V，当较正的物质先在滴汞电极上还原产生一个大的扩散电流时，该前波将使被测物质的极谱波难以测量，称为前放电物质或前波干扰。此时也可加入配位剂，改变价态或用化学方法消除干扰。

酸性溶液中，氢离子在−1.2 V 至−1.4 V(与酸度有关)电位范围内在滴汞电极上还原产生氢波。若被测物质如 Co^{2+}、Ni^{2+}、Zn^{2+} 等的极谱波与氢波相近，氢波将干扰测定。这时应在氨性溶液中进行极谱测定。

在极谱分析的电解液中，除被测物质以外，由极大抑制剂、支持电解质或配位剂等组成的溶液称为极谱底液。

四、定量分析方法

尤考维奇方程是极谱定量分析的基础。只要测得极限扩散电流的大小及比例系数 K，即可计算出待测物的浓度。实际工作中，极限扩散电流可用记录仪上的极谱波高来代替，比例系数可通过校准曲线获得。

1. 极谱波高的测量

对于波形良好的极谱波，只要测得残余电流和极限电流部分两条平行线之间的垂直距离即为波高。由于电流的振荡极谱波呈锯齿形，作直线时应取锯齿波的中间值。若波形不规则，可采用三切线法(图 11-3)。在极谱波上通过残余电流、极限电流和扩散电流分别作切线交于 O 点和 P 点，通过这两点作平行于横轴的平行线，此平行线间的垂直距离即为波高 h。

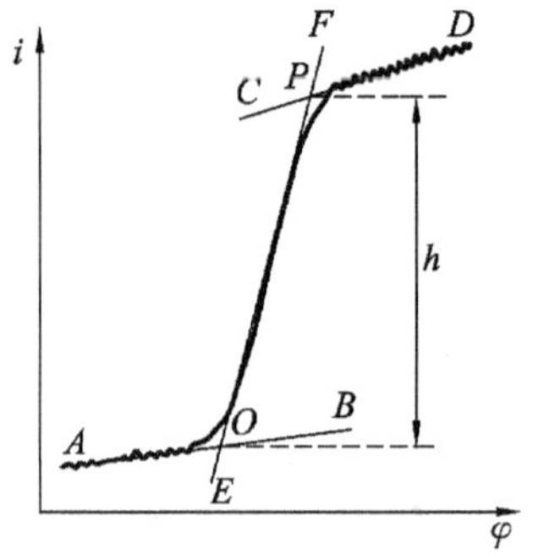

图 11-3　三切线法测量波高

2. 极谱定量方法

(1) 标准曲线法。配制一系列不同浓度的待测离子的标准溶液，在相同的实验条件(底液、滴汞电极、汞柱高度)下分别测定各溶液的极谱波，以极谱波高对各标准溶液浓度作图可得标准曲线。在上述条件下测量未知液的波高，从标准曲线上可查得其浓度。标准曲线法适用于例行分析。

(2) 标准加入法。先测得试液体积 V_x 的被测物质的极谱波并量得波高 h；再在电解池中加入浓度为 c_s、体积为 V_s 的被测物质的标准溶液，在同样实验条件下测得波高 H，则

$$h=Kc_x$$

$$H=K\frac{V_xc_x+V_sc_s}{V_x+V_s}$$

可知未知试样的浓度为

$$c_x=\frac{c_sV_sh}{H(V_x+V_s)-hV_x} \tag{11-13}$$

五、极谱波的类型及方程式

(一) 极谱波的类型

根据参加电极反应物质的类型，可将极谱波分为简单金属离子极谱波、配离子极谱波和有机化合物极谱波。

根据电极反应类型，极谱波可分为可逆极谱波、不可逆极谱波、动力学极谱波和吸附极谱波。当电极反应速度很快，极谱波上任何一点的电流都受扩散速度控制，即在任一电位下，电极表面均能快速达到平衡时，符合能斯特方程，这种极谱波称为可逆波；当极谱波上的电流不完全由扩散速度控制，而是受到电极反应速度控制时，称为不可逆波(图 11-4)。不可逆波的波形倾斜，具有明显的过电位，即达到同样大小的扩散电流，在不可逆极谱波中需要更大的电位。当电极电位足够负时，电极反应速度变得很快，形成完全的浓差极化，到达极限电流，受扩散速度控制。电极过程可逆性的区分并不是绝对的，通常认为电极反应速率常数 K 大于 2×10^{-2} cm・s^{-1}时为可逆，小于 3×10^{-5} cm・s^{-1}时为不可逆，而在两者之间时为部分可逆。

根据电极反应的性质，极谱波还可分为氧化波(阳极波)、还原波(阴极波)和综合波。氧化波(阳极波)是溶液中的还原态物质在电极上氧化时所形成的；还原波(阴极波)是溶液中的氧化态物质在电极上还原所形成的；综合波是溶液中同时存在被测物质的氧化态和还原态所形成的。对可逆过程而言，同一物质在相同的底液条件下，其还原波和氧化波的半波电位相同；而对于不可逆电对，由于电极极化，还原波和氧化波的半波电位偏离可逆电对的半波电位，为各自的过电位。各种极谱波如图 11-5 所示。

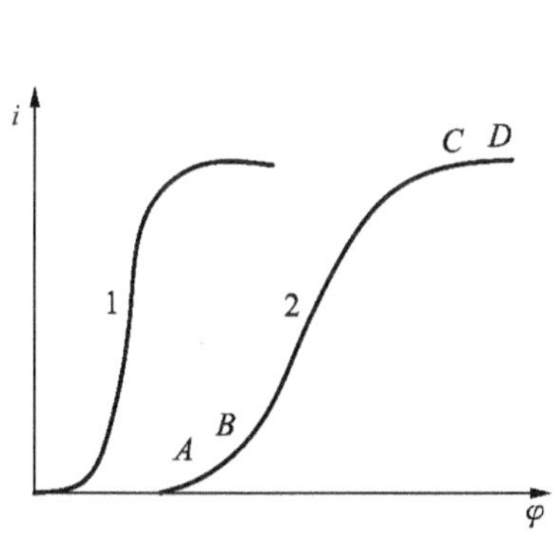

1—可逆波；2—不可逆波

图 11-4　可逆波与不可逆波

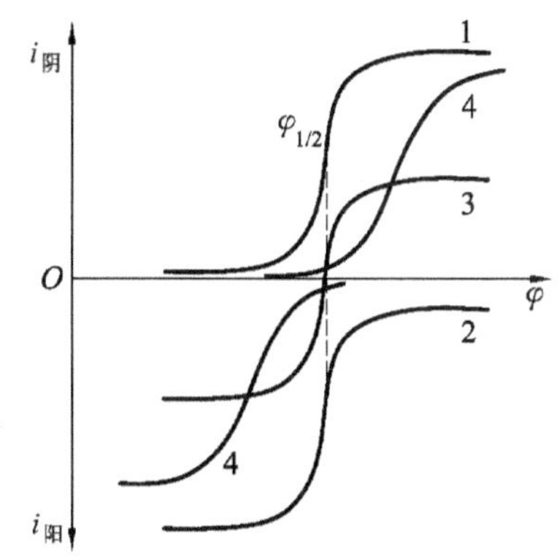

1—还原波；2—氧化波；3—综合波；4—不可逆波

图 11-5　极谱波

(二) 极谱波方程式

1. 简单金属离子的极谱波方程式

描述极谱波上电流与电位之间关系的数学表达式称为极谱波方程式。下面讨论简单金属离子在滴汞电极表面还原为金属并生成汞齐。

$$M^{Z+}+Ze^{-}+Hg\!=\!\!=\!M(Hg)$$

假定电极反应是可逆的，迁移电流已经消除，则根据能斯特方程有

$$\varphi_{DME}=\varphi^{\ominus}+\frac{RT}{ZF}\ln\frac{c_s}{c_a} \tag{11-14}$$

式中，c_s为金属离子在电极表面的浓度，c_a为金属在汞齐中的浓度。根据扩散电流方程式

$$i_d=K_s c_0 \tag{11-15}$$

在未达到极限扩散电流时，扩散电流为

$$i=K_s(c_0-c_s) \tag{11-16}$$

将式(11-15)减式(11-16)，得

$$c_s=\frac{i_d-i}{K_s} \tag{11-17}$$

根据法拉第电解定律，还原产物(汞齐)的浓度与通过电解池的电流成正比，析出的金属从汞滴表面向中心扩散，则

$$i=K_a(c_a-0)=K_a c_a \tag{11-18}$$

式中，K_a 为 $607ZD_a^{1/2}m^{2/3}t^{1/6}$。将式(11-17)、式(11-18)代入式(11-14)，得

$$\varphi_{DME}=\varphi^{\ominus}+\frac{RT}{ZF}\ln\frac{K_a}{K_s}+\frac{RT}{ZF}\ln\frac{i_d-i}{i} \tag{11-19}$$

其中，$K_a/K_s=D_a^{1/2}/D_s^{1/2}$，$D_a$ 为金属在汞齐中的扩散系数，D_s 为金属离子在溶液中的扩散系数。

当 $i=\frac{1}{2}i_d$ 时，$\varphi_{DME}=\varphi_{1/2}$，则

$$\varphi_{1/2}=\varphi^{\ominus}+\frac{RT}{ZF}\ln\frac{K_a}{K_s} \tag{11-20}$$

由此可见，在支持电解质浓度和温度一定时，$\varphi_{1/2}$ 为定值，与被测物质浓度无关，可以作为定性分析的一个参数。

将式(11-20)代入式(11-19)，可得简单金属离子可逆还原波方程式：

$$\varphi_{DME}=\varphi_{1/2}+\frac{RT}{ZF}\ln\frac{i_d-i}{i} \tag{11-21}$$

同理，可得可逆氧化过程的氧化波方程式：

$$\varphi_{DME}=\varphi_{1/2}-\frac{RT}{ZF}\ln\frac{i_d-i}{i} \tag{11-22}$$

综合波方程式为

$$\varphi_{DME}=\varphi_{1/2}+\frac{RT}{ZF}\ln\frac{(i_d)_c-i}{i-(i_d)_a} \tag{11-23}$$

式中，$(i_d)_c$ 为还原电流，$(i_d)_a$ 为氧化电流。若溶液中只有氧化态，则 $(i_d)_a=0$，式(11-23)变为式(11-21)的还原波方程；若溶液中只有还原态，则 $(i_d)_c=0$，式(11-23)变为式(11-22)的氧化波方程。

2. 配离子极谱波方程式

当金属离子形成较稳定的配离子后，半波电位将发生移动，其值小于简单离子的半波电位，差值的大小与配离子的稳定常数、配位数以及配位剂浓度等因素有关。以金属配离子还原至金属状态，溶于汞并生成汞齐为例，其可逆电极反应可表示为

$$MX_p^{(Z-pb)+}+Ze^-+Hg \rightleftharpoons M(Hg)+pX^{-b}$$

式中，$MX_p^{(Z-pb)+}$ 为金属配离子，M^{Z+} 为简单金属离子，X^{-b} 为配位离子，p 为配位数。

根据上面相似的数学处理方法，可得到配离子的极谱波方程式：

$$\varphi_{DME}=(\varphi_{1/2})_c+\frac{RT}{ZF}\ln\frac{i_d-i}{i} \tag{11-24}$$

而
$$(\varphi_{1/2})_c=\varphi^\ominus+\frac{RT}{ZF}\ln K_c+\frac{RT}{ZF}\ln\frac{K_a}{K_{MX}}-p\frac{RT}{ZF}\ln c_X \tag{11-25}$$

式中，下标 c 表示配离子。从上述极谱波方程式可得到以下结论：

(1) 半波电位与金属配离子浓度无关，与配位剂浓度和配离子稳定性有关。

(2) 在保持其他条件不变的情况下，分别测定配位剂浓度不同时对应的半波电位，以 $(\varphi_{1/2})_c$ 对 $\lg c_X$ 作图，可得一次线性关系，直线的斜率为 $-p\frac{RT}{ZF}$。若 Z 为已知，则可求得配合物的配位数 p。

(3) 由式(11-20)和式(11-25)可知形成配离子后的半波电位比简单金属离子要负。配离子越稳定，即不稳定常数 K_c 越小或配位剂浓度越大，半波电位越负。因此，在极谱分析中，可以加入合适的配位剂，使原来半波电位接近的金属离子的测定成为可能。

(4) K_s 与 K_{MX} 可看成近似相等时，有

$$\Delta\varphi=(\varphi_{1/2})_c-(\varphi_{1/2})_s=\frac{RT}{ZF}\ln K_c-p\frac{RT}{ZF}\ln c_X \tag{11-26}$$

当已知 p、Z 和配位剂浓度后，由上式可求得配合物的不稳定常数 K_c。

六、极谱法的特点及应用

经典极谱分析使用滴汞电极。与表面积固定不变的电极相比，滴汞电极作为工作电极其表面在不断更新，重现性好；氢在滴汞电极上具有很高的过电位，即阴极电化学窗口较宽。在酸性溶液中，外加电位可达 −1.2 V(vs. SCE)；在碱性溶液中，外加电位可达 −2.0 V(vs. SCE)；在季铵盐及氢氧化物溶液中，外加电位加到 −2.7 V(vs. SCE)才开始析氢。滴汞电极作阴极时，氧化电位一般不能超过 0.4 V(vs. SCE)。另一方面，残余电流的干扰限制了方法的灵敏度，其检测下限一般为 $10^{-5}\sim10^{-4}$ mol·L^{-1}；由于滴汞周期需要保持在 2～5 s，电压扫描速度一般为 5～15 min·V^{-1}，得到一条极谱曲线需要几十到一百多滴汞，分析过程耗时 5～15 min；直流极谱波呈阶梯形，两物质的半波电位差小于 0.2 V 时发生重叠，不易测定，分辨率低；汞具有挥发性，在使用时要防止中毒。

在工作电位范围内能发生电化学反应的无机化合物和有机化合物大都可用极谱法测定，同时可采用间接法测定不发生氧化还原的物质。极谱法不仅适用于水溶液，也适合非水溶液，应用范围广。

第三节　现代极谱和伏安分析技术

一、极谱催化波

极谱催化波是一种动力波，动力波是一类在电极反应过程中同时受某些化学反应速率控制的极谱电流。根据作用机制的不同，主要有平行催化波和催化氢波。此外，在极谱分析中，利用生成吸附性的配合物，也可以增大电解电流，提高测定灵敏度，这类极谱波称为配合吸附波。

1. 平行催化波

电活性物质 O 在电极上还原，生成还原态 R，这是电极反应。还原产物 R 与溶液中存在的另一物质 X(氧化剂)作用，发生化学反应而被氧化生成 O，再生出来的 O 在电极上又发生还原。由于电极反应和再生化学反应平行进行，形成反复循环。这类催化波的反应机制如下：

$$O + ne^- \longrightarrow R \quad （电极反应）$$

$$R + X \xrightarrow{k} O + X' \quad （化学反应）$$

而在整个反应中，物质 O 的浓度实际上没有变化，消耗的是物质 X。所以物质 O 相当于一种催化剂，由于它的存在，催化了 X 的还原，得到的极化曲线的极限电流增大，灵敏度提高，一般可测定浓度范围为 $10^{-8} \sim 10^{-6}$ $mol \cdot L^{-1}$的物质。

例如，当 H_2O_2 与 Fe^{3+} 共存时，会产生催化波，反应机制如下：

$$Fe^{3+} + e^- \longrightarrow Fe^{2+} \quad （电极反应）$$

$$Fe^{2+} + H_2O_2 \longrightarrow OH^- + \cdot OH + Fe^{3+} \quad （催化反应）$$

$$Fe^{2+} + \cdot OH \longrightarrow Fe^{3+} + OH^- \quad （催化反应，自由基反应，快速）$$

在 Fe^{2+} 的催化反应中，第一步反应速率较慢，是反应速率控制步骤。催化反应使得在电极上消耗的反应物 Fe^{3+} 及时得到补充，提高了灵敏度。这样产生的电流称为催化电流，其大小与催化剂 O 的浓度成正比，可以用于测定物质 O 的含量。

$$i_c = 0.51nFD^{1/2}m^{2/3}t^{2/3}k^{1/2}c_X{}^{1/2}c_O \qquad (11\text{-}27)$$

式中，i_c 为催化电流，A；k 为化学反应速率常数；c_X、c_O 分别为物质 X 和物质 O 的浓度，$mol \cdot L^{-1}$；D 为物质 O 的扩散系数；其他符号的含义同式(11-11)。

由式(11-27)可知，当物质 X 的浓度一定时，催化电流 i_c 与物质 O 的浓度成正比；化学反应速率越快，催化电流越大，方法的灵敏度越高。催化电流 i_c 与汞柱的高度 h 无关，这是催化电流区别于经典极谱平均极限扩散电流 i_d 的显著标志。

物质 X 的特点是其本身也可能在电极上还原，由于有很大的过电位，在物质 O 还原时，不能在电极上被还原；但它具有相当强的氧化性，能迅速氧化物质 R 再生出物质 O。典型的物质有过氧化氢、硝酸盐、亚硝酸盐、高氯酸及其盐、氯酸盐和羟胺、硫酸羟胺和四价钒等；能用于平行催化波测定的金属离子大多数为具有变价性质的高价离子，如 Mo^{6+}、W^{6+}、V^{5+}、U^{6+}、Ti^{4+}、Te^{4+}、Co^{2+}、Ni^{2+} 等。

2. 催化氢波

氢离子在滴汞电极上还原产生的极谱波称为正常氢波。由于氢离子在滴汞电极上还原时存在很大的过电位，所以正常氢波出现在较负的电位处。例如，在 0.1 $mol \cdot L^{-1}$盐酸溶液中，氢在-1.2 V 处才开始还原。而在酸性或缓冲溶液中，某些物质吸附在电极表面会降低氢的过电位，使氢离子能提前在较正的电位下还原而形成催化氢波，波呈峰形。

氢催化电流随催化活性物质浓度的增加而升高，一般在低浓度时成直线关系；当浓度增至一定量后，电极表面对催化活性物质的吸附达到饱和，电流不再随浓度增加而升高，达到极限值。能降低氢的过电位的物质称为吸附氢波的催化剂，据此，可用于痕量催化剂

的测定。这类物质含有能还原为具有催化活性的原子团聚集于电极表面的物质，如铂族元素；含有可质子化的基团并能吸附在电极表面的某些含氧、硫、氮的有机化合物或金属配合物，如蛋白质、生物碱、吡啶及其衍生物等。

3. 配合吸附波

某些金属配合物能吸附于电极表面，使其在电极表面附近的浓度大大高于溶液本体中的浓度，故在单扫描极谱法中能得到较大的电解电流，并产生灵敏度较高的极谱波，这种波称为配合吸附波。

配合吸附波既不同于一般的配合物波和单纯的吸附波，也不同于平行催化波和催化氢波。它一般具有如下特性：配合性，即金属离子在溶液中或电极表面上与具有吸附性的配位体形成较稳定的活性配合物；吸附性，即形成的配合物能吸附在电极表面上，起富集作用；电活性，即吸附在电极表面上的配合物中的金属离子或配位体能在电极上氧化或还原，产生灵敏的极谱电流。

此类极谱波由于具有吸附性，灵敏度较高，通常为 $10^{-8}\sim10^{-7}$ mol · L^{-1}，如有催化循环，灵敏度可达 10^{-9} mol · L^{-1}或 10^{-10} mol · L^{-1}。其应用范围广，既可以测定电活性物质，如 Cu^{2+}、Pb^{2+}、Cd^{2+}、Zn^{2+} 等，又可测定电活性较弱的物质，如钙、镁、金和稀土等；既可以测定无机物（包括配合物的中心离子和无机配位体），又可测定有机物（如配合物中的有机配位体）和药物等。

二、单扫描极谱法

在单扫描极谱法中，汞滴滴下的时间一般约为 7 s。考虑到汞滴的表面在汞滴成长的初期变化较大，故在滴下时间的最后约 2 s 内，将一个锯形脉冲电压施加在两个电极上，电压扫描速率比直流极谱法快约 50 倍以上，从而在一滴汞上获得一个完整的极谱波，该极谱波用示波器记录。单扫描极谱法加在滴汞电极上的电位是时间的线性函数，所以也称为线性扫描示波极谱法（single sweep polarography）。

1. 单扫描极谱仪的基本电路和装置

如图 11-6 所示为单扫描极谱仪的基本电路图。由极化电压发生器产生的锯齿波脉冲扫描电压通过测量电阻 R 加到极谱电解池的两电极上（滴汞电极和对电极铂电极）。工作电极与参比电极（SCE）之间的电位差经过放大后同时加到示波器的水平偏向板上。电解过程中产生的极谱电流经过 R 产生电压降，经过放大后加到示波器的垂直偏向板上。示波器的水平轴代表施加的极化电压，垂直轴代表极谱电流的大小。因此，在示波器上可以直接观察到极谱波形图。此三电极体系可使工作电极的电位变化恒定而不受电路中 iR 电压降的影响。

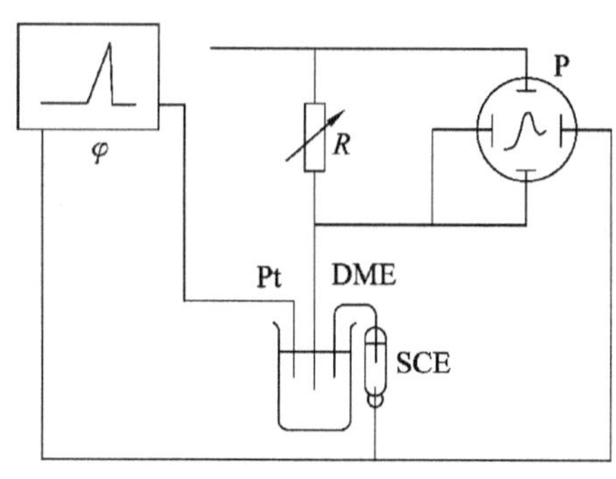

图 11-6　单扫描极谱仪的基本电路图

由于极化电压是在滴汞生成后期电极面积变化率较小时施加于电解池两个电极上的，且施加极化电压的速度很快，通常约为 0.25 V · s^{-1}（经典极谱法一般是 0.005 V · s^{-1}），电极表面的离子迅速还原，瞬时产生很大的极谱电流，同时由于电极周围的离子来不及扩散到电极表面，使扩散层加厚，导致极谱电流又迅速下降。这种极化曲线是在汞滴面积基本不变化的情况下得到的，因此，单扫描示波极谱图呈平滑的峰形曲线，没有直流极谱图的电流振荡现象。图 11-7 表示单扫描极谱中汞滴面积 A、扫描电压及电流 i 随时间变化的相互关系。

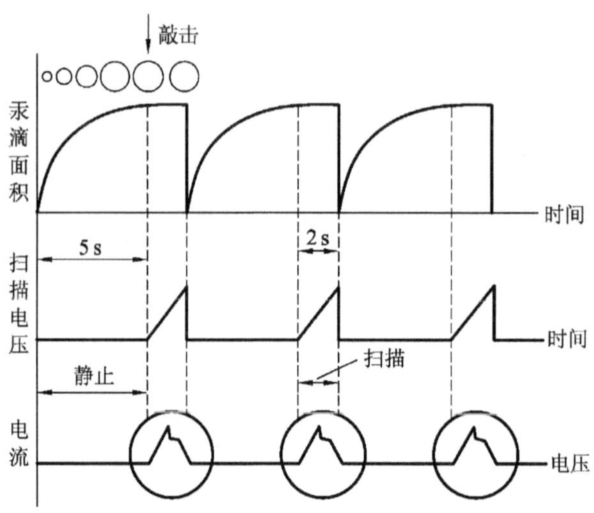

图 11-7　单扫描极谱中汞滴面积、扫描电压及电流变化图

图 11-8 是物质还原时的极谱图。扫描开始时，极化电极的扫描电位还没有使滴汞电极的电位达到可还原物质的析出电位，电解池中出现的微小电流是残余电流，形成极谱波的基线。当扫描电位达到可还原物质的析出电位，并继续以很快的速度变负时，去极剂的还原将引起滴汞电极表面的浓度梯度不断增大，电流迅速增大，达到最高点至波峰值。随后，电位继续变负，电极表面附近的去极剂浓度瞬间变小，溶液本体的可还原物质来不及扩散到电极表面，扩散层变厚，电解电流下降。最后，扩散到电极表面的可还原物质与电极反应消耗的可还原物质的量相等，达到平衡，电解电流不再变化，此时电流仍受扩散控制，为极限扩散电流。电流峰极大值时的电流称为峰电流，用 i_p 表示，对应的电位称为峰电位 φ_p。

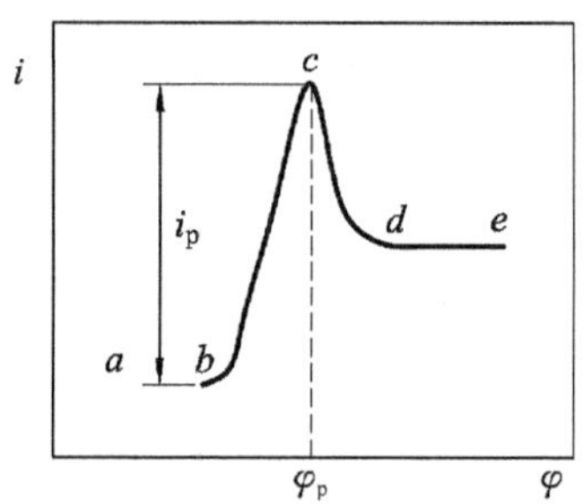

图 11-8　单扫描极谱图

2. 峰电流和峰电位

对可逆电极反应，由 Sevcik 和 Randles 推导得平面电极上峰电流方程(298 K)为

$$i_p = 2.72 \times 10^5 Z^{3/2} A D^{1/2} v^{1/2} c \qquad (11\text{-}28)$$

式中，i_p 为峰电流，A；Z 为电子转移数；D 为被测物质的扩散系数，$cm^2 \cdot s^{-1}$；v 为扫描速度，$V \cdot s^{-1}$；A 为电极面积，cm^2；c 为被测物质的浓度，$mol \cdot L^{-1}$。

峰电位与直流极谱半波电位的关系为

$$\varphi_p = \varphi_{1/2} \pm 1.1\frac{RT}{ZF}$$

在 298 K 时，有

$$\varphi_p = \varphi_{1/2} \pm \frac{0.028}{Z} \tag{11-29}$$

因此，对于可逆波来说，还原波的峰电位要比直流极谱的 $\varphi_{1/2}$ 负$\frac{28}{Z}$ V，氧化波的峰电位要比其正$\frac{28}{Z}$ V。

3. 单扫描极谱法的特点及应用

(1) 极谱波呈峰形，分辨率高，通过前期电流补偿方法可以消除前还原物质对后还原物质波的干扰。一般情况下允许前还原物质的浓度比后还原物质的浓度大 100～1 000 倍，可分辨电位相差 50 mV 的两极谱波。而直流极谱法中，前还原物质的浓度只要比后还原物质的浓度大 5～10 倍，就会使后还原物质的测定变得困难。采用导数单扫描极谱则分辨率更高。

(2) 由于扫描极谱法能有效降低充电电流的影响，灵敏度比直流极谱法高约 2 个数量级，对可逆波来说，最低测定下限可达 10^{-7} mol · L^{-1}。

(3) 方法快速。扫描速度快，约为 250 mV · s^{-1}，每一滴汞就产生一个完整的极谱图，因此几秒钟便可完成一次测量并直接读取峰高。

(4) 不可逆过程的峰电流比可逆过程的峰电流小。不可逆程度越大，峰电流越小。对于完全不可逆过程，如氧在滴汞电极上的还原，甚至不出峰，这样便可以在很大程度上以至完全消除氧波的干扰。

由于具有以上特点，采用单扫描极谱法可以利用峰高进行无机或有机化合物的成分分析，特别适合配合物吸附波和具有吸附性质的催化波的测定。

三、脉冲极谱法

将一个几十毫伏的小振幅低频正弦电压叠加在直流极谱的直流电压上，测量通过电解池的交流电流或交流特性的方法，称为交流极谱法。1952 年由 G. C. Barker 提出，在缓慢变化的直流电压上叠加低频小振幅的方波电压，在方波电压改变方向前的瞬间记录通过电解池的交流电流的极谱方法称为方波极谱法。方波极谱法的灵敏度比交流极谱法高，测定的最低浓度可达 10^{-7} mol · L^{-1}。1960 年 Barker 提出了脉冲极谱法(pulse polarography)，进一步提高了灵敏度。

在普通极谱法中影响灵敏度的主要因素是充电电流，脉冲极谱法是在研究消除充电电流方法的基础上发展起来的一种极谱技术，它具有分辨率高、灵敏度高等特点。

1. 基本原理

脉冲极谱法是指在汞滴生成后期即将滴下之前的很短时间间隔内，施加一矩形的脉冲电压，然后记录脉冲电解电流与电位的关系曲线。按施加脉冲电压的形式和电流取样的方式不同，脉冲极谱法分为常规脉冲极谱法和微分脉冲极谱法。滴汞电极电位与时间的关系及有关原理见图 11-9。

常规脉冲极谱法所施加的方波脉冲幅度是随时间线性增加的，得到的每个脉冲的 i-φ 曲线与经典极谱法的 i-φ 曲线相似；微分脉冲极谱法是在直流线性扫描电压上叠加一个等幅方波脉冲，得到的极谱波呈峰形。

2. 常规脉冲极谱法

常规脉冲极谱法是指在不发生电极反应的某一起始电位上，每当汞滴生存的后期，同步依次叠加一个振幅逐渐递增的脉冲电压，脉冲持续时间为 60 ms。在每一脉冲消失前 20 ms，进行一次电流取样，得到的常规脉冲极谱图形成台阶形，与直流极谱法相似，如图 11-10(a)所示。

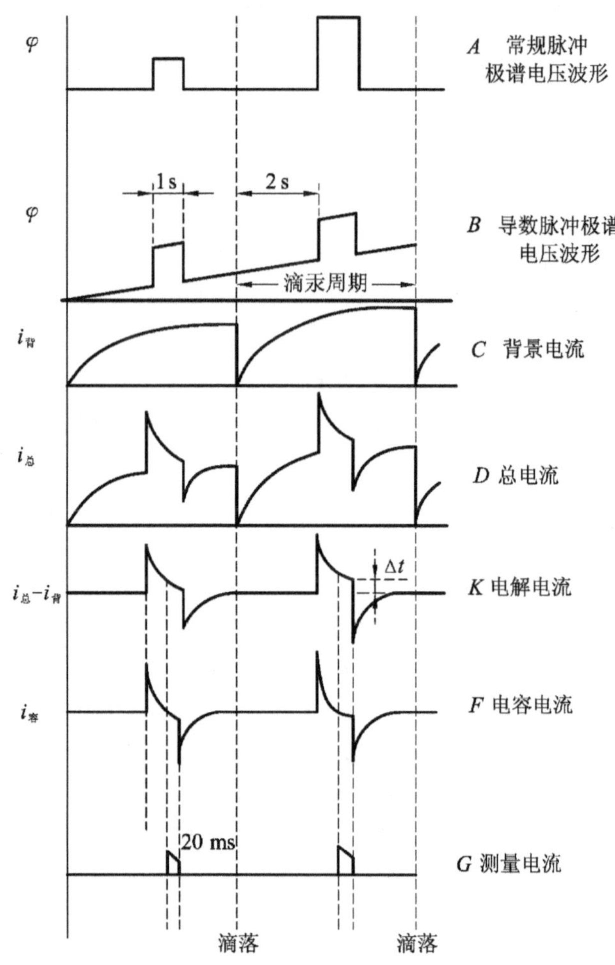

图 11-9 脉冲极谱中电位与时间关系图

可逆常规脉冲极谱波的极限电流可用 Cottrell 方程表示：

$$i_l = ZFAc\sqrt{\frac{D}{\pi t_m}} \qquad (11\text{-}30)$$

式中，t_m 为加脉冲与测量电流之间的时间间隔。t_m 比汞滴的滴落时间要小得多。该式也适用于不可逆过程。对于可逆过程，还原极限电流与氧化极限电流之比等于 1，因此利用这一关系可以区别可逆与不可逆过程。

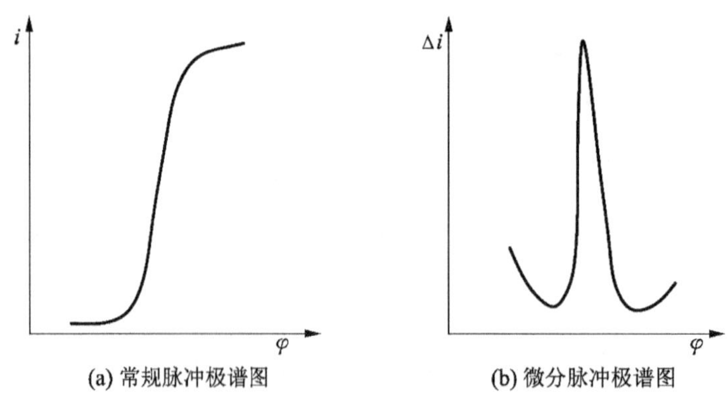

(a) 常规脉冲极谱图　　(b) 微分脉冲极谱图

图 11-10 常规脉冲极谱图与微分脉冲极谱图

3. 微分脉冲极谱法

微分脉冲极谱法是指在一个缓慢变化的线性扫描直流电压上叠加一个较小的等振幅脉冲电压(也可以是阶梯形的极化电压)。在脉冲加入前 20 ms 和终止前 20 ms 内测量电流,由于采用两次电流取样的方法,很好地扣除了因直流电压扫描引起的背景电流及充电电流。当脉冲电压叠加在直流极谱波的残余电流或极限扩散电流部分时,都不会使电流产生很大的变化,两次测得的电解电流差值 Δi 变化很小。当脉冲电压叠加在直流极谱波的 $\varphi_{1/2}$ 附近时,由脉冲电压所引起的电位变化将导致电解电流发生很大的变化。两次测得的电解电流差值 Δi 变化很大,在 $\varphi_{1/2}$ 处达到峰值,故微分脉冲极谱曲线呈对称峰状,如图 11-10(b)所示。

微分脉冲极谱的电流最大值 $\Delta i_{\max}$ 为

$$\Delta i_{\max}=\frac{Z^2F^2}{4RT}A(\Delta E)c\sqrt{\frac{D}{\pi t_{\mathrm{m}}}} \tag{11-31}$$

式中,ΔE 为脉冲振幅。微分脉冲极谱的峰电位与直流极谱的半波电位的关系为

$$\varphi_{\mathrm{p}}=\varphi_{1/2}\pm\frac{\Delta E}{2} \tag{11-32}$$

4. 脉冲极谱法的特点及应用

(1) 灵敏度高。由于 i_c 得以充分衰减,因此能达到很高的灵敏度,对可逆反应,检出限可达到 $10^{-9}\sim10^{-8}$ mol・L^{-1}。

(2) 分辨能力高。可分辨半波电位或峰电位相差 25 mV 的相邻两极谱波。允许前放电物质的量大,其比被测物质高 5×10^4 倍也不干扰测定。因此,该法具有良好的抗干扰能力。

(3) 由于脉冲持续时间长,在保证 i_c 和充分衰减的前提下,可以允许 R 增大 10 倍或以上,只需使用 0.01～0.1 mol・L^{-1} 的支持电解质,从而大大地降低了空白值。

(4) 由于脉冲持续时间长,对于电极反应速度缓慢的不可逆反应,也可以提高测定灵敏度,检出限可达 10^{-8} mol・L^{-1},适合有机化合物的测定以及电极反应过程的研究。

四、循环伏安法

(一) 基本原理

循环伏安法(cyclic voltammetry,CV)的加电压方式与单扫描极谱法相似,是将线性扫描电压施加在电极上,电压与扫描时间的关系如图 11-11所示。

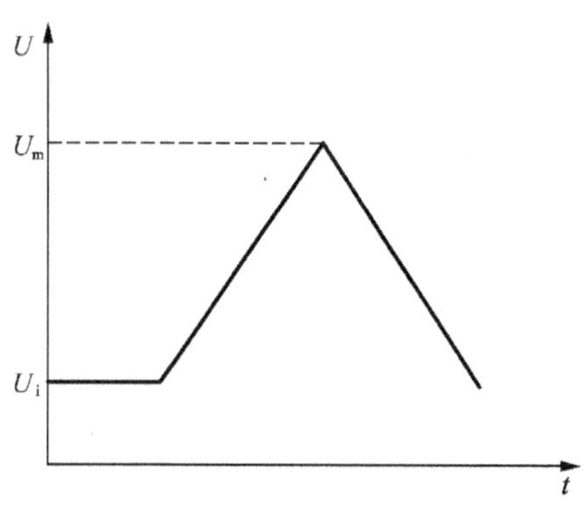

图 11-11　三角波电压

单扫描极谱法所施加的是锯齿波电压,而循环伏安法施加的是三角波电压,从起始电压 U_i 扫描至某一电压 U 后,再反向回扫至起始电压,成等腰三角形。经过一次三角波的扫描,电活性物质在电极上完成还原和氧化过程的循环,因此称为循环伏安法。通常,循环伏安法采用三电极系统,使用的指示电极有悬汞电极、汞膜电极和

固体电极，如 Pt 圆盘电极、玻璃碳电极、碳糊电极等。

若溶液中存在氧化态 O，当电位从正向负扫描时，电极上发生还原反应：

$$O + Ze^- \rightleftharpoons R$$

反向回扫时，电极上生成的还原态 R 又发生氧化反应：

$$R \rightleftharpoons O + Ze^-$$

循环伏安图如图 11-12 所示。若需要，可以进行连续循环扫描。

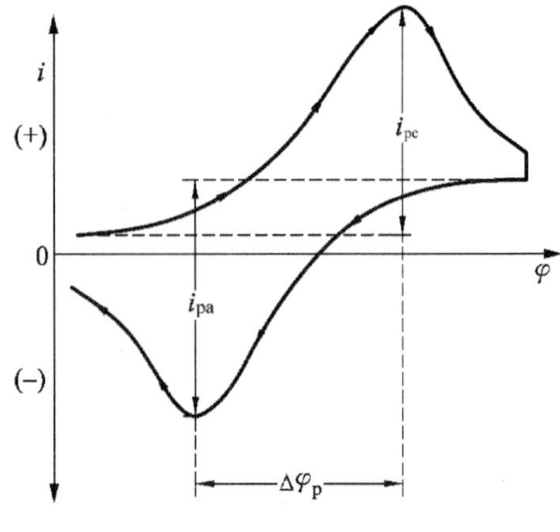

图 11-12 循环伏安图

从循环伏安图上可以测得阴极峰电流 i_{pc} 和阳极峰电流 i_{pa}、阴极峰电位 φ_{pc} 和阳极峰电位 φ_{pa} 等重要参数。注意，测量峰电流不是以零电流线而是以背景电流线作为起始值。循环伏安扫描时电位范围确定的基本要求是建立在对背景(电化学窗口)扫描的基础上的。换句话说，背景扫描应为一条稳定的基线。基线的特征应主要表现为电极表面的电容特性。它与电极的性质、表面粗糙度、电极表面积以及设定的灵敏度相关。

对于可逆氧化还原体系，峰电流符合 Sevcik-Randles 方程，即式(11-28)可写为

$$i_p = KZ^{3/2}AD^{1/2}v^{1/2}c \tag{11-33}$$

两峰电流均与扫描速率 v 的平方根成正比，峰电流之比为

$$\frac{i_{pa}}{i_{pc}} \approx 1 \tag{11-34}$$

峰电位 φ_p 与极谱波的半波电位的关系同式(11-32)，可逆电极过程 φ_p 与扫描速率无关。与单扫描极谱法相同，两峰电位之差为

$$\Delta\varphi_p = \varphi_{pa} - \varphi_{pc} \approx \frac{56}{Z}\ \text{mV} \tag{11-35}$$

一般来说，由于 $\Delta\varphi_p$ 与实验条件有关，所以当其数值为 55～65 mV 时，即可判断该电极反应为可逆过程。

峰电位与条件电位的关系为

$$\varphi^{\ominus} = \frac{\varphi_{pa} + \varphi_{pc}}{2} \tag{11-36}$$

(二) 应用实例

1. 判断电极过程的可逆性

利用式(11-34)、式(11-35)和式(11-36)，可以判断电极过程的可逆性。电极反应可逆体系由氧化还原体系、支持电解质与电极体系构成。同一氧化还原体系，使用不同的电极、不同的支持电解质，得到的伏安响应不一样。因此，寻找合适的电极、支持电解质，利用伏安分析方法进行氧化还原体系的反应粒子浓度以及该体系的电化学性质研究是电分析化学的重要任务。

不同电极过程的循环伏安曲线见图 11-13。

对于准可逆电极过程来说，其极化曲线形状与可逆程度有关。通常，当 $\Delta\varphi_p > 59/Z$ mV 时，峰电位随电压扫描速度的增加而变化，阴极峰变负，阳极峰变正。此外，电极反应的性质不同时，i_{pc} 与 i_{pa} 的比值可大于、等于或小于 1，但均与 $v^{1/2}$ 成正比，因为峰电流仍是由扩散速率控制的。对于不可逆过程，反向扫描时不出现阳极峰，但 i_{pc} 仍与 $v^{1/2}$ 成正比，当电压扫描速率增加时，φ_{pc} 明显变负。根据 φ_{pc} 与 v 的关系，可计算准可逆和不可逆电极反应的速率常数。

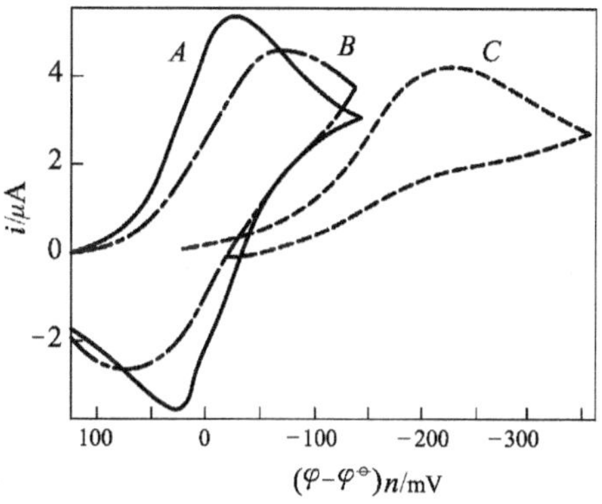

A—可逆电极过程；B—准可逆电极过程；C—不可逆电极过程

图 11-13 循环伏安曲线

2. 判断电极反应机制

循环伏安法可用于电化学-化学偶联过程的研究，即在电极反应过程中，还伴随有化学反应的发生。大量的电化学反应涉及电子转移步骤，由此产生能够通过偶联化学反应迅速与介质组分发生反应的物质。循环伏安法的最大用途之一是可用于定性判断这些和电极表面反应偶联的均相化学反应。它能够在正向扫描中产生某种物质，在反向扫描以及随后的循环扫描中检测其变化情况，这一切在几秒或更短的时间之内即可完成。此外，通过改变电位扫描速率，可以在几个数量级范围内调节实验时间量程，从而可以估计各种反应速率。

3. 研究电极上的吸附现象

用循环伏安法研究吸附现象可以得到清晰的结果。对于可逆电极反应，若反应物或产物在电极表面仅有弱吸附，循环伏安图形的变化不大；若吸附作用强烈，反应物吸附在电极上将使自由能变得很负，则在主峰后产生一个小的吸附后峰；若反应产物强吸附，则在主峰前出现一个小的吸附前峰。

4. 研究化学修饰电极

循环伏安法能为研究单分子层、多分子层和聚合物膜修饰电极提供许多有用的信息。对于单分子层修饰电极，可从循环伏安曲线面积积分获得电量（忽略双电层电容电流），求出电极表面电活性物质的总覆盖率，且总覆盖率与扫描速率 v 无关。循环伏安曲线峰电流 i_p 与 v 成正比。

总之，循环伏安法仪器设备简单，操作方便，很容易获得有关电极反应中的各种信息。这种方法对研究有机物、金属化合物及生物物质等的氧化还原机制特别有用，是电分析化学中强有力的工具之一。

五、溶出伏安法

溶出伏安法（stripping voltammetry）是指先富集后溶出，富集和溶出都是通过电解作用进行的；若富集过程是通过吸附作用进行的，则称为吸附伏安法；如溶出过程中记录的是工作电极的电位的变化，称为电位溶出法。溶出伏安法又称反向溶出极谱法，是使被测物质在待测离子极谱分析产生极限电流的电位下电解一定的时间，然后改变电极的电位，使富集在该电极上的物质重新溶出，根据溶出过程中所得到的伏安曲线来进行定量分析。

（一）基本原理

溶出伏安法包含电解富集和电解溶出两个过程。首先是在一定电位下将待测离子电解沉积在电极上，然后反相扫描电极电位，使已沉积的物质电解溶出，记录溶出过程中的伏安曲线。该曲线称为溶出伏安曲线，峰电流的大小在一定条件下与待测离子的浓度成正比。

首先是电解富集过程。它是将工作电极固定在产生极限电流电位（图 11-14 中 D 点）上进行电解，使被测物质富集在电极上。为了提高富集效果，可同时使电极旋转或搅拌溶液，以加快被测物质输送到电极表面。富集物质的量则与电极电位、电极面积、电解时间和搅拌速度等因素有关。

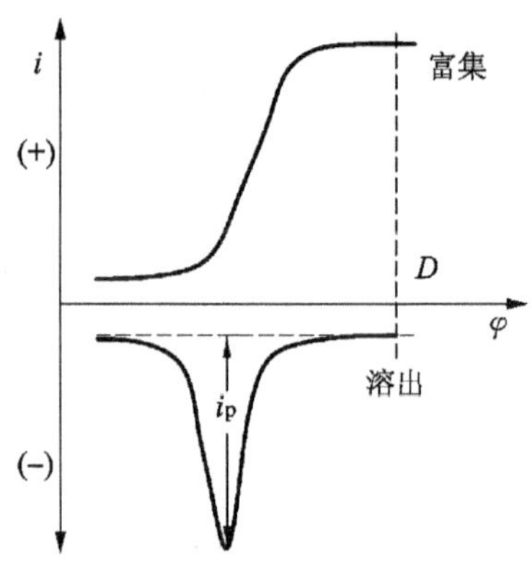

图 11-14　阳极溶出伏安曲线

其次是电解溶出过程。经过一定时间的富集后，停止搅拌，再逐渐改变工作电极电位，电位变化的方向应使电极反应与上述富集过程电极反应相反。记录所得的电流-电位曲线称为溶出曲线，呈峰状，如图 11-14 所示，峰电流的大小与被测物质的浓度有关。经典极谱检测下限为 1×10^{-5} mol · L^{-1}，这是由背景电流（杂质的电解电流、双电层的电容电流和电子线路中的噪声三者之和）所决定的。为了使灵敏度提高几个数量级，必须对很稀的试样溶液进行预浓缩。可采用分离方法预浓缩，但又带来某些缺点。最好的方法是在测量体系中直接进行预浓缩，将被测物浓缩在指示电极上，然后使被测物从电极上溶出。由于在电极上存在的被测物比原来溶液中的浓度提高很多倍，测定灵敏度即可大大提高，这就是溶出法的原理。电解沉积过程相当于一个浓缩富集过程，待测离子从较大体积的溶液中沉积到小体积的电极上，浓度有很大的提高，因而在溶出过程中能产生较大的电流；而溶出则可以采用线性扫描伏安法、微分脉冲法等多种方法。

（二）基本过程

(1) 预电解，目的是富集。在一定底液和搅拌条件下，进行恒电位电解，将被分析物富集于工作电极上。富集物质的量与电解的电极电位、电极面积、电解时间和搅拌速度等因素有关。

其预电解电位理论上应比该条件下的半波电位负 $0.2/Z$ V，实际上应比该条件下的半波电位负 0.2～0.5 V。

电解时间因电极的种类和被分析物浓度的不同而不同。一般说来，对一定的电极而言，被分析物的浓度愈低，预电解时间愈长。对悬汞电极，当浓度为 10^{-6} mol · L^{-1}时，需要 5 min；当浓度为 10^{-9} mol · L^{-1}时，需要 60 min。

(2) 休止期，目的是使电极上的电解沉积物均匀分布。可减小电解电流或停止搅拌一定时间，一般为 3～4 min。

(3) 溶出，目的是产生溶出伏安曲线。溶出过程的电位变化方向与预电解过程相反。对于阳极溶出来说，工作电极电位逐渐变正；对于阴极溶出来说，工作电极电位逐渐变负。

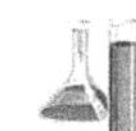

（三）溶出峰电流的性质

溶出峰电流与电极类型和被测物质浓度的关系（对汞膜电极）如下：

$$i_p = K'Z^2AD^{2/3}\omega^{1/2}\eta^{-1/6}tvc \quad (11\text{-}37)$$

溶出峰电流 i_p 在实验条件一定时，与被测离子的浓度成正比，即

$$i_p = kc \quad (11\text{-}38)$$

式中，比例系数 k 包含影响溶出峰电流 i_p 的相关因素，如参与电极反应的电子数 Z，被测物质在溶液和汞齐中的扩散系数 D_O 和 D_R，电解富集时搅拌的角速度 ω，溶液的黏度 η，汞膜电极表面积 A，扫描速度 v 以及电解富集时间 t 等，这是溶出伏安法的定量基础。其定性分析依据的峰电位与直流极谱法的 $\varphi_{1/2}$ 相对应。

在溶出伏安法中可采用两种方法：第一种方法是将被测物从溶液中完全电解出来。现在常常采用第二种方法，即在固定条件下预电解一定时间，电析在电极上的量是溶液中物质总量的一部分。此法需要被测物向电极表面传递的速度保持固定，因此必须适当选择预电解条件。溶出峰的峰高与下列因素有关：① 沉积在电极上的量。沉积量是溶液的浓度、预电解电位、预电解时间、物质从本体溶液向电极传递的速度（搅拌速度或电极旋转速度）、电极体积和活性表面、溶液的组成和温度的函数。② 溶出过程的条件，特别是去极化速度、电极的活性表面、反应产物自电极表面向溶液传递的速度。如整个电极过程包含化学反应，则化学反应的速率、反应产物的特性、生成化合物的溶解度等也影响峰高。

（四）分类

根据溶出过程的特性（还原反应或氧化反应），溶出伏安法可分为阴极溶出伏安法和阳极溶出伏安法。

1. 阳极溶出伏安法（anodic stripping voltammetry）

富集时工作电极为阴极，溶出时工作电极为阳极的伏安法称为阳极溶出伏安法（多用于测定金属离子）。

待测离子在阴极上预电解富集，溶出时发生氧化反应而重新溶出：

$$M^{n+} + ne^- + Hg \longrightarrow M(Hg)$$

溶出时，工作电极上发生的是氧化反应。在测定条件一定时，峰电流与待测物浓度成正比：

$$i_p \propto c_0, i_p = -Kc_0$$

溶出过程中电极发生的反应为

$$M(Hg) - ne^- = M^{n+} + Hg \quad (\text{氧化反应})$$

2. 阴极溶出伏安法（cathodic stripping voltammetry）

富集时工作电极为阳极，溶出时工作电极为阴极的伏安法称为阴极溶出伏安法（一般用于测定卤素、硫等阴离子）。溶出时，工作电极上发生的是还原反应

例如，用阴极溶出伏安法测溶液中痕量 S^{2-}。以 0.1 mol·L^{-1} NaOH 溶液为底液，于 −0.4 V 电解一定时间，悬汞电极上便形成难溶性的 HgS：

$$Hg + S^{2-} = HgS + 2e^-$$

溶出时，悬汞电极的电位由正方向向负方向扫描，当达到 HgS 的还原电位时，由于发生下列还原反应，得到阴极溶出峰：

$$HgS + 2e^- = Hg + S^{2-} \quad \text{(还原反应)}$$

阴极溶出伏安法可用于测定一些阴离子，如 Cl^-、Br^-、I^-、S^{2-}、$C_2O_4^{2-}$。

为了形成沉积物，各种电化学反应和化学反应均可利用。常用的浓缩反应有下列几种类型：① 能与汞形成适当浓度的汞齐的金属，可被浓缩在汞电极上。② 金属离子可还原成金属并能在一适当的惰性电极（如贵金属电极、石墨电极）上沉积成金属膜。③ 被测物可浓缩在电极表面形成难溶化合物。此类反应可以形成两类化合物：第一类是与电极材料的离子形成难溶化合物，此化合物在电极材料上被氧化电位浓缩于电极上。第二类是电极上形成的膜为被测物与支持电解的某一组分或与加入溶液中的试剂形成难溶化合物。在电极反应中被测物的离子被还原或被氧化到某一氧化态，此氧化态在化学反应中沉积形成沉积物。④ 表面活性物质可用来浓缩某些离子。这些表面活性物或者先吸附在电极表面，再与离子反应形成配合物；或者在溶液中先形成配合物，然后被吸附在电极表面。在这两种情况下溶出过程的电极反应为被吸附在电极上的配合物的还原或氧化反应。

（五）溶出伏安法实验条件的选择及应用

溶出伏安法常常用于金属离子的检测，富集效果与初始浓度无关。若想达到好的富集效果，通过减小溶液体积、增大电极面积、加快搅拌速度以及减小扩散层厚度可以缩短富集时间；而若其他条件一定时想要获得很高的灵敏度，就需要很长的时间。如果在定量方面牺牲一点灵敏度，就可以节省许多时间。总的说来，溶出电流与富集和溶出过程有关。从溶出电流的公式分析，影响溶出电流的因素有很多，如富集时间、搅拌速度和电位扫描速率等。另外，富集电位和温度等也会影响溶出电流。

溶出伏安法的实验条件，如底液、预电解电位、预电解时间以及电极材料等的选择，对提高选择性和灵敏度很重要。由于溶出伏安法的灵敏度很高，故在超纯物质分析中具有实用价值；此外，其在环境监测、食品、生物试样等微量元素的测定中也得到了广泛的应用。

底液可采用极谱分析的底液，选择具有配位性的底液对测定更有利。预电解电位可以参考半波电位的数据。通常，实验中选用的预电解电位比 $\varphi_{1/2}$ 负 0.2～0.5 V。预电解时间的选择与被测物质的浓度和方法的灵敏度有关。采用单扫描极谱法进行溶出伏安分析时，若使用悬汞电极，对 10^{-7}～10^{-6} mol·L^{-1} 试液约需 5 min。用汞膜电极时，预电解时间短一些。溶出伏安法使用的工作电极分为汞电极和固体电极两类。汞电极有悬汞电极和汞膜电极等；当溶出伏安法在较正电位范围内进行时，可采用玻碳电极、铂电极和金电极等。测定 Cu^{2+}、Pb^{2+}、Cd^{2+}、Zn^{2+} 等金属离子时使用悬汞电极和汞膜电极最合适；测定贵金属、Hg 以及不形成汞齐的金属时，常用石墨电极、玻碳电极和铂电极等；测定卤素离子和 Cr、Fe 等变价离子时，它们以难溶化合物的形式富集在电极表面，工作电极采用汞电极、银电极和玻碳电极等。

溶出伏安法的最大优点是灵敏度非常高，阳极溶出伏安法的检出限可达 10^{-12} mol·L^{-1}，阴极溶出伏安法的检出限可达 10^{-9} mol·L^{-1}，因此在痕量成分分析中相当重要。溶出伏安法能同时进行多组分测定，不需要贵重仪器，是高效灵敏的分析方法。但是溶出伏安法的电解富集有时比较费时，富集后只能记录一次溶出曲线，方法的重现性往往不够理想。

思考题与习题

1. 写出扩散电流方程式的完整数学表达式。扩散电流主要受哪些因素影响？在进行定量分析时，怎样消除这些影响？

2. 阐明半波电位的特性及其影响因素。

3. 直流极谱法、单扫描极谱法和循环伏安法判别电极反应可逆性的依据分别有哪些？

4. 简述极谱催化波的作用机制及其能提高灵敏度的原因。

5. 直流极谱法的装置有何特殊性？操作时应注意哪些条件？为什么它的灵敏度较低？

6. 溶出伏安法为什么能提高测定的灵敏度？

7. 在 25 ℃时，测得某金属离子在滴汞电极上的扩散电流 i_d 为 6.00 μA，当滴汞电极电位为−0.620 V 时，电流为 1.80 μA，试计算其半波电位。

8. 将被测离子浓度为 2.3×10^{-3} mol·L^{-1}的电解液 15 mL 进行极谱电解。设电解过程中扩散电流强度不变，汞滴流速为 1.20 mg·s^{-1}，滴汞周期为 3.00 s，扩散系数为 1.32×10^{-5} cm^2·s^{-1}，电极反应中电子转移数为 2。试根据尤考维奇方程式计算电解 30 min 后被测离子降低的百分数。

9. Pb^{2+} 在盐酸介质中极谱还原，半波电位为−0.462 V，在滴汞电极电位为−0.428 V 时测得扩散电流为 10.2 μA，试预测 Pb^{2+} 还原波的极限扩散电流。

10. 对于一个可逆电极反应，从其极谱波的有关数据可计算得到其电极反应的电子转移数。若测得极限扩散电流为 42.2 μA，半波电位为−0.781 V，在电极电位为−0.750 V 时对应的扩散电流为 3.40 μA，试求该金属离子的电极反应电子数。

11. 某金属离子还原为金属的可逆极谱波的半波电位为−0.480 V，该金属离子在 0.5 mol·L^{-1}配位剂溶液中，配离子的还原极谱波的半波电位为−1.004 V。若电极反应的电子转移数为 2，配离子的稳定常数为 10^{19}，试求配合物的配位数。

12. 各种卤代化合物，如三氯甲烷在滴汞电极上还原而产生极谱波：

$$RX+H^{+}+2e^{-}\rightleftharpoons RH+X^{-}$$

在普通极谱仪上测得其半波电位为−1.670 V(25 ℃)，若用单扫描极谱法测定该化合物，其峰电位为多少？若此化合物能可逆氧化，其循环伏安图上的阳极峰电位约为多少？

13. 用悬汞电极通过溶出伏安法测定痕量铅，当预电解富集时间控制为 5 min，溶出扫描速率为 50 mV·s^{-1}时，测得溶出峰电流为 1 μA。当溶出扫描速率为 25 mV·s^{-1}和 100 mV·s^{-1}时，所观测到的溶出电流为多少？

14. 甲基紫精在 0.01 mol·L^{-1}磷酸盐缓冲溶液中可逆氧化还原，当扫描速率为 25 mV·s^{-1}时，其循环伏安曲线的阴极峰电流为 2.2 mV·s^{-1}；同样条件下，当扫描速率为 100 mV·s^{-1}时，甲基紫精的浓度为 1.2×10^{-3} mol·L^{-1}，所获得还原电流为 13.2 μA。试求产生 4.4 μA 电流的甲基紫精的浓度。

15. 某有机化合物在滴汞电极上还原产生一个可逆极谱波。滴汞电极表面积为 2.8 mm^2，该化合物扩散系数为 9.2×10^{-6} cm^2·s^{-1}，电极反应电子数为 2。试计算 4.2×

10^{-5} mol·L^{-1}该化合物在单扫描极谱上的还原电流。

16. 极谱分析中的干扰电流有哪些？应如何消除？

17. 可逆极谱波和不可逆极谱波的区别在哪里？不可逆极谱波是否能用于定量分析？

18. 极谱分析中影响扩散电流的主要因素有哪些？测定中如何注意这些影响因素？

19. 极谱分析与电解分析有什么显著不同之处？

20. 当金属离子形成较稳定的配离子之后，它的极谱行为与前者有何不同？根据配合物极谱波方程式，可以得到哪些重要的结论？

21. 单扫描极谱法有哪些主要特点？

22. 如何利用循环伏安图来判断电极过程的可逆、准可逆和不可逆性？

23. 常规脉冲极谱和微分脉冲极谱有什么相同和不同之处？

第十二章　电化学生物与免疫传感分析

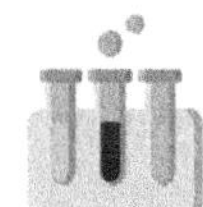

第一节　化学修饰电极

化学修饰电极(chemical modified electrodes,CME)的研究报道始于1975年,Watkins和Murrary分别独立报道了依照人为意愿及特定目标来对电极表面进行修饰的研究。化学修饰电极是当前电化学、电分析化学研究的热门领域。传统的电化学研究中,研究对象仅仅是裸电极/电解液界面的范围;而化学修饰电极可以根据人为意愿,将具有优良的化学性质的分子、离子、聚合物等固定在电极表面,对电极表面的分子进行设计或裁剪,按意图赋予电极预定的功能,以便有选择性地进行所预期的反应,在分子水平上实现电极功能的设计,突破了传统电化学的局限。目前,CME已经成功应用在生命科学、分析科学、环境科学等诸多领域。

关于化学修饰电极的正式命名与定义,国际纯粹与应用化学联合会(IUPAC)的电分析化学委员会曾在1989年提出了相关建议,这是由Durst、Murray、Izutsu、Kadish和Faulkner共同参与起草的。他们提出:

化学修饰电极构成一种近代的电极体系,其应用体现在以下两个方面:① 可用于广谱性的基础电化学研究,也就是对电子传输机制的探究,具体包括电极表面的化学活性和静电现象关系、非均相电子传递过程以及电子离子在聚合物膜中的传输关系;② 设计不同的电化学器件和体系,以实现化学敏感、能量转换、存储分子器件、电变色显示和电化学有机合成等目标。

化学修饰电极可以理解为电极表面经分子设计并被人工剪裁过的任何电极,这种修饰包括对电极界面区的化学改变,因此它所呈现的性质与电极材料本身任何表面上的性质不同,电极表面的修饰强调必须改变电极、电解液界面的微结构而调制成某种特性。

一、化学修饰电极的制备

化学修饰电极的制备是研究工作开展的关键步骤,修饰方法的设计、操作步骤、方案设计的合理性与优劣程度直接影响电极的活性、重现性和稳定性等。

对化学修饰电极分类的依据有许多种,人们习惯以电极表面修饰物的微结构尺度来分类,单分子层(包括亚单分子层)和多分子层(以聚合物薄膜为主)修饰电极是最为常见的两大类型,另外还有组合型电极等。制备单分子层修饰电极的途径颇多,如共价键合法、吸附法[化学吸附法、欠电位沉积法、新发展的LB(Langmuir-Blodgett)膜法和SA(self-assembling)膜法];与此同时,多分子层修饰电极的制备途径相对局限,主要依靠聚合物薄膜法和气相沉积法,聚合物薄膜法又可以分为从单体出发和从聚合物出发来制备聚合物薄膜电极两种途径,具体涉及多种手段。关于化学修饰电极的分类见图12-1。

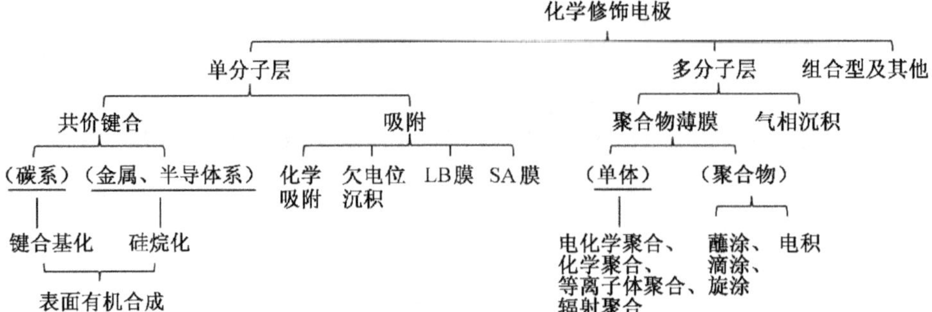

图 12-1 化学修饰电极的分类

1. 共价键合法

据报道,化学修饰电极最早采用的制备方法是共价键合法。固体电极表面经过清洁处理之后,往往会残留一些含氧基团,但这些基团浓度很低且不确定,需要在电极表面进一步引入可供键合的基团。因此,共价键合法制备修饰电极分两步进行:第一步是进行电极表面的预处理,以便引入键合基;第二步则是利用已经修饰的基团在电极表面进行有机合成,获取预定的功能团。

对于不同基底的电极材料,引入键合基的方法不同。比较常见的两种电极材料以碳和金属及其氧化物为基底。对于常见的碳电极,人们主要在电极表面引入氧基、氨基和卤基以及进行碳表面的活化;而对于金属和金属氧化物电极为基底的化学修饰,首先是经预处理过程在表面形成羟基(金属电极先氧化后还原,金属氧化物电极可以用盐酸处理),然后与有机硅烷试剂反应,通过胺键连接预定功能团,或者可与预定功能团直接反应,通过酯键、醚键相连。

共价键合法可以很好地从原理和步骤上解释修饰电极的设计与表面结构的形成过程,键合的单分子层厚度为纳米级,修饰后电极的导电性较好,功能团连接较牢固;但该方法在实际操作过程中手续烦琐,过程复杂,同时接枝在电极表面的预定功能团的有效覆盖率相对较低,响应较小。

2. 吸附法

化学吸附法、欠电位沉积、LB(Langmuir-Blodgett)膜法以及 SA(self-assembling)膜法是吸附法制备修饰电极的四种主要方法。

化学吸附法是制备单分子层修饰电极的一种简单而又古老的方法,其修饰材料以吸附的方式结合于电极表面,也称作不可逆吸附。化学吸附法制备电极操作直接,制备出的电极表面结构简单,但是由于化学吸附过程人为不可控,电极表面吸附层结构无法重现而且容易被破坏。但在严格控制实验条件下,它仍能获得较好的重现性。目前在生物传感器中媒介体的修饰,特别是在溶出伏安法分析中广泛采用化学吸附法。

金属的欠电位沉积(under potential deposition,UPD)是指金属在比热力学电位更正处发生沉积的现象,这种现象常发生在金属离子在异体底物上的沉积,又称吸附原子。UPD 法可以通过控制外界条件控制某种原子使其发生沉积,因此这种方法可以用来制备精细结构单层修饰电极。在 UPD 法中,通常选择某些贵金属或过渡金属为基底,使一些

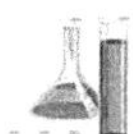

重金属元素发生欠电位沉积并形成一定空间结构的单原子层。它的化学和电化学性质有别于异体基底，也不同于整体的自身性质。沉积的金属单层相当于一个双功能催化剂，提供某些活性点以参与电极反应；为电极上发生的氧化还原反应提供一个电荷转移媒介，能在较低电位下促进电荷转移；可以改变电极本体元素原子的电子云密度和功函数等表面状态，阻止某些反应毒物在电极表面的吸附。虽然利用 UPD 法制备的电极表面具有规则的微型结构，十分适合电分析化学体系，但这种方法能应用的主客体十分有限。

LB 膜法可在分子水平上制造出按设计次序排列的分子组合体，成为单分子层或几个单分子层的修饰薄膜。制备时将具有亲水基团和脂肪疏水端的双亲分子溶于挥发性的有机溶剂中，铺展在平静的气-液界面上使溶剂挥发；挥发后沿液面横向施加一定的表面压，此时溶质分子在外压作用下排列形成紧密有序的单分子膜；将最终获取的单分子膜转移到固体电极表面即可得到 LB 膜修饰电极。LB 膜法实质上是人为控制的特殊吸附方法，可在分子水平上实现某些组装设计，完成一定空间次序的分子组合，能得到几乎没有缺陷的单分子膜以及高度各向异性的层状结构。可以说，LB 膜是人工组装的纳米尺寸上有序的类分子晶体，其超薄有序的特性将在分子电子器件中大放异彩。

SA 膜法基于分子的自组装作用，在固体表面上自然形成高度有序的单分子层。SA 膜法比 LB 膜法操作更加简单易行且稳定性好。SA 膜法的突出优点在于双亲分子在固体表面上自组形成的单分子层结构可以模拟生物表面并进行分子识别，也就是说，SA 膜的这种人工自组体系对仿生研究极有价值。因为它在分子尺寸、组织模型上以及膜的自然形成等方面类似于天然的生物双层膜，同时又具有分子识别功能和选择性响应，且稳定性高。虽然 SA 膜能自然形成，但它对基底电极主要是金的(单晶面)要求很高，而且实验中所需试剂需要自行设计合成，导致该方法的应用研究具有一定的局限性。

3. 聚合物薄膜法

多分子层修饰电极中关于聚合物薄膜的研究最广。通常制备聚合物薄膜修饰电极具有很大的弹性空间，不仅对基底电极的表面状态无特殊要求，而且对聚合物本身的性质要求也不苛刻。例如，聚合物既可以是导电性化合物，也可以是非导电性物质；聚合物既可以预先含有预期的活性基团，也可以通过人为设计进行修饰；聚合物既可以依靠某种化学吸附作用固定在电极表面，也可以因为难溶于所接触溶液而接枝于电极表面上。

根据所用初始试剂不同，制备聚合物薄膜电极可以分为从聚合物出发和从单体出发制备两大类。从聚合物出发制备修饰电极主要是通过旋涂、滴涂、蘸涂、氧化还原沉积法等途径将导电型聚合物固定于电极表面制备获得；从单体本身出发，则可以通过电化学聚合、等离子体聚合、辐射聚合等途径来实现电极制备。聚合物薄膜修饰电极表面活性基团的浓度高，电化学响应信号大，且电极的电化学和机械稳定性高，应用领域也更为广泛。

4. 组合法

除单分子层和多分子层修饰电极外，化学修饰电极还包括组合法制备的化学修饰电极、无机物修饰电极(包括普鲁士蓝类似物、分子筛、金属氧化物等修饰剂)等类型。组合法制备修饰电极的方法十分简单，只需要将化学修饰剂与电极材料简单混合，最为典型的就是化学修饰碳糊电极(CMCPE)，一般采用直接混合法或者溶解法。CMCPE 经制备—活化—测定—再生处理可经常保持活性表面，有利于测定结果的重现。

二、化学修饰电极的表征

化学修饰电极的表征方法包括电化学方法和非电化学方法两大类。

电化学表征方法的依据是研究电极表面修饰剂发生的电化学反应而产生的电学参量的变化，如电位、电流、电量和电解时间等电学参数，从而定性或定量表征修饰剂的电极反应过程和电性能。常见的电化学方法主要有循环伏安、脉冲伏安、交流阻抗、计时电流、计时电位和计时库仑等方法。表征侧重电极修饰膜内的电荷传输过程，注重机制研究。

光谱电化学法是各种光谱技术与电化学结合，在同一个电解池内进行测量的一种方法，对于研究电极过程机制、电极表面特性，监测反应中间体、产物及测定电化学参数，能提供有力的手段支撑。光谱电化学法可分为非现场法和现场法两种，而现场光谱电化学法将光谱技术用于电极反应过程中的电化学反应研究，能获得分子水平的、实时的信息。研究化学修饰电极的光谱技术主要有红外光谱法、拉曼光谱法、荧光光谱法、紫外可见光谱法、偏振光谱法等。

电子自旋共振（ESR），又称电子顺磁共振（EPR），是一种专门用于研究含有未成对电子物质的波谱技术。20 世纪 50 年代开始，Maki 等首次将工作电极置于 ESR 谐振腔中，建立了现场电化学 ESR 方法。由于聚合物膜中极化子的存在，导电聚合物本身都有很强的 ESR 信号。目前用 ESR 方法对导电聚合物修饰电极的研究主要是跟踪 ESR 信号随电化学信号的变化，从而推测载流子的性质、浓度，揭示导电聚合物的导电机制及养护还原机制。

石英晶体微天平（QCM）技术是一种具有纳克数量级测量质量变化的超灵敏检测器，兼有如黏度、密度、应力、黏弹性、电导率、表面性状、流变特性等介质或界面效应。化学修饰电极膜内质量、电荷传输机制和速度是评价化学修饰电极的重要指标，而 QCM 能直观应用于电极表面的研究，测量固体电极表层质量、电流和电量随电位变化关系，从而认知电化学的界面过程、膜内物质传输、膜生长动力学和膜内的化学反应等。

扫描电子显微镜（SEM）由于观察试样的景深大，图像富有立体感，而且样品制备简便，适合于表征化学修饰电极表面形貌，特别是较厚的聚合物化学修饰电极。扫描隧道显微镜（STM）的原子级高分辨率可实时得到空间表面的三维图像，监测表面修饰过程；可观察单个原子层的局部表面结构，如表面缺陷、表面重构、表面吸附体的形态和位置等；可在真空、大气、常温等不同环境下工作，无须特别制样技术，测量时对样品无损伤。扫描电化学显微镜（SECM）是一种化学显微镜，其响应与针尖和样品表面的传质及化学反应有关，能反映导体、半导体和绝缘体的表面形貌，适用于电极表面的表征和电极过程动力学的研究等。

三、化学修饰电极的应用

化学修饰电极技术是通过化学修饰的方法有目的地在电极表面固载所选择的化学功能团，由此赋予电极某种特定的性质，以便高选择地进行预期的反应。因此，理想的化学修饰电极定量分析过程是将分离、富集与测定合为一体的过程，在提高选择性及灵敏度方面具有独特的优越性，并为建立与其他分析手段联用的新方法提供了基础。

1. 选择性富集分离

修饰电极表面能对待测物进行富集分离是化学修饰电极用于分析测定的优势之一。待测物可以与修饰到电极表面的具有特定功能的化学功能团发生配位、共价键合、离子交换等相互作用，并通过富集、检测、再生三大步骤而被富集分离。富集作用可以增加电极表面附近待测物的浓度，从而提高分析的灵敏度；并且电极表面上的修饰剂与待测物之间发生的特定化学反应或者共轭键合、配位、离子交换、氢键等相互作用能增强测定的选择性。

2. 电催化作用

化学修饰电极的电催化作用在分析测定中具有以下优点：

(1) 降低反应底物的过电位，从而减小背景电流，并可防止溶液中其他电化学活性物质的干扰。

(2) 能加快电化学反应中的电子传递速率，从而增大电流响应值，降低检出限。

(3) 防止待测物或产物在电极表面发生沉积和吸附而对电极产生毒害作用，延长电极的使用寿命。

将具有电化学活性的物质采用吸附、包埋、共价键合或聚合等方法固定到电极表面后，该电活性物质可能会催化溶液中某些反应的发生。若这些反应过程能被电化学方法检测到，就可以间接检测溶液中被催化物质的含量，从而测定一些电化学活性差或反应速率慢的待测物的含量。

3. 选择性渗透

选择性渗透膜可允许待测物通过渗透膜，干扰物无法通过而被排除在膜外，因此将选择性渗透膜固定在电极表面制得的电化学传感器相当于在电极表面添加了一个在线分离装置，从而大大提高了传感器的选择性和稳定性。选择性渗透膜是通过控制膜孔径的大小、所带电荷、极性的大小或综合利用以上几种作用而实现选择性的。将它与电化学传感器结合起来，可以拓宽传感器的使用范围，并能应用于复杂体系的分离分析。

4. 电位传感器

电位传感器是指通过测定电极的平衡电位来进行定量分析的电化学传感器。能斯特方程指出，电极的平衡电位与溶液中待测物活度的对数成线性关系。化学修饰电极之所以被应用于电位传感器，是因为其具有内阻低、响应快、抗干扰能力强、制作简单等优点。常见的电位传感器有 pH 传感器和聚合物掺杂的阴离子传感器。近年来，H^+ 敏感场效应晶体管、光导纤维 pH 传感器、酶 pH 传感器和中性载体膜 pH 电极等在提高测定灵敏度的同时，扩展了测定的 pH 范围，具有传统技术所无法比拟的优势。

5. 生物传感器

生物传感器中，被测物质通过扩散进入生物敏感膜层，经分子识别元件发生生化反应，产生的信息被物理换能器转化为与被测物的浓度相关的可识别测量的电信号。成熟的生物传感器有免疫传感器、酶传感器、微生物传感器、细胞传感器等。化学修饰电极用于生化分析的优势在于电极可通过全化学法进行修饰而具有特殊的用途，成为构造生物传感器的一个新方向。其价格低廉、检测速度快、使用便捷，在临床、疾病诊断、环境监测领域有着重要的应用价值。

第二节　超微电极

超微电极通常简称微电极，20 世纪 70 年代末开始成为电化学和电分析化学的研究热点。大多数电化学及电分析化学家认为，一个普通的电极具有毫米线径，而微电极是指线径为微米或更小的电极。当一维尺寸从常规电极的毫米级降至微米级（称为微米电极）时，表现出许多常规电极无法比拟的电化学特性，如传质快，可快速达到稳态电流，电流密度大，电阻低，时间常数小。微米电极体积小，适用于微体系和活体检测。当电极尺寸进一步降低至纳米级（称为纳米电极）时，将出现异常的传质过程，乃至发生量子现象，带来许多新的性质，如极高的传质速率和极高的分辨率等。纳米电极适用于高阻体系、超临界流体以及气体介质的研究，有利于异相和均相快速电化学反应研究，在单细胞分析、微量和痕量检测、电化学、电催化和动力学等研究领域展现出巨大的应用前景。

因生命科学的需要，1973 年 Adams 率先将伏安微电极植入动物脑内用来监测神经递质的变化，实现了特殊的测试与表征。测量微小电流的电子学仪器、制作修饰电极工艺的发展以及微电子技术的引入，为微电极的研究提供了优良的条件，使微电极的特异性能不断被人们所认识。微电极尺寸很小，可用于微区检测，而且由于其体积小，微电极的电化学响应与常规大电极相比有很大的区别，从大电极的线性扩散到微电极的球形扩散，使微电极具有很高的传质速率、很大的电流密度、较小的 iR 降和充电电流。其电极响应速度快（$RC<1$ ns），能施加的电位扫描速度可达几万伏/秒甚至几十万伏/秒，比常规电极的扫描速度高好几个数量级，可用于短时间范围（毫秒甚至纳秒级）的均相和异相电子转移过程的研究。这些优越性不但简化了实验方法及实验设备，提高了测量系统的信噪比，而且大大扩展了电化学与电分析化学研究的样品环境及时空范围。因此，人们利用这些特性开展了许多新课题的研究。

目前，微电极已应用于生物电化学、金属电结晶、快速电极过程动力学、微量电分析、色谱电化学、能源电化学、非水体系、暂态过程、动态跟踪、生命科学以及微生物生态学等领域。随着微电极理论研究的进一步深入，各种制作微电极新技术的涌现以及化学修饰微电极的研究，其应用领域也不断扩展和深化，已成为现代电化学研究的重要手段。

一、超微电极的类型及制备

由于微电极的体积小，不易加工，其种类不及常规电极。电子刻蚀和纳米技术的应用使微电极的种类五花八门。按其性能来分，可概括为离子选择性微电极、微参比电极、液/液界面微电极、伏安型微电极等。其中伏安型微电极的研究发展最为迅速，用途最广泛。随着微电极技术的广泛应用，伏安型微电极已由原来的单根电极发展成双微电极、阵列微电极及其他形式的组合微电极，其形状包括盘状、带状、环状、球状、柱状等（图 12-2）。其中，微盘电极的研究报道占微电极的一半，微柱电极占 20%，带状和环状微电极约占 10%，而组合或阵列微电极占 20%。制作微电极的材料有碳纤维，铂、铱、金、银等贵金属，以及铜、汞、钨、碳糊、玻碳、石墨、超导材料甚至导电聚合物膜等。

微电极的制作是微电极技术发展的关键问题之一。超细纤维、超细金属丝制备的成功，以及光刻技术特别是计算机控制光刻技术及微电子技术的发展，为微电极的研制提供

了条件，使微电极的尺寸由通常的几十微米级发展到亚微米级甚至纳米级。

(a) 超微球电极

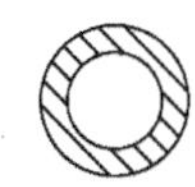
(b) 超微环电极

(c) 超微盘电极

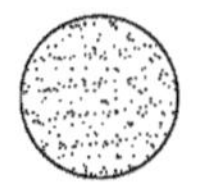
(d) 组合式超微电极

图 12-2　不同形状超微电极示意图

盘状微电极制作简单，表面易于处理，结果重现性好，因而在实际工作中报道最多。为适应活体分析的需要，微柱电极的研究及应用也得到较快发展。微柱电极的制作一般采用密封法。微米电极的制备一般采用如下方法：

密封法是将微米级的金属丝或碳纤维封入玻璃毛细管中，从玻璃管的另一端引出电极引线，再用环氧树脂将口封好，然后根据需要截取柱的长度，抛光露出盘形端面；成型法是将低熔点金属灌入与金属黏附较强的玻璃管中，再拉制成毛细管；沉积法（涂层法）则通过蒸发将金属沉积在毛细管内侧，然后将毛细管在某处折断，或者在纤维上沉积（涂布）一层金属后再涂布一层玻璃或聚合物制成微电极；附着法是将液态金属（如汞、汞齐）直接沉积在基体材料（如碳）上形成微球电极。

纳米电极的制备因一维尺寸为纳米级，制备难度更大，方法有等离子轰击法、刻蚀-涂层法、模板法等。等离子轰击法是将金丝置于等离子轰击仪中，根据需要制得所需尺寸的金丝。未轰击的一端与导线相连，在显微操作系统中穿入已拉制好的玻璃毛细管，外露部分的金丝尺寸由微操纵器控制，另一端用快速环氧胶固定，真空中封熔电极尖端。刻蚀-涂层法是将金属丝用电化学或火焰烧蚀法刻蚀成锐利的尖端后涂布一层绝缘物，通过升高温度使绝缘层收缩、固化，暴露金属丝的最尖端。可通过重复涂层和固化操作控制金属丝尖端的活化面积，从而控制电极尺寸。模板法是将具有特定纳米结构的物质作为模板，通过对该物质的结构进行复制和转录来获得特定纳米结构材料，进一步处理可制得纳米微电极。

微电极的表面处理与其性能有很大关系，一般有热处理、机械抛光、化学处理、电化学处理以及激光处理等。对碳纤维微电极处理的常用方法是电化学处理，一般将电极置于缓冲溶液中，在电极上加 0.3 V、70 Hz 的三角波进行活化，也有采用阳极氧化再阴极还原的方法进行处理。碳纤维微电极经电化学方法处理后能显著提高其灵敏度，电极的选择性也有所改善。这可能与经电化学处理后电极的表面活化或表面的分子结构改变有关。

二、超微电极的特性

微电极的电解过程与常规电极的电解过程本质上是相同的，但因微电极一维尺寸为微米级或纳米级，展示出优于常规电极的特性。与常规电极相比，微电极具有传质速率快、双电层充电电流小、iR 降低和时间常数低等方面的特点。

1. 传质速率快

因为微电极的尺寸很小，在电解时电极表面形成薄而稳定的半球形扩散层，产生所谓的“边缘效应”（图 12-3），传质速率快，新鲜的去极剂扩散到电极表面所需时间短，出现了与时间无关的稳态电流，该稳态电流来自沿半径方向扩散的非线性扩散。在低扫描速率时，线性变位扫描伏安法产生与经典 DC 极谱相似的稳态伏安曲线（图 12-4）。

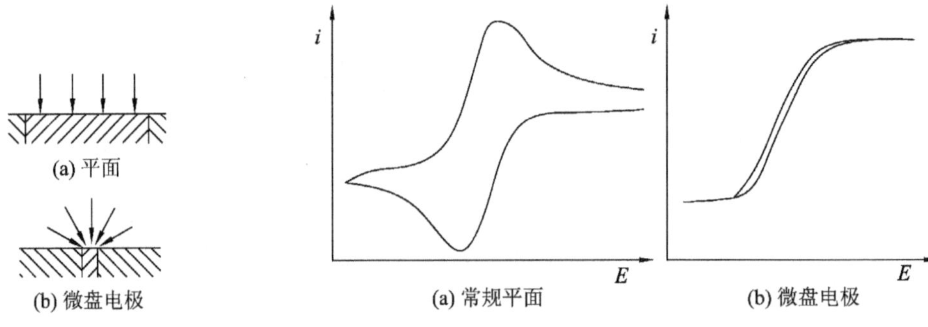

图 12-3 平面及微盘电极上物质的扩散

图 12-4 常规平面及微盘电极的循环伏安图

可见其扩散层厚度与其半径接近，非常薄，因而微电极上传质速率相当快，电极过程很容易达到稳态。在循环伏安图中，由于反应产物很快离开电极表面，反扫描过程与正扫描过程的伏安曲线重合（图 12-4），并且这种效应对有化学反应参与的电极过程有显著的影响。在半径很小时其扩散层厚度更薄，因而产生的电流密度很大。

由于高速传质，电解时溶液的振动对电流的影响不大，对流传质的影响比常规电极要小得多。微电极的高传质特性使它非常适用于一些特殊场合的研究，如在稳态条件下研究快速电极反应动力学、伴有均相反应的氧化还原反应动力学以及活体分析等。

2. 双电层充电电流小

双电层充电电流的影响是限制快速电位扫描的重要因素，它歪曲了短时间内的计时电流，因而在常规电极上最高电位扫描速率受到限制，使许多领域中的研究无法进行。由于双电层电容与电极面积成正比关系，所以充电电流也与电极面积成正比关系，电极半径越小，则充电电流的衰减就越快。因而，在微电极上，信噪比是很大的，它为提高检测灵敏度提供了有利条件。微电极的电流在短时间内即可达到稳态，电极的响应时间很短，适用于各种暂态电化学方法，如方波伏安法、脉冲伏安法、阶跃伏安法等。

3. iR 降低

iR 降使得加在电极上的电压并不是所加的励激信号。对于线性扫描伏安法，在不同电位时电流的变化使得加在工作电极上的电压并不是线性变化的，因而在电化学与电分析化学的研究中，iR 降必须很小，才能使其测量达到足够的精度。

在常规电极上，为了防止由于 iR 降扭曲伏安曲线，影响测量精度，通常采用三电极系统来补偿 iR 降的影响。而对于微电极，电极的电流密度虽然很大，但因其半径在微米或纳米级，电极面积很小，使得通过微电极的法拉第电流（一般只有 $10^{-12} \sim 10^{-9}$ A）及电容电流都很低，因此电解池的电压降 iR 很小，可忽略不计，适用于高阻介质中的电化学测量。

4. 时间常数（RC）低

任何电解池都有电容电流，因而暂态的电化学测量受时间的限制。电极/溶液界面的电容 $C \propto r^2$，而溶液的阻抗 $R \propto 1/r$，因此时间常数 $RC \propto r$，r 降低使微电极的 RC 降低。充电电流 i_c 的衰减速度 $e^{-t/(RC)}$ 变得很快，从而增加了信噪比，提高了测定的灵敏度，或在同

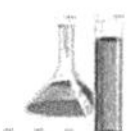

一信噪比下可以在极短时间内测出法拉第电流，因而微电极可用于微量和痕量物质的测定。例如，直径为 4 μm 的盘电极，双电层电容充电至 99%所需时间仅为 3 μs，如果 $r=2.5$ μm，衰减至 99%只需 12 ns，因而可利用微电极进行快速测量，甚至当电位扫描速率达 10^5 V·s^{-1}时，微电极仍可得到良好的伏安信息。

三、超微电极的应用

超微电极由于其优良的电化学特性，应用非常广泛。超微电极可直接作为微型检测探头和制成微型传感器，用于生物科学和其他领域的在线检测；可与色谱、流动注射分析、毛细管电泳等联用，大大提高电极的选择性和灵敏度；用于电子转移动力学和热力学研究、物质的扩散系数和动力学参数的测定以及电化学反应机制等研究。

在分析化学方面，超微电极的检测限很低，可用于痕量物质的测定，特别是测定微小区域中的物质，如细胞中某种化学物质的浓度，并可忽略残余电流的影响。

在生物电化学方面，由于超微电极体积小，在生物体研究中不会损伤组织，不会因电解破坏测定体系的原有平衡，能适应生物体内复杂的生理环境；可快速响应生物体内物质的瞬间变化，因而适用于研究神经系统中神经传导机制、生物体循环及器官功能等。例如，利用超微电极测定脑组织中多巴胺及儿茶酚等物质的浓度及其变化，能为脑神经的传导机制等的研究提供重要信息。

此外，超微电极适用于反应中间体的检测和快速电极反应机制的研究，以及电沉积机制的研究。例如，电沉积的成核过程具有随机性，常规尺寸的电极上很难测定核的形成速率和生长速率；而超微电极由于其尺寸小，可允许单核形成和生长，只需测定第一个核生成的诱导时间，便可得到成核速率，再测定随后的电流，便能确定核的生长速率。

第三节　生物芯片原理及技术

基因芯片技术是 20 世纪 90 年代发展起来的分子生物学技术，是融微电子学、生命科学、物理学等学科交叉综合发展的新产物。生物芯片技术的诞生是人类基因组计划(HGP)启动、执行和完成的必然产物，也是生命科学进入后基因组时代的发展需要。生物芯片的概念来自计算机芯片，因为其制作过程中采用了类似集成电路制作中的微加工技术，使得生物学实验中一系列不连续的过程如样品准备、生化反应及检测等步骤连续化和微型化，在一个小小的芯片上集成大量的生命信息。

一、生物芯片的原理

生物芯片技术是通过缩微技术，根据分子间特异性的相互作用的原理，将生命科学领域中不连续的分析过程集成于硅芯片或玻璃芯片表面的微型生物化学分析系统，以实现对细胞、蛋白质、基因及其他生物组分的准确、快速、大信息量的检测。

生物芯片分析实际上也是传感器分析的组合，芯片点阵中的每一个反应单元都相当于一个传感器的探头，以高通量、集成化、并行化和微型化为特征。例如，我们要研究肿瘤细胞的基因表达发生了哪些变化，就必须对肿瘤细胞的相关基因，如癌基因、抗癌基因、凋亡基因、细胞周期相关基因等进行逐一分析。常规做法是采用不同的实验技术在基因水平、mRNA转录水平、蛋白质翻译水平上进行研究。若采用不连续的单个基因的分析则比较费时,而采用非并行性分析又将导致组间误差和批间误差。生物芯片则能同时分析和处理大量样品,其将每种基因定义为 K 维空间中的一点(K 为被测样品数目),功能接近的可以归为同簇,基因之间在功能方面的相似性可能揭示其在该空间的依存关系,这种特有的数据处理方式可用于展示现象之间的联系,特别适应基因组和后基因组时代大规模生物信息分析的需要。

二、生物芯片的分类

按照芯片上固化的生物材料的不同,可以将生物芯片划分为DNA芯片(又称基因芯片)、蛋白质芯片、细胞芯片和组织芯片等。生物芯片中最早实现商品化的是DNA芯片。20世纪90年代中期出现的DNA芯片,其微阵列密度高达每平方厘米数万个DNA探针,可一次性获得全基因组的表达谱图,从而成为生命科学研究的重要工具。DNA芯片技术利用DNA分子可以变性、杂交的特性,通过DNA芯片上固定的探针或样品DNA与游离的样品DNA或探针杂交来推断未知的靶分子,杂交结果由荧光标记技术检测;蛋白质芯片则利用蛋白质分子间的亲和作用,检测样品中存在的特异蛋白;免疫芯片即将抗体或抗原固定在芯片表面;而微流控芯片实验室完美体现了微型化和集成化的发展趋势,将化学和生物等领域中涉及的样品制备、反应、分离检测、细胞培养、分选和裂解等基本操作单元集成到一块很小的芯片上,由微通道形成网络,以可控流体贯穿整个系统来实现常规化学或生物实验室的各种功能。

三、生物芯片的制备

生物芯片的制备利用微阵列技术将成千上万的生物信息密码集中到一小块玻片、硅片等同相载体上,组成密集分子阵列。以DNA芯片的制备为例,在控制条件下将大量DNA分子有规则地排列到载体上,是DNA芯片技术应用的前提和关键。制备方法因DNA芯片种类不同而有异,大致可分为以下三种:

(1) 固定在聚合物基片(尼龙膜、硝酸纤维膜等)表面上的核酸探针或cDNA片段通常与用同位素标记的靶基因杂交,通过放射显影技术进行检测。这种方法的优点是所需检测设备与目前分子生物学所用的放射显影技术相一致,相对比较成熟。但芯片上探针密度不高,样品和试剂的需求量大,定量检测存在较多问题。

(2) 用点样法固定在玻璃板上的DNA探针阵列与荧光标记的靶基因杂交进行检测。这种方法点阵密度可有较大的提高,各个探针在表面上的结合量也比较一致,但在标准化和批量化生产方面仍有不易克服的困难。

(3) 在玻璃等硬质表面上直接合成的寡核苷酸探针阵列与荧光标记的靶基因杂交进行检测。该方法把微电子光刻技术与DNA化学合成技术相结合,可以使基因芯片的探针密度大大提高,减少试剂的用量,实现标准化和批量化大规模生产,有较大的发展潜力。

目前已有多种方法可以将寡核苷酸或短肽固定到固相支持物上。这些方法总体上有两种:一是原位合成法,即按预先设计的序列顺序有规律地在固相支持物上直接合成成千上万种不同的DNA片段,该法适用于寡核苷酸探针的合成;二是交联制备法,即利用由计算机控制的点样装置将预先合成或制备的探针、cDNA、基因组DNA等按一定的排

列顺序点在经特殊处理的载体上，通过共价交联或非共价吸附固定核酸分子，该法主要用于中、低密度芯片的制备，既适用于大片段的DNA，也适用于小分子的寡核苷酸。

四、生物芯片技术的应用与展望

1. 基因表达谱分析

利用表达谱基因芯片研究基因功能的途径无疑是一种从分子水平向细胞和整体水平研究生命现象的回归，在整体、联系中观察个别基因的行为和功能是最客观和全面的分析方法。通过利用cDNA文库和数据库可以制备cDNA微阵列芯片，而一种基因在不同时间、不同组织结构、不同发育阶段及不同生物模式中的表达方式不同。若将不同个体、不同组织、不同细胞周期、不同发育阶段、不同病变、不同刺激（包括不同诱导、不同治疗阶段）条件下的细胞内mRNA或逆转录后产生的cDNA与表达谱基因芯片进行杂交，可以对这些基因表达的个体特异性、组织特异性、发育阶段特异性、分化阶段特异性、病变特异性、刺激特异性进行综合的分析和判断，可为探明该基因的生物学功能和作用提供线索，并能迅速将某个基因或几个基因与疾病联系起来，极大地加快这些基因功能的确立，同时进一步研究基因与基因之间的相互作用。

目前，已制备了各类cDNA表达谱基因芯片，如癌基因和抗癌基因芯片、信号转导芯片、细胞周期检测芯片、细胞凋亡检测芯片，以及细胞因子、生长因子及生长因子受体检测芯片等，为基因表达的整体研究提供了便利。

2. 基因诊断

随着生物学和医学的发展，已知人类有多种疾病与基因有关，所以基因诊断，特别是致病基因，如癌基因、肿瘤基因等的诊断对人类的健康和发展至关重要。例如，DNA芯片可用于大规模筛查由点突变、插入及缺失等基因突变引起的疾病。用于基因诊断的芯片一般是针对靶基因而特别设计的，利用分子杂交进行特定基因的确认。目前已研制出控测艾滋病病毒（HIV）相关基因、与肿瘤抑制有关的P53基因、与乳腺癌相关的8RCAI基因及监控药物代谢的CY450基因等多种DNA芯片。在人类所有基因被解读后，即可利用生物芯片检测人类DNA上的遗传突变位点，并根据结果预测患病的可能性。

3. 药物基因组学研究

药物学主要研究药物的制备、应用和效应，而药物基因组学则提供基因组的全部序列及有关基因和功能的知识。从某种角度来看，这两门学科是相辅相成的。药物的作用就是在蛋白质水平上阻断或改变其靶蛋白功能，了解基因组的全部序列，即了解被基因组编码的基因产物的全部序列以及提供了药物作用于有机体的有效靶标的序列。

由于芯片技术能在基因组的水平上监控基因的表达，从芯片表达谱中所获得的信息有利于研究药物的作用机制及药物对基因表达的调节作用，特别是一些小分子药物对基因表达的影响；同时芯片技术也是沟通基因组和药物发掘之间的桥梁，开拓了药物基因组学研究的新内容，如先导化合物的筛选，药物的毒性、效应、最佳用量及药代动力学等。可以预言，芯片提供的信息与临床资料相结合，必将加速和降低药物开发的成本和价格。

此外，生物芯片在名贵中药材鉴定、药效分析、药物有效成分分析等方面也有极大的应用潜力。例如，结合传统中药理论和现代科学理论，将中药的药性、功能及主治与其对特定疾病相关基因表达和调控的影响关联起来，在分子水平上用现代基因组学，特别是功能或疾病基因组学的理论来诠释传统中药理论及作用机制。

第四节　电化学免疫分析

电化学免疫分析是将免疫技术和电化学检测相结合的一种标记免疫分析方法。与液相色谱、流动注射技术及阳极溶出、伏安法相结合，电化学免疫分析已得到快速发展。

一、电化学免疫分析中常用标记物

用于电化学免疫分析的标记物有酶和电活性物质两类。可用作电化学免疫分析的生物酶及反应体系必须满足以下条件：① 酶具有高活性，可在短时间内将大量底物分子转化为产物；② 产物具有电化学活性；③ 酶底物和酶在缓冲溶液中稳定；④ 酶产物的副反应很少；⑤ 酶容易与抗体或抗原结合，且不降低活性；⑥ 在测定条件下体系底物非活性。常用的酶标是碱性磷酸酶（AP）和辣根过氧化物酶（HRP），其他酶标列于表 12-1。

表 12-1　电化学免疫分析常用酶标

酶	典型反应	被检测物
辣根过氧化酶	2 对氯苯胺＋$H_2O_2 \longrightarrow FC_2H_4N{=}C_2H_4{=}NH + H^+ + F^- + 2H_2O$	F^-
	2 邻苯二胺＋$2H_2O_2 \longrightarrow$（N＝N、NH_2H_2N 连接的两个苯环）$+ 4H_2O$ 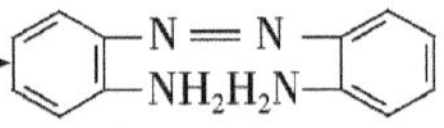	偶氮产
	2 邻苯二胺＋$2H_2O_2 \longrightarrow H_2N$–（$H_3CO$、$OCH_3$ 取代联苯）–N＝N–（H_3CO、OCH_3 取代联苯）–$NH_2 + 4H_2O$ 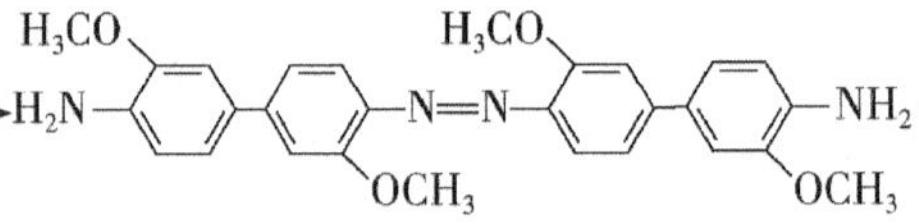	偶氮产物
碱性磷酸酶	磷酸苯酚＋$H_2O \longrightarrow$ 苯酚＋H_3PO_4	苯酚
	对氨基磷酸苯酚＋$H_2O \longrightarrow$ 对氨基苯酚＋H_3PO_4	对氨基苯酚
葡萄糖氧化酶	葡萄糖＋苯醌$\longrightarrow$葡萄糖酸＋氢醌	氢醌
	葡萄糖＋$GOD_{(Ox)} \longrightarrow$ 葡萄糖酸 $GOD_{(Red)}$ $GOD_{(Red)} + 2C_5H_5^- Fe^+ C_5H_5^- \longrightarrow GOD_{(Ox)}$ ＋2 二茂铁＋$2H^+$	二茂铁
葡糖-6-磷酸脱氢酶	葡糖-6-磷酸＋$NAD^+ \longrightarrow$ 葡萄糖＋δ-内酯＋6-磷酸＋NADH	NADH

电活性金属离子和有机分子也常用作电化学标记物。对于一个安培免疫分析法的氧化还原标记物，其应具有如下特性：① 在测定电位范围内应有电化学活性；② 不会污染电极；③ 不会与母体分子发生副反应；④ 在缓冲溶液中能够稳定存在；⑤ 含有可用于修饰的化学基团。

电化学免疫分析包括直接和间接两种方式。通过测定免疫反应前后界面电容、电位、电导、电流等的变化可以直接测定抗原、抗体间的结合而无须标记。发展非标记的免疫分

析方法非常引人注目。由于非标记免疫分析方法测定时无须加入其他试剂，非常适合在线检测，特别是对发展原位(*in vivo*)免疫传感器具有非常重要的意义。电位型、电容型、安培型免疫传感器等均可用于直接电化学免疫分析。在间接电化学免疫分析法中，抗原、抗体的结合反应是通过标记有电活性物质或酶的免疫结合物的反应间接表现出来的。其中，利用电活性标记的电化学免疫分析体系可以通过均相或异相免疫分析方式进行测定，此时抗原或抗体所产生的信号一般与指示剂的量相等，这限制了方法的灵敏度。由于酶具有高效的催化能力，利用酶作标记物，可放大测定信号，且通常酶产物可以方便地利用电位、电容或安培传感器测定，所以酶标记被广泛应用在常规的电化学免疫分析中。

二、电化学免疫传感器

电化学免疫传感器是免疫传感器中研究最早、种类最多，也是较为成熟的一个分支，它结合各种电分析技术，如溶出伏安法、脉冲伏安法、脉冲差分法等，使灵敏度大大提高，目前正朝着更加灵敏、特效、微型和实用的方向发展。按测量信号，电化学免疫传感器可分为电位型、电容型、电导型、阻抗型和电流型。

(一) 电位型免疫传感器

电位型免疫传感器兴起于20世纪70年代，它结合了酶免疫分析的高灵敏度和离子选择性电极、气敏电极等的高选择性，可直接或间接检测各种抗原、抗体，具有可实时监测、响应时间较快等特点。常用作基底电极的离子选择性电极有氟离子电极、碘离子电极、三甲基苯胺阳离子电极等；常用的气敏电极有NH_3、CO_2、O_2等。1975年，Janata首次描述了用来监测免疫化学反应的电位测量式换能器。利用聚氯乙烯膜将抗体固定于金属电极上，当相应的抗原与之特异结合后，抗体膜中的离子迁移率发生变化，从而导致电极上的膜电位发生改变，根据电位变化值即可求出待测物浓度。Ghindilis用乳糖酶标记胰岛素抗体，乳糖酶催化电极上的氧化还原反应使电极上的电位增加。该法操作快速，电位变化明显，有利于免疫反应的动力学研究。虽然电位型免疫传感器能进行定量测定，但由于未解决非特异性吸附和背景干扰等问题，目前并未得到实际应用。

(二) 电导和电容型免疫传感器

电导和电容型免疫传感器都是建立在免疫生化反应产生或者消耗离子引起的溶液导电性的变化基础上的。电容型免疫传感器是建立在双电层理论基础上的一种传感技术。金属电极在溶液中，电极/溶液界面的行为类似于平板电容器，并能储存一定的电荷。物质的吸附和表面电荷的改变对双电层结构和双电层电容会产生显著影响。电容传感器的测量原理比较简单，电极表面的双电层电容$C=A\varepsilon_0\varepsilon_r/d$，其中$\varepsilon_0$为真空介电常数。双电层电容决定于电绝缘层、固/液界面厚度和介电性质，电极表面形成复合体会导致双电层电容下降；电极表面修饰电绝缘性物质时，d增大，导致双电层电容降低；介电常数减小，引起双电层电容进一步下降。测量双电层电容的方法比较多，通常都是基于电化学交流阻抗法进行测定。

电导和电容型免疫传感器同其他生物传感器一样，敏感膜的制备技术最为重要。首先要求在金属电极或者半导体表面形成一层电绝缘层，电容型免疫传感器的成功与否在很大程度上取决于这一电绝缘层。目前随着LB膜技术、自组装膜技术的不断发展和完善，能够实现在分子水平上的定向组装，形成高度致密有序的单分子或多分子层，为制备高灵敏的电容型免疫传感器提供了很好的途径。

Patolsky 等采用纳米线场效应管报道了高选择性单病毒分子实时电化学免疫检测(图 12-5)。他们把流行性感冒抗体固定在纳米线有序阵列上进行检测,当结合上流行性感冒抗原分子时,引起电导信号的变化。而副黏病毒和腺病毒存在时,电导信号没有变化。采用电化学和光学对荧光标记的流行性感冒抗体进行同时测定,来验证电导信号的变化对应于纳米器件上单个病毒分子的结合。进而,采用纳米线器件还可以进行流行性感冒和腺病毒分子的同时测定。因此随着纳米线器件规模的不断扩大,该方法具有进行多种病毒分子同时在线单分子检测的应用前景。

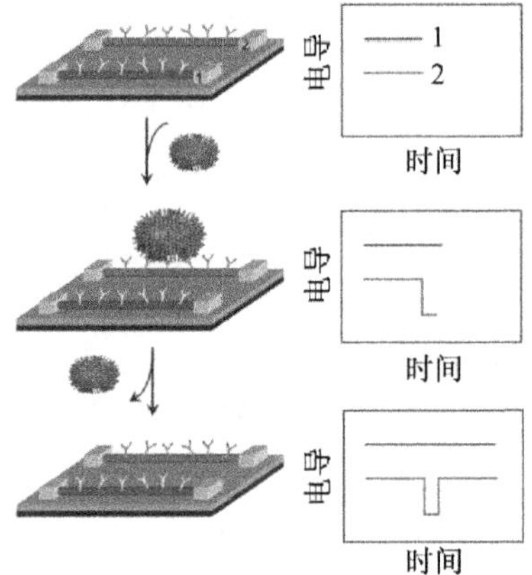

两条纳米线 1 和 2 分别修饰两条不同的抗体受体。当纳米线 2 特异性结合了单个病毒分子后,电导信号产生变化,对应于纳米线 2 上病毒分子表面电荷的变化。而当病毒分子从表面脱离后,电导信号又回到了基线值

图 12-5 基于纳米线阵列病毒分子检测示意图

(三) 电流型(安培型)免疫传感器

自 1979 年 Aizawa 第一次报道用于检测人绒毛膜促性腺激素(HCG)的电流型免疫传感器以来,电流型免疫传感器获得了很大的发展。这一方法具有高敏感性,在恒电位条件下测量通过电化学池的电流,待测物通过氧化还原反应在传感电极上产生的电流与电极表面的待测物浓度成正比(比电位测量式系统中的对数相关性更易换算),结合酶的催化作用,可具有更高的灵敏度,是免疫传感分析中发展最快的领域。

1. 安培型免疫传感器的原理

安培型免疫传感器的测量一般包括两个步骤:首先通过一个竞争或夹心式的免疫反应将酶标记物结合在传感器表面,用一步或多步清洗步骤洗去传感器表面上没有特异性结合的物质,以消除非特异性吸附的影响,然后通过一个酶催化反应,检测免疫反应所引起的电流变化进行测定。

安培免疫传感分析是将免疫技术和电化学检测相结合的一种标记性的免疫分析,与其他生物分析方法相比,免疫传感中抗原、抗体的结合伴随着很小的物理化学变化,因此,大多数安培免疫传感分析方法对免疫结合反应的测定经常是通过其他的辅助反应来表达的,即用某种容易被测定出来的分子来标记其中一个免疫反应物。迄今,安培免疫传感分析的标记物主要有两类:生物酶及电化学活性物质。常用于安培免疫传感分析的标记酶有碱性磷酸酶、辣根过氧化物酶、乳酸脱氧酶、葡萄糖氧化酶、青霉素酰化酶和尿素水解酶等,其反应与检测物列于表 12-1。

以酶作标记物的安培免疫传感分析首先将标记酶交联在抗体(或抗原)上,然后采用夹心法或竞争法进行温育,而后在检测液中进行安培检测。夹心法安培免疫传感分析的基本过程如图 12-6 所示。首先将抗体固定在传感器表面,加入抗原并温育,传感器表面形成免疫复合物,然后洗去过量(或未反应)抗原,再加入酶标抗体(二抗)温育,使传感器表面抗原与酶标抗体结合,洗去游离酶标抗体,最后加入底物(S),结合在传感器表面的标记酶催化底物产生一种电活性物质(P)。测试体系的电流变化与酶的活性成正比,从而可

间接计算出待测抗原的含量。

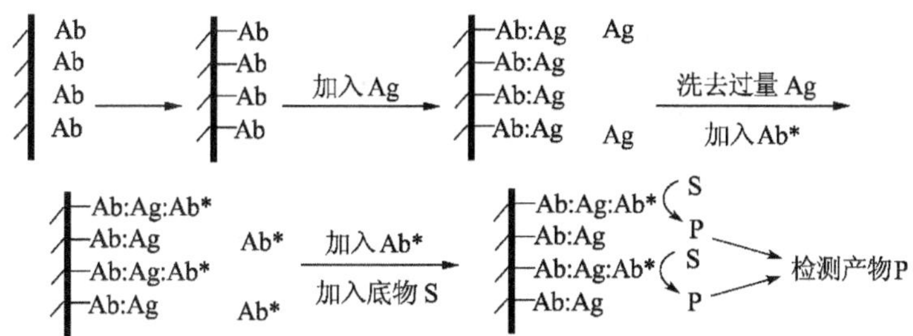

图 12-6　夹心法安培免疫传感分析

电化学免疫传感器制备与应用中更常用的是竞争法安培免疫传感分析，其基本过程如图 12-7 所示。在图 12-7(a)中，传感器表面固定抗体并放入含有待测抗原和酶标抗原的温育液中，温育并清洗后，加入底物 S，再用与夹心法相同的方法测定传感器酶的活性。结合在传感器表面上酶的活性与催化反应的产物量成正比，与待测抗原浓度成反比。在图 12-7(b)中，传感器表面固定抗原并放入含有待测抗原和一定量的酶标抗体的温育液中，温育并清洗后，加入底物 S，测定传感器酶的活性。结合在传感器表面上酶的活性与待测抗原浓度也成反比。竞争法较夹心法简便、快速，所以安培免疫传感分析大都采用竞争法。

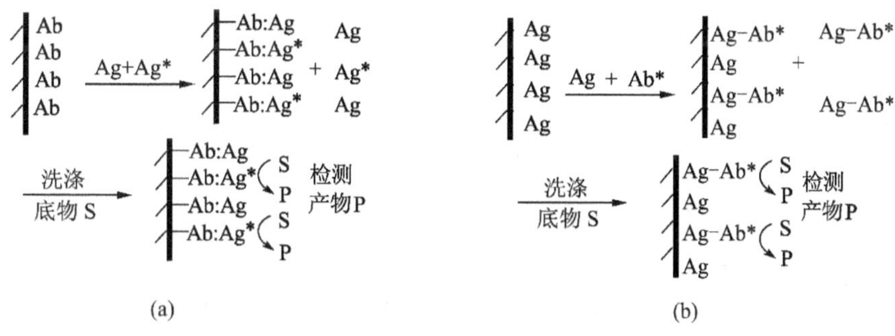

图 12-7　竞争法安培免疫传感分析

另一种安培免疫传感分析类似于均相电化学免疫分析，如图 12-8 所示，将酶标记抗体或抗原固定在电极表面，该电极在与待测样品中抗原或抗体反应后，由于空间位阻，免疫反应引起酶的构象变化，使传感器酶的活性降低，酶的活性降低与待测抗原或抗体浓度也成正比，因此安培信号与待测抗原或抗体浓度也成反比。这一方法无须分离、洗涤，可实现简便、快速免疫分析。由于酶的化学放大作用，在安培免疫分析中大多采用酶作为标记物。在电化学酶联免疫分析中，常采用的电分析技术有循环伏安法、安培分析法、示差脉冲伏安法等。

此外，也可用电活性物质标记抗原或抗体，直接用图 12-6 所示夹心法或图 12-7 所示竞争法进行检测。电活性标记物一般有二茂铁、硝基雌三醇、DTPA、对氨基酚及其衍生物、聚苯胺以及金属离子等。

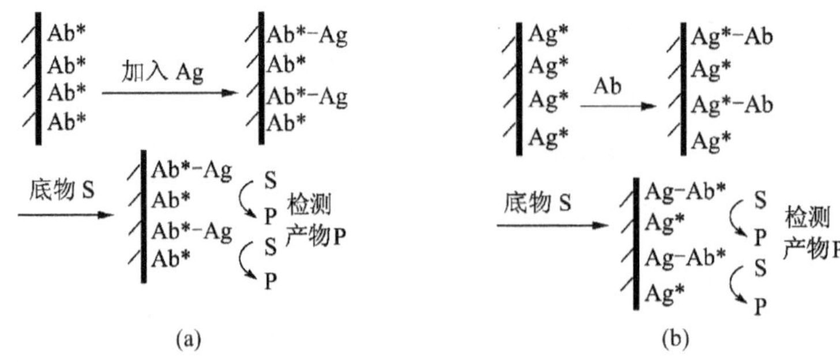

图 12-8 免分离安培免疫传感分析

2. 安培型免疫传感器中抗原(或抗体)的固定方法

免疫传感器制备过程中一个非常重要的步骤是抗原(或抗体)在传感器表面的固定。抗原(或抗体)的固定方式、数量及活性等直接影响传感器的重现性、检测限及循环使用等性能。然而传感器表面结构不一,有金属(如金、银、铜、铂、铅、钾、钛、镍或铬)、碳、玻璃、石英等,它们与抗原(或抗体)的结合特性都不同,这就需要不同的固定方法,使被固定的抗原(或抗体)在反应过程中不脱落。

通常可采用直接法和间接法将生物分子固定于基底电极或固体基质内,主要有以下五种基本方法:

(1) 吸附法(直接法):用含抗原(或抗体)的溶液涂覆或浸泡电极,通过物理或化学吸附作用使其表面生成具有识别功能的生物膜。该法简单、快速,但易阻碍特异性反应的发生,导致非特异性吸附和脱落。

(2) 架桥化固定法(交联法):用戊二醛等双功能分子与蛋白质结合,这些分子起着桥梁的作用,使抗原(或抗体)固定于电极表面。

(3) 包埋法:包括高分子载体包埋法、电聚合高分子包埋法、碳糊固定法。高分子载体包埋法是将抗原(或抗体)与合成高分子如 Nafion 或生物高分子丝蛋白经溶剂混合而使抗原(或抗体)包埋于其中,制成具有生物活性的感应膜,再将其覆盖到电极表面构成免疫传感器;电聚合高分子包埋法是将单体和抗原(或抗体)同时混合于电解液内,通电使单体在电极表面电聚合成高分子,与此同时将抗原(或抗体)包埋于高分子膜内,直接固定于电极表面,构成免疫传感器;碳糊固定法是将抗原(或抗体)用石蜡油等溶剂调匀,再加入石墨粉调制成糊状物,填充于玻璃管内,制备成碳糊免疫电极。

(4) 共价键合法:最常用的是聚乙烯亚胺(PEI)法、硅烷化(APTE)法、生物素-亲和素体系、牛血清白蛋白(BAS)和葡萄球菌 A 蛋白(SPA)法,其中 SPA 法效果最好,但它只限于固定抗体。

(5) 分子自组装固定法:利用自组装技术和 LB 膜技术等,在金电极表面先修饰一层硫醇类化合物,然后再通过自组装方法将媒介体和抗体(或抗原)一层层固定到电极表面,构成免疫传感器。

安培型免疫传感器由于其高选择性、高灵敏度,不仅广泛应用于医学临床诊断,而且在环境监测和食品工业等领域也成功地应用于杀虫剂、农药、激素类物质等小分子物质(半抗原)的测定,获得了良好的效果。

思考题与习题

1. 何谓化学修饰电极？它有何特点？
2. 化学修饰电极发展的关键是什么？有何应用？
3. 何谓自组装膜法？有何特点？
4. 化学修饰电极如何与超微电极和纳米技术相结合？发展前景如何？
5. 试论述超微电极在生命科学发展中的意义。
6. 生物芯片的原理是什么？谈谈你对其应用的展望。

第十三章　样品处理及复杂体系综合分析

第一节　综合分析的特点与分析过程

当被分析样品很复杂时，人们总是要采用多种分离手段、结构鉴定与分析方法相互结合进行，才能知道其组成、结构及含量。所谓复杂体系，不仅是指样品组分的多样性，还包含完全不同体系的物质共存于一个样品中。例如，无机和有机化合物共存一体，高分子、大分子与小分子化合物共存一体，生命活性物质与非生命物质共存一体等。要对这种复杂体系的样品提供全面、准确的结构与成分表征信息，其分析过程可能包括从常量、微量到痕量分析，从成分、结构到形态分析，从总体到微区、表面、空间分布分析，从宏观形貌到微观结构分析，从静态到动态、时间分辨分析，从损坏样品到无损分析，从离线、在线到活体及自控分析等。为了圆满地解决一个复杂体系样品的全分析，几乎需要囊括全部的现代分析方法，因此把这样一种分析的全过程称为综合分析(comprehensive analysis)。由于样品组成的复杂性和剖析要求的多样性，决定了剖析过程的复杂性。这种综合分析程序通常包含两个重要的过程：一是将复杂体系中的各组分逐一分开的分离过程，二是对分离开的各组分进行结构表征与成分分析。所以整个剖析过程是把分离分析、结构分析与成分分析相结合的一门综合分析技术，又是把分析信息与合成加工及应用技术密切结合的一项系统工程。

一、综合分析的特点

1. 复杂性

分析的复杂性首先表现在多形态、多体系、多组分、多种来源样品的综合分析。以样品的外观形态可分为：① 均相体系，包括气体、液体、固体、胶体、气-液溶胶(气体中的液体，液体中的气体)、气-固溶胶(气体中的固体，固体中的气体)；② 非均相体系，包括液体-液体混合(乳浊液)、液体-固体混合(悬浊液)、固体-固体混合(固溶体，机械混合)。以分析样品分析目的可分为定性分析、定量分析、分离分析、结构分析、微区分析、分布分析、成分分析、动态分析、表征分析、质检分析、新产品开发研究剖析等。随着生产实践和现代科学技术的发展，特别是生命科学和环境科学的发展，对分析化学的要求不再是只向人们回答“有什么”和“有多少”这两个问题，而是要求提供关于分析对象的更多、更全面的信息。在环境科学、生命科学以及天然产物研究领域中所遇到的样品是多种多样的，组成极其复杂。例如，从人尿中提取的挥发性物质的色谱图得知，人尿含有300多种化合物，其中已鉴定的只占少数。不同体系的样品，其分析过程和方法又可能有很大差异。人们所要获得的信息量已远远超出了利用一两种常见分析手段所能提供的信息。例如，对有些样品，需对其表面、微区、薄层等空间的分布进行分析，有的除了需要了解分子构型外，还

要进一步了解其构象、序列、活性等信息。更为复杂的是，某些样品在合成、再加工，以及贮存、应用等过程中，其本身的某些成分已发生了变化，对这些样品进行分析后所得的信息实为变化过程的产物或最终产物给出的信息，分析工作者必须利用这些信息去反推出样品的原始组成及制作、贮存的状况及应用的条件。

分析的复杂性还体现在"量"上。对某些样品，可提供的量极少，只有几微升、几微克或几微米长，而且被测组分的含量又极低，只有 10^{-9} 甚至 10^{-12} 数量级，这给直接测定或富集都带来了困难。

2. 综合性

面对复杂的样品，不同的分析目的要求，往往需要高超的分离技术，借助联机分析等多种仪器分析方法的综合应用，对研究对象进行"解剖"，然后对"解剖"所获得的信息进行综合分析，得出可靠的结论。人们把这些综合分析的过程称为"剖析"。剖析过程是一个复杂的过程，通常包括三个程序：① 选择合适的分离方法，或将几种分离方法巧妙组合，达到分离、浓集或提纯的目的，并对制备获得的纯品的纯度进行鉴定；② 利用波谱分析等手段对各纯组分的结构做出合理推测；③ 对所推测出的结构进行合成验证。可见，剖析是集分离、纯化、结构鉴定、成分分析以及合成、加工等于一体的综合分析的过程，是多种现代分析仪器、多种分析方法以及跨学科多种知识的综合运用过程。因此，分析工作者必须弄清样品的来源、性质、生产过程以及可能得到的有关样品的各种信息，必须充分熟悉各种仪器分析方法的原理、特点及适用范围，必须能及时获取分析化学领域中有关方法和技术的最新发展信息，以便选择最佳剖析方案。

二、分析过程

生命、材料、能源和环境科学与技术中的许多实际样品是复杂体系多组分的化合物，分析者首先要了解样品的来源、用途和形态等信息。从接受一项分析任务直至得出结论并写出分析检测报告，所经历的分析过程一般包括以下几个过程：分析任务的确定，分析方法的选择，样品的预处理与分离，被分析物的结构鉴定及含量测定，对测得结果的正确表示与评估。当然，根据分析检测的目的、样品的复杂性以及所选择的方法等不同，这些过程有所增减。

1. 分析任务的确定

在接受一个分析任务以后，首先要确定自己要获得什么样的信息，是定性分析（包括元素及化合物）、定量分析还是结构分析；若进行定量分析，是属常量、微量还是痕量分析范围；是否需进行化学形态（chemical speciation）分析（如对一个含汞样品的分析，除了要知道汞含量外，还必须知道汞在存在的环境中的各种形态）；是否需进行元素的微区分析，以及表面不同深度元素的分布等。分析的任务不同，决定了所采取的分析过程也有所差别。

2. 分析方法的选择

当明确了需要获取什么样的信息后，就要考虑选用何种分析方法才能使获得的信息真实可靠，以满足科学研究及生产实际工作的需要。在分析方法的选择中，必须认真考虑以下问题，特别是对某一个分析问题，有一种以上的方法可以选择时，更有必要。

(1) 样品的性质。样品是无机物还是有机物，是气体、液体还是固体，样品稳定还是易变等。

(2) 样品含量的大致范围。

(3) 方法的检测限及准确度。

(4) 分析时间。在实际生产中,分析时间是一个不可忽视的因素。

(5) 设备、费用及分析者个人经验。

3. 样品的预处理及分离

在样品预处理及分离之前,必然要取样,有的样品也许还有一个贮存过程。分析样品的种类十分繁多。例如,进行大气污染物分析,必须获取空气样品;对于地质研究,必须取得地心样品,以便知道某一分析对象沿着地心是如何分布的;对于某些粮食部门,希望知道这类谷物的蛋白质平均含量;对于医疗部门,要知道血液成分在病人饭前和饭后的变化;等等。样品的状态、性质、含量不同,取样方法也就不同。样品在取样后应立即进行分析,以防止成分发生变化。但有时样品不得不贮存,这就要十分仔细地防止样品受到来自容器、大气以及光的污染,以及发生分解损失和基体的变化。

样品的预处理及分离是分析中的关键一步,它可使被分析物转变成合适的可测量形态,可以使被分析物与干扰物质分离,提高选择性。

4. 被分析物含量的测定、结构鉴定及表界面性质的表征

分析化学中的测量方法可分为绝对法与相对法。绝对法是指该法依赖于准确的已知常数来计算出被分析物的含量。例如,在重量分析中,测得已知化学组成的沉淀并进行称量后,以原子量或分子量之间的关系进行换算后求得其质量分数。大多数仪器分析方法属于相对法,即某一被分析物含量的测定必须将其在分析仪器上产生的信号值与准确知道含量的一个(或一组系列)标准物产生的信号值进行比较后才能确定,因此分析仪器必须进行校准。最常用的校准方法是将测量信号对被分析物浓度作图,即作标准曲线。有机化合物结构的鉴定须依靠紫外光谱、红外光谱、核磁共振波谱及质谱法,或者须将这四种技术联用才能解决。若需知道表面元素的组成、表面形貌、几何或电子结构等,应采用各种表面分析技术。

5. 分析结果的正确表示与评估

分析数据获得以后,怎么进行正确表示以及合理评估,可参见相关的分析化学教材或专著。分析数据的合理评估是指使测得的原始数据转变成真实、有意义的结果。目前许多现代化仪器都配备计算机,许多数据的数学处理过程由计算机解决,因此分析方法的选择以及所选用数据处理软件的性能成了分析质量高低的一个关键因素。在获得了真实的有意义的分析数据后,就可以对所研究的对象做出进一步分析,提出对策,以解决科学研究或生产实践中存在的问题。

第二节　取样和样品的保存

一、取样

要使从称取的试样(一般只有零点几克至几克)中获得的分析结果能代表整批物料(如一车矿石、一船谷物)的平均化学成分,分析工作者所获得的试样必须具有代表性。获

得代表性试样的方法是：从物料的不同部位取出一随机样品，通常为几千克至几十千克，然后将此原始平均试样经过破碎、过筛及缩分等步骤，制成分析试样。

对固体样品，首先研磨成粉末，因为粉末样品更易混合均匀，容易溶解，容易压成薄片或熔融成珠状，以适应红外光谱和X射线荧光光谱法的需要。研磨样品可以使用金刚石研钵或球磨机。经研磨后的样品须过筛。未通过筛孔的粗颗粒切忌丢弃，而应进一步破碎，直至全部样品通过所要求的筛孔，否则会影响试样的代表性。将经以上步骤处理的粉末状样品混合均匀，采用四分法取出很少但足够供分析使用的试样。所谓四分法，就是将混合均匀的试样堆成圆锥形，再将它压成圆饼状，通过中心画十字形将它分成四份，然后弃去对角的两份，留下的试样混匀后供分析测定用。

为了了解工业废水的组成以及处理效果、天然水源的污染程度等，必须采集一定量的水样。采样容器以硬质玻璃瓶和塑料瓶为宜，但当水样中含有大量油类时，不宜使用塑料瓶。采集工业废水水样的方法更为复杂，因为工业废水的成分随时间的变化较大，要想得到代表性的水样，必须根据废水的性质、排放情况及分析要求，采用不同的取样方式。对于连续排放且成分稳定的水样，可以间隔一定时间采取等体积水样，混匀后备用。对不同生产过程排出的废水，应在总废水池中采集混合均匀的废水水样。在江河湖海中取样，还须考虑不同深度与不同区域对样品组成的影响。

对于大气的采样，应根据被测组分的存在形式、浓度和分析方法的灵敏度而定。最普遍使用的方法是抽气采集法，即让大量空气通过液体吸收剂或固体吸附剂，使被测组分阻留，同时使低浓度物质得到浓集。由这种采样方式得到的分析结果是采样时间内的平均浓度。对大气取样，还应考虑离固定污染源的距离及流动污染源对样品组成的影响。

对固体、液体和气体的特殊取样方法可参见有关专著。

对于用于波谱分析的有机化合物样品必须经过纯化，制备成纯样后进行测试。

二、样品的保存

采集的样品的保存时间越短，分析结果越可靠。对某些分析项目，应在现场进行测定，以防止样品在运送过程中物理性质或化学组成发生变化。若样品必须保存，应十分细致小心，以防样品污染、损失、分解及发生基体的变化。样品的保存往往是对于在现场无条件测试的一些项目。利用某些合适的化学反应，可使原样品中不稳定的形态转变成稳定的形态。例如，对氰化物，应加入氢氧化钠，使溶液呈强碱性后保存于冰箱中，但仍应尽快分析。对硫化物，应在采样瓶中加入醋酸锌溶液，使硫化物沉淀。由于葡萄糖不稳定，须将防腐剂 NaF 加入血样中，但此防腐剂不能干扰测定。尿样不稳定，磷酸钙会沉淀下来，同时会包夹金属离子等，为防止沉淀，须将尿样酸化，并在冷冻条件下保存。尿、血清、血浆和动物组织样品的冷冻保存可延长保存期。

一般地说，样品的污染和变化的原因来自保存容器、大气和光。某些样品必须避光，避免与空气接触。例如，分析血样中的二氧化碳时，血样须避免与空气接触。样品在保存过程中，痕量组分会由于容器壁的吸附而损失。例如，腐蚀性气体，如二氧化硫常常会与取样容器壁反应。蛋白质和酶在存放过程中会变性等。总之，样品保存时间越短越好。

第三节　样品的预处理与分离

一种理想的分析方法应该能直接从样品中检出或测定某个成分，即所选择的分析方法具有高度的专一性，但是高度专一性的方法极少。在实际分析工作中，遇到的样品往往含有多种组分，进行测定时彼此会发生干扰，不仅影响分析结果的准确度，甚至无法进行测定。若原始样品存在的形式不适合直接分析，或者被测成分的含量过低而达不到某种分析方法的检测限，此时必须将样品进行预处理。若样品复杂，存在多种干扰成分，则分离这一步骤对大多数样品来说更是不可缺少的。

一、样品的预处理与分离

所谓预处理，就是指在获得具有代表性的样品之后，采用合适的样品分解和溶解的方法，使被测组分转变成可测定的形式。若选择的预处理手段不当，常常会使某些组分损失，干扰组分的影响不能完全除去，或引入杂质。

分离对综合分析来说是极为关键的一步。不能对复杂样品中的测定对象实行有效分离，就会直接影响未知组分的结构鉴定及成分分析。分离技术在分析化学中的两大作用是：提高方法的专一性和提高方法的灵敏度。具体来说有以下几方面作用：

(1) 与干扰物质分离。当测定样品中的某一组分时，往往面临共存的其他组分的干扰问题。为了克服干扰，一般采用以下三种方法：① 寻找更具选择性的测量技术；② 改变干扰成分的化学形式，如采用掩蔽技术；③ 将被测组分与干扰成分分离后再进行测定，这是分离的最重要作用。

(2) 预浓集痕量组分。在痕量分析中，总希望找到一种很灵敏的测定方法，以降低检测极限，但有时不能如愿。若样品的量不受限制，就可采用预浓集的方法，即将大体积中的被测组分转移至很小的体积之中，提高检测灵敏度。

(3) 将被测组分转移至合适介质中。例如，在金属离子的分光光度测定中，常常要使金属离子与合适的有机配体反应，生成有色配离子，但这些配离子往往疏水，此时可通过溶剂萃取进行分离后，测定有机相中的配合物浓度。

(4) 离析出纯组分。若要鉴别未知有机化合物，总要进行许多测试，如测定熔点、进行元素分析以及用各种波谱方法进行鉴定，但要求样品是纯的，因此必须通过分离手段获得纯组分。

(5) 分离基体。当一种选择性方法用于基体极端复杂的样品时，使分析问题变得复杂化的不是某一特定的干扰组分，而是基体效应。此时的分离不是离析单一组分，而是要简化基体。例如，在复杂的生物混合物分析中，通过溶剂萃取提取出感兴趣的成分与一部分基体，而留下大部分不必鉴别的基体物质。

(6) 利用分离行为来鉴别组分。在色谱分析中，利用未知物与已知物的色谱参数(t_R、V_g 和 I 等)的比较来进行定性分析。

(7) 分离是实现间接分析的重要步骤。当直接测定不可能进行或效果不满意时，可采用间接测定法。进行间接测定，自然离不开分离。例如，用原子吸收光谱法测定水中的

Cl^-，可让已知过量的 $AgNO_3$ 与 Cl^- 作用，在分离氯化银沉淀以后，用原子吸收光谱法测定留在溶液中的 Ag^+。又如，为测定溶液中的 PO_4^{3-}，可让 PO_4^{3-} 转变成磷钼酸盐配合物，经萃取后用原子吸收光谱法测定钼含量。1 mol PO_4^{3-} 相当于 12 mol MoO_4^{2-}，测定灵敏度大为提高。这是一个“放大反应”的例子，是一种“假浓集”。

二、待测组分的回收率和分离因数

一种分离方法的分离效果是否符合定量分析的要求，可通过回收率和分离率的大小来判断。例如，当分离物质 A 时，有

$$回收率\ R_A=\frac{分离后\ A\ 的质量}{分离前\ A\ 的质量}\times 100\%$$

式中，R_A 表示被分离组分回收的完全程度。在分离过程中，R_A 越大（最大接近于 1），分离效果越好。在富集和相应的操作中，由于容器壁的吸附，试样分离时痕量元素的挥发、分解不完全和分离不完善等可能会造成待测元素的损失。一般来说，痕量元素含量愈低，其损失的百分数越大，因此，在富集过程中痕量元素的回收率通常低于 100%。但是，有时由于沾污或其他因素的影响，也可能导致其回收率稍微超过 100%，应根据分析目的以及采用的分析方法提出对回收率的要求。一般情况下，在大多数痕量分析中回收率在 90%～110% 之间是可以接受的。有些情况下（如待测元素的含量太低时），回收率在 80%～120%之间也被允许。放射性示踪技术是研究痕量元素回收率的最好方法。

如果分离是为了将物质与物质分离开来，则希望两者分离得越完全越好，其分离效果可用分离因数 $S_{B/A}$ 表示。

$$S_{B/A}=\frac{R_B}{R_A}$$

式中，$S_{B/A}$ 表示分离的完全程度。在分离过程中，$S_{B/A}$ 越小，分离效果越好。对痕量组分的分析，一般要求 $S_{B/A}=10^{-6}$ 左右。

三、痕量元素的富集系数

富集系数（或富集倍数）是富集后待测元素的回收率（recovery）与基体元素的回收率之比。回收率可按下式求得：

$$R=\frac{Q}{Q_0}\times 100\%$$

式中，Q、Q_0 分别为富集后与富集前待测元素的量。根据沾污的情况，必要时应对前者进行校正。如前所述，痕量元素回收率一般小于 100%。一般认为，如果有非常好的重现性，再低一些也能通过校正而获得良好的结果。

痕量元素的富集系数（F）可定义为

$$F=\frac{Q/Q_0}{Q_m/Q_{0m}}=\frac{R}{R_m}$$

式中，Q_m 与 Q_{0m} 分别为富集前与富集后基体的量；R_m 为基体提取率。F 的大小依赖于样品中待测元素的浓度和所选用的测定技术。有时要求 F 大于 105，若采用一些较好的痕量富集技术是不难实现的。由于现代仪器测定技术具有较低的检出限和较好的选择性，因此在大多数无机痕量分析中富集系数达 102～104 也就足够了。

第四节　样品的分解和溶解

一、无机固体样品

样品分解方法的选择决定于测定对象、测定方法以及干扰成分等因素。

1. 水溶解

水溶解适合于水溶性样品，如混合碱、水溶性金属盐等。但是，不经过化学反应而直接水溶的样品极少。

2. 稀酸溶解

若样品不溶于水，可用稀的无机酸溶液处理。几乎所有具有负标准电极电位的金属都可溶于非氧化性酸。也有一些金属例外，反应过慢，甚至钝化，如 Cd、Co、Pb 和 Ni 与盐酸的反应。许多金属氧化物、碳酸盐、硫化物等也可溶于稀酸介质。为加速溶解，必要时可加热。

3. 热浓酸溶解

为了溶解具有正标准电极电位的金属，可以采用热的浓酸（硝酸、硫酸和磷酸等）。样品与酸可以在烧杯中加热沸腾或加热回流，或与样品共沸至干。为了增强处理效果，还可采用钢弹技术，即将样品与酸一起加入内衬铂或聚四氟乙烯层的小钢弹中，然后密封，加热至酸的沸点以上。这种技术既能保持高温，又能维持一定压力，挥发性组分也不会损失。热浓酸溶解技术还适用于合金、某些金属氧化物、硫化物、磷酸盐以及硅酸盐等。

4. 混合酸溶解

混合酸兼有多种特性，如氧化性、还原性和配合性，溶解能力更强。例如，氢氟酸与硝酸（或硫酸）的混合物，氢氟酸能提供配阴离子，而另一种酸具氧化能力。混合酸还有盐酸和硝酸、硝酸和高氯酸、氢氟酸和硫酸等。

5. 用加有辅助试剂的酸溶解

有时还将酸与其他试剂混合来增进溶解能力。加入辅助氧化剂可以提高酸的氧化能力，常见氧化剂有 H_2O_2、Br_2 和 $KClO_3$；加入惰性电解质至酸中，如在 H_2SO_4 中加入 Na_2SO_4，可以提高其沸点；加入配位剂，可以使金属离子留在溶液中而不沉淀，也有利于溶解；使用合适的催化剂可以大大提高反应速率；等等。

6. 熔融

对某些样品，酸不能溶解或溶解极慢，或只有部分溶解，或有的物质在酸溶液中不稳定（如 SiO_2），此时可采用熔融技术。将磨细的样品与酸性或碱性电解质（溶剂）混匀，必要时还可加入氧化剂。样品与熔剂的比例很重要，可以在 1∶2～1∶5 之间变化，熔融温度可达 1 200 ℃，因此反应能力大大增加。适合于熔融的样品如水泥、铝酸盐、硅酸盐、钛锆矿、矿渣等。

7. 碱溶液溶解

碱溶液可用于溶解铝及铝镁、铝硅等合金。铍也可用这种方法溶解。

分解样品的容器必须进行选择，以防止构成容器的成分进入样品，给下一步分析带来误差，也可防止容器的损坏。对于酸溶，一般使用玻璃容器，当然不应存在氢氟酸。用氢

氟酸时，应采用聚四氟乙烯容器，但处理样品温度不能超过 250 ℃。若温度更高，则需使用铂坩埚。对于熔融碳酸盐、硫酸盐、氟化物以及硼酸盐等，应使用铂坩埚；对于氧化物、氢氧化物以及过氧化物，宜用镍坩埚。

在样品分解过程中可能产生的误差来自：① 试剂的纯度；② 由于反应体系的敞开和加热，挥发性组分的损失；③ 分解样品的容器选择不当而引入杂质；④ 由于分解条件不当，如用磷酸溶解时，加热时间过长而析出微溶的焦磷酸盐，同时也会腐蚀玻璃容器。

二、有机和生物物质样品

经常需要测定有机和生物物质样品中的各种元素，因此要让有关元素形成简单的无机离子的形式。

1. 干法灰化

将样品放在坩埚（石英、陶瓷等）中灼烧，直到所有有机物燃烧完全，只留下不挥发的无机残留物。这种残留物主要是金属氧化物以及非挥发性硫酸盐、磷酸盐和硅酸盐等。这种技术的最主要缺点是可以转变成挥发性形式的成分会很快地部分或全部损失。灰化温度越高，损失越严重，但温度过低时灰化不完全。通常灰化在马弗炉内进行，温度约 500 ℃～550 ℃。干法灰化法只适用于金属氧化物，因为大多数非金属常会氧化成挥发性产物，甚至某些金属（如 As、Sb、Ge、Tl 和 Hg）也易于损失。有些元素会由于另一种物质的存在而更易挥发，如铅会因 Cl^- 存在生成 $PbCl_2$ 而挥发。若灰化的残留物会与坩埚材料发生反应，也会带来误差。

2. 湿法灰化

湿法灰化是将样品与浓的具有氧化性的无机酸（单酸或混合酸）强烈共热。这与用酸溶液处理无机样品相似。若酸的氧化能力足够强，且加热时间足够长，有机和生物样品就能完全被氧化，各种元素以简单的无机离子形式存在于酸溶液中。湿法灰化时，常用的酸是硫酸、硝酸或高氯酸。常用的混合酸是硫酸和硝酸，将样品与硫酸共热至发烟，然后加入硝酸使样品完全氧化。也可以用硝酸和高氯酸的混合物，先用硝酸氧化样品至只留下少许难以氧化的物质，待冷却后加入高氯酸，共热至样品完全氧化。湿法灰化最适合于测定有机和生物样品中的痕量金属。它也可用来测定 N、P 和 S。由于灰化时体系敞开，具一定挥发性的元素，如卤素（F 除外）、Te、As、Se、B 和 Sn 等损失严重。为了测定这些元素，可将样品与酸一起放入厚壁试管中，然后密封加热至 250 ℃～300 ℃数小时。为了防止发生爆炸的危险，应将样品管放入保护钢管中。

3. 微波消解

微波是电磁能，频率在 $3\times10^2\sim3\times10^5$ MHz 之间。微波消解是以微波作为加热源，直接通过物质吸收热量来达到加热目的。一些材料可以吸收、反射或透过微波。许多透过微波的材料可用作样品容器，如特氟龙、玻璃等。当水或酸的分子吸收微波辐射的能量后，随微波辐射快速运动而迅速被加热，同时，微波也能被样品分子所吸收，增加样品基体的动能。固体样品置于溶液中，它本身会吸收微波能，使样品表面温度快速升高，从而更促使表面与酸的反应，并可以防止由于样品表面形成防酸层而使消解反应钝化。微波辐射同分子相互作用，由于物质的成分和质量不同，作用强度也不相同。样品中的极性分子和离子分子通过偶极子转动和离子传导与微波辐射相互作用，从而促进样品分解。微波消解样品具有快速、回收率高、污染小、样品消解完全等优点。为了提高样品的消解效率，要优化实验参数的选择，如采用单一酸还是混合酸，微波功率的大小，消解的时间及压力，消解样品的容器材料及体系的敞开与密闭等。微波消解法适合于多种性质的样品，如成分极其复杂的地质样品、动物和植物样品、食品以及金属样品等。许多合金会与微波作用，使样品过热而熔化塑料容器。应避免使用大块金属样品，还要防止消解中由于放出的H_2与金属在强电磁场作用下产生火花而发生爆炸。因此，消解应在充有惰气且承受温度与压力的密闭容器中进行。

4. 其他方法

将样品与Na_2O_2以及必要的辅助氧化剂（如KNO_3）一起加入钢弹之中，密封加热。分解完全后，非金属元素转变成相应离子，如$C \rightarrow CO_3^{2-}$，$S \rightarrow SO$，$F \rightarrow F^-$，$P \rightarrow PO_4^{3-}$。也可以将样品与金属钠熔融，使元素转变成相应离子，如$N \rightarrow CN^-$，$S \rightarrow S^{2-}$。

三、对实验室用水的要求

对于湿法分析来说，水的用量比试剂和分析试样大得多，所以若水质不够纯净，由此而引起的沾污特别值得重视。实验室的普通蒸馏水质量较差，而且所含杂质的量往往是变化无常的，所以一般不适用于痕量分析。在其他条件相同的情况下，用不同的蒸馏方式所得蒸馏水中的杂质含量是不相同的；其次，如果用完全相同的蒸馏方式，三次蒸馏与二次蒸馏的结果，其水质并无改善，可见一味增加重蒸馏次数并无好处。用离子交换树脂处理的水也不能获得理想的效果。而如果将蒸馏与离子交换结合起来则效果较好。一般用普通蒸馏水经强酸性阳离子与强碱性阴离子的混合床交换处理，可获得质量较好的水。另外，普通蒸馏水经石英蒸馏器蒸馏也可达到净化的目的。

要获得水质较为理想的实验室用水，可在石英蒸馏器中以普通蒸馏水为水源，用亚沸蒸馏方式进行蒸馏。亚沸蒸馏与沸腾蒸馏或常规蒸馏的不同之处在于，后者会由于气泡破裂时在蒸气流中形成雾状微粒（微滴），以及非精馏组分经液膜蠕升而导致沾污；而亚沸蒸馏能避免以上影响：它一般用透明石英、聚四氟乙烯等材料制成亚沸蒸馏装置，以红外线辐照可以不经煮沸液体而使其表面蒸发。亚沸蒸馏可广泛用于水、挥发性无机酸、氨水及有机溶剂的纯化。现阶段已经广泛使用的超净水处理机也能获得较理想的实验室用水。

第五节　分离方法

一、分离方法的分类和分离模式

分离方法的分类有多种方式，但是有些分类不是十分严格。这是由于有些分离方法涉及两种或两种以上的机制，对有些分离方法的原理至今尚不十分明了，因此仅供学习时参考。分离方法的主要分类方式列于表 13-1 和表 13-2 中。

表 13-1　按过程类型分类

机　械	物　理	化　学
筛分和大小： 渗析 尺寸排阻色谱 包含化合物 过滤和超滤 离心和超离心	分配： 气液色谱 液液色谱 气固色谱 液固色谱 液液萃取 电泳 泡沫浮选 状态变化： 蒸馏 升华 结晶 区域熔融	状态变化： 沉淀 电沉积 掩蔽(假分离) 离子交换

表 13-2　按分离机制分离

分离机制	分离方法
分子大小与几何形状	尺寸排阻色谱、渗析、包含化合物、过滤和超滤、离子和超离心
挥发性	升华、蒸馏
溶解度	沉淀、结晶、区域熔融
分配平衡	液液萃取、液液色谱、气液色谱
表面活性	气固色谱、液固色谱、泡沫分离
离子交换平衡	离子交换
离子性质	电沉积、掩蔽

每一种分离方式无非是以下三个过程单独、同时或依次进行的过程：① 化学转换；② 两相中的分配；③ 相的物理分离。按照分配和相分离之间的关系来研究分离方法，就产生了多种分离模式。

1. 间歇分离

这是最简单的分离模式，它只涉及两相之间的单次分配平衡过程。这种模式适合于将被分离的物质浓集到一相之中。例如，预浓集这种分离方式就是由于平衡常数的不同，被测物完全转移至体积很小的一相中。也可以让两种物质中的一种定量地转移至一相，而另一种物质仍留在原来一相中。间歇分离的例子如单次溶剂萃取、共沉淀、沉淀和电沉积等。它们的分离效率的高低主要决定于通过初步的化学转换，生成具有实现分离所需要性质的衍生物。

2. 多级间歇分离

当简单的间歇分离不能实现定量转移时，可采用多级间歇分离。多级间歇分离，即分配→相分离→分配→相分离……例如，对水相中的某一组分，用新鲜溶剂重复萃取，直至完全。对于溶解度类似的组分，应采取更复杂的所谓“非连续的逆流萃取方法”，但是必须使用专门的仪器，这种分离可达250次以上的间歇分离。

3. 连续分离

这是一种极重要的分离技术，它包括了所有色谱技术。分馏也是一种连续分离技术。色谱技术是分离性质极为相似的物质的强有力手段。对于大多数色谱技术，分离与检测在线进行。

4. 捕集技术

这种技术十分类似于色谱技术，只是被分离物质最初被捕集于固定相。为此，样品本身常常是流动相。对于与固定相具有较大亲和力的组分，就会从体积较大的流动相浓集到小体积的固定相之中。然后改变条件，使浓集的组分迅速从固定相释放至小体积流动相之中。这实际上是痕量组分的预浓集过程，如用吸附剂浓集水及大气中的痕量有机化合物以及用离子交换剂浓集水中离子等。

二、色谱法

柱色谱的有关理论及技术在第六至第八章中已做了详细阐述。但是那里介绍的各种色谱法属分析型色谱法，其目的是将一混合物分离后进行定性鉴定和定量分析。因此，为了获得良好的分离，进样量微小，这也决定了通过分析型色谱法难以制备一定量的色谱纯物质。只有制备色谱才是获得色谱纯物质的色谱技术。对于分析来说，制备色谱一般能分离毫克至克数量级的纯物质，这已经能完全满足光谱、质谱、核磁共振波谱等分析方法的需要。平面色谱包括纸色谱和薄层色谱，它们的分离机制与柱色谱类似，第六章所阐述的基本原理同样适用，只是在这两种色谱中，固定相是以平面形式展开的。由于这两种方法的设备简单，操作方便，分离效率高，检测灵敏度也高，因此得到广泛应用。

1. 气相色谱法

制备型液相色谱的出现，使制备型气相色谱的重要性大为下降，而且由于气相色谱-质谱、气相色谱-傅里叶变换红外光谱等联用技术的发展，不再需要分离出纯样品。但是，挥发性化合物的分离仍然需用气相色谱。在制备型气相色谱法中，关键是增大进样量，以获得高产量的纯化合物。为了实现这一目的，不得不损失分离度和分析速度。增加样品容量的办法是：柱长不变而增加柱径，或增加柱长而柱径不变。对于比较简单的分离，常采用的柱子为1～3 m×6～10 m(内径)；对于复杂分离，常用的柱子为10～30 m×0.5～1.5 cm(内径)。通常进样体积约0.1～10.0 mL。由于样品量过大而难以实现瞬时汽化，所以对0.1 mL左右的易挥发液体样品可以降低进样速度，慢慢推入；对于较大量样品，可以在汽化器与柱之间增加一个蒸发装置，其内部填充玻璃珠，以增加热容量和减小死体积。分离一般在恒温条件下进行，因为柱径过大，使程序升温时的径向温度梯度过大，导致柱效降低；除非使用长的窄径柱，且升温速度要慢，从柱后流出的组分通入冷阱后收集。制备型色谱对载体性能的要求不高，通常使用红色载体，40目左右，但固定液的涂布量高，通常为20%～25%。常用检测器为热导池和氢火焰离子化检测器，它们只是为了监测组分的分离情况。

2. 高效液相色谱法

对于制备型高效液相色谱，首先要了解需制备的样品量。若用于鉴定目的，一般只要1～10 mg样品；对于用于有机合成的中间产物，最小量约为1～10 g。样品量可以决定柱

内径以及必要的操作条件。表 13-3 说明了这一点。制备型色谱的进样方式不采用分析型色谱的点进样方式。由于样品量过大，点进样方式会导致固定相的局部超载，使柱效降低，所以将样品（稀溶液）均匀加在柱的整个横截面上。制备型液相色谱检测器要求能在很宽的浓度范围内适用，但对灵敏度的要求不高。最常用的示差折光率检测器和紫外检测器都可以采用，只是须配置制备流通池，以适合于高流动相流量。制备流通池的入口和出口的管径大，连接管内径达 0.4～0.6 mm。流出组分进入馏分收集器。馏分收集器可以手动控制，也可以由计算机程序控制，自动收集馏分。

表 13-3　制备型色谱与分析型色谱的比较

参数	分析型	半制备型	制备型
柱长/cm	25	50	50
内径/mm	4.5	9.4	22
颗粒大小/μm	10	10	10
填充量/g	2.5	20	120
流量/($mL \cdot min^{-1}$)	1	4	20
压力/MPa	1.4	2.1	5.5
孔隙体积/mL	2.97	31.8	129
最大允许样品量/mg	0.25～2.5	2～20	12～120

注：三种柱在相同线速下操作。

3. 纸色谱法

纸色谱分离的装置如图 13-1 所示。用毛细管将样品点加于原点处，然后将此滤纸悬挂于支架上，滤纸下端浸没于溶剂（流动相）中，而样品原点正好露出液面。滤纸及溶剂必须置于密封容器中，使滤纸为溶剂蒸气所饱和。滤纸通常约含 20% 水分。此水分就是固定相。由于滤纸的毛细管现象，溶剂向上运动，从而使样品在两相间进行无数次的分配交换过程。对水亲和力大的组分移动得慢，对水亲和力小的组分随溶剂迅速向上移动，从而达到互相分离的目的。样品在两相间反复分配的过程称为展开。因此，纸色谱的分离机制属液液分配色谱机制。但实际情况比较复杂，因为滤纸的毛细孔具有吸附作用。滤纸的化学组成为纤维素，而纤维素分子中存在羧基，羧基中的氢离子与被分离离子之间又会产生离子交换作用。当溶剂前沿快到滤纸顶端时，取滤纸干燥。若被分离化合物是无色的，则应喷洒合适的显色剂于滤纸上，使化合物斑点出现。

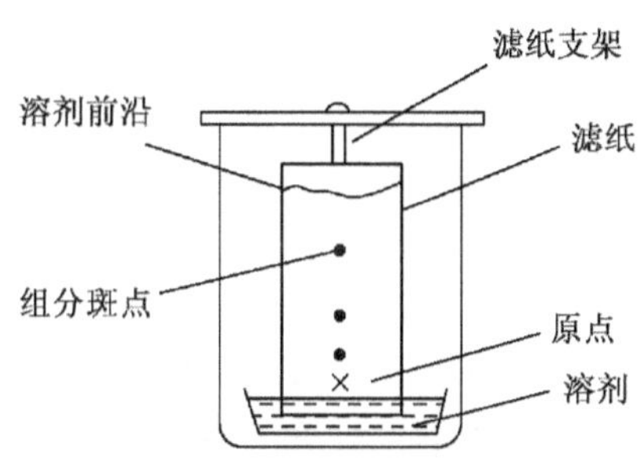

图 13-1　纸色谱分离装置

利用组分的比移值(R_f)定性。比移值的定义如下：

$$R_f=\frac{\text{组分移动的距离}}{\text{溶剂前沿的距离}}=\frac{\text{原点至组分中心点的距离}}{\text{原点至溶剂前沿的距离}} \tag{13-1}$$

利用 R_f 值作为鉴定化合物的依据时，最好用已知标准样在相同实验条件下进行平行对照试验。若两者 R_f 值相同，可断定为同一物质。如果将不同色斑取下，将它淋洗或溶解下来，然后用合适的手段即可进行检测。对复杂样品，若按图 13-1 的单向展开方式，其分离结果往往不令人满意。此时可采用双向色谱，即将方形滤纸先沿一个方向展开，然后将滤纸转 90°角，再沿另一个方向展开。这样使原来的单向展开时重叠的组分有可能得到良好的分离。

4. 薄层色谱法

薄层色谱法的原理和技术与纸色谱法十分相似，只是以涂布有吸附剂薄层的玻璃板代替滤纸。在 20 cm×20 cm 的玻璃板或 2.5 cm×7.5 cm 的显微镜载片上，也可以在聚酯片上涂布一层约 0.25 mm 厚的吸附剂，如以硅胶、氧化铝或纤维素等作为固定相。点样、展开、显色和检测方法与纸色谱法相同。若在薄层板上涂布的是氧化铝或硅胶等吸附剂，流动相是戊烷、氯仿或乙酸乙酯等有机溶剂，这种分离方式属液固吸附薄层色谱法。若在薄层板上涂布气相色谱用的固定液，如聚乙二醇类，流动相仍为有机溶剂，这种分离方式属液液分配薄层色谱法。若涂布一层离子交换纤维素，就变成了离子交换薄层色谱法。它们的分离原理都与相应的高效液相色谱法的分离原理相同。

薄层色谱法的设备简单，操作方便。与纸色谱法相比，它的展开时间短、快速。由于固定相采用无机吸附剂，所以薄层色谱可以采用多种腐蚀性显色剂，如浓硫酸、浓盐酸等。薄层色谱可以选用各种固定相以及流动相，因此分离能力强。薄层色谱板样品带的展宽程度远小于纸色谱，检测灵敏度高。薄层色谱适用的样品量很宽，既可以分离微量样品（几微克，甚至更少），也适用于制备型色谱。薄层的厚度加厚至 2～3 mm，就可以分离出几毫克至几百毫克的纯组分，这不但满足红外光谱、质谱和核磁共振波谱分析所需的样品量（分别约为 0.1 mg、0.001 mg、0.1～10 mg），而且也可以满足元素分析和有机合成所需的样品量（分别约为 1～25 mg、100～1 000 mg）。

薄层色谱针对不同样品，还可采用不同的分离方式进行分离。但由于吸附剂的质量及涂布的均匀性的变化，R_f 值的重现性较差。因此，进行薄层色谱分离时，通常将标准样与样品在同一薄层板上进行展开，以便进行对照定性。在样品得到完全分离以后，就要确定被分离出的各组分的位置。若物质是有色的，或能发出荧光，或能吸收紫外光，其色带的定位就比较简单。若是无色物质，可用碘蒸气显色后，画出斑点位置的记号，然后在空气中让碘挥发殆尽。当然，与碘反应的化合物不能用碘蒸气定位。对亲脂性化合物，可以喷水定位。定位以后，将标记部分的吸附剂小心刮下，收集于小试管中进行洗脱，最后除去溶剂。由此得到的纯组分还应重结晶或蒸馏一次。

图 13-2 为用薄层色谱法和高效液相色谱法分离染料的色谱图。将高效液相柱色谱理论与技术引入普通薄层色谱法，产生了高效薄层色谱法。高效薄层色谱法与普通薄层色谱法相比，不论是柱效、分离时间、检测限等，前者大大优于后者。高效薄层色谱与高效液相色谱两者的比较见表 13-4。高效薄层色谱法在氨基酸及其衍生物、血液中的药物、食物中的黄曲霉毒素这一类毒物及多环芳烃等的测定中得到了广泛的应用。

高效薄层色谱与普通薄层色谱法的最大不同是固定相的粒度，前者颗粒直径约几微米，而后者为几十微米。因此，前者的柱效是后者的 10 倍以上。高效薄层色谱的检测方

法是用薄层色谱扫描仪发射出的波长与强度一定的光束对分离后的各组分斑点进行扫描。扫描的光束可以是可见-紫外光或荧光。固定相颗粒极其微小，在光照下呈半透明状。当一束光投射至某个组分的斑点上时，斑点对应被分析物的含量越高，对光的吸收越多，透过斑点的光和反射的光越弱。在薄层板的上下分别安装有两个光电倍增管，以分别测量反射光和透射光的强度。为了消除由于薄层的空白吸收带来的误差，则采用双光束进行扫描。让另一束光通过没有斑点的空白处，以校准斑点的吸收强度。但由于薄层的不均匀性，空白值会引起波动而造成误差。通常是让两束不同波长的光（一束光的波长是被分析物的最大吸收波长，另一束光的波长是被分析物不吸收的）迅速交替投射至薄层上。由不吸收的光束产生的信号是由于薄层不均匀性所引起的。将这两束波长不同的光在扫描时所产生的信号叠加在一起，就可消除由于薄层的不均匀性带来的基线波动，提高灵敏度。

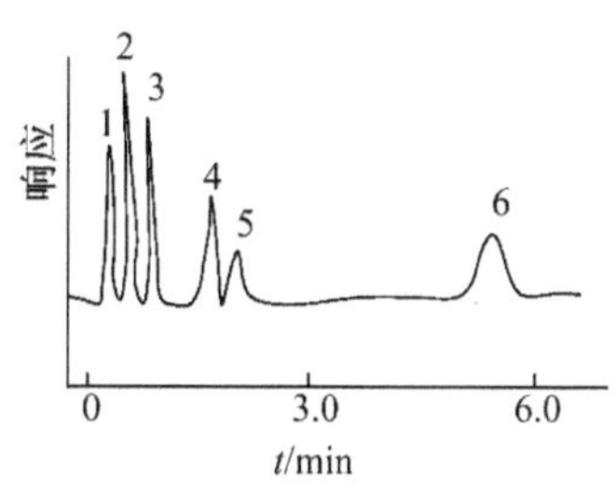

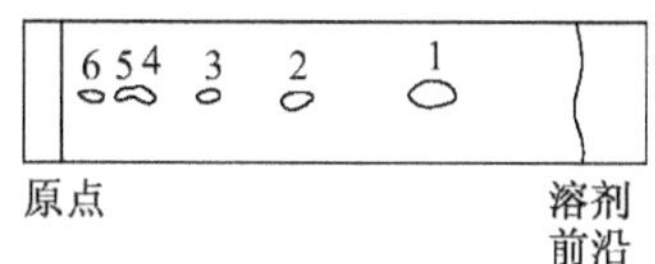

高效液相色谱：MicroPak Si-10，15 cm × 2.4 mm，溶剂为 10% CH_2Cl_2-己烷，2.2 mL · min^{-1}，紫外检测器；薄层色谱：硅胶 F-254；溶剂为 10%CH_2Cl_2-己烷，展开时间 50 min

图 13-2　混合染料的高效液相色谱及薄层色谱图的比较

表 13-4　高效薄层色谱与高效液相色谱的比较

参数	高效薄层色谱	高效液相色谱
理论塔板高度/μm	12	2～5
理论塔板数	<5×10^3	(6～10)×10^3
分离数	10～20	20～40
色谱类型	开床	密闭系统
展开技术	展开色谱	洗脱色谱
流动相速度控制	毛细管作用力	容易调节
体系平衡时间	短	短→长
样品容量	高	低
方法简单性	简单	不太简单
检测极限	近似相同	近似相同
绘制光谱图	可以	可以

三、溶剂萃取法

溶剂萃取是一种非常有用的分离技术。萃取体系由两个互不相溶的液相组成，一相是水相（可以是 pH 一定的缓冲溶液，或加有电解质及各种配位剂等的水溶液），另一相是与水不相混溶的有机相（如甲苯、卤代甲烷、醚、酮、高级醇和脂肪烃等），利用被分离物质在两相中的溶解度不同而实现相转移。如果要将水相的金属离子萃取至有机相，首先应使金属离子与合适的试剂转变成疏水化合物，然后被有机溶剂萃取。例如，在氨性溶液中萃取 Ni^{2+}，首先加入丁二酮肟，Ni^{2+} 就转变成疏水的螯合物：

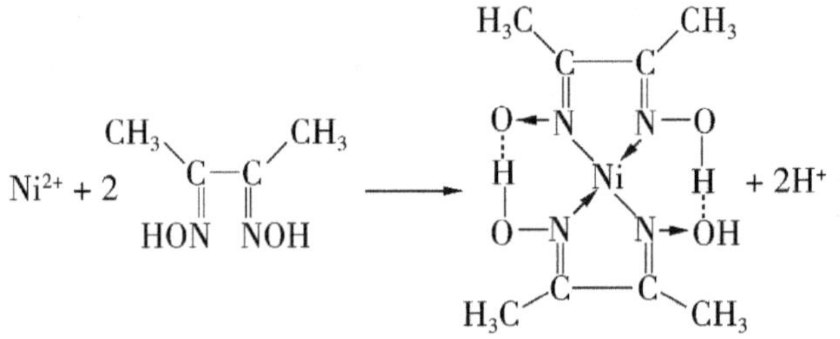

$$Ni^{2+} + 2\ \underset{HON\quad NOH}{CH_3-C(=NOH)-C(=NOH)-CH_3} \longrightarrow Ni(C_4H_7N_2O_2)_2 + 2H^+$$

这种螯合物含有庞大的疏水基团，在与有机溶剂（如 $CHCl_3$）一起振荡时，极易进入 $CHCl_3$ 中，达到分离或浓集的目的。

1. 分配定律和分配比

萃取过程是水相和有机相对被萃取物 A 的一个竞争过程，A 在水相和有机相之间进行分配，最后达到平衡：

$$A_{水} \rightleftharpoons A_{有} \tag{13-2}$$

此时，A 在两相间的分配系数 K_D 可用下式表示：

$$K_D = \frac{[A_{有}]}{[A_{水}]} \tag{13-3}$$

式中，$[A]_{有}$、$[A]_{水}$ 分别表示平衡时 A 在有机相及水相中的浓度。K_D的大小决定于被萃取物及萃取体系等性质。当 $K_D \leqslant 10^{-2}$ 时，溶质几乎不被萃取；当 $K_D \geqslant 10^2$ 时，溶质几乎全部被萃取。可见，通过一次萃取而实现完全分离，K_D必须很大。

在萃取过程中，溶质（被萃取物）在水相中可能以多种形式存在，这是由于存在多级解离或形成氢键缔合物，或发生聚合等。但是，分析者关心的是溶质在有机相中的总浓度，而不去注意它们以何种形式存在，为此引入分配比（D）这一概念。

$$D = \frac{c_{有}}{c_{水}} \tag{13-4}$$

式中，$c_{有}$ 和 $c_{水}$ 分别表示溶质在有机相和水相中的各种存在形式的总浓度。当两相体积相等时，分配比越大，进入有机相的溶质就越多。D 值越大越好，一般希望 D 值大于 10。改变实验条件，如溶质浓度、溶液 pH、萃取剂浓度以及其他影响平衡的物质的浓度等，可以使 D 值改变。例如，萃取苯甲酸时，当水相的 pH 增加，苯甲酸的离子形式所占的比例增大，即 $c_{水}$ 增大，D 值则下降。只要控制合适的萃取条件，增大两种溶质 D 值的差别，就可以达到分离两者的目的。

2. 萃取率

萃取率 Q 表示溶质被萃取的程度。它与分配比之间的关系为

$$Q = \frac{溶质在有机相中的总量}{溶质在两相中的总量} = \frac{D}{D + \frac{V_{水}}{V_{有}}} = \frac{D}{D + \frac{1}{\beta}} \tag{13-5}$$

式中，$V_{水}$ 和 $V_{有}$ 分别表示水相和有机相的体积，β 称为相比。可见，分配比越大，相比越大，萃取率越高，表示萃取越完全。当分配比较小时，要提高萃取率，可采用多次或连续萃

取的方法。经 n 次萃取后，其萃取率的计算如下：

$$Q=1-\frac{W_r}{W_t}=1-\left(\frac{V_{水}}{D\cdot V_{有}+V_{水}}\right)^n \qquad (13\text{-}6)$$

式中，W_t 和 W_r 分别为溶质总量和经 n 次萃取后剩余在水相中的溶质量。

3．金属螯合物萃取体系

金属螯合物萃取体系指金属离子与有机螯合配体反应，形成中性螯合物而被有机溶剂萃取的体系。在这些配合物中，配体分子占据了金属离子的所有配位中心，水分子的配位也就不存在了，因此在有机相中有很大的分配系数。例如，Al(Ⅲ)离子与8-羟基喹啉生成螯合物后，萃取进入氯仿中：

Al^{3+} + 3（8-羟基喹啉）⇌ 三（8-羟基喹啉）合铝 + $3H^+$

这一类萃取体系可用以下平衡通式来概括：

水　相　　$M^{n+1}+nHL \rightleftharpoons ML_n+nH^+$

有机相　　nHL　　ML_n

提高萃取率必须注意以下几点：

(1) 在低 pH 时，螯合物形成受到抑制，萃取率自然降低。在高 pH 下，高浓度 OH^- 与配体阴离子都会对金属离子展开竞争，最终生成不被萃取的金属氢氧化物。

(2) 螯合剂与金属离子生成的螯合物越稳定，萃取效率越高。最适合于作为中性螯合物萃取的金属离子是低氧化态且处于过滤金属后部的离子（如 Mn^{2+}、Fe^{2+}、Co^{2+}、Ni^{2+}、Cu^{2+}、Ag^+）、ⅡB 和ⅢA 族的离子（如 Zn^{2+}、Cd^{2+}、Hg^{2+}、Al^{3+}、Ga^{3+}）以及其他离子（如 Sn^{2+}、Pb^{2+}、Bi^{3+}）。由碱金属、碱土金属以及高价过渡金属离子，如 Ti^{4+} 和 V^{5+} 等生成的螯合物很不稳定，或易于形成氢氧化物。

(3) 螯合剂的疏水性越强，萃取率越高，最重要的一些螯合剂有：

① 8-羟基喹啉（结构式）：非选择性配体。

② 1-(2-吡啶偶氮)-2-萘酚（结构式）：非选择性配体，其配合物有色，用于萃取分光光度法。

③ 四氢化吡咯二硫代氨基甲酸盐 (吡咯烷环-N-CS_2^- NH_4^+)：非选择性配体，用于原子吸收光谱分析时金属离子的预浓集。

④ 双硫腙 (Ph—N=N—C(=S)—NHNH—Ph)：有色，用于分光光度分析。

⑤ 噻吩甲酰三氟丙酮 (噻吩基—C(=O)CH_2C(=O)CF_3)：二酮类，可产生烯醇互变异构。

(4) 应根据螯合物结构，选择结构相似、密度与水相差较大的惰性溶剂。常用溶剂有氯仿及其他卤代溶剂，比较适用于萃取分光光度法；甲基异丁基酮(MIBK)适合于原子吸收光谱法中的预浓集；正戊基甲基酮(NAMK)更疏水，用于预浓集时优于甲基异丁基酮。甲苯、二甲苯、高级醇和醚也可作为溶剂。

4. 离子缔合物萃取体系

离子缔合物萃取体系指被萃取金属离子的某种合适形式与体积庞大的有机离子形成离子缔合物而被有机溶剂萃取的体系。例如，对于以下离子缔合物的形成：

$$(C_6H_5)_4P^+ + ReO_4^- \rightleftharpoons (C_6H_5)_4P^+ReO_4^-$$

$$(C_6H_5)_4B^- + Cs^+ \rightleftharpoons (C_6H_5)_4B^-Cs^+$$

金属离子以及有机离子可以阳离子或阴离形式存在，靠弱的静电力缔合在一起，但它们在有机相中的稳定性要比在水相中高得多，因而极易萃取进入有机相。离子缔合物的萃取常常在强酸性介质中进行，这对高价过渡金属离子更为有效，因为在萃取中性螯合物时的pH下，这些金属离子往往水解而生成氢氧化物。这种体系可萃取碱金属离子，因为可以选用有机阴离子来形成缔合物，而不必设法让阳离子生成配离子。中性螯合物萃取通常只在低浓度时有效，但离子缔合物萃取体系适用的浓度范围广。

离子缔合物萃取体系有以下几种：

(1) 简单萃取体系。前面所述的两个缔合物的形成属这类体系，$(C_6H_5)_4As^+$ 以及 MnO_4^-、$HgCl_4^{2-}$、$FeCl_4^-$ 也可组成这类体系。

(2) 液体离子交换剂。某些酸性磷酸酯，如丁基二氢磷酸酯($C_4H_9OP_3H_2$)、二丁基氢磷酸酯[$(C_4H_9O)_2PO_2H$]和二(2-乙基己基)磷酸酯都是液体，不与水混溶，但可溶于惰性溶剂。若它们与含某些阳离子的水溶液达到平衡，磷酸酯中的质子即可与阳离子发生交换、螯合或溶剂化而被萃取。La(Ⅲ)和高价锕系元素可用这种体系萃取。质子化的高分子量胺与高分子量四烷基铵盐可溶于惰性溶剂，若这些液体与含有某些金属离子(以配阴离子存在)的水溶液达到平衡，两相之间就发生了阴离子交换，金属配阴离子与四烷基铵阳离子生成离子对而被萃取。

(3) 螯合物体系。例如，Cu^{2+} 可以通过以下反应生成螯合物，再与 NO_3^- 生成离子对后被氯仿萃取：

Cu^{+} + 2 (H₃C—N N—CH₃ 邻二氮菲结构) ⇌ [Cu 配合物]$^{+}$

H$_3$C　N　N　CH$_3$　Cu　H$_3$C　N　N　CH$_3$

(4) 鉮盐体系。这种体系的萃取过程由以下三个步骤组成：

① 金属离子与酸的阴离子反应转变成配阴离子形式：

$$Fe^{3+} + 4Cl^{-} \rightleftharpoons FeCl_4^{-}$$

② 来自酸的质子被含氧萃取剂溶剂化：

$$H^{+} + 3(C_2H_5)_2O + nH_2O \rightleftharpoons [(C_2H_5)_2O]_3H^{+} \cdot nH_2O$$

③ 配阴离子与阳离子形成离子缔合物而被萃取：

$$[(C_2H_5)_2O]_3H^{+} \cdot nH_2O + FeCl_4^{-} \rightleftharpoons [(C_2H_5)_2O]_3H^{+} \cdot nH_2O \cdot FeCl_4$$

鉮盐体系适用于高氧化态的金属离子，如 Fe(Ⅲ)、U(Ⅵ)、Th(Ⅳ)、Au(Ⅲ)、Sn(Ⅳ)、Nb(Ⅴ)、Ta(Ⅴ)、Sb(Ⅲ)、Ga(Ⅲ)、Tl(Ⅲ)、Ce(Ⅳ)、Zn(Ⅱ)、Cd(Ⅱ)、Sn(Ⅱ)和 Co(Ⅱ)。提供阴离子的酸有 HF、HCl、HBr、HI、HSCN 和 HNO_3。

萃取溶剂有醚、酯、醇和酮等。盐析即将高浓度的惰性中性盐加入水相中，使被萃取物的分配比大为增加的一种技术。利用盐析技术可提高萃取率，特别对离子缔合物萃取体系尤为明显，其原因有：

(1) 若萃取体系涉及配阴离子(如 $FeCl_4^{-}$)的形成和萃取，则加入高浓度 KCl，迫使反应朝配合物形成方向进行。

(2) 背景电解质浓度高，使被萃取物质按有利于萃取的方式改变。

(3) 盐析剂被水分子溶剂化，使“自由”水分子大为减少，水相中被萃取物质的有效浓度增加。

(4) 电解质加入水相以后，使水相的介电常数减小。离子缔合物的稳定常数与介电常数成反比，因此有利于离子对的形成。

四、其他萃取法

1. 固相萃取和固相微萃取

固相萃取属于非溶剂型选择性萃取方法，即将样品溶液通过固相萃取柱，使被萃取对象选择性地浓集于固相柱中，然后再用合适的溶剂将它提取出来。例如，固相萃取柱内装 C_{18} 或 C_8 键合相，被萃取物质通常为水溶液中的有机化合物，由于“相似相溶”原理，有机物就通过范德华力而浓集于 C_{18} 或 C_8 柱上，然后用合适的非极性溶剂将其洗脱下来。这类方法称为反相固相萃取。也可以用正相固相萃取，即以氰基、氨基或二醇基键合相填充固相萃取柱，它可以使非极性样品中的微量极性化合物得到浓集。硅胶一般用作化学键合相的基质，但也可用作固相萃取剂。它从非极性基体上吸附微量极性化合物，然后用一种极性更强的有机溶剂洗脱被浓集的物质。当硅胶用于用机物萃取时，往往是将不需要的化合物吸附于硅胶上而被除去,被分析物则不浓集于硅胶上。这实际上是对样品进行预处理。同样,采用离子交换剂键合相作为固相萃取柱,可以萃取带电荷的化合物。它的浓集与洗脱原理类似于离子交换色谱法。

固相微萃取的关键部件是萃取头。通常以熔融石英纤维作为萃取头材料,也有采用活性炭纤维以及金属丝作萃取头材料的。另外,还须在萃取头表面涂以合适的固相涂层。固相微萃取的装置极其类似于气相色谱用的微量注射器。通过注射器针头内的石英纤维表面的固相涂层可对样品中的有机化合物或无机离子进行萃取,从而达到浓集的目的。可预先将注射器纤维涂层插入被分析样品,在搅拌的样品溶液中停留数分钟,然后将注射器取出,插入气相色谱仪的汽化室,使被吸附的化合物经热解吸而随载气进入色谱柱。在整个分析时间内,注射器应留在汽化室中。对大多数有机化合物而言,解吸时间约 2 min。

固相涂层物质应稳定,可以采用非键合相涂层,也可以采取部分交联或键合相涂层,当然前者的稳定性小于后者。涂层膜厚可以为数十微米,也有达 100 μm 的。常用的涂层,如聚二甲基硅氧烷可以萃取非极性化合物,聚丙烯酸酯或聚乙二醇、二乙烯基苯可以萃取极性化合物,聚乙二醇-模板树脂可以萃取离子表面活性剂。固相涂层物质还可以采用 C_8、C_{18} 键合相。固相微萃取法可以与气相色谱联用,也可以与高效液相色谱联用,但必须解决接口技术,以使浓集的组分能及时解吸出来。固相微萃取法还可以与毛细管电泳联用。

2. 超临界流体萃取

超临界流体萃取不同于普通萃取的关键所在是以超临界流体作为萃取剂,而不用有机溶剂,从而避免了溶剂的毒害及对环境的污染。以超临界流体 CO_2 作为萃取剂,物质的传质速度快,又具有液体的溶解性质,被萃取物容易从样品基体中提取出来,然后导入置有一定溶剂的容器,使被萃取物溶解、收集。CO_2 这种超临界流体可以在较低的温度和压力下萃取热不稳定或挥发性较小的化合物,其本身的性质决定了它对不少化合物的溶解度有限,且萃取设备昂贵,因此又限制了它的应用。

五、其他分离法

1. 吸附与解吸

当一种气体、溶液或液体与吸附剂接触时,它们的分子就会被滞留在固体吸附剂上,这一过程称为吸附。反之,已被吸附的分子重新释放出来称为解吸。吸附的原理与气固和液固色谱的原理相同。常见吸附剂有炭、硅胶、氧化铝、多孔高聚物等,它们的性质已在色谱分析有关章节做了介绍。吸附这种方法主要用于收集和预浓集大气中的有机物蒸气、水中的痕量有机物,除去有机液体或溶液样品中的某些成分。在用吸附剂浓集大气中的物质时,有时须采用冷阱技术。通常,冷阱是收集大气中一些沸点远在冷凝剂(如液氮、固体二氧化碳等)冷冻温度以上的蒸气的有效技术。可以将收集蒸气的吸附管置于冷阱中,使通过吸附管的蒸气被定量冷凝,然后通过加热冷阱就可快速回收被捕集的物质。这个方法的缺点是选择性差。

让空气或河水以已知的恒定流量流过装有合适吸附剂的吸附管时,有机化合物就被定量地吸附在吸附剂上。这可看作是一种取样技术。只要有足够大的体积的空气或河水流过,就可达到预浓集的目的。这种浓集法在环境监测中得到了广泛应用。在浓集样品

以后，必须将被吸附的化合物定量地解吸出来。通常采用溶剂解吸和热解吸的方法。溶剂解吸就是选用合适溶剂与吸附剂一起振荡，或淋洗吸附管的吸附剂，或连续回流，使被吸附物质进入溶剂相。热解吸就是加热吸附剂，使被吸附物质重新释放至气相中，再被冷阱冷凝。热解吸适用于挥发性物质。

2. 沉淀与共沉淀

沉淀分离是一种经典的分离技术，至今仍应用很广。它的基本原理很简单，即使被分离的物质转变成固体沉淀而与液相分离。将这一分离技术与测定方法相结合，就产生了重量分析法。为了提高沉淀分离的效率，必须熟悉以下这些内容：溶度积常数以及对溶解度的预测；pH 以及配合物形成对溶解度的影响；沉淀形成的机制以及晶核的形成与成长；影响沉淀纯度的因素；等等。沉淀分离的常用技术有：利用生成氢氧化物或氧化物沉淀进行分离；利用生成金属硫化物进行分离；利用有机试剂进行分离；利用电沉积法进行分离。沉淀分离法简单、廉价，样品处理量大，但选择性差、费时。虽然利用有机试剂进行沉淀分离的选择性较好，如丁二酮肟只与 Ni 等少数金属离子反应，但在处理沉淀物时很麻烦。

在重量分析中，往往由于共沉淀而沾污沉淀，影响重量分析的准确度。但在分离方法中，正是利用某种沉淀（如 CuS）生成的同时使溶液中微量甚至痕量的成分（如 Hg^{2+}）随 CuS 一起沉淀下来。CuS 称为共沉淀剂或载体，这种分离痕量成分的方法称为共沉淀分离法。为了得到良好的分离效果，应选择合适的沉淀剂。对共沉淀剂一般有以下要求：较高的选择性；能定量地共沉淀痕量组分；不干扰之后的测定，或易于分离除去。

3. 蒸馏、挥发及区域熔融

蒸馏、挥发是利用气相或蒸气相与液体、溶液甚至固体之间的平衡来达到分离目的的一类技术。

蒸馏是对液态物质而言的。由于混合物中各组分的挥发度不同，当加热时，挥发性高的组分集中于蒸气相，然后将蒸气冷凝而得以与原样品分离。蒸馏出来的蒸气相纯度决定于混合物中组分的相对蒸气压的差别。单次蒸馏往往不易得到纯组分，须进行多次蒸馏才能获得更纯的组分。若利用分馏柱，相当于在一个装置中进行多次重复蒸馏，它与气液色谱柱相似。只要分馏柱的塔板数足够多，就能获得高纯度的组分。气液色谱柱的单位柱效比分馏柱高，因此它能分离一般难以分离的混合物，如异构体。但在大规生产中不用气液色谱法分离物质，因为费用昂贵而难以进行。分馏仍是实现大规模分离的重要方法。分馏常常用来提纯分析用的溶剂，以及分离性质相似的有机化合物等。

挥发分离与蒸馏分离有相似之处，也是利用物质的挥发性能，使干扰物质挥发除去，或利用挥发分离来达到富集痕量组分的目的。也可利用合适的化学反应，使某一组分转变成挥发性衍生物，以选择性除去这一组分。这一方法主要用于从基体中除去非金属元素，如将无机碳转变成 CO_2、氮转变成 NH_3、硫转变成 H_2S 或 SO_2 等；也可以除去某些金属，如 Se、Te、As、Sb、Ge、Sn、Pb 等元素可用 $NaBH_4$ 还原成氢化物后除去。

区域熔融又称区域精制。它的原理类似于蒸馏，只是蒸馏法利用液-气平衡的建立，而区域熔融则是利用液-固平衡的建立。将被精制的某一金属装入一柱内，柱外部用环形电炉加热，使柱内某个小区域的金属熔化。若金属中的杂质在熔融体中的溶解度大，则随着电炉向柱后部移动，前部的熔融金属开始冷却，在结晶出来的固体中杂质的相对含量比熔融金属体中的含量要少得多，因此金属中的杂质逐渐集中到柱后部。经过多次循环熔融就可使杂质含量降至 10^{-9} 数量级。与区域熔融法相反，可用冰冻法浓集水样中的痕量杂质，即让比较大量的水在搅拌下徐徐结冰，使被测的有机物杂质逐渐浓集到未冰冻的最后几毫升水中。此法可用于低沸点有机物的浓集。

4. 电泳

电泳的基本原理已在第九章中进行了介绍。区带电泳需在支持物上进行，常用的支持物有凝胶（如聚丙烯酰胺凝胶，称为凝胶电泳）、电解质溶液浸润的滤纸（称为纸电泳），以及醋酸纤维膜、琼脂等。

以聚丙烯酰胺凝胶电泳为例，由于它是非离子型的，没有吸附和内渗，所以得到了广泛应用。在制备时若控制条件，可以得到孔径尺寸不同的凝胶。当样品是蛋白质的混合物时，不同蛋白质分子的尺寸不同，所带的净电荷不同，因此在电场作用下，在合适的缓冲溶液的 pH、离子强度等优化条件下，就分离成不同的区带。

在区带电泳中，分子在其等电点 pH 时，在电场中不发生迁移。若设法让电解质溶液具有 pH 梯度，不同的分子将在电场下迁移，直到它们迁移至某一特定位置时不移动，此特定位置处的溶液 pH 恰好等于该分子的等电点 pH。只要不同分子的 pK_a 不同，其等电点的 pH 也不相同。利用以上原理进行分离的技术称为等电聚焦电泳。此法的关键是建立 pH 梯度，它仍然利用电泳原理。图 13-3 说明了等电聚焦的基本原理。以某种酸为阳极电解质，某种碱为阴极电解质，当加上电压后，H^+ 和 OH^- 分别向极性相反的电极运动，pH 梯度就产生了，但这种 pH 梯度很不稳定，常常采用多氨基-多羧酸来形成稳定的 pH 梯度（2.5～11）。

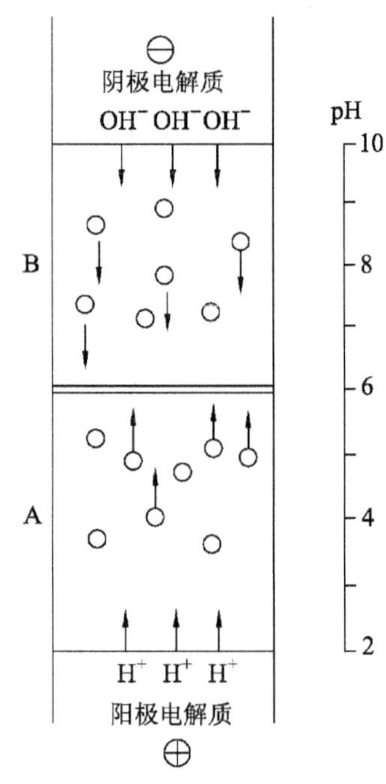

图 13-3 等电聚焦原理示意图

现有一种蛋白质，其等电点 pH 为 6。对位于图 13-3 中 A 区域的蛋白质，电解质 pH 低于等电点，该蛋白质带正电荷（即携带一 H^+），向阴极电迁移；在 B 区域的蛋白质则带负电荷，向阳极电迁移。两者都向等电点 pH 处迁移，最后停留于等电点。分离完全后，应尽快将蛋白质固定于凝胶上，通常用 5%三氯乙酸溶液浸渍，或用合适的沉淀剂，然后再染色鉴定。

5. 膜分离

膜分离是一种建立在选择性渗透原理的基础上，使被分离的组分从膜的一边渗透至膜的另一边而达到分离和浓集的方法。用于分离的膜可以是固体膜，也可以是液膜。

（1）固体膜分离。

渗析是一种借助固体膜，将大分子与较小的分子分离的技术。由于两者的大小不同，小分子通过扩散可以到达膜的另一边，而大分子则不能。扩散的动力就是浓度梯度。这

种固体膜还存在“机械筛分”的作用，因此固体膜能分离大小不同的分子的机制十分类似于尺寸排阻色谱。常用的膜有纤维素、玻璃纸、火棉胶、羊皮纸及高聚物膜等。渗析法一般不用于多组分样品的分离，它主要用于蛋白质、酶及激素这一类物质的浓缩、脱盐和纯化。

与渗析技术十分相似的是超滤、反渗透和电渗析。一种大分子溶液通过加压进行过滤而达到分离的技术称为超滤。它与普通的过滤技术的不同之处仅在于被分离粒子的大小。普通过滤用于分离直径大于 1 μm 的粒子，而超滤一般用于分离直径介于 0.001～1 μm 的溶质，如细菌(0.1～1 μm)、蛋白质、病毒(0.001～0.1 μm)等。若被分离粒子的大小与溶剂分子大小处于同一数量级，此时对溶液施加压力，迫使溶剂分子渗透过固体膜，此过程称为反渗透。这三种方法加压的程度也不相同，普通过滤加压约 0.1 MPa，超滤为 0.1～1 MPa，而反渗透则需 1～10 MPa。电渗析是使用带有电荷的膜，在电流提供的驱动力下，使溶液中离子组分得到分离的技术。电渗析过程依靠电渗析池来完成。电渗析池由两片阴离子交换膜和两片阳离子交换膜组成，它们交替地排列在阴、阳两极之间，组成三个小室。当一种离子溶液(如盐水)被泵入交换膜组时，在两极间加上直流电压，则正离子向阴极迁移，它们容易通过阳离子交换膜，但被阴离子交换膜阻挡；反之，负离子通过阴离子交换膜，被阳离子膜阻挡。最终结果是左右两边小室的离子浓度大大增加，而中间小室的离子浓度极低。为了减小迁移阻力，膜之间距离约 1 mm。泵用来使离子溶液高速通过小室界面，以减少浓差极化带来的麻烦。电渗析可用于水的脱盐、制备化学过程用水以及果汁的脱酸等。

(2) 液膜分离。

除了用固体膜分离之外，液膜分离也得到了迅速发展。液膜分离克服了固体膜速度慢、选择性差的缺点，其选择性及分离效率很高。液膜就是悬浮在液体中的很薄的乳状液，它通常由溶剂(水或有机溶剂)、表面活性剂及添加剂组成。若将此水溶液进行高速搅拌，就可获得一种油包水的乳状液。将此乳状液再加入低速搅拌的含有被分离组分的试液中，从而使乳状液在试液中均匀分散，即形成油包水再水包油型的乳化液膜。图 13-4 说明了乳化液膜的构型。有机溶剂是构成膜的基体，即图中的膜相(油相)。表面活性剂既含亲水基团，又含疏水基团，它们的定向排列使油水界面固定，控制液膜的稳定性。常用的油膜表面活性剂是 Span 80，水膜表面活性剂为皂角苷。由于膜是油性的，且介于内水相(接受相)和外水相(试液)之间，三者之间不相溶。油膜大多采用 S100N(中性油)和 Isopar(异链烷烃)。乳化液的液滴直径范围约为 0.2～0.5 mm，内部微滴直径范围约为 1 μm，膜厚约为数微米。液膜正是位于内水相与外水相之间。被分离的组分从外水相通过选择性渗透作用在内水相中得到浓集，然后静止，使乳化液滴与外水相分离。将得到的乳化液进行破乳，分离出膜相和内水相。对内水相已浓集的组分可进行定性和定量测定，而膜相回收后可重新使用。

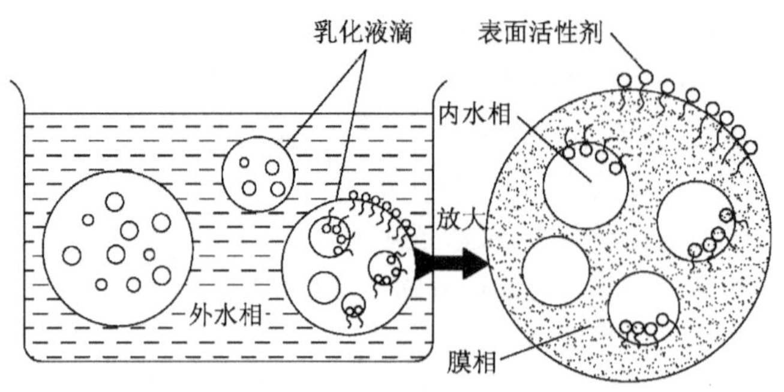

图 13-4　乳化液膜构型示意图

6. 泡沫浮选

泡沫浮选就是在试液中加入合适的试剂，调节到一定的 pH，向浮选槽中试液通入气体(空气或氮气)鼓泡，使被分离的微量或痕量组分随气泡浮到液面，然后将浮渣(沉淀和泡沫)取出进行分析的方法。这种分离方法特别适用于大量样品中微量或痕量组分的分离与浓集。目前约有 40 种元素已可用此法进行分离。它可广泛应用于工业污水、环境水样以及高纯金属中痕量杂质的浓集。例如，要分离某些微量元素，首先应利用该元素的性质，设法使它形成配离子，然后加入电荷性质相反的合适的表面活性剂，从而生成一种疏水性的离子缔合物，鼓泡数分钟后，液面上形成一厚层泡沫，用小勺将泡沫取出，加入消泡剂后定容。为了提高浮选效率，可以采用二次浮选，使回收率达到 90%以上。

7. 超离心

超离心作为一种分离手段越来越重要，特别在研究蛋白质、核酸等物理化学性质时更是不可缺少的工具，而且已发展成为一种制备规模的分离方法。超离心一般可以分为两类：分析型和制备型。分析型用于测定溶质或微粒的物理性质，制备型则根据这些物理性质将它们分离。分析型超离心机转速可达 72 000 $r \cdot min^{-1}$，其离心强度可以是重力场的几十万倍。仪器上配备有光学系统，其光路穿过样品池。此光学系统可以观察样品池中不同位置的溶质的浓度或浓度梯度。它可用来测定高聚物的精确分子量以及分子的构象和分散度，也可用于混合物的定量分析。制备型超离心机通常没有光学系统，但样品池容量大很多。密度梯度超离心法可用来分离病毒、核酸、多核苷酸、酶及其他生物物质。

8. 掩蔽与解蔽

掩蔽就其本质而言并不是一种分离方法。为了消除分析过程中的干扰物质，设法加入一种能与干扰物发生化学反应的合适试剂，使这些干扰物以一种不干扰的物质滞留于原样品溶液中，这一过程称为掩蔽。它可以提高分析方法的选择性，间接地达到分离的目的。

常用的掩蔽法有沉淀掩蔽法、氧化还原掩蔽法和配合掩蔽法。

沉淀掩蔽法是加入一种合适的沉淀剂使干扰离子生成沉淀后而不干扰测定的方法。但由于沉淀不完全，掩蔽效率不高。氧化还原掩蔽法是利用合适的氧化还原反应来改变干扰离子的价态而消除干扰的方法。最常用的是配合掩蔽法，即加入合适的配合剂，使干扰离子生成稳定的配合物而不干扰测定。选择掩蔽剂应考虑两个因素以增加掩蔽效果：首先应满足金属离子的立体化学要求，以形成稳定的螯合物，如形成五元或六元环螯合

物。EDTA 对许多金属离子来说是一种很好的通用掩蔽剂。其次是硬酸与硬碱或软酸与软碱配位的能力强，如 F^- 是 Al^{3+} 很好的掩蔽剂，CN^- 是 Ag^+、Pb^{2+} 很好的掩蔽剂。

解蔽指加入一种合适试剂，将已被配合的金属离子重新释放出来。解蔽的方法很多，概括起来无非是用以下一些原理：以更强的成键离子去夺取原配合物中的配体，如以 Ag^+ 解蔽 $Ni(CN)_4^{2-}$，释放出 Ni^{2+}；以合适试剂与原配离子中的配体反应而解蔽，如用甲醛解蔽 $Zn(CN)_4^{2-}$；通过 pH 调节，改变原配合物稳定性，以及通过加热、挥发和化学反应等破坏配体。

六、分离方法的选择

分离方法的选择是十分重要的。选择正确的分离方法可以事半功倍，准确度高，分析结果令人满意。若选择的分离方法不正确，不但事倍功半，甚至还会带进杂质或使某些痕量组分损失，降低分析结果的准确度。要选择满意的分离方法，必须熟悉各种分离方法的基本原理和它们的优缺点，熟悉所分析样品的性质，弄清后续分析方法的性质和对分析结果准确度的要求。

1. 样品的性质

选择分离方法前，须大致弄清样品来源，是中间产物还是最后产物，只含少数几个组分还是很复杂的混合物等。然后要进一步弄清属亲水性还是疏水性样品，是离子型还是非离子型，这对选择不同的色谱方法尤为重要。若知道了挥发性，考虑是否要选择蒸馏或气相色谱法。须知道样品是否热不稳定，沸点是否过高。若属高沸点和热不稳定样品，宜用高效液相色谱法。对于分子量或分子体积差别大的样品，考虑应采用尺寸排阻色谱法分离。对离子型样品或在一定条件下可以改变分子与离子比例的样品，可考虑采用离子交换、电泳以及离子对萃取等方法。当样品比较复杂时，一般来说，除了色谱方法可一次性分离各个组分外，可将几种方法组合起来进行分离。对痕量组分的色谱分析，往往也要浓集后进样。

2. 后续分析方法的性质和要求

在选择分离方法时，必须考虑后续分析方法的性质及它的选择性高低。例如，测定血清中的微量金属，若采用无火焰原子吸收光谱法就很简单，但采用易受其他金属干扰或灵敏度不够高的方法就比较麻烦，需要分离干扰元素或用萃取等方法进行浓集后测定。如果后续分析要求测定每一个组分，或只要求测定其中一个或一类时，对被分离物质分离的程度也不一样。需要测定镧系中各个元素的含量时，最方便的方法就是色谱法；只需测定镧系元素总量时，采用萃取或沉淀法后用合适方法测定比较简单。分离样品时，还应考虑到此纯物质是供定性用还是定量用。应考虑由分离得到的纯物质对某种分析方法所需的样品量是否足够，若所需样品量大，应考虑采用制备型分离手段。还要考虑原始样品的来源的难易，如小动物的体液量很少，显然不能用选择蒸馏法分离。如果从分析准确度考虑，分离步骤越少越好，引入的误差也就越小。

3. 其他因素

其他因素包括分离时间、费用、可能获得的仪器设备以及个人的经验。分离步骤过多、过繁，时间冗长，会直接使分析数据获得的周期延长。对于生产过程的中间分析来说，要求分离和分析的时间短，气相色谱法、高效液相色谱法和高效薄层色谱法最能满足这种要求。个人的喜爱和经验常常有助于获得满意的结果。

第六节 联用技术

联用技术指两种或两种以上的分析技术在线结合起来，重新组合成一种以实现更快速、更有效分离和分析的技术。最常用的联用技术是将分离能力最强的色谱技术与质谱或光谱检测技术相结合。色谱法虽然具有分离能力高、灵敏度高和分析速度快等优点，但只凭色谱保留值难以对复杂物质中各未知物做出可靠的定性鉴定。而一些谱学技术，如质谱、红外光谱、核磁共振波谱等对未知化合物的结构有很强的鉴别能力。因此可以将两者的优越性结合起来，使各种联用技术成为分析复杂混合物的有效方法。联用技术在当今仪器分析领域已成为一个很重要的发展方向。除了色谱与谱学技术联用外，还有其他一些联用技术，如毛细管电泳法与荧光检测、紫外检测或质谱联用，气相色谱与光发射检测联用，液相色谱与光发射或原子吸收光谱联用等。这里只介绍应用最为广泛的色谱与各种检测技术的联用。在这种联用系统中，色谱仪相当于将纯物质输入各种谱学仪器的进样装置，而谱学仪器相当于色谱分离产物的定性检测器。要将两者有效地联用起来，其关键是要设计一个性能优良的接口，接口的任务是将被分离组分送入检测系统，而排除大量流动相对检测系统的干扰。

一、气相色谱联用技术

1. 气相色谱-质谱(GC-MS)联用

质谱法的灵敏度高，扫描速度快，因此极适合与气相色谱联用，为柱后流出组分的结构鉴定提供确证的信息，而且即使对含量处于 ng 级、在数秒钟内流出的物质也可以鉴别。采用气相色谱填充柱时，载气流量达每分钟数十毫升，因此与高真空离子源极不匹配。为了解决此问题，必须采用接口，即分子分离器。它的结构如图 13-5所示。其基本原理是依据样品分子与载气(He)分离的大小与性质不同，当柱后流出物进入分子分离器时，质量小的载气分子扩散迅速，被大量抽除殆尽，而质量大的组分分子绝大部分仍向前移动进入质谱仪，同时达到浓集组分的目的。采用开管柱后，流量降至 1～2 mL · min^{-1}，因此可将开管柱出口直接插入质谱仪的离子源中。

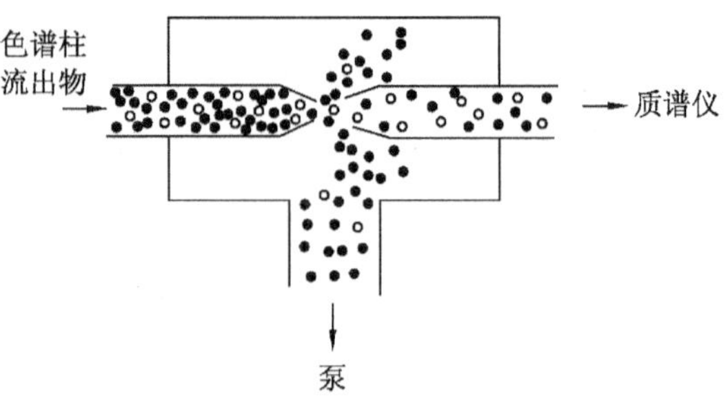

图 13-5 喷嘴分子分离器

从原理上讲，几乎任何质谱仪都可与气相色谱仪联用。四极质谱仪的扫描速度快，但分辨率及灵敏度要差一些。最理想的是傅里叶变换离子回旋共振质谱仪。

2. 气相色谱-傅里叶变换红外光谱(GC-FTIR)联用

气相色谱-质谱联用技术的应用十分广泛，这是由于现代 GC-MS 系统由计算机系统控制整个联用仪器的操作，并可以从获得的大量数据中通过数据库进行检索，得到所要检测分子的“指印”信息。但是，质谱检测器是破坏性检测器，而且难以区分结构异构体，从

质谱图上很难明确得到功能团的信息。对于这些不足之处，采用气相色谱-傅里叶变换红外光谱就可以得到解决。采用GC-FTIR系统可以获得功能团信息以及指纹区信息。

由于在气相色谱中所使用的流动相主要是He和H_2，而它们对中红外区域的辐射透过性较好，为了增加灵敏度，必须采用接口，使两者直接联用。常用接口有两种，光管接口与冷阱接口。

光管接口实际上是一种多反射流通池。这种流通池由内壁镀金、反射率极高的硼硅玻璃管制成。光管两端的窗片由KBr或ZnSe制成，具有红外透过性。光管内径约1 mm，长10～20 cm，适宜与开管柱联用。经过调制的红外辐射聚焦至光管的入射窗口上，再经光管内壁多次反射后，从出射窗口投射至检测器。当柱后流出的某一组分通过光管时，所产生的红外吸收信号就记录下来。这里必须注意光管的体积对色谱分离度的影响，因为光管的增加会使柱后死体积增加。因此设计光管时，必须兼顾最大灵敏度（光管体积较大）与分离度（更小的光管体积）。光管接口简单，但灵敏度较低，根据不同功能团的吸收强度，分析物质量约需5～100 ng。

冷阱接口的基本原理是将被分析物在分析之前进行冷阱捕集。柱后的流出物连续地沉积于ZnSe板上，依赖于液氮将ZnSe板冷至77 K。然后将ZnSe板移动，使冷凝的样品进入傅里叶变换红外显微镜的中心点，经显微镜聚焦的红外光束直径与冷凝的样品斑点相一致。红外光束透过样品被选择性吸收，获得相应的光谱图。采用冷阱接口法，可使灵敏度大大提高，检测限可达20～50 pg。但是冷阱接口不适用于沸点很低的化合物，因为捕集效率不高。

采用以上两种接口以后所获得的光谱图不能利用正常的红外光谱图谱数据进行检索，而必须采用相应条件下的图谱数据库进行检索，如前者应利用特殊气相光谱数据库，后者则利用凝聚相光谱数据库进行对照检索。

3. 气相色谱-原子发射光谱（GC-AES）联用

色谱柱后流出的组分进入高温等离体而被原子化。在等离子体中的原子或离子受到激发而发出辐射。重要的等离子体源有微波电感等离子体（microwave-induced plasma，MIP）和电感耦合等离子体（inductively coupled plasma，ICP）。电感耦合等离子体是利用通过高频电子感应耦合产生等离子体放电的光源，它以Ar作等离子体气体。采用微波电感等离子体，以He作等离子体气体则更方便，因为He通常又用作气相色谱载气。它比Ar等离子体的优越之处在于背景光谱更简单，激发能量更高，甚至可以激发非金属元素。但是微波电感He等离子体的功率比电感耦合等离子体小，等离子体的温度较低。这一缺点可以通过控制导入等离子体的样品量或溶剂量得到解决。这种联用技术比GC-MS和GC-FTIR的优越之处在于它具有元素检测专一性，而后两者具有分子检测专一性。由于采用二极管阵列检测器，所以可以同时进行多元素检测。元素的性质不同，检测灵敏度也不相同。例如，对铁、汞和铬，其检测限分别为0.05 $pg \cdot s^{-1}$、0.1 $pg \cdot s^{-1}$和7.5 $pg \cdot s^{-1}$；对非金属元素碳、硫和氯，则分别为2.7 $pg \cdot s^{-1}$、1.7 $pg \cdot s^{-1}$和39 $pg \cdot s^{-1}$。

二、液相色谱联用技术

1. 液相色谱-质谱（LC-MS）联用

在液相色谱中，流动相流量一般为0.5～2 $mL \cdot min^{-1}$，与质谱仪的真空系统完全不匹配，而真空系统可以承受的流动相流量约 50 nL·s^{-1}。要解决这一矛盾的途径大致有：增大抽真空系统的泵的能力；设法除去大量流动相；将柱后流出物分流；采用窄径柱，以大大降低流动相流量。常用的 LC-MS 接口技术为热喷雾技术。让柱后流出物进入置于加热铜块中的不锈钢管（内径 0.15 mm）中，当铜块的温度升至 100 ℃～350 ℃（合适的温度由流动相性质而定）时，流出物到达毛细管出口，从而在蒸气超声喷嘴口形成超热雾气。若流动相中含有 NH_4Ac 或 HCOOH 等具有挥发性的物质，而流出物中的组分又具有亲质子能力，就会使雾滴带电。当流动相中有机溶剂被蒸发除去，而$[MH]^+$被电场从喷嘴口拉出进入质谱仪时，若流出物中组分不具有亲质子能力，则形成$[M+NH_4]^+$而被检出。氨基酸、肽、核苷酸及抗生素等物质（分子量可达 2 000 Da）都能获得良好的质谱图。

若质谱仪的离子源是电喷雾源，则联用更简单。由于电喷雾源可以在大气压下使样品溶液直接生成离子，所以它可以与液相色谱直接联用。若采用窄径柱（直径 1.0 mm），则柱后的流出物可以全部进入质谱仪。若采用标准柱（直径 4.6 mm），则可以采用分流装置，使少部分流出物进入质谱仪，而大部分可由馏分收集器收集。

除了热喷雾接口技术外，还有粒子束接口技术、离子喷雾接口技术等，在此不做介绍。目前采用的这些接口技术主要适用于反相色谱法。

2. 液相色谱-傅里叶变换红外光谱（LC-FTIR）联用

这种联用技术与 GC-FTIR 非常相似，它可以得到分子中功能团的信息。但它又受到所用流动相性质的影响，使联用又比 GC-FTIR 复杂，这是由于流动相在中红外区域有强烈吸收，给在溶剂吸收带范围内检测被分析物带来困难，特别是在痕量分析物洗脱只引起吸收值很小变化的情况下，几乎不可能检测出被分析物。为了防止溶剂带的全吸收，其流通池接口的光路长度要很短（对有机溶剂为 0.2 mm，对水溶液则只能为 0.03 mm），因此灵敏度很低，检测限约在 0.1～1 μg 范围。流通池接口虽然简单，但应用不广。

为了提高灵敏度，可以采用溶剂消除接口。它比流通池接口的优越之处在于能得到被分析物的全程光谱信息，对溶剂组成及分离模式选择的限制较少。但是，使用这种接口就要求溶剂比被分析物的挥发度要大得多。在操作时，使柱后流出物滴至 KCl 粉末上，在氮气流驱赶下溶剂蒸发，然后将沉积有被分析物的 KCl 粉末推进至光路中，记录红外光谱。若采用窄径柱，则峰浓度相对更集中，检测限更低，溶剂的消除更容易。

3. 液相色谱-核磁共振波谱（LC-NMR）联用

这种联用技术比前面介绍的几种联用技术难度更大，这是由于核磁共振波谱法灵敏度不高，测试的样品量须达微克级，溶剂的信号必须得到有效的抑制。为了能使这种联用技术得到实际应用，主要也是要研制出一个性能优良的接口，以达到核磁共振信号的最大灵敏度及满意的分辨率。

液相色谱-核磁共振联用示意图如图 13-6 所示。分离体系须离磁体约 2 m。紫外吸收检测器出口通过毛细管连接到安装在探头底部的切换阀上。调节切换阀可以采用连续流动方式或采用停流方式来获得光谱图。而探头由非旋转的玻璃流通池组成，射频线圈直接固定在上面。色谱柱后的流出物直接进入流通池（图 13-7），而此流通池探头置于强磁场（超导磁铁）中。流动探头的设计极为关键，不但要设法达到最高灵敏度，而且要保持色谱分离度。因此必须选择合适的参数，如流通池直径和体积等。流通池内径约 2～

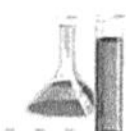

4 mm，有效体积约 60～250 μL。被分析样品在磁场中应有合适的时间，以使核极化。由于核在流通池中停留时间有限，与通常的核磁共振测试相比，纵向与横向弛豫时间都减少了。这导致信号强度随流速而增加，但是在较高流速下，核磁共振谱线的宽度却增加了。因此必须寻找合适的条件来解决这一矛盾。在联用时，色谱流动相必须使用氘代或非质子溶剂。前者由于太昂贵而使用不多。采用质子化溶剂必须采用溶剂信号抑制技术，在商品仪器中已解决这一问题，此处不做介绍。

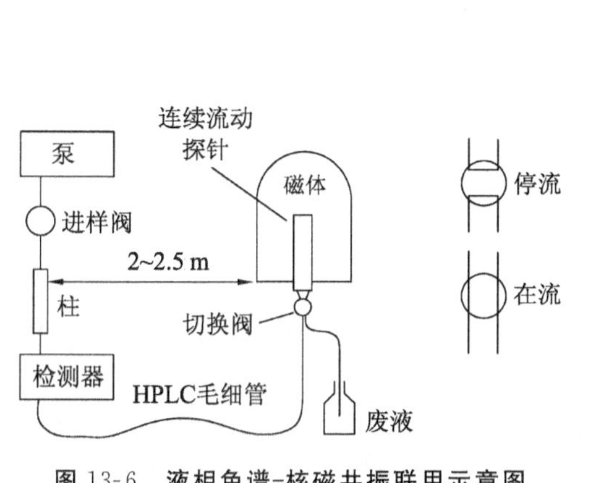

图 13-6 液相色谱-核磁共振联用示意图

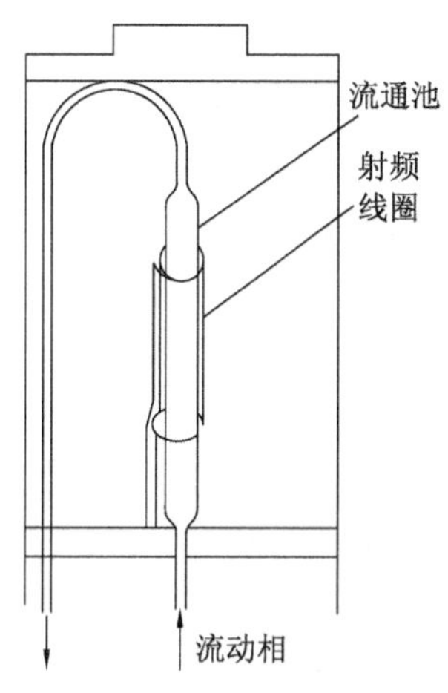

图 13-7 连续流动型探头

第七节 复杂样品分析的思路

一、分析对象的全面考察

复杂样品一般指所包含的成分复杂，不同成分之间的含量差别大，从样品来源处获得的信号极少的复杂混合物。对于这种样品，要从多渠道尽可能多地获得各种信息。大致可从下几方面进行考察：

（1）了解样品来源、用途，大致估计可能含有的成分的类型。对于商品，应了解样品的生产厂家、批号、商标等，尽可能缩小查找文献及专利的范围。

（2）大致弄清是无机材料还是有机材料，还是两者并存。

（3）对有机物，大致了解是非极性、中极性还是强极性，了解分子量、熔点或沸点的大致范围。

（4）了解被测成分含量的大致范围，属常量、微量还是痕量分析。

（5）了解需要获得何种信息，只要获取指定成分的信息还是全部成分的信息，是定性信息还是定量信息，是成分分析信息、化学形态信息还是结构分析信息，是主体组分信息还是表界面区域的纵向或垂直分布信息等。

要求获取的信息不同，样品的预处理及分离手段也就不同，所选择的分析方法也不同，才能有的放矢地解决问题。

二、复杂样品分析的思路

由于样品千差万别，即使对同一样品，要获得的信息不同，分析思路也不尽相同。但一般可以从以下思路出发去解决问题：

1. 无机成分的分析

对于样品中的无机成分分析，相对来说比较简单。一般将样品直接或经过必要的预处理后，采用一般原子发射光谱法（或等离子体原子发射光谱法）、原子吸收光谱法或X射线荧光光谱法等分别对无机元素进行定性和定量分析。若原样品中待测物的含量过低，或方法本身的灵敏度达不到要求，则应采取分离、预浓集等手段，以达到分析方法的检测限以上。如果样品是一种复合材料，需对无机成分进行微区分布分析，可采用扫描电镜-X射线能谱法。如需进一步了解各种无机元素所处的价态、结合形式以及在表面的分布状况，可以采用各种电子和离子光谱法。想了解无机元素在样品中存在的化合物结构形式时，可采取用X射线衍射分析法。

2. 有机成分的分析

样品中有机成分分析比无机成分分析困难得多，因为有机化合物的组成元素虽然简单，但结构千变万化，同一化学式可以有多种不同的分子结构。若样品中存在异构体，由于其性质极为相似，给分离带来困难。有的样品的成分本身就很复杂，如彩色照相胶片中含有多种成色剂、增感剂，以及稳定剂、黏合剂、杀菌剂、防污染剂、表面活性剂等几十种有机成分，要将这些成分分离就不是一件易事，而且还要制备纯品、鉴定纯度、确定成分结构以及分析各个成分含量。因此通常所说的剖析，主要是对复杂的有机样品而言的。

对有机样品的剖析来说，分离是关键的一步。最常用的分离方法是色谱法。由于更换固定相和流动相方便，经典柱色谱法和薄层色谱法仍然是分离和提纯样品常用的方法。高效液相色谱法的分离效率很高，对复杂样品的组成分析容易进行。利用它可对复杂混合物进行系统分离分析，获悉基本组成及组分之间的比例关系。利用制备型高效液相色谱仪可以在较短时间里得到各种纯样品。气相色谱法的应用面比高效液相色谱窄得多，但若预先了解到样品中的组分比较易于汽化（沸点一般在 350 ℃以下），且热稳定性好，则可以用气相色谱法进行分析，如天然挥发性精油的分析。采用联用技术有利于复杂样品的分析。气相色谱法的最大优点是可以利用商品仪器，如气相色谱-质谱或气相色谱-傅里叶变换红外光谱联用仪，对成分进行结构鉴定。即使利用分离技术得到了纯样品，其纯度的鉴定也十分重要，因为利用波谱分析技术来确定结构时，只有用“色谱纯”“光谱纯”的纯品，所得到的波谱分析数据才有价值；否则，杂质的存在会给波谱的解释带来困难。

在最后的结构确证时，紫外光谱、红外光谱、质谱和核磁共振波谱（俗称“四大谱”）是最强有力的工具。紫外光谱在结构分析中的地位不如其他三谱，因为它适用的样品范围窄，主要用于含共轭双键的分子的鉴别。其光谱中只给出几个宽带，不可能利用光谱的精细结构去鉴别分子的整个结构。有时可以将样品的紫外光谱与模拟的分子结构进行对照来提供一些信息。紫外光谱分析的主要用途是进行定量分析。

红外光谱法适用的样品范围广，所需样品量少，给出的分子结构信息丰富，因此红外光谱仪是不可缺少的剖析工具。红外光谱图可为剖析提供以下重要信息：

(1) 从原始样品的红外光谱图可大致判断可能存在的功能团，因为它是多种纯组分

红外光谱图的叠加。

(2) 从在分离和纯化过程中得到的光谱图可以分析有关组分的去向，监视某些组分的“丢失”。

(3) 从离析出的纯组分光谱图检查是否有异常峰存在。若能在分离过程中用红外光谱分析跟踪监视，直至无异常峰存在，谱图稳定不变，则此组分可视为“光谱纯”。

(4) 从纯组分的光谱图可推测出存在的特征功能团、分子骨架等主要信息。

(5) 从模拟结构合成出的纯样的红外光谱图可验证模拟结构是否确证无疑。

解析红外光谱图主要依靠与标准物质、标准图谱的对照。对于复杂的红外光谱图，不可能对每一个峰都指出归属，对此，分析工作者的经验累积是十分重要的。

核磁共振波谱法是结构分析中最强有力的手段。由于它能给出化学位移、自旋-自旋耦合裂分模式以及积分线高度等信息，所以由核磁共振波谱图给出的结构信息的准确性高，预见性好，对 C 和 H 可以给出准确的归属。利用 ^{13}C 谱可以完整地反映出分子中各类碳核的信息。^{13}C 谱与氢谱相比，虽然存在不少缺点，但采用脉冲傅里叶变换技术以及去耦技术以后，^{13}C 谱的应用更为广泛。但是液体核磁共振波谱法存在以下一些缺点：① 须配成溶液进行实验；② 灵敏度低于其他三种波谱技术；③ 溶剂中存在微量的氢和 ^{13}C 同位素，会干扰核磁共振波谱的微量分析。

质谱在剖析中具有以下优点：

(1) 高分辨质谱可给出准确分子量、元素组成和分子式。

(2) 具有将质量数不同或汽化温度不同的组分进行分离的能力，因此相对来说，对样品的纯度要求不高。

(3) 为了能从不同样品得到更有价值的信息，有多种电离源可选择。

(4) 利用多种联用技术，如气相色谱-质谱联用、液相色谱-质谱联用、质谱-质谱联用等，可对多组分的混合物同时实现分离与鉴定。

(5) 灵敏度高，只要微克级样品就能进行质谱分析。

质谱法的缺点是对分子的空间构型以及各类碎片的联结方式的准确判断有一定困难。

3. 表面分析

要获得表面元素组成、表面形貌表征、元素氧化态的分布、表面几何结构与电子结构等信息，必须采用各种表面分析技术。例如，X 射线和紫外光电子光谱主要用于表面电子结构、被吸附的物质、表面元素以及氧化态的分析；电子微探针分析主要用于元素的微区分析以及进行具有纳米级分辨率的元素表面分析；扫描电子显微镜与俄歇电子光谱主要用于表面形貌成像；离子散射光谱主要用于提供最表面层原子信息；二次离子质谱主要用于表面痕量元素分析；扫描隧道显微镜主要进行具有原子分辨率的表面成像；原子力显微镜的主要功能与扫描隧道显微镜类似，但它还适用于绝缘体。

三、复杂样品分析示例

1. 植物、粮食及其他生物试样中砷、硒等的测定

对植物、粮食及其他生物试样中砷、硒等元素的测定，采用原子吸收光谱法比较简单易行。动植物组织、血液和尿等试样，除极少数可直接进样外，一般都须预处理。让样品

风干或烘干，剖碎过筛后称样，然后将样品灰化，使有机物质分解，而被测元素转入溶液中。常用方法为干法灰化后用硝酸或盐酸溶解灰分；或用强酸消化，使有机物分解，通常采用混合酸破坏有机物更有效；或用合适的试剂浸提被测元素；等等。

2. 土壤中常量、微量元素及有机成分的研究

土壤中无机元素的定性及定量测定比较简单。对于常量和微量元素的测定，可以用原子吸收光谱法以及电感耦合等离子体发射光谱法。采用电感耦合等离子体直读光谱仪可以同时分析 Si、Al、Fe、Mg、Ca、Na、K、Ti、Mn 及 P 等多种元素，分析时间不到 1 min，且精密度好。对土壤中有机成分的分析复杂一些，如研究不同土壤中腐殖酸的化学结构。对于这些结构各不相同的有机化合物，虽然可用红外光谱法、气相色谱-质谱联用等，但分离仍是关键的一步，其复杂性也就体现于此。研究土壤组成的常用分离方法有溶剂萃取、薄层色谱、制备气相色谱等，为了获得满意的分离，必要时还须进行化学衍生化。为了使不同极性的有机化合物不漏检，须预先用不同极性的溶剂萃取。萃取残留物一般可用衍生化的方法使某些组分转变成甲基酯类或醚类，然后再进行分离。通过以上的分离与鉴定，了解到土壤中有 100 多种有机化合物，主要是烷烃($C_{14}\sim C_{18}$)、正构脂肪酸、酚酸、苯羧酸及邻苯二酸二烷基酯等。

3. 水中有机物的分析

环境水源中存在着大量的有机污染物，在江河、湖泊的水质中已鉴定出 1 000 多种有机物。研究水源污染物的产生、迁移规律以及对生物和人类的影响，有着极其重要的意义。对水源污染物的分析，最强有力的工具就是开管柱气相色谱-质谱联用技术。但是在进行色谱-质谱联用分析之前，须进行预处理和浓集，通过控制酸度进行溶剂萃取。例如，将水样调节成酸性，用 CH_2Cl_2 萃取，则有机酸及中性物进入有机相，有机碱及水溶物进入水相。因此，控制酸度可以调节被萃取对象。还可以采用活性炭吸附-溶剂萃取以及离子交换树脂浓集等方法。对于水样中挥发性有机物可以采集水平上部的蒸气，并浓集后进行分析。

4. 大气中悬浮的化学物质的鉴定

大气中含有数以千计的化学物质，这些物质可以来自固定污染源，也可以来自流动源，它们危害人们的健康。例如，大气中的多核芳烃与 NO_x 发生反应，生成硝基多核芳烃，这是一种具诱变性的化学物质。由于这些物质的浓度很低(一般为 $10^{-9}\sim10^{-6}$级)，因此必须进行有效的捕集，如可以用特氟龙过滤器以防止样品降解；对 $C_2\sim C_{10}$组分，可以采用低温捕集法；对 $C_6\sim C_{30}$组分，可以采用多孔高聚物吸附剂捕集，常用吸附剂有 Tenax 和 XAD 树脂等。将捕集的悬浮颗粒用有机溶剂萃取，在浓缩有机相后用高效液相色谱法分离分析。利用开管柱 GC-MS 或 HPLC-MS 联用技术可对化学物质进行结构鉴定。

5. 彩色胶片组成的剖析

彩色胶片的组成极为复杂，含有几十种结构很复杂的有机化合物，因此必须采用多种分离手段以及多种结构鉴定技术，才能逐一地确定其结构。一般的实验过程大致如下：首先用水浸泡胶片，然后将浸提液与胶片分离。对于水溶液内的成分，可以通过色谱分离技术一一分离获得纯物质，再用紫外吸收光谱、红外吸收光谱、核磁共振波谱及质谱法来鉴定它们的结构，也可以直接采用各种联用技术进行鉴定。可以确定溶于水的组分主要

有杀菌剂、表面活性剂、水溶性染料、各种增感剂及黏合剂等。

对于胶片中的非水溶部分，通过银的分离后再经酶解，分离成溶液与片基两部分。溶液部分经溶剂（丁醇）萃取后获得水相及有机相。水相部分如前所述进行鉴定。有机相部分经减压蒸馏，除去萃取溶剂后，用色谱分离技术及结构鉴定技术可以确定其主要成分。它们是各种颜色的增感剂及成色剂、防污染剂、稳定剂等。对未被酶分解的片基可以用红外吸收光谱进行分析，知道其成分为三醋酸纤维。

在胶片中各种成分确定之后，通过合成来进一步确证是否有误，然后进行胶片生产。对试生产的胶片的性能再进行测试，从而进一步验证整个剖析结果的可靠性。

思考题与习题

1. 简述对一个样品进行定性和定量分析时主要包括哪些步骤。
2. 怎样获得代表性样品？
3. 简述综合分析的过程与特点。
4. 简述分离与富集在分析化学中的作用。
5. 什么是分离方法的回收率和分离因素？
6. 什么是富集方法的回收率和富集因素？
7. 请简述气固色谱法、气液色谱法以及高效液相色谱法中的各种分离方式，主要可用来分离哪些类型的样品？
8. 试比较制备型色谱与分析型色谱的不同之处。
9. 纸色谱和薄层色谱属何种分离机制？
10. 何谓比移值？它在色谱分析中的作用是什么？
11. 薄层色谱与高效液相柱色谱相比，其优越性在哪里？
12. 在5次萃取中，若$D=10$，$V_{水}=10$ mL，$V_{有}=9$ mL，求最后的总萃取率。若将5次所用的萃取剂合并为一次萃取，其萃取率为多少？由此可得出什么结论？
13. 影响萃取率的因素有哪些？
14. 举例说明离子缔合物萃取体系。它的主要优越性是什么？
15. 简述鉮盐萃取体系的机制以及它的主要应用。
16. 简述采用盐析技术可以提高萃取效率的原因。
17. 试比较渗析、反渗透、超滤及电渗析的异同之处。
18. 试述液膜分离的基本原理。
19. 组氨酸和谷氨酸的解离常数和电泳行为如下表所示，请解释其原因。

氨基酸	解离常数			等电点	不同pH时的电泳相对迁移率		
	pK_1（质子化）	pK_2	pK_3		3.3	7.2	9.3
组氨酸	6.10	9.18		7.7	−68	−8	+10
谷氨酸	2.30	4.28	9.67	3.3	+7	+72	+77

20. 何谓等电聚焦？它与普通电泳的主要差别在哪里？
21. 选择分离方法时，主要应考虑哪些什么问题？

第十四章 表面分析及显微成像技术

表/界面的研究在化学、物理学以及材料科学等领域具有非常重要的意义。所谓界面，是指被研究体系中存在的某种特性随空间距离发生突变的区域，这种突变性包括密度、晶体结构以及化学组成等。表面是界面的一种特例，即界面的一侧为空间，也就是说表面是物质本体和空间之间的过渡区域；而在仪器分析中，把物体与真空或气体间的界面称为表面，通常研究的是固体表面，它在一般意义上包含了物体最外层的数层原子和一些外来的原子或分子，涉及从埃到几纳米的空间范围。当分析区域的横向线度小于 100 μm 量级时称为微区。表面是固体的终端，表面原子有部分化学键伸向空间，因此表面具有很活跃的化学性质。表面的化学组成、原子排列、电子状态等往往和体相不同，并将决定表面的化学反应活性、耐腐蚀性、黏性、湿润性、摩擦性及分子识别特性等。因而表面（包括微区）分析涉及微电子器件、催化、材料及高新技术等众多领域。

表面分析是指对表面及微区的特性和表面现象进行分析、测量的方法和技术，包括表面组成、结构、电子态和形貌等。表面组成包括表面元素组成、化学价态及其在表层的分布，包括元素在表面的横向及纵向/深度分布；表面结构包括表面原（分）子排列等；表面电子态包括表面能级性质、表面态密度分布、表面电荷密度分布及能量分布等；表面形貌指“宏观”几何外形，当分析方法的分辨率达到原子级时，可观察到原子排列，这时表面形貌分析和表面结构分析之间就没有明确的分界了。固体表面有其特殊性，表面是由空间向本体的过渡，表面两侧不具有对称性，往往表面原子的排列结构和其本体不同，其化学组成、电子结构和运动等也都和本体表现出显著的差异，从而导致表面的电荷分布不均，形成表面偶极层，这种表面偶极层对粒子在表面的运动、外来原子（分子）和表面的键合以及外来粒子和表面的电子互作用等都会产生重要的影响。人们对表/界面研究产生浓厚兴趣的原因正是发现了物体的某些性质其实并非完全决定于其本体的性质，而是在很大程度上取决于表面的性质。例如，作为材料研究热点的纳米材料，其优势主要就是因为在纳米尺度上表面所展现的性质占据了主要部分，从而可以获得较本体材料更为显著的性能。对表面开展研究是现代科学技术中一个十分重要的领域。表面分析的基本原理都可以看作是由一次束（电子束、离子束、光子束等）辐照于固体样品，使之产生含有样品信息的二次束（电子、离子、X 射线等），通过对二次束的检测，实现对样品的分析。由于样品本身的吸收作用，一次束较难达到样品深处；另一方面，即使在样品深处产生了二次粒子，它们往往也不能射出固体表面。这就使得只有在表面或表面浅层的“表层”样品中产生的粒子才可能被检测到，因此这类分析方法都称为表面分析方法。图 14-1 表明

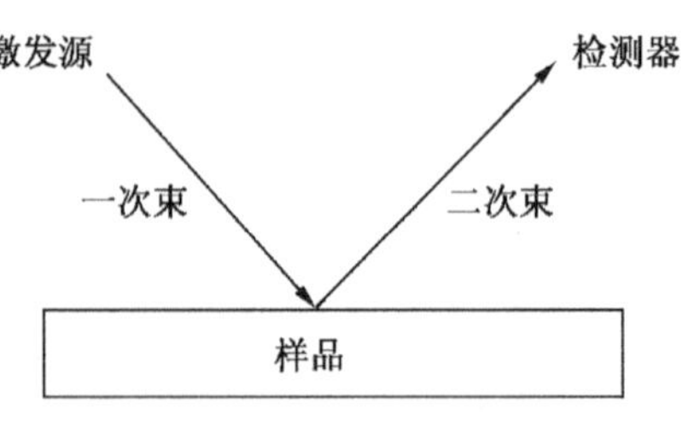

图 14-1　表面分析示意图

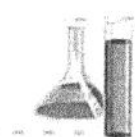

了表面分析的基本技术特征，在表面分析技术领域已经较为广泛采用的一次束的类型可由表 14-1 说明。

表面分析方法可以按探测粒子或发射粒子来分类。例如，若探测粒子和发射粒子都是电子，则称电子能谱；若探测粒子和发射粒子都是光子，则称光谱；若探测粒子和发射粒子都是离子，则称离子谱；若探测粒子是光子，发射粒子是电子，则称光电子谱。此外还有近场显微法、扫描隧道显微法、原子力显微法等。因此，有人将表面分析按表征技术分为四类：第一类，电子束激发；第二类，光子激发；第三类，离子轰击；第四类，近场显微镜法。表面分析方法还可以按用途划分，即按组分分析、结构分析、原子态分析、电子态分析等划分。由于一种表面分析方法不可能提供不同材料表面所有这些信息，因而不同表面分析方法应运而生。表 14-1 所列为常用一次束、二次束类型及可以获得的分析信息。目前最为常见的表面分析方法包括 X 射线光电子能谱法（X-ray photoelectron spectroscopy, XPS，或称 electron spectroscopy for chemical analysis, ESCA）、紫外光电子能谱法（ultraviolet photoelectron spectroscopy, UPS）、俄歇电子能谱法（auger electron spectroscopy, AES）、二次离子质谱法（secondary ion mass spectrometry, SIMS）、离子散射光谱（ion scattering spectrometry, ISS）、激光微探针质谱法（laser microprobe mass spectrometry, LMMS）以及电子微探针法（electron microprobe, EM）等。

表 14-1　常见表面分析技术

分析方法	一次束	二次束	获得信息
紫外光电子能谱法（UPS）	紫外光	电子	化合物成分、结构
X 射线光电子能谱法（XPS）	X 射线	电子	化合物成分、结构
俄歇电子能谱法（AES）	电子	电子	化学组成
电子能量损失谱法（EELS）	电子	电子	化学结构、结合吸附物
电子微探针法（EM）	电子	X 射线	化学成分
二次离子质谱法（SIMS）	离子	离子	化合物成分、结构
离子散射光谱法（ISS）	离子	离子	化学组成、原子结构
激光微探针质谱法（LMMS）	光子	离子	化合物成分、结构
表面等离子体共振法（SPR）	光子	光子	化学结构、表面薄膜浓度
偏振光椭圆率测量法	光子	光子	薄膜厚度

第一节　电子能谱分析

电子能谱分析是多种技术的总称，其共同点是采用某种激发源（激发源可以为单色光源，如 X 射线、紫外光，也可以为粒子，如高能量的电子、离子、原子等）冲击样品，使样品中的电子受到激发，电子电离并逸出物体表面而发射出来，通过测量这些电子的产额（强度）与其能量分布的关系，从中获得样品的有关信息。电子能谱与光谱在检测对象上明显不同，它探测的不是被样品激发后出射的电磁波，而是被入射能量从样品中击出的电子的能量分布、强度分布和空间分布等信息。电子能谱主要包括 X 射线光电子能谱(XPS)、紫外光电子能谱(UPS)及俄歇电子能谱(AES)等。几种能谱技术的主要区别在于激发源及发射电子能量分布所对应的信息。就形成发射电子的激发源而言，紫外光电子能谱和 X 射线光电子能谱都使用光子作为一次束，故又都属于光电子能谱。这几种电子能谱技术涉及的电子释放过程和能量关系见图 14-2。

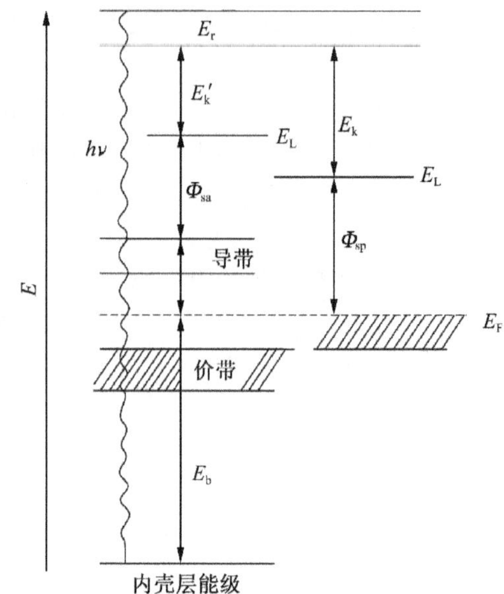

$h\nu$—激发光子能量；E_b—电子结合能；
Φ_{sa}—样品的功函数；Φ_{sp}—谱仪材料的功函数；
E_k'—样品发射电子的动能；
E_k—谱仪测量的电子动能；E_r—反冲能量；
E_L—自由电子能级；E_F—Fermi 能级

图 14-2　光电过程的能量关系

电子能谱所探测的信号深度主要决定于所产生电子的非弹性碰撞平均自由程(λ)，它和电子能量相关(图 14-3)，电子运动超过 λ 距离后，发生非弹性碰撞而改变能量，失去原携带的信息，对具有 $E=10$ eV～2 keV 的电子，其 λ 的范围约在 0.4～2 nm 之间。

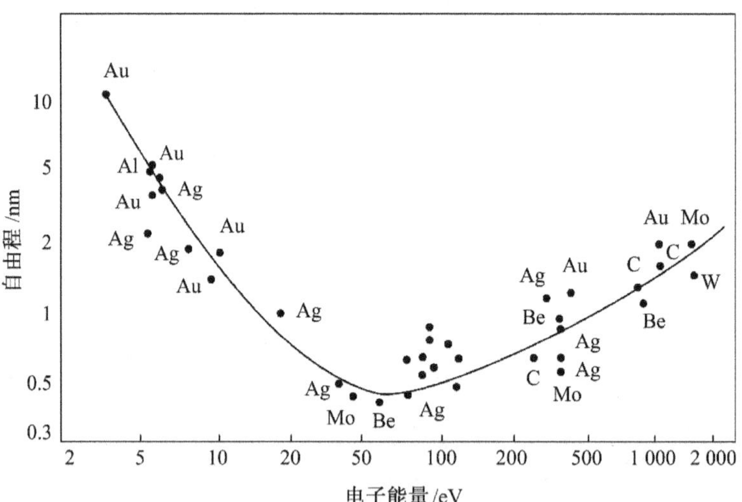

图 14-3　电子能谱探测深度和电子能量的关系

一、X 射线光电子能谱分析(XPS)

(一) 光电子能谱原理

用具有一定能量的光辐照分子，使光子与分子发生碰撞，光子可能会被分子吸收而导致电子从分子中发射出来，发射出来的电子为光电子，分子失去电子而成为阳离子，这种现象称为光电效应。光电效应可以只是简单地吸收一个光子而发射出一个自由电子，称

为单电子过程；也有分子吸收一个光子会涉及两个电子的变化，如果同时有两个电子发射出来，或者发射出一个电子的同时放出荧光等，称为双电子过程。光电子能谱学研究的是单电子的光电子激发过程（双电子过程为禁阻过程，实现跃迁的概率远远低于单电子过程）。光电效应首先由德国物理学家 H. R. Hertz 于 1887 年发现；1905 年，爱因斯坦对该现象给予了解释；20 世纪 60 年代，瑞典物理学家 K. Siegbahn 将该现象用于分析，开展了光电子能谱的先驱研究工作，并因此获得 1981 年的诺贝尔物理学奖。光电子能谱学是把光电效应应用到研究自由分子（或固体表面）的电子结构的学科，目前已经在基础研究、物质元素结构分析等众多方面得到应用。

在光电子能谱技术中，主要区别在于激发源，紫外光电子能谱仪的激发源为真空紫外光，X 射线光电子能谱仪的激发源为 X 射线，除此之外其他部分基本相同，检测的都是光电子的能量分布。进行相应的光电子能谱分析所使用的仪器设备结构也大体类似，在多数仪器上可同时备有这两种光源。

在光对样品分子进行激发的过程中，被束缚在各分子轨道上的电子具有一定的结合能 E_b，若激发光子的能量 $h\nu$ 超过 E_b，就有可能将电子击出形成光电子，同时产生分子的正离子：

$$M + h\nu \longrightarrow M^{+*} + e$$

其中，M 代表分子或原子，M^{+*} 代表激发态的分子离子或离子。

分子中的一个电子电离时，假设分子中其余电子的运动状态不发生变化，被限制在原来占据的轨道，则库普曼斯（Koopmans）定理成立，即按分子轨道理论，在冻结假设下，从分子中电离出某个电子所需要的电离能等于这个电子所占据的分子轨道能量的负值。

在通常条件下，绝大多数分子处于运动的基态，即处在能级最低态，对于分子的电子运动和振动尤其如此，此时的能量为基态能量 $E(M)$。对于在某一个确定状态的离子（包括电子运动、振动和转动等状态），也有一个确定的能量 $E(M^+)$，但离子不一定处于基态，它可以处于某一个特定的电子运动状态、特定的振动状态和转动状态，可以是某一个激发的状态，对应于某一个特定的能级状态。因此，激发能需要将电子从基态激发至该状态，相应的电离能就可以分为三部分，即电子运动激发能 E_e^*、振动激发能 E_v^* 和转动激发能 E_r^*，分别代表分子在电离时电子运动、振动和转动能量的改变。电离能可以表示为

$$I = E_e^* + E_v^* + E_r^* \qquad (14\text{-}1)$$

电子运动、振动和转动三种能级处在不同的数量级，对于价电子，E_e^* 约为 10 eV；E_v^* 要小得多，约为 0.1 eV；E_r^* 更低，约为 0.001 eV。相比较而言，后两者远远低于电子能级，因此可以近似忽略，因而相应地有

$$I \approx E_e^* \qquad (14\text{-}2)$$

对于各种光电离过程，总体能量守恒，则有

$$E(M) + h\nu = E(M^+) + E_k \qquad (14\text{-}3)$$

E_k 代表发射出的光电子所具有的动能，则有

$$E_k = h\nu - [E(M^+) - E(M)] \qquad (14\text{-}4)$$

上式方括号中代表离子 M^+ 和分子 M 间的能量差，即分子电离所需要的能量——电离能：

$$I = E(M^+) - E(M) \tag{14-5}$$

由此可得

$$E_k = h\nu - I \tag{14-6}$$

在实验中使用单色光，激发光子具有固定的能量 $h\nu$，从上式可以看出，光子的能量除花费在价电子电离(I)外，所剩余的能量表现为光电子的动能(E_k)。因此，只要测出光电子的动能 E_k，就可以计算出对应的电离能 I，反之亦然。

这一过程中所获得的光电子动能为

$$E_k = h\nu - E_b \tag{14-7}$$

按照分子轨道理论，每一个占据在分子轨道上的电子实现光电离并发射出来时具有确定的动能，即激发能与电离能之差，在光电子能谱谱图中出现特征谱带。电子所处的分子轨道能级越低，E_b就越大，击出这个电子耗费的能量就越多，所获得的光电子具有的动能 E_k就越低；反之，从一个能级较高的分子轨道上击出被束缚得较松的电子，其具有的 E_k就较大。

在原子或分子中，电子的能级呈量子化分布，如果使用单色的光源进行激发(具有相同的能量 $h\nu$)，所获得的光电子也就有相应的动能分布，非连续而由一系列分立能带组成。不同动能的光电子通过能量分析器被区分开来，经检测、放大、记录，得到信号强度，即光电子数 $n(E)$。以电子结合能 E_b或光电子动能 E_k为横坐标，单位时间内发射的光电子数为纵坐标，记录的谱图即为光电子能谱。该谱图反映了原子或分子中电子能级的分布情形，因此可以获得检测区域的化学及结构等信息。

在光电子能谱中，使用特定波长的光束对样品进行辐射，从而获得光电子的发射。在大量的光电子中，其光电子的动能存在一定的分布，某些具有相同的动能，对应着同一种电离过程，即相同的初始分子和最终离子态。使用能量分析器可以把具有不同动能的光电子区分开来，并在固定时间内对具有各种能量大小的光电子进行计数，最终给出具有不同动能光电子的数量分布图，即光电子能谱图。该能谱图与电离后离子状态、激发光子的能量相关，并且还受到实验具体参数的影响。

(二) X 射线光电子能谱分析的基本原理

X 射线光电子能谱是使用 X 射线作为一次激发束的电子能谱技术，它可以同时给出样品的元素组成以及化合物的结构和氧化态等信息，故该技术又被称为化学分析电子能谱(electron spectroscopy for chemical analysis，ESCA)，其基本原理见图 14-4。

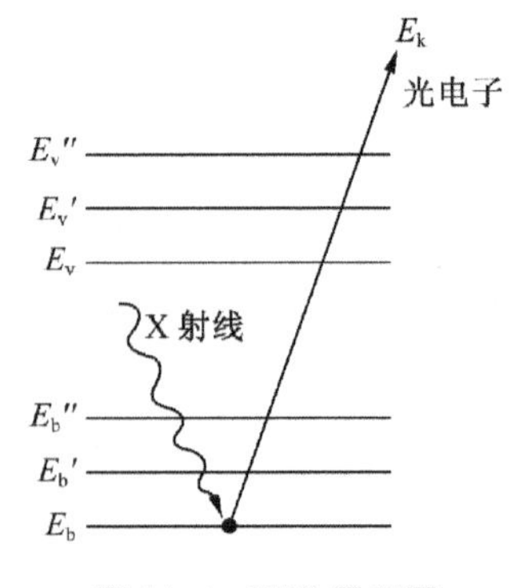

图 14-4　XPS 原理图

具有较高能量的 X 射线照射到样品表面，和待测物质发生作用，可以使待测物质原子中的电子脱离原子成为自由电子。对于固体样品，计算结合能的参考点不是选真空中的静止电子，而是选用费米能级。由内层电子跃迁到费米能级消耗的能量为结合能 E_b，由费米能级进入真空成为自由电子所需的能量为功函数 Φ，剩余的能量成为自由电子的动能 E_k，则有

$$h\nu = E_k + E_b + \Phi \text{ 或 } E_b = h\nu - E_k - \Phi \tag{14-8}$$

仪器材料的功函数 Φ 是一个定值，约为 4 eV，入射 X 射线光子能量已知，此时如果测出电子的动能 E_k，便可得到固体样品电子的结合能 E_b。各种原子、分子的轨道电子结合能是一定的，因此通过对样品产生的光子能量的测定，就可以了解样品中元素的组成。

元素所处的化学环境不同，其结合能会有微小的差别，这种由化学环境不同引起的结合能的微小差别称为化学位移，由化学位移的大小可以确定元素所处的状态。例如，某元素失去电子成为离子后，其结合能会增加，如果得到电子成为负离子，则结合能会降低。因此，利用化学位移值可以分析元素的化合价和存在形式。

X 射线光电子能谱法提供的是样品表面的元素含量与形态，而不是样品整体的成分。其信息深度约为 3～5 nm。如果利用离子作为剥离手段，利用 XPS 作为分析方法，则可以实现对样品的深度分析。对于固体样品，除了氢、氦之外的所有元素都可以使用 XPS 进行分析。

（三）X 射线光电子能谱分析仪器

电子能谱仪具有相似的系统组成，如图 14-5所示，一般都含有激发源、电离室、真空系统、电子能量分析器、检测器及记录系统，为了方便不同样品的检测，有些还包含进样或加样系统。激发源可以是光子，也可以是粒子，在 X 射线光电子能谱仪和紫外光电子能谱仪中分别为 X 射线和紫外光，在俄歇电子能谱仪中为电子。激发源投射到电离室中的样品上，使之产生二次电子，二次电子进入电子能量分析器，对不同能量的电子加以区分，检测器对各种能量电子的数量进行检测，最终将检测结果汇总，通过记录系统输出电子能谱图，作为分析的依据。真空系统的作用是保持系统内高度的真空，以利于检测。

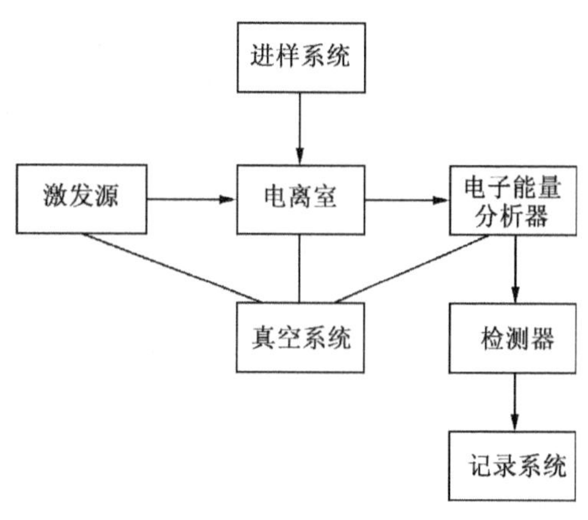

图 14-5　电子能谱仪结构框图

1. 激发源

(1) X 射线激发源。

各种能谱仪最主要的区别在于激发源的不同。在 X 射线光电子能谱仪中为能量较高的 X 射线激发源。使用高速运动的带电粒子撞击到物体时会产生 X 射线（由德国物理学家伦琴发现，故又称伦琴射线），X 射线管即基于该原理。阴极灯丝（以钨最为常见）受热后发出热电子，电子在管内的高压电场作用下获得很高的运动速度，并与阳极靶相撞，该过程中高能电子可以激发阳极靶发射 X 射线，其结构如图 14-6 所示。该激发过程效率不高，一般只有 1%左右的能量转化为 X 射线，其余大部分转化为热能。

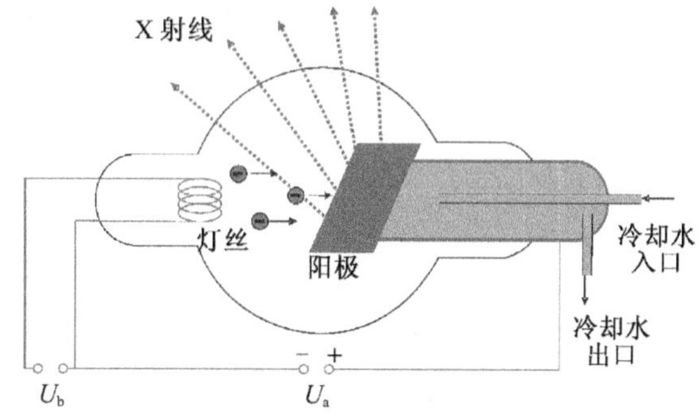

图 14-6　X 射线管结构

X 射线管所产生的辐射有两种类型，即连续辐射和特征辐射。连续辐射的产生与初级电子能量相关，具有不同的波长和强度，又称韧致辐射(bremsstrahlung)或白色 X 射线(white X ray)。特征辐射来源于靶原子内部的能级跃迁，对于特定的阳极靶，具有固定的辐射波长。常用 X 射线源的能量参见表 14-2。传统仪器都采用 Al $K_α$(1 485.6 eV)和 Mg $K_α$(1 253.6 eV)为 X 射线源，即双阳极靶。在发射谱中，除了这两条谱线外，相应地还会产生由多重电子跃迁所形成的谱线，这些谱线称为卫星线(satellite lines)。对于能谱分析过程，希望激发源具有较好的单色性。背景辐射和卫星线会给实验带来干扰，使光源的单色性变差，需要加以滤除。对于铝靶，可在其后放置一个铝窗口，能够起到类似滤光片的作用，去除 $K_β$ 线和背景辐射。使用 X 射线单色器可以改善干扰的状况，获得约 0.3 eV 的分辨率，检测光束得以缩小至 50 μm。从电子动能关系式可知，入射 X 射线能量的变化会导致出射电子动能的改变，目前已有研究使用单色化的 Al 阳极靶以提高能量分辨率。

表 14-2　常用 X 射线源的能量

X 射线源	E/eV	X 射线源	E/eV
Mg $K_α$	1 253.6	Cu $K_α$	8 040.0
Al $K_α$	1 485.6	Cr $K_α$	5 415
Na $K_α$	1 041.0	Mo $K_α$	17 479.8
Ag $K_α$	22 162.9		

(2) 同步辐射源。

另一种非常有用的光源为同步辐射源。加速运动的电子会发出辐射能，在加速器和存储环内运动的高能电子和正电子能够给出高能量、高强度的连续辐射，沿着荷电粒子的瞬间飞行方向以很小的角度发射(图 14-7)。同步辐射可提供波长范围为 40～600 Å 之间的高强度辐射，经过单色化后用来激发样品。同步辐射的另一特点是高度偏振，且光子通量、角分布和能谱等均可精确计算。将介于能量较低的紫外线与能量较高的软 X 射线之间的同步辐射光源应用于电子能谱分析，具有非常广阔的前景。

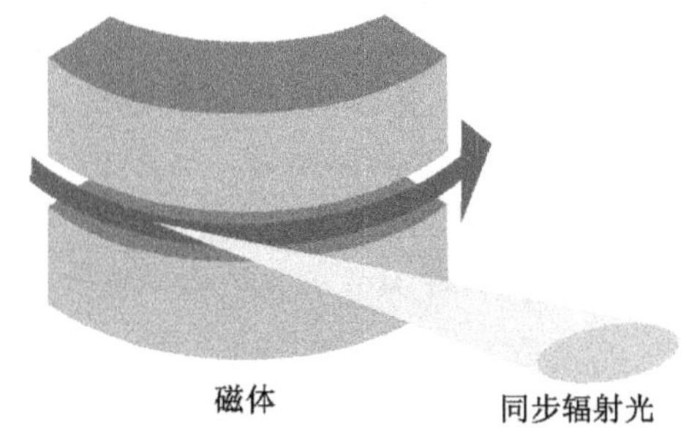

图 14-7　同步辐射现象示意图

同步辐射现象是 1947 年在美国通用电气公司的一台 70 MeV 的同步加速器中首次观察到的，但对同步辐射的研究与认识并非从此开始，高速运动的电子在速度改变时会发出辐射的现象早就被人们所认识并经历了长期的理论研究，但在实验中观察到这种辐射需要有以近光速运动的高能量电子，所以电子加速器的发展成为获得同步辐射的技术基础。同步辐射电子加速器可使高能电子加速到 MeV 乃至 GeV 的能量范围，主要有以下几种类型：

① 直线加速器。将电子(或其他带电粒子)加速到高速度、高能量简单且直接的方法

是高压型加速，增大加速电压就能使电子加速到很高的速度或能量，这种加速过程需要在高真空或超高真空条件下进行。对于电子，其带电量为一个电子电荷 e，如要将电子加速到几十千电子伏特的能量就要用几十千伏的电压。以此类推，在更高的电压条件下，为避免高压击穿，须采用强烈的电感应来加速，而且必须在合适的相位范围内使相位相同，否则不仅不能加速还会减速。这种用高频高电压加速的粒子流是脉冲式的很窄的粒子流，成为一个个束团。为了利用高电压来加速，人们把多个中空的金属筒有间隙地排列在一条直线上，并将高压高频交流电源间隔地耦合到各个圆筒上，各个圆筒之间存在高电压，相位轮流相反，电子在圆筒之间被加速。

② 回旋加速器和电子感应加速器。如果要用直线加速器得到很高的电子能量，整个加速器要做得很长，很不经济。到了 20 世纪 20 年代，回旋加速器(cyclotron)和电子感应加速器(betatron)相继发明，有了把电子加速到极高能量的可能。回旋加速器利用高频感应电压给电子加速增能，并用磁场使带电粒子做圆周运动。电子感应加速器是利用电子绕圈内的磁通量变化所感应出的电场来加速电子的。电子在圆形环中运动，所运行的轨道半径一步一步增加，每绕一圈就加速一回。由于电子的速度很快，在不长的时间内绕的圈数很多，故能够得到很高的能量。

③ 同步加速器。1945 年，McMillan 和 Veksler 发明了同步加速装置。同步加速器由许多 C 形磁铁环状排列而成，在磁铁中部安装了环形真空盒，在环的某一段安装了高频高压加速器，电子就在真空盒内，在磁铁的作用下做环状运动，经过高频时得到加速。为使加速后的电子仍以相同的半径做环形运动，就要改变同步 C 形磁铁造成的约束磁场，这就是同步加速器的由来。到了 20 世纪 70 年代中期，人们进一步认识到用在高能物理中用于对撞实验的电子存储环来发生同步辐射更合适，因为电子在存储环中以一定的能量做稳定的回环运动，这与同步加速器中电子的能量不断改变的情况不同，因而能长时间稳定地发出同步辐射光。随着电子存储环能量的提高，所得同步辐射的波长不断缩短，从紫外线或软 X 射线一直扩展到硬 X 射线。

插入储存环两个弯转磁铁组件之间的直线段称为插入件。电子经过插入件时，在磁场的作用下，将沿一条近似为正弦曲线的轨道运动，这样就可以从插入件引出同步光。采用永磁体可将插入件磁铁周期缩短到几厘米，大大增加了插入件中磁铁的周期数。在低磁场大周期数的情况下，电子穿过插入件时，其轨道只做轻微起伏，因而被称为“波荡器”(undulator)。电子在波荡器中运动轨道的曲率半径很大，波荡器一般是不能使同步光谱向高能方向移动的，但由于电子的偏转角小，从波荡器中不同的磁极上发射出来的光子在很大程度上相干地叠加，干涉效应使得同步光谱中出现一系列尖峰。也就是说，波荡器给出一系列近乎单色的同步光，而且在这些波长上同步光的亮度要增强 N^2 倍以上。在波荡器中产生的同步光发射角是很小的，近似地只有弯转磁铁上产生的同步光发射角的 $1/N$。

同步辐射应用于物质结构研究原理参见图 14-8。同步辐射源较常规光源有许多优点。例如，它频谱宽，从红外一直到硬 X 射线，是一个包括各种波长光的综合光源，可以从其中得到任何所需波长的光。其中最突出的优点是亮度大，第一代光源的亮度即可达 $10^{14}\sim10^{15}$，比转靶 X 射线发生器的特征谱的亮度(10^{11})高出三四个数量级。高亮度的光强可以做空前的高分辨率(空间分辨、角分辨、能量分辨、时间分辨)的实验，这些都是用常规光源无法完成的。还有同步辐射发散角小，光线是近似平行的，其利用率、分辨率均大大提高，另外还有时间结构、偏振特性，有一定的相干性，且可准确计算。正因为有以上各种优点，它在科学、技术、医学等众多领域解决了一批常规实验室无法解决的问题，做出了重大贡献，世界各国特别是发达国家对此都十分重视，纷纷建立了自己的同步辐射实验中心。

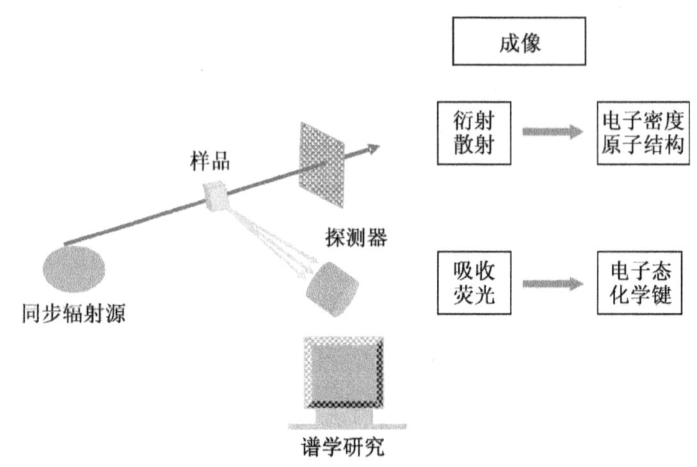

图 14-8　同步辐射应用于物质结构研究

同步辐射源是一个连续的波谱，从真空紫外到几兆电子伏特能量的 X 射线均有分布，从而可为相关科学研究提供高亮度、高准直性的优质光源。同步辐射在环境科学、化学化工、物理学、材料科学、生命科学、地质考古、农业、工业及国防等众多领域有着广泛的应用。

同步辐射的应用主要涉及：① 与物质的相互作用，包括吸收、散射、二次粒子发射等；② 空间分辨实验-X 射线显微术，包括物质的形态研究、结构研究、成分研究等；③ 时间分辨实验，包括分子振动、有序-无序转变、酶作用、蛋白-蛋白相互作用、质子/电子迁移效应等方面，尤其在探索生物大分子(蛋白质)的结构及了解生命过程，从结构研究进入功能研究等方面发挥巨大作用，因为蛋白质动力学的不少领域的时间尺度是落在第三代同步辐射光源的时间分辨阈中的，如分子间振动(fs-us)、有序-无序转变(ns-ms)、酶作用(ms)、蛋白质-蛋白质相互作用(ps-ms)、质子/电子迁移反应(ps-ms)、金属-配体结合(ps-ms)等。

同步辐射另一个重要应用的例子是在 LIGA 技术中的应用，LIGA 是 Lithographie(光刻)、galvanoformung(电铸成型)和 abformung(塑铸成型)三个词的词头，它由深层同步辐射光刻、电铸成型及塑铸成型这三个工艺过程组成。LIGA 技术原理与全息记录的大规模复制相仿。同步辐射提供立体的光刻，要增加刻蚀深度，必须使用波长比紫外光短得多的 X 射线。如果要做几十到几百微米深度的光刻，所使用的光应是波长在 2～10 Å 之间的 X 射线。除波长之外还有两个重要因素，就是光的功率密度和准直性，这些都是同步辐射特有的优势。用 LIGA 技术可生产出可植入人体的微型电机，其直径只有约 1 mm，厚度为 1.9 mm，质量为 0.1 g，转速为每分钟 10 万转，直径细如发丝的齿轮的精度

达微米量级。微马达和微照明灯具已被应用于非剖开性的人体内部外科手术。

2. 真空系统

真空系统是能谱仪乃至整个表面分析技术中都非常重要的一个部件。表面分析仪器中如果没有足够高的真空度,清洁的样品表面很快会被残余气体分子所覆盖。对于固体样品,其激发所获得的二次束来源于非常浅层的表面,如果气态分子撞击表面并被吸附,则可能形成表面污染,影响样品的检测,这样就不能得到准确的分析结果。另外,激发过程中光电子信号一般很弱,能量也很低,过多的残余气体分子与光电子碰撞,可能使得光电子能量损失而得不到检测。另外,发射过程中气体有可能与发出的光电子相互作用,同样会影响检测结果。因此,超高真空对于包括电子能谱仪在内的表面分析设备必不可少。一般要求检测体系达到 $10^{-8}\sim10^{-7}$ torr(1 torr=1 mm 汞柱,约 133.2 Pa)的真空度。为了达到这么高的真空度,电子能谱仪的真空系统由多级泵系统形成,首先使用机械泵使真空度至 10^{-1} torr,再经由分子涡轮泵、离子溅射泵和钛升华泵等进一步获得所需的真空度。

3. 电离室

电离室同时也是样品室,可同时放置几个样品,同时还要使一次束可以对样品进行激发,并且激发获得的二次束可以进入后续的能量分析器或检测器。另外,为了满足实验检测的条件,有些操作还需要在样品室中进行,如对样品进行加热、冷却、蒸镀和刻蚀等。

最常用的进样分析方式是将样品附在探头或进样杆上,再将它们插到样品室内。这种做法需在恢复大气压条件下更换样品,其最明显的缺点就是工作需要的时间长,但在换样过程中污染少,可以获得比较“纯净”的表面,对于某些表面清洁需花费很长时间的样品,在时间上反倒具有优势。

另一种操作上稍方便的是真空闭锁或插入闭锁。这种构型允许快速换样,在将样品导入检测平台的过程中,样品室仍保持真空,因此可以避免重复放气-抽真空的操作,换样速度快。这种模式通常用于常规分析。

一般情况下,电子能谱仪对固体样品可直接进行分析。如果是粉体样品,可以采用压片法制成薄片,也可以用黏胶带把样品固定在样品台上。样品中不能含有挥发性物质,以免破坏真空。样品表面若有污染,必须用溶剂清洁干净,或利用离子枪对表面进行清洁处理。

4. 电子能量分析器

电子能量分析器是能谱仪的核心部分,其功能是测量从样品中发射出来的电子的能量分布。一个性能优异的电子能量分析器,一方面应该对很微量的电子都能够给予检出分析,即具有高灵敏度;另一方面需要对具有微小能量差异的电子予以区分,即具有高分辨率。对 XPS 而言,如果要求分辨率在 1 000 eV 时约为 0.2 eV,则对应分辨率($E/\Delta E$)为 5 000,这个分辨能力对于所有其他电子能谱的应用已足够。高灵敏度和高分辨率往往相互矛盾,必要时为了实现高灵敏度的检测,还需要降低分辨率。

电子能量分析器按照其工作原理可分为减速场型和偏转型。减速场分析器通过光电子在飞向收集端中间设置减速栅极,只允许能量高于栅极减速电位的电子通过并到达检测器。设置的减速电位越高,则通过电子具有的初始动能就越高。这种类型的分析器又可进一步分成筒形栅极和球形栅极两类。减速场分析器对于不同能量的电子具有相同的灵敏度，且检测立体角大，收集效率高，结果以积分谱形式给出，分辨率受限。

如图 14-9 所示为半球形电子能量分析器示意图，通过改变两球面间的电位差，可以使不同能量的电子依次通过分析器，被探测器检测到，类似于光谱中单色器的扫描作用。这种电子能量分析器的分辨率较高，但分析速度受限。

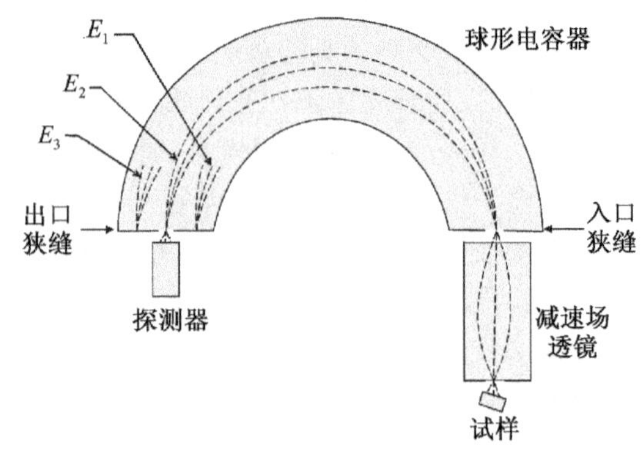

图 14-9　半球形电子能量分析器

偏转型分析器类似于质谱中的磁偏转型质量分析器，具有不同能量的光电子在磁场和电场中有不同的偏转，利用该特性可以将它们分开，从而实现空间分辨，类似于光谱仪器中的色散元件，又称为色散式分析器。其在电子能量较高时具有较好的分辨率。

5. 检测器

经能量分析器之后具有合适动能的电子进入检测器，最终被转换成电流形式的检测信号。对于电子能谱仪，一般配以偏转型分析器，其输出电流非常微弱，在 $10^{-19}\sim10^{-13}$ A（相当于 $1\sim10^6$ 个电子/秒），因此需要对电流加以放大才能检出。大多数电子能谱仪器以电子倍增管作为检测器，由于串级碰撞放大作用，可获得 $10^6\sim10^8$ 倍的增益，在倍增管末端输出电流脉冲，脉冲经进一步放大后送至多道分析器，再由计算机处理并显示。

另外一种检测器为振动电容式静电计，其中含有法拉第杯，电子可由该杯收集。这种类型的检测器响应速度慢，同时灵敏度也不如电子倍增管，其优势是可以与减速场分析器联用，可对分散范围很广的电子进行收集，同时还具有积分的功能，可长时间收集后给出积分信号。其应用一般只限于一些电子倍增管使用困难的场合。

多道分析器(multichannel analyzer，MCA)是检测器应用的最新趋势，该分析器由并列的多重检测器组成，形式类似于其他分析方法的阵列检测器。多道分析器可以安装到能量分析器末端的焦平面上，此时不同的位置（检测通道）对应着不同的电子能量，由此可对具有不同能量的电子进行计数。相比传统扫描型的能谱检测，多道分析器具有快速高效的特点。

（四）X 射线光电子能谱仪的应用

X 射线光电子能谱仪又称化学分析电子光谱仪，它能够提供丰富的被测体系的信息，既可用于定性分析又可用于定量分析，除了能够检出所含元素外，还能给出元素状态和结构信息。

1. 定性分析

对于不同元素的能谱峰，主量子数 n 小的峰比 n 大的峰强，具有相同主量子数 n 的元素，角量子数 L 大的峰比 L 小的峰强，内量子数 J 大的峰比 J 小的峰强。

电子能谱法可分析除 H 和 He 之外的所有元素，可以直接测定来自试样单个能级光电发射电子的能量分布，且可直接得到电子能级结构的信息。如果把红外光谱提供的信

息称为“分子指纹”，那么电子能谱提供的信息可称为“原子指纹”。它能提供有关化学键方面的信息，直接测量价层电子及内层电子轨道能级。而相邻元素的同种谱线相隔较远，相互干扰少，元素定性标识性强。使用高分辨率X射线光电子能谱仪，可以对样品的元素组成进行确定。如果使用Al或Mg的K_α源进行激发，则除了氢和氦之外所有的核(氢和氦没有内层能级，没有办法对其进行激发)都会发出具有特定结合能的内层电子，一般动能范围在250～1 500 eV，相对应的结合能在0～1 250 eV。周期表上元素若具有一个或多个能级位于上述区间，则可获得相应的检测信号。根据光电子能量，可以标识出是从哪个元素的哪个轨道激发出来的电子，如Al的2s、2p等。在大多数情况下，所有的峰可以较好地分开，如果元素浓度高于0.1%，则可在该区间获得确定的峰形。在某些情况下会出现峰重叠的情形，这时可以通过对能谱区间该元素其他峰的特征峰来加以分辨。在大多数情况下，俄歇电子的能谱峰在该区间也会出现，可使用两种激发源(双阳极靶)获得的谱图对比加以区分，因为俄歇电子的动能不随激发源能量的改变而改变，也就说在两张能谱图上其出现的位置相一致，而不同X射线源激发获得的能谱结果则有差异。

在X射线光电子能谱中，由于受到样品本身吸收的影响，XPS检测到的只是表面浅层辐射出的光电子，一般认为取样深度$d=3\lambda$，在三倍波长之内，对于金属样品吸收较强，位于0.5～2 nm；氧化物的吸收相对较弱，位于1.5～4 nm；有机物和高分子更弱，采样深度可达4～10 nm。分析过程中，对样品的激发使用了高能量的光子，虽然原子内层的电子受激发逸出，但所产生的离子状态并不稳定，总会获取电子达到电平衡，在整个过程中，样品的化学状态、形貌等都没有改变，因此是一种优良的无损表面分析技术。XPS除用于元素定性分析外，还可用于稀有气体、不活泼气体及一氧化碳等气体的混合物分析。

2. 定量分析

XPS作为定量手段目前正受到越来越多的重视。如果固体样品均一，则对于单位时间内发射的光电子数I有

$$I=n\Phi\sigma\varepsilon\eta ATl \tag{14-9}$$

其中，n是单位体积内原子的数目，Φ是入射X射线的通量(光子 $cm^{-2}\ s^{-1}$)，σ为原子光截面积的大小(cm^2/原子)，ε为仪器的角度效率因子，η为产生光电子的效率(光电子数/激发光子数)，A是获取光电子的面积，T是检测光电子的效率，l是光电子在样品中的平均自由程。

对于给定的体系，式(14-9)中后6项均为常数，可简化为原子灵敏度因子S($S=\sigma\varepsilon\eta ATl$)。对于给定的谱仪，通过实验方法可获得各元素的原子灵敏度因子S值。对于未知样品检测获得的光电子强度I与S因子之间的比值正比于单位体积内原子的数目(浓度或含量)，该关系可以用于相应元素的定量。在实际工作中，一般使用峰面积进行定量，并且使用内标方法，其检测精度在5%左右。因为该方法分析的实际对象是表面或表面浅层，所以使用的一个重要前提就是表面和整体的组成相一致，否则可能导致较大的误差。要对元素进行检测，一般要求其含量在0.1%以上，用于定量计算，一般典型含量在5%左右。

XPS用于定量分析具有如下优点：可进行多元素同时测定，能分析有机及高分子材料(元素及分子结构)，对试样辐射损伤小，是非破坏性分析技术。

3. 化学位移和氧化态的研究

内层电子的结合能受到其所处的化学环境的影响，因为不同的化学结合状态改变了原子核的力场，使得元素的电子结合能发生化学位移(chemical shift)，与核磁共振中相类似。以硫元素中的 2p 电子为例，正常的结合能为 165 eV，但在 SO_4^{2-} 和 RSH 中，结合能则分别为 168 eV 和 162 eV。化学位移值一般较小，且获得的值与很多因素相关，重现性不佳，需要经过一系列校正才可使用。化学位移值可以使用其具体结合能或是相对于某个峰的参比值，峰面积也大致等于具有相应化学环境的原子数目。XPS 还可用于不同价态金属氧化物中金属价态及相对含量的确定。

二、紫外光电子能谱分析(UPS)

紫外光电子能谱分析的原理与 X 射线光电子能谱分析基本相同，其基础仍然是光电效应，只不过激发源使用的是比 X 射线能量相对较低的紫外光。1962 年，D. W. Turner 等首先使用紫外激发方法对气相自由分子的光电子能谱进行分子结构研究。

1. 紫外光电子能谱的基本原理

紫外光电子能谱与前面提到的 X 射线光电子能谱的原理基本一致，只不过相比较 X 射线，真空紫外光的能量一般要低得多，往往小于 41 eV(X 射线光电子能谱中＞1 000 eV)，当用它照射分子时，分子的价电子(分子内占据较高能级的电子)才有可能被激发出去，形成电离。能量为 $h\nu$ 的入射光子从分子中激发出一个电子以后，留下一个离子，这个离子可以振动、转动或以其他激发态存在。如果激发出的光电子的动能为 E_k，则

$$E_k = h\nu - E_b - E_r - E_v - E_t \tag{14-10}$$

其中，E_v 为振动能，E_r 为转动能，E_t 为平动能。E_v 的能量在 0.1 eV 量级，E_r 的能量更小，大约是 0.001 eV 量级，因此 E_v 和 E_r 比 E_b 小得多。使用目前已有的高分辨紫外光电子谱仪(分辨能力约为 10～25 meV)容易观察到振动精细结构，这是 X 射线光电子能谱仪不具备的。在 X 射线光电子能谱中，气体分子中原子的内层电子激发出来以后，留下的离子也存在振动和转动激发态，但是内层电子的结合能比离子的振动能和转动能要大得多，而且 X 射线的自然宽度比紫外线大得多，所以通常不能分辨出振动精细结构，更无法分辨出转动精细结构。

2. 紫外光电子能谱仪

紫外光电子能谱仪与前面所述的 X 射线光电子能谱仪结构相近。将一定量的样品置于样品室，受到单色紫外光光子的碰撞发生电离，电离过程中发射的光电子进入电子动能分析器，在电子动能分析器中，具有不同动能的电子在穿过电场时得到分离，经电子探测器检测，并经数据处理记录系统获得光电子能谱图。紫外光电子能谱仪与 X 射线光电子能谱仪最重要的区别在于激发源部分。

紫外光电子能谱仪中普遍采用的激发源是惰性气体放电灯，最常用的是氦共振灯。用针阀调节灯内纯氦气压力，当压力大约在 0.1 torr 时，用直流放电或微波放电可以使惰性气体电离。这时灯内产生特征性的发光等离子体，并发射出 He Ⅰ共振线。该线来源于激发态 2p 轨道上电子向基态 1s 轨道的跃迁，光子能量为 21.22 eV。该辐射的单色性好(自然宽度仅约 0.005 eV)，强度高，连续本底低，是目前应用最广泛的紫外能谱辐射线。He Ⅰ线优点明显，其缺点是能量偏低，不能用于激发能量大于 21 eV 的分子轨道价

电子。一种可行的改进方法是调节氦灯的放电条件，如采用较高的电压和降低氦气的压力，这时除 He Ⅰ线外还产生能量更高的 He Ⅱ共振线(40.8 eV)，用这种光源激发样品，记录到的光电子谱图实际是由含有样品分子同时与 58.4 nm(21.22 eV)及 30.4 nm(40.8 eV)这两种波长光子相互作用所产生的谱带结果，对此在谱图分析时需要加以区分。除了氦之外，其他一些稀有气体，如氖、氩、氪及氙也可作为放电介质，用于光电子的激发(表 14-3)。

表 14-3　常用的紫外光源和能量

真空紫外线光源	E/eV	真空紫外线光源	E/eV
He Ⅰ	21.2	Ar Ⅰ	11.62 11.83
He Ⅱ	40.8	Xe Ⅰ	9.55 8.42
Ne Ⅰ	16.65 16.83	Kr Ⅰ	10.02 10.63

仪器的能谱仪部分与 X 射线光电子能谱仪类似，因此很多仪器中同时安装两种光源，兼具 UPS 和 XPS 的分析功能。

3. 紫外光电子能谱在表面分析中的应用

紫外光电子能谱中使用的激发源为真空紫外光，与另外两种激发源相比，其辐射能量不高(<100 eV)，该能量区间的辐射对应于原子、分子的外层电子跃迁，只能激发外层价电子或固体中的价带电子，不能深入原子的内层区域。该方法的优势在于紫外线的单色性比 X 射线好得多，因此紫外光电子能谱的分辨率比 X 射线光电子能谱要高得多。紫外光电子能谱通过测量价层光电子的能量分布得到各种信息，最初主要用来测量气态分子的电离研究分子轨道的键合性质以及定性鉴定化合物种类，近年来其应用已扩大到固体表面领域，用于研究固体表面以及吸附物质的电子结构。

(1) 在理论研究方面的应用。

用紫外光电子能谱可测量低于激发光子能量的电离电位，和其他方法相比较，UPS 的测量结果是比较精确的。将紫外光子的能量减去光电子的动能便得到被测物质的电离电位。对于气态样品来说，测得的电离电位对应于分子轨道的能量。分子轨道的能量的大小和顺序对于解释分子结构、研究化学反应较为重要。在量子化学方面，紫外光电子能谱对于分子轨道能量的测量已经成为各种分子轨道理论计算的有力验证依据。研究谱图中各种谱带的形状可以得到有关分子轨道成键性质的某些信息，特别是具有精细结构的 UPS 能谱图，反映的是分子能振动能级信息，可起到类似于红外光谱的作用，帮助用于结构鉴定。将含精细结构的谱图与标准谱图对照，作为一种结构判定的依据，它的分辨率高，可以分辨分子的振动精细结构，表现在光电子能谱上为距离很近的双峰。图中的横坐标为光电子的动能或结合能，结合能由 He Ⅰ激发源的光子能量减去光电子的动能得到。使用不同的激发源，在光电子动能的坐标上可得不同数值，但所得结合能值相同。He Ⅰα 线是真空紫外区中应用最广的激发源，其自然宽度仅几毫电子伏特，没有其他显著干扰，可不用单色仪。

在 X 射线光电子能谱中，当原子的化学环境改变时一般都可以观察到内层电子峰的化学位移。紫外光电子能谱主要涉及分子的价层电子能级，成键轨道上的电子往往属于整个分子，它们的谱峰很宽，在实验中测量化学位移很困难。但是，对于非键或弱键轨道中电离出来的电子，它们的谱峰很窄，其位置常与元素的化学环境有关，这是由于分子轨道在该元素周围被局部定域。

根据谱图中谱带的数目，可推测特定原子、双键和原子团的存在，使用的方法和红外光谱的解释类似。首先根据谱带的位置和形状识别谱中的峰，然后推测电子接受或给予原子或原子团的影响，接着找出轨道的相互作用(劈裂)。根据前面几个因素考虑峰强度和峰的重叠等因素，可以对谱图做出解释。紫外光电子能谱能反映分子的外壳层分子轨道的特性，而 X 射线光电子能谱则能反映内壳层分子轨道的特性。这两方面的信息为量子化学中用分子轨道描述分子性质提供了有力的支持。

(2) 定量分析。

与 X 射线光电子能谱相比，紫外光电子能谱的定量分析能力较弱。当用 X 射线作激发源时，谱中峰的相对强度通常正比于分子中原子的相对数目。采用紫外光激发时，虽然峰的相对强度也与原子的相对数目有关，但影响谱线强度的因素众多，很难直接获得信号强度与元素含量之间的定量关系。一般说来，直接使用 UPS 方法进行元素定量分析是比较困难的，一般只用于定性或半定量分析。

(3) 固体表面研究。

将紫外光电子能谱用于清洁表面的研究，所获得的光电子能谱包含了表面元素价电子带的电子结构信息。光电子产生于所研究材料表面的几个原子层，若采用小角度测量，则主要提供表面状态信息，来自深度的分析信息较少。表面如果发生化学或者物理吸附现象，则获得的光电子能谱会发生较大的改变，因此紫外光电子能谱的一个重要的应用领域就是固体表面研究，如研究表面吸附和表面能态等。在研究表面吸附时，除了要了解吸附物质的性质外，还希望了解吸附物质与表面是否发生相互作用以及发生相互作用的程度，如判断吸附的类型，是化学吸附还是物理吸附，紫外光电子能谱能够帮助解决这类问题。用紫外光电子能谱研究表面吸附时，必须把吸附分子的谱与自由分子的谱加以比较，主要困难是它们的参考能级不一样，气体分子的价电子能级的电离电位使用自由电子能级作参考，而对于吸附态则是用 Fermi 能级作参考，吸附分子的电离电位应加上一个合理的功函数值才可与自由分子相比较。

三、俄歇电子能谱分析(AES)

1. 俄歇电子能谱原理

俄歇电子能谱(Auger electron spectroscopy，简称 AES)是一种表面科学和材料科学的分析技术，此技术主要借由俄歇效应进行分析而命名。这种效应产生于受激发的原子的外层电子跃迁至低能级所放出的能量被其他外层电子吸收而使后者逃脱离开原子，这一连串事件称为俄歇效应，而逃脱出来的电子称为俄歇电子。俄歇过程是法国科学家 P. Auger 首先发现并于 1925 年提出的。直到 1953 年，J. J. Lander 才从二次电子能量分布曲线中第一次辨认出俄歇电子谱线，并探讨了俄歇效应应用于表面分析的可能性，之后

俄歇电子能谱测量(Auger electron spectrometry,AES)方法得以建立。与前面述及的光电子能谱(UPS 和 XPS)不同,俄歇电子能谱的产生过程有较大差异,俄歇电子的形成分成两步,首先是通过电子束(某些时候也可是 X 射线)激发产生激发态的离子 A^{+*}:

$$A+e^{-}\longrightarrow A^{+*}+e'^{-}+e_A^{-}$$

其中,e^- 和 e'^- 分别表示入射和激发电子,e_A^- 表示从样品 A 内部射出的俄歇电子。

对于激发态的离子 A^{+*},其退激形式可以有

$$A^{+*}\longrightarrow A^{++}+e_A^{-}$$

或

$$A^{+*}\longrightarrow A^{+}+h\nu_f$$

其中,$h\nu_f$ 表示荧光光子,荧光光子位于 X 射线区,其能量与入射能量无关(对应光谱为 X 射线荧光光谱,X-ray fluorescence spectroscopy,XFS)。俄歇过程是一个三电子过程,终态原子双电离与入射激发源相独立且不与光电发射竞争。初始空穴可由 X 射线产生(前面提到的 XPS 中的俄歇峰),也可由电子束(最常用于 AES)产生,见图 14-10。

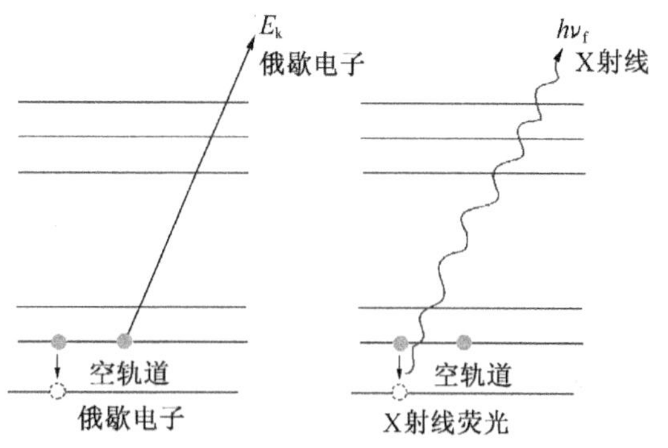

图 14-10　俄歇电子与 XFS 产生原理

俄歇电子的动能(E_k)来源于激发离子退激的能量($E_b-E'_b$)与使电子脱离轨道形成二次电子所需的能量之差(E'_b):

$$E_k=(E_b-E'_b)-E'_b=E_b-2E'_b \tag{14-11}$$

从上面的结果可以看到,俄歇电子所具有的能量与激发电子束的能量无关,这也是俄歇电子能谱与光电子能谱的一个重要区别。

俄歇电子的产生可用轨道能级跃迁来进行描述。如 KLL 俄歇跃迁过程中,首先 K 电子被移去,接着一个 L 电子跃迁进入空着的 K 轨道,与此同时另一 L 电子发射出俄歇电子,见图 14-11。类似的跃迁还包括 LMM、MNN 等类型。

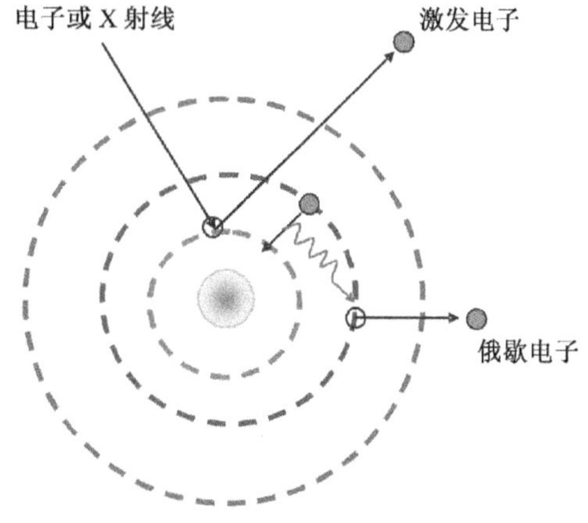

图 14-11　俄歇电子的产生

俄歇电子能谱所使用的仪器设备与 X 射线光电子能谱类似,只不过其激发源使用的是电子枪而不是 X 射线管。电子枪所产生的电子束经 1～10 kV 加速后聚焦于样品表面。俄歇电子能谱分析的优点是具有较好的空间分辨率,通常电子束的直径在 5～500 μm。

2. 俄歇电子能谱主要特征参数

(1) 俄歇电子的能量分布。在电子与固体相互作用过程中,会产生大量的二次电子,均包含有相关信息,如弹性散射电子、俄歇电子、能量损失(特征损失和非特征损失)电子、二次电子等。俄歇电子的信号很弱,因此在所获得图谱中需要对非俄歇电子峰加以区别。

对于弹性散射峰，能量保持不变，等于入射电子能量，具有较低动能的宽峰为入射电子激发的二次电子在逃逸到表面过程中所产生的非弹性碰撞的损失峰，而处在该两峰之间的小峰，其位置与入射能量无关，即为俄歇电子峰。另外还存在特征能量损失峰，随入射能量而变化，也可与俄歇电子峰相区别。

(2) 俄歇电子的动能。俄歇电子的动能是俄歇电子能谱中识别元素的依据，因此准确了解俄歇电子的能量对俄歇电子能谱的解析是非常重要的。通常有关元素的俄歇电子能量可以从俄歇手册上直接查得，不需要进行理论计算。

(3) 俄歇电子的强度。俄歇电子的强度是利用俄歇电子能谱进行元素定量分析的基础。但由于俄歇电子在固体中激发过程的复杂性，到目前为止还难以用俄歇电子能谱来进行绝对的定量分析。俄歇电子的强度除与元素的存在量有关外，还与原子的电离截面、俄歇产率以及逃逸深度等因素有关。

(4) 俄歇电子的激发电位。在常规分析中，电子束的加速电压一般采用 3 kV，此能量足以激发所有元素的特征俄歇电子。在实际分析中，为了减少电子束对样品的损伤或降低样品的荷电效应，也可以采取更低的激发能。对于有些元素，由于特征俄歇电子的能量较高，一般可采用较高的激发源能量，如 5 keV。如果需要进行高空间分辨率的微区分析，为了保证具有足够的空间分辨率，也常用 10 keV 以上的激发能量。

(5) 俄歇电子跃迁概率与峰强度。在激发原子的退激发过程中，存在两种不同的退激发方式，一种是发射出俄歇电子，另一种为发射出 X 射线荧光，两者之间为竞争关系，即两者发生的概率之和一定($P_A+P_X=1$)，其中 P_A 和 P_X 分别为俄歇电子和 X 射线荧光发生的概率。对于 K 能级激发，轻元素(原子序数＜19)出现俄歇电子的概率较高(＞90%)，到原子序数 33，两者概率相等，之后 X 射线荧光占主导，见图 14-12。

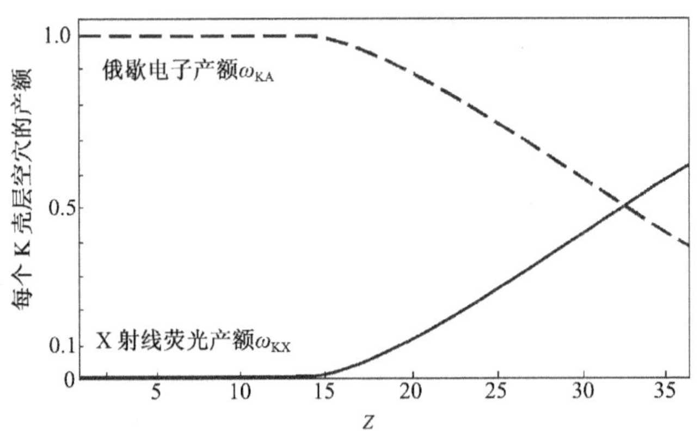

图 14-12　俄歇电子产额与原子序数的关系

俄歇电子的强度与俄歇电子的发射概率(P_A)相关，同时还与电离截面积相关：

$$I_A = KQ_i \cdot P_A \tag{14-12}$$

其中，Q_i 为电离截面积，与束缚电子的能量(E_i)和入射电子束的能量(E_p)有关。入射电子束的能量低于束缚能量时，电离不能发生，此时俄歇电子产额为零。实验发现，当入射电子束的能量差不多等于三倍束缚能量时，可以获得较大的俄歇电子峰强度。

(6) 俄歇电子能谱中的化学位移。与 X 射线光电子能谱类似，俄歇电子能谱中也存

在着化学位移。俄歇电子的动能主要由元素的种类和跃迁轨道所决定。由于原子内部外层电子的屏蔽效应,内能级轨道和次外层轨道上的电子的结合能在不同的化学环境中是不一样的,有一些微小的差异,这种轨道结合能上的微小差异可以导致俄歇电子能量的变化,这种变化称为元素的俄歇化学位移,它取决于元素在样品中所处的化学环境。一般来说,由于俄歇电子涉及三个原子轨道能级,其化学位移要比 XPS 的化学位移大得多。利用这种俄歇化学位移可以分析元素在该化合物中的化学价态和存在形式。但是俄歇电子能谱的分辨率低,且很难找到化学位移的标准数据,因此谱图的解释比较困难,要判断价态必须依靠自制的标样。

3. 俄歇电子能谱的应用

与 X 射线光电子能谱类似,俄歇电子能谱在 20～1 000 eV 范围内具有典型的峰,两者提供了类似的信息,但两者功能互补而非竞争性。俄歇电子能谱的优势在于其对低原子数原子灵敏,且由于使用电子束,较 X 射线更容易汇聚在较小的范围内而有高的空间分辨率。与 XPS 不同,俄歇电子能谱较少用于定量分析,因为俄歇电子强度很弱,直接使用电子能谱图不直观,所以较多地使用微分图谱。用记录微分峰(dN/dE)的办法可以从大的背景中分辨出俄歇电子峰,得到的微分峰十分敏锐,很容易识别,但其峰与元素含量之间无直接联系。另一方面,由于存在精细结构峰,影响定量,故一般仅用于半定量分析。

AES 最主要的应用是进行表面元素的定性分析。AES 谱的范围一般在 20～1 700 eV,电子的能量较低,仅可穿透 0.3～2 nm 的厚度,因此尽管电子枪加速的电子可以进入样品内部的更深处,但是检测到的出射电子仅来源于表面或浅层 4～5 个原子厚度,反映的是样品表面的信息。俄歇电子适用于纳米薄膜材料的分析,在金属、半导体、电子材料、机械、陶瓷材料、薄膜催化材料等方面有重要的应用,还适用于微区分析。

由于俄歇电子能谱仪的初级电子束直径很小,如果使用小直径的电子束(5 μm),除了进行常规的俄歇电子能谱分析外,还可以在样品上扫描,用于固体表面元素组成分布分析,该技术被称为俄歇微探针技术。利用该技术可以进行定点分析、线扫描、面扫描和深度分析。在进行定点分析时,电子束可以选定某分析点或通过移动样品使电子束对准分析点以分析该点的表面成分、化学价态和元素的深度分布。电子束也可以沿样品某一方向扫描,得到某一元素的线分布,并且可以在一个小面积内扫描得到元素的面分布图。利用氩离子枪对固体样品表面进行腐蚀剥离,在剥离的过程中可进行俄歇电子能谱分析。由于腐蚀深度与腐蚀的时间相关,通过记录时间分布的俄歇电子能谱图,可获得样品元素的深度分布信息。由于它的采样深度比 XPS 浅,所以 AES 可以有比 XPS 更好的深度分辨率。进行深度分析也是俄歇电子能谱仪的最有用功能,对腐蚀化学、催化行为、半导体结特性等研究具有重要的意义。

第二节　探针技术

能谱技术的核心是使用某种能量源对样品进行激发,检测逸出电子的能量分布。而探针技术与之有类似之处,是使用某种粒子轰击样品,对出射的粒子或光子进行检测。探针分析主要涉及三种技术:电子探针使用高能电子进行激发,检测特征 X 射线;离子探针使用离子激发，检测离子的散射；二次离子质谱同样使用离子激发，检测产生的二次离子的质量分布。

一、电子探针技术

电子探针技术是在电子光学和X射线光谱学基础上建立发展起来的一项分析技术。Hiller在20世纪40年代末提出了电子探针的设想，之后结合电子显微镜使该设想得以实现。目前电子探针较多地出现在扫描电子显微平台上，配合X射线能谱仪（EDS）即可构成电子探针分析装置。在某些场合下，为了克服能谱仪在定量能力方面的不足，还可再加上X射线波谱仪（WDS）同时进行定性定量分析。

（一）电子探针分析原理

当具有较高能量的电子撞击到样品表面时，会发生弹性与非弹性作用。在弹性碰撞中，能量维持不变，电子发生偏转或衍射；在非弹性碰撞中，电子的部分动能通过与靶体系的相互作用，转化为势能，使入射电子的方向和能量发生改变，有些电子甚至消失，产生重新发射或产生其他粒子等现象。对于弹性碰撞情形，电子只发生方向的改变，无能量变化，这种现象是电子衍射及相应成像技术的基础。对于其他情形，电子的能量和方向都发生改变，损失的能量转化后以其他形式释放，如热、光、X射线、二次电子发射等，这些非弹性碰撞是扫描电镜、能谱分析等技术的基础。

如果入射电子具有足够的能量，射到原子内壳层，如K层，可将一个电子打出，使原子电离，留下一个空穴。该状态不稳定，外层具有较高能量的电子会跳下填充这个空穴，两电子能级的能量差以辐射的形式释放出来，形成特征X射线。该X射线与所激发原子的电子壳层相关，因此携带了原子的信息，建立起来的相应的分析技术即电子探针分析，或称电子探针X射线分析。

1. 原子的壳层模型

20世纪初，英国物理学家Ernest Rutherford、Geiger和Marsden等合理地解释了原子的结构，阐明了原子内有体积小、质量大的中心核的存在，Rutherford因为在物质结构方面和对放射性物质特性的研究成果而获得1908年诺贝尔化学奖，并据此于1911年提出了一个类似于太阳系结构的原子有核结构模型。两年后，丹麦物理学家玻尔发表了《论原子和分子的组成》一文，合理地解释了核外电子沿轨道运行的稳定性问题。因此，人们把原子有核结构模型称为卢瑟福-玻尔原子模型。在电子由较高能级的轨道跃迁到较低能级轨道的同时，又会有另一个电子从更高能级跃迁至该较高能级的轨道，同样也会发射出一种具有不同能量的特征X射线。例如，当L壳层上的电子跃迁到R壳层上时，同时可能有一个电子从M壳层跃迁到这个L壳层上。因此，在重原子遭到电子轰击时，可能会产生一系列的特征X射线（图14-13）。

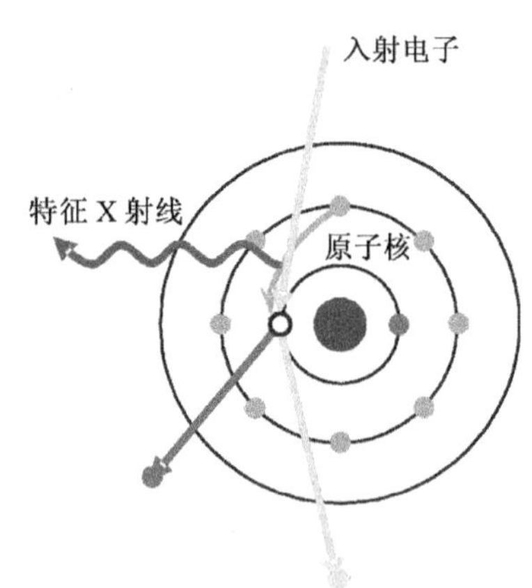

图14-13　特征X射线发射示意图

2. 特征X射线的能量与原子序数的关系

对于特定的原子来说，由于其外部电子的壳层结构，可能会产生一系列的电子能级跃迁，相应地会产生众多X射线，见图14-14。在这些射线中，并不是所有的都能被探测到，只有那些强度最高、发射次数最多的谱线最容易被探测到。通常将这些最容易探测到的X射线作为元素的特征谱线。实际上，最强的谱线是电子从L壳层跃迁到K壳层时发射出的X射线，即K线。从M壳层跃迁到L壳层时发射出的X射线强度次之，从N到M壳层再次之。

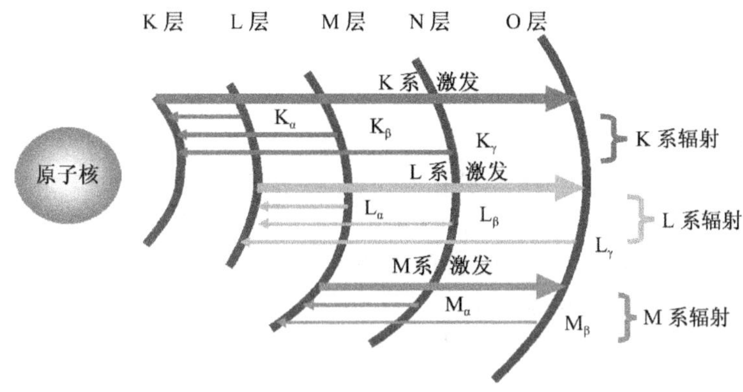

图14-14　特征X射线谱系

特征X射线的能量(波长)与原子外部电子壳层结构密切相关，相应地也就与元素之间存在特定的关联。1913年，英国物理学家H. Morseley研究从铝到金的38种元素的X射线标识谱K和L线，发现谱线频率的平方根与元素在周期表中排列的序号成线性关系，即

$$\sqrt{f}=k_1(Z-K) \tag{14-13}$$

其中，f是X射线的频率，Z是元素的原子序数，k_1和K是与谱线类型相关的常数。或者表示为

$$\lambda=\frac{\mathrm{K}}{(Z-\sigma)^2} \tag{14-14}$$

其中，λ为特征X射线的波长，σ为屏蔽因子。莫塞莱据此测量各元素X射线标识谱，把各元素按原子序数排列，与元素化学、物理性质周期律一致。其后量子力学理论证明，描述各元素X射线标识谱规律的莫塞莱定律是一种理论上的近似。目前元素周期表中所有元素的特征X射线的能量都已测定，可供对照。因此在分析中只要测量出元素所发射出的X射线的能量，就可以鉴定出该元素。

3. 特征X射线的强度

所发射特征X射线的强度与样品中被入射电子撞击产生特征X射线的原子数目，即该元素在样品中的浓度成正比，此外还与X射线的荧光产额以及电离截面积成正比。

入射电子进入物质后，激发原子产生X射线，但并不是所有的X射线都能从原子中发射出来，它们有可能在该物质中与轨道电子相互作用而失去能量，同时发射出一个电子(俄歇电子)，X射线本身则被吸收而不能发射出来。因此，入射电子引起的电离只有部分能发射出特征X射线，人们把这种发射X射线的概率称为X射线的产额，或称为荧光产额。

产额的大小与被电子轰击的原子的原子序数、临界激发能以及入射电子的能量有关，它随着原子序数的增加而增加。例如，原子序数为11的Na，其荧光产额为0.02，而原子序数为30的Zn，荧光产额迅速增加到0.45。除原子序数外，荧光产额还与入射电子在被轰击物质中引起的电离概率(入射电子中有多少能引起原子电离)有关。可以使用电离截面积来描述电离概率。电离截面积越大，电离概率越大。

当入射电子撞击到轨道电子时会产生特征X射线，如果入射电子不是撞击到轨道电子而是靠近原子核通过，这些电子在原子核周围的电场中有可能失去其部分或全部能量，这些能量也以X射线光子的形式释放出来。这种电子在电场中失去的能量可以从0到入射电子的初始能量E整个能量范围内变化，因此释放出的X射线光子也具有各种不同的能量，从而得到连续X射线谱，这种辐射称为连续辐射、韧致辐射或白辐射(white radiation)，该连续辐射是X射线背景的主要来源。

初级电子进入样品后，会在样品内扩散，在扩散过程中逐渐失去其能量，直至耗尽。一束电子在样品中扩散的径迹呈梨形，我们把它叫作初级电子在样品中的激发体积。在该激发体积内，入射电子会与组成样品的各种元素的原子相互作用，它们都会产生连续X射线。因此，连续辐射强度是样品中X射线激发体积内各种元素总的原子数目的函数，而不像特征X射线那样，仅是某一特定元素的原子。

(二)电子探针所使用的仪器

电子探针仪器的整体结构如图14-15所示。

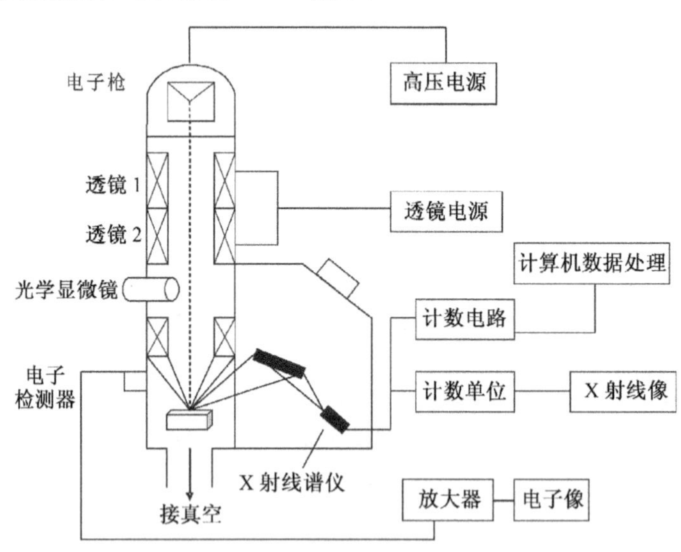

图14-15 电子探针仪器结构

1. 电子源

电子源为电子探针分析提供足够高的入射能量、足够大的束流和在样品表面轰击点处束斑直径尽可能小的电子束，作为X射线的激发源。一般也采用钨丝热发射电子枪和2～3个聚光镜的结构。为了提高X射线的信号强度，电子探针必须采用较扫描电镜更高

的入射电子束流(在 10^{-9}～10^{-7} A 范围)，常用的加速电压为 10～30 kV，束斑直径约为 0.5 μm。

电子枪同样还可以用高亮度的六硼化镧单晶灯丝，通过加热使灯丝发射热电子，经过相应的加速电场形成定向电子束流。场发射电子枪在电子探针技术中亦有应用。为了达到足够的电流密度并且能在表面聚焦，电子枪需要加上 5～50 kV 的高压，发射的电子被阳极电压加速后，经过电磁透镜聚焦于样品的特定区域。

2. 镜筒

电子探针在镜筒部分与扫描电镜的明显不同之处是有光学显微镜，它的作用是选择和确定分析点。将能发出荧光的材料(如 ZrO_2)置于电子束轰击下，这时就能观察到电子束轰击点的位置，通过样品移动装置把它调到光学显微镜目镜十字线交叉点上，这样就能保证电子束正好轰击在分析点上，同时也保证了分析点处于 X 射线光谱仪的正确位置上。在电子探针上使用的光学显微镜大多是同轴反射式物镜，其优点是光学观察和 X 射线分析可同时进行，放大倍数为 100～500 倍。

3. 特征 X 射线的检测

利用被聚焦到微小区域的高能电子束对试样进行激发，经过 X 射线波谱仪或 X 射线能谱仪，对所产生的特征 X 射线的波长和强度进行分析，从而获得测量微区的定性定量信息。特征 X 射线的检测由 X 射线谱仪完成(图 14-16)。谱仪的作用是把具有不同波长的 X 射线分开，一般有两种方法：一种是波长色散法，另一种是能量色散法。

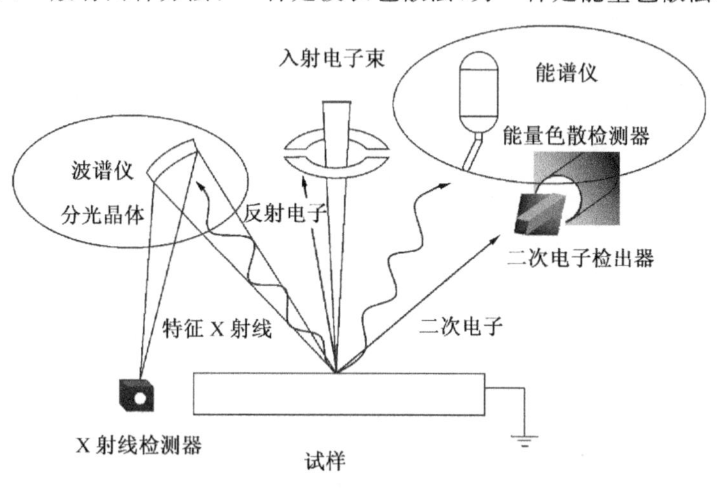

图 14-16　X 射线谱仪

(1) 波长色散谱仪。

利用晶体转到一定的角度来衍射特定波长的 X 射线，通过读取晶体不同的衍射角来获得 X 射线波长信息，从而确定试样中元素的含量，根据这一原理制成的仪器称为波长色散谱仪或波谱仪(wavelenght-dispersive spectrometer，WDS)，其结构和检测原理见图 14-17、图 14-18。

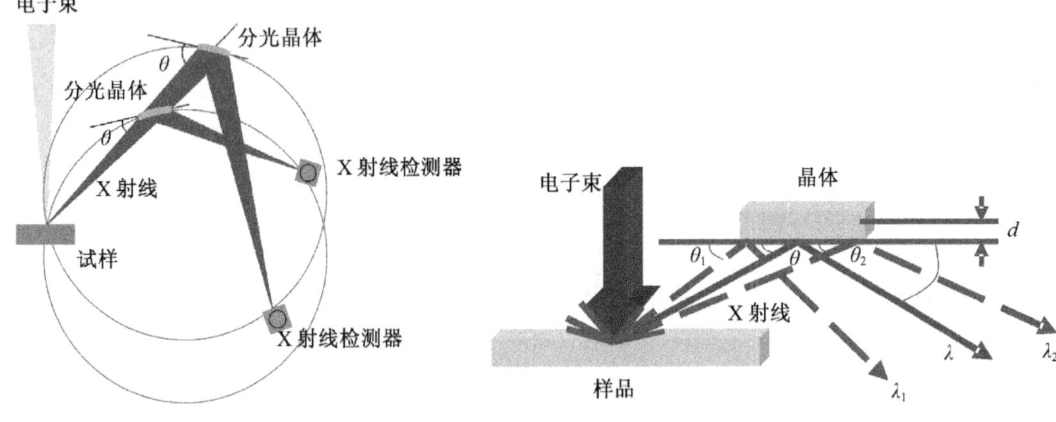

图 14-17　波谱仪结构　　　　图 14-18　波谱仪检测原理

波谱仪中采用一款已知晶面间距的单晶体作为分光晶体，对于发射的 X 射线以点光源的形式向四周发散，对特定波长的 X 射线，只有从某些特定的入射方向进入晶体当中才能满足布喇格方程，获得强衍射光束：

$$2d\sin\theta = n\lambda \tag{14-15}$$

因此，在实验中测得衍射角，根据布喇格方程算出所对应的 X 射线的波长，从而确定存在的元素。在这种模式中，如果使用平面晶体，需要在不同方向对衍射光束进行测定，效率较低。如果使用弯曲的分光晶体，并使 X 射线源、弯晶表面和检测器位于同一圆上，可以达到衍射聚焦的目的；改变晶体和探测器在圆上的位置，可对各种 X 衍射成分进行测定。常用分光晶体的基本参数和可检测范围见表 14-4。

表 14-4　常用分光晶体的基本参数和可检测范围

晶体	化学分子式(缩略式)	反射面	面间距 d/Å	可检测波长范围/Å	可检测元素范围
氟化锂	LiF	200	2.013	0.89～3.5	K：$_{20}$Ca-$_{37}$Rb L：$_{51}$Sb-$_{92}$U
异戊四醇	$C_5H_{12}O_4$(PET)	002	4.375	2.0～7.7	K：$_{14}$Si-$_{26}$Fe L：$_{37}$Rb-$_{65}$Tb M：$_{57}$Hf-$_{92}$U
邻苯二甲酸铷(或钾)	$C_8H_5O_4Rb$(RAP) 或 KAP	1 010	13.06 (13.32)	5.8～23.0	K：$_9$F-$_{15}$P L：$_{24}$Cr-$_{40}$Zr M：$_{57}$La-$_{79}$Au
肉豆蔻酸铅	$(C_{14}H_{27}O_2)_2M$ (MYR)	—	40	17.6～70	K：$_5$B-$_9$F L：$_{20}$Ca-$_{25}$Mn
硬脂酸铅	$(C_{18}H_{25}O_2)_2M$	—	50	22～88	K：$_5$B-$_8$O L：$_{20}$Ca-$_{22}$V
廿四烷酸铅	$(C_{24}H_{47}O_2)_2M$ (LIG)	—	65	29～114	K：$_4$Be-$_7$N L：$_{20}$Ca-$_{21}$Sc

注：M 代表铅或钡等重金属元素。

（2）能量色散谱仪。

能量色散法的特点是将检测器接收到的信号放大并对其进行脉冲幅度分析，通过选择不同脉冲幅度可以确定入射的X射线能量，从而区分不同能量的X射线。采用这种能量区分方式的仪器称为能量色散谱仪或能谱仪（energy-dispersive spectrometer，EDS），其结构见图14-19。

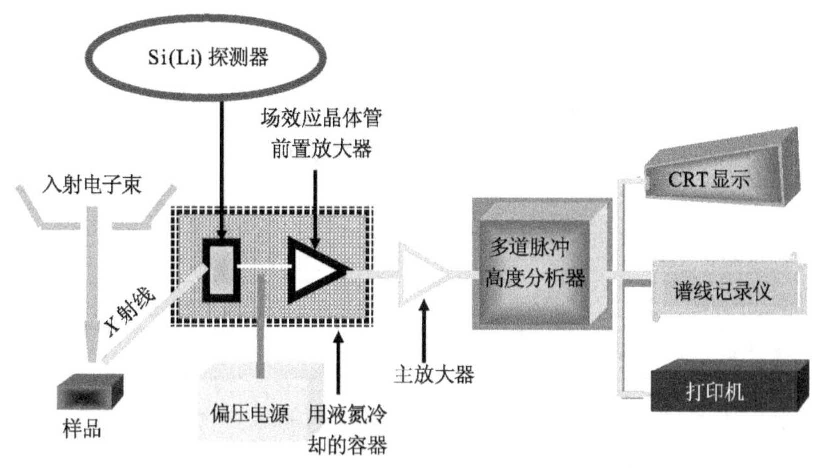

图14-19　能谱仪结构示意图

（3）能谱仪检测器。

能谱仪检测器常采用半导体检测器和多通道脉冲高度分析器。半导体检测器的作用是将X射线量子转变成电脉冲信号，脉冲的幅度正比于X射线量子的能量，比较常见的有锂漂移硅检测器[Si(Li)检测器]和超纯锗检测器。锂漂移硅检测器为一特殊的半导体二极管，在管中存在一个厚度约3 mm的中性区，为了保持良好的电接触，二极管后喷镀上200 μm的金膜。X射线量子穿过窗口和金膜进入检测半导体，在中性区被完全吸收，由于其能量高，可激发K层及其他内层电子的电离，形成光电子，同时产生相对应的空穴，在p-n结的电场作用下做定向移动，电子移向n区，空穴移向p区。在二极管上施加反向偏压可以收集电子-空穴对的电荷，形成电脉冲。对应入射X射线的能量越高，所获得的电子-空穴对的数目就越多。为了防止电子-空穴复合湮灭，在金膜上施加负压让载流子迅速达到检测器两端，形成电荷流动。Si(Li)检测器的结构见图14-20。

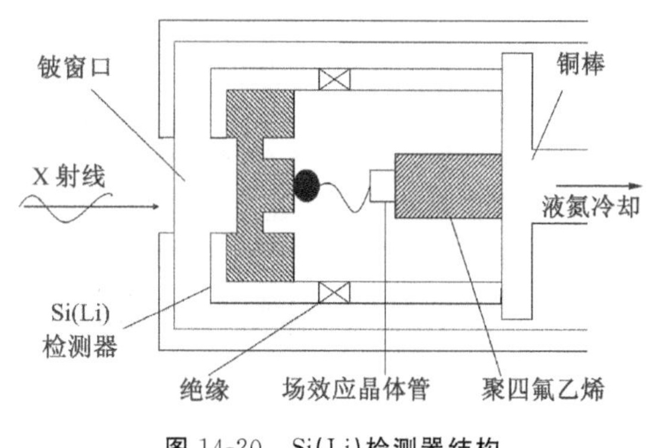

图14-20　Si(Li)检测器结构

为了防止散射的高能电子进入检测器而引起噪声，在检测器前方装有铍窗，这种检测器可以用于从钠到铀的元素。对于轻元素，要求较少吸收，可使用超薄窗或是不用，检测器的检测范围可拓展到铍。为了抑制由于自身热运动导致的信号漂移及背景噪声，检测器始终置于低温条件下(液氮温度),同时为了防止对探头的污染,还要将其置于真空条件。

多通道脉冲高度分析器的作用是将经放大的检测器上的脉冲按其高度分成若干档,脉冲幅度相近的放入同一档进行计数,每一档又称为一道,每一道都编上号,称为道址。每一道的宽度为道宽,常见的X射线能量范围为0～20.48 keV。如果总的道数为1 024道,则每一道对应的能量范围宽度为20 eV。各道按对应能量大小排列,实际上每一道上的计数对应着具有相应能量范围的X射线出现的概率,也就是X射线的强度。表14-5为常用的其他几种检测器及适用范围。

表 14-5 电子探针常用检测器

检测器类型	波长范围/Å	检测器类型	波长范围/Å
闪烁计数器	0.1～5	超薄窗计数管	20～60
封闭式正比计数管	0.7～5	Li(Si)固态检测器	0.3～5
Ar-CH_4气流式正比管	2～20		

能谱仪所用的Si(Li)检测器尺寸较小,可以装在靠近样品的区域,X射线利用率较高。使用电子束流小、束斑尺寸小,对样品的污染作用小,采样体积也较小(最小可达0.1 μm^3,而波谱仪大于1 μm^3)。能谱仪分析速度快,可在2～3 min内完成元素定性全分析。能谱仪在工作时不需要像波谱仪那样聚焦,因而不受聚焦圆的限制,样品的位置可起伏2～3 mm,适用于粗糙样品表面成分分析。同时,能谱仪还可进行低倍X射线扫描成像,得到大视域的元素分布图。但能谱仪的分辨率在115～133 eV,而波谱仪为2～20 eV,波谱仪的分辨能力要比能谱仪高出一个数量级。能谱仪最突出的优势是检测效率高,分析(定性)速度快,且可以在扫描或透射电镜上使用,广泛用于元素分析。

(三)电子探针技术的应用

1. 样品的制备

在电子探针分析中使用的一次束为电子,为了防止在轰击过程中电子聚集形成电场对后续入射电子的排斥作用,需要对不导电样品进行处理,一般采用镀金或碳形成导电层,防止电荷的堆积。表面处理的另一好处是可以改善表面导热性能,从而防止持续电子束轰击所导致的热效应。在波谱仪中,表面的粗糙将导致X射线的方向发生改变,有可能阻挡一部分X射线,使到达探测器的X射线强度降低,从而影响定量分析结果,使准确度变差,因此要求试样表面平整。使用能谱仪分析,对表面凹凸程度的要求则比较低。

2. 分析模式

电子探针分析有点分析、线扫描及面分析等几种模式。在第一种模式中,将电子束集中在所要分析的点上,使用波谱仪时改变分光晶体和检测器的位置,可以接受不同元素的X射线,而使用能谱仪则不需要改变检测器位置,在很短时间内即可完成区域内元素分析,这种模式在电子探针中最为常用。第二种模式中,将谱仪设置在特定波长位置,使用马达等机械装置使样品对电子束做相对直线运动,同时记录X射线强度,由此可以获得特定X射线对应元素在该直线上的浓度分布情况。第三种模式中,与线扫描模式类似,

谱仪的接受波长固定，机械装置的移动使电子束在选定的面区域上扫描，完成后将结果进行组合，可以获得元素在扫描面上的分布图像。

3. 电子探针定性分析

特征 X 射线的波长与所含元素相关，可直接用于相应元素的定性分析。

4. 电子探针定量分析

电子探针定量分析基于元素的特征 X 射线强度与该元素在试样中的浓度成正比。首先测定试样中待测元素的某根谱线的强度 I_{sp}，然后在相同实验条件下，测定该元素纯样品所产生的谱线强度 I_{sd}，将这两种强度比较，即可获得样品的含量：

$$c_A = K_A = \frac{I_{sp}}{I_{sd}} \tag{14-16}$$

在高能电子射入样品时，除了产生激发 X 射线之外，还存在着散射、吸收、荧光激发等一系列复杂的物理过程，这些过程的发生都会影响 X 射线的强度，因此需要对 X 射线强度与元素浓度之间的关系进行修正。一种方法是根据 X 射线产生及传播过程的物理特性对结果进行理论上的修正，该方法测试过程简单，但需要使用理论推导进行计算，且电子激发与 X 射线产生机制复杂，目前的理论尚无法完全对各环节做出合理的解释，因此很多推导只能近似处理，方法存在一定的误差。ZAF 修正是最常用的一种理论修正方式，其原理是引进修正系数(k 因子)：

$$c_A = kK_A \tag{14-17}$$

$$k = k_Z k_A k_F \tag{14-18}$$

k 由几部分组成，其中 k_Z 为原子序数修正系数，k_A 为吸收修正系数，k_F 为荧光修正系数。通过对影响检测 X 射线的因素进行修正，所求得的浓度误差可控制在 2%之内，使得其定量能力大大增强。

(1) 原子序数修正。由于原子序数不同，其对不同速度电子的影响也不同。轻元素上电子从靶体上背散射比较弱，在提高电子速度时背散射电子能量同样提高，但所占比例变化不大。对于重元素原子，背散射概率高，电子速度的增加使其散射范围扩大，从而引进相应的修正系数 k_Z 进行修正。

(2) 吸收修正。在电子探针分析中，入射电子除了与表层原子碰撞产生 X 射线之外，部分电子还会深入靶体内部，靶体内部同样会产生 X 射线，这些 X 射线在出射的过程中会受到靶体自身的吸收。试样和纯标样所包含的元素的种类和含量不同，基质对 X 射线的吸收也不同，对此使用系数 k_A 修正。

(3) 荧光修正。入射电子除了在靶体内直接产生元素的 X 射线外，靶体内的其他元素的特征 X 射线和靶体所产生的连续 X 射线也可以激发其 X 射线，这种 X 射线为荧光射线，类似于荧光发射过程。荧光效应的作用与吸收效应相反，使测得的 X 射线强度比实际浓度要高，相应的修正系数为 k_F。

实际上，由于元素的特征 X 射线强度与样品浓度之间并不是如上述的简单线性关系，这种方法只适于进行简单的半定量测定，准确度不高，与真实值的误差可达 20%。在实际操作中，可以通过各种已知浓度的试样来获得工作曲线，在相同条件下对未知试样进行测定，通过标准曲线法来获得未知试样的浓度。这种方法对于组成类似的样品在工作曲线绘制好之后使用比较简单，但工作曲线绘制的过程烦琐，并且如果样品浓度未知，需要对很宽浓度范围内的标准样进行测试。

电子探针技术对于微区分析有着很强的定性定量能力，其可分析元素范围广、灵敏度高、准确快速，且对样品无损伤，具有其他化学分析方法无可比拟的优势，是一种非常重要的材料分析的工具，在地质、半导体、冶金等众多领域得到广泛的应用。

二、离子探针技术

离子探针的基本原理是以特定能量（$10^2 \sim 10^6$ eV）的离子束轰击样品后，测定所产生的分析信号。若所使用的离子束质量较小，如 He^+，则在进行碰撞时核与核之间弹性碰撞占优势，离子发生角度改变后以散射的形式散开，通过检测这一期间能量的损失可以进行分析，相应的方法称为离子散射光谱（ion scattering spectrometry，ISS）。若使用的是中等质量的离子，如 O^+、Ar^+ 等，轰击时核与电子之间的非弹性碰撞导致样品表面化学键断裂，从而形成离子发射，对这些离子进行分析的方法称为二次离子质谱法（secondary ion mass spectrometry，SIMS）。

（一）离子散射光谱原理

对于离子散射光谱，根据离子能量的大小可以分为低能离子散射光谱（能量小于 10 keV，low energy ion spectroscopy，LEIS）、中能离子散射光谱（能量介于 10～500 keV，medium energy ion spectroscopy，MEIS）以及高能离子散射光谱（能量大于 1 MeV，high energy ion spectroscopy，HEIS）。

如图 14-21 所示，当具有一定能量的离子入射进入样品时，由于 He^+ 与样品原子之间存在库仑力而产生相互排斥作用，这种排斥作用仅存在于 He^+ 与原子核极其靠近，小于 K 层的半径的情形下。在此过程中发生核与核之间的碰撞而引起入射离子的散射，散射离子将部分能量转移给样品原子核而导致能量的降低，这种能量损失的大小与样品原子的质量以及散射角相关，因此从散射离子的能量就可以获得样品表面原子质量及其所处位置的信息。对于给定的散射角，在散射离子的能量 E_1、轰击离子的能量 E_0、轰击离子的质量 M_0、样品质量 M_s 及散射角 θ 间存在特定的关系。根据碰撞过程中能量及动量守恒，对于轰击离子，有

$$E_0 = \frac{M_0 v_0^2}{2} \tag{14-19}$$

对于散射离子能量，有

$$E_1 = \frac{M_0 v_1^2}{2} \tag{14-20}$$

同时存在动量守恒：

$$M_0 v_0 = M_0 v_1 \cos\theta + M_s v_s \cos\phi \tag{14-21}$$

由此可以获得

$$\frac{E_1}{E_0} = \frac{[(M_s^2 - M_0^2 \sin^2\theta)^{1/2} + M_0 \cos\theta]^2}{(M_s + M_0)^2} \tag{14-22}$$

当 θ 为 90°时，上式可以简化为

$$\frac{E_1}{E_0} = \frac{M_s - M_0}{M_s + M_0} \tag{14-23}$$

只有当 $M_0 < M_s$ 时，上式才成立，故一般轰击采用质量较小的惰性气体离子，特别是 He、Ne 及 Ar，可以防止副反应的发生。以典型的 $^3He^+$ 轰击氧原子为例，若是 ^{16}O，则可计算得被散射 $^3He^+$ 的能量应为 0.684 倍入射能量；若是 ^{18}O，则为 0.714 倍。同时根据散射能量分布的丰度，可以知道这两种氧的同位素的相对含量。同样的，对于其他元素也可以根据散射能量和强度进行定性定量分析。

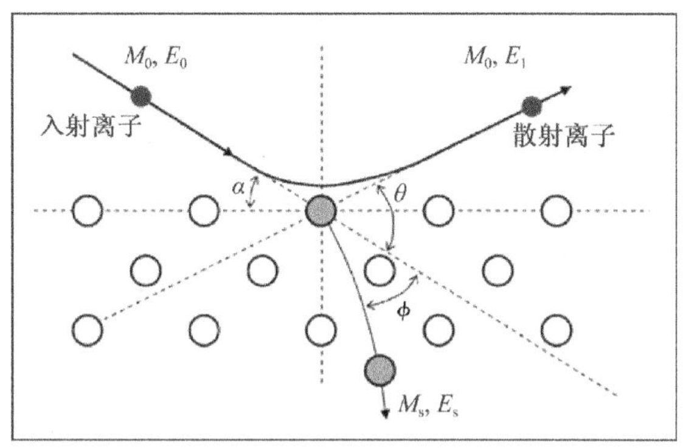

图 14-21　**离子散射模型**

（二）离子散射光谱仪器

离子散射光谱仪如图 14-22 所示，包含离子源、真空系统、能量分析器及检测器。

与其他表面分析方法一样，进行离子散射实验同样需要高真空度，一方面是为了防止高能粒子的能量损失，另一方面是为了防止表面污染。

1. 离子源

最常见的离子源为使用惰性气体特别是氦、氩、氖气体的离子枪（图 14-23）。通过高能电子束对气体轰击产生离子，离子经加速电极加速，并被聚焦到样品表面，不同的仪器根据不同的实验要求，加速电压可从数百伏到数百万伏。经过加速的离子，能量和质量均非单一，因此需要对其进行选择。常用的手段是使用磁或电偏转装置，可以获得单一能量单一质量的离子源，这些离子被汇聚到反应室内的样品上，用于样品的激发。离子枪可以将离子束的束斑直径控制在 100 μm～1 mm 之间，并可以控制离子束的密度。

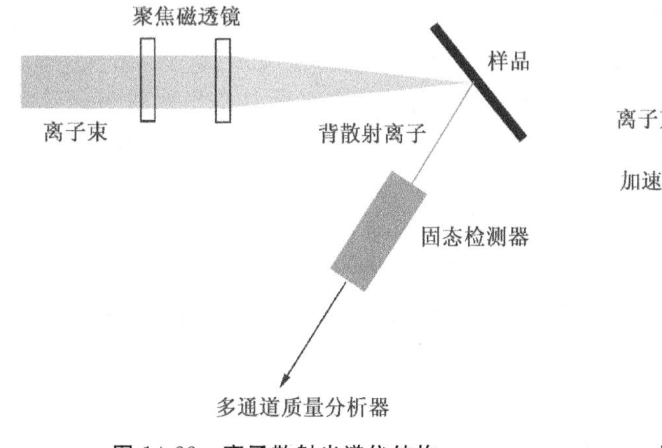

图 14-22　**离子散射光谱仪结构**

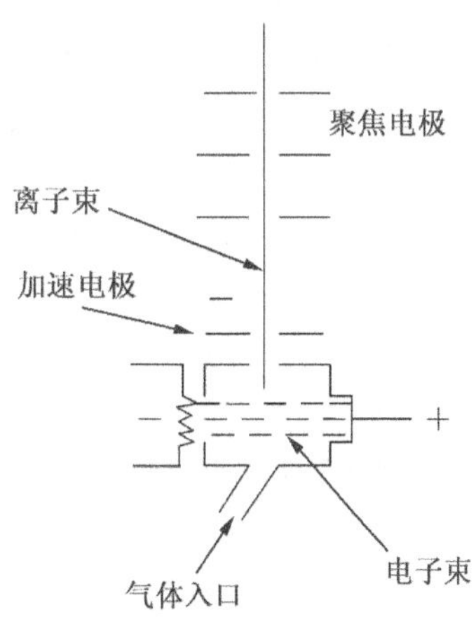

图 14-23　**离子枪示意图**

除了惰性气体外，还可以使用碱金属离子进行激发，相应的技术称为碱金属离子散射光谱(alkali ion scattering spectroscopy，AISS)。相比较其他离子，碱金属离子的稳定性高，从而可以提高离子的存活概率，在相同的离子束的束流量下具有较高的检测灵敏度。或者在保持相同灵敏度的条件下可以使用更低的初级离子密度，从而减小对样品的破坏，以获得近似无损检测。碱金属离子散射方法的缺陷是与惰性气体相比，可能导致碱金属离子在样品表面的吸附或沉积，造成样品的污染。

2. 样品室

样品室中包含样品台，用于放置样品，使一次离子束可以投射到样品上，同时还使得发出的离子束能够进入后续的检测装置。

3. 检测器

使特定角度的散射离子进入能量分析器获得分离，不同能量的离子到达检测器分别获得检测。在不同表面上对气体离子的散射不同，具有重原子的表面对重气体离子(如Ar)轰击的响应就要比轻气体离子(He)好。当轰击离子与目标离子的差距增大时，获得的质量分辨率降低。离子散射光谱的空间分辨率在100 μm左右，低于其他探针技术。对于低能散射，可以使用带有法拉第杯的静电分析器，其装置与电子能谱中类似，只不过由于检测的是带正电荷的离子而非带负电荷的电子，使用的静电检测器其极性与电子能谱中正好相反，其分辨率($E/\Delta E$)在200～2 000范围内。对于较高能量的散射离子(如>100 keV)，一般采用固态半导体检测器，如带有金窗口的硅检测器，最小分辨率在5到几十千电子伏特。

(三) 离子散射光谱的应用

低能离子散射研究的对象是表面现象，一般仅限于表层一到两层原子。因此在测定的过程中，高度的真空非常重要，一般需要保持10^{-10} torr甚至更低。在分析过程中，部分离子束中的离子会与表面相互作用并在表面沉积下来，因此LEIS更多地被视作一种破坏性的分析方法。LEIS对于表面层原子非常灵敏，可以获得表层的组成与结构信息，可以获得原子间距和关于吸附位点的信息，所获得的信息与样品的内层基质无关，该特点使得该方法在研究表面特征时具有独特的意义，因此在一些表面效应的研究中非常有用，如热处理、溅射、吸附等处理后的表面。从光谱中可以获得不同元素的相对信号强度，可以给出有关吸附分子的排列信息。离子散射光谱可以检测所有比轰击离子原子序数高的元素，既可以用于定性分析，也可用于定量分析，检测灵敏度在1%左右。

中能和高能离子散射这两种方法很大程度上相似，它们能够给出元素组成及深度分布的信息。在进行深度分析时，其分析的范围可从数十原子层到数十微米量级，范围较广，分辨率在数十纳米量级。对于一些多层或整体的无机物，通过分析可以给出各成分在深度上的分布结果。该方法同样适用于生物样品。与LEIS不同，这两种方法中激发离子并不会对样品产生破坏。对元素检测，随着原子序数的升高，$\Delta m/m$差异变小，引起相应的散射离子能量差异的降低，使得对元素的分辨能力下降。同时，如果要对高原子序数元素进行定量，由于相对应的散射离子截面积小，检测的灵敏度也下降。

三、二次离子质谱

二次离子质谱(secondary ion mass spectrometry，SIMS)同样是一种探针技术，在该

方法中，用一次离子束轰击表面，将样品表面的原子溅射出来成为带电的离子，所特殊的是激发出来的离子用质量分析器分析离子的质荷比，以获取表面的成分信息。20 世纪 40 年代初，Herzog 与 Viehbock 首先在质谱仪中采用溅射离子源。到 20 世纪 60 年代，由于相关技术提供的条件，SIMS 技术得到重大发展，相应的技术，如二次离子成像质谱（SIIMS）、二次离子微探针质谱（SIMMS）等得以建立。

二次离子质谱提供的信息揭示了真正表面和近表面原子层的化学组成，其信息量也远远超过了简单的元素分析，可以用于鉴定有机成分的分子结构。其灵敏度非常高，对某些元素的检测限可达到 ppm 量级，且可以在数秒内对表面的局部区域进行扫描和分析，生成一个表面成分图。该技术广泛应用于微电子技术、化学技术、纳米技术以及生命科学。该方法的缺点是由于各种元素的二次离子差额值相差非常大，其用于定量分析较为困难。

（一）二次离子质谱技术的基本原理

在二次离子质谱中，利用具有较高能量（keV 量级）并会聚的一次离子束对样品进行轰击，同时收集被轰击微区溅射出的二次离子，用质谱仪对二次离子进行分析。在分析过程中，除了可以获得各时间段表面元素信息外，还可以以扫描的方式获得所感兴趣的某元素的空间分布图像信息。二次离子质谱工作原理如图 14-24 所示。

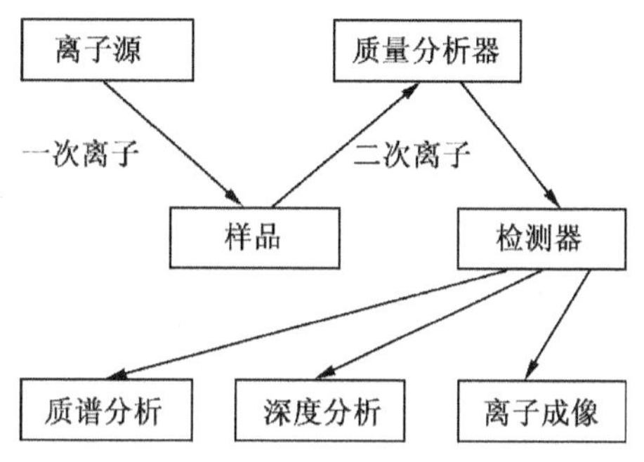

图 14-24　二次离子质谱工作原理

二次离子发射机制比较复杂。一次离子轰击样品表面微区时，表层的一部分原子得到较多的能量，它们能克服表面势垒而逸出。一次离子能够穿透表面若干原子层到达固体样品的一定深度，在穿透过程中产生一系列的级联碰撞，一次离子的部分能量传递给晶格内的原子，这些原子中有一部分向表面运动，并把能量的一部分传递给表面粒子使它发射，这种过程称为粒子溅射过程。除了上述过程外，在一次离子束轰击样品时，还有另外一些物理和化学过程，如一次离子进入晶格引起晶格畸变、在具有吸附层覆盖的表面上引起化学反应等。溅射粒子中大部分为中性原子或分子，小部分为带正、负电荷的离子或分子碎片。二次离子发射比粒子溅射复杂，根据对它的物理基础进行研究所获得的结果，至今还难以建立起一个具有普遍意义的确切模式，这使 SIMS 定量分析在理论上遇到了困难。

（二）二次离子质谱的测量装置

二次离子质谱测量装置包括一次离子源、一次离子束聚焦透镜、三维平台、质量分析器、真空系统及数据采集处理系统等，其简单结构如图 14-25 所示。二次离子质谱又主要有离子探针和离子显微两种工作模式，其仪器构成原理见图 14-26。

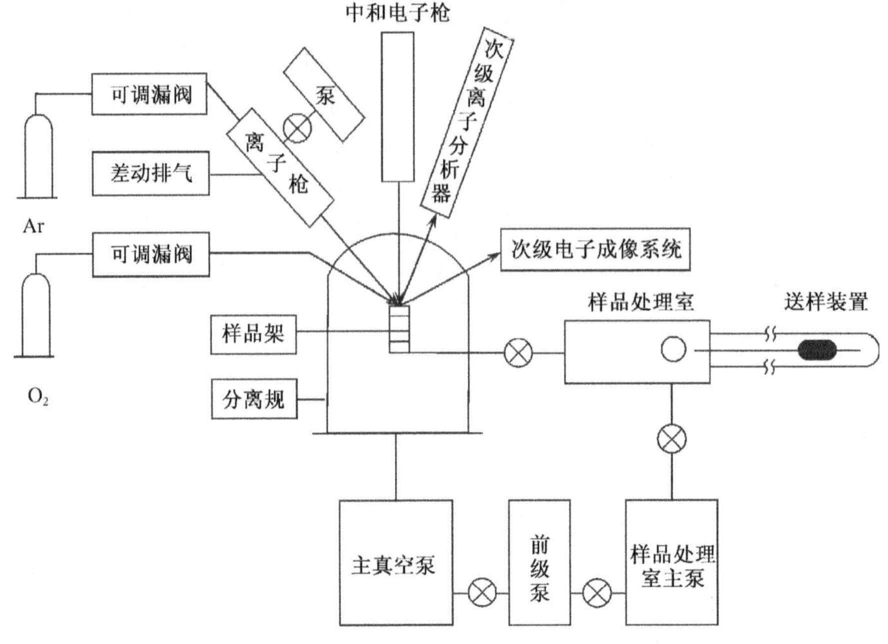

图 14-25　二次离子质谱仪器结构

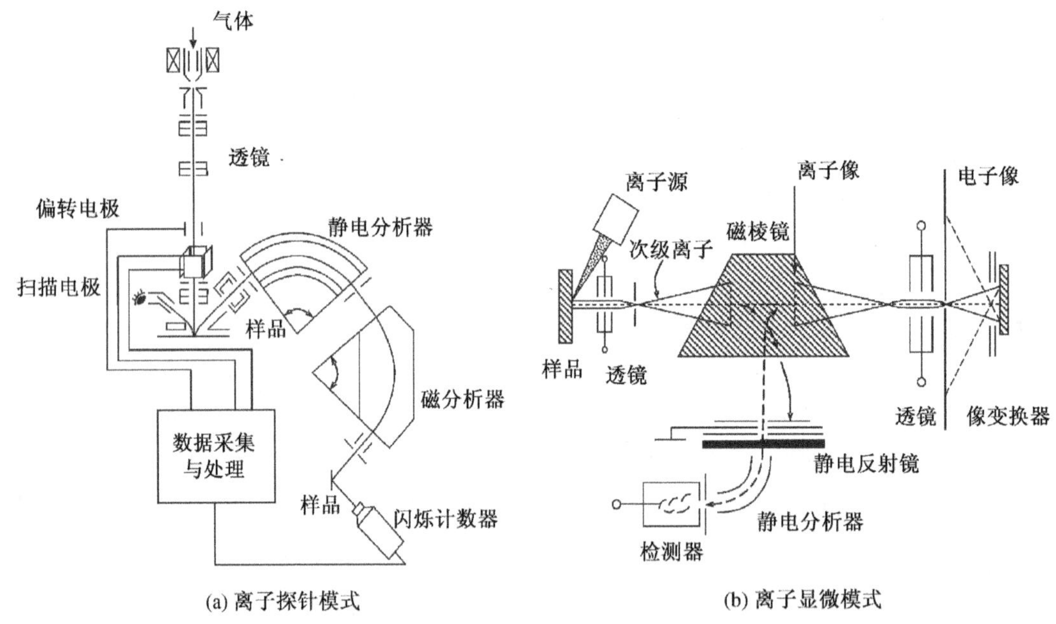

(a) 离子探针模式　　(b) 离子显微模式

图 14-26　二次离子质谱的两种工作模式

1. 一次离子源

一次离子源用于提供激发样品所需的一次离子束，一般要求其亮度高、能量分散小、电离效率高、工作状态稳定、使用寿命长。现在使用的主要有几种离子束枪，在这些离子束枪中，气态元素离子通过双等离子管或电子离子化产生。

(1) 双等离子管离子枪。双等离子管离子枪的特点是电离效率高、寿命长、中等能量

分散，可使用的气体很广，在发现氧气离子的增强效应之前，主要使用 Ar^+。双等离子管采用冷阴极，以氧气作为工作气体最为常用，因为氧气在样品表面可以增强正电元素离子化效率。氧等离子体中同时存在氧阴离子(O^-)和氧气正离子(O_2^+)，根据实验要求可以使其中一个射出作为一次离子源。

(2) 铯离子枪。另一种常用的为表面离子源，以 Cs^+ 最为常用，液态的 Cs 经多孔钨塞后汽化并离子化。使用特殊的离子枪设计，可以获得高度聚焦或大流量的 Cs^+。当使用铯离子一次离子束轰击样品时，样品表面逸出功减小，二次离子产率增加。铯原子质量数高，很少产生聚合离子。使用铯离子，可以获得高度的聚焦。

(3) 液态金属离子源。第三种一次离子源为液态金属离子源(LMIG)，使用在室温或稍高于室温条件下为液态的金属或合金材料。液态金属以镓最为常见，金-铟-铋合金由于其熔点低也可以在该离子源中使用。将液态金属覆盖于钨尖端表面，在外加强电场作用下，通过形成一个极小的尖端(泰勒锥)，在液态尖端的电场强度可高达 10^{10} V·m^{-1}，形成离子发射。液态金属离子源可以提供中等强度但会聚程度非常高的离子束(斑束直径<50 nm)，除此之外还可以提供脉冲型的离子束。

离子及离子源类型的选择取决于所需要的束流大小、束流类型(脉冲或连续)、离子束的聚焦大小以及被分析物等因素。检测电正性元素可以用氧源；铯离子源可用于检测电负性的元素；对于静态二次离子质谱，则只能用液态金属离子源，但通常与氧源或铯源联合使用。

2. 一次离子束聚焦系统

为了获得优良的激发信号，要求离子束束流大、束斑小。聚焦式离子束技术是利用静电透镜将离子束聚焦至非常小的范围之内。在保证一定束流的条件下，要尽量缩小束斑只有两个办法：其一是提高离子源的亮度，其二是减小系统的像差。对于重粒子的聚焦，只有采用静电透镜和静电偏转系统(磁透镜的焦距与入射离子质量数的平方根成正比，要聚焦重离子束需要极强的磁场，实现比较困难)。静电透镜的焦距与质量无关，它和粒子所带的电荷量有关。采用静电透镜可以缩小体积，因此在离子探针中几乎都采用静电透镜。存在的问题是即使在最佳条件下静电透镜的球差系数也比相应的磁透镜大得多。

对离子探针来说，微束斑的调整是一个很重要的操作，它直接反映离子源交叉斑点和亮度的大小、一次束聚焦系统设计是否合理、透镜加工的好坏和安装是否正确。一个好的聚焦系统在得到优于 2 μm 的束斑时，束流大于 10^{-9} A。另外还必须注意从离子源引出的离子的能量分散问题。这一能量分散在没有磁场时约为 10 eV，在有磁场时随着磁场强度的增加而变大，可达到约 50 eV。这种能量分散会导致在后续的激发中能量的分散，为了抑制这种能量的不均匀，应避免使用较强的磁场。

3. 一次离子束的纯化

一次离子束的纯化是非常重要的，因为即使离子源中输入非常纯的氧气或氩气，所得到的一次离子谱也是十分复杂的。例如，在双等离子源中通入纯氧，除目标 $^{32}O^+$ 外，一次离子束内还包含来自双等离子源内壁的杂质离子。在没有对一次离子束进行质量分离的条件下，激发过程中离子源直接对准样品，不仅把大量各种各样的离子都射向样品，而且会把离子源内射出的各种物质都注入样品或沉淀在样品上，这样微量杂质的分析就变得非常困难，或根本无法进行。目前最常采用的一次离子束的纯化装置大致有交叉场分析器和均匀或非均匀磁场分析器两种类型。

(1) 交叉场分析器。由互相垂直的均匀电场和磁场组成，被加速的高能离子束通过该场时受到方向相反的电场力和磁场力的作用。当某一质量的离子所受的电场力和磁场力在数值上相等时，这一质量的离子就可以通过交叉场而不发生偏转，而其他质量的离子将发生偏转而不能通过。调节电场和磁场就可以选出激发所需要的特定质量的离子。交叉场分析器的特点是可以改变离子的色散和聚焦点，与扇形磁场比较，它们的传输率是同数量级的，但交叉场有较大的灵活性，尤其是其像平面上的质量分离程度是可调的。另外，交叉场的磁场可以用永久磁铁来获得，因而可简化对电源的要求。交叉场分析器的缺点是其体积较大，需要较高的电压和磁场强度。

(2) 均匀或非均匀磁场分析器。非均匀磁场可以在两个方向聚焦，因而使像散大大减小，但调试比较困难。单聚焦的均匀扇形磁场体积可以做得比较小，但其离子束只是在一个方向上聚焦，势必产生较大的像散。当把质量分离装置加装在一次离子束聚焦系统上时，通常会引起能量分散现象，相对能量分散的范围从 10^{-4} 到 10^{-3}。对于微米束来说，这种情况是不利的，原因是圆形截面的微米束通过质量分离之后变成了椭圆形截面的束，从而导致束流密度减小。

4. 二次离子检测

二次离子检测装置由二次离子引出装置、质量分析器及二次离子探测装置组成。

(1) 二次离子引出装置。引出装置的作用是将所产生的二次离子导入质量分析器的有效立体角内，由于该有效立体角很小，如果没有引出装置，则进入的量只有总发射离子量的 $10^{-6}\sim10^{-5}$。引出装置通常由推极、吸极以及屏蔽电极组成，见图 14-27。对于正离子，推极电位为正且高于样品离子，由于排斥作用，可以使较大范围内的离子进入质量分析器入口的有效立体角内，从而提高离子俘获的概率，避免灵敏度的劣化。

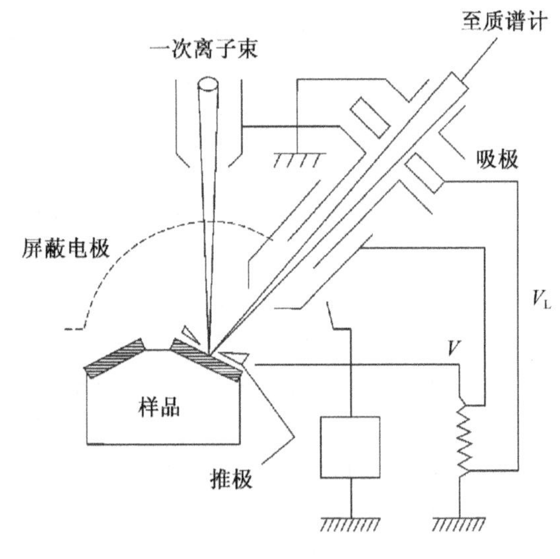

图 14-27　二次离子引出装置

(2) 质量分析器。二次离子质谱仪中质量分析器的作用与普通质谱仪类似，其构型和原理也基本相同。二次离子质谱仪中最常使用的质量分析器有扇形场、四极杆、飞行时间及离子阱质量分析器等，在质谱分析部分均有介绍。

(3) 二次离子探测装置。二次离子探测主要使用二次离子倍增管或 Daly 型闪烁探测器(图 14-28)。二次离子倍增管的工作原理类似于电子倍增管，二次离子轰击到塑料闪烁体所产生的光子通过光电倍增管进行检测，通过级联放大效应来获得检测电流。Daly 型闪烁探测器由转换电极、塑料闪烁体、光导和光电倍增管组成。穿过接收缝的离子被转

换电极上的高压加速(15 kV),轰击到由不锈钢制成的转换电极上。一个离子轰击转换电极可产生若干个二次电子,二次电子轰击塑料闪烁体产生的光子通过光导收集在光电倍增管的光阴极上。通过这种转换,信号一般可放大几十倍,这就降低了对光电倍增管放大倍数的要求,因此倍增管可在较低电压下工作。这种探测器的优点是灵敏度较高,探测极限一般为 10^{-19} A,甚至可低至 10^{-22} A,反应时间在微秒量级。这种探测器的质量歧视效应小,而且不受空气污染的影响,可以探测较大的离子束(如直径达 40 mm 的离子束)。另一个突出的优点是通过离子激发产生的光子来进行检测,由此避免了对倍增管的污染,延长了检测器的寿命。与电子倍增管相比,Daly 闪烁探测器的缺点是体积大,费用较高。

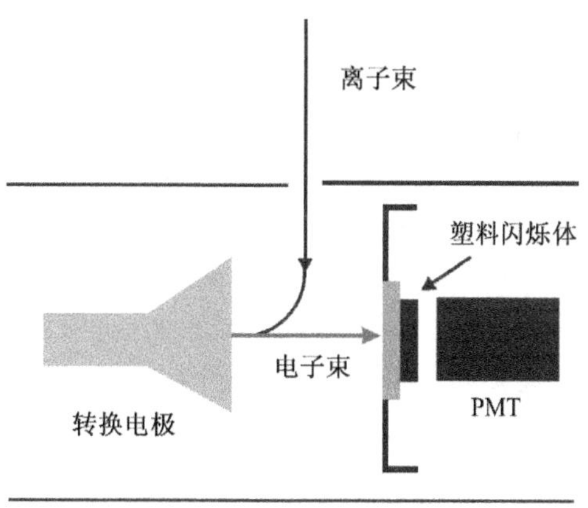

图 14-28 Daly 闪烁探测器示意图

5. 真空系统

二次离子质谱与能谱和探针技术类似,都需要高度真空,以减少一次离子束及二次离子束在激发-检测过程中的损失。根据能量损失一般要求将真空度控制在 $10^{-7}\sim10^{-6}$ torr 以下,但对于某些体系,如离子密度比较低,为了足够抑制表面吸附等因素的影响,要求相应提高到 10^{-10} torr 以下。真空体系一般采用多级泵联用的模式,即先用初级泵获得较低的真空度,再用次级泵进一步提高真空度。

6. 样品的制备及样品台

二次离子分析样品的制备与电子探针分析相类似,对于抛光的表面,如金属、矿物、半导体均可进行。对于电子器件样品,可以在保持其原貌的条件下进行分析。如果需要对样品进行抛光处理,则要注意避免抛光材料(如氧化铝等)对样品带来的沾污。

为了对一定大小的样品的任何部位都能进行分析,样品台一般都能在 x(左右)、y(前后)、z(上下)三个方向做精密移动,目前这种移动操作大多通过计算机控制的步进马达来进行,在移动过程中可以对样品进行精确定位。

(三) 二次离子质谱的应用

二次离子质谱通过质量分析器可以获得各离子的质量数,是非常有效的元素分析及同位素分析工具。二次离子质谱可以在超高真空的条件下获得表层样品信息,对于元素分析,可检测包括氢、氦等在内的所有元素,以及进行同位素的检测;对于分子分析,通过碎片离子峰可以获得化合物信息,在软电离(soft ionization)条件下,可以准确获得分子量信息。

二次离子质谱仪器的工作状态分为静态二次离子质谱和动态二次离子质谱两种模式。前者分析过程中包含表面原子单层分析,通常包括脉冲型的离子束以及时间飞行质谱分析,检测过程需要高度真空环境。动态二次离子质谱的目标不再限于分析物表面浅层,通过溅射离子对样品进行深度分析,对真空度要求较低,轰击样品的离子束密度很高,轰击过程中，表面层以每秒约数十原子层的速度被除去。该方法非常适合表面不同深度界面的分析，通过结合面扫描模式，还可以进行三维的组成分布研究。

二次离子质谱根据检测目的的不同，可以有几种操作模式：第一种是定点全谱分析，即只轰击样品上特定的点，溅射出二次离子进入质谱计，通过质谱计来分析所获得二次离子的全谱。第二种是深度分析，一次离子束对样品进行轰击，质谱计检测所获得的二次离子，并调节固定于某一特征质量数，随着样品不断被剥离，可以得到某一特定元素的深度分布曲线。第三种是扫描成像，使用较小的束斑对某一区域进行扫描，由此可以获得某一特定质量数元素的表面分布图像。

二次离子质谱是一种重要的微区分析技术，除具备微区分析技术的共同特点外，还拥有许多独特的性能，正是这些性能补充了原有许多微区分析手段的不足，如其强大的同位素分析能力。二次离子质谱仪可以实现微米尺度内样品的同位素分析，对于放射性元素(如作为核燃料的^{235}U)的检测具有重要意义。对于生命科学及医学研究，二次离子质谱技术可以给出细胞、组织等的化学信息成像。

二次离子质谱作为一种分析手段，特别是作为微区分析方法，有着广泛而重要的应用。例如，在微电子领域，微量的杂质对半导体器件的性能有着决定性的影响，高灵敏的三维微区元素分布的测量有着非常重要的意义，由此可以作为产品工艺研究和生产线质量控制的重要手段。在基础科学研究方面，二次离子质谱能够提供丰富的元素、分子(软解离获得的分子量)信息，对于化学、材料科学、生命科学等领域均有着重要的意义。

与其丰富的定性分析应用相比，二次离子质谱的定量分析能力相对较弱。不同成分的二次离子产额差异很大，同时还与激发区域周围化学环境紧密相关，基体效应严重，即使通过标准曲线方法来测定，也存在着较多的干扰因素，因此用二次离子质谱进行定量分析较为困难。二次离子质谱的另一缺陷是在分析过程中持续使用离子对样品进行轰击，样品表面的组成及结构可能因此改变，分析过程对样品有一定损伤。

第三节　扫描探针显微镜技术

扫描探针显微镜技术有许多分支技术，其中最重要的是扫描隧道显微镜和原子力显微镜。它们的基本原理是采用极细的探针尖对样品表面进行扫描，测量探针与表面之间电流或力的变化，再通过表面成像技术而感知表面的形貌等信息。由这类探针测得的信号是以它与表面组成的横向位置的函数而记录下来的。

一、扫描隧道显微镜

1. 基本原理

扫描隧道显微镜(scanning tunneling microscopy, STM)的物理基础是隧道效应。将一个极细的金属针尖与被分析物质的表面视作两个电极，且在外加电场作用下，当针尖极其接近该物质表面时，两者间距约 0.1 nm，电子就会从一极流向另一极，从而形成隧道电流，其大小约几纳安。在低电压(几毫伏)下，两极之间的隧道电流(I)可以近似地以下式表示：

$$I \propto V\exp(-A\Phi^{1/2}S) \tag{14-24}$$

式中，V 为加于针尖与表面之间的偏置电压，两者之间的间距为 S；A 为常数，在真空条件下约等于 1；Φ 为局部功函数。由上式可知，这种隧道电流的大小对针尖与样品之间的距离是极端敏感的，呈指数关系变化。间距减小 0.1 nm，隧道电流将增加一个数量级。因此，设法控制针尖对被分析物表面进行扫描时，信号记录仪上就能直接反映出表面的形貌图，如表面态密度的分布或原子排列的图像等，其分辨率可以高达 0.1 nm 以上。

2. 仪器的操作模式

由式(14-24)知，在任何情况下，隧道电流是两极的间距、外加电压及局部功函数的函数。采用不同的操作模式，可以得到不同的表面信息。有两种操作模式：守恒电流和守恒高度扫描模式(图 14-29)。

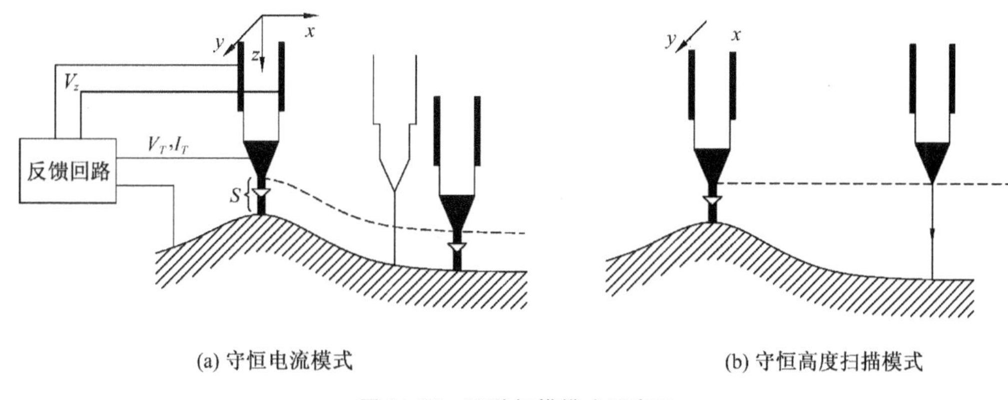

图 14-29　两种扫描模式示意图

(1) 守恒电流模式。一个极细金属(Pt/Ir 或 W)针尖装在压电发射机上，它可在 x、y 和 z 方向移动。利用电子反馈线路调节针尖与样品表面之间的距离，控制隧道电流恒定，这样改变针尖在垂直于样品表面方向上的高度，就可得到能反映出表面二维形貌的图像，它能清楚地分辨出单个原子。

(2) 守恒高度扫描模式。若样品的表面没有明显凹凸，则可以采用此方式，使针尖始终控制在某一高度进行扫描，记录隧道电流的变化值，也可得到表面态密度的分布图像。

利用隧道电流与局部功函数之间的关系，可以对样品进行横向扫描。此时，在每点调制针尖与表面之间距离，测得 $\mathrm{d}I/\mathrm{d}S$ 值。根据以下关系：

$$\frac{\mathrm{d}I}{\mathrm{d}S} \propto \Phi^{1/2} \cdot I \tag{14-25}$$

就可以得到每点局部功函数分布的信息。因为表面化学组成影响局部功函数，样品表面原子种类不同，或有吸附物存在，都会引起功函数的变化，所以局部功函数的测量可以获得表面存在物质的信息。

当针尖与表面之间距离恒定，测量针尖对表面的每一空间位置的隧道电流与偏置电压(V)之间的关系 $\mathrm{d}I/\mathrm{d}V$，可以得到表面电子态密度分布信息，因为表面不同的电子态容易受偏置电压变化的影响。这种测量方式是一种空间分辨率很高的电子光谱，常被称为扫描隧道光谱(scanning tunneling spectroscopy, STS)。例如，研究 GaAs 表面的吸附情况，从测得的 $\mathrm{d}I/\mathrm{d}V$ 曲线的形状以及显微图，可以观察到单个氧原子吸附在 GaAs 表面，

其 dI/dV 曲线与清洁表面的曲线也很不相同。

3. 应用

扫描隧道显微镜最主要的用途是获得表面原子级的三维高分辨率的形貌图像，可以分辨出单个原子，它比扫描电子显微镜的立体分辨率高两个数量级，利用它可以测量样品垂直方向的特征，如表面不同区域的平面落差。特别是在材料科学研究中，它是对所研究表面进行表征的极好工具，如金属表面的抛光、电极的加工工艺水平、表面蚀刻及表面修复等的研究都离不开扫描隧道显微镜。通过扫描隧道显微镜对表面结构进行研究，可以发现原子重构后的表面原子排列细节，可研究清洁的单晶表面原子呈台阶构建的信息，还可以观察表面电子结构，研究原子位置及相邻原子成键轨道等信息，特别是在导电材料的研究中，还可提供原子及其运动的信息等。扫描隧道显微镜的主要缺陷是不能表征绝缘体。若在高电压下进行研究，它会发生场诱导效应而干扰测定。

二、原子力显微镜

1. 基本原理

原子力显微镜(atomic force microscopy, AFM)又称扫描力显微镜，其工作原理为：一个对力非常敏感的微悬臂，其尖端有一个微小的探针，当探针接近样品表面时，由于原子间的相互作用力，使得装配探针的悬臂发生微弯曲，检测微弯曲的情况，就可以知道表面与原子之间的原子力大小。将微悬臂弯曲的形变信号转换成光电信号并放大，就可以得到原子之间力的微弱变化信号。利用微悬臂间接地感受和放大原子之间的作用力，即可达到检测的目的。在探针沿表面扫描时，保持尖端与表面原子力恒定所需施加于压电材料两端的电压波形，就反映了表面形貌。原子力显微镜能观察到纳米尺度的物体，甚至可看到原子。原子力显微镜的基本原理如图 14-30 所示。一个非常尖细的呈倒正三角形的悬针安装在一个具有弹性的操纵杆上，在压电扫描器的操纵下扫描，针尖与样品表面接触与否以及趋近程度使两者之间的作用力发生变化。因此，当样品表面的形貌发生变化时，作用于针尖上的力也随之变化，导致操纵杆偏转而极灵敏地被检测记录。针尖与样品表面之间相互作用的强弱可以用力与距离之间的关系曲线加以描述。当两者间距大时，针尖与样品表面之间的作用力为零。当针尖移动靠近样品时，由于两者之间范德华力的作用，针尖被拉向样品表面。当针尖进一步接近样品表面时，作用于针尖上的力却变成了排斥力。当针尖离开样品时，作用力又减小。两者之间的力与间距成负斜率的线性关系。在理想情况下，针尖对准单个原子，在接触区域内存在一种原子间的排斥力。在两者离开较长距离的情况下，也存在各种不同作用力，如库仑力、偶极作用力、色散力。针尖与表面之间存在被吸附物质膜时，还会有毛细管作用力。以上这些力(吸引力或排斥力)都会反映在操纵杆上，但只有原子间的排斥的变化对样品表面高分辨成像才起决定作用。因此，在实验中要设法缩小这些较长距离下的力。

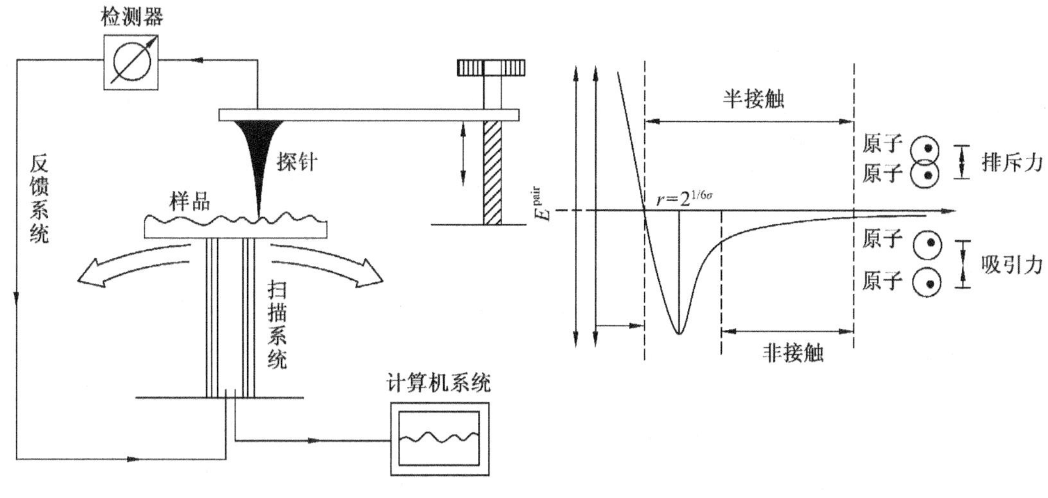

(a) 压电扫描器针尖对样品的扫描　　(b) 针尖与样品表面之间的作用力

图 14-30　原子力显微镜原理示意图

2. 仪器的操作模式

原子力显微镜中操纵杆的偏转是由与它相连的针尖的偏转反映出来的。高约 4 μm 的呈倒正三角形的针尖由氮化硅材料制成。针尖顶端的半径约 20～50 nm。信号的产生原理如图 14-31 所示。当一束激光通过棱镜后，聚焦于针尖顶端，被针尖反射的激光束投射至双光二极管上。当针尖发生偏转时，即反射激光束的平面位置发生变化，此激光束在双光二极管上产生差示信号。这一差示信号经过放大，极灵敏地反映了针尖偏转的程度，其分辨率可高达 0.01 nm。

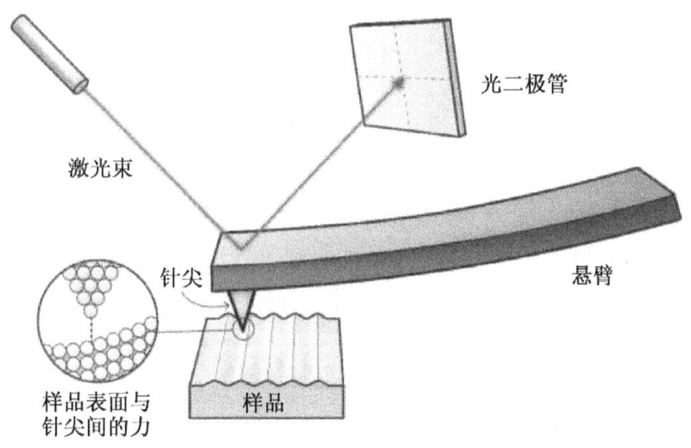

图 14-31　原子力显微镜信号产生示意图

原子力显微镜与扫描隧道显微镜相似，也有两种操作模式，即恒定力与恒定高度模式。

在恒定力模式中，操纵杆的偏转保持恒定，即力恒定，此时须在垂直方向上重新调节样品位置，以跟踪样品表面的形貌特征。这种模式适合于扫描尺寸较大和表面粗糙的样品区域的成像，且不会损坏针尖或样品表面。在恒定高度模式中，保持样品的垂直位置不变，记录操纵杆的偏转程度。这种模式的扫描速率高，但应控制较小的扫描尺寸，防止针尖的受损。这种模式的另一优点是可以消去仪器的热漂移现象，以利于高分辨率成像。

3. 应用

原子力显微镜最重要的用途是对材料进行具有原子级分辨能力的成像。例如，为了测试某种金属膜通过物理气相沉积法沉积在基体上的性能，可以由原子力显微镜观察到单晶的尺寸及其分布情况，以及在某一区域的粗糙度。扫描隧道显微镜的局限性是不能表征绝缘体，而原子力显微镜除了可以表征导体材料外，还可以对绝缘材料进行表征，从而大大拓宽了其用途。它可以用来研究许多有机、生物以及无机材料绝缘体。对某些材料受侵蚀前后表面形貌的研究，用原子力显微镜既快又好，且无须对样品进行任何特殊制备。例如，研究受侵蚀前后的钾-氧化钙-二氧化硅玻璃表面的形貌，在未受潮湿空气侵蚀前，表面形貌十分光滑，但暴露在潮湿空气中 1.5 h 左右，再次成像，发现表面明显凹凸不平。在表面分析中，原子力显微镜成像一个很重要的特点是可以直接给出深度信息，因此常用于表面粗糙度的测定。原子力显微镜还可以研究在不同温度下得到的沉积层厚度及颗粒大小，从而有利于沉积条件的优化。原子力显微镜在表面化学中还有一个重要应用就是可以在气体或液体中进行原位测量，但必须采用一些特殊技术。原位制备和成像可以保护一些敏感膜，以给出真实信息。它还可用来研究 DNA 以及其他生物分子的结构，而且可以在水中成像，使生物分子图像不扭曲。

思考题与习题

1. 在 X 射线光电子光谱法中的定性依据是什么？
2. 电子结合能指什么？它在表面分析中有何用处？试举例说明。
3. 举例说明 X 射线光电子光谱法与紫外光电子光谱法的异同点。
4. X 射线能谱仪和波谱仪在原理、仪器和应用上有何似和相异之处？
5. 与质谱中的质量分析器相比，XPS 中的能量分析器有何相似和相异之处？
6. 试比较光子探针技术与电子探针技术的特点。
7. 弹性与非弹性碰撞有何不同之处？
8. 波长色散光度计与能量色散光度计各有什么特点？
9. 分析电子显微镜法中的样品应该如何制备？为什么？
10. 试比较电子微探针分析法与扫描电子显微镜法的异同点。
11. 俄歇电子光谱法与其他表面分析技术相比有何特点？
12. 俄歇电子光谱法适合于分析哪些问题？为什么？
13. 离子散射光谱法的原理和最突出的特点是什么？
14. 试比较动态与静态二次离子质谱法的特点及应用。
15. 试比较二次离子质谱法与离子散射光谱法的异同点。
16. 扫描隧道显微镜成像主要能给出什么分析信息？
17. 扫描隧道显微镜法的最主要缺点是什么？用什么方法可以解决？
18. 原子力显微镜在分析测试中有哪些特点？
19. 试分析几种主要表面分析技术在分析化学领域中的重要性及相对局限性。

附 表

表 1 元素的相对原子质量(2019)

[按原子序数排列,以 $A_r(^{12}C)=12$ 为基准]

元素			原子序数	相对原子质量	元素			原子序数	相对原子质量
符号	名称	英文名			符号	名称	英文名		
H	氢	hydrogen	1	1.008	Cu	铜	copper	29	63.546(3)
He	氦	helium	2	4.002 6	Zn	锌	zinc	30	65.38(2)
Li	锂	lithium	3	6.94	Ga	镓	gallium	31	69.723
Be	铍	beryllium	4	9.012 2	Ge	锗	germanium	32	72.630(8)
B	硼	boron	5	10.81	As	砷	arsenic	33	74.922
C	碳	carbon	6	12.011	Se	硒	selenium	34	78.971(8)
N	氮	nitrogen	7	14.007	Br	溴	bromine	35	79.904
O	氧	oxygen	8	15.999	Kr	氪	krypton	36	83.798(2)
F	氟	fluorine	9	18.998	Rb	铷	rubidium	37	85.468
Ne	氖	neon	10	20.18	Sr	锶	strontium	38	87.62
Na	钠	sodium	11	22.990	Y	钇	yttrium	39	88.906
Mg	镁	magnesium	12	24.305	Zr	锆	zirconium	40	91.224(2)
Al	铝	aluminium	13	26.982	Nb	铌	niobium	41	92.906
Si	硅	silicon	14	28.085	Mo	钼	molybdenum	42	95.95
P	磷	phosphorus	15	30.974	Tc	锝	technetium	43	[97]
S	硫	sulfur	16	32.06	Ru	钌	ruthenium	44	101.07(2)
Cl	氯	chlorine	17	35.45	Rh	铑	rhodium	45	102.91
Ar	氩	argon	18	39.95	Pd	钯	palladium	46	106.42
K	钾	potassium	19	39.098	Ag	银	silver	47	107.87
Ca	钙	calcium	20	40.078(4)	Cd	镉	cadmium	48	112.41
Sc	钪	scandium	21	44.956	In	铟	indium	49	114.82
Ti	钛	titanium	22	47.867	Sn	锡	tin	50	118.71
V	钒	vanadium	23	50.942	Sb	锑	antimony	51	121.76
Cr	铬	chromium	24	51.996	Te	碲	tellurium	52	127.60(3)
Mn	锰	manganese	25	54.938	I	碘	iodine	53	126.90
Fe	铁	iron	26	55.845(2)	Xe	氙	xenon	54	131.29
Co	钴	cobalt	27	58.933	Cs	铯	caesium	55	132.91
Ni	镍	nickel	28	58.693	Ba	钡	barium	56	137.33

续表

元素			原子序数	相对原子质量	元素			原子序数	相对原子质量
符号	名称	英文名			符号	名称	英文名		
La	镧	lanthanum	57	138.91	Ra	镭	radium	88	[226]
Ce	铈	cerium	58	140.12	Ac	锕	actinium	89	[227]
Pr	镨	praseodymium	59	140.91	Th	钍	thorium	90	232.04
Nd	钕	neodymium	60	144.24	Pa	镤	protactinium	91	231.04
Pm	钷	promethium	61	[145]	U	铀	uranium	92	238.03
Sm	钐	samarium	62	150.36(2)	Np	镎	neptunium	93	[237]
Eu	铕	europium	63	151.96	Pu	钚	plutonium	94	[244]
Gd	钆	gadolinium	64	157.25(3)	Am	镅	americium	95	[243]
Tb	铽	terbium	65	158.93	Cm	锔	curium	96	[247]
Dy	镝	dysprosium	66	162.50	Bk	锫	berkelium	97	[247]
Ho	钬	holmium	67	164.93	Cf	锎	californium	98	[251]
Er	铒	erbium	68	167.26	Es	锿	einsteinium	99	[252]
Tm	铥	thulium	69	168.93	Fm	镄	fermium	100	[257]
Yb	镱	ytterbium	70	173.05	Md	钔	mendelevium	101	[258]
Lu	镥	lutetium	71	174.97	No	锘	nobelium	102	[259]
Hf	铪	hafnium	72	178.49(2)	Lr	铹	lawrencium	103	[262]
Ta	钽	tantalum	73	180.95	Rf	𬬻	rutherfordium	104	[267]
W	钨	tungsten	74	183.84	Db	𬭊	dubnium	105	[270]
Re	铼	rhenium	75	186.21	Sg	𬭳	seaborgium	106	[269]
Os	锇	osmium	76	190.23(3)	Bh	𬭛	bohrium	107	[270]
Ir	铱	iridium	77	192.22	Hs	𬭶	hassium	108	[270]
Pt	铂	platinum	78	195.08	Mt	鿏	meitnerium	109	[278]
Au	金	gold	79	196.97	Ds	𫟼	darmstadtium	110	[281]
Hg	汞	mercury	80	200.59	Rg	𬬭	roentgenium	111	[281]
Tl	铊	thallium	81	204.38	Cn	鎶	copernicium	112	[285]
Pb	铅	lead	82	207.2	Nb	鉨	nihonium	113	[286]
Bi	铋	bismuth	83	208.98	Fl	𫓧	flerovium	114	[289]
Po	钋	polonium	84	[209]	Mc	镆	moscovium	115	[289]
At	砹	astatine	85	[210]	Lr	𫟷	livermorium	116	[293]
Rn	氡	radon	86	[222]	Ts	石田	tennessine	117	[293]
Fr	钫	francium	87	[223]	Og	氭	oganesson	118	[294]

表 2 国际单位制(SI)的基本单位

量的名称	单位名称	单位符号
长度	米	m
质量	千克(公斤)	kg
时间	秒	s
电流	安[培]	A
热力学强度	开[尔文]	K
发光强度	坎[德拉]	cd
物质的量	摩[尔]	mol

表 3 国际单位制的辅助单位

量的名称	单位名称	单位符号
平面角	弧度	rad
立体角	球面度	sr

表 4 国际单位制(SI)具有专门名称的导出单位

量的名称	单位名称	单位符号	用其他国际制单位表示的关系式	用国际制基本单位表示的关系式
频率	赫[兹]	Hz		s^{-1}
力,重力	牛[顿]	N		$m\cdot kg\cdot s^{-2}$
压力,压强,应力	帕[斯卡]	Pa	$N\cdot m^{-2}$	$m^{-1}\cdot kg\cdot s^{-2}$
能,功,热量	焦[耳]	J	$N\cdot m$	$m^2\cdot kg\cdot s^{-2}$
功率,辐射通量	瓦[特]	W	$J\cdot s^{-1}$	$m^2\cdot kg\cdot s^{-3}$
电量,电荷	库[仑]	C	—	$s\cdot A$
电位,电压,电动势	伏[特]	V	$W\cdot A^{-1}$	$m^2\cdot kg\cdot s^{-3}\cdot A^{-1}$
电容	法[拉]	F	$C\cdot V^{-1}$	$m^2\cdot kg^{-1}\cdot s^4\cdot A^2$
电阻	欧[姆]	Ω	$V\cdot A^{-1}$	$m^2\cdot kg\cdot s^{-3}\cdot A^{-2}$
电导	西[门子]	S	$A\cdot V^{-1}$	$m^{-2}\cdot kg^{-1}\cdot s^3\cdot A^2$
磁通量	韦[伯]	Wb	$V\cdot s$	$m^2\cdot kg\cdot s^{-2}\cdot A^{-1}$
磁通量密度,磁感应强度	特[斯拉]	T	$Wb\cdot m^{-2}$	$kg\cdot s^{-2}\cdot A^{-1}$
电感	亨[利]	H	$Wb\cdot A^{-1}$	$m^2\cdot kg\cdot s^{-2}\cdot A^{-2}$
光通量	流[明]	lm	—	$cd\cdot sr$
[光]照度	勒[克斯]	lx	$lm\cdot m^{-2}$	$m^{-2}\cdot cd\cdot sr$
[放射性]活度	贝可[勒尔]	Bq	—	s^{-1}
吸收剂量	戈[瑞]	Gy	$J\cdot kg^{-1}$	$m^2\cdot s^{-1}$
剂量当量	希[沃特]	Sy	$J\cdot kg^{-1}$	$m^2\cdot s^{-1}$

表 5　国家选定的非国际单位制单位

量的名称	单位名称	单位符号	单位符号
时间	分	min	1 min=60 s
	[小]时	h	1 h=60 min=3 600 s
	天(日)	d	1 d=24 h=86 400 s
平面角	[角]秒	(″)	1″=(π/64 800)rad
	[角]分	(′)	1′=60″=(π/10 800)rad
	度	(°)	1°=60′=(π/180)rad
旋转速度	转/分	$r \cdot min^{-1}$	$1\ r \cdot min^{-1}=(1/60)s^{-1}$
长度	海里	n mile	1 n mile=1 850 m（只用于航程）
速度	节	kn	$1\ kn=1\ n\ mile \cdot h^{-1}=(1\ 852/3\ 600)m \cdot s^{-1}$（只用于航程）
质量	吨	t	$1\ t=10^3\ kg$
	原子质量单位	u	$1\ u \approx 1.660\ 565\ 5 \times 10^{-27}\ kg$
体积	升	L	$1\ L=1\ dm^3=10^{-3}\ m^3$
能量	电子伏	eV	$1\ eV \approx 1.602\ 189\ 2 \times 10^{-9}\ J$
级差	分贝	dB	
线密度	特[克斯]	tex	$1\ tex=1\ g \cdot km^{-1}$

表 6　用于构成十进倍数和分数单位的词头

因数	词头名称	词头符号	因数	词头名称	词头符号
10^{18}	艾[可萨]（exa）	E	10^{-1}	分(deci)	d
10^{15}	拍[它]（peta）	P	10^{-2}	厘（centi）	c
10^{12}	太[拉]（tera）	T	10^{-3}	毫（milli）	m
10^{9}	吉[咖]（giga）	G	10^{-6}	微（micro）	μ
10^{6}	兆（mega）	M	10^{-9}	纳[诺]（nano）	n
10^{3}	千（kilo）	K	10^{-12}	皮[可]（pico）	p
10^{2}	百（hecto）	h	10^{-15}	飞[母托]（femto）	f
10^{1}	十（deca）	da	10^{-18}	阿[托]（atto）	a

表 7 国际单位制(SI)单位与 cgs 单位换算表

物理量	cgs 单位		SI 单位		由 cgs 换算成 SI
	名称	符号	名称	符号	
长度	厘米	cm	米	m	10^{-2} m
	埃	Å			10^{-1} nm
	微米	μm			10^{-6} m
	纳米	nm			10^{-9} m
质量	克	g	千克	kg	10^{-3} kg
	吨	t			10^{3} kg
	磅	lb			0.453 592 37 kg
	原子质量单位	u			$1.660\ 565\ 5\times10^{-27}$ kg
时间	秒	s	秒	s	
电流	安培	A	安培	A	
面积	平方厘米	cm^2	平方米	m^2	10^{-4} m^2
体积	升	L	立方米	m^3	10^{-3} m^2
	立方厘米	cm^3			10^{-6} m^2
能量	尔格	erg	焦耳	J	10^{-7} J
功率	瓦特	W	瓦特	W	
密度		$g\cdot m^{-3}$		$kg\cdot m^{-3}$	10^{-3} $kg\cdot m^{-3}$
浓度	摩尔浓度	M ($mol\cdot L^{-1}$)	摩尔每立方米	$mol\cdot m^{-3}$	10^{3} $mol\cdot m^{-3}$

表 8 常用物理和化学常数

常数名称	换算关系
电子的电荷	$e=1.602\ 177\ 33(49)\times10^{-19}$ C
Plank 常量	$h=6.626\ 176\ (36)\times10^{-34}$ J·s
光速(真空)	$c=2.997\ 924\ 58\times10^{8}$ $m\cdot s^{-1}$
摩尔气体常数	$R=8.314\ 41\ (26)\times10^{8}$ $J\cdot mol^{-1}\cdot K^{-1}$
Avogadro 常数	$N=6.022\ 045\ (31)\times10^{23}$ mol^{-1}
Fraday 常数	$F=9.648\ 456\times10^{4}$ $C\cdot mol^{-1}$
电子静止质量	$m_e=9.109\ 53\ (5)\times10^{-34}$ g
Bohr 半径	$a_0=0.529\ 177\ 06\ (44)\times10^{-10}$ m
元素的相对原子质量	$1u=1.660\ 565\ 5\times10^{-24}$ g

注：常数值括号中的数字代表该数值的误差(最末 1～2 位)。例如，$h=6.626\ 176(36)\times10^{-34}$ J·s，即 $h=(6.626\ 176\pm0.000\ 036)\times10^{-34}$ J·s。其他类推。

表 9 标准电极电位 $\varphi^{\ominus}$(18 ℃～25 ℃)

电极反应	$\varphi^{\ominus}$/V
$F_2(g)+2H^++2e^- \rightleftharpoons 2HF$	3.06
$S_2O_8^{2-}+2e^- \rightleftharpoons 2SO_4^{2-}$	2.01
$H_2O_2+2H^++2e^- \rightleftharpoons 2H_2O$	1.77
$MnO_4^-+4H^++3e^- \rightleftharpoons MnO_2(s)+2H_2O$	1.695
$HClO+H^++e^- \rightleftharpoons \frac{1}{2}Cl_2+H_2O$	1.63
$Ce^{4+}+e \rightleftharpoons Ce^{3+}$	1.61
$H_5IO_6+H^++2e^- \rightleftharpoons IO_3^-+3H_2O$	1.60
$HBrO+H^++e^- \rightleftharpoons \frac{1}{2}Br_2+H_2O$	1.59
$BrO_3^-+6H^++5e^- \rightleftharpoons \frac{1}{2}Br_2+3H_2O$	1.52
$MnO_4^-+8H^++5e^- \rightleftharpoons Mn^{2+}+4H_2O$	1.51
Au(Ⅲ)$+3e^- \rightleftharpoons Au$	1.50
$HClO+H^++2e^- \rightleftharpoons Cl^-+H_2O$	1.49
$ClO_3^-+6H^++5e^- \rightleftharpoons \frac{1}{2}Cl_2+3H_2O$	1.47
$PbO_2(s)+4H^++2e^- \rightleftharpoons Pb^{2+}+2H_2O$	1.455
$HIO+H^++e^- \rightleftharpoons \frac{1}{2}I_2+H_2O$	1.45
$ClO_3^-+6H^++6e^- \rightleftharpoons Cl^-+3H_2O$	1.45
$BrO_3^-+6H^++6e^- \rightleftharpoons Br^-+3H_2O$	1.44
$Cl_2(g)+2e^- \rightleftharpoons 2Cl^-$	1.359 5
$ClO_4^-+8H^++7e^- \rightleftharpoons \frac{1}{2}Cl_2+4H_2O$	1.34
$Cr_2O_7^{2-}+14H^++6e^- \rightleftharpoons 2Cr^{3+}+7H_2O$	1.33
$MnO_2(s)+4H^++2e^- \rightleftharpoons Mn^{2+}+2H_2O$	1.23
$O_2+4H^++4e^- \rightleftharpoons 2H_2O$	1.229
$IO_3^-+6H^++5e^- \rightleftharpoons \frac{1}{2}I_2+3H_2O$	1.20
$ClO_4^-+2H^++2e^- \rightleftharpoons ClO_3^-+H_2O$	1.19

续表

电极反应	$\varphi^{\ominus}/V$
$Br_2(aq)+2e^- \rightleftharpoons 2Br^-$	1.087
$NO_2+H^++e^- \rightleftharpoons HNO_2$	1.07
$Br_2(l)+2e^- \rightleftharpoons 2Br^-$	1.065
$HNO_2+H^++e^- \rightleftharpoons NO(g)+H_2O$	1.00
$VO_2^++2H^++e^- \rightleftharpoons VO^{2+}+H_2O$	1.00
$HIO+H^++2e^- \rightleftharpoons I^-+H_2O$	0.99
$NO_3^-+3H^++2e^- \rightleftharpoons HNO_2+H_2O$	0.94
$ClO^-+H_2O+2e^- \rightleftharpoons Cl^-+2OH^-$	0.89
$H_2O_2+2e^- \rightleftharpoons 2OH^-$	0.88
$Cu^{2+}+I^-+e^- \rightleftharpoons CuI(s)$	0.86
$Hg^{2+}+2e^- \rightleftharpoons Hg$	0.854
$NO_3^-+2H^++e^- \rightleftharpoons NO_2+H_2O$	0.80
$Ag^++e^- \rightleftharpoons Ag$	0.799 5
$Hg_2^{2+}+2e^- \rightleftharpoons 2Hg$	0.793
$Fe^{3+}+e^- \rightleftharpoons Fe^{2+}$	0.771
$BrO_3^-+H_2O+2e^- \rightleftharpoons Br^-+2OH^-$	0.76
$O_2(g)+2H^++2e^- \rightleftharpoons H_2O_2$	0.682
$2HgCl_2+2e^- \rightleftharpoons Hg_2Cl_2(s)+2Cl^-$	0.63
$MnO_4^-+2H_2O+3e^- \rightleftharpoons MnO_2(s)+4OH^-$	0.588
$MnO_4^-+e^- \rightleftharpoons MnO_4^{2-}$	0.564
$H_3AsO_4(s)+2H^++2e^- \rightleftharpoons HAsO_2+2H_2O$	0.559
$I_3^-+2e^- \rightleftharpoons 3I^-$	0.545
$I_2(s)+2e^- \rightleftharpoons 2I^-$	0.534 5
$Cu^++e^- \rightleftharpoons Cu$	0.52

续表

电极反应	$\varphi^{\ominus}$/V
$5SO_2(aq)+4H^++6e^- \rightleftharpoons S_4O_6^{2-}+2H_2O$	0.51
$HgCl_4^{2-}+2e^- \rightleftharpoons Hg+4Cl^-$	0.48
$2SO_2(aq)+2H^++4e^- \rightleftharpoons S_2O_3^{2-}+H_2O$	0.40
$Fe(CN)_6^{3-}+e^- \rightleftharpoons Fe(CN)_6^{4-}$	0.36
$Cu^{2+}+2e^- \rightleftharpoons Cu$	0.337
$BiO^++2H^++3e^- \rightleftharpoons Bi+H_2O$	0.32
$Hg_2Cl_2(s)+2e^- \rightleftharpoons 2Hg+2Cl^-$	0.267 6
$AgCl(s)+e^- \rightleftharpoons Ag+Cl^-$	0.222 3
$SO_4^{2-}(aq)+4H^++2e^- \rightleftharpoons SO_2(aq)+2H_2O$	0.17
$Cu^{2+}+e^- \rightleftharpoons Cu^+$	0.159
$Sn^{4+}+2e^- \rightleftharpoons Sn^{2+}$	0.154
$S+2H^++2e^- \rightleftharpoons H_2S$	0.141
$Hg_2Br_2+2e^- \rightleftharpoons 2Hg+2Br^-$	0.1395
$S_4O_6^{2-}+2e^- \rightleftharpoons 2S_2O_3^{2-}$	0.08
$AgBr(s)+e^- \rightleftharpoons Ag+Br^-$	0.071
$2H^++2e^- \rightleftharpoons H_2$	0.000
$O_2+H_2O+2e^- \rightleftharpoons HO_2^-+OH^-$	−0.067
$Pb^{2+}+2e^- \rightleftharpoons Pb$	−0.126
$Sn^{2+}+2e^- \rightleftharpoons Sn$	−0.136
$AgI(s)+e^- \rightleftharpoons Ag+I^-$	−0.152
$Ni^{2+}+2e^- \rightleftharpoons Ni$	−0.246
$H_3PO_4+2H^++2e^- \rightleftharpoons H_3PO_3+H_2O$	−0.276
$Co^{2+}+2e^- \rightleftharpoons Co$	−0.277
$Tl^++e^- \rightleftharpoons Tl$	−0.336

续表

电极反应	$\varphi^{\ominus}$/V
$In^{3+}+3e^{-} \rightleftharpoons In$	−0.345
$PbSO_4(s)+2e^{-} \rightleftharpoons Pb+SO_4^{2-}$	−0.355 3
$Cd^{2+}+2e^{-} \rightleftharpoons Cd$	−0.403
$Cr^{3+}+e^{-} \rightleftharpoons Cr^{2+}$	−0.41
$Fe^{2+}+2e^{-} \rightleftharpoons Fe$	−0.44
$S+2e^{-} \rightleftharpoons S^{2-}$	−0.48
$2CO_2+2H^{+}+2e^{-} \rightleftharpoons H_2C_2O_4$	−0.49
$H_3PO_3+2H^{+}+2e^{-} \rightleftharpoons H_3PO_2+H_2O$	−0.50
$Sb+3H^{+}+3e^{-} \rightleftharpoons SbH_3$	−0.51
$2SO_3^{2-}+3H_2O+4e^{-} \rightleftharpoons S_2O_3^{2-}+6OH^{-}$	−0.58
$SO_3^{2-}+3H_2O+4e^{-} \rightleftharpoons S+6OH^{-}$	−0.66
$Ag_2S(s)+2e^{-} \rightleftharpoons 2Ag+S^{2-}$	−0.69
$AsO_4^{3-}+2H_2O+2e^{-} \rightleftharpoons AsO_2^{-}+4OH^{-}$	−0.71
$Zn^{2+}+2e^{-} \rightleftharpoons Zn$	−0.763
$2H_2O+2e^{-} \rightleftharpoons H_2+2OH^{-}$	−0.828
$Cr^{2+}+2e^{-} \rightleftharpoons Cr$	−0.91
$Mn^{2+}+2e^{-} \rightleftharpoons Mn$	−1.182
$ZnO_2^{2-}+2H_2O+2e^{-} \rightleftharpoons Zn+4OH^{-}$	−1.216
$Al^{3+}+3e^{-} \rightleftharpoons Al$	−1.66
$H_2AlO_3^{-}+H_2O+3e^{-} \rightleftharpoons Al+4OH^{-}$	−2.35
$Mg^{2+}+2e^{-} \rightleftharpoons Mg$	−2.37
$Na^{+}+e^{-} \rightleftharpoons Na$	−2.714
$Ca^{2+}+2e^{-} \rightleftharpoons Ca$	−2.87
$Ba^{2+}+2e^{-} \rightleftharpoons Ba$	−2.900
$K^{+}+e^{-} \rightleftharpoons K$	−2.925
$Li^{+}+e^{-} \rightleftharpoons Li$	−3.042

表 10　某些氧化还原电位对的条件电位 $\varphi^{\ominus'}$

电极反应	$\varphi^{\ominus'}$/V	介质
Ag(Ⅱ)+e^-⇌Ag(Ⅰ)	1.927	4 mol·L^{-1} HNO_3
Cr(Ⅳ)+e^-⇌Cr(Ⅲ)	1.74	1 mol·L^{-1} $HClO_4$
	1.44	0.5 mol·L^{-1} H_2SO_4
	1.28	1 mol·L^{-1} HCl
Co^{3+}+e^-⇌Co^{2+}	1.84	3 mol·L^{-1} HNO_3
$Co(en)_3^{3+}$+e^-⇌$Co(en)_3^{2+}$	−0.2	1 mol·L^{-1} KNO_3+0.1 mol·L^{-1}乙二胺(en)
Cr(Ⅲ)+e^-⇌Cr(Ⅱ)	−0.40	5 mol·L^{-1} HCl
$Cr_2O_7^{2-}$+14H^++6e^-⇌2Cr^{3+}+7H_2O	1.08	3 mol·L^{-1} HCl
	1.15	4 mol·L^{-1} H_2SO_4
	1.025	1 mol·L^{-1} $HClO_4$
CrO_4^{2-}+2H_2O+3e^-⇌CrO_2^-+4OH^-	−0.12	1 mol·L^{-1} NaOH
Fe(Ⅲ)+e^-⇌Fe(Ⅱ)	0.767	1 mol·L^{-1} $HClO_4$
	0.71	0.5 mol·L^{-1} HCl
	0.70	1 mol·L^{-1} HCl
	0.68	1 mol·L^{-1} H_2SO_4
	0.46	2 mol·L^{-1} H_3PO_4
	0.51	0.5 mol·L^{-1} HCl+0.25 mol·L^{-1} H_3PO_4
$Fe(EDTA)^{3+}$+e^-⇌$Fe(EDTA)^{2+}$	0.12	0.1 mol·L^{-1} EDTA，pH=4～6
$Fe(CN)_6^{3-}$+e^-⇌$Fe(CN)_6^{4-}$	0.56	0.1 mol·L^{-1} HCl
FeO_4^{2-}+2H_2O+3e^-⇌FeO_2^-+4OH^-	0.55	10 mol·L^{-1} NaOH
I_3^-+2e^-⇌3I^-	0.5446	0.5 mol·L^{-1} H_2SO_4
$I_2(aq)$+2e^-⇌2I^-	0.6276	0.5 mol·L^{-1} H_2SO_4
MnO_4^-+8H^++5e^-⇌Mn^{2+}+4H_2O	1.45	1 mol·L^{-1} $HClO_4$
$SnCl_6^{2-}$+2e^-⇌$SnCl_4^{2-}$+2Cl^-	0.14	1 mol·L^{-1} HCl
Sb(Ⅴ)+2e^-⇌Sb(Ⅲ)	0.75	3.5 mol·L^{-1} HCl
$Sb(OH)_6^-$+2e^-⇌SbO_2^-+2OH^-+4H_2O	−0.428	3 mol·L^{-1} NaOH
SbO_2^-+2H_2O+3e^-⇌Sb+4OH^-	−0.675	10 mol·L^{-1} KOH
Ti(Ⅳ)+e^-⇌Ti(Ⅲ)	−0.01	0.2 mol·L^{-1} H_2SO_4
	0.12	2 mol·L^{-1} H_2SO_4
	−0.04	1 mol·L^{-1} HCl
	−0.05	1 mol·L^{-1} H_3PO_4
Pb(Ⅱ)+2e^-⇌Pb	−0.32	1 mol·L^{-1} NaAc

主要参考书目

[1] 汪尔康. 21 世纪的分析化学[M]. 北京:科学出版社,1999.

[2] 北京大学化学系仪器分析教学组. 仪器分析教程[M]. 北京:北京大学出版社,1997.

[3] 赵藻藩,周性尧,张悟铭,等. 仪器分析[M]. 北京:高等教育出版社,1990.

[4] 武汉大学. 分析化学(下册)[M]. 5 版. 北京:高等教育出版社,2007.

[5] 方惠群,于俊生,史坚. 仪器分析[M]. 北京:科学出版社,2002.

[6] 袁存光,祝优珍,田晶,等. 现代仪器分析[M]. 北京:化学工业出版社,2012.

[7] 朱良漪. 分析仪器手册[M]. 北京:化学工业出版社,1997.

[8] 高小霞. 电分析化学导论[M]. 北京:科学出版社,1986.

[9] 罗庆尧,邓延倬,蔡汝秀,等. 分光光度分析[M]. 北京:科学出版社,1992.

[10] 杨武,高锦章,康敬万. 光度分析中的高灵敏反应及方法[M]. 北京:科学出版社,2000.

[11] 高向阳. 新编仪器分析[M]. 4 版. 北京:科学出版社,2013.

[12] Rubinson K A , Rubinson J F. Contemporary instrumental analysis[M]. 影印版. 北京:科学出版社,2003.

[13] 朱明华,施文赵. 近代分析化学[M]. 北京: 高等教育出版社,1991.

[14] 陈国珍,黄贤智,许金钩,等. 荧光分析法[M]. 2 版. 北京:科学出版社,1990.

[15] 许金钩,王尊本. 荧光分析法[M]. 3 版. 北京:科学出版社,2007.

[16] 夏锦尧. 实用荧光分析法[M]. 北京:中国人民公安大学出版社,1992.

[17] Skoog D A, Holler F J, Nieman T A. Principles of instrumental analysis[M]. 5th ed. Philadephia:Harcourt Brace & Company, 1998.

[18] Skoog D A, Holler F J, Belmont S R C. Principle of instrumental analysis [M]. 6th ed. Thomson: Brooks/Cole Publishing Company, 2007.

[19] Harvey D. Modern analytical chemistry[M]. Boston: McGraw Hill Higher Education, 2000.

[20] Braun R D. 最新仪器分析技术全书[M]. 北京大学化学系,清华大学分析中心,南开大学测试中心,译. 北京:化学工业出版社,1990.

[21] 吕世静. 免疫学检验[M]. 2 版. 北京:人民卫生出版社,2003.

[22] 林金明,赵利霞,王栩. 化学发光免疫分析[M]. 北京:化学工业出版社,2008.

[23] 李云辉,王春燕. 电化学发光[M]. 北京:化学工业出版社,2007.

[24] 李建平. 高等分析化学[M]. 北京:冶金工业出版社,2007.

[25] 方肇伦. 流动注射分析法[M]. 北京:科学出版社,1999.

[26] Skoog D A, West D M, Holler F J. Fundamentals of analytical chemistry

[M]. 7th ed. Fort Worth: Harcourt College Publishers, 1996.

[27] 方肇伦. 微流控分析芯片[M]. 北京:科学出版社,2003.

[28] 方肇伦. 微流控分析芯片的制作及应用[M]. 北京:化学工业出版社,2005.

[29] 邹汉法,张玉奎,卢佩章. 高效液相色谱法[M]. 北京:科学出版社,1998.

[30] 刘虎威. 气相色谱方法及应用[M]. 2版. 北京:化学工业出版社,2007.

[31] Snyder L R, Kirkland J J, Dolan J W. 现代液相色谱技术导论[M]. 陈小明,唐雅妍,译. 3版. 北京:人民卫生出版社,2012.

[32] 张祥民. 现代色谱分析[M]. 上海:复旦大学出版社,2004.

[33] 何华,倪坤仪. 现代色谱分析[M]. 北京:化学工业出版社,2004.

[34] 许国旺. 现代实用气相色谱法[M]. 北京:化学工业出版社,2004.

[35] 陈义. 毛细管电泳技术及应用[M]. 北京:化学工业出版社,2000.

[36] 柴逸峰,邸欣. 分析化学[M]. 8版. 北京:人民卫生出版社,2016.

[37] 屠一锋,严吉林,龙玉梅,等. 现代仪器分析[M]. 北京:科学出版社,2011.

[38] 陈培榕,李景虹,邓勃. 现代仪器分析实验与技术[M]. 2版. 北京:清华大学出版社,2006.

[39] 张祖训. 超微电极电化学[M]. 北京:科学出版社,1998.

[40] 鞠熀先. 电分析化学与生物传感技术[M]. 北京:科学出版社,2006.

[41] 董绍俊,车广礼,谢远武. 化学修饰电极[M]. 修订版. 北京:科学出版社,2003.

[42] 李启隆,胡劲波. 电分析化学[M]. 2版. 北京:北京师范大学出版社,2007.

[43] 胡胜水,曾昭睿,廖振环,等. 仪器分析习题精解[M]. 2版. 北京:科学出版社,2006.

[44] 丁金凤,杨渝珍,张先恩. 基因分析和生物芯片技术[M]. 武汉:湖北科学技术出版社,2004.

[45] 罗国安,王宗花,王义明. 生物兼容性电极构置及应用[M]. 北京:科学出版社,2006.

[46] 何锡文. 近代分析化学教程[M]. 北京:高等教育出版社,2005.

[47] 刘约权. 现代仪器分析[M]. 2版. 北京:高等教育出版社,2006.

[48] 郭明,胡润淮,吴荣晖,等. 实用仪器分析教程[M]. 杭州:浙江大学出版社,2013.

[49] 刘玉海,杨润苗. 电化学分析仪器使用与维护[M]. 北京:化学工业出版社,2011.

[50] 刘志广. 仪器分析[M]. 北京:高等教育出版社,2007.

[51] 王敬尊,瞿慧生. 复杂样品的综合分析:剖析技术概论[M]. 北京:化学工业出版社,2000.

[52] 王建祺,吴文辉,冯大明. 电子能谱学(XPS/XAES/UPS)引论[M]. 北京:国防工业出版社,1992.

[53] 章晓中. 电子显微分析[M]. 北京:清华大学出版社,2006.

[54] 季桐鼎，林卓然，王理，等．二次离子质谱与离子探针[M]．北京：科学出版社，1989．

[55] 刘发义．电子探针X射线微区分析技术在生物学中的应用[M]．北京：科学出版社，1990．

[56] 祁景玉．现代分析测试技术[M]．上海：同济大学出版社，2006．

[57] 马礼敦，杨福家．同步辐射应用概论[M]．上海：复旦大学出版社，2001．